普通高等教育“十一五”国家级规划教材
PUTONG GAODENG JIAOYU SHIYIWU GUOJIAJI GUIHUA JIAOCAI

NENGYUAN YU DONGLI ZHUANGZHI JICHU

能源与动力装置基础

主　编　何国庚
编　写　孙建平　张燕平　魏明锐
主　审　蔡兆麟　刘伯棠

中国电力出版社
CHINA ELECTRIC POWER PRESS

内 容 提 要

本书为普通高等教育“十一五”国家级规划教材。

本书系统地介绍了能源动力工程中主要机械、设备、装置的组成、结构、工作原理和性能。同时，在有限的篇幅中，通过优化组合、精选素材，将相关专业方向的共同基础和内容融合在一起，以达到厚基础、宽口径的目的。通过本教材的学习，既拓宽了专业知识面和视野，也为进一步深入学习各个不同方向的专业课打下基础。

本书为热能与动力工程专业本科学生的教材，也可作为相关专业的教材，还可供相关行业能源与动力设备工程技术人员参考。

图书在版编目（CIP）数据

能源与动力装置基础/何国庚主编．—北京：中国电力出版社，2008.5（2024.7 重印）

普通高等教育“十一五”国家级规划教材

ISBN 978-7-5083-6689-0

Ⅰ.能… Ⅱ.何… Ⅲ.能源—动力装置—高等学校—教材 Ⅳ.TK05

中国版本图书馆 CIP 数据核字（2008）第 006979 号

中国电力出版社出版、发行

（北京市东城区北京站西街 19 号 100005 http://www.cepp.sgcc.com.cn）

北京天泽润科贸有限公司印刷

各地新华书店经售

*

2008 年 5 月第一版　2024 年 7 月北京第十二次印刷

787 毫米×1092 毫米 16 开本 22 印张 533 千字

定价 **58.00** 元

前言

本书是"热能与动力工程专业"新课程体系的技术基础课教材，其目的是使学生基本认识和系统了解能源动力工程中主要机械、设备、装置的组成、结构、工作原理和性能。这样，既拓宽了专业知识面和视野，也为进一步深入学习各个不同方向的专业课程打下基础。

在本书编写中，力求将不同专业方向的共同基础和内容融合在一起，避免简单地拼凑，这不仅能缩短学时，加强知识的系统性，而且符合学习掌握知识的规律，有利于培养学生举一反三、融会贯通能力，启发学生的创新思维。第一章从更宽广的视角对机器设备进行了分类，总结、归纳了在后面章节需要的流体力学、热力学基本知识；第二～四章讨论叶轮机械，前一章内容是叶轮机械共同点，后两章按工作机和原动机分开介绍；第五～七章讨论容积式机械，前一章内容是容积式机械共同点，后两章按原动机和工作机分开介绍；第八、九章分别讨论换热器和锅炉，都属于热交换设备；第十、十一章的内容为前面第二～九章讨论的机器设备组成的装置系统。从工作原理的安排来看，第二～九章主要是针对某种过程进行讨论（除内燃机是以循环为主外），第十、十一章则主要是针对循环进行讨论。共同的基础和内容融合主要体现还有：按工作机、原动机分类进行了整合，如叶片泵与通风机、叶片压缩机；容积泵与压缩机；汽轮机与透平膨胀机、燃气轮机装置、水轮机等。基本原理相近的进行了归类，如制冷、空调与低温在同一章中讨论；发电厂及其他动力装置放在一起介绍。

本书编写是在原有教材的基础上，总结了近年来编者教学经验和读者意见以及国内外热能与动力工程领域技术的新发展，内容组织有利于学生系统、全面而又循序渐进地学习、掌握。由于各个章节具有一定的独立性，因此学时安排有很大伸缩性。如第一章的流体力学、热力学基本知识可以少讲或不讲；不同单元的侧重面不同，可以有选择性地讲授。

全书共十一章，参加各章节编写的分别为：孙建平（第一～三章），张燕平（第四、九、十一章），何国庚（第五、七、八、十章），魏明锐（第六章）。本书由何国庚教授主编。刘华堂、刘扬娟、张晓梅、吴钢等老师也参与了部分章节的编写和组织工作，黄树红、王军、刘会猛、王坤、李嘉等老师给予了很大的支持，并提出了许多很好的意见，在此致以谢意。

本书由蔡兆麟、刘伯棠教授主审。张克危、舒水明老师也参与了部分审阅工作。审稿老师在审阅时提出了许多宝贵的意见，在此表示衷心的感谢。

由于水平和时间所限，书中不足之处，恳望读者指正。

编者

2007 年 12 月

常用符号一览表

A	面积，m^2	δq_V	泄漏体积流量
a	加速度，m/s^2；声速，m/s	R	半径，m；气体常数，J/(kg·K)
a_0	导叶开口，m	r	半径，m
b	叶道宽度、叶高，m	s	比熵，J/(kg·K)
c	绝对速度，m/s	T	热力学温度，K
c_p	质量定压热容，J/(kg·K)	t	时间，s；温度，℃
c_V	质量定容热容，J/(kg·K)	u	圆周速度，m/s；质量热力学能，J/K
D	直径，m	V	体积，m^3
F，f	力，N	v	质量体积，m^3/kg
g	重力加速度，m/s^2	W	功，膨胀功，J
H	水头、扬程，m	w	相对速度，m/s；单位质量介质的功，J/kg
H_a	大气压力（水柱高），m	Z	叶片数、高度，m
H_v	吸入真空高度，m	α	绝对流动角、翼型攻角，(°)
δH	水头损失	α_b	固定叶片安放角，(°)
h	比焓，能量头，J/kg	β	相对流动角，(°)
δh	能量损失	β_b	叶轮叶片安放角，(°)
K	比值、系数	$\Delta\beta$	翼型转折角
L	长度，翼型弦长，m	Γ	环量，m^2/s
L/t	叶栅稠（密）度	δ	叶片厚度，m；落后角，(°)
M	力矩，N·m	ε	压缩比
N，n	转速，r/min	ζ	流动损失系数
n	多变指数	η	效率
n_s，n_q	比转数	θ	圆周角，(°)
P	功率，kW	κ	等熵指数（绝热指数）
δP_r	圆盘损失功率	λ	功率系数；滑动角，(°)
p	压力，Pa	μ	动力黏度，Pa·s；修正系数
δp	压力损失	υ	运动黏度，m^2/s
Q	热量，J	π	压力升高比
q	单位质量流体的热量；单位面积热负荷，J/kg	ρ	密度，kg/m^3
		σ	空化系数，滑移系数
q_m	质量流量，kg/s	τ	排挤系数，阻塞系数
δq_m	泄漏质量流量	φ	流量系数，叶片转角（°）
q_V	体积流量，m^3/s	ψ	压力系数，速度系数

Ω	反作用度	Ma	马赫数
ω	角速度	Re	雷诺数
Eu	欧拉数	Sr	斯特劳哈尔数

下标：

1	机器进口，叶片进口	2	机器出口，叶轮出口
in	进口；out 出口	th	理论的；Tot，t 总的
p	高压端，叶片压力面，原型、真机	∞	无穷叶片数
s	低压端，叶片吸力面	m	轴面，子午面，模型，平均

目　录

第一章 基 础 知 识

第一节 绪 论

能源、材料、信息是近代社会发展的三大支柱，其中能源是最基本的物质基础。人类利用能源的历史，也就是人类认识和征服自然的历史。能源消耗的水平是人类生活水平和生活质量的重要尺度。能源与经济发展互相促进而又相互制约。能源发展包括能源总量的增长，能源品种的增加，能源质量的提高和新能源的开发。能源开发为经济发展提供了充足的燃料和动力。能源增长速度和品质的提高，受到能源资源、投资能力和技术水平的限制，从而限制了经济的过快增长和发展；经济的发展水平又影响了投资能力和技术水平，从而限制了能源的发展。矿物能源的过度开采和使用，造成空气污染、水污染，破坏生态环境，危及动植物的生存和人类的健康。因而需要大力发展节能技术和能源清洁高效开发、转化、利用技术。积极发展新能源技术，促进能源多元化。攻克一批能源开发、利用和节能重大关键技术与装备，形成一批新兴能源产业生长点。掌握新能源、氢能和燃料电池等战略高技术，建立起能源科技持续创新平台，为经济、社会可持续发展提供清洁高效能源技术的支撑。

人类可利用的能源多种多样，可以从不同的角度进行分类。如根据能源的形成条件将其分为一次能源和二次能源；根据其可否再生分为可再生能源和非再生能源；根据其利用历史状况和技术水平分为常规能源和新能源；根据其对环境的污染程度分为清洁能源（绿色能源）和非清洁能源。

一次能源是指自然界中存在的天然能源，如化石燃料、核燃料、太阳能、水力、风能、地热、海洋能、生物质能等。二次能源是由一次能源直接或间接加工转换而成的人工能源，如电能、热水、蒸汽、压缩气、石油制品、煤制品、酒精、氢气、沼气、合成燃料、激光等。

现代社会人类需要的能源形式主要有电能、热能（冷能）、机械能。自然界存在的一次能源中，除风力、水力以及部分海洋能作为机械能可以直接利用外，其他各种能源或是直接以热能形式存在，或是经过燃烧反应、原子核反应等首先将其转换为热能再予以利用。热能的取得方式主要有太阳热能、地热、燃料燃烧放热、核裂变或核聚变放热。热能还可以由电能转换而来。由热力学第二定律可知，热和功之间的转换存在着明确的方向和限度，热能是一种品位较低的能量，且其品位直接与温度有关。

机械能是物体宏观机械运动所具有的能量。与热能相比它是一种更为理想的能量形式，它能以100%的效率转换为热能，也能以非常高的效率转换为电能。机械能除少部分来自一次能源中的水力、风能、海流、潮汐和波浪外，大部分是通过某种类型的热机（如内燃机、燃气轮机、蒸汽轮机等）从热能转换而得到，或通过电动机由电能转换而来。

电能是电荷的流动或聚积而具有的做功能力。它是人类社会至今应用最广泛、使用最方便、最清洁的一种二次能源，又称电力。它是由一次能源（如煤炭、石油、天然气、核燃料、水能、风能、地热能、海洋能等）通过电磁感应转换而成，也可以通过燃料电池将氢、煤气、天然气、甲醇等燃料的化学能直接转换而成，还可以利用光伏效应将太阳能直接转换而成。后两种方式虽然有广阔的发展前景，但目前只占电能生产量的很小部分。

热能、机械能和电能的产生以及各种能量在转化、传递和做功过程中所利用的各种机械、设备以及由它们组成的各种装置的工作原理、结构、性能和组成方式是本课程研究的主要内容。

图1-1为火力发电厂的生产过程示意图。锅炉中煤粉与来自空气预热器的热空气混合在炉膛内燃烧，将燃料的化学能转变为高温烟气的热能，热能通过锅炉的省煤器、水冷壁、过热器等受热面使水变为过热蒸汽；过热蒸汽推动汽轮机旋转，将热能转变成机械能，并通过发电机产生电能；汽轮机内膨胀做功后的蒸汽进入凝汽器内凝结成水；凝结水由水泵送入低压加热器、除氧器和高压加热器，吸收汽轮机抽汽的热量后又回到锅炉。工质又返回初态，完成了一个闭合循环。

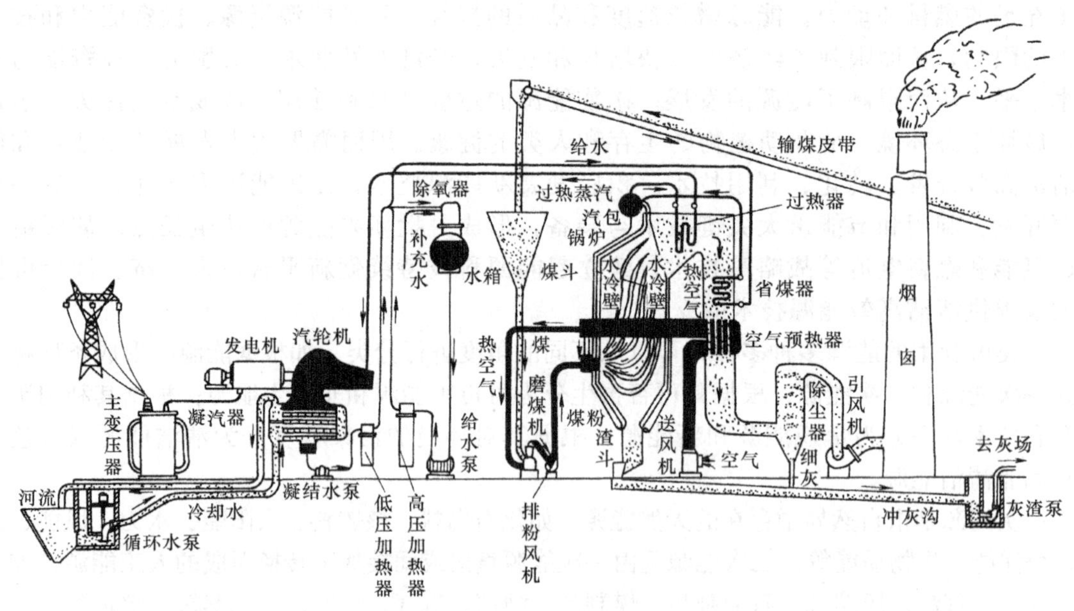

图1-1 火力发电厂的生产过程图

锅炉、汽轮机和发电机是火力发电厂的三大主件。锅炉是将燃料化学能转换为热能的部件，锅炉受热面从某种意义上讲是一种换热设备。在发电厂循环中的换热设备有省煤器、空气预热器、水冷壁、过热器、再热器、凝汽器、加热器等。汽轮机是将工质（蒸汽）的能量转换为机械功的机械，属于流体机械。在火力发电厂中还有给水泵、循环泵、凝结水泵、灰渣泵、送风机和引风机等各种流体机械。

核电厂的热能动力循环中蒸汽不用锅炉供给，是用核反应堆和蒸汽发生器。图1-2所示为核电站与火电站系统示意图。由图1-2可知，核电站装置中也包括类似火力发电厂的各种流体机械和换热设备。

燃气轮机是内燃机的一种形式，它又与蒸汽轮机同属于热力涡轮机，燃气轮机的工质是燃气而不是水蒸气，因而与蒸汽轮机装置相比，燃气轮机装置省去了锅炉、凝汽器、给水处理等大型设备。图1-3是燃气轮机装置简图。其部件可分成两类，一类是与工质交换能量的流体机械，如涡轮机和压气（缩）机，另一类是静止不动的换热设备，中冷器、回热器、

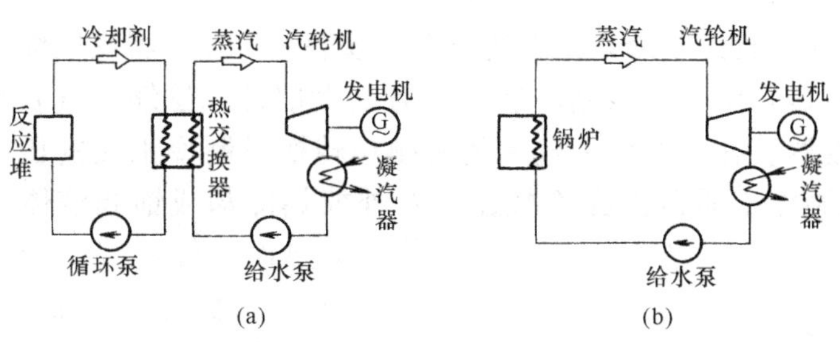

图 1-2 核电站与火电站系统示意图

(a) 核电站；(b) 火电站

燃烧室等。其中，压气机、涡轮机和燃烧室是燃气轮机装置中的三大部件。

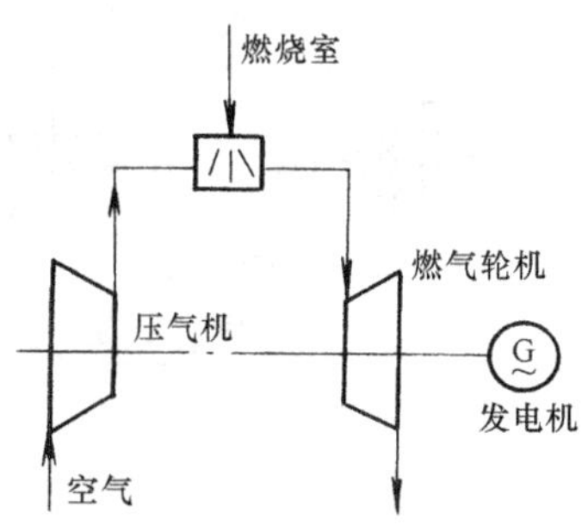

图 1-3 燃气轮机装置简图

往复式内燃机是应用广泛的一种动力机械，其热力循环与燃气轮机类似。工质在汽缸内进行压缩、点火、燃烧、膨胀做功，压缩、膨胀与活塞和连杆运动相关。因此，内燃机也是将工质（燃气）的能量转换为机械功的机械，属于流体机械。其增压装置还包括压气机和涡轮机。

燃烧设备、热能动力机械以及它们的辅助设备统称热能动力装置。热能动力装置主要有两种：一种是燃烧的燃气直接进入流体机械内进行能量交换，如燃气轮机和内燃机；另一种则首先将燃料燃烧产生的热能传递给某种液体工质（如水）使其汽化，然后将蒸汽导入流体机械进行热功转换，如蒸汽机和汽轮机。在内燃机和蒸汽机中，汽缸内的高温高压燃气或蒸汽经膨胀可推动活塞做功，并通过曲柄连杆机构将能量传递到发电机轴上。在燃气轮机和汽轮机中，高温高压的燃气或蒸汽首先在喷管中膨胀加速，将热能转换为动能，然后冲击叶片使轴转动而做功。

水力发电厂的工质是水，它没有发生相和热能的变化。水的动能和势能（机械能）通过水轮机转轮转变成机械能，通过发电机转换成为电能。

风力机是利用风能发电或用来驱动其他机械。风能就是空气的动能，是指风所负载的能量，风能的大小决定于风速和空气密度。一般速度在 3～20m/s 的风可以作为一种能量资源加以利用。

汽轮机、燃气轮机、内燃机、水轮机以及风力机输出机械功，可以带动发电机产生电能，也可以直接作为动力驱动其他机械，所以常常被称为动力机械。

以上热力循环是通过工质膨胀将热能转变成机械功输出的循环，常称之为正循环。在工程中还存在着另一种相反的循环，称之为逆循环。例如，热泵装置和制冷装置的热力循环都是逆循环，如图 1-4 所示。逆循环是输入机械功（或热能），对工质进行压缩而获得热量（热泵）或冷量（制冷）的循环。

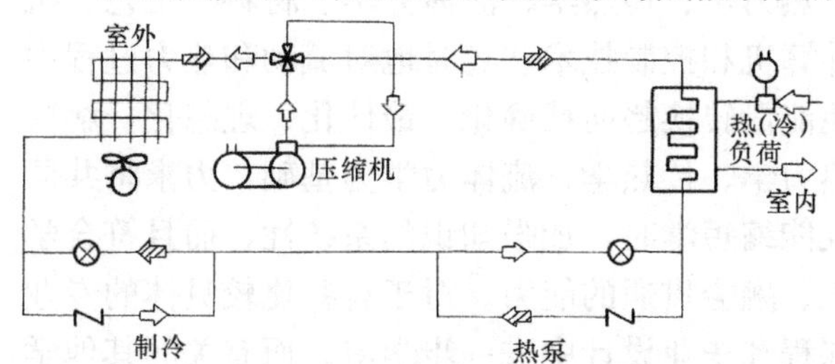

图 1-4 制冷装置和热泵装置的结构流程简图

制冷装置是通过消耗机械功（蒸汽压

缩式制冷）或热量（吸收式制冷）来获得冷量（见图 1 - 5）。蒸汽压缩式制冷装置的热力循环流程如图 1 - 5（a）所示。该制冷装置中有四大部件：压缩（气）机、冷凝器、节流（膨胀）机构、蒸发器。在压缩机内输入的机械功转换成制冷工质的压力能和热能，压缩机出来的高温高压制冷工质蒸汽在冷凝器中对外放热冷却成饱和液体，液体通过节流膨胀成低温、低压湿蒸汽，湿蒸汽在蒸发器内蒸发吸热而使外界获得冷量，蒸发器出来的干蒸汽又回到压缩机。蒸发器、冷凝器是换热设备；压缩机是与流体作用的运动机械；在有的制冷装置中是通过膨胀机实现工质膨胀的［见图1 -5（c）］，膨胀机也是与流体作用的运动机械。

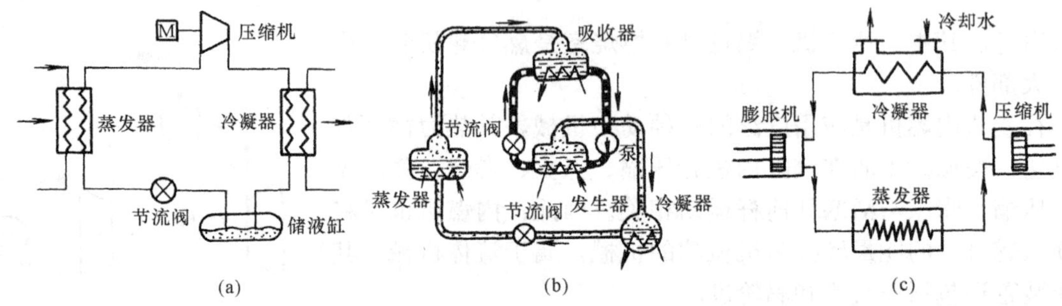

图 1 - 5 制冷装置和热泵简图

（a）蒸汽压缩式制冷装置；（b）吸收式制冷装置；（c）有膨胀机的制冷装置

热泵装置的工作原理与制冷装置相同，但其目的是获得热量而不是冷量。透平膨胀机的工作原理与涡轮机完全相同，也可以看成是涡轮机在不同领域的应用形式。

由以上讨论可知，能源动力工程中装置、机械、设备是相互关联的，具有共同的基础和原理，有些相同或类似的内容，如在能量转换过程中，流体一般都要经历一系列的吸热、放热、压缩、膨胀等，因此，我们尝试将动力装置、机械、设备的一些相互关联的内容放在一起讨论，其目的是使学生能基本认识和系统了解能源动力工程中的主要机械、设备、装置的组成、结构、工作原理、性能及它们之间的共性。这样，既拓宽了专业知识面，也为进一步深入学习专业课打下基础。

能源动力工程中的机械、换热设备的基础是流体和热科学，先修课程是流体力学、热力学、传热学。流体和热科学在工程中的应用是非常广泛的，能源动力工程中的机械、换热设备是其应用的一个重要领域，学习该课程不仅可以掌握专业知识，而且可以加深对流体和热科学的进一步理解。

现代能源动力工程中的机械、设备、装置已经超出了传统产品的范围，已发展成技术密集型产品。它是许多学科结合的产物，包括了热力学、传热学、流体力学、材料、工艺、机械学、控制、信息、计算机等。例如，利用计算机和控制技术，实时地对流动和热力过程中的信息参数进行获取、处理、控制和反馈，使能量转换趋向精确化、最佳化、理想化，解决了过去很难解决的问题。本书在编写中，以热力学、传热学、流体力学为基础，力求将共同的内容融合在一起，避免简单地拼凑，这不仅能缩短学时，加强知识的系统性，而且符合学习掌握知识的规律，有利于培养学生举一反三、融会贯通的能力。对于有些比较具体的专业内容，例如设计计算部分，可以在相关专业课程和毕业设计中进一步学习。而有关的其他学科知识，已安排在有关课程中。

第二节 分 类 和 应 用

组成能源与动力装置的各种机械和设备几乎涉及到人们经济生活的方方面面，其种类繁多。由于出发点不同，分类也不同。从能源与动力装置中的各种机械和设备的功用出发，可将其归纳为两大类，即流体机械和换热设备。本课程主要研究的是流体机械、换热设备以及由它们组成的相关装置的基本原理、结构和性能。

一、分类

（一）流体机械

流体机械是指以流体（液体和气体）为工作介质，实现工质能量与外界进行能量传递和转换的机械设备。流体机械的工作过程是流体的能量与机械的机械能相互转换或不同能量的流体之间能量传递的过程。由于流体机械的应用极为广泛，不同应用场合的流体机械的结构形式和工作特点有很大的差别。流体机械的分类见表 1 - 1。

表 1 - 1 **流 体 机 械 分 类**

<table>
<tr><th colspan="3">型 式 分 类</th><th>流体</th><th>动 力 机 械</th><th>工 作 机 械</th><th>结 构 简 图</th></tr>
<tr><td rowspan="4">速度式</td><td rowspan="3">反动式</td><td>径流式</td><td rowspan="3">气体
液体</td><td rowspan="3">汽（气）轮机
膨胀机
水轮机</td><td rowspan="3">压缩机
鼓风机
风机
泵
螺旋桨</td><td rowspan="2">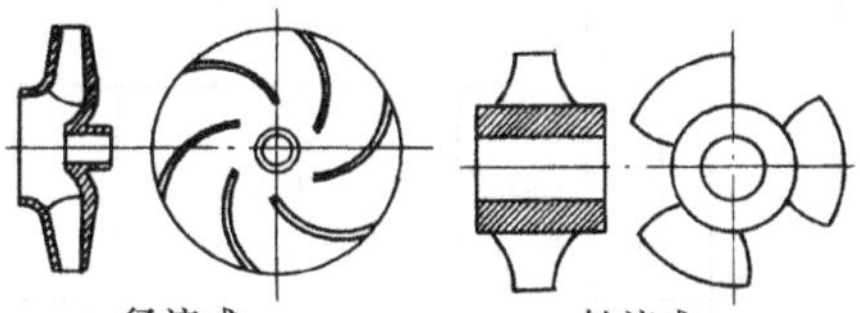
径流式 轴流式</td></tr>
<tr><td>轴流式</td></tr>
<tr><td>斜流式</td><td>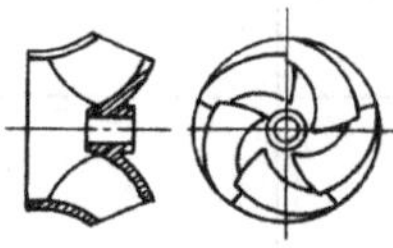
斜流式</td></tr>
<tr><td colspan="2">冲动式</td><td>气体
液体</td><td>水轮机
汽（气）轮机</td><td>横流风机</td><td></td></tr>
<tr><td rowspan="2">容积式</td><td rowspan="2">往复式</td><td>活塞式</td><td>气体
液体</td><td>内燃机
膨胀机</td><td>压缩机
真空泵
泵</td><td>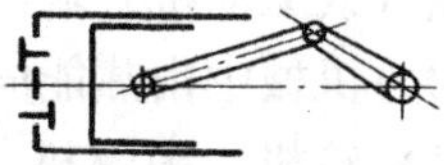</td></tr>
<tr><td>柱塞式</td><td>气体
液体</td><td>马达</td><td>压缩机
真空泵
泵</td><td>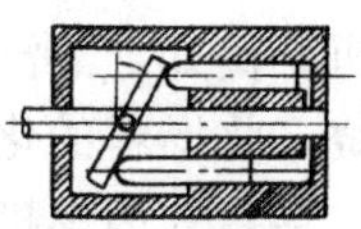</td></tr>
</table>

续表

型式分类			流体	动力机械	工作机械	结构简图
容积式	回转式	螺杆式	气体 液体	马 达 膨胀机	压缩机 真空泵 泵	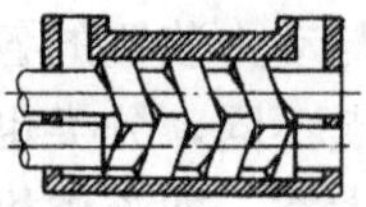
		罗茨式	气体 液体		鼓风机 真空泵 泵	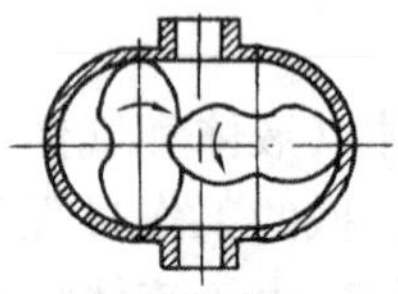 罗茨式 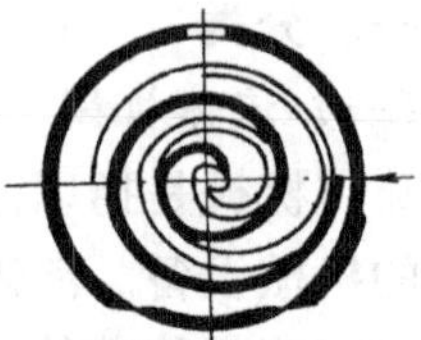
		涡旋式	气体 液体	马 达 膨胀机	压缩机 鼓风机 真空泵 泵	涡旋式
		滚动活塞	气体 液体		压缩机 真空泵 泵	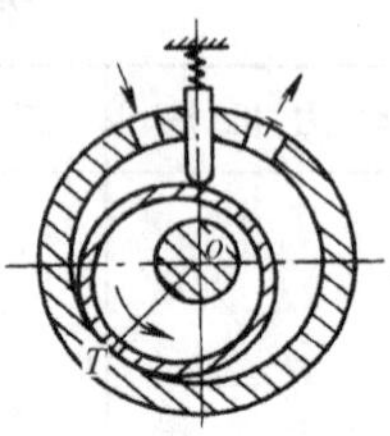 滚动活塞 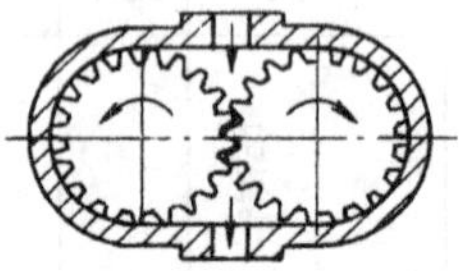
		齿轮式	液体	马达	泵	齿轮式
		滑片式	气体 液体	马达	鼓风机 真空泵 泵	
喷射式			气体 液体	喷气推进器	压缩机 真空泵 泵	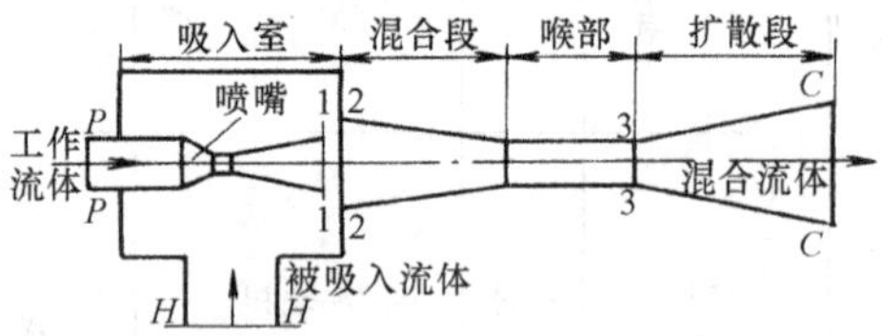 吸入室 混合段 喉部 扩散段 喷嘴 工作流体 混合流体 被吸入流体

根据能量传递的方向不同，可分为原动机（动力机械）和工作机。

动力机械（或原动机）输出机械功，它包括汽（气）轮机、水轮机、内燃机、风力机、膨胀机等。动力机械中由热能向机械能转变时被称为热能动力机械（又称热机），常称为热机的有汽（气）轮机、内燃机。汽（气）轮机中工质是蒸汽（或燃气、尾气等高温高压气体），高温高压的高能量工质膨胀对外输出机械功。如果工质是在其外面得到热能的机器常常被称为外燃机，例如，蒸汽轮机中工质的热能是在蒸汽轮机外的锅炉得到的。内燃机是燃料在机器内燃烧，将燃料的化学能转变成热能，并直接将燃气的热能转变为机械能输出，它包括燃气轮机、活塞式内燃机和火箭发动机。常常将活塞式内燃机简称为内燃机，此时的内燃机分两种，一种是奥托创制的以汽油为燃料的汽油机；另一种是狄塞尔创制的以柴油为燃料的柴油机。水轮机将水的动能和势能转变成机械能输出。风力机主要是将风的动能转变成机械能输出。膨胀机与气轮机的工作原理相同，通过高温、高压的工质在机器内膨胀变成低温、低压状态而对外输出机械功。不过，在低温装置中膨胀机的主要目的是获得低温，同时回收机械功；在作为能量回收装置时，例如高炉气透平膨胀机，就是回收热能并获得机械功输出。

工作机械从外界输入机械功，它包括通风机、泵、鼓风机、压缩机、螺旋桨。由于通风机、泵、鼓风机、压缩机是量大面广的机械，它们都属于通用机械。在工作机械中流体得到外界输入的机械功而提高内能、压力能、动能、势能等。通风机、叶片式鼓风机和压缩机有时统称为风机，通风机中气体的压力升高小于14700Pa，鼓风机和压缩机中气体的压力升高用出口与进口压力之比表示，常常以压比小于3的称为鼓风机，大于3的称为压缩机。风机中压力升高小于98Pa的常叫做风扇。泵的工质一般是液体。真空泵是将空间抽成一定真空度。真空泵的工质也有气体，此时若从气体压力升高的原理来划分，气体真空泵有时属于风机范畴。螺旋桨将机械功传递给流体，又由流体得到反作用力，该力推动螺旋桨及其运载器前进。

从工作原理看，工作机是原动机的逆过程，反之亦然。在以后的章节中会看到，工作机和原动机的流动过程的基本公式是类似的，差别仅在正负号上。

根据流体与机械相互作用的方式，可将流体机械分为速度式、容积式和其他作用原理流体机械。

容积式流体机械的工作介质处于一个或多个封闭的工作腔中，工作腔的容积是变化的，机械与流体之间的相互作用力主要是静压力。例如往复活塞式泵，活塞与缸体形成一个封闭工作腔，介质与机械间的相互作用力为活塞表面的压力。当介质推动活塞运动时为原动机，当活塞推动介质流动时为工作机。容积式流体机械包括各类液、气介质的往复式泵、转子泵、液气动马达和压缩机等。

速度式流体机械中，能量转换是在带有叶片的转子与连续绕流叶片的介质之间进行的。叶片与流体的相互作用力是惯性力。叶片使介质的速度（方向或大小）发生变化，由于介质的惯性作用产生作用于叶片上的力，该力作用于转动的叶片而产生功率。叶片式机械最简单的例子是风力机，当叶片转动时，空气连续绕流叶片。空气流过叶片后，其速度的大小、方向都发生改变。当流动的空气（风）推动叶片转动时，是原动机（风力机），如果是叶片推动空气流动，就是工作机（风扇）。速度式流体机械包括各种叶片式泵、通风机、压缩机、汽轮机、水轮机等，也包括液力传动机械。

在速度式流体机械中，根据流体在叶轮内的压力与速度的变化，分成反动式（反击式）和冲动式（冲击式）两类，在反动式机器的叶轮中，流体的压力和速度都发生变化，流体与叶片交换的能量中既有压力能（势能）也有速度能（动能）；在冲动式流体机械的叶轮中，流体的压力是不变的，流体与叶片交换的能量中只有速度能（动能）。

喷射式流体机械中没有运动部件。它的工作原理是：高压工作流体（如蒸汽）通过喷嘴或喷管形成高速射流区，该区压力大大降低而吸入被引射流体，高速射流与被引射流体进行动量交换形成混合流体，从而使被引射流体得到能量。如果被引射流体来自密封容器，则是喷射式真空泵；输出的混合流体的压力大于被引射流体时，则是喷射式泵或压缩器；混合流体主要以动能的形式输出时，则为喷射式发动机或推动器。

其他作用原理流体机械，如射流泵、液环泵、旋涡泵、部分流泵、冲击式水轮机等，具有与叶片式和容积式不同的作用机理。

根据工作介质的性质，也可以将流体机械分为两类。以液体为工作介质的流体机械称为水力机械，以气体为工作介质的称为热力机械。两种介质的主要区别在于，在一般的应用场合下，液体可以认为是不可压缩的而气体一般是可压缩的。当可压缩介质的体积发生变化时，必然伴随着功的传递及介质内能的变化。应该指出，可压缩性是一个相对的概念，当压力变化极大时（例如在水锤过程中），必须考虑液体的可压缩性。而当压力变化很小的时候（例如在通风机中），也可以不考虑空气的可压缩性。

应该指出，还有许多其他的分类方法，例如根据流体机械的用途、结构特点等进行分类和命名。

（二）换热设备

在许多工业领域中，往往要将热量从温度较高的热流体传递给温度较低的冷流体，以满足工艺流程的需要，或者为了回收能量，实现这种要求的装置称为换热器。它是热能与动力工程中常见的热能交换装备。它包括各种各样的热交换器和锅炉、燃烧器等，例如制冷装置中的蒸发器、冷凝器；火力发电装置中的省煤器、预热器、过热器、再热器、凝汽器、加热器等；燃气轮机装置内的中冷器、回热器等。这些热交换器一般是固体两边壁面上温度不同的流体通过对流进行热交换，也有通过辐射、两流体直接接触等方式进行热交换的。

对于两流体进行换热的热交换器有不同的分类方法。按热、冷流体的流动方向可以分为顺流式（两流体同向平行流动）、逆流式（两流体反向平行流动）、错流式（两流体垂直交叉流动）和混流式（顺流逆流两种形式同时存在）。

按传递热量的方法热交换器可以分为间壁式、混合式、蓄热式三大类（表 1 - 2）。间壁（表面）式热交换器中热冷流体不直接接触，热量通过壁面进行传递。间壁式热交换器可分为管式、板式；管式热交换器有沉浸式、喷淋式、套管式、管壳式、翅片管式、热管式等；板式热交换器可以分为波纹平板式、螺旋板式、板壳式、板翅式等。混合式（直接接触式）热交换器中热冷流体直接接触混合而传热，例如冷却塔。蓄热式（回热式或再生式）热交换器中热冷流体轮流与壁面接触而进行热交换，热流体流过时，热量储蓄于壁内；冷流体流过时，壁面放出热量，冷流体得到热量，例如炼铁厂的热风炉，锅炉回转式空气预热器等。

表 1 - 2　　　　热交换器分类

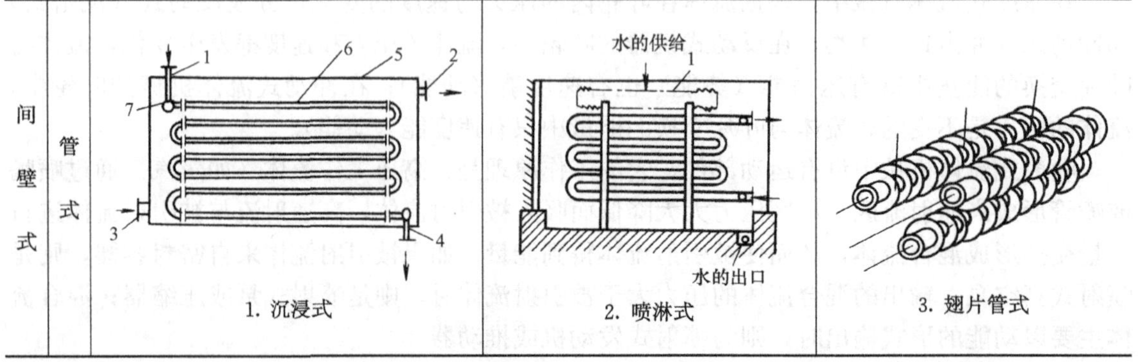

间壁式	管式	1. 沉浸式	2. 喷淋式	3. 翅片管式

续表

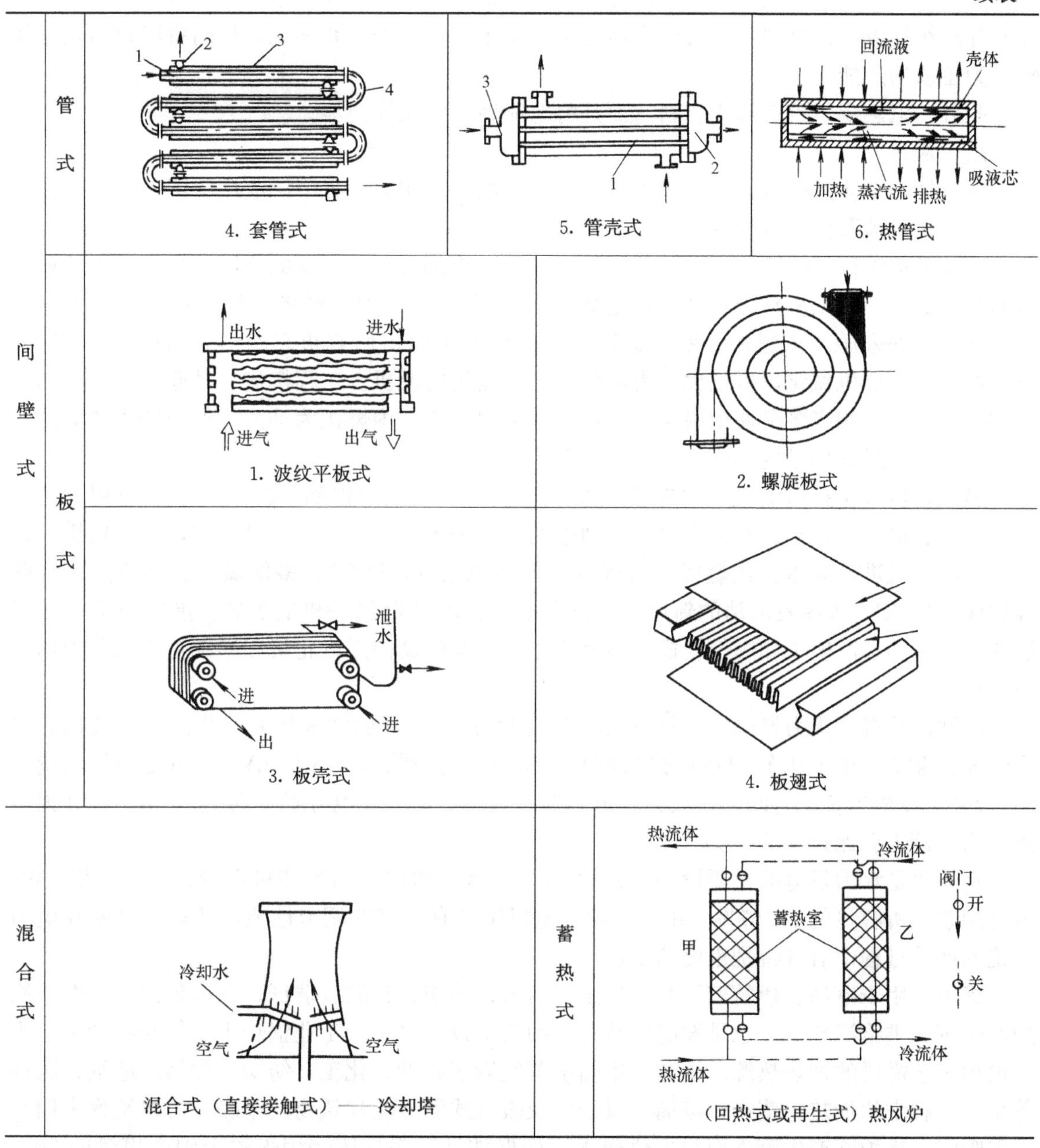

4. 套管式　5. 管壳式　6. 热管式

1. 波纹平板式　2. 螺旋板式

3. 板壳式　4. 板翅式

混合式（直接接触式）——冷却塔

（回热式或再生式）热风炉

热管是一种新型传热装置，它作为一种高效能的导热元件，其相当导热系数比优良导热体银、铜等高 $10^3 \sim 10^4$ 倍。热管的作用相当于一个导热能力极高的导热体，但其内部工质却是按介质循环流动和相变传热的原理工作，可以说是一种集导热元件、蒸发器和冷凝器于一体的一种独特传热装置。

锅炉的作用是使燃料尽可能充分燃烧放热，将热量传递给水，水吸热变成具有一定压力和温度的水蒸气或热水。锅炉按用途可分为工业锅炉和电站锅炉两大类。根据燃烧方式锅炉可分为层燃方式的链条锅炉、抛煤机锅炉等，悬浮燃烧方式的煤粉锅炉和燃油燃气锅炉，流化床燃烧方式的流化床炉，利用废热的废热锅炉。

燃烧器是锅炉和内燃机中燃烧部分的一个关键部件，燃烧器是用来将燃料和空气送入燃烧室并组织气流，使燃料和空气合理地在燃烧室中混合、着火和燃烧，从而将燃料的化学能转换为工质的热能。

此外，电热锅炉没有利用燃料，而是将电能转变为流体热能。

二、应用

以流体为工质的机械、换热设备以及由它们组成的相关装置广泛应用于国民经济的各个部门，可以说涉及到了各行各业。

在交通运输行业中，内燃机包括汽油机和柴油机都得到了广泛的应用，在全世界船舶动力的总功率中，柴油机动力估计可以达到70%左右。作为国民经济支柱产业的汽车业，汽车的动力全部来源于内燃机。铁路运输中，内燃机牵引占所有机车牵引动力的70%以上。我国农业要实现机械化，机械化的大部分动力只能用内燃机。工程机械、林业机械、矿山机械等的动力也有相当多是使用内燃机。坦克、装甲车均以内燃机为动力。作为备用和应急的发电机组，选择的仍是内燃机。

燃气轮机（包括压缩机和涡轮机）在航空发动机领域内得到了极其广泛的应用。在舰船、坦克、机车、汽车、石油平台、移动电站、高炉装置、石油化工等领域，燃气轮机可以与其他原动机进行竞争。在燃气—蒸汽联合循环机组（GTCC）、整体煤气化燃气—蒸汽联合循环（IGCC）等高效清洁的新型发电技术中也少不了燃气轮机的身影。航空母舰、巡洋舰的动力全部是汽轮机和燃气轮机，驱逐舰、护卫舰的动力用汽轮机和燃气轮机也分别达到95%和75%。

电站汽轮机是火力发电厂和核电站的关键设备之一。到2006年底，我国火电装机容量为4.8亿kW，占全国总装机量的77.82%，火电发电量为23573亿kWh，占全国发电量的83.17%。在相当长的时间内，火力发电仍然是我国主要的发电方式。到2020年，预计火电机组的比例仍会保持在70%以上。

水轮机是水力发电的重要设备，到2006年年底，水电机组的装机容量约为1.2亿kW，占全国总装机容量的20.67%。由于水轮发电机组具有较好的调节性能，使得水电站在电力系统的调节过程中有着特别重要的地位。

锅炉应用于电站、建筑、石油、化工、冶金、纺织、食品、造纸、医药等部门。电站锅炉产生蒸汽供给汽轮机，也是发电厂装置中的关键设备之一。工业锅炉主要作为各种工业生产过程工艺需要的加热热源。锅炉产生的水蒸气用于石油、化工、纺织、食品、造纸、医药等生产流程中的加热、蒸煮、蒸馏、烘干以及吸收式制冷与建筑物的采暖。若建筑物中用热水采暖时，锅炉不产生蒸汽而只提供热水。根据估计，锅炉燃烧用煤占全国产煤量的50%以上。锅炉的气体燃料包括高炉煤气、发生炉煤气、炼焦煤气、炼油裂化气、矿区石油气、天然气等，利用气体燃料的燃烧设备常常用于冶金工业、建筑材料工业、轻工业以及气体燃料资源充足的地区发电厂和热能供应站。锅炉的液体燃料主要是重油和柴油等。另外，还有使用甘蔗渣、稻壳等有机物的锅炉。

制冷技术的不断完善和发展，能连续地制造大量的低温介质和环境，这不仅满足了人们生产和生活的需要，而且促进了科学技术、医疗卫生、国防事业等方面的发展。作为食品供应的低温工业，既有生产性冷库（包括冻结、冷藏），还有分配性冷库，以便将集中加工后的冷藏食品保存起来供应给市场；零售市场备有低温冷柜，家庭普遍使用冰箱，这样就使食品从生产到消费形成了一个所谓的“冷藏链”。制冷技术可为体育事业的冰上运动提供高质量的人工冰场。在工业部门，需要各种低温条件来保证生产过程的进行，例如，纺织和化工生产中需要大量的冷量、机械的低温加工、建筑的低温施工等；农牧业生产中利用制冷技术来保存优良品种、培育新品种、进行人工配种；医疗事业中利用低温保存血浆。低温技术可液化气体，如液化天然气、液氧、液氮、液氢、液氦。在低温下混合气体的液化和分离可得到一定的产品，如分离空气得到氧、氮和几种稀有气体；分离焦炉气提取氮氢混合气，作为生产合成氨的原料；分离油田气及石油裂解气获得乙烯、丙烯的化工原料；分离天然气、合成氨尾气；从核裂变物质中提取氦气和其他稀有气体。通过低温制冷或低温液体的汽化创造低温环境，以满足空间技术、超导技术、红外技术及电子计算机等的需要。低温技术的应用，促进了相关学科的发展，如低温电子学、低温生物学、量子流体理论等。

空气调节采用的技术手段是供暖、降温、通风等，它是广泛利用制冷、锅炉、通风机、泵和换热设备等的一个领域。空气调节是通过这些手段来创造和保持一定要求的空气环境（空气的温度、湿度、清洁度、流动速度等），以满足各种生产过程的稳定运行和保证产品的质量，或为人们提供一个舒适的生活和工作环境。例如，某些精密机械和仪器制造业要求高精度的恒温恒湿；电子工业要求高洁净度；纺织业要求保证湿度；还有合成纤维、印刷、电影胶片等工艺要求。在改善人们生活和工作环境方面，空调广泛用于控制室、计算机房、大会堂、图书馆、展览馆、体育馆、商店、酒店、宾馆、汽车、火车、轮船、飞机以及个人家庭。

流体机械中的通风机、泵、鼓风机、压缩机广泛应用于动力装置、化工装置、制冷装置、低温装置，它们是这些装置中重要的组成部分，甚至是核心和关键部分，广泛用于电力、化工、石油、钢铁、采矿、航天等工业和水利、环境、生物医学等工程。根据估计，通风机、泵、鼓风机、压缩机的用电量占全国发电量的1/3左右。可见，通风机、泵、鼓风机、压缩机等是量大面广的通用机械，是消耗能源的大户，也是产生噪声污染的主要源头。例如，年产上千万台的冰箱、空调器，一般每台都配有压缩机，空调器还配有风机；一座4000m^3的高炉，鼓风机功率达60MW，流量为10000m^3/min；化工中乙烯流程需要水泵、油泵、碱液泵、甲烷泵、乙烷泵、丙烷泵、乙烯泵、丙烯泵等各种泵；飞机中同时存在燃气轮机和空气制冷两种循环，压缩机的增压空气一部分是动力循环的燃气涡轮需要，一部分经热交换器冷却后通过空气膨胀机制冷，为机舱提供冷气。

热交换设备也是广泛应用于动力、电力、化工、石油、制冷、空调、钢铁、航天等工业，以保证生产工艺流程和条件，是不断实现热力循环必要的环节。热交换器不仅是保证工艺流程和条件所使用的设备，也是开发利用工业二次能源，实现热回收和节约能源的主要设备。仅以我国钢铁工业的约480座加热炉为例，现在已通过热交换设备回收总排放余热（约125万t标准煤）的10%，全国工业余热总量折合标准煤约3300万t，因此利用余热大有可为。

能源动力类的工程装置大多是以流体机械、换热设备、管道系统、电子设备等组成的。例如，蒸汽压缩式制冷装置及系统中有压缩（气）机、风机、水泵等流体机械，蒸发器、冷凝器、热交换器、冷却器等换热设备，以及现代制冷装置不可缺少的控制部分，另外加上连接这些机械设备的管道等。而吸收制冷装置及系统中虽然没有压缩机，但仍有风机、水泵等流体机械；换热设备则有发生器、吸收器、蒸发器、冷凝器、热交换器、冷却器及提供蒸汽的锅炉等。除用在能源动力领域外，上述流体机械和换热设备在冶金、化工等部门的装备中也常常配套应用，并占有相当的比重。例如高炉鼓风机是由汽轮机拖动，而鼓风机压缩的空气到热风炉加热；又如合成氨生产流程装备中需要泵、压缩机、制冷和低温装置，高温和低温变换、热回收系统用的各种换热设备、汽轮机。合成氨生产用的 4 种压缩机动力消耗占全厂的 70%～80%，投资占全厂的 20%～30%，换热器占全厂总投资的 10%～20%。通常，在化工厂中，换热器占全厂总投资的 10%～20%，而石油炼厂中，换热器占全厂工艺设备总投资的 30%～45%。

我国能源与动力领域和国际先进水平相比，差距仍很大。例如，我国火力发电的热效率很低，每度电消耗煤高达 399g，比发达国家多 50～100g；我国一次能源转化成电力的比例只有 22%，而发达国家平均为 36%；我国工业炉的热效率一般为 60%左右，而日本达到 80%以上。我国内燃机的油耗率也要比国际先进水平高 8%～15%。我国人平均能耗仅为世界平均水平的 1/3，而单位产值能耗则是世界上最高的国家之一。

随着国民经济的发展和人民生活水平的提高，能源消耗必然增大，而自然资源是有限的。为了可持续发展，除积极开发各种能源外，合理利用能源，节约能源也是我们能源与动力领域义不容辞的责任。

在高新技术发展中，如航空航天、卫星、芯片、激光、生物、材料、能源等需要新的流体机械、换热设备和系统；另一方面，高新技术又促进了新的流体机械、换热设备和系统的开发，如纳米材料大大改变物质的传热性能，计算机和控制技术的发展为我们提供了有力的现代手段，可以研制出现代高性能的机器设备。

因此，流体机械、换热设备和系统的研究与发展有着深刻的现实意义和广阔的应用前景。

第三节　工程热力学和流体力学基础

物质有三态——固体、液体和气体。固体、液体和气体三个状态之间的改变称为相变。在能源与动力工程中，相变常常发生，例如，冰、水、蒸汽之间变换。制冷工质液态和气态的变换等。

固体变为液体称为熔解（或融化），液体变为固体叫做凝固。熔解和凝固时，温度保持不变，这个温度称为熔点或凝固点。

液体变为气体称为汽化，汽化分为蒸发和沸腾两种形式。在一定压力下，各种液体的沸腾只能在一定温度下进行，该温度称为该压力下的饱和温度，或称为沸点（沸腾温度）。饱和温度对应的压力被称为饱和压力。蒸发可在任何温度下发生。气体变为液体叫做凝结。饱和温度（沸点）是液体可以存在的最高温度，或是气体可以存在的最低温度。物质的饱和温度随压力变化，如制冷工质 R22 在 5.84bar 下饱和温度 $t_s=5℃$，在 2.96bar 时 $t_s=-15℃$。饱和温度下的液体、气体分别被称为饱和液体和饱和蒸汽。在一定压力下，温度低于饱和温度的液体是未饱和液体，常称为过冷液体；温度高于饱和温度的蒸汽称为过热蒸汽。在液体和气体的相变图中，代表不同压力下饱和液体状态的饱和液体线与不同压力下饱和气体状态的饱和蒸汽线的交点被称为临界点。该点的参数用下标 c 表示，如临界温度 T_c。在温度 $T>T_c$时，是不能用压缩的方法使蒸汽液化的。

固体变为气体的现象称为升华。

液体和气体又统称流体。流体具有易动性，即流体在剪切力的作用下将发生连续的变形，直到剪切力消失为止。气体与液体相比，分子间距离更大，更易压缩。

一、流体介质的物理性质

流体介质包括液体和气体（汽体），它们共同的特点是易流动性，有黏性和可压缩性。

1. 易流动性

易流动性是指处于静止状态的流体不能抵抗剪切力的作用，即流体在极小的剪切力的作用下也会连续不断地变形，直至剪切力消失为止。

2. 黏性

黏性是指流体在剪切力的作用下，将产生连续不断的变形以抵抗外力的特性。流体的剪切变形速率与作用于其上的剪切力的大小有关。对于多数种类的流体，在层流直线运动的条件下，切应力与剪切变形速率之间的关系为

$$\tau = \mu \frac{\mathrm{d}u}{\mathrm{d}y} \tag{1-1}$$

式中：μ 为流体的动力黏度；y 表示与流动方向 x 垂直的方向；μ 为流体的速度。式（1 - 1）称为牛顿切应力公式。

符合式（1 - 1）的流体称为牛顿流体。流体机械的工作介质大部分是牛顿流体，例如水、空气等；不符合式（1 - 1）的则是非牛顿流体，例如血液、沥青、高分子聚合物等。

动力黏度 μ 是流体黏性大小的度量，其单位为 $\mathrm{N \cdot s/m^2}$。μ 与流体密度的比值称为运动黏度，即

$$\nu = \frac{\mu}{\rho}$$

其单位为 $\mathrm{m^2/s}$。流体的黏性与温度有很大的关系，而与压力的关系不大。液体的黏性随温度升高而减小，而气体的黏性随温度的升高而增大。

在多数流体机械中，特别是流动速度较高的叶片式流体机械中，流体黏性的作用仅仅在靠近固壁表面的薄层（边界层）中才比较显著，而在大部分流场中可以忽略黏性的作用。为简化研究，常引进理想流体的概念。所谓理想流体是黏性系数为零的流体。当黏性的作用可以忽略或暂时忽略时，可以将工作介质视为理想流体。

3. 压缩性和膨胀性

流体的体积 V 随压力 p 变化的属性称为流体的压缩性，常用流体的体积压缩率用 κ 表示，即

$$\kappa = -\frac{\mathrm{d}V}{V\mathrm{d}p} = \frac{\mathrm{d}\rho}{\rho\mathrm{d}p} \tag{1-2}$$

体积压缩率的倒数 $1/\kappa$ 是弹性系数 E。液体和气体的可压缩性有很大的差别，液体的可压缩性可以用其体积弹性模数来衡量，E 值越大，液体越不容易被压缩。在常温下，水的弹性模数为 $E_\mathrm{W}=2.1\times10^9\mathrm{Pa}$。由此可见，若压力变化一个标准大气压时，水的密度的相对变化量约为

$$\frac{\Delta\rho}{\rho} = \frac{\Delta p}{E_\mathrm{W}} \approx 0.5\times10^{-4}$$

可见水的密度变化是极小的。

气体介质的可压缩性比液体大得多，而且气体密度随压力的变化过程是和热力学过程紧密联系在一起的。因为外力压缩气体时，对气体所做的功将增加气体的热力学能。不同种类

气体的热力学性质也不相同，而产生各种气体不同的热力学性质的原因在于气体分子的构造、体积和相互作用力的不同。

流体的体积随温度 T 变化的属性称为流体的膨胀性，常用流体的膨胀系数 α 表示，即

$$\alpha = \frac{dV}{VdT} \tag{1-3}$$

通常，液体的压缩性和膨胀性都很小，一般工程中可不考虑。但在压力变化很大时（如水下爆炸、水击等场合）则必须考虑液体（水）的压缩性。压缩性和膨胀性都很大的气体，在压力变化很小的情况下，也可作为不可压缩的情况来处理。

二、状态方程式

由物理学可知，理想气体的压力、比体积和温度之间满足以下关系：

$$pv = RT \quad 或 \quad p = \rho RT \tag{1-4}$$

式（1-4）为理想气体的状态方程。根据式（1-4），假如温度不变（等温过程），当理想气体的压力由一个大气压升高到两个大气压时，气体密度将增加一倍。可见气体的可压缩性比液体大得多。当实际气体的温度较高、压力较低、比体积较大的时候，分子之间的距离大，因而相互作用力小，分子本身的体积所占据的空间与气体的体积相比很小，这时就可将其视为理想气体。在工程上，氢、氧、氮等气体以及由它们组成的空气，在常温或高温下，当压力在10MPa以下的时候，通常可以作为理想气体处理；二氧化碳、乙烯、氨等临界温度接近常温的气体，只有当压力在3MPa以下的时候，才能作为理想气体处理；对于制冷工质氟里昂-12、氟里昂-22及烃类等易液化的气体，则不应作为理想气体处理。

对于不能作为理想气体处理的气体介质，可在状态方程中引入一个修正系数，此时式（1-4）成为

$$pv = zRT \tag{1-5}$$

系数 z 称为气体压缩性系数。显然，对于理想气体，$z=1$，而对于实际气体，z 值与气体的性质、温度和压力有关。工程上常通过试验求得气体的压缩性系数值。

三、其他热力关系式

在流体和热科学及其工程中，工质的热量、热力学能、热容、熵等参数值与工质质量成正比，下面分析讨论时，常常是以1kg的工质为对象，此时相应的这些参数称为质量参数。

1. 比热容

计算热量时常常要用到质量热容即比热容。根据物质量的单位热容可分为质量热容J/(kg·K)和摩尔热容J/(kmol·K)。质量热容是1kg气体的温度变化1℃时传递的热量。热量是与过程有关的量，即使过程的初终态相同，如果经历的路径不同，工质吸收或放出的热量也不相同，因此比热容也是与过程有关的量。工程中工质的吸热、放热常常在容积不变或压力不变的条件下进行，所以，通常利用的是质量定压热容（c_p）和质量定容热容（c_V）即比定压热容和比定容热容。

对于理想气体，比定压热容 c_p 和比定容热容 c_V 和气体常数 R 之间有如下关系：

$$R = c_p - c_V, \quad \gamma = c_p/c_V, \quad c_p/R = \gamma/(\gamma - 1) \tag{1-6}$$

这里，比热容和比热比 γ 只是温度的函数，并用温度的经验多项式表示。但在工程近似计算时，常常假设比热容和比热比为常数。比热容 c_V 不随温度变化的气体又叫做完全气体。标准状态下，空气的比定压热容 $c_p=1004.1$J/(kg·K)；水蒸气 $c_p=1867.3$J/(kg·K)；氟

里昂-12c_p=578.4J/(kg·K)；氢气 c_p=14315.5J/(kg·K)。由此可见，对于分子量小的轻气体，1kg 气体提高 1℃温度所需要的热量比分子量大的重气体要多。例如，在相同条件下提高 1℃温度，氢气所需要的热量是氟里昂-12 的 24.75 倍。

对于理想气体，比热比 γ 等于绝热指数或等熵指数 κ，例如标准状态下的空气和氢气，$\gamma=\kappa=1.4$；高温燃气，$\gamma=\kappa=1.33\sim1.35$。对于非理想气体，$\gamma$ 不等于 κ，例如水蒸气，低压下 $\gamma=1.867/1.406=1.33$；而干饱和蒸汽时，$\kappa=1.135$；过热蒸汽时，$\kappa=1.26\sim1.33$，平均取 $\kappa=1.3$；对于饱和水蒸气，$\kappa=1.05+0.1x$，其中 x 为水蒸气的干度。

2. 比热力学能和比（热）焓

热力学能 U 是指工质内部分子热运动产生的动能（分子转动、移动、原子振动等）和分子间相互作用产生的位能之和。1kg 工质的热力学能 u 称为比热力学能，其单位为 J/kg。分子动能是温度 T 的函数，分子位能是比体积 v 的函数，比热力学能也是状态函数，即 $u=f(T, v)$。

比焓的定义为热力学能与压力和比体积的乘积之和，即

$$h = u + pv$$

焓的定义并不具有具体的物理意义，但在流体机械的稳定流动过程中，焓是一个具有能量含义的特殊的热力状态参数。在闭口系统中，比焓的变化表示定压过程时系统内 1kg 工质与外界的传热量 q；而在开口系统中，比焓的变化表示随 1kg 工质携带和移动的能量。

比焓 h 也称为静比焓，没有包括动能，因此，常常用滞止比焓 h^* 表示 1kg 气体工质具有的总能量。滞止比焓定义为：在系统与外界无热交换的情况下，速度滞止为零时的比焓值 $h^*=h+c^2/2$。而与比焓 h 和滞止比焓 h^* 对应的温度分别被称为静温 T 和滞止温度 T^*。由于理想气体的 T^* 与 h^* 仅相差一个常数 c_p，所以也常常用 T^* 代替 h^* 来表示总能量。

理想气体的比焓和比热力学能仅是温度的函数，分别为

$$h = c_p T \text{ 和 } u = c_V T \tag{1-7}$$

对于真实气体的热力学参数，利用上述公式计算可能产生比较大的误差，此时可以利用其他公式。例如，对于过热蒸汽的比焓 h 有更精确的表达式

$$h = pv^{\kappa/(\kappa-1)} + \text{const} \tag{1-8}$$

当乘积 pv 不变时，蒸汽的热焓 h 值不变。

3. 比熵

在可逆过程中，只要工质与外界有压力差就能做功，压力 p 是做功的推动力；而做功与否由工质的比体积变化 dv 确定。$dv=0$ 表示不做功，$dv>0$ 表示工质对外做膨胀功，$dv<0$表示工质获得外界的压缩功，即

$$dw=pdv$$

与上类似，在可逆过程中，只要工质与外界有温度差就能传热，温度 T 是传热的推动力；而传热与否由工质的比熵变化 ds 确定。$ds=0$ 表示与外界绝热，$ds>0$ 表示工质从外界吸热，$ds<0$ 表示对外界放热。比熵定义为 $ds=dq/T$，它是过程是否传热的标志。

对于理想气体，任意两状态点 1 和 2 之间的熵变化

$$\Delta s = c_p\ln(T_2/T_1) - R\ln(p_2/p_1) = c_V\ln(T_2/T_1) + R\ln(v_2/v_1) \tag{1-9}$$

实际工程计算真实气体的热力学参数时，最好是查取有关文献中的相关图表或利用这些图表数据的拟合式。例如，水蒸气表、燃气表、水蒸气焓—熵图、制冷和化工中气体（氟里

昂、氨、乙烯、丙烯等）的 $h-s$（焓—熵）图、$h-T$ 图、$T-s$ 图等。

4. 㶲

为了从能量的数量和质量两个方面评价过程和循环的经济性，还引入由热力系的焓、熵和环境参数 T_0、h_0、s_0 组合成的参数㶲 e_x：

$$e_x=(h-T_0 s)-(h_0-T_0 s_0) \tag{1-10a}$$

可见，㶲也可看成是一个状态参数，它是指某一状态的热力系可逆地变化到环境状态时，可转化的最大有用功。根据定义，具有温度 T 的单位质量热源的放热量 q 中，㶲（或最大有用功）由卡诺循环得到：

$$e_x=w_{\max}=q(1-T_0/T) \tag{1-10b}$$

对于考察一个点或一个气体参数均匀分布的截面上气流各参数之间的关系，可以通过状态方程和上述热力关系式确定。但考察一个点（或一个截面）与另一个点（或另一个截面）之间气流各参数的关系时，还应由不同状态之间的热力过程来描述。

四、连续性方程

连续性方程是质量守恒定律在流体力学中的数学表达式。在无源无汇且定常的一元流动时，流道任意截面的面积 A、密度 ρ 与垂直该截面上的速度 c 的关系为如下连续性方程：

$$q_m=\boldsymbol{\rho c}\cdot\boldsymbol{A}=\rho_1 A_1 c_1=\rho_2 A_2 c_2=\rho A c=\text{const} \tag{1-11}$$

式中：q_m 为质量流量。

对于连续性方程讨论如下。

(1) 上述连续性方程实质上是物质不灭定律的一种形式，表示定常流动的质量流量 q_m 是常数，不随截面的不同而变化。

(2) 对于不可压缩流体，密度是常数，由式（1-11）两边消去密度得到体积流量 q_V 为

$$q_V=q_m/\rho=A_1c_1=A_2c_2=Ac=\text{const}$$

即容积流量是常数，不随截面的不同而变化。如果不同截面上的面积相等，则这些截面上的流体速度不变。

(3) 应用连续性方程应满足流道与外界无质量交换的条件，但不管流道与外界是否有能量交换。

(4) 如果流道中的流动是定常但不是一元时，任一截面上的流体参数是不均匀的。计算质量流量时，连续性方程应表示为积分形式：

$$q_m=\int\rho c\,\mathrm{d}A=\text{const}$$

(5) 连续性方程的应用有二：一是由速度来确定流道的截面积，从而确定流道的几何尺寸；反之亦然，由流道的截面积来确定速度和（或）质量流量。

五、能量方程

能量守恒与转换定律指出：各种形式的能量可以相互转换，但能量总和保持不变。

热力学第一定律就是能量守恒与转换定律在热力学上的应用，即功和热量可以相互转换。对于不同的热力系统，都可以应用热力学第一定律。由于系统与外界交换的能量和质量有所不同，将得到不同的能量方程，但是都服从能量守恒与转换定律，可表示为：

系统内能量变化＝输入系统的能量－系统输出的能量

1. 闭口热力系的能量方程

闭口系统是与外界无质量交换的系统，如封闭在汽缸中的气体与外界无质量交换，但可以与外界交换热量和机械功。对于该系统内的1kg气体，与外界交换热量 q，其中一部分使工质的比内能 Δu 变化，另一部分等于与外界交换的机械功 W，能量方程为

$$q = \Delta u + W \tag{1-12a}$$

式中：$q>0$ 时系统吸热，$q<0$ 时系统放热；$\Delta u>0$ 时系统热力学能增加，$\Delta u<0$ 时系统热力学能减少；$W>0$ 时系统对外做功，$W<0$ 时外界对系统做功。对于闭口系统的可逆过程，因 $\mathrm{d}W=p\mathrm{d}v$，则有

$$q = \Delta u + \int p\mathrm{d}v \tag{1-12b}$$

对于理想气体，式（1-12b）变为

$$q = c_V(T_2 - T_1) + \int p\mathrm{d}v \tag{1-12c}$$

2. 开口热力系的能量方程

热力系统中的工质除封闭在汽缸中的情况外，一般周期地或连续地流动，形成一个开口系统，系统与外界之间不仅有能量交换，而且有物质交换，例如旋转机械内的叶轮部件可看作是一个开口系统（见图1-6）。热力系统中的工质流动分为稳定流动和不稳定流动。对于稳定流动，流道中任何截面上的流体参数不随时间而改变，在叶片式流体机械的正常工作条件下，介质的状态和流动是稳定的，也就是说控制体内和控制面上每一点的所有的特性参数都不随时间变化，特别是进、出口处的参数不随时间变化。容积式流体机械工作过程中，各处的参数都是周期性变化的，在正常的工作状态下，这种周期变化的平均值仍然是不随时间变化的，也可以作为稳定过程来研究。对于稳定的过程，必然有

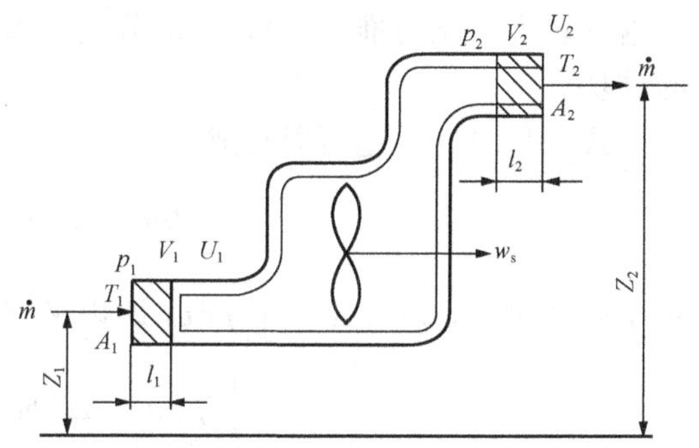

图1-6 流体机械作为开口热力系

（1）介质流过控制面时，各截面上的状态参数（压力 p，比体积 v，温度 T 和速度 c）不随时间变化，但不同截面上的参数值可以不同。

（2）单位时间内流进和流出控制体的介质的质量相等且不随时间变化，即 $m_1=m_2=m$。

（3）单位时间内通过控制面的热和功保持不变。

在稳定流动的条件下，控制体内的总能量和总质量将是不变的，根据能量守恒定律，输入控制体的总能量应等于从控制体输出的能量。

输入控制体的能量有：

1）流入的介质所具有的能量，包括热力学能和宏观运动的动能与势能，即

$$E_1 = m_1\left(u_1 + \frac{c_1^2}{2} + gz_1\right)$$

2）在进口截面1处，质量为 m_1 的介质流入控制体时，必有外力推动它克服该处的压力 p_1 而做功，若该截面面积为 A_1，则外力所做的功为 $p_1A_1l_1=p_1V_1=m_1p_1v_1$。这一部分外力所做的功称为推动功。

3）外界通过没有介质流过的控制面（即不是进、出口的控制面）向控制体内传递的热

量 Q。

从控制体向外输出的能量如下。

1）流出控制体的介质所携带的能量

$$E_2 = m_2\left(u_2 + \frac{c_2^2}{2} + gZ_2\right)$$

2）控制体内的介质对流出的质量为 m_2 的介质所做的推动功 $m_2 p_2 v_2$。

3）通过流体机械的轴向外输出的轴功 W_s。

根据以上分析，可将开口热力系的稳流能量方程写成

$$Q = m_2\left(u_2 + \frac{c_2^2}{2} + gZ_2\right) - m_1\left(u_1 + \frac{c_1^2}{2} + gZ_1\right) + m_2 p_2 v_2 - m_1 p_1 v_1 + W_s \quad (1-13a)$$

对于单位重力作用下的介质，考虑到焓的定义，式（1 - 13a）可写为

$$q = h_2 - h_1 + \frac{c_2^2 - c_1^2}{2} + g(Z_2 - Z_1) + w_s \quad (1-13b)$$

式（1 - 13b）说明了热力系的能量平衡状况：外界传递给系统的热量，一部分用于增加介质的焓（热力学能与推动功），一部分用于增加介质的宏观动能和位能，还有一部分成为输出的轴功。

式（1 - 13b）还可以写成

$$q - \Delta u = \Delta(pv) + \frac{1}{2}\Delta c^2 + g\Delta Z + w_s$$

对于可逆过程，$q - \Delta u = \int_1^2 p\mathrm{d}v$，所以又有

$$\int_1^2 p\mathrm{d}v = \Delta(pv) + \frac{1}{2}\Delta c^2 + g\Delta Z + w_s \quad (1-14a)$$

将式（1 - 14a）右端后三项外功统称为技术功并以 w_t 表示，则有

$$w_t = w_s + \frac{1}{2}(c_2^2 - c_1^2) + g(Z_2 - Z_1) = \int_1^2 p\mathrm{d}v + p_1 v_1 - p_2 v_2 \quad (1-14b)$$

在表示过程变化的 $p-v$ 图（图 1 - 7）上可以看出

$$\int_1^2 p\mathrm{d}v + p_1 v_1 - p_2 v_2 = -\text{面积 }12341 + \text{面积 }140b1 - \text{面积 }230a2 = -\text{面积 }12ab1$$

所以

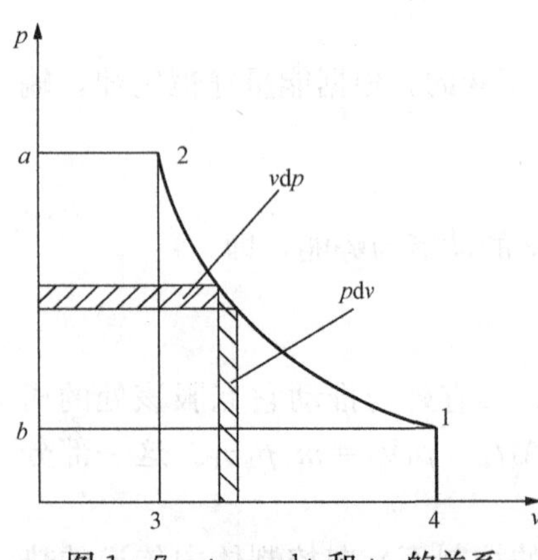

图 1 - 7　pv、$v\mathrm{d}p$ 和 pv 的关系

$$w_t = w_s + \frac{1}{2}(c_2^2 - c_1^2) + g(Z_2 - Z_1) = -\int_1^2 v\mathrm{d}p \quad (1-15)$$

根据式（1 - 13b），还有

$$q = h_2 - h_1 - \int_1^2 v\mathrm{d}p \quad (1-16)$$

除了带有冷却器的压缩机以外，大多数流体机械工作过程中介质与外界交换的热量很小，这是因为介质在机器内停留的时间很短，机壳的散热面积相对较小。如果忽略 q，则由式（1 - 16）得

$$\int_1^2 v\mathrm{d}p = h_2 - h_1 \quad (1-17)$$

而由式（1-15）可得

$$w_s = -\int_1^2 v\mathrm{d}p + \frac{1}{2}(c_1^2 - c_2^2) + g(Z_1 - Z_2) \tag{1-18}$$

式（1-18）表示了流体机械工作过程中机械能（轴功）与流体介质之间的能量交换，式子右端后两项表示流体宏观的动能与重力势能，第一项则表示压力变化所引起的流体焓（内能与推动功）的变化［见式（1-17）］，而这个变化是压力在介质流过流体机械的过程中所做的功，即流体静压能的变化量。在原动机（如水轮机、汽轮机）中，w_s 为正值，流体介质流过机器后，压力、速度和高度都是减少的，故式（1-18）右端三项也为正。在工作机（泵、压气机）中，w_s 为负，流体流过机器后压力和速度都是增加的，式子右端各项亦为负。在压气机中，由于重力作用极小，右端最后一项通常忽略不计。

六、热力学过程

压力在介质流过流体机械时所做的功 $w_t = -\int_1^2 v\mathrm{d}p$ 是一个重要的参数。在热力学中，被称为技术功。在不同的流体机械中，其名称不相同，同时为了各自的使用方便，其符号也取的不同。例如在水轮机中，$H_{st} = -\int_1^2 v\mathrm{d}p/g = (p_1 - p_2)/\rho g$ 被称为静水头；在叶片泵中 $H_{st} = \int_1^2 v\mathrm{d}p/g = (p_2 - p_1)/\rho g$ 称为静扬程；在风机中，$p = \rho\int_1^2 v\mathrm{d}p = p_2 - p_1$ 称为静压升；在透平压缩机中，$w = \int_1^2 v\mathrm{d}p$ 被称为压缩功；在活塞式压缩机中，$w = \int_1^2 v\mathrm{d}p$ 则被称为理论循环指示功。

由式（1-17）可见，在忽略介质与外界的热量交换的条件下，流体机械轴功即等于介质流过机器后的能量改变量，包括静压能、动能和位能的改变量。其中我们最感兴趣的，就是静压能的改变量 $-\int_1^2 v\mathrm{d}p$。当进、出口截面的压力 p_1、p_2 一定时，技术功的大小取决于 v 与 p 的函数关系，而这个关系则随流体机械内发生的热力学过程的种类不同而不同。流体机械内的实际热力学过程是很复杂的，但可根据实际情况进行适当的简化，归结为一种典型的热力学过程。下面讨论流体机械内可能发生的几个典型过程。

1. 定容过程

当介质为不可压缩时（水轮机、泵、通风机），介质的比体积 v 和密度 ρ 都是常数，因此技术功的计算特别简单，即

$$\left.\begin{aligned} w_v &= \int_1^2 v\mathrm{d}p = v(p_2 - p_1) = \frac{p_2 - p_1}{\rho} \\ w_s &= \frac{p_1 - p_2}{\rho} + \frac{c_1^2 - c_2^2}{2} + g(Z_1 - Z_2) \end{aligned}\right\} \tag{1-19}$$

如果在流动过程中外界与介质之间有热量交换，则有

$$q = \int_1^2 c_V \mathrm{d}T = \bar{c}_V(T_2 - T_1) \tag{1-20}$$

这里 $\bar{c}_V$ 表示平均比热容。定容过程的 $p-v$ 图和 $T-s$ 图如图 1-8 所示。两个图上的阴影面积分别代表过程的技术功和热量。

2. 定温过程

在压缩机的压缩过程中，如果气体得到充分的冷却，温度变化很小，就可将压缩过程近

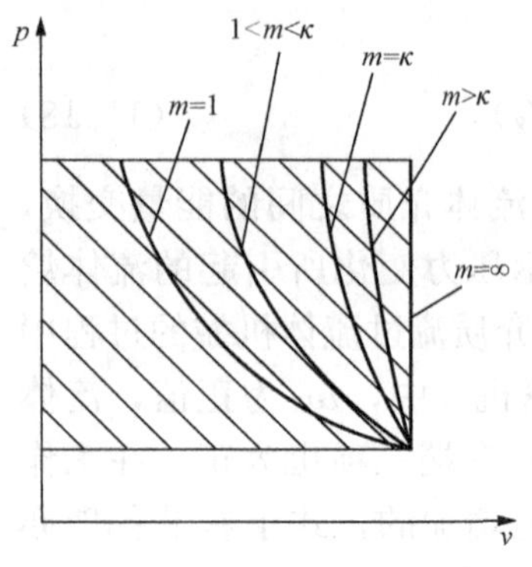

图1-8 不同过程技术功比较

似地视为定温过程。在大多数种类的压缩机中，这是难以做到的。但在液环式压缩机中，由于是利用液体压缩气体，同时工作液体中不断加入冷却液，因此气体的温升很小。这时的压缩过程可视为定温过程。

在定温过程中，根据理想气体的状态方程有

$$pv = RT = \text{const}$$

此时 v 与 p 的关系曲线是一条等边双曲线，故技术功可求得

$$w_t = \int_1^2 v\mathrm{d}p = RT\ln\frac{v_1}{v_2} = p_1v_1\ln\frac{v_1}{v_2} = p_1v_1\ln\frac{p_2}{p_1} \tag{1-21}$$

在定温条件下，理想气体的热力学能不变，气体与外界交换的热量为

$$q = RT\ln\frac{p_2}{p_1} = RT\ln\frac{v_1}{v_2} \tag{1-22}$$

在压缩机中，静压力所做的功全部变为热量传出；在涡轮机中，静压力对外所做的功则由外界提供的热量转换而来。

由于定温过程中介质的热力学能不变。又由于 pv=常数，所以由焓的定义可知，过程中介质焓的变化量为

$$\Delta h = \Delta(u + pv) = \Delta u + p_2v_2 - p_1v_1 = 0$$

3. 绝热过程

在大部分流体机械中，介质在机器内停留的时间很短，与外界交换的热量数量相对较少。作为一种理想的过程，可将其视为绝热定熵过程，即认为介质既不与外界交换热量，内部也没有损耗。此时理想气体的状态方程为

$$pv^{\kappa} = \text{const} \tag{1-23}$$

式中：κ 为等熵指数，在流体机械的工作范围内，可将其视为常数，但其值随气体种类而变。绝热过程初、终态参数之间的关系也易于从过程方程中求得

$$\frac{p_2}{p_1} = \left(\frac{v_1}{v_2}\right)^{\kappa} \tag{1-24a}$$

$$\frac{T_2}{T_1} = \left(\frac{v_1}{v_2}\right)^{\kappa-1} = \left(\frac{p_2}{p_1}\right)^{(\kappa-1)/\kappa} \tag{1-24b}$$

根据以上关系，可求得绝热过程的技术功为

$$w_t = \frac{\kappa R}{\kappa - 1}(T_2 - T_1) = \frac{\kappa}{\kappa - 1}p_1v_1\left[\left(\frac{p_2}{p_1}\right)^{(\kappa-1)/\kappa} - 1\right] \tag{1-25}$$

绝热过程中，由于和外界没有热量交换，介质的焓的变化量必等于外界输入的功量，因此

$$\Delta h = h_2 - h_1 = w_t \tag{1-26}$$

4. 定压过程

根据状态方程，定压过程参数之间的关系为

$$\frac{v_1}{T_1} = \frac{v_2}{T_2}$$

过程的技术功等于零。等压过程中介质的状态发生变化，是与外界的热量交换引起的，所以过程中焓的增量等于吸收的热量，即

$$h_2 - h_1 = q = c_p(T_2 - T_1) \tag{1-27}$$

5. 多变过程

以上讨论的定温和绝热过程，都是实际过程的简化。实际过程中，机壳既不能绝对绝热，也不可能绝对传热，并且介质流动过程总是伴有损耗发生。这样的过程中，所有的状态参数（p、v、T）都是变化的，故称为多变过程。多变过程的方程可写为

$$pv^n = \text{const} \tag{1-28}$$

式中：n 为多变指数，其值在不同的过程中是不同的。在流体机械的工作过程中，n 实际上是一个变数。工程上可用一个平均值进行计算。如果流体机械进、出口处的状态参数为已知，则由于 $p_1v_1^n = p_2v_2^n$，两边取对数即可得

$$n = \frac{\ln p_2 - \ln p_1}{\ln v_1 - \ln v_2} \tag{1-29}$$

式（1-29）即为流体机械工作过程的平均多变指数值。

实际上，典型的热力过程都可看成是多变过程的特例，即当多变指数

$n=1$ 时，为定温过程；

$n=\kappa$ 时，为绝热过程；

$n=\pm\infty$时，是定容过程。

由于多变过程和绝热过程的过程方程形式相同，故技术功的计算及初、终态参数之间的关系式都与绝热过程的形式相同，只需用多变指数 m 代替式中的绝热指数 κ 即可。

综上所述，介质在通过流体机械时静压能的变化，即 $p-v$ 图上阴影部分的面积是与过程的性质有关的。图 1-8 所示为以压缩机的工作为例对几种不同过程所进行的比较。假定过程的初态均相同，在图上为点 1。不同过程的多变指数不同，过程线在图上的斜率就不相同，假定终态的压力相同，则由图上可以看出，对可压缩介质而言，定温过程所做的功最少，定容过程所需的功最大。所以在压缩机中，为减少功耗，可以采取冷却的措施。对于不可压缩介质，过程既是定容的，又是定温的。由图 1-8 可以看出，不可压缩介质流过流体机械时，在进、出口压力相同的情况下，静压力所做的功最大。

前面讨论的都是理想气体的热力学过程，对于真实气体，由于其状态方程与理想气体有不同程度的偏离，因此以上结果都必须修正，具体计算方法请参见专门文献。

七、热力循环

实现功与热能转换的循环是热力循环。功与热能的变换是通过装置中工质的压缩或膨胀来实现。但是，为了使工质能连续地工作，应将工质从终态返回到初态。所以，由实现不同热力过程的设备组成的热力装置是一个工质在其中完成热力循环的装置。

热力循环由热力过程组合而成，由于循环中工质不同、热力过程及其组合的差异，热力循环的目的和工作效果也不相同。热力循环分正热力循环和逆热力循环，动力循环称为正热力循环，它是以部分热量从高温热库向低温热库传递作为条件来实现热能转换成机械能（功）的目的；制冷装置及热泵都是按相反方向循环工作的逆热力循环，它使热量从一个低温区传向另一个高温区，作为补偿所付出的代价是机械能转换成热能（例如蒸汽压缩式装置）或热能自高温热库传向低温热库（例如吸收式装置）。制冷装置是以制冷为目的，维持低温区持续低于环境温度；热泵是以制热为目的，维持高温区持续高于环境温度。

热力动力循环根据工质可分蒸汽动力循环和气体（或燃气）动力循环。蒸汽动力循环中

的工质实现了一个封闭的循环。燃气动力循环实际不是一个闭合的热力循环，而是一个广义的循环，作为工质的高温燃气是从大气吸入的空气与供给的燃料在燃烧室燃烧而成，工质做功后直接排入大气。动力循环除热力动力循环外，水力发电也可以看成是一个广义的动力循环，作为工质的水是从大气中水蒸气冷凝而成，具有高势能的水做功后减少势能排入露天，经吸热蒸发又变成水蒸气。

热力动力循环的经济性常由热效率来评价。动力循环中热效率 η 是等于装置输出的能量（机械能或电能）W 与提供的热量 Q 之比，即

$$\eta = W/Q \tag{1-30}$$

制冷、热泵循环的经济性分别由制冷系数 ε、供暖系数 ε' 表示，即

$$\varepsilon = Q_2/W \text{ 和 } \varepsilon' = Q_1/W \tag{1-31}$$

式中：分母 W 为装置消耗的外功或电机输出的能量，分子为获得的制冷量 Q_2（从冷源吸热）或制热量 Q_1（向热源放热）。因向热源放热量 Q_1 等于从冷源吸热量 Q_2 与消耗的外功 W 之和，即 $Q_1=Q_2+W$，所以 $\varepsilon'=\varepsilon+1$，即 $\varepsilon'>\varepsilon$。

正（动力）循环的热效率总是小于 1，而逆循环的制冷系数可以大于 1，供暖系数 ε' 总是大于 1。这些表示可以统一看成是得到的有效能量与消耗的能量之比，是一种能量利用系数。

为了评价循环的完善程度，引入理想循环的能量利用系数。在一定温度范围内工作的一切循环，以理想的正、逆卡诺循环的能量利用系数最高，即正卡诺循环时的能量利用系数（热效率）η_c 和以逆卡诺循环时的能量利用系数［制冷（供暖）系数］ε_c（ε_c'）最高，它们仅与冷、热源温度 T_2、T_1 有关，即

$$\eta_c = 1 - T_2/T_1 \text{ 和 } \varepsilon_c = Q_2/W = T_2/(T_1 - T_2) \tag{1-32}$$

因此，实际循环的完善程度应该将实际循环的能量利用系数与理想循环的能量利用系数相比。例如实际制冷循环的完善程度也用 η 表示，定义为

$$\eta = \varepsilon/\varepsilon_c \tag{1-33}$$

这些方法从数量表明了能量利用和损失的分布情况，但没有说明这些损失是可以尽量避免的或是根本不可避免的，不利于分析损失的原因和制定改进的措施。因此热力系统中常常会引入其他方法——熵方法（见热力过程）或㶲方法来评价（本章见第六节中热交换器的评价）。

八、伯努利方程

伯努利方程是能量方程的另一种表达式，它将与外界交换的机械能和流体本身的机械能变化联系起来了，在许多场合，它是一种很方便使用的形式。对于热力学稳态流动系统中的 1kg 理想流体，其机械能 w 除包括压缩功 $\int p\mathrm{d}v$、动能差 $0.5\Delta c^2$、位能差 $g\Delta z$、移动功 $\int \mathrm{d}(pv)$ 的变化外，同时在实际流动还应该包括用于克服各种损失而消耗的机械能 $\sum \delta w$。如果 w 前以输入功取正号，输出功取负号，以保证 w 是一个正数，可得到如下通用伯努利方程：

$$\pm w = \int_1^2 v\mathrm{d}p + 0.5(c_2^2 - c_1^2) + g(z_2 - z_1) + \sum \delta w \tag{1-34a}$$

式（1-34a）可作如下讨论。

（1）伯努利方程是能量转换与守恒定律的一种表达形式，确切地说是一种机械能守恒方程。它的使用条件是计算截面上符合稳定流动、缓变流，而对计算截面之间的流动没有要求。对于与外界有热传递的可压缩流体，机械能守恒的原则受到破坏，此时伯努利方程便没

有意义。因此，有热传递的容积式机器不使用该方程。

(2) 技术功 $-\int_1^2 v\mathrm{d}p$ 在不同场合有不同的叫法，例如，膨胀机械中称为膨胀功，而压缩机械中压缩过程消耗的该功 $\int_1^2 v\mathrm{d}p$ 又常常简称为压缩功。对于不可压缩流体，密度 ρ 为常数，$\int_1^2 v\mathrm{d}p=\Delta p/\rho$，显然，静压力差 $\Delta p=\rho\int_1^2 v\mathrm{d}p$。根据习惯，对于这些仅仅有机械能转换的不可压液体，又引入总水头（水轮机）或扬程（泵装置）$h=w/g$，此时该式表示为

$$\pm h=(p_2-p_1)/(\rho g)+0.5(c_2^2-c_1^2)/g+(z_2-z_1)+\sum\delta h \tag{1-34b}$$

(3) 计算截面之间与外界没有机械能交换时，$w=0$。例如一般管道、流体机械中的固定部件（喷嘴、扩压器等）内任意两个截面之间。此时，流体动能的变化（增加或减少），一部分使流体的静压能和势能发生变化（减少或增加），另一部分克服流动损失。

(4) 计算截面之间与外界有机械能交换时，w 不等于 0。例如叶轮机械中的任意两个截面之间包括叶轮并假设流体与外界交换机械功为理论功 w_{th}时，有

$$\pm w_{\mathrm{th}}=\int_1^2 v\mathrm{d}p+0.5(c_2^2-c_1^2)+g(z_2-z_1)+\delta w_{\mathrm{hyd}} \tag{1-34c}$$

式中：工作机中取正号，叶轮输入的机械能 w_{th}使流体的势能、静压能和动能增加，但由于流体有黏性，机械能 w_{th}不能全部转变为流体的势能、静压能和动能，其中有一部分能量损失，δw_{hyd}用于克服流道的流动阻力。

第四节 实际过程中常见的能量转换

在流体机械内流体的能量与外界机械功发生转换，如不可压流体的机械功与外界机械功的转换，对于可压缩流体，流体的热能与外界的机械功转换是通过实际的压缩过程和膨胀过程来完成；而热量交换——吸热和放热过程是热力循环中的重要组成部分，是一种常见的实际过程；热能除地热等一次能源外，通常是由燃料燃烧得到，燃烧过程发生化学反应，是化学能与热能的转换。在这些能量转换的实际过程中，工质的参数发生了相应的变化；或者说可以通过工质参数的变化来表示能量转换的值。

一、流体机械内的能量转换

1. 等容过程——机械功的转换（不可压流体）

流体机械中，对于不可压流体，其机械功与外界机械功的转换是在密度不变的情况下进行的。由于密度 ρ 是常数，流体与外界交换的能量 w 仅仅与流体机械进出口机械能的差值（压能差 $\Delta p/\rho$、动能差、势能差）有关，有伯努利方程

$$\pm w_{\mathrm{th}}=\Delta p/\rho+0.5(c_2^2-c_1^2)+g(z_2-z_1)+\delta w_{\mathrm{hyd}}$$

2. 压缩过程和膨胀过程——功热转换（可压流体）

流体机械中的热能向机械功的转换是由工质（可压缩流体）膨胀来完成（原动机），机械功向热能的转换是通过压缩工质来实现（工作机）。热能与机械能的转换是在叶轮（透平机械）或气缸内（容积式机械，包括吸气、排气）进行。因此，这里讨论压缩过程和膨胀过程中压力、密度的变化，与静止部件内减速（扩压）和加速（收敛）流动不尽相同，后者与系统外无功交换，而且压力的变化是由流体本身另一种机械能——动能的变

化引起的。

对于1kg工质，若取压缩过程中输入的机械功（压缩功）$w_y=\int_1^2 v\mathrm{d}p$ 为正，则膨胀过程对外做功 $\int_1^2 v\mathrm{d}p$ 为负值，为了保证膨胀功 w_p 的值也为正，有

$$w_y=\int_1^2 v\mathrm{d}p \tag{1-35}$$

$$w_p=-\int_1^2 v\mathrm{d}p=\int_2^1 v\mathrm{d}p \tag{1-36}$$

下标y、p分别表示压缩和膨胀。如果过程初、终态参数不用下标1、2表示，而用下标gy、dy分别表示高、低压力相应的参数，例如下标gy的参数代表压缩过程出口的值或膨胀过程进口的值，下标dy的参数代表压缩过程进口的值或膨胀过程出口的值，则上述两式可统一为

$$w_y=w_p=\int_{dy}^{gy} v\mathrm{d}p \tag{1-37}$$

对于不同过程（图1-9），将过程方程代入式（1-37），则可得到具体计算式。如由等温过程 $pv=\text{const}$，可得到等温压缩功

$$w_{T,y}=RT_1\ln(p_2/p_1)=RT_{dy}\ln(p_{gy}/p_{dy}) \tag{1-38}$$

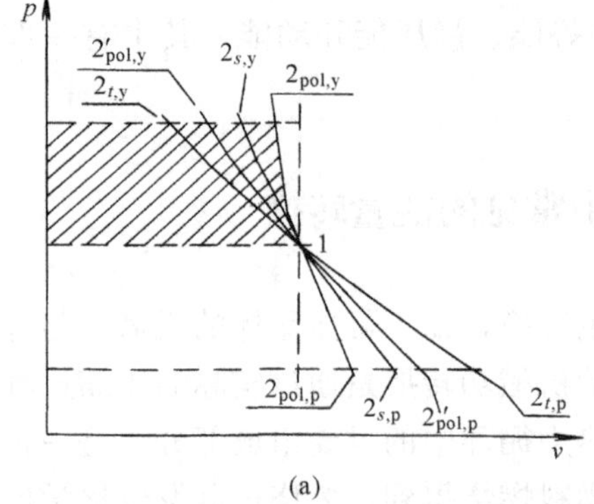

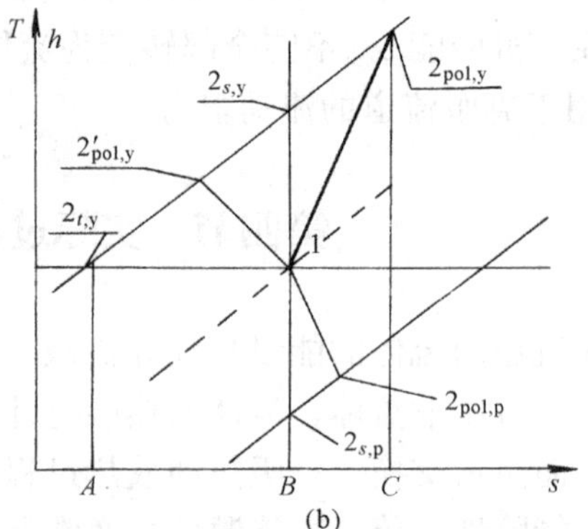

图1-9 功热转换过程

(a) $p-v$ 图；(b) $T-s$ 和 $h-s$ 图

由绝热过程方程式 $pv^\kappa=\text{const}$ 有

$$p_2/p_1=(T_2/T_1)^{\kappa/(\kappa-1)}=(v_1/v_2)^\kappa$$

则绝热过程的压缩功和膨胀功统一为

$$w_y=w_p=\kappa/(\kappa-1)\times RT_{dy}[(p_{gy}/p_{dy})^{(\kappa-1)/\kappa}-1]=(h_{gy}-h_{dy})_s \tag{1-39}$$

对于多变过程方程 $pv^n=\text{const}$，与绝热过程类似，其压缩功和膨胀功计算式为

$$w_y=w_p=n/(n-1)\times RT_{dy}[(p_{gy}/p_{dy})^{(n-1)/n}-1]=(h_{gy}-h_{dy})_{pol} \tag{1-40}$$

对功与热焓转换式讨论如下。

（1）对于实际多变过程，气体常数 R 对于传递的机械功（膨胀功、压缩功）影响很大。这是由于不同气体的 R 相差很大。由式（1-40）可知，若在其他条件都相同的情况下，氢气的 R 值是氟里昂-12的60倍，加上等熵指数的影响，两种工质所能转换的机械功 w 之比达65。

（2）p_2/p_1 一定时，工质转换的机械功与其进口温度成正比。进口温度越低，w 越小，这正是多级压缩机为了减少机器耗功而采用冷却的主要原因之一；而原动机提高气体进口温

度是为了增加机器的输出机械功。

(3) 图1-9和上述式中1、2分别表示过程的始点和终点，下标s，pol，y，p的参数分别表示等熵、多变、压缩、膨胀过程的值。在$p-v$图上用可逆过程线近似表示不可逆的实际多变过程。实际的多变过程分与外界有热量传递（$1-2'_{pol}$）或不传递（$1-2_{pol}$）的两种情况，在$p-v$图上，过程线与p轴围成的面积表示技术功$\int_1^2 v\mathrm{d}p$，该技术功是与外界传递的机械功，它除包括纯压缩或膨胀功$\int p\mathrm{d}v$外，还有气体流动时所作的移动功$\int \mathrm{d}(pv)$。对于容积式机械，技术功是吸气、压缩（膨胀）、排气等过程的总结果；对于速度式机械，两个部分是同时发生的，有时被称为流动压缩（膨胀）功或压缩（膨胀）功。显然，与外界没有热量传递的多变压缩（膨胀）过程的机械功最大（小），等熵压缩（膨胀）过程的机械功次之，与外界有热量传递的多变压缩（膨胀）过程的机械功排第三，等温压缩（膨胀）过程的机械功最小（大）。

(4) 讨论理想过程的功主要是为了分析比较，把理想过程作为一个标准去衡量实际过程，通过两者的差别可判断实际过程的完善程度及改进的方向。$T-s$或$h-s$图上，等熵过程作为理想的过程，图中线段$1-2_{s,y}$为等熵压缩过程，线段$1-2_{s,p}$为等熵膨胀过程，而实际的多变压缩过程和膨胀过程由线段$1-2_{pol,y}$和$1-2_{pol,p}$表示。在相同初始状态和终止压力时，实际压缩过程输入给流体的功$w_{tot,y}$除压缩功w_y（近似面积$12_{pol,y}2_{t,y}AB1$）外，还有克服损失的功（近似面积$12_{pol,y}CB1$，以热量的形式传给流体）。实际输入给流体的功$w_{tot,y}$大于等熵过程的$w_{s,y}$（面积$12_{s,y}2_{t,y}AB1$）；膨胀过程的输出功w_p（或焓降$h_{pol,p}-h_1$）小于等熵过程的$w_{s,p}$（或焓降$h_{s,p}-h_1$）。这种实际过程与理想过程的偏差常用绝热效率$\eta_{i,s}$来衡量，正如第3节中讨论热力过程时定义一样，动力机是实际过程的功与理想过程的功之比，而工作机则相反，即

$$\eta_{s,y}=w_{s,y}/w_{tot,y} \tag{1-41}$$

$$\eta_{s,p}=w_p/w_{s,p}=(h_{pol,p}-h_1)/(h_{s,p}-h_1) \tag{1-42}$$

有冷却的压缩机常常将等温压缩过程作为理想过程，在相同初始状态和终止压力时，理想等温压缩功w_T最小，有冷却的压缩过程的总功$w'_{tot,y}$也比无冷却的总功$w_{tot,y}$小。实际过程与等温压缩过程的偏差常用等温效率η_T来表示，即

$$\eta_T=w_T/w'_{tot,y} \tag{1-43}$$

实际过程的经济性评价标准除上述效率外，对于不同机器和不同情况还有各自的效率。

【例1-1】 已知压比为2.5，进口温度为27℃，计算氢气、空气、氟里昂-12三种不同R的气体的等熵压缩功$w_{s,y}$。若空气多变指数$n/(n-1)=2.8$，计算空气的多变压缩功$w_{pol,y}$和等温压缩功$w_{T,y}$。

解 计算结果列于下表：

工质	R [J/(kg·K)]	分子量	κ	$w_{s,y}$ (J/kg)	$w_{pol,y}$	$w_{T,y}$
氢气	4124.0	2.016	1.41	1299013		
空气	287.0	28.966	1.4	90183	93333	78893
氟里昂-12	68.8	120.92	1.14	20017		

注 空气等温压缩功$w_{T,y}=RT_1\ln(p_2/p_1)=287\times300(2.5)=78893$J/kg。

二、吸热过程和放热过程——热量交换

热量在热力学上定义为由高温物体传递到低温物体的能量。当物体加入或移出热量时，则改变了物体的热力学能。如果热量仅改变了物质的内部动能，则物质只有温度变化，而不发生相变化；若热量使物质的内部位能发生改变，则物质发生相变化，而温度不变。固体与液体之间的相变所加入或移出的热量称为熔解潜热；液体和气体之间的相变所加入或移出的热量称为汽化潜热。这些加入或移出热量的过程又称为吸热或放热过程。

固体溶解为液体，液体蒸发为气体，固体直接升华为气体都要吸收潜热，从而可利用来达到制冷的目的。例如制冷装置的蒸发器内制冷剂蒸发吸收外界环境的热量，使得环境的温度下降而制冷。蒸发过程还常发生在动力装置中的锅炉内，工质吸热从液体状态变化为气体，气体随后进一步得到热量而具有高温、高压，在涡轮机内进行膨胀对外做机械功。相反，工质从气体状态变化为液体的凝结过程要放出潜热，这一原理可用来制热。在制冷、制热、热电厂装置中的冷凝器内都有凝结过程而放热，放热过程还常发生在冷却器中。吸热过程和放热过程虽然常伴随有蒸发、凝结现象，但吸热过程和放热过程中不一定总有相变的情况发生。

吸热和放热是相辅相成的，对于某一个系统为放热过程，失去热量；系统的外界就有一个吸热过程，得到热量；反之也一样。例如，冷凝器作为一个系统，它是将热量排给外界环境，是放热过程；而外界从冷凝器得到热量，是吸热过程。蒸发器是从外界环境中得到热量，是吸热过程；而外界向蒸发器提供热量，是放热过程。冷却器中，冷却流体是吸热，被冷却流体就是放热。

吸热和放热通常是在换热设备和管道系统中进行，根据传热的机理不同，热量传递分为三种基本形式——导热、对流和辐射。

导热是指热量从物体温度高的部分向温度低的部分传递的过程。导热量 Q（W）除与导热体的厚度 δ（m）成反比，与导热体的面积 A（m^2）、温度差 ΔT（K）成正比外，还与导热体的导热系数 λ [W/(m·K)] 成正比，即

$$Q = \lambda A \Delta T / \delta \tag{1-44}$$

为了防止热量的损失，工程中常将导热系数小于 0.23W/（m·K）的绝热材料用作设备和管道的保温，以减缓导热。

对流换热是指流体各部分之间发生相对位移而引起的热量传递过程。对流换热量 Q 可按式（1-45）计算

$$Q = hA\Delta T \tag{1-45}$$

式中：放热系数 h 反映了对流换热的强烈程度。影响 h 的因素很多，主要有流体的物性参数、流动状况、物态的变化、换热面的形状与布置等。

根据流体流动状况，可分自然对流换热和强迫对流换热。自然对流换热是由于参与换热的流体各部分冷热不同引起密度不同而产生的换热现象；而强迫对流换热中流体是在泵、风机或其他设备作用下的流动。流体速度愈大，放热系数 h 愈大。一般情况下，同种流体的放热系数 h 在强迫对流时比自然对流时约大 5～10 倍。

根据物态的变化又有无相变的对流换热、沸腾放热和凝结放热。沸腾放热是参与换热的液体同时发生沸腾的相变现象，沸腾放热系数 h 比同类流体的强迫对流放热系数 h 还要大。凝结放热是参与换热的蒸汽同时发生凝结的相变现象。凝结放热根据凝结液体在传热壁面上

形成的是一层液体薄膜还是一颗颗液珠又分膜状凝结和珠状凝结。因为膜状凝结时热量传递要多通过一层液体薄膜，所以珠状凝结的放热系数 h 比膜状凝结的要大，一般约大 5～10 倍。一般认为制冷工程的冷凝器中发生膜状凝结。当蒸汽中存在不凝性气体时，放热系数 α 急剧下降，因此，应该及时排除蒸汽中的不凝性气体。

辐射换热是高温物体以电磁波的形式向周围物体传递热量的过程。两物体之间的辐射换热量 Q 与温度的四次方之差成正比，但工程计算仍采用与对流类似的公式

$$Q = h_r A \Delta T \tag{1-46}$$

式中：辐射换热系数 h_r 是一个随温度而剧烈变化的函数。

可以将式（1 - 44）～式（1 - 46）统一为

$$Q = KA\Delta T \tag{1-47}$$

式中：K 为传热系数，是三种不同传热形式的综合系数。

热量交换设备一般希望加强热量的交换强度，以减小尺寸，提高效率。热效率可定义为工质得到的热量 q_1 与外界提供的热量 q_2 之比。

如果利用㶲效率，则由㶲方程

$$\Delta e_x = e_{x,q} - w_t - w_1 \tag{1-48}$$

式中：Δe_x 表示设备进、出口工质的㶲变化量 $e_{x,out} - e_{x,in}$；$e_{x,q}$为交换热量的可用能；w_t、w_1 分别表示设备内实际完成的技术功和耗散功。因热量交换设备中 $w_t = 0$，理想过程时 $e_{x,out} = e_{x,in} + e_{x,q}$，实际过程的 $e'_{x,out} < e_{x,out}$，两者之差是做功能力的损失，两者之比为热交换器的㶲效率 η_{ex}，即

$$\eta_{ex} = e'_{x,out}/e_{x,out} = e'_{x,out}/(e_{x,in} + e_{x,q})$$

三、燃烧过程——化学能转换为热能

燃烧是将燃料的化学能转换为工质热能的过程。根据燃烧与工质是否直接接触又可分为内燃式和外燃式。内燃式是在汽缸或燃烧室内利用气体或液体燃料的燃烧而得到的燃气作为工质，其燃料包括天然气、煤气、汽油、柴油以及多种石油类原料。外燃式是通过锅炉将燃料的化学能转换为热能并传递给工质，使工质从液体状态变为气体状态，这类装置使用的燃料很广泛，能使用气体、液体、固体等燃料。

燃烧过程是与燃料本身燃烧特性、燃烧方式、燃烧工况组织等因素有关的一个复杂的物理化学过程。燃烧时燃料与空气中的氧急剧化合，放出大量热能并伴随有光出现。在连续的燃烧过程中，总是经历着吸热升温和燃烧放热两大阶段的反复循环。但是，对于固体燃料来说，燃烧的过程要比液体和气体燃料复杂得多。这是因为固体燃料的燃烧是在固体表面上进行的，是一种异相化学反应。而气体燃料的燃烧、液体燃料先雾化成油雾再受热产生油蒸汽的燃烧都是单相化学反应。

固体燃料（例如煤炭）燃烧时，在吸热升温阶段中，锅炉内的高温热源通过对流、辐射及热传导的方式使新鲜燃料吸热升温。在常压下，首先煤中水分受热蒸发，燃煤得到干燥，燃煤温度不断上升，在 120～450℃的情况下，煤中可燃的挥发性气体释放，同时剩余的固体形成焦炭。可燃的挥发分气体着火温度一般比较低，在有充足氧气的条件下，温度到 450～550℃以上均可着火燃烧，同时放出热量。

挥发性气体释放的同时，焦炭吸收挥发性气体燃烧的热量及锅炉高温区的热量，其温度进一步提高，当达到焦炭着火温度时，焦炭开始着火燃烧，并放出大量的热。焦炭是固体燃

料中可燃烧的主要部分，其放热量占燃煤总放热量的60%～95%。焦炭的燃烧是异相化学反应，燃烧和燃尽都比较困难，特别是低挥发分、高碳成分的煤，燃烧和燃尽的问题更值得注意。

燃料燃烧过程中最关键、最重要的是着火和燃尽。燃料从高温热源吸收热量提高温度，以实现及时、稳定的着火，从而促进燃料的充分燃烧。燃烧产生的大量的热又维持着一个高温的环境，保证了着火和燃尽的连续进行。着火是燃尽的前提，燃尽是为了提高燃烧效率和经济性。

液体燃油包括汽油、煤油、柴油和重油。内燃机中一般使用汽油和柴油，电厂常以重油作为燃料。一般来说，油的沸点低于其着火点，因此，油的燃烧是通过油喷嘴（或雾化器）雾化成极细小的油滴以增加燃料的表面积。油滴受热后首先蒸发成油蒸气，然后与氧化合进行燃烧化学反应。油的燃烧过程大致可分为五个阶段：雾化、蒸发、扩散混合、着火、燃烧。前三个阶段属于物理过程，是保证稳定着火、充分燃烧的必要条件，其雾化、混合的好坏直接影响到燃烧的效率。

燃料油的主要成分是烷、烯类等碳氢化合物（或称为烃）。低碳分子的烃一般在200～300℃下即可发生链式反应并着火燃烧。燃烧的热量提高了温度，给高碳分子烃的蒸发和着火创造了条件。总的说来，油雾的着火和燃烧条件是优越的，着火温度低，油中含灰分少，燃烧又是一个单相化学反应，所以燃烧是强烈的。气体的紊流扩散混合愈充分，油的燃烧反应愈迅速。

由上可知，燃烧的三个要素是燃料、氧和活化（着火）所需要的能量。除此之外，完全燃烧还必须满足以下条件：温度维持在燃料的着火温度以上；以正确的方法提供适当的空气量；及时排除燃烧产物；保证必要的燃烧空间和时间。

锅炉是一种燃烧设备，又可以看作一种热交换设备，其热效率可定义为工质水得到的热量 q_1 与外界燃料提供的热量 q_2 之比。

如果利用㶲效率

$$\eta_{e_x} = e'_{x,out}/e_{x,out} = e'_{x,out} \tag{1-49}$$

式中：$e_{x,in}$是水带入的㶲；$e_{x,out}$是水蒸气流出时的㶲；$e_{x,q}$是燃料提供热量 q_2 的可用能，与烟气的温度 T_H 和环境温度 T_0 有关，$e_{x,q}=q_2(1-T_0/T_H)$。因此，T_0 与 T_H 相差愈大，㶲效率 η_{e_x} 愈低。

在内燃机燃烧室内将燃料化学能转为具有高温高压工质的热能，工质热能可以通过原动机内的膨胀对外输出机械功，也可以直接利用工质膨胀后的动能。例如在火箭发动机和空气喷气发动机中，通过特定形状的喷管得到定向的高速度（每秒几千米）运动的气流，用气流的反作用而推动飞行器。

思考题和习题

1. 什么是流体机械，工作机和原动机的主要区别是什么？
2. 简述可压与不可压的流体机械主要差别？
3. 叙述几个流体机械的应用实例，并说明在系统中的作用。
4. 基本了解各种流体机械的结构和主要零部件的作用。

5. 换热设备有哪些类型？叙述几个换热设备的应用实例，并说明在系统中的作用。

6. 了解流体的基本性质——黏性、压缩性的物理实质和表示方法。

7. 说明工质的状态、经历的过程和完成的循环三者之间的关系。

8. 过程或循环的经济性常常用哪些方法评价？说明定义并比较区别。

9. 常见的能量转换方式有哪些？它们在什么装置内实现？了解其特点。

10. 一个压缩机的绝热效率比另一个压缩机的等温效率高，能否说前一个压缩机的完善程度就比后一个高？

11. 已知某河流大坝落差是 150m，流量为 50000m^3/s，如果不考虑各种损失，最大的发电量是多少？

12. 根据流体流动方向，观察并说明所见机器部件的面积和速度是如何变化的？

13. 观察所见的系统装置，其中使用哪几种流体？以流体为主线，分别说明每种流体流过的机器和设备，其中流体参数（压力、温度、速度等）如何变化？

第二章 叶轮机械的基本理论

叶轮机械中的流动是非常复杂的：它往往是三元、非定常的黏性流动，还可能是跨、超声速流动；流动的黏性会引起各种能量损失；流动可能是两相或多相流；流体也可能不是理想气体。同时，叶轮机械的几何形状大都也是很复杂的。因此，分析求解叶轮机械中的流动是非常困难的。工程应用中，常常对叶轮机械中的流动进行适当的简化处理，如径向叶轮机械中的流动被看成是稳定的、与外界没有热交换的一元流动；不考虑黏性的局部影响而只考虑整体的能量损失等。下面讨论叶轮机械中的流动时，一般都假设流体是单相、单组分介质，气体还认为是理想气体，其流动看成是连续、稳定的。由于大量的试验和经验的积累，这种简化处理是实用的。所以，下面仍以一元流动分析为主。

第一节 叶轮机械的典型结构

汽轮机、燃气轮机、水轮机、叶片泵、风机以及透平压缩机它们的工作原理大致相同，但由于工作介质、功能和使用要求不同，使得它们的结构千差万别。下面介绍几种叶片机械的典型结构、工作过程和主要特点。

一、典型结构和工作过程

1. 离心式工作机

图 2-1 和图 2-2 表示单级（仅有一个叶轮）单吸离心泵和通风机，它们的通流部分是吸入室（进气口）、叶轮、蜗壳三大件。两轴承都在叶轮一侧，叶轮悬臂，吸入室中的流体轴向流入。电机（或其他原动机）通过轴带动叶轮旋转，在叶片的作用下，使得叶轮前流体具有一定的速度，由伯努利方程可知，此时流体还没有从外界得到能量，其压力降低，形成了吸入力，这是流体内机械能之间的转换。在叶片力的作用下，叶轮中流体从外界得到能量，然后进入蜗壳，此时流体的速度降低，而压力提高，然后从扩散管流出。由于叶轮连续旋转，流体将不断地由叶轮吸入和排出，转轴的机械能不断转换为流体压力能和速度能。由于液体的密度比气体大得多，泵的排出压力比风机高得多，为承受较高的内压，泵零件的壁厚较大，通常采用铸件或锻件毛坯进行加工；而风机中则广泛采用薄钢板冲压然后焊接的结构。工艺方法的不同使得泵蜗壳的断面常为圆形或带圆角的梯形；而风机的蜗壳断面多为矩形。

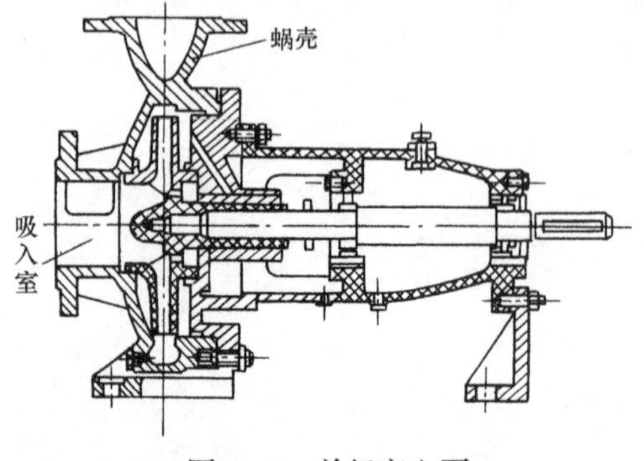

图 2-1 单级离心泵

图 2-3 表示双吸单级离心泵，其通流部分还是吸入室（进气口）、叶轮、蜗壳三大件，但部件的结构形式与单吸有很大的区别。例如流体是从左右两面进入叶轮，该叶轮相当是两个单吸叶轮背靠背联成一体，所以双吸叶轮比单吸有更大的流量。叶轮在两轴承中间，这种结构的吸入室比较复杂。吸入室中流体常常是径向流入。

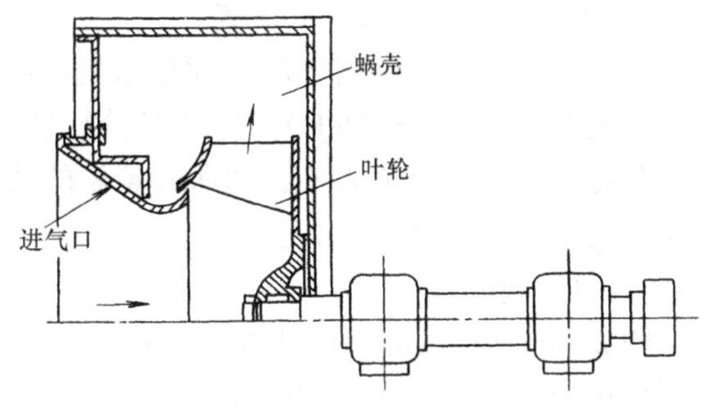

图 2-2　离心式通风机

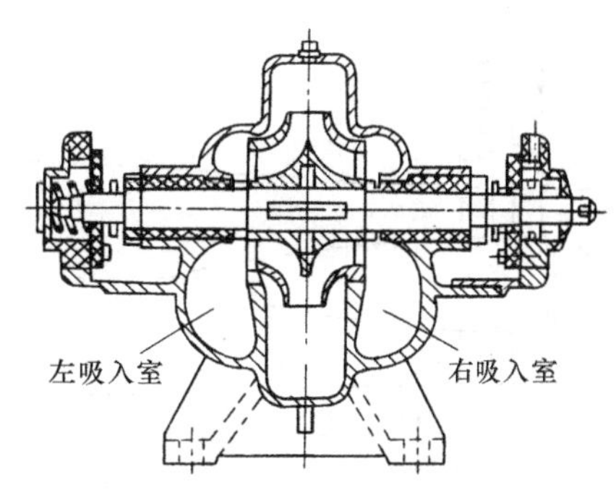

图 2-3　双吸单级泵

图 2-4 为 4 级离心泵，它由 4 个叶轮、吸入室、蜗壳和 4 个径向导叶（压缩机中称为叶片扩压器）和反导叶（压缩机中称为回流器）组成。多级机器与单级相比，流体得到或输出的能量更多。

双吸单级离心通风机、鼓风机和多级离心压缩机与泵有类似的结构形式。

2. 轴流式原动机

图 2 - 5 为一涡轮机的示意图。具有一定压力和温度的流体（蒸汽或燃气）首先在喷嘴中膨胀加速，流体的压力、温度降低，流速增加。在此过程中机器完成了热能到动能的转换。从喷嘴出来的高速流体以一定的方向进入叶轮，流体受叶片的作用，使其速度大小和方向都将发生变化。这时流体将对叶片产生作用力，推动叶轮做功，完成了流体动能到机械能的转换。

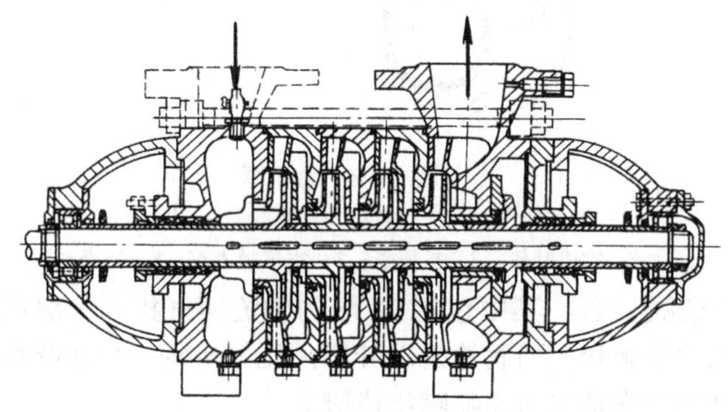
图 2 - 4　多级离心泵

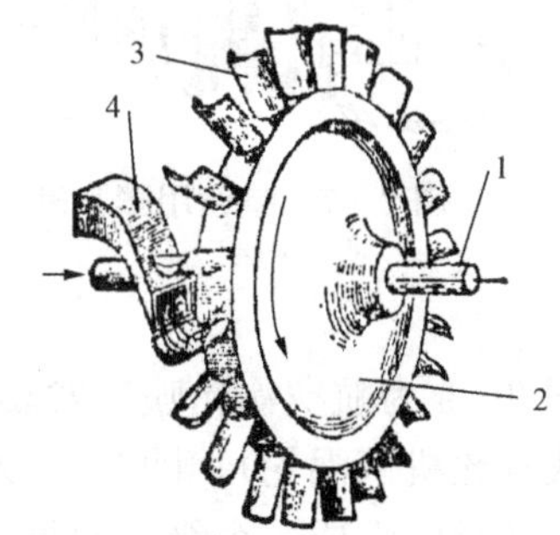

图 2 - 5　轴流式涡轮机

1—轴；2—叶轮；3—叶片；4—喷管

3. 轴流式工作机

图 2 - 6 为单级轴流通风机，气流进入集流器 1（吸入室）；在叶轮 2 中得到转轴传递的外界能量；气流速度在导叶 3 内减小，压力提高，同时速度方向改变到与转轴方向基本一致；最后在扩散筒 4 内速度进一步减小，压力进一步提高。与上面分析的一样，除叶轮中气体得到外界的机械功外，其他部件内的气体参数变化都是气体能量本身之间转换造成的。

图 2 - 6 的上方是叶轮和导叶的圆柱截面的展开图，下方是流道中流体静压力分布图。该图也可以看成轴流泵结构简图。

4. 原动机和工作机联合装置

图 2－7 为某飞机上空调用透平膨胀机，从压缩机来的高温（308～328K）高压空气通过膨胀机后温度可以下降 50℃左右。膨胀叶轮做的功由制动风机叶轮消耗掉。图中这两个叶轮完全对称，而且都是径—轴流式、单吸、单级。

图 2－8 为内燃机用增压器，提高空气压力的压缩机由吸入室 7、转动叶轮 5、叶片扩压器 6 和蜗壳 8 组成，图中压缩机是径流式。拖动压缩机的膨胀机是单级轴流式机器（由图中吸入室 1、喷嘴 2、转动叶轮 3 和蜗壳 4 组成）。

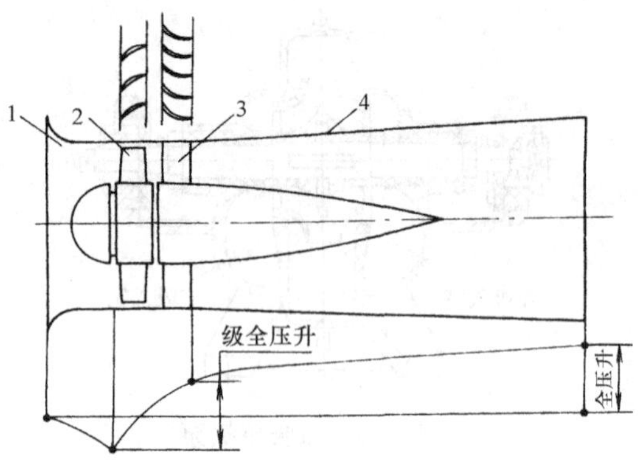

图 2－6 轴流通风机结构

1—集风器；2—叶轮；3—导叶；4—扩散筒

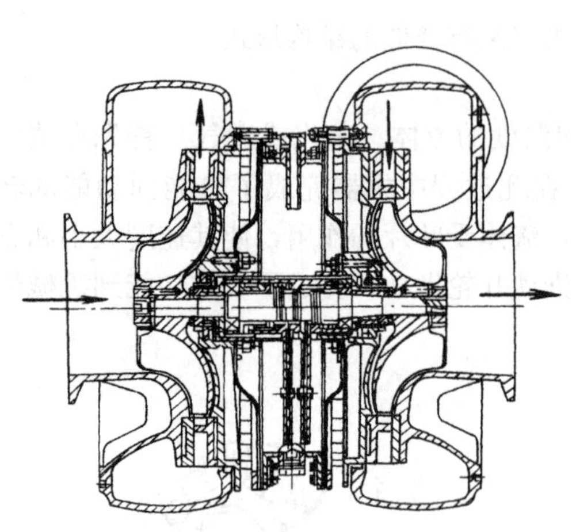

图 2－7 空调用膨胀机

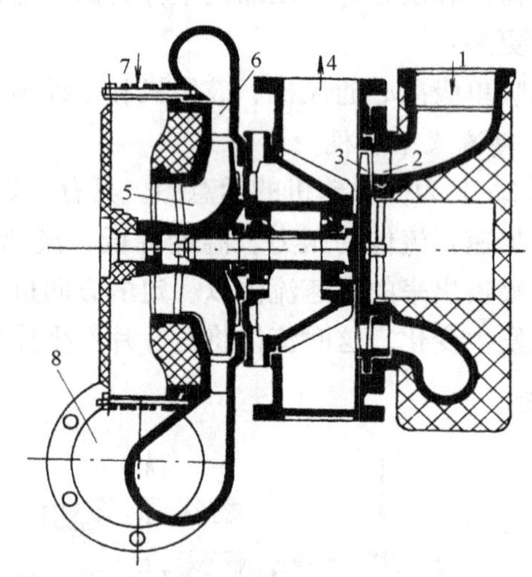

图 2－8 增压器

1—燃气吸入室；2—喷嘴；3—涡轮；4—出口；5—压缩机叶轮；6—扩压器；7—空气吸入室；8—蜗壳

图 2－9 为航空涡轮喷气发动机（燃气轮机组），其中包括 17 级的轴流压气机和 3 级的轴流式气轮机（涡轮），即有 17 列压气机动叶栅和 3 列涡轮机动叶栅。压气机每一个动叶栅与后面的导叶组成一个级，而每个涡轮机动叶栅是与前面喷嘴组成级。

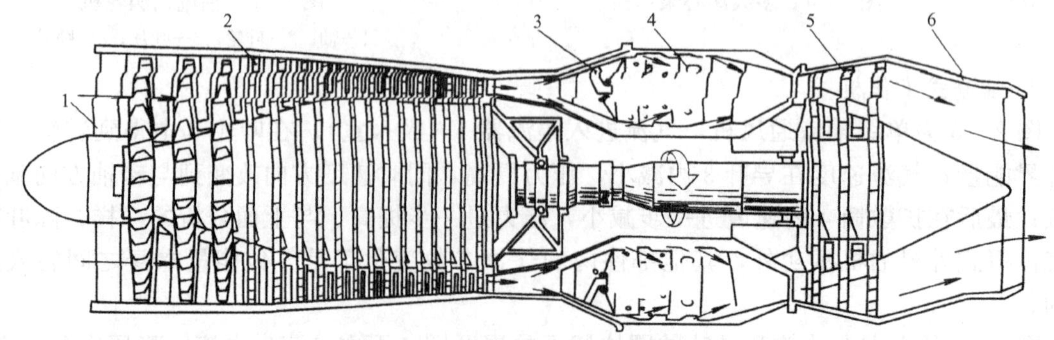

图 2－9 涡轮喷气发动机原理简图

1—空气入口；2—压气机；3—燃油；4—燃烧室；5—涡轮；6—喷管

二、级

由以上讨论知道，叶轮机械的级是由一个旋转的叶轮与相应的固定元件（吸入室、喷嘴、扩压器或压水室、蜗壳等）所组成，级也是流体机械中实现能量转换的一个基本单元。根据定义，图 2 - 1～图 2 - 3、图 2 - 5、图 2 - 6 都是一个级，图 2 - 4 有四个级；图 2 - 7、图 2 - 8 中工作机有一个级，原动机有一个级；图 2 - 9 中工作机有 13 个级和原动机有 3 个级。级的多少由需要传递的能量大小、转速等因素决定。

叶轮又称为转轮、动叶，固定元件中有叶片的都叫静叶。叶轮与相应的固定元件所组成的流道以保证流体连续、流畅的运动以及能量的高效率转换。如果与外界没有传热性质，那么叶轮中的能量转换主要是指流体能量与外界机械功之间进行的传递，而固定元件中一般只是流体内部不同形式能量之间的转换。

叶轮是流体（工质）能量与外界机械功之间进行传递的唯一的部件，是叶轮机械中研究最多和最重要的部件。

第二节　流体在叶轮中的运动分析

一、叶轮的流道投影图及主要尺寸

在叶轮机械中，叶轮是流体能量与外界机械功之间进行传递的唯一的部件。图 2 - 10 表示了常用的径流叶轮和轴流叶轮的立体型式。从图 2 - 10 中可以看到，叶片表面一般是空间曲面，为了研究流体质点在叶轮中的运动，必须用适当的方法描述叶片的空间形状。由于叶轮是绕定轴旋转的，故用圆柱坐标系描述叶轮及叶片的形状比较方便。图 2 - 11 为叶轮的坐标系，取 z 轴与叶轮轴线重合，r 沿半径方向，θ 为圆周方向。该坐标系下，叶片表面可以表达成一个曲面方程

$$\theta = \theta(r,z) \tag{2 - 1}$$

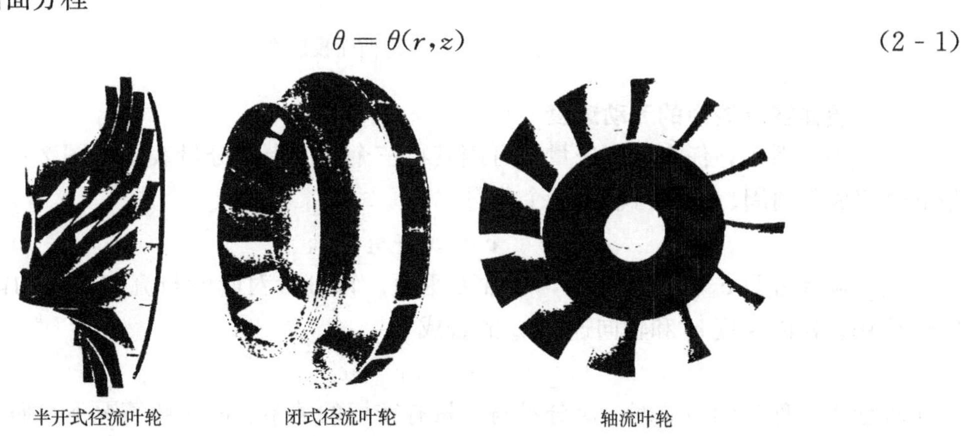

图 2 - 10　叶轮立体图

叶片上任一点 A 的空间位置，可以用坐标（r_a，θ_a，z_a）表示。实际上，我们一般不可能获得式（2 - 1）的解析表达式，工程上都是用平面图来表示叶片形状的。为了与圆柱坐标系相适应，工程上用“轴面投影图”和“平面投影图”来确定叶片的形状。平面投影图的作法与一般机械图的作法相同，是将叶片投影到与转轴垂直的平面（也称为径向面，方程为 $z=C$）上而得。所谓轴面（也称子午面），是指通过叶轮轴线的平面。轴面投影图的作法不同于一般投影图的作法，它是将每一点绕轴线旋转一定角度到同一轴面而成的。为了便于看图，该

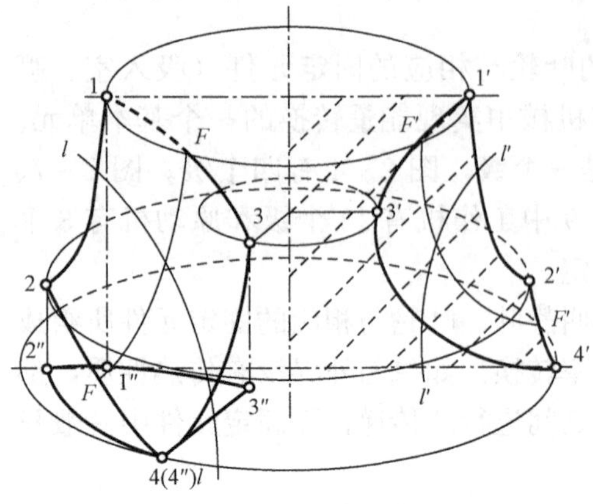

图 2-11 叶片轴面与平面投影

轴面应取为图纸平面。图 2-11 中，叶片上的点 1234 的轴面投影为 1′2′3′4′，平面投影为 1″2″3″4″。对于叶片上的任一点（例如点 1），由轴面投影图可以得到坐标值 r_1，z_1。从平面图上可得到 r_1，θ_1。于是由这两个图即可得到该点在空间中的位置。

轴面投影图在研究叶片式流体机械原理时特别重要。读者应熟练掌握该图的作法与意义。图 2-12 给出了几种常见的叶轮轴面投影图，图中标出了几个重要的尺寸。这些尺寸决定了轴面投影图的总体形状，对叶片式机械的性能参数有决定性的影响。在实践中，习惯用脚标 1 代表叶片的进口边，脚标 2 代表叶片出口边，脚标 0 代表进口前的某处，脚标 3 代表出口后的某处。由于工作机与原动机的流动方向正好相反，工作机叶轮进口边 1 在原动机中即成为出口边 2。

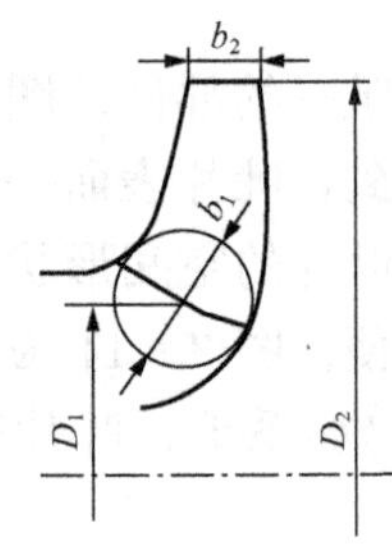

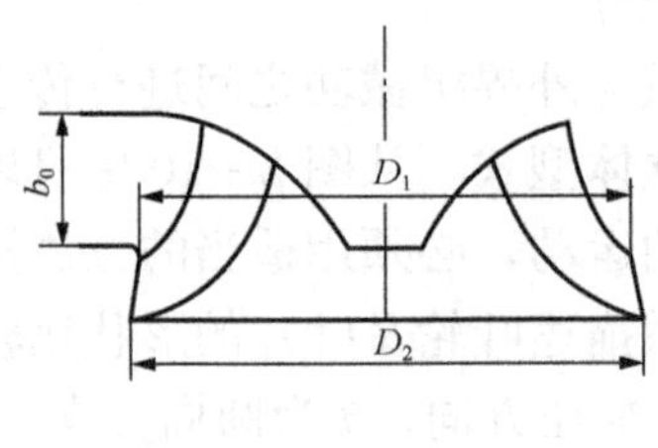

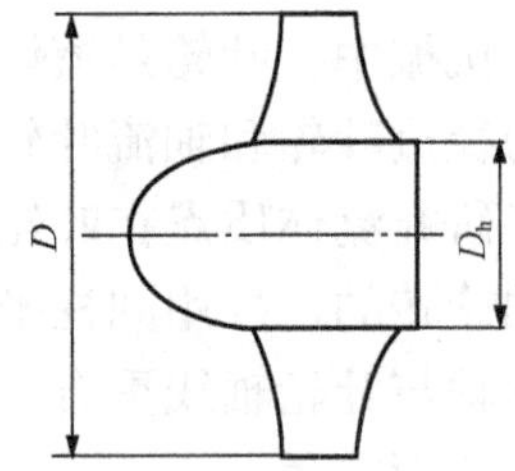

图 2-12 叶轮轴面投影图

二、流体在叶轮中的流动速度

圆柱坐标系中，任意速度矢量都可用其在三个方向上的分量表示。图 2-13 中，速度矢量 $\boldsymbol{c}$ 分解成了圆周、径向与轴向三个分量

$$\boldsymbol{c} = \boldsymbol{c}_r + \boldsymbol{c}_z + \boldsymbol{c}_u \tag{2-2}$$

其中圆周分量 $\boldsymbol{c}_u$ 沿圆周方向，与轴面垂直。该分量对叶轮与流体之间的能量转换有决定性作用。径向速度 $\boldsymbol{c}_r$ 和轴向速度 $\boldsymbol{c}_z$ 的合成

$$\boldsymbol{c}_m = \boldsymbol{c}_r + \boldsymbol{c}_z \tag{2-3}$$

位于轴面内，称为轴面速度。该分量与流量有密切的关系。故一般情况下只研究速度矢量的两个分量

$$\boldsymbol{c} = \boldsymbol{c}_m + \boldsymbol{c}_u \tag{2-4}$$

由于各分量均为正交，故有

$$c = \sqrt{c_u^2 + c_m^2} = \sqrt{c_r^2 + c_z^2 + c_u^2} \tag{2-5}$$

叶轮内的流线是空间曲线，若假定流动是轴对称的，则空间流线绕轴旋转一周所形成的回转面即为流面。该回转面与轴面的交线也就是流线的轴面投影，称为轴面流线（见图 2-14）。

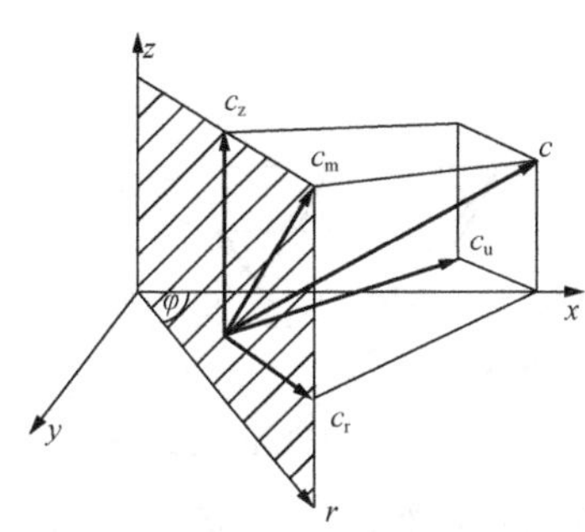

图 2-13　圆柱坐标系中速度矢量分解

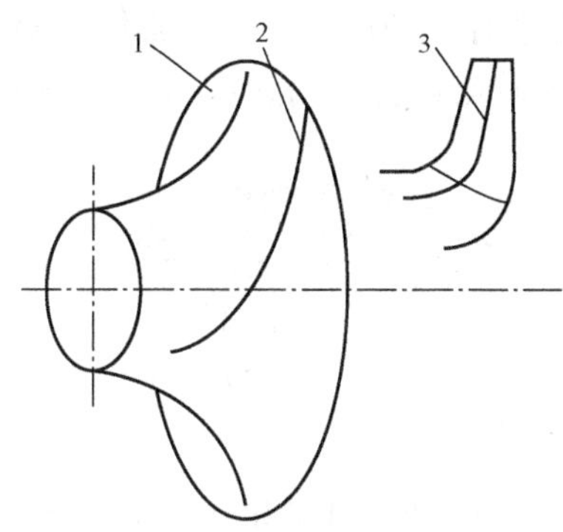

图 2-14　空间流线与轴面流线

1—空间流面；2—空间流线；3—轴面流线

在径流式叶轮中，上述流面近似成为一个平面。在轴流式叶轮中，它近似成为一个圆柱面，展开后可以成为一个平面。

在轴面图上作出若干轴面流线，即可描绘出叶轮内的轴面速度的分布。如果仅仅考虑叶轮中速度矢量的轴面分速度，即可利用这样的轴面流线。当不考虑流动的圆周分量时，我们即获得轴面流动。在轴面图上作一曲线与所有的轴面流线都正交，该线绕轴旋转一周而成的回转面称为轴面流动的过流断面。该断面的面积决定了轴面速度的平均值（图 2-15）。该面积为

$$A = 2\pi R_c b \tag{2-6}$$

式中：R_c 为过流断面线的重心至轴线的距离；b 为过流断面线的长度。

显然，在轴流式机器中，轴面流动的过流断面为一圆环面，在径流式机器中，则为一圆柱面（见图 2-16）。这两种情况下，面积都是易于计算的。

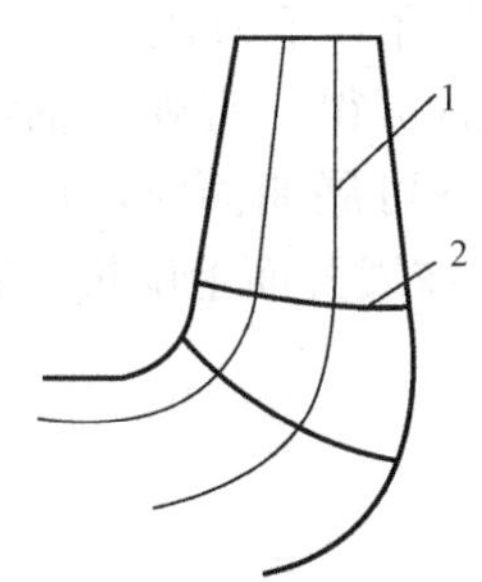

图 2-15　过流断面

1—轴面流线；2—过流断面

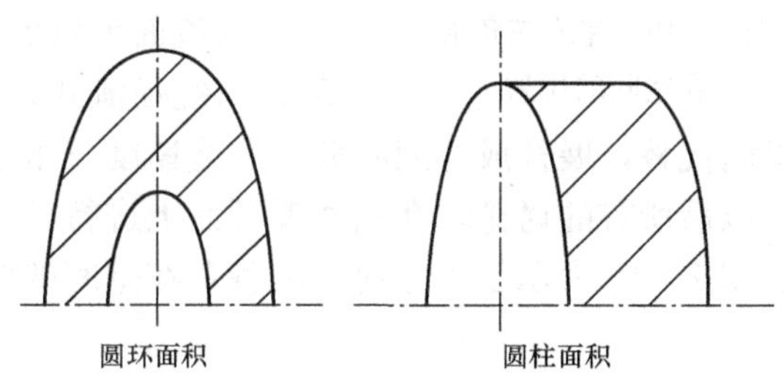

图 2-16　过流面积

三、绝对运动与相对运动

由于叶轮是旋转的，故流体质点相对于静坐标系的绝对运动与相对于叶轮的运动是不同的。图 2-17 所示为一径流式叶轮的叶片中流体的运动情况。a 为叶轮不动时流体在叶片中的流线，b 为叶轮转动时叶片上固体质点运动的轨迹，c 为叶轮中流体绝对运动的流线。图 2-18 则是轴流式叶轮内的相对与绝对运动，图中各符号意义同前。根据速度合成定律，绝对运动是相对运动与牵连运动的矢量和

$$\boldsymbol{c} = \boldsymbol{w} + \boldsymbol{u} \tag{2-7}$$

式中：$\boldsymbol{c}$ 为绝对运动速度；$\boldsymbol{w}$ 为流体质点相对于叶轮的速度，称相对速度；$\boldsymbol{u}$ 为叶轮上与所考查的流体质点重合点的速度（$\boldsymbol{u}=\boldsymbol{\omega}\cdot\boldsymbol{r}$）。

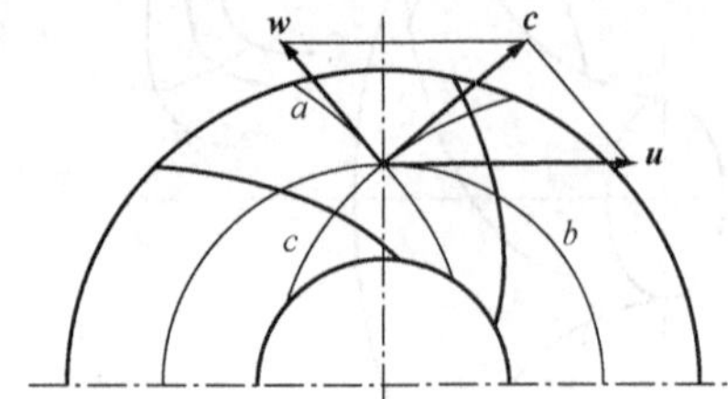

图 2-17 径流式叶轮中的相对运动与绝对运动

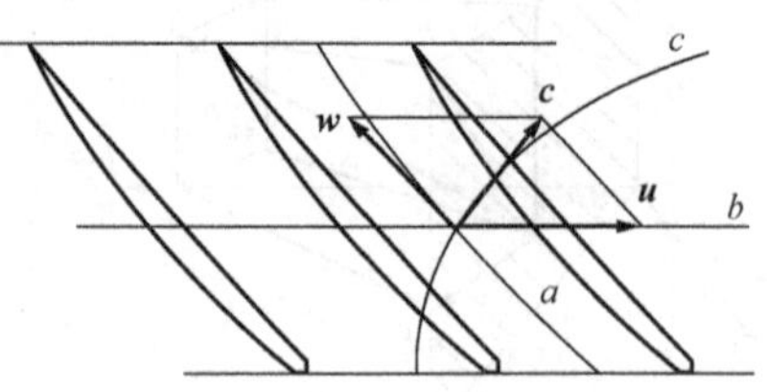

图 2-18 轴流式叶轮中的相对运动与绝对运动

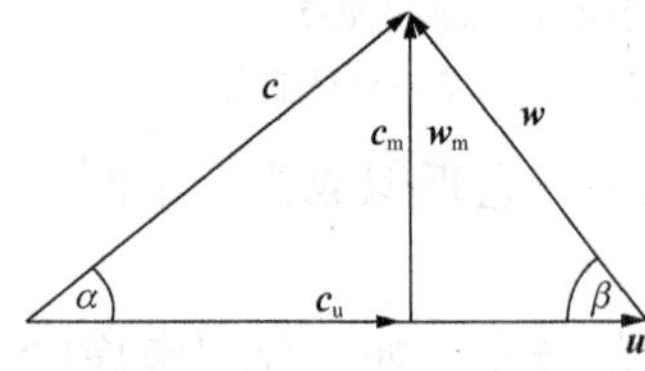

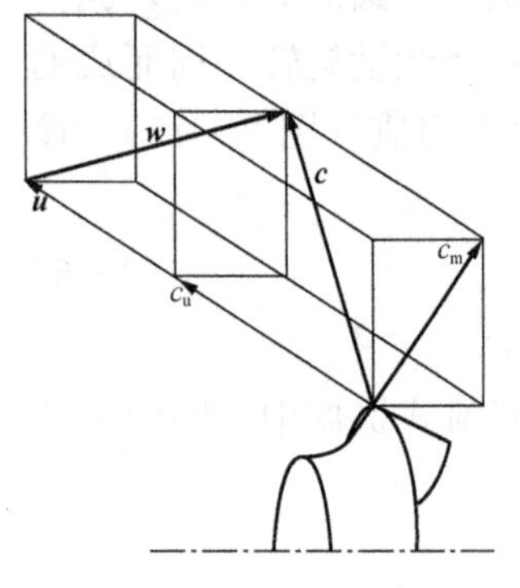

图 2-19 速度三角形在空间的位置

由于 $\boldsymbol{c}$、$\boldsymbol{w}$ 及 $\boldsymbol{u}$ 在叶轮内不同的点上是不同的，因此应用式（2-8）时应注意三个量必须是同一空间点上的数值。

式（2-8）的关系可用一个三角形表示。称为速度三角形（见图 2-19）。$\boldsymbol{c}$ 和 $\boldsymbol{w}$ 两个矢量都可以分解为圆周分量与轴面分量。由图 2-19 可知

$$\boldsymbol{c}_m = \boldsymbol{w}_m$$

$$\boldsymbol{u} = \boldsymbol{c}_u - \boldsymbol{w}_u \tag{2-8}$$

对叶轮内的每一空间点，都可以作出上述速度三角形，但叶片进、出口边处的速度三角形是特别重要的。速度三角形中 $\boldsymbol{w}$ 和 $-\boldsymbol{u}$ 的夹角 β 称为相对流动角，$\boldsymbol{c}$ 与 $\boldsymbol{u}$ 的夹角 α 称为绝对流动角。速度三角形所在平面是前述回转流面的切平面，切点即为所考查的空间点。$\boldsymbol{c}$、$\boldsymbol{w}$、α、β 等量都必须在流面上测量。同理叶片的几何尺寸也应在流面上测量。在流面上，叶片骨线沿相对流线方向的切线与 $-\boldsymbol{u}$ 方向的夹角称为叶片安放角，记为 β_b。

当流面为可展开曲面时，展开后可得一直列（轴流式）或环列（纯径流式）叶栅。当流面为不可展曲面时，也可用近似圆锥面代替，展开成环列叶栅。上述速度三角形及叶片角都可以在展开面上度量。若不加说明，以后所有的讨论均在这些展开面上进行。

图 2-19 表示了以上讨论的各量在空间的位置。

第三节 叶轮机械的基本方程式

叶轮机械内的流动，是可压缩、有黏性的三维非定常运动，描述这样流动的基本方程组包括运动方程（N-S 方程）、能量方程、连续性方程和状态方程。利用这样的方程组来研究叶轮机械的原理显然是过分复杂了。实际上，研究叶轮机械的基本原理常从一元流动理论出发，导出比较简单的方程组，用以描述机器的特性，这就是流体机械的基本方程式，其中包括欧拉方程、能量方程（伯努利方程）、连续性方程和状态方程。

为了分析叶轮内的流动，引入以下基本假设：

（1）叶轮的叶片数为无穷多，叶片无限薄。因此叶轮内的流动可以看作是轴对称的，并且相对速度的方向与叶片表面相切；

（2）相对流动是定常的；

（3）轴面速度在过流断面上均匀分布。

一、进出口速度三角形

为了研究叶片与介质交换的能量，应研究叶片进出口处的流动情况。为此需先作进出口处的速度三角形。对于不同机器，速度三角形的表示方式略有不同。

图 2－20 所示为径流式汽轮机和燃气轮机的进出口速度三角形，图中，流体绝对速度与圆周速度的正向夹角为 α，相对速度与圆周速度的正向夹角为 β，下标 1、2 分别表示叶轮进口和出口的参数值。对于径流式汽轮机和燃气轮机一般习惯将进出口速度三角形画在一起。

图 2－21 所示为径流式工作机的速度三角形，在泵、风机、压缩机以及水轮机中，流体绝对速度与圆周速度的正向夹角为 α，相对速度与圆周速度的反向夹角为 β。

图 2－22 所示为轴流式叶轮的速度三角形，特别要注意 α 和 β 角的定义。

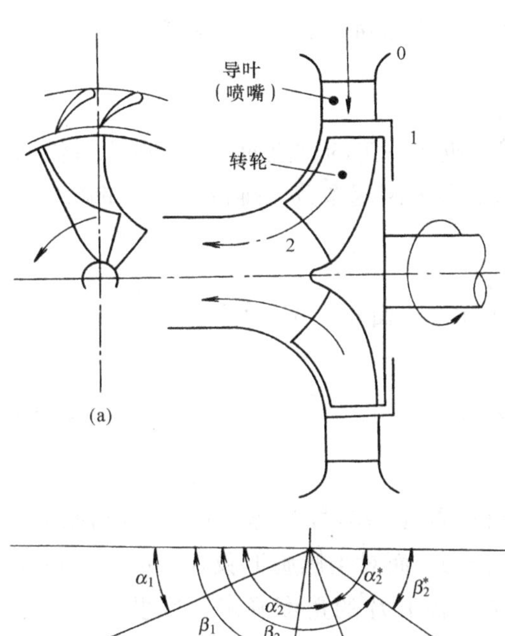

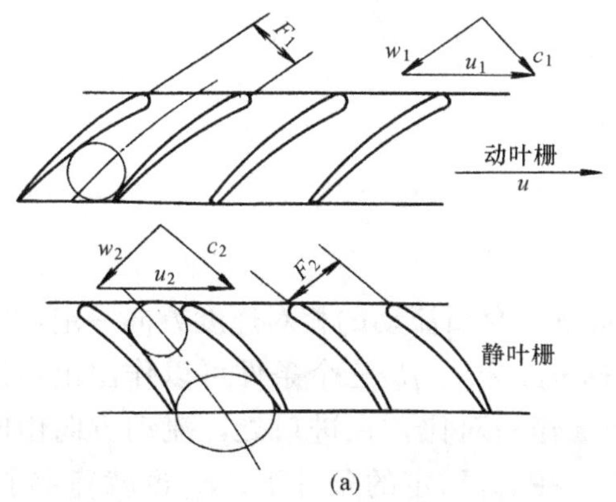

图 2－20　涡轮机进出口速度三角形

（a）涡轮机简图；（b）速度三角形

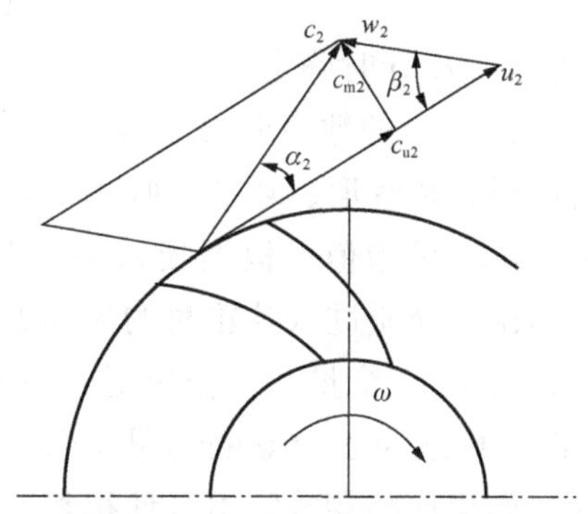

图 2－21　离心叶轮速度三角形

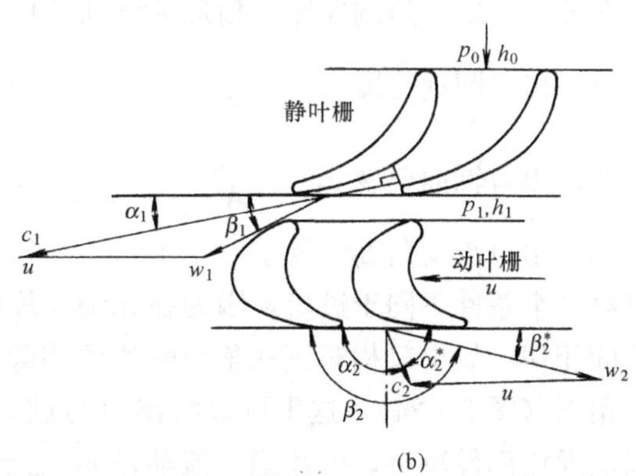

图 2－22　轴流级叶轮进、出口速度三角形（周向面）

（a）工作机速度三角形；（b）原动机速度三角形

二、进出口速度三角形绘制

为简单计，以图 2 - 21 所示的径向叶轮为例，但以下的讨论适合任何形状的叶轮。设转速 n 及进、出口处体积流量 q_V 为已知。

1. 工作机的进、出口速度三角形

在叶轮进口，作速度三角形可利用以下条件。

（1）进口边圆周速度 $u_1 = \pi nr/30$。

（2）设进口处轴面流动过流断面 $A_1 = 2\pi r_1 b_1$，由此可求得进口处的轴面速度为

$$c_{m1} = \frac{q_{V1}}{A_1} = \frac{q_{m1}}{A_1\rho_1}$$

实际上，由于叶片厚度以及焊接或铆接叶片的折边等占据了一定的过流面积，实际上过流面积将小于上述 A_1 值，而 c_{m1} 的数值将比上式所求的大。引入阻塞系数（排挤系数）的概念

$$\tau = \frac{A'_1}{A_1} \tag{2-9}$$

式中：τ 为叶片厚度对流体排挤程度的系数；A'_1 为实际过流面积，A_1 为按式（2 - 6）计算的过流面积。于是

$$c_{m1} = \frac{q_{V1}}{A_1\tau_1} = \frac{q_{m1}}{A_1\rho_1\tau_1} \tag{2-10}$$

τ 的数值可在叶片设计时确定。

（3）c_{u1}（或 α_1）的数值取决于吸入室的类型及叶轮前是否有导流器。在没有导流器的情况下，对锥形、弯管形、环形等吸入室，可认为 $c_{u1}=0$，而对半螺旋形吸入室或有进口导流器的情况下，c_{u1} 的数值可根据吸入室的几何尺寸或导流叶片的角度确定，这里认为是已知的。也就是说，介质进入叶轮时的流动方向取决于吸入室或导流器。

由 u_1、c_{m1}、c_{u1} 三个量，可作出进口速度三角形，如图2 - 23所示，图 2 - 23 中实线为 $c_{u1}=0$ 的情况，虚线为 $c_{u1}\neq 0$ 的情况。由图可见，相对流动角 β_1 是随 u_1、c_{m1}、c_{u1} 等参数变化而变化的。如果这些参数的组合使得相对流动角与叶片安放角相等（$\beta_1=\beta_{b1}$），则流体进入叶片的流动是最平顺的，没有冲击损失。这种情况称为无冲击进口。

在叶轮出口，绘制速度三角形的已知条件为：

（1）出口圆周速度 $u_2 = \frac{\pi nr_2}{30}$；

（2）出口轴面速度 $c_{m2} = \frac{q_{V2}}{A_2\tau_2} = \frac{q_{m2}}{A_2\rho_2\tau_2}$；

（3）出口流动角 $\beta_2=\beta_{b2}$。

这里第三个条件不同于进口，因为在无限叶片数假定下，介质流动的相对速度方向一定与叶片表面相切，故出口相对流动角与叶片角相等。根据 u_2、c_{m2}、β_2 三个条件可以作出出口速度三角形（图 2 - 24）。这里可以将出口与进口的情况作一对比，在进口处，流动方向由叶轮前的通流部件决定，因此绝对流动角 α_1 是已知的，在 c_{m1} 已定的条件下，c_{u1} 也就确定了。而在出口处，流动方向由叶轮叶片决定。由于叶轮是旋转的，叶片决定的是相对流动角 β_2。在 c_{m2} 已定的情况下，c_{u2} 也就决定了。以后将会看到，这两条对叶片式流体机械的能量特性有着决定性的影响。

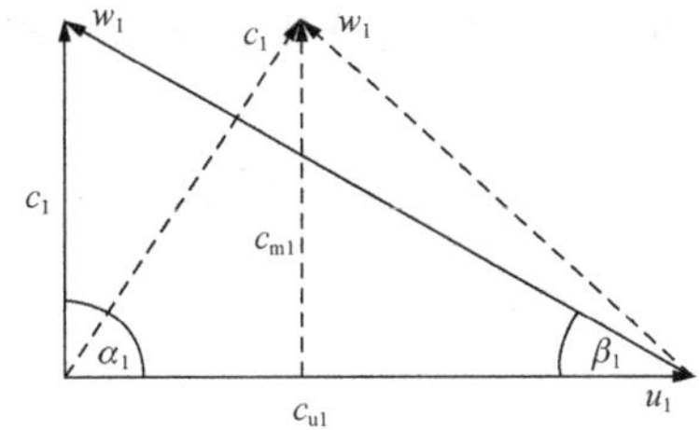

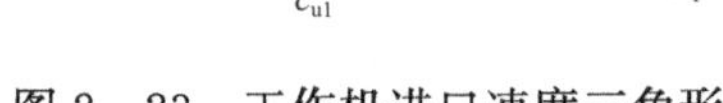

图 2 - 23　工作机进口速度三角形

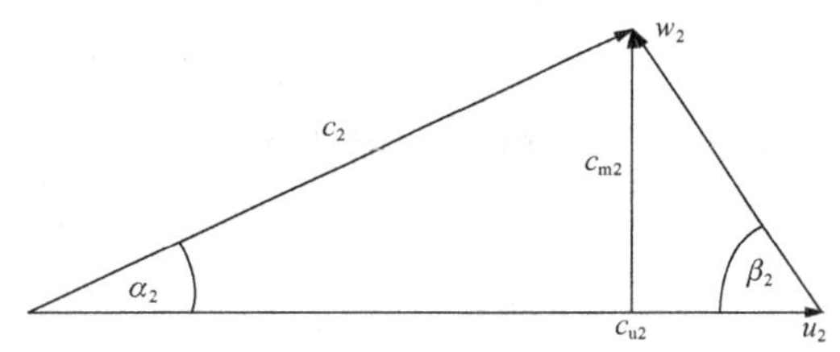

图 2 - 24　工作机出口速度三角形

应该注意到，对于可压缩介质，当质量流量和进口处介质的状态给定以后，出口轴面速度 c_m 与介质的密度有关，而密度则取决于叶轮对介质所做的功，以后将会看到，叶轮的功又取决于进、出口处的速度。所以，对于可压缩介质，叶轮的计算程序和不可压缩介质是不同的。

2. 原动机进、出口速度三角形

（1）水轮机。对水轮机可作与前面类似的分析，进口速度三角形中，已知条件有：

1）$u_1 = \pi n r_1/30$；

2）$c_{m1} = q_{V1}/A_1\tau$；

3）α_1 或者 c_{u1} 为已知。

这里前两个条件与工作机相同，第三个条件也是类似的。α_1 或 c_{u1} 都可以由导水机构（活动导叶）的工作情况确定。由 u_1、c_{m1} 及 α_1（或 c_{u1}）三者可作出进口速度三角形。与泵的情况相同，当 $\beta_1=\beta_{b1}$ 时，称无冲击进口。

出口速度三角形与泵完全相同，由 u_2、c_{m2} 及 $\beta_2=\beta_{b2}$ 作出。特别地，在水轮机中，当 $\alpha_2=90°$ 时的出口情况称为法向出口。在一定流量下，法向出口时水流的速度最小（$c_{u2}=0$，$c_2=c_{m2}$），带走的动能最小，水轮机具有较高的效率。

（2）汽轮机。叶轮进出口圆周速度为

进口：
$$u_1 = \pi n r_1/30$$

出口：
$$u_2 = \pi n r_2/30$$

对于轴流叶轮，α_1 为已知，通过喷嘴计算可求出 c_1，由三角形基本定理可得

$$w_1 = \sqrt{c_1^2 + u^2 - 2c_1 u\cos\alpha_1} \tag{2 - 11}$$

$$\beta_1 = \arcsin\left(\frac{c_1\sin\alpha_1}{w_1}\right) \tag{2 - 12}$$

对于离心叶轮，β_1 为已知，通过连续性方程可求得 c_{r1}，则

$$w_1 = \frac{c_{r1}}{\sin\beta_1} \tag{2 - 13}$$

$$c_1 = \sqrt{w_1^2 + u_1^2 - 2w_1 u_1\cos\beta_1} \tag{2 - 14}$$

$$\alpha_1 = \arcsin\left(\frac{w_1\sin\beta_1}{c_1}\right) \tag{2 - 15}$$

同理，可以通过动叶轮焓降求出，或通过能量方程求出，然后由三角形基本定理求其他参数。

【例 2 - 1】 决定如下参数情况的机器形式，画出各叶轮进出口速度三角形，分析其特点。

（1）$u_1=u_2=100\text{m/s}$，$w_1=115\text{m/s}$，$\alpha_1=90°$，$w_2=60\text{m/s}$，轴向分速为常数，$\beta_2<90°$（见图 2 - 25）。

（2）$u_1=u_2=204\text{m/s}$，$c_1=348\text{m/s}$，$\alpha_1=14°$，$w_2=230\text{m/s}$，$\alpha_2=90°$（见图 2 - 26）。

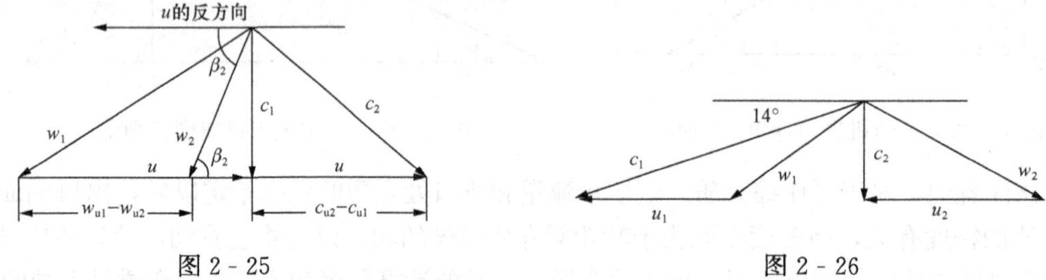

图 2 - 25　　图 2 - 26

（3）$n=32000\text{r/min}$，$r_1=200\text{mm}$，$r_2=80\text{mm}$，$c_1=387\text{m/s}$，$c_2=200\text{m/s}$，$\alpha_2=95°$，$\beta_1=90°$（见图 2 - 27）。

（4）$n=3000\text{r/min}$，$r_2=400\text{mm}$，$r_1=250\text{mm}$，$\beta_1=30°$，$\beta_2=45°$，进口气流无旋绕，叶轮出口宽 $b_2=50\text{mm}$，容积流量 $q_V=3600\text{m}^3/\text{h}$（见图 2 - 28）。

解　（1）$u_1=u_2$ 是轴流式机械，$w_1>w_2$ 一般为工作机。

（2）$w_1=(u_1^2+c_1^2-2u_1c_1\cos\alpha_1)^{0.5}=157.97(\text{m/s})$；

$u_1=u_2$ 是轴流式机械；$w_1<w_2$，一般为原动机。

（3）$u_1=\pi d_1 n/60=670.2(\text{m/s})$；$u_2=(d_2/d_1)u_1=268.08(\text{m/s})$；

$u_1>u_2$ 是径流式机械，一般为原动机。

（4）$r_2>r_1$，径流式机械，一般为工作机。

$u_1=\pi d_1 n/60=39.27(\text{m/s})$；$u_2=(d_2/d_1)u_1=62.83(\text{m/s})$；$c_{m2}=q_V/(\pi d_2 b_2)=15.92(\text{m/s})$；

$w_1=u_1/\cos30°=45.35(\text{m/s})$；$w_2=c_{r2}/\sin45°=22.51(\text{m/s})$。

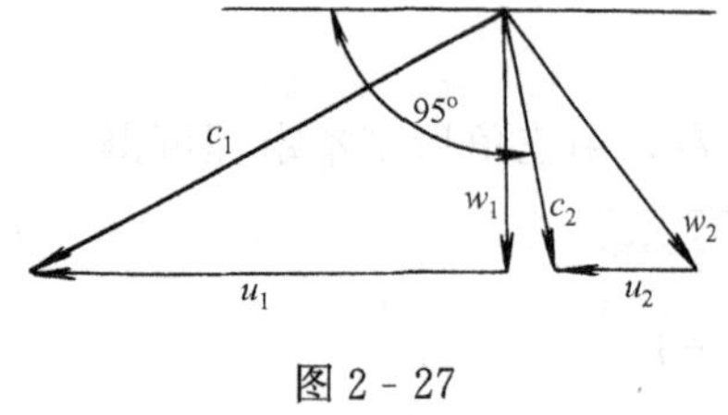

图 2 - 27　　图 2 - 28

三、欧拉方程式

将流体力学中的动量矩方程式应用于叶轮内的流体，则可求得叶轮与流体相互作用的力矩。取如图 2 - 29 中虚线所示的控制面，其进出口部分充分靠近叶片的进出口边。单位时间流出控制面的流体的动量矩 $L_2=q_m c_{u2} r_2$，流入的动量矩 $L_1=q_m c_{u1} r_1$。由于流动是定常的，控制面内的动量矩不变，因此根据动量矩定理有

$$M=\frac{\mathrm{d}L}{\mathrm{d}t}=\pm q_m\cdot(c_{u2}r_2-c_{u1}r_1) \tag{2-16a}$$

式中：M 为作用力矩。

由图 2 - 29 可见，作用于控制面内的流体的力有如下两部分。

（1）控制面以外的流体对控制面以内的流体的作用力，这一部分力作用于控制面内、外

两个圆柱面上。显然，这部分力对叶轮轴线的力矩为零。

(2) 叶轮对控制面内流体的作用力，其中叶片对流体的作用力对叶轮转轴的力矩是M最主要的部分。叶轮的盖板对流体的正压力对轴的力矩为零，而由黏性摩擦产生的切应力对轴的力矩不为零，因此也是M的组成部分，但这一部分的数值通常很小。

在工作机中，流体的动量矩是增加的，而在原动机中是减少的，故上式右端对工作机取正号，对原动机取负号，为统一起见，也可写成

$$M = \frac{\mathrm{d}L}{\mathrm{d}t} = q_m \cdot (c_{up} r_p - c_{us} r_s) \tag{2-16b}$$

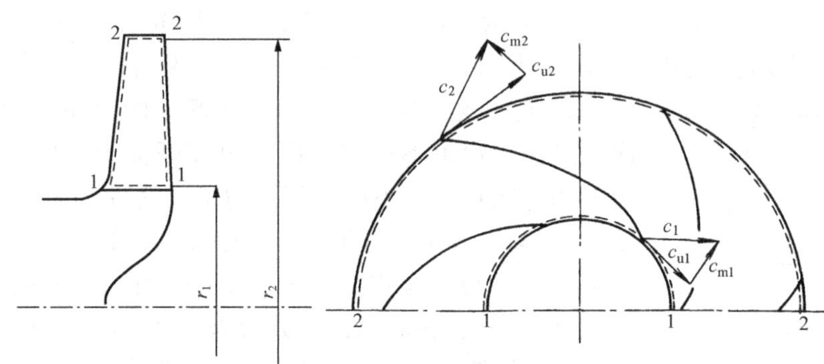

图 2-29　欧拉方程式推导用图

该力矩的功率为

$$M\omega = q_m \omega (c_{up} r_p - c_{us} r_s) = q_m (u_p c_{up} - u_s c_{us})$$

在不考虑损失时，该功率即为流体从叶片获得的功率为

$$q_m g H_{th} = q_m h_{th} = q_V p_{th} = M\omega = q_m (u_p c_{up} - u_s c_{us})$$

最后得

$$gH_{th} = h_{th} = \frac{p_{th}}{\rho} = u_p c_{up} - u_s c_{us} \tag{2-17}$$

式 (2-17) 即叶片式流体机械的欧拉方程。式中下标 p 代表高压边，s 代表低压边。在实际应用中，对工作机和原动机分别写成

$$gH_{th} = h_{th} = \frac{p_{th}}{\rho} = u_2 c_{u2} - u_1 c_{u1}$$

$$gH_{th} = h_{th} = \frac{p_{th}}{\rho} = u_1 c_{u1} - u_2 c_{u2} \tag{2-18}$$

式中：H_{th}、h_{th}和p_{th}分别被称为理论扬程（水头）、理论能量头和理论全压，是指在没有损失的情况下每单位量（重力、质量、体积）流体从叶片所获得的能量或者传递给叶片的能量。显然，在有损失的情况下，工作机中流体实际获得的有用能量将比理论值小，而原动机中流体实际付出的能量将比理论值大。

对于 $\alpha_s = 90°$（$c_{us} = 0$）的情况（法向出口或进口），有

$$gH_{th} = h_{th} = \frac{p_{th}}{\rho} = u_p c_{up} \tag{2-19}$$

欧拉方程式也常用速度环量来表示，此时有

$$gH_{\text{th}} = h_{\text{th}} = \frac{p_{\text{th}}}{\rho} = \frac{\omega(\Gamma_{\text{d}} - \Gamma_{\text{s}})}{2\pi} = \frac{\omega Z \Gamma_{\text{b}}}{2\pi} \tag{2-20}$$

式中：$\Gamma_{\text{d}}=2\pi r_{\text{d}} c_{\text{ud}}$；$\Gamma_{\text{s}}=2\pi r_{\text{s}} c_{\text{us}}$为叶轮高压边与低压边处的速度环量；$Z$ 为叶片数；Γ_{b} 为绕单个叶片的环量。

式（2-17）～式（2-20）是欧拉方程式的几种等价形式。该方程式是从动量矩定理导出的，因而是普遍适用的。以上推导过程引入了无穷叶片数的假定，c_{m} 在过水断面上均匀分布的假定，并且是针对纯径向叶轮进行的。但实际上欧拉方程式与以上假定均无关。以上假定都是为了便于计算进出口处的速度三角形而引入的。因为在这种情况下，u_1、c_{u1}在进口边上是常量，u_2、c_{u2}在出口边上也是常量。在一般情况下，叶片进出口处的 c_{u} 及 u 均是变化的。对混流式或轴流式叶轮，进、出口边均不与轴线平行，故 r_1、r_2 的值均是变化的，u_1、u_2 值亦随之变化。c_{m} 沿过流断面的分布实际上并不均匀，而且进出口边也不一定在同一过流断面上。所以 c_{m} 在进出口边上的不同点上有不同的值。为了在这种一般性的情况下应用欧拉方程式，可以对不同的轴面流线分别计算 u_1、c_{u1}、u_2、c_{u2}后代入欧拉方程式。例如图 2-30 所示的轴流式叶轮，应对轮缘（$a-a$）、轮毂（$c-c$）以及其他不同半径处的轴面流线（$b-b$）分别进行计算。也可利用进出口边上的平均值进行计算。

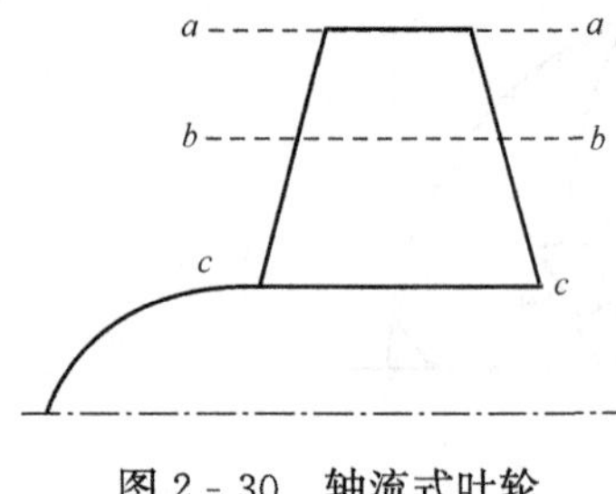

图 2-30　轴流式叶轮

在无穷叶片数的假定下，出口相对流动角与叶片出口角相等，因此出口速度三角形易于求得。而实际上叶片数是有限的，出口流动角与叶片角也有一定的差异。

由欧拉方程式可见，动叶片与单位量流体交换的能量，取决于叶片进、出口处速度矩的差值与角速度的乘积 $\omega(r_{\text{p}} c_{\text{up}} - r_{\text{s}} c_{\text{us}}) = u_{\text{p}} c_{\text{up}} - u_{\text{s}} c_{\text{us}}$。为了有效转换能量，在径流和混流式机器中，当然希望有 $r_{\text{p}} > r_{\text{s}}$，所以工作机多为离心流动，而原动机则为向心流动。

在轴流式机器中，由于 $r_{\text{p}} = r_{\text{s}}$，所以有 $h_{\text{th}} = u(c_{\text{up}} - c_{\text{us}}) = u\Delta c_{\text{u}}$。其中 $\Delta c_{\text{u}} = \Delta w_{\text{u}}$ 称为扭速，是叶轮进、出口处绝对或相对速度的圆周分量的差。

欧拉方程式还可以利用相对速度表示。在速度三角形中利用余弦定理，有

$$c^2 = u^2 + w^2 - 2uw\cos\beta = u^2 + w^2 - 2uc_{\text{u}}$$

将式（2-20）代入欧拉方程式可得

$$h_{\text{th}} = \frac{c_{\text{p}}^2 - c_{\text{s}}^2}{2} + \frac{u_{\text{p}}^2 - u_{\text{s}}^2}{2} + \frac{w_{\text{s}}^2 - w_{\text{p}}^2}{2} \tag{2-21}$$

式（2-21）为欧拉方程式的一个常用的形式，称为第二欧拉方程式。此式除在某些场合应用比较方便以外，其主要意义在于将能量头分成了两部分。式子右端第一项显然表示介质通过叶轮后动能的变化量，而后两项则表示介质的静压能或焓的变化量。

叶片式流体机械的欧拉方程式给定了叶片与介质之间传递的能量的大小，建立了叶轮设计计算的基础。当然实际计算时还应该考虑到能量损失以及有限叶片数的影响等因素。

【例 2-2】 计算例 2-1 中 1、4 两种情况的欧拉功。

解　由例 2-1 中具体情况的速度三角形，分别求出相关的速度及分量的值，代入欧拉方程（2-26）计算：

(1) $w_{\text{u1}} = u_1 = 100\text{m/s}$；$w_{\text{u2}} = (w_2^2 - c_{\text{m2}}^2)^{0.5} = (w_2^2 - c_1^2)^{0.5} = 19.37(\text{m/s})$；

$h_{th}=u(c_{u2}-c_{u1})=u(w_{u1}-w_{u2})=100(100-19.37)=8063\text{J/kg}$。

(2) $c_{u2}=u_2-c_{m2}\times \text{ctg}\beta_2=48.91\text{m/s}$；$c_{u1}=0$，

$h_{th}=u_2c_{u2}-0=2947.36\text{J/kg}$。

四、能量方程与伯努利方程

叶片对介质所做的功（正或负），将改变介质所具有的能量，包括内能和宏观的动能、势能。能量方程建立了介质的能量与叶片功的关系。这个关系就是热力学第一定律的解析表达式。在第一章中已经给出了该式

$$q=h_2-h_1+\frac{c_2^2-c_1^2}{2}+g(z_2-z_1)+w_s$$

在具体应用时，常根据具体情况采用相应的表达式。

除了带有内冷却的压缩机以外，通常忽略介质通过机壳与外界交换的热量，即认为 $q=0$。对叶轮而言，有 $w_s=\pm h_{th}$，对固定元件，则有 $w_s=0$。于是对叶轮而言，能量方程为

$$h_{th}=\pm\left[h_2-h_1+\frac{c_2^2-c_1^2}{2}+g(z_2-z_1)\right] \tag{2-22}$$

对于固定元件而言，能量方程为

$$h_2-h_1+\frac{c_2^2-c_1^2}{2}+g(z_2-z_1)=0 \tag{2-23}$$

实际上，对于可压缩介质，通常不考虑重力的作用，式（2-22）和式（2-23）分别成为

$$h_{th}=\pm\left(h_2-h_1+\frac{c_2^2-c_1^2}{2}\right) \tag{2-24}$$

和

$$h_2-h_1+\frac{c_2^2-c_1^2}{2}=0 \tag{2-25}$$

由于对不可压介质不考虑内能的变化，所以能量方程主要应用于可压缩介质。式（2-24）和式（2-25）两式对于有损失的流动也是成立的。因为流动损失所消耗的能量最终会变成热量，从而使介质的温度升高。而介质温度的变化，会反映到焓的变化中，仍在方程的考虑之中。

应特别指出，这里式（2-24）中的 h_{th} 应理解为整个叶轮对介质所做的功。实际上，叶轮的泄漏损失和圆盘损失等能量损失也是叶轮与介质之间传递的能量，但这些能量不是通过叶片与介质的相互作用进行传递的，所以并未包括在欧拉方程式的 h_{th} 之中。第三章第三节将具体讨论泄漏损失和圆盘损失，在此之前，暂时用 h_{th} 表示叶轮与介质间交换的能量。

对于叶片式机械的设计计算，压力是一个重要的参数。但能量方程中没有直接出现压力值，在需要压力值的时候，可将焓的变化量与技术功相联系并将损失视为外加于介质的热量，根据式（1-16），对叶轮和固定元件分别得到

$$h_{th}=\pm\left[\int_1^2 v\text{d}p+\frac{c_2^2-c_1^2}{2}+g(z_2-z_1)+\Delta h\right] \tag{2-26}$$

$$\int_1^2 v\text{d}p+\frac{c_2^2-c_1^2}{2}+g(z_2-z_1)+\Delta h=0 \tag{2-27}$$

对于不可压介质，由于 $\int_1^2 v\text{d}p=(p_2-p_1)/\rho$，所以式（2-26）和式（2-27）分别成为

$$h_{th}=\pm\left[\frac{p_2-p_1}{\rho}+\frac{c_2^2-c_1^2}{2}+g(z_2-z_1)+\Delta h\right] \tag{2-28}$$

和

$$\frac{p_2-p_1}{\rho}+\frac{c_2^2-c_1^2}{2}+g(z_2-z_1)+\Delta h=0 \tag{2-29}$$

式（2-26）～式（2-29）均为伯努利方程的不同形式，可视需要选用。

五、叶轮机械设计理论概述

从理论上说，当给定了工作参数 q_V、H、n 后，利用欧拉方程式可以决定进出口处的速度三角形，也就可求得与之相适应的叶片几何形状了。但实际上，几何形状与速度分布的关系极为复杂，故设计时不得不进行简化。引入不同的简化，就得到不同的理论与方法。目前在工程上应用的有以下三个设计理论：

（1）一元理论。一元理论采用了无穷叶片数及轴面速度沿过流断面均匀分布的假定。在此假定下，流动状态只是轴面流线长度坐标的函数，故称之为"一元理论"，又称之为"流束理论"。两个假设大大简化了流动计算，在叶轮机械设计领域广泛使用计算机之前，工程上几乎只能采用一元理论进行设计计算，由于两个假定所带来的计算误差，则用经验方法或根据试验结果加以修正。长期以来，一元理论方法一直是工程中广泛使用的设计方法，在长期实践中也积累了丰富的经验，因此使用一元理论也曾经有过很好的设计。直到今天，工程中仍然在使用一元理论的设计方法。

一元理论方法是一种半理论、半经验的方法。经验的积累主要依靠大量的模型试验。而这些模型试验需要相当大的投资并耗费很多时间，这就使得新产品开发的周期长，成本高，这显然已不适应当前技术发展的要求。

（2）二元理论。放弃上述两个基本假设之一，就得到了二元理论的设计方法。例如在宽流道的混流式机器中，轴面速度沿过水断面的分布实际并不均匀，因而应放弃第二个假设。这样，为了应用欧拉方程式，必须先求出 c_m 的分布，若不计黏性，则可用轴对称有势流动求解 c_m。若考虑黏性，计算就较为困难。也有根据经验直接给定 c_m 的分布然后再使用欧拉方程的方法，称为"一元半"理论。在径流式或轴流式叶轮中，若保留 c_m 均匀分布的假定而放弃无穷叶片数的假定，用流体力学理论求解环列或直列叶栅，也是一种二元理论方法。

（3）三元理论。完全放弃上述两个假设，直接研究三维流场，就是三元理论的设计方法。从吴仲华提出两类相对流面理论以来，叶轮机械三维流动计算的理论和方法已经得到很大的发展，成为计算流体动力学（Computational Fluid Dynamic）的一个重要分支，在叶轮机械的研究和工程设计上起着越来越大的作用。目前，求解叶片式机械内无黏流动的数值解（Euler 方程解）的方法可以说已经比较成熟。借助于一定的湍流模式，利用 N-S 方程求解叶轮内的有黏流动也取得了很大的进展。

目前三维流动计算并不能完全取代模型试验，但可以在很大的程度上减少模型试验的次数和规模，从而缩短新产品开发周期，降低开发成本并可以显著提高设计质量。三元理论方法是当前叶轮机械理论研究的重点，也是设计方法的发展方向。

第四节　典型静止通流部件的作用原理

由欧拉方程式可见，为了使叶轮完成一定量的能量转换（h_{th}），叶轮前后的速度必须满足一定的条件。叶轮前的过流部件应该按叶轮所要求的速度（大小和方向）将流体引入叶轮，而叶轮后面的元件，则应将从叶轮流出的流体按要求的速度引入下一级或机器的出口管路。虽然从能量转换来说，叶轮是最重要的部件，但过流部件对整机的性能也有很大的影响，同时也决定了机器的尺寸与重量，所以应该给予足够的重视。同时，各过流部件不是相互独立，而是相互影响的。必须将各部件作为一个整体加以考察，才能把握整机的性能。

实际上，叶片式流体机械都是可逆的，任何一台机器，都既可以作为原动机，又可以作为工作机运行。两种情况下，流体流动的方向相反。虽然原动机和工作机的工作原理是相同的，但由于流动方向的不同，又使它们的性能有相当的差别。

一、喷嘴和喷管的作用原理

喷嘴和喷管是冲击式原动机（水轮机、汽轮机、燃气轮机、透平膨胀机等）的重要元件。介质通过喷嘴后，压力和温度降低而速度提高，获得较高的动能。这些动能在叶轮中再转变为机械能输出。

1. 不可压介质

图 2 - 31 为切击式和斜击式中水轮机应用的喷嘴流动简图。在没有损失的条件下，其出流的速度应为 $\sqrt{2gH}$ ，但由于损失的存在，实际速度小于该值，用速度系数表示则为

$$c_0 = \varphi\sqrt{2gH} \tag{2-30}$$

其中 φ=0.95～0.99，H 为水轮机的工作水头。

若射流直径为 d_0，则流量为

$$q_V = \pi d_0^2\varphi\sqrt{2gH} \tag{2-31}$$

喷针用以调节流量，当喷针移动时，改变了喷嘴的过流面积，从而改变了射流直径，于是流量随之变化。通常将关闭位置作为喷针行程的起点，射流直径与喷针行程之间的关系与喷针的形状有关。

2. 可压缩介质

在汽轮机和燃气轮机中，喷嘴通常称为喷管，且在多数情况下，喷管被制成叶栅的形式，即由两个相邻的静叶片和上下两块隔板组成一个喷管。图 2 - 32（a）为汽轮机喷管的示意图。我们可将其视为一个锥管，见图 2 - 32（b）来研究其中的流动过程。在喷管的流动中，亚声速和超声速流具有完全不同的特性，为简单计，这里将只讨论亚声速流动的情况。关于超声速流，请参阅其他文献。

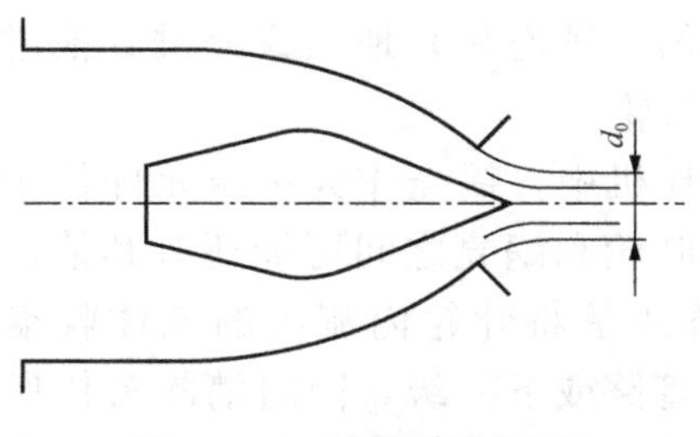

图 2 - 31 喷嘴流动简图

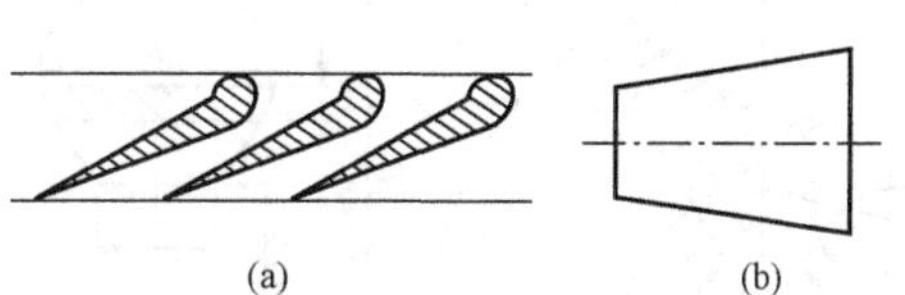

图 2 - 32 喷管简图

（a）叶栅形喷管；（b）锥形喷管

用下标 0 表示喷管进口，下标 1 表示出口。根据能量方程式（2 - 25）有

$$\frac{c_1^2 - c_0^2}{2} = h_0 - h_1$$

此式对于任何流动过程均可成立，但不同的流动过程中焓的变化量是不同的。工程计算中通常是给定进口介质的状态和出口处的压力，在这种条件下，如果假定喷管内的流动是绝热等熵的，则

$$c_1=\sqrt{2\frac{\kappa}{\kappa-1}p_0v_0\left[1-\left(\frac{p_1}{p_0}\right)^{(\kappa-1)/\kappa}\right]+c_0^2} \tag{2-32}$$

由式（2 - 32）可以看出，当喷管出口的环境压力（背压）p_1 降低时，出口速度将随之增加。但这个增加是有限度的，当出口速度 c_1 达到当地声速时，速度达到极大值。如背压继续降低，速度也不会继续增加。当 c_1 达到声速时的背压称为临界压力，记为 p_{cr}。临界压力比

$$\beta_{cr}=\frac{p_{cr}}{p_0}$$

是介质绝热指数 κ 的函数。

通过喷管的质量流量为

$$q_m=\frac{A_1c_1}{v_1}$$

考虑到 $v_1=v_0\left(\frac{p_0}{p_1}\right)^{1/\kappa}$ 和式（2 - 30），有

$$q_m=A_1\sqrt{\frac{2\kappa}{\kappa-1}\frac{p_0}{v_0}\left[\left(\frac{p_1}{p_0}\right)^{2/\kappa}-\left(\frac{p_1}{p_0}\right)^{(\kappa+1)/\kappa}\right]+\frac{\left(\frac{p_1}{p_0}\right)^{2/\kappa}}{v_0^2}c_0^2} \tag{2-33}$$

当出口速度达到极大值时，流量也达到极大值。

实际流动过程是有损失的，所以实际的出口速度比理想情况的速度小，同样可用速度系数表示实际出口速度

$$c_1=\varphi\sqrt{2\Delta h_s+c_0^2} \tag{2-34}$$

式中：Δh_s 为等熵焓降；φ 值取决于喷管的构造和表面粗糙度，其值为 0.93～0.98。

二、蜗壳的作用原理

蜗壳常作为水轮机的引水室和离心泵、风机的压出室。

作为原动机的进口蜗壳工作时，根据欧拉方程可知，为了使转轮转换一定的能量（H_{th}），必须使水流在进入转轮前具有相应的环量（c_{u1}），蜗壳的作用就是造成这个环量并将流体均匀（轴对称）地（或经过其他过流部件）引入转轮。

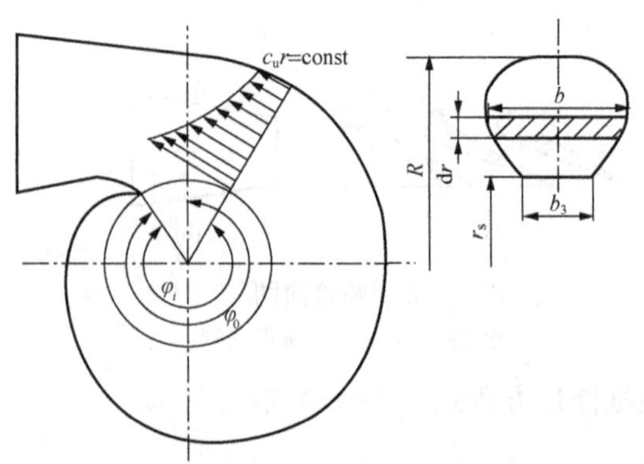

图 2 - 33　工作机蜗壳内的流动

在工作机中，蜗壳作为扩压元件位于叶轮的出口（叶轮和蜗壳之间可能还有其他过流元件），其作用是将叶轮内流出的流体收集起来送到出口管路或下一级，同时消除流体所具有的环量（速度矩），将圆周速度所对应的动能转换为压力能。

蜗壳虽然在工作机和原动机中的作用不同，但它们的设计理论和设计方法是一致的。图 2 - 33 所示为工作机蜗壳中的速度分布。设计时通常希

望水流在蜗壳中保持自由流动，即蜗壳不对水流产生切向作用力，所以蜗壳中水流的速度矩保持不变，即

$$c_u r = K \tag{2-35}$$

式中：K 为蜗壳常数，其值取决于蜗壳的构造。为使水流均匀进入转轮，通过任意断面 θ_i 处的流量应为

$$q_{Vi} = \frac{q_{Vr}\theta_i}{360} = \int_{r_s}^{R_i} c_u b(r)\mathrm{d}r = K\int_{r_s}^{R_i} \frac{b(r)}{r}\mathrm{d}r \tag{2-36}$$

式中：q_{Vr}为总流量；r_s 和 R_i 的意义见图 2-33。当蜗壳断面的形状确定以后，b 与 r 的函数关系是已知的，式（2-36）中的积分可以计算。K 值可由进口断面的参数确定

$$K = \frac{q_{Vr}\theta_0}{360}\Big/\int_{r_b}^{R_0} \frac{b(r)}{r}\mathrm{d}r \tag{2-37}$$

θ_0 称为蜗壳的包角，其值对蜗壳的功能和尺寸有一定的影响，设计时应根据水轮机的流量和水头确定。蜗壳断面的形状对水流的影响很小，设计时主要根据强度条件和工艺方法确定。

第五节　一元流动分析

在讨论了叶轮与固定元件的工作原理以后，就可以全面地讨论一下流体在叶轮机械内的整个流动过程中能量的变化情况。为了讨论的方便，这里引入以下几个假定。

（1）忽略流体通过机壳与外界的热交换。也就是说，流体在固定元件中流动时，与外界没有能量的交换，是绝能流。而在叶轮中流动时，只通过叶片输出（入）机械功。

（2）流动是稳定（定常）的。

（3）流动是亚声速的。

（4）介质为理想气体或液体。

虽然有这些限制，但本节的结果对多数情况是适用的，对另外一些情况（例如介质为真实气体），作为定性的分析也是适用的。

下面用一维流动的观点讨论叶轮机械级中流体参数的变化和级的性能，不论是离心机械还是轴流机械，下面的讨论都是适用的。在轴流机械的实际应用中，下面一维流动的讨论可以看成是针对一个基元级。

一、滞止温度与滞止压力

图 2-34 为绕流一固体物的流场，设流动过程是绝热等熵的。考察通过驻点 0 的流线，设流线上点 1 处介质的状态参数为 T、p、v，速度为 c，则点 0 处的温度和压力分别称为滞止温度和滞止压力。用上标 * 表示滞止状态的参数，则根据伯努利方程，对可压缩介质，考虑到 $h=c_pT$ 及绝热过程方程 $pv^{\kappa}=\text{const}$ 有

$$T^* = T + \frac{c^2}{2c_p},\ h^* = c_pT^* = h + \frac{c^2}{2} \tag{2-38}$$

$$p^* = p\left(\frac{T^*}{T}\right)^{\kappa/\kappa-1} \tag{2-39}$$

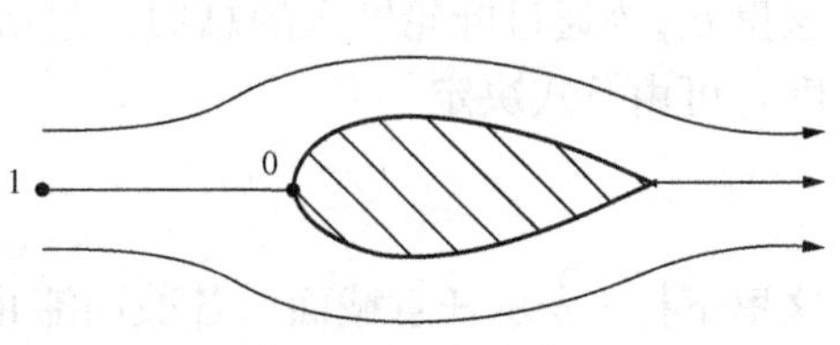

图 2-34　绝热滞止

滞止温度、滞止焓和滞止压力又分别被称为总温、总焓和总压，它们都是介质的状态参数，而介质的实际参数 T 和 p 则称为静温和静压。在工程上

常用滞止参数来表示介质在流动过程中能量的变化。在图 2-34 的驻点处，滞止过程是实际发生的过程，但在多数情况下，滞止过程只是假想的过程。对图 2-34 中其他各条流线上任意一点，都可假想将流动滞止到速度为零，并用以上两个式子计算滞止参数，作为该点的状态参数。介质在流动过程中滞止参数如何变化与叶轮所做的功以及流动损失有关。

二、级中流体参数的变化

1. 离心压缩机中温度与压力的变化

这里以离心式压缩机为例说明可压缩介质在流体机械内温度与压力的变化。图 2-35 是一台多级离心压缩机的示意图，现以第一级为例研究其中介质状态参数的变化。图中标出了从压缩机进口的 in-in 直到下一级叶轮进口 0′-0′的若干计算截面，并在这些截面上进行计算。

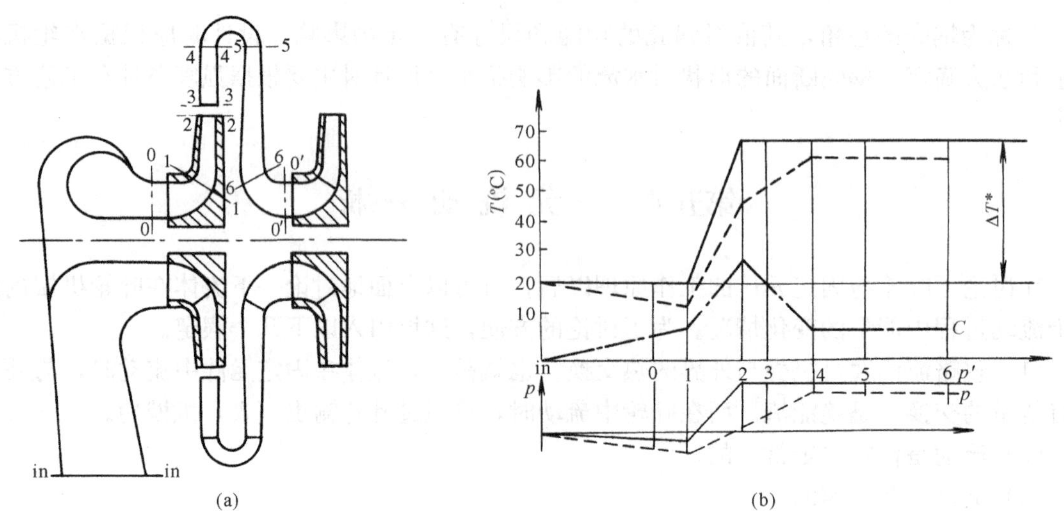

图 2-35 压缩机流道内参数的变化

(a) 多级离心式压缩机；(b) 温度与压力的变化关系

in—机器进口；0—叶轮进口；1—叶片进口；2—叶轮出口；3—扩压器进口；4—扩压器出口；5—弯道出口；6—回流器出口；0′—下一级进口

(1) 级中温度变化。根据前面的讨论，在固定元件中，滞止温度不变，在叶轮中，滞止温度随输入的功量变化。所以

$$T_1^* = T_0^* = T_{in}^*,\quad T_6^* = T_5^* = T_4^* = T_3^* = T_2^*$$

介质通过叶片后滞止温度的升高值为

$$T_2^* - T_1^* = \frac{h_{tot}}{c_p}$$

这里 h_{tot} 为通过叶轮输入的总功，包括轮盘损失和漏气损失所对应的功量。各截面的介质温度，可由下式决定

$$T_i = T_i^* - \frac{c_i^2}{2c_p}$$

这里下标 i 表示任意截面。各截面滞止温度、静温和速度的变化表示在图 2-35 (b) 上，实线表示滞止温度，虚线表示静温，而点划线则表示速度。

（2）级中压力的变化。滞止压力定义为

$$p_i^* = p_i + \frac{\rho_i c_i^2}{2}$$

它是不包括位能的总机械能，在除叶轮以外的所有流道内，总机械能 p^* 因克服阻力耗功而不断减少。静压力 p 和静温度 T 的变化，可以通过伯努利方程与速度的变化联系起来。除叶轮外，其他流道内如果 p 和 T 升高，则速度下降。

2. 水轮机中速度与压力的变化

对于以液体作为介质的机械，例如水力机械，由于位能的变化一般应该考虑，而且内能的变化可以忽略，所以总的能量不再用滞止焓（或滞止温度）表示，而习惯上是用水头 H 表示总能量，H 的单位是米。实际上，gH 才是代表单位质量流体的总能量，它包括了压力能 $\Delta p/\rho$、位能 $g\Delta Z$ 和动能 $0.5\Delta C^2$ 三者的变化。水头 H 与 gH 仅仅相差一个常数 g，所以可用 H 来表示流体总机械能。

总水头作为介质总能量，在转轮中由于输出功量而下降，在其余的过流部件中则由于流动损失而下降。应该注意到，在转轮中，总水头的下降幅度大于由输出功决定的数值（理论水头 H_{th}），是由于流动损失引起的。图 2-36 中实线表示总水头的变化，虚线则表示包括位能 z 在内的静压变化，点划线表示了速度的变化。总水头变化与位能二者的差别是动能

$$\frac{c_i^2}{2g} = H - \frac{p_i}{\rho g} + z_i$$

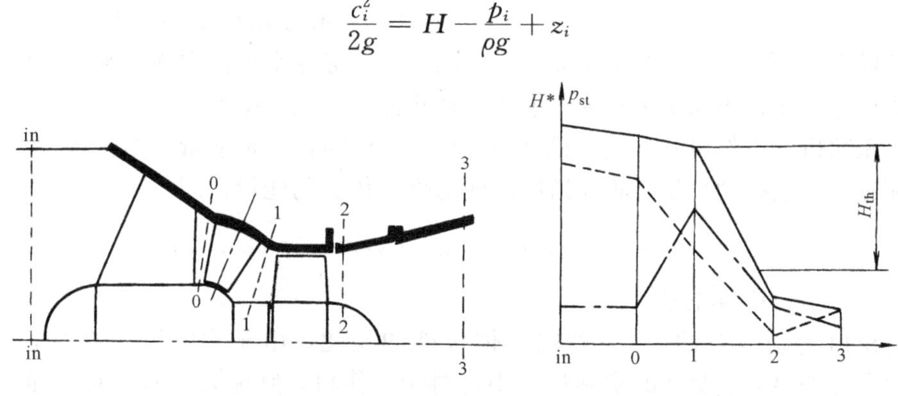

图 2-36　水轮机内水头等参数变化

0—导叶进口；1—叶轮进口；2—叶轮出口；3—扩压器出口

3. 多级轴流汽轮机

图 2-37 表示了 9 级反动式汽轮机内工质的静焓、压力随流动方向逐步下降，而绝对速度 c 有 9 次增加后又降低的过程（进入导叶喷嘴速度增大，叶轮中速度下降）。第 5、6 级之间静焓和压力的上升是因为面积增大、速度降低的结果。

三、级和机器的性能参数

流量、能量头、转速、功率以及效率等表示叶轮机械性能的一些参数，称为叶轮机械的性能参数。在不同类型的叶轮机械中，性能参数有一些差别，表达方式也不尽相同，但基本的物理意义是相同的。

1. 流量

单位时间内通过机器的介质的量（体积或质量）称为流量。体积流量 q_V 的单位为立

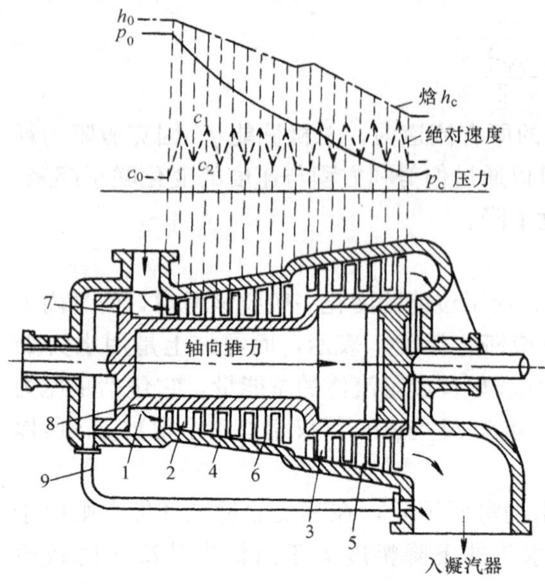

图 2-37 反动式汽轮机示意图

1—转鼓；2、3—动叶片；4、5—静叶片；6—汽缸；7—汽室；8—平衡活塞；9—蒸汽连通管

方米每秒、升每秒或立方米每小时。质量流量 q_m 的单位为千克每秒、千克每分或千克每小时。根据质量守恒定理，机器在稳定条件下工作时（稳定工况），如果忽略机器内部的泄漏，则通过机器各个过流断面的质量流量是相同的。对不可压缩介质，体积流量也将保持不变。对可压缩介质，体积随压力和温度的变化而变化，所以各断面的体积流量将是不同的。在通风机中，体积流量也称为风量。

2. 能量头

介质在通过动叶时与机器交换能量，单位质量（或体积）的介质与叶轮所交换的能量，是叶轮机械最重要的参数之一。这个参数可以通过机器进出口断面单位质量（或体积）介质所具有的能量的差值来表示。在不同的机器中，出于使用方便的考虑，采用的名称和表示方式均不同，但“机器进、出口断面单位数量介质的能量差值”这个概念是共同的。一般在水轮机中称为水头，泵中称为扬程，风机中称为风压，压缩机中称为压缩比，在热能动力机械中称为能力头。

下面以压缩机（工作机）和气轮机（原动机）为例讨论各种能量头的关系。

理论能量头（欧拉功）是叶轮流道内表面与外界传递的能量，即

$$h_{\mathrm{th}}=\pm(c_{2\mathrm{u}}u_2-c_{1\mathrm{u}}u_1)=\pm\int_1^2\mathrm{d}p/\rho+\Delta c^2/2+\delta h_{\mathrm{hyh}}$$

原动机取负号，工作机取正号。

机器进出口的动能差约为 0，忽略气体位能的变化，由于实际过程都存在流动损失 δh_{hyd}，所以在与外界无热交换的实际过程中，对于工作机，则输入的欧拉功 h_{th} 减去流动损失 δh_{hyd} 就等于流体得到的有效功（有效能量头，又叫多变能量头）h_{pol}，即

$$h_{\mathrm{pol}}=\int_1^2\mathrm{d}p/\rho=h_{\mathrm{th}}-\delta h_{\mathrm{hyd}}$$

对于原动机，流体等熵能量头 h_s 减去流动损失 δh_{hyd} 才等于输出的功 h_{th}（或轮周功 h_{u}），即

$$h_{\mathrm{th}}=h_{\mathrm{u}}=h_s-\delta h_{\mathrm{hyd}}$$

上述的能量头仅考虑到流道的流动损失，实际的损失是很复杂的。一般机器有内部损失和外部损失之分，级中损失是机器内部损失，它除流道流动损失外，还存在其他形式的损失。

例如，径流机械的叶轮高压端流体向低压端的泄漏损失 δq_m，叶轮轮盖和轮盘的外表面及顶端与流体的摩擦损失 δP_{r}，对于单位质量流体，这两个损失分别表示为 δh_{v} 和 δh_{r}（图 2-38），即

$$\delta h_{\mathrm{v}}=\delta q_m/q_m,\delta h_{\mathrm{r}}=\delta P_{\mathrm{r}}/q_m$$

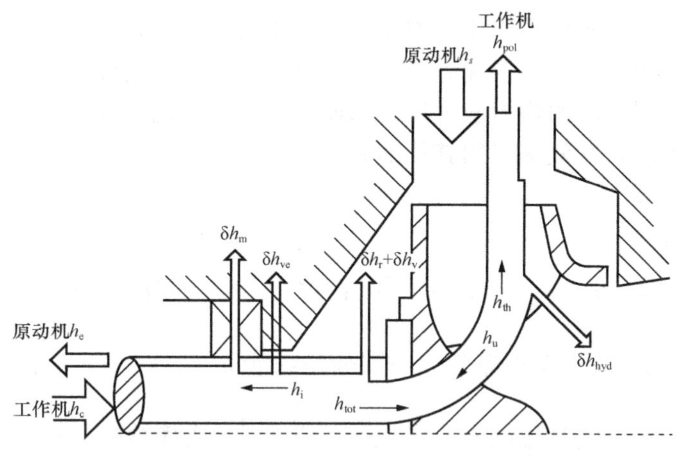

图 2-38　能量头和损失的关系示意图

由于这两个损失与流道流动损失一样又以热的形式传给流体，加上这两项损失后，径流工作机中输入给单位质量流体的实际总能量头 h_{tot} 是有效功加上所有损失（包括流道和非流道损失）

$$h_{tot} = h_{pol} + \delta h_{hyd} + \delta h_v + \delta h_r = h_{th} + \delta h_v + \delta h_r$$

而径流原动机中单位质量流体输出的实际有效能量头 h_i 应该是等熵能量头 h_s 减去所有损失（这里只包括 2 项非流道损失，第四章还介绍了其他非流道损失），即

$$h_i = h_s - \delta h_{hyd} - \delta h_v - \delta h_r = h_u - \delta h_v - \delta h_r$$

机器的外部损失 δh_e 有外泄漏损失 δh_{vo} 与机械损失 δh_m 等，机器实际与外界交换的能量头 h_e 分别为：

工作机　　$h_e = h_{tot} + \delta h_{vo} + \delta h_m$

原动机　　$h_e = h_{tot} - \delta h_{vo} - \delta h_m$

3. 转速

转速 n 是叶轮（转轮）旋转的速度，单位常用 r/min。

4. 功率、能量损失和效率

功率 P 对工作机而言是指机器的输入功率，而对原动机则指输出功率，单位为 kW。

能量转换过程中不可避免地会产生损失，在叶轮机械中的能量损失一般分为三种类型：

（1）流动损失（或称水力损失），是由于介质具有黏性而在流动过程中引起的压力损失。

（2）泄漏损失（容积损失），由于结构的原因，转子部件和壳体之间必然会有间隙。容积损失是由于通过这些间隙的泄漏而引起的流量损失。

（3）机械损失，是指机械摩擦引起的功率损失。机械损失也可分为两种，一种是轴承、轴封等部位固体摩擦引起的损失 ΔP_m，另一种是叶轮旋转时，其盖板外侧及外缘与介质摩擦引起的损失 ΔP_r，称为圆盘损失（也称轮盘损失或轮阻损失）。ΔP_r 虽然仍然是介质从叶轮获得的能量，但不是通过叶片获得的，与叶片内的流动状况无关，因此不应属于流动（水力）损失。

效率 η 用以衡量损失的大小。介质为可压或不可压缩时，效率的定义是不同的，具体内容将在以后进行讨论。这里只简单说明二者的区别。机器内部的能量损失最终将转变成热能，使介质的温度升高，改变了介质的内能。对于不可压介质，温度的变化对机器的工作没有影响，也不改变介质的宏观动能和势能。但对可压缩介质，内能的变化将使介质的焓值改变，同时也影响了机器内部的热力学过程，从而改变了机器的工作。由于这个区别，当机器利用可压缩介质工作时，其效率将用其他的方式定义。

四、级的反作用度

由欧拉第二方程式

$$h_{th} = \frac{c_p^2 - c_s^2}{2} + \frac{u_p^2 - u_s^2}{2} + \frac{w_s^2 - w_p^2}{2} = gH_{th} = \frac{p_{th}}{\rho}$$

此式将理论能量头 h_{th} 分成两部分，一部分是动能 $h_d = \frac{c_p^2 - c_s^2}{2}$，由伯努利方程并且忽略流动损失，得到另一部分是静压能 $h_{st} = \frac{u_p^2 - u_s^2}{2} + \frac{w_s^2 - w_p^2}{2}$ 或静焓降 Δh_{st}。叶轮内流体静压能 h_{st}（或等熵静焓降 Δh_{st}）的大小与能量 h_{th}（或级滞止等熵焓降 Δh_s^*）之比定义为反作用度 Ω，即

$$\Omega = \frac{0.5[(u_2^2 - u_1^2) + (w_1^2 - w_2^2)]}{h_{th}}$$

$$= \frac{h_{st}}{h_{th}} = \frac{H_{st}}{H_{th}} = \frac{p_{st}}{p_{th}} \tag{2-40a}$$

汽轮机有

$$\Omega = \Delta h_{st} / \Delta h_s^* \tag{2-40b}$$

式中：H_{st} 和表示水轮机的势水头、泵的势扬程；p_{st} 表示通风机的静压。

反作用度又被称为反应度、反力度、反动度、反击系数。反作用度广泛应用于不同的叶轮机械，现在讨论如下。

（1）反作用度 Ω 的大小反映了叶轮中气体压缩或膨胀的程度，反映了叶轮内流体在与外界交换的机械功中其静压能（或静焓）变化所占的比例，它直接影响级中各个流通部件的损失，也决定了叶轮的结构。因此，反作用度 Ω 是一个重要的参数。

（2）根据反作用度大小将叶轮机械分成两大类：反击（或反动）式和冲击（或冲动）式。$\Omega=0$ 时称为纯冲击式，$\Omega=0.05\sim0.2$ 时称为带有小反作用度的冲击式，在冲击式叶轮中，与机械功转换的能量几乎全部是流体动能。

（3）除横流通风机外，工作机中不采用冲击式叶轮，而常用的反作用度 $\Omega>0.5$，这是因为叶轮的效率比其他部件要高，叶轮内流体获得的静压能比例越大，则级的效率越高。工作机中反作用度 Ω 的近似表达式为

$$\Omega = 1 - 0.5(c_{u1} + c_{u2})/u \tag{2-40c}$$

（4）与工作机不同，原动机中静叶片的效率比叶轮的要高，但在叶轮中采取一定的反作用度 Ω 可减弱叶道附面层的不利影响，因此原动机广泛采用冲击式和反击式。纯冲击式级的单级做功能力较大，但效率较低；而反击式级的效率较高，但单级做功能力较小。带反作用度 $\Omega=0.05\sim0.2$ 的冲击式级既有做功能力较大，又有反击式级的效率较高的优点。

第六节　有限叶片数的影响

一、有限叶片数对能量转换的影响

在采用无限叶片数假定时，出口液流角 $\beta_2=\beta_{b2}$，因此速度三角形和 c_{u2} 易于求得，由欧

拉方程式即可确定理论能量头并以 $h_{th\infty}$（或 $H_{th\infty}$、$p_{th\infty}$）表示。但实际上，叶片数是有限的，故实际的出口速度三角形与无穷叶片数时不相同。

介质经过叶片时，叶片使液（气）流偏转，因惯性作用而产生作用于叶片的力。在无穷多叶片的情况下，叶片必然使液（气）流从来流的 w_1 方向转到叶片出口角 β_{b2} 所规定的方向。但在有限叶片数时，由于惯性作用，其偏转程度将低于叶片所规定的程度。以轴流叶轮的直列叶栅为例，图 2 - 39 为进出口速度三角形。由于 $u_1=u_2$，故将二者重合在一起。S 点和 P 点代表无穷叶片数时的情况。在工作机工况，S 为进口，P 为出口。叶片使来流 w_S 顺时针偏转到 w_P 方向（$Z=\infty$，$\beta_2=\beta_{b2}$）。在有限叶片数时，由于偏转不足，故实际得到 P' 点的三角形。矢量$\boldsymbol{PP}'$，代表了两种情况出口速度矢量的差值。

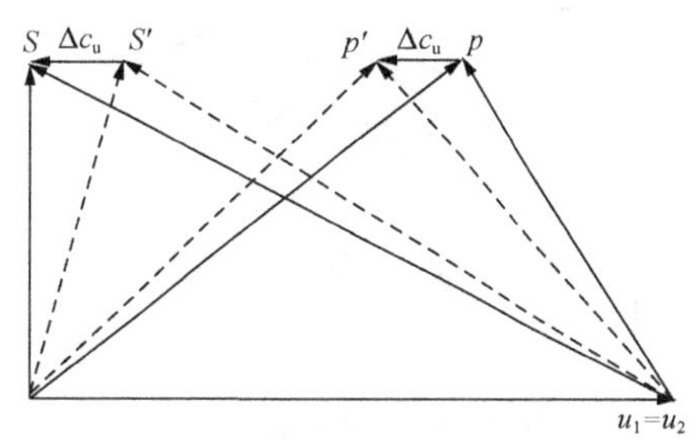

图 2 - 39　轴流式叶轮进出口速度三角形

$$\boldsymbol{PP}'=\Delta\boldsymbol{c}_{u2}=\Delta\boldsymbol{w}_{u2}=\boldsymbol{c}_P-\boldsymbol{c}_{P'}=\boldsymbol{w}_P-\boldsymbol{w}_{P'}$$

$\Delta\boldsymbol{c}_{u2}$沿圆周指向$-\boldsymbol{u}$的方向，可见实际的相对液流角 $\beta_2<\beta_{b2}$。

在原动机工况，P 点为进口，S 点为出口。介质速度方向在叶片作用下沿逆时针偏转。同理 S 点将移至 S'点。同理

$$\boldsymbol{SS}'=\Delta\boldsymbol{c}_{u2}=\Delta\boldsymbol{w}_{u2}=\boldsymbol{c}_S-\boldsymbol{c}_{S'}=\boldsymbol{w}_S-\boldsymbol{w}_{S'}$$

此时 $\Delta\boldsymbol{c}_{u2}$指向 $\boldsymbol{u}$ 的方向，$\beta_2>\beta_{b2}$。

根据欧拉方程式，有限叶片数时，对工作机有

$$h_{th}=gH_{th}=\frac{p_{th}}{\rho}=u_Pc_{uP'}-u_Sc_{uS}$$

对于原动机有

$$h_{th}=gH_{th}=\frac{p_{th}}{\rho}=u_Pc_{uP}-u_Sc_{uS'}$$

因为在工作机中，$c_{uP'}<c_{uP}$，在原动机中 $c_{uS}>c_{uS'}$，可见两种情况下均有

$$H_{th}<H_{th\infty}\qquad h_{th}<h_{th\infty}\qquad p_{th}<p_{th\infty}$$

这种在有限叶片数时由于偏转不足，使 $\beta_2\neq\beta_{b2}$ 的现象，称为滑移，也称为功率缩减。

在轴流式机械中，滑移是由于叶栅稠密度下降（$Z<\infty$）而使叶片导向能力减弱引起的。其实任何形式的叶轮中均有这个现象。不过在径流式或混流式机器中，还有引起滑移现象的更主要原因——轴向旋涡。

以离心叶轮为例，液（气）流在进入叶轮前是无旋的，进入叶轮后，其绝对运动仍然是无旋的。但叶轮是旋转的，因此相对运动有图 2 - 40 所示的旋涡运动。该旋涡向量平行于轴线，因而称为轴向旋涡。叶轮内的相对运动，是上述旋涡与贯穿流动的合成。合成的速度分布如图 2 - 41 所示。由图 2 - 41 可见，叶片工作面的相对速度较小，而叶片背面的相对速度较大。叶片两边的速度差产生了压力差，该压力差正是叶片力矩的来源。轴向旋涡使出口处产生一个 Δw_u（Δc_u）的圆周速度，使速度三角形产生如图 2 - 42 所示的变化。同样产生了功率缩减。

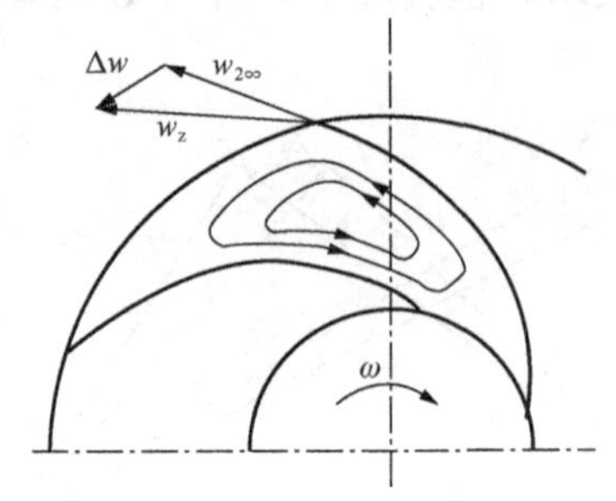

图 2 - 40 轴向旋涡

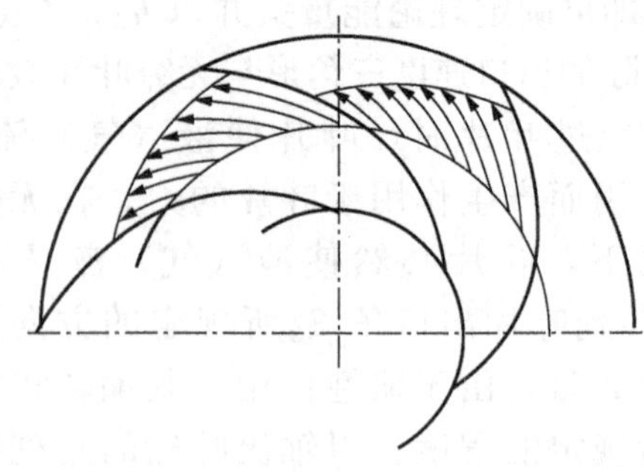

图 2 - 41 离心叶轮叶片间流道的速度分布

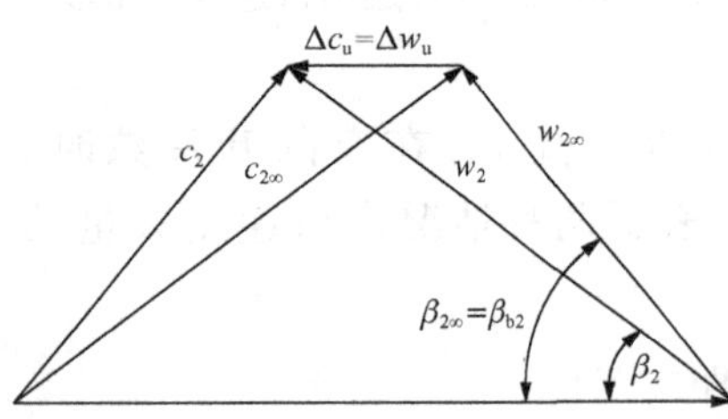

图 2 - 42 离心叶轮出口速度三角形

虽然工作机（泵、风机与压缩机）与原动机（水轮机、汽轮机）内均存在滑移现象，但二者的程度不同。在设计工作机时，必须仔细计算 β_{b2} 的数值，而在原动机设计中一般只对 β_{b2} 给予 2°～4°的修正。并不进行精确计算。其原因在于黏性在二者中起的作用不同。

二、滑移系数

在泵、风机与压缩机中，叶轮出口流动角 β_2 与叶片角 β_{b2} 不相等，设计时必须计算实际的流动角并据此计算速度三角形，否则，不可能满足给定的设计参数。目前还难以直接进行足够精确的计算。工程中分别对离心式和轴流式叶轮用不同的方法处理。由于轴流式叶轮可以展开成为平面直列叶栅，对平面叶栅问题，可以直接进行有限叶片数（有限叶栅稠密度）的流动计算，不必借助于无穷叶片数的假设。对于离心式叶轮，通用的方法是先借助于无穷叶片数假定（一元理论）进行计算，然后利用经验公式对计算结果进行修正。修正是利用滑移系数的概念进行的。

将滑移系数定义为

$$\sigma = 1 - \frac{c_{u2\infty} - c_{u2}}{u_2} \tag{2 - 41}$$

$$\Delta H = \frac{u_2}{g}(c_{u2\infty} - c_{u2}) = \frac{u_2^2}{g}(1-\sigma) \tag{2 - 42a}$$

$$\Delta h = u_2^2(1-\sigma) \tag{2 - 42b}$$

$$\Delta p = \rho u_2^2(1-\sigma) \tag{2 - 42c}$$

所以

$$H_{th} = H_{th\infty} - \Delta H \qquad h_{th} = h_{th\infty} - \Delta h \qquad p_{th} = p_{th\infty} - \Delta p \tag{2 - 43}$$

至于滑移系数的计算，目前并无精确的方法。有些学者在一定的简化条件下推出了一些近似公式，另外一些学者则根据实验数据提出了经验公式。如斯托道拉（Stodola）的经验公式

$$\sigma = 1 - \frac{c_{u2\infty} - c_{u2}}{u_2} = 1 - \frac{\pi}{Z}\sin\beta_{b2} \tag{2 - 44}$$

【例 2 - 3】 已知离心叶轮的直径 $D2=0.88$m，转速 2900r/min，叶片数 $z=16$，叶片出口角是 $\beta_{b2}=50°$，出口流量系数 $\varphi_{m2}=0.24$（流量系数定义为 $\varphi_{m2}=c_{m2}/u_2$），求该叶轮输出

的理论（或欧拉）能量头。

解 $u_2 = \pi \times 0.88 \times 2900/60 = 133.6(\mathrm{m/s})$

$\sigma = 1 - \frac{\pi}{Z}\sin\beta_{b2} = 1 - \pi \times \sin 50°/16 = 0.8496$

理论能量头 $h_{th} = (\sigma - \varphi_{m2}\mathrm{ctg}\beta_{b2})u_2^2 = (0.8496 - 0.24\mathrm{ctg}50°) \times 133.6^2 = 11574(\mathrm{J/kg})$

思 考 题 和 习 题

1. 级的定义是什么？有哪些形式的级？各种级的主要部件是什么？

2. 速度三角形适用于流道的哪些截面？不同机器的速度三角形有什么特点？

3. 根据速度三角形如何判断叶片几何形状？根据叶片形状如何判断叶轮的旋转方向？

4. 叶片机械中欧拉能量头 h_{th} 是否比有效能量头小？试述叶片机器中各种能量头的关系。

5. 试述叶片机器中各种损失和效率的关系。

6. 叶轮机械的主要性能参数有哪些？它们的关系如何？

7. 分析叶轮机械（汽轮机）流道内流体的参数变化趋势。

8. 叶轮机械内流道可以划分为哪些基本形式？有叶静止流道分析为什么一般不使用动量（矩）定理？无叶流道分析常用哪些基本方程？

9. 轴对称流道与非轴对称流道中流动的特点是什么？蜗壳式部件分析时有哪些假设？

10. 按如下参数画出速度三角形，并判断机器的形式：($c_{m1} = c_{m2} = 25\mathrm{m/s}$)

(a) $u_1 = u_2 = 50\mathrm{m/s}$，$c_{u2} = 5\mathrm{m/s}$，$c_{u1} = -4\mathrm{m/s}$；(b) $c_{u2} = c_{u1} = 12\mathrm{m/s}$，$u_1 = 105\mathrm{m/s}$，$u_2 = 120\mathrm{m/s}$。

11. 离心风机转速 3000r/min，叶轮内外直径分为 25、40cm，叶片进口宽度为 8cm，出口流体相对流动角为 60°，叶轮进口绝对速度是径向的并等于出口径向速度 30m/s，流动效率 90%，假设空气密度不变，等于 1.2kg/m³。求机器产生的压力和所需要的内功率（机器进出口速度相等，$\delta h_v + \delta h_r = 0.03 h_{th}$）。

12. 由如下参数确定级中流体有效能的变化、无限多叶片时的欧拉功 $h_{th\infty}$ 和有限多叶片时的欧拉功 h_{th}：

(a) 径向向心透平转速 24000r/min，叶轮内外半径分为 15、30cm，叶片进出口几何角分为 70°、−25°（角度为欧美表示法），进出口流体相对流动角分为 75°、−35°，叶轮进出口径向速度 100m/s，效率 $\eta_e = 91\%$。

(b) 轴流风机周向速度 100m/s，叶片进出口几何角分为 45°、80°，进出口流体相对流动角分为 40°、75°，叶轮进出口轴向速度 100m/s，效率 $\eta_e = 82\%$。

第三章 叶片式工作机

本章将重点介绍叶片式工作机的结构、性能和运行调节，这些知识，对于许多工程项目的规划、设计、运行和管理都是很重要的。在叶片式工作机中，输送不可压缩介质的叶片泵与风机的应用尤其广泛。这是本章讨论的重点。

叶片式工作机的应用量大面广，产品种类繁多，分类见表 1 - 1。在叶片式工作机中，如果工作介质为液体，则称为叶片泵；若介质为气体，则称为风机（通风机、鼓风机和压缩机的总称）。

在本章后面的讨论中，叶片式工作机将简称为机器。

第一节 叶片式工作机的结构形式和应用范围

为了使叶轮对流过其中的单位数量的介质做一定量的功（h、H 或 p_{tF}），必须使叶轮进、出口的速度的圆周分量有一定的变化，即要满足欧拉方程式。而从整台机器的工作过程来看，叶轮之前的过流部件必须将进口管路内的流速转变为叶轮进口所需要的速度，而叶轮之后的过流部件，则必须将叶轮出口的速度转变为出口管路内的流速（图 2 - 1～图 2 - 8）。

叶轮前的过流部件称为吸入室，叶轮后面的过流元件，在泵中可以统称为压水室，而在风机和压缩机中，各种不同结构和形状的部件有不同的名称，如扩压器、导叶、蜗壳等。

过流部件系指流体所通过的零、部件，它们的基本工作原理已经在第二章讨论过了，本节下面按三大部分——叶轮、吸入室、压水室或扩压部件进一步讨论有关问题。

一、叶轮

叶轮是工作机中对流体做功的唯一部件，叶轮按其子午面流体的流动方向分为离心、轴流、斜流（见表 1 - 1）、混流、横流，它们有各自适用的流量、压力范围和应用领域（见图 3 - 1），其中离心叶轮和轴流叶轮是目前应用最为广泛的型式。离心叶轮按叶片出口角又可分为前弯、径向、后弯三种叶片型式。图 3 - 2 给出了三种叶片型式及其对应的速度三角形，由

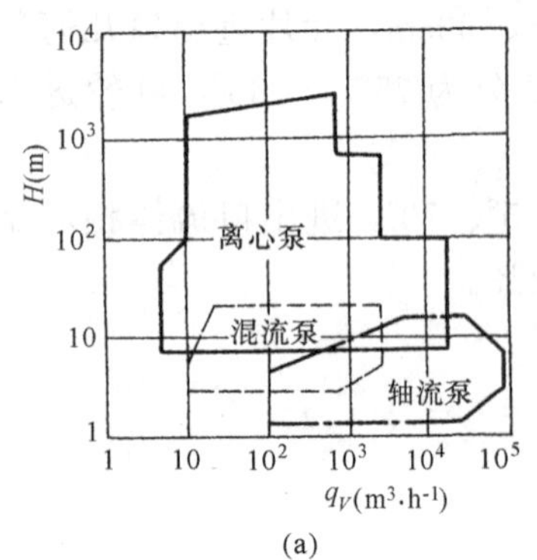

(a)

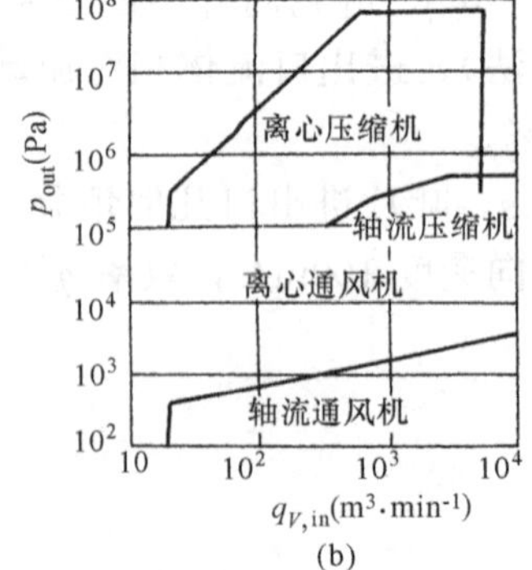

(b)

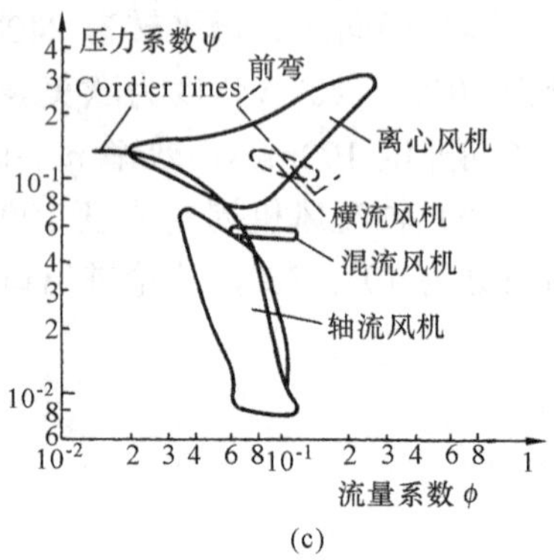

(c)

图 3 - 1 工作机的不同应用范围

（a）流量与扬程的关系；（b）流量与出口压力的关系；（c）流量系数与压力系数的关系

图 3 - 2 可见，后弯叶片的出口角小于 90°，径向叶片的出口角等于 90°，前弯叶片的出口角$\beta_{2b}>90°$。

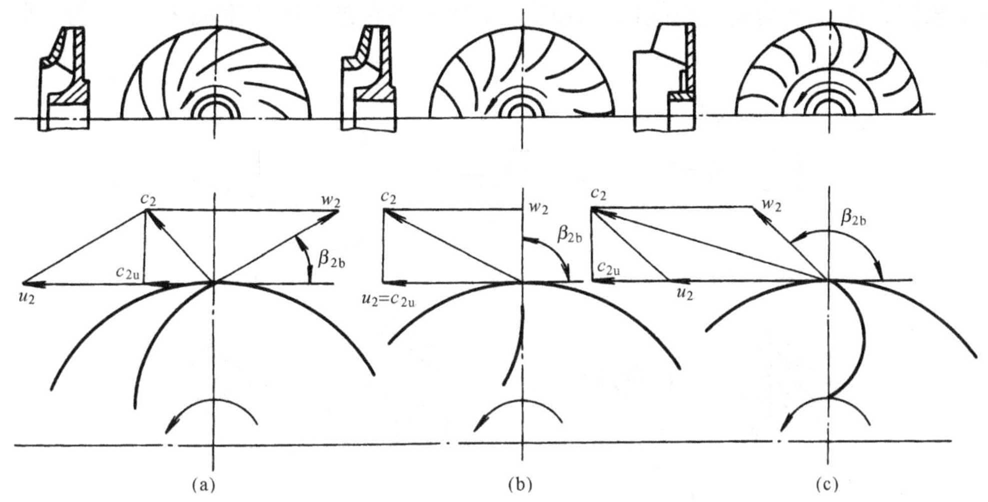

图 3 - 2 离心叶轮的三种叶片型式及其对应的速度三角形

(a) 后弯叶片；(b) 径向叶片；(c) 前弯叶片

根据欧拉方程式（2 - 18）可得

$$h_{th}=u_2c_{u2}-u_1c_{u1}$$

在 $c_{u1}=0$ 和 u_2 相等的情况下，由于三种叶片中前向叶片出口的速度周向分量 c_{u2}最大，欧拉功 h_{th}最大，但因其效率较低而主要用在通风机中。

由轴流叶轮的欧拉方程式 $h_{th}=u(c_{u2}-c_{u1})$ 可知，其欧拉功 h_{th}的大小与圆周速度和叶轮内流动方向的偏转有关（见图 2 - 30）。

联立欧拉第二方程式和伯努利方程有

$$0.5(u_2^2-u_1^2)+0.5(c_2^2-c_1^2)+0.5(w_1^2-w_2^2)=\int_1^2 \mathrm{d}p/\rho+\Delta c^2/2+\delta h_{hyd}$$

$$\int_1^2 \mathrm{d}p/\rho+\delta h_{hyd}=0.5(u_2^2-u_1^2)+0.5(w_1^2-w_2^2) \tag{3 - 1}$$

工作机叶轮内压力的增加一方面是上式右边第一项离心力项 $0.5(u_2^2-u_1^2)$ 的作用，另方面是第二项的相对流动减速（$w_1>w_2$）。对于轴流叶轮，离心力项 $0.5(u_2^2-u_1^2)$ 为零，叶轮内流体压力的提高仅仅是因为流道的扩压。

一般来讲，工作机叶轮内流体得到的能量不仅使压力升高，而且使动能加大，即绝对速度也是随着能量的加入而增加（$c_2>c_1$）。

二、吸入室

叶片式工作机中，首级叶轮之前的部件为吸入室（见图 2 - 1）。在泵中，称为吸水室，在风机和压缩机中，称为吸气室或进气箱（口）或集风器。吸入室的作用是以叶轮所需要的速度（包括大小和方向）将流体引入叶轮。

一般情况下，叶轮进口的流速稍大于进口管路中的流速，所以吸入室中的流动是收缩流动，流体的速度增加，压力降低。

图 3 - 3 表示常用的吸入室的类型。其中，直锥管吸入室［见图 3 - 3 (a)］的性能最好，

流动损失小，叶轮进口速度分布非常均匀，有利于减小叶轮内的流动损失。但由于结构方面的原因，叶轮只能悬臂布置，轴的受力条件不好。所以对于叶轮的尺寸和重量较大的情况，叶轮不能悬臂布置；或受安装空间的限制时，不能采用直锥型吸入室而采取其他形式［见图3-3（b）～（e）］。

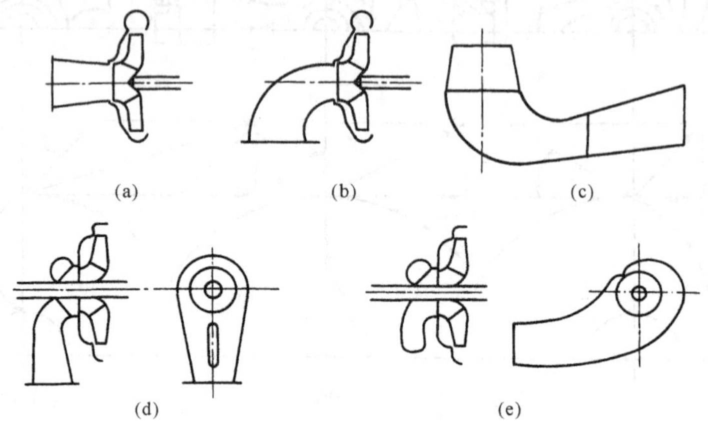

图 3-3 吸入室的类型

三、压水室与扩压部件

流体流经叶轮后，能量增加，表现为压力和速度均增加。叶轮后还有相当大的动能，为了将动能部分转换为压力能，叶轮后面的过流部件内一般是扩压流动，即叶轮出口高的速度得到降低，同时增加压力能。除扩压外，叶轮后面有的过流部件主要是引导流体进入后面一级或出口管道，如图 3-4（c）、（e）中的回流器是引导流体进入后面一级，图 3-4（a）、（b）、（d）中的蜗壳是引导流体进入后面的出口管道。

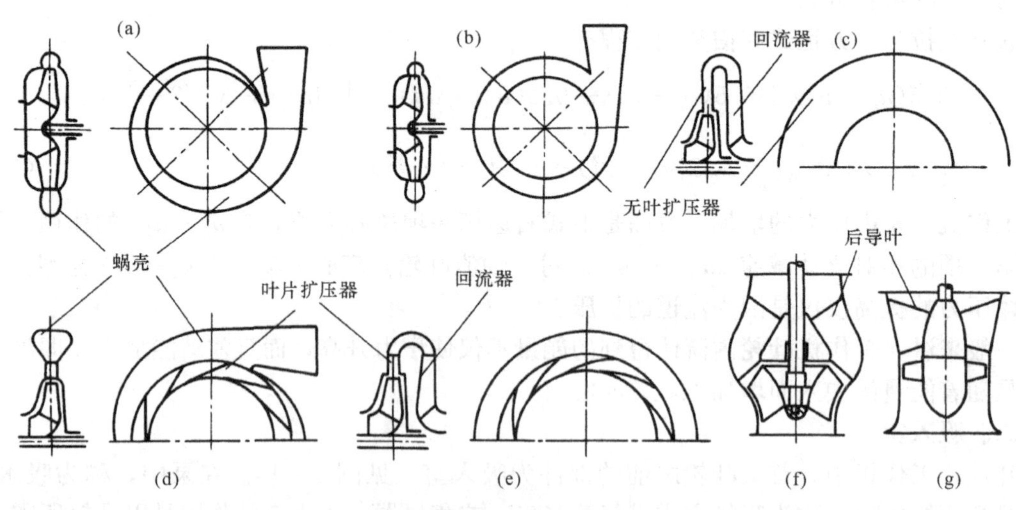

图 3-4 压水室与扩压元件

工作机叶轮后面的过流部件常由几个部分组成，在不同的机器中，各部分的名称也不相同。在泵中，通常统称为压水室，而在风机和压缩机中，有扩压器、回流器、蜗壳、后导叶等，这里将这些统称为扩压元件。压水室和扩压元件有多种形式，如图 3-4 所示。

第二节 主要性能参数和特性曲线

一、叶片式工作机的主要性能参数

第二章中已经介绍了叶轮机械的主要工作参数，叶片式工作机的参数与前述并无实质的不同，但为应用方便，在不同的机器中，还是有不同的表示方法。所以这里具体介绍叶片式工作机的主要性能参数。

（一）流量 q

在泵和通风机中，因为介质可视为不可压缩的，即密度 ρ 为常数，机器的体积流量和质量流量仅相差一个参数 ρ，所以用单位时间内通过机器的介质的体积来表征机器的流量特性，单位为立方米每秒（m^3/s）、升每秒（L/s）或立方米每小时（m^3/h），用 q_V 表示。在通风机中，流量又称为风量。

在压缩机中，常用质量流量表征机器的工况比较方便，单位为千克每秒（kg/s）、千克每分（kg/min）或千克每小时（kg/h），用 q_m 表示。

（二）扬程、压力、能量头、压力比与有效能量头

介质在通过机器时，单位数量的介质所获得的能量，是机器最重要的参数之一。这个参数可以通过机器进出口断面单位数量介质所具有的能量的差值来表示。在不同的机器中，出于使用方便的考虑，采用的名称和表示方式均不同，但“机器进、出口断面单位数量介质的能量差值”这个概念是共同的。

1. 不可压缩介质的情况

泵的工作介质为液体，在水力学中，常以液柱高度表示液体的能量。根据水力学的概念，液柱高度表示的是单位重力液体（即受 1N 重力作用的液体）所具有的能量，单位是 N·m/(N)。以液柱高度表示的进、出口断面单位重力液体所具有的能量之差 H 称为扬程。

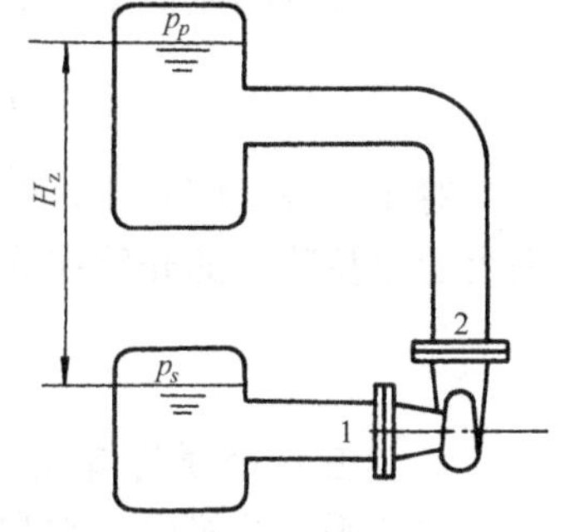

图 3-5 泵装置及扬程的定义

图 3-5 中，若以下角标 1 表示机器进口断面，下角标 2 表示出口断面，则有

$$H = \frac{p_2 - p_1}{\rho g} + \frac{c_2^2 - c_1^2}{2g} + (z_2 - z_1) \tag{3-2}$$

泵连同管路、阀门、容器等组成一个系统，称为泵装置。对于泵装置，定义装置扬程为

$$H_G = \frac{p_p - p_s}{\rho g} + \frac{c_p^2 - c_s^2}{2g} + z_p - z_s + \delta H \tag{3-3}$$

式中：δH 为全部管路损失的总和。下标 p 表示上游水面，s 表示下游水面。

装置扬程表示在重力场中泵将单位重力液体从下游容器抽送到上游容器所做的功。显然，在系统处于稳定状态时，装置扬程必等于泵的扬程。由于上、下游容器液面上的压力和高度一般是不同的，而容器中液体的流速相对于泵里面的流速很小，所以定义装置静扬程为

$$H_{st} = \frac{p_p - p_s}{\rho g} + z_p - z_s \tag{3-4}$$

这样就有

$$H = H_G = H_{st} + \delta H \tag{3-5}$$

H 具有十分直观的物理意义且使用方便。故在泵中被广泛采用。但同一台机器在相同

的条件下工作时，其 H 值与重力加速度 g 相关。在不同的重力条件下，H 值将不同。在失重的环境下（例如空间轨道站）H 值将没有意义。

如果用质量作为液体量的度量，就可得到一个与重力无关的能量指标，这就是第二章引入的能量头（或者比能、比功），即机器进、出口截面单位质量（1kg）液体所具有的能量的差值，记为 h，单位为平方米每二次方秒 [（N・m）/kg=m^2/s^2]，即

$$h=\frac{p_2-p_1}{\rho}+\frac{c_2^2-c_1^2}{2}+g(z_2-z_1)=gH \tag{3-6}$$

由上式可知：能量头 h 等于 1kg 质量流体在重力场中提高 H 做的功。

在通风机中，工作介质是气体，但一般仍作为不可压缩介质处理。但显然，用气柱的高度来表示压力或单位重力气体的能量将不如水柱那样直观与方便，所以在风机行业用压升来表示进、出口断面单位体积（$1m^3$）气体能量的差值，通常使用气体通过风机后全压的升高量，也称为风机全压，记为 p_{tF}，单位为 Pa [（N・m）/m^3=N/m^2]，即

$$p_{tF}=p_2-p_1+\rho\frac{c_2^2-c_1^2}{2} \tag{3-7}$$

上式中 p_1、p_2 为进、出口处的静压，式中没有出现高度 z 是因为在风机中重力势能可以忽略不计。全压在通风机中也称为风压。

通风机性能参数中有时用静压表示，通风机静压是指全压与出口动能之差（不是风机进、出口静压的差值 p_2-p_1），即

$$p_{sF}=p_2-p_1+\rho\frac{c_2^2-c_1^2}{2}-\rho\frac{c_2^2}{2}=p_2-\left(p_1+\rho\frac{c_1^2}{2}\right) \tag{3-8}$$

对于不可压缩介质，以上几个能量的相关参数 H、h、p_{tF} 虽然其数值不同，但都可以用来表示单位数量的介质在通过机器后能量的变化量，它们之间的关系为

$$h=gH=\frac{p_{tF}}{\rho} \tag{3-9}$$

2. 可压缩介质的情况

在透平压缩机中，常常忽略重力做的功，此时单位质量（1kg）气体的能量变化量常用能量头表示。由伯努利方程（1-34）可得

$$h=\int_1^2 v\mathrm{d}p+\frac{1}{2}(c_2^2-c_1^2)+\sum\delta h_i$$

式中有效能量为压缩功 $h_y=\int_1^2 v\mathrm{d}p$ 。根据对有效压缩过程的选取不同，有不同的能量头，例如等熵能量头 h_s、多变能量头 h_{pol}、等温能量头 h_{iT} 等。式中项 $\sum\delta h_i$ 包括所有的损失，此时对应的是轴总能量头 h_e；如果只包括内部流道损失，则对应的是理论能量头 h_{th}；如果包括内部流道损失和内部非流道损失，则对应的是内总能量头 h_{tot}。

在气体的初始状态和多变指数 n 一定后，各种能量头仅仅与压力比有关，所以在透平压缩机中，表示能量相关的量也常常用压力比

$$\pi=p_2/p_1 \tag{3-10}$$

（三）功率 P

功率 P 对工作机而言是指机器的输入功率，单位为 kW。输入功率常分为包括外部损失的轴功率和不包括外部损失的内功率。

当给定了单位时间内通过机器的介质总量（q_V 或 q_m）和单位质量（或重力、体积）介质通过机器后有效能量的增加量（h、H 或 p_{tF}）以后，单位时间内通过机器的介质所增加的总有效能量可表示为

$$P_f = hq_m = \rho g q_V H = q_V p_{tF} \tag{3-11}$$

机器输入功率与流体得到有效功率之间有一差值为损失 δP。用效率 η 来衡量损失的大小，则有

$$\eta = \frac{P_f}{P} = \frac{P-\delta P}{P} = 1-\frac{\delta P}{P} \tag{3-12}$$

上式给出的是整机的总效率，总损失包括了机器各部分的各种能量损失。机器输入功率与流体得到的有效功率还可以有不同的定义，即还可以定义相应的不同效率。

（四）效率与损失

1. 损失分类

流体机械的能量转换过程不可避免地伴随着能量损失。在叶片式流体机械中的能量损失可以分为三种类型：

（1）流动损失（或称水力损失）δh（δH 或 δp），是指由于介质具有黏性而在流动过程中引起的压力损失。为便于分析，还可将流动损失进一步分类，如摩擦损失、冲击损失、分离损失、二次流损失等等。不过这种分类是不严格的，因为它们是相互关联的，不可能截然分开。另外，在轴流、斜流等型式的叶（转）轮和开式、半开式径流式叶（转）轮中，部分介质通过叶片与壳体之间的间隙从压力较高的工作面流到压力较低的背面，这股流动通过间隙会产生能量损失，同时由于其对主流的扰动会引起更大的损失。这两种损失合称叶端损失，也应归于流动（水力）损失之中。

（2）泄漏损失（容积损失）δq_m（或 δq_V）。由于结构的原因，转子部件和壳体之间必然会有间隙。容积损失是由于通过这些间隙的泄漏而引起的流量的损失。图 3 - 6 为单级机器的容积损失示意图，其中体积流量 δq_{m1} 通过轮盖（前盖板）密封部位间隙从高压区泄漏到低压区，体积流量 δq_{m2} 则泄漏到机器外部。流量 δq_{m1} 在内部不断循环，不断从叶片获得能量然后消耗在间隙的节流损失上。流量 δq_{m2} 则从叶轮获得能量后流到外部，所获得的能量也就损失掉了。

（3）机械损失 δP，是指机械摩擦引起的功率损失。机械损失也可分为两种，一种是轴承、轴封等部位固体摩擦引起的损失 δP_m，另一种是叶轮旋转时，其盖板外侧及外缘与介质摩擦引起的损失 δP_r，称为圆盘损失（也称轮盘损失或轮阻损失，见图 3 - 6）。δP_r 虽然仍然是介质从叶轮获得的能量，但不是通过叶片获得的，与叶片内的流动状况无关，因此不应属于流动（水力）损失。

2. 泵与通风机的效率

为衡量不同种类损失的大小，引入了不同的效率。对于不可压缩介质，效率的定义相对简单一些，在此先予讨论。

图 3 - 7 以离心泵为例，说明了能量传递与各种损失的发生过程。图中左面的箭头表示由原动机输入的功率 P，称为轴功率。此功率通过泵轴传递给叶轮的叶片。但在传递的过程中首先要克服作用在轴上的摩擦力矩，于是发生了机械损失 δP_m（轴承和密封摩擦）和 δP_r（圆盘损失），真正传递给叶片的功率为

$$P_{th} = P-\delta P = P-\delta P_m-\delta P_r \tag{3-13}$$

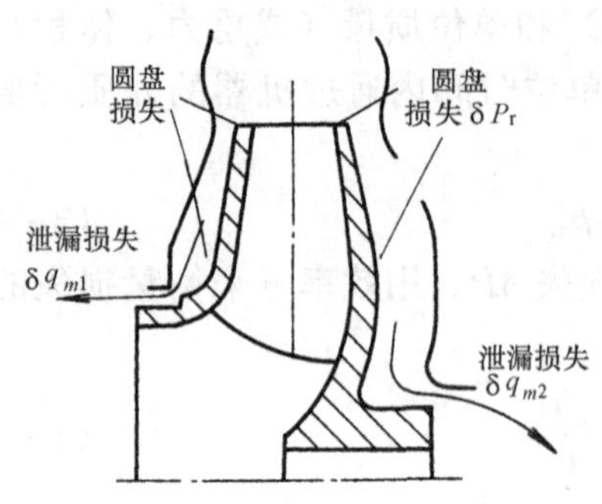

图 3-6 泄漏损失和圆盘损失

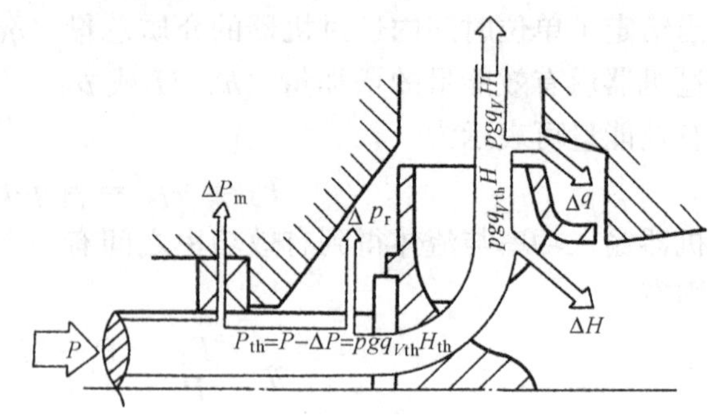

图 3-7 能量传递过程与损失

该功率由叶片全部传递给水流，故

$$P_{th} = \rho g q_{Vth} H_{th} \tag{3-14}$$

由于流动过程中的流动损失，出口处流体实际具有的机械能量（扬程）为

$$H = H_{th} - \delta H \tag{3-15}$$

由于泄漏，出口处的实际流量为

$$q_V = q_{Vth} - \delta q_V \tag{3-16}$$

故最后得到出口处水流的功率（输出功率）为

$$P_f = \rho g q_V H \tag{3-17}$$

引入机械效率 η_m，流动（水力）效率 η_h 及容积效率 η_V 分别衡量各项相应损失的大小。表 3-1 总结了上述各项损失的计算并给出了相应效率的计算公式。上述讨论虽然是以离心泵为例进行的，可是对于风机也是完全适用的，只需将各式中的 $\rho g H$ 改为 p 即可。

表 3-1　　风机和泵的各种效率定义

	q_{Vth}	η_V	H_{th}、p_{th}	η_h	P	η_m
泵	$q_V+\delta q_V$	$1-\delta q_V/q_{Vth}$ $=q_V/q_{Vth}$	$H+\delta H$	$1-\delta H/H_{th}$ $=H/H_{th}$	$P_{th}+\delta P$	$1-\delta P/P$ $=P_{th}/P$
风机	$q_V+\delta q_V$	$1-\delta q_V/q_{Vth}$ $=q_V/q_{Vth}$	$p_t+\delta p$	$1-\delta p/p_{th}$ $=p_{tF}/p_{th}$	$P_{th}+\delta P$	$1-\delta P/P$ $=P_{th}/P$

机器的总效率则定义为

$$\eta = \eta_m \cdot \eta_h \cdot \eta_V \tag{3-18}$$

在泵与风机中，还常将所有的损失分为内部损失和外部损失。内部损失包括流动损失、容积损失和机械损失中的圆盘损失，这些损失所产生的热量，最后均传递给流体，使介质温度升高。外部损失则为轴承和密封等处的机械摩擦损失，这些损失所产生的热量，将散发在周围的环境中，不会使介质的温度升高。与这种划分相适应，称 $P_i=P-\delta P_m$ 为内功率，它是通过叶轮传送给介质的功率，包括有效的功率和损失功率。而内效率定义为

$$\eta_i = \frac{P_f}{P_i} = \frac{\rho g q_V H}{P_i} = \frac{q_V p_{tF}}{P_i} \tag{3-19}$$

即不计轴承、填料等处的机械损失时的效率。将圆盘（轮阻）效率定义为

$$\eta_r = \frac{P_i - \delta P_r}{P_i} \tag{3-20}$$

机械传动效率定义为

$$\eta_m = \frac{P - \delta P_m}{P} = \frac{P_i}{P} \tag{3-21}$$

于是机器的总效率又可表示为

$$\eta = \eta_h \cdot \eta_V \cdot \eta_r \cdot \eta_m = \eta_i \cdot \eta_m \tag{3-22}$$

通风机效率尚有全压效率与静压效率之分。上面讨论的是全压效率。静压效率的定义是

静压总效率
$$\eta_{sF} = \frac{p_{sF} q_V}{P} = \frac{p_{sF}}{p_{tF}} \eta \tag{3-23}$$

静压内效率
$$\eta_{sF,i} = \frac{p_{sF} q_V}{P_i} = \frac{p_{sF}}{p_{tF}} \eta_i \tag{3-24}$$

3. 压缩机的效率表示

对于输送可压缩介质的压缩机（或压缩机级）来说，当进、出口的流量和压力都测定以后，并不能唯一确定有效功率（相当于泵的 $\rho g q_V H$ 和风机的 $p q_V$），因为气体的压缩功与热力学过程有关。所以压缩机的效率的定义方式与泵和通风机不同。

(1) 压缩机级的功率。欧拉方程式（2-26）指出，理论能量头 h_{th} 是叶片对单位质量气流所做的功。对于离心式压缩机，设级的质量流量为 q_m，泄漏质量流量为 δq_m，轮阻损失功率为 δP_r，定义

泄漏损失系数

$$\beta_V = \frac{\delta q_m}{q_m} \tag{3-25}$$

轮阻损失系数

$$\beta_r = \frac{\delta P_r}{q_m h_{th}} \tag{3-26}$$

则泄漏损失分摊到单位（有效）质量介质的能量为

$$\delta h_V = \beta_V h_{th} \tag{3-27}$$

圆盘损失分摊到单位（有效）质量介质的能量为

$$\delta h_r = \beta_r h_{th} \tag{3-28}$$

于是叶轮传递给单位质量介质的能量为

$$h_{tot} = h_{th} + \delta h_V + \delta h_r = (1 + \beta_V + \beta_r) h_{th} \tag{3-29}$$

当级的流量为 q_m 时，叶轮的总功率、泄漏损失功率和轮阻损失功率分别为

$$P_{tot} = q_m (1 + \beta_V + \beta_r) h_{th} \tag{3-30}$$

$$\delta P_V = \beta_V q_m h_{th} \tag{3-31}$$

$$\delta P_r = \beta_r q_m h_{th} \tag{3-32}$$

对于轴流式压缩机，处理损失的方法有所不同，通常将轮毂断面的摩擦损失（相当于离心叶轮的圆盘损失）以及叶端间隙引起的损失，均归入流动损失，而不单独计算。

不管是离心式还是轴流式机器，h_{tot} 都表示叶轮对单位质量介质所做的功，包括有用功 h_{th} 和损失功率。

(2) 压缩机及压缩机级的效率。用下标 1 和 2 分别表示压缩机或级的进、出口截面，若

测得两截面上介质的温度、压力和速度，就可以求得叶轮的总功耗。用于压缩气体的有用功与总功耗之比，即为压缩机或级的效率。但压缩气体的有用功随压缩过程不同而不同。在压缩机中，常采用多变过程、绝热（定熵）过程和等温过程作为计算有用功的标准。

多变效率：压力由 p_1 增加到 p_2 所需的多变压缩功与实际（总）功耗之比。

$$\eta_{pol}=\frac{h_{pol}}{h_{tot}}=\frac{\frac{n}{n-1}RT_1\left[\left(\frac{p_2}{p_1}\right)^{(n-1)/n}-1\right]}{(1+\beta_V+\beta_r)h_{th}}=\frac{\frac{n}{n-1}R(T_2-T_1)}{\frac{\kappa}{\kappa-1}R(T_2-T_1)+\frac{c_2^2-c_1^2}{2}} \tag{3-33}$$

多变过程指数 n 可由式（3 - 34）求得

$$\frac{n}{n-1}=\frac{\lg\left(\frac{p_2}{p_1}\right)}{\lg\left(\frac{T_2}{T_1}\right)} \tag{3-34}$$

通常 $(c_2^2-c_1^2)/2$ 很小，将其忽略，则可得多变效率的近似表达式

$$\eta_{pol}=\frac{\frac{n}{n-1}}{\frac{\kappa}{\kappa-1}}=\frac{\kappa-1}{\kappa}\cdot\frac{\lg\left(\frac{p_2}{p_1}\right)}{\lg\left(\frac{T_2}{T_1}\right)} \tag{3-35}$$

这样，在忽略传热的条件下，只要测得进、出口截面的温度和压力就可以计算多变效率。而在压缩机的设计中，通常根据模型级的实验数据或类似产品的多变效率值确定所设计的级的多变效率。在引用了多变效率的概念后，还可以把 h_{pol}、h_{tot} 和 h_{th} 之间的关系表示为

$$h_{pol}=h_{tot}\eta_{pol}=h_{th}(1+\beta_V+\beta_r)\eta_{pol} \tag{3-36}$$

绝热（或等熵）效率：压力由 p_1 增加到 p_2 所需的等熵压缩功与实际（总）功耗之比。

$$\eta_{ad}=\frac{h_{ad}}{h_{tot}}=\frac{\frac{\kappa}{\kappa-1}RT_1\left[\left(\frac{p_2}{p_1}\right)^{(\kappa-1)/\kappa}-1\right]}{(1+\beta_V+\beta_r)h_{th}}=\frac{\frac{\kappa}{\kappa-1}R(T_{2ad}-T_1)}{\frac{\kappa}{\kappa-1}R(T_2-T_1)+\frac{c_2^2-c_1^2}{2}} \tag{3-37}$$

等熵效率表示压缩过程接近等熵过程的程度。

流动效率：多变压缩功与叶轮的理论能量头之比。

$$\eta_h=\frac{h_{pol}}{h_{th}}=(1+\beta_V+\beta_r)\eta_{pol} \tag{3-38}$$

流动效率反映了气流流动损失的大小。在流动效率一定的时候，由上式可见，多变效率随着泄漏与轮阻损失的增加而下降。

效率的计算与选取的进、出口截面有关。若选取整台压缩机的进、出口截面，则所得为整机效率；如果选取一个级的进、出口截面，则为级的效率。

（五）转速 n

转速是叶轮（转轮）旋转的速度，是工作机性能的一个参变量，即一组性能曲线对应一个转速。转速单位常用转每分（r/min）。

【例 3 - 1】 已知叶轮直径 $D_2=0.88$m，出口宽 $b_2=0.182$m，流量系数 $\varphi_{2r}=0.24$，叶片数 $z=16$，叶片出口角 $\beta_{2b}=50°$，转速 2900r/min，通风机的流动效率 $\eta=0.85$，假设泄漏和轮阻损失为 $3\%h_{th}$，求标准空气的理论压力升和实际压力升、容积流量、实际输入功率。

解 计算该叶轮的理论能量头 $h_{th}=11574$J/kg（例 2 - 3），这也是空气得到的能量。

理论压力升 $p_{th}=\rho h_{th}=1.2\times11574=13889$ (Pa)

容积流量 $q_V=\varphi_{2r}\times u_2\times b_2\times\pi\times D_2=0.24\times133.6\times0.182\times\pi\times0.88=16.133$ (m^3/s)

实际压力升 $p=\eta p_{th}=0.85\times13889=11806$ (Pa)

实际输入功率 $P=\rho q_V h_{th}(1+3\%)=1.2\times16.133\times11574\times1.03=230791J/s=231$ (kW)

二、叶片式工作机的特性曲线

(一) 工况与变工况时机器的工作

流体机械的各个性能参数并不是固定的，在机器运行过程中，将随着环境和调节过程而变化，亦即机器可以在不同的状况下运行。机器的一组工作参数（q_V、H、n 等等）及介质的物性参数（例如 R、κ 和机器进口处的 p、T 等），决定了流体机械的一种工作状况，称为一种工况。当各参数都为设计值时，称为设计工况。当机器的效率最高时，称最优工况。理论上，设计工况即应为最优工况，但由于还不能精确计算流动情况，故二者并不完全一致。当机器工作在其他工况时，称非设计工况（非最优工况）或偏离工况。非最优工况下，机器的效率会下降，严重偏离最优工况时，还会出现振动、空化等现象，甚至根本不能运行。所以考查机器的工作时，不仅需要考查设计工况，也要考查非设计工况。

其实，当工况发生变化时，各参数的变化并不是独立的，各参数的变化之间满足一定的关系，这个关系其实是机器内部流动规律的反映。利用叶轮进、出口处的速度三角形，可以定性地分析这种相互关系。

图 3-8 表示了在转速不变的条件下叶轮进、出口的速度三角形与机器流量的关系。图中实线表示设计工况时的速度三角形，虚线表示流量增大的情况，点划线表示流量减小的情况。

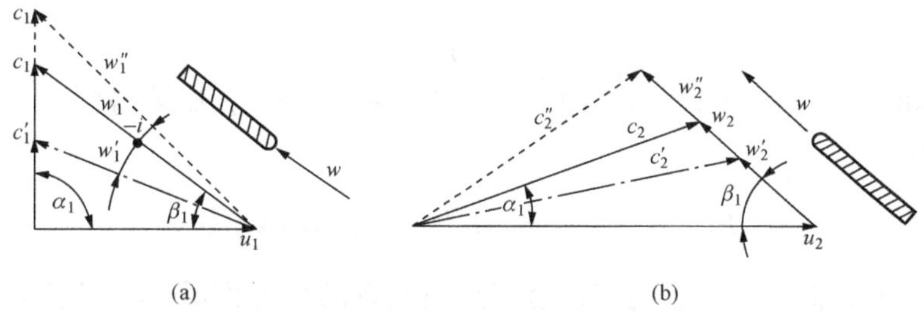

图 3-8 流量变化时的速度三角形

(a) 进口速度三角形；(b) 出口速度三角形

图 3-8 (a) 为进口速度三角形，在此三角形中，由于流体是从吸入室流入叶轮的，绝对速度 c_1 的方向受吸入室控制。如果没有前置导流器，不是半螺旋吸入室，则 c_1 与 u_1 垂直（即 $c_{u1}=0$）。在这种情况下，显然有 $c_{m1}=c_1$。

在设计工况下，叶片进口处的相对速度的方向应该与叶片的方向一致，即相对流动角 β_1 与叶片进口角 β_{1b} 相等。这种情况下，不会产生叶片进口处的流动分离现象，不会发生所谓的“冲击损失”。故这种进口条件称为无冲击进口。

当流量增大时，由于吸入室的面积不变，故速度 c_{m1}（c_1）必定相应增大，但 c_1 的方向不变。这样，进口速度三角形就变成了图中虚线所示的样子。这时相对速度的方向就不能继续保持和叶片方向一致了。这时两个角度的差值

$$i=\beta_{b1}-\beta_1$$

称为进口冲角。在大流量工况下，进口冲角为负值。同样，当流量减小的时候，进口速度三

角形成为图中点划线所示的样子，冲角为正值。当冲角不为 0 时的进口条件称为有冲击进口，这时可能在叶片进口边附近产生冲击损失并加剧叶道中的流动分离损失。由以上的讨论可知，冲击损失只发生在非设计工况。

在叶轮的出口处［见图 3 - 8（b）］，由于流体从叶片之间的流道中流出，受叶片的导向作用，假设流出叶轮的相对速度的方向只能沿着叶片的方向，即 $\beta_2=\beta_{b2}$。这样当流量变化时，c_{m2} 与流量成正比地变化，但速度三角形的顶点（速度矢量 c_2 和 w_2 的共同的矢端）就只能沿着 w_2 的方向移动。流量增加时如图中虚线所示，流量减小时如图中点划线所示。

由于变工况时叶轮出口绝对速度的大小和方向均发生变化，在叶片扩压器（压水室）的进口同样会产生冲击损失，使效率降低。

由速度三角形的几何关系知

$$c_{u2}=u_2-c_{m2}\cot\beta_2=u_2-\frac{q_V}{F_2}\cot\beta_2 \tag{3 - 39}$$

式中：F_2 为叶轮出口处的轴面流动过流面积，对于离心叶轮，$F_2=\pi D_2b_2$，对于轴流叶轮，$F_2=\pi(D_2^2-d_2^2)/4$。

在 $c_{u1}=0$ 的条件下，将上面的结果代入欧拉方程

$$h_{th}=gH_{th}=\frac{p_{tF}}{\rho}=u_2^2-u_2\frac{q_V}{F_2}\cot\beta_2=u_2c_{u2} \tag{3 - 40}$$

此式所表示的叶轮对单位数量介质所做的功与流量的关系，如图 3 - 9 所示，是一条直线，直线的截距（流量为 0 时的能量头）为 u_2^2，斜率为

$$k=-u_2\frac{q_V}{F_2}\cot\beta_2$$

因 u_2、q_V 和 F_2 均为正值，故斜率的正负仅取决于 $\cot\beta_2$。流体得到的理论功率为流量与能量头的乘积

$$P_{fth}=\rho h_{th}q_V=\rho u_2\left(u_2-\frac{q_V}{F_2}\cot\beta_2\right)q_V \tag{3 - 41}$$

这样，当 $\beta_2<90°$ 时，能量头（或扬程、全压）随流量的增加而减小，理论功率先随流量增加而增加，达到最大值后则随流量增加而减小。当 $\beta_2=90°$ 时，能量头（或扬程、全压）保持不变，而功率随流量增加而无限增大；当 $\beta_2>90°$ 时，能量头（或扬程、全压）和功率均随流量增加而无限增加。在后两种情况下，容易使原动机因过载而损坏，这是在叶片式工作机中通常取较小的 β_2 的又一个原因。

（二）特性曲线

工作机的特性曲线表示机器的工况变化时各工作参数函数关系，是机器特性的最完整描述，是机器选型的依据和运行的指导文件。叶片式工作机的特性曲线一般是表示在一定的转速下，有效能量的相关量（如扬程、风压、能量头、压比）、功率和效率随流量的变化而变化的关系，如图 3 - 10 所示。

由理论扬程（全压）曲线（图 3 - 9）扣除各种损失即可得实际扬程（全压）曲线（图 3 -10）。但由于不能用理论方法精确求得损失值，因此实际性能曲线只能用试验方法求得。但分析各种损失，还是可以从理论上定性地得到实际特性曲线的形状。下面以常用的离心式泵或通风机为例，说明分析方法，借以加深对内部损失的认识（图 3 - 11）。

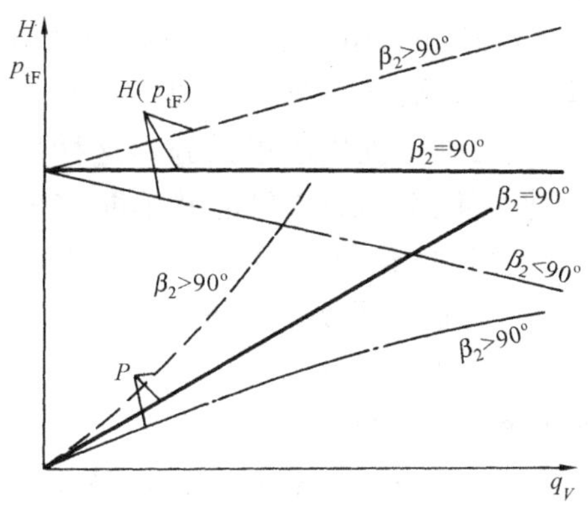

图 3 - 9 理论特性曲线

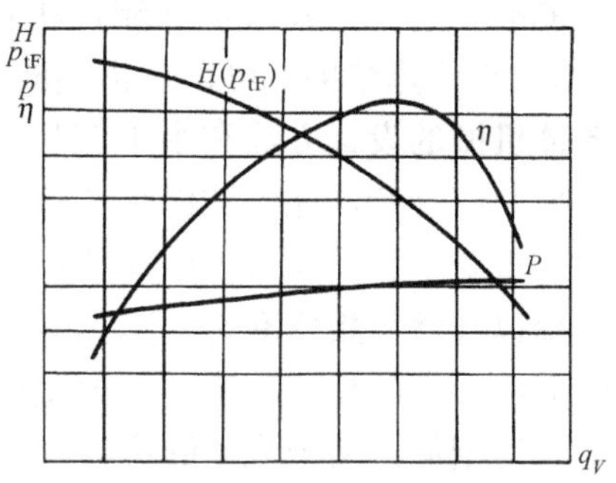

图 3 - 10 工作机的特性曲线

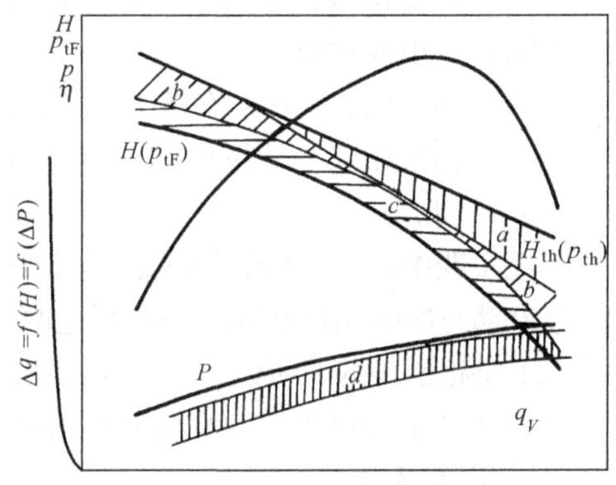

图 3 - 11 特性曲线的产生

由理论扬程（全压）$H_{th}(p_{th})$ 线在纵坐标方向减去流动损失，即可得实际扬程（全压）与理论流量之间的关系 $H(p_{tF})$-q_{Vth} 曲线。流动损失分成两部分：一部分是以摩擦损失为代表的与流量的平方成正比的损失，零流量时没有这部分损失。故摩擦损失为图中 a 区。另一部分是冲击损失，在设计工况下，入流满足无冲击进口，叶轮出口的满足扩压器的无冲击入流条件，因而没有冲击损失；在非设计工况下，冲击损失值与流量偏离值的平方 $(q_{Vd}-q_{Vth})^2$ 成正比，其中 q_{Vd}为设计流量，因此冲击损失为图中 b 区。

为了得到实际的扬程（全压）曲线 $H(p_{tF})-q_V$，应从 q_{Vth}中扣除泄漏损失。由于 δq_V 与 $\sqrt{H}$（或 $\sqrt{p_{tF}}$）成正比，故 δq_V 与 $H(p_{tF})$ 的关系为纵轴左边的曲线。将 $H(p_{tF})-q_{Vth}$曲线各点在横轴方向移动 δq_V，即得实际扬程（全压）曲线 $H(p_{tF})-q_V$。图 3 - 11 中 c 区表示泄漏损失。

由 $P=\rho g q_{Vth}H_{th}+\delta P$ 可以求出功率曲线P-q_V，其中机械和圆盘摩擦功率 δP 与流量无关，为一常量，即图 3 - 11 中的 d 区。为了考虑泄漏，同样要将曲线在横轴方向移动 δq_V。

由 P-q_V、$H(p_{tF})-q_V$ 两条曲线可求得 η-q_V 曲线。

第三节 相似定律、比转数

流体机械内的流动现象是十分复杂的。常常难以单凭数学分析方法得到实用结果。为了认识其中的流动规律，完善设计计算方法，还必须借助于实验。在工程实践中，除了少数情况外，试验研究一般是在模型装置上进行的，这就是模型试验。为了进行模型试验，就需要解决两个问题，其一是如何设计模型，其二是如何将模型试验所得的数据换算到真机（原型）上去。由于流体机械内部流动的复杂性，工程上常常采用一种相似设计的方法，即利用已经被证明性能良好的某一产品的数据来设计新的产品。无论是模型试验还是相似设计，所依据的都是相似理论。

近年来，计算流体动力学（简称CFD，即Computational Fluid Dynamics）发展非常快，人们已经能够利用计算方法得到流体机械内部流动的一些细节以及机器的外特性（性能参数），根据这些计算结果，可以分析判断设计的不合理之处，提出改进措施，这种数值模拟技术使流体机械的设计方法和水平产生了极大的变化。不过，CFD目前并不能完全取代模型试验，模型试验和性能测试仍是流体机械的设计和生产的最终检验手段，也是促使CFD技术发展的重要工具。相似理论在现代设计方法中仍占有极其重要的位置。

一、相似条件与相似准则

根据流体力学的相似理论，两个流动相似必须满足以下条件。

（1）几何相似。两个流场的边界（即机器的过流表面）几何形状相同，各对应的尺寸成比例，对应角相等。

（2）运动相似。作用在各对应点的同名速度（如绝对速度、相对速度、圆周速度）的方向相同，大小成比例。

（3）动力相似。作用在各对应点的同名力（如重力、压力等）的方向相同，大小成比例。

（4）物性相似。流场中对应点介质的物性参数（如密度ρ，绝热指数κ，黏性系数μ等等）成比例。

在实践中，这些相似条件是用相似准则来表示的。相似准则是这样的一些无量纲量，如果两个流动对应的相似准则相等，则这两个流动相似。如果要求两个流动严格满足上述条件，在技术上是很困难的。所以在工程实践中，只要求起决定性作用的少数相似准则相等即可。

具体到泵和风机，这样的相似准则有两个：流量系数和压力系数。

1. 流量系数

在斯特劳哈尔数的表达式中，取叶轮直径D作为特征长度，以叶轮旋转一周的时间$1/n$为特征时间，以叶轮出口的轴面速度c_{m2}为特征速度，并考虑到c_{m2}与流量成正比，与D^2成反比，所以可以将斯特劳哈尔数写成

$$Sr = \frac{L_0}{c_0 t_0} = \frac{D}{\dfrac{q_V}{D^2}\dfrac{1}{n}} = \frac{D^3 n}{q_V}$$

在泵和通风机中，实际上是将Sr的倒数定义为流量系数φ，即

$$\varphi = \frac{q_V}{D^3 n} \tag{3-42}$$

考虑到叶轮的圆周速度正比于$D \cdot n$，轴面速度正比于q_V/D^2，所以φ还可以表示成

$$\varphi = \frac{c_{m2}}{u_2} \tag{3-43}$$

在我国的泵行业中，通常采用式（3-42）或式（3-43）计算流量系数，而在我国的通风机行业中，采用的流量系数表达式则为

$$\varphi = \frac{q_V}{\dfrac{\pi}{4} D^2 u_2} \tag{3-44}$$

以上三种流量系数的表达式是完全等价的，它们都是斯特劳哈尔数这个相似准则的具体应用，根据它们推导的相似换算公式也是相同的。但是不同的表达式得到的具体数值是不同的。在实际应用时，应该将一个具体的数值与一个具体的表达式联系起来，不要弄错了。

2. 压力系数

在欧拉数的表达式中，仍取叶轮直径 D 为特征长度，取机器的全压 p 为特征压力，取叶轮的圆周速度 u_2 为特征速度，欧拉数可以表示为

$$Eu=\frac{p}{\rho u_2^2}$$

在我国的通风机行业中，将此称为压力系数，记为 ψ。在通风机中，压力系数有全压系数和静压系数之分。若上式中压力为全压，所得即为全压系数 ψ_t，若式中压力为静压 p_{sF}，则所得为静压系数 ψ_s。全压系数为

$$\psi_t=\frac{p_{tF}}{\rho u_2^2} \tag{3-45}$$

在泵行业中，用泵的扬程作为特征压力。考虑到 $p_{tF}=\rho gH$，u_2 与 $D\cdot n$ 成正比，于是有

$$\psi=\frac{gH}{D^2n^2}=\frac{h}{D^2n^2}$$

式中：h 为能量头，所以压力系数也称为能量头系数。由于重力加速度 g 是常数，可以从上式中去掉，所以压力系数表达式为

$$\psi=\frac{H}{D^2n^2} \tag{3-46}$$

也可以将能量头系数定义为

$$\psi=\frac{h}{u_2^2}=\frac{gH}{u_2^2} \tag{3-47}$$

在有些文献中，还将压力系数定义为

$$\psi=\frac{2h}{u_2^2}=\frac{2gH}{u_2^2} \tag{3-48}$$

同样，上述各式中的压力系数都是等价的，根据它们推导的相似换算公式也是相同的，但它们的具体数值不同，应用时应该注意。在我国习惯上对通风机用式（3-45），对泵用式（3-46）、式（3-47）或式（3-48），对透平压缩机则用式（3-46）或式（3-47）。

请注意，本来流量系数和压力系数作为相似准则应该是无量纲数，但式（3-42）和式（3-46）却是有量纲的，原因在于式中消去了重力加速度。这样，如果模型和原型工作在不同的重力环境中，它们的［按式（3-35）计算的］流量系数和［按式（3-39）计算的］压力系数将不相等。当然这样的情况是极少的。

有了这两个相似准则以后，可以将泵或者风机的流动相似问题表述为：如果两台机器满足几何相似，同时它们的流量系数和压力系数分别相等，则这两台机器的流动是相似的。流量系数和压力系数与工况有关，几何相似的机器内的流动，只有在一定的工况条件下（即 φ 和 ψ 相等），才是相似的，对应相似的工况称为相似工况。显然，在相似工况下，两台机器对应点的速度三角形是相似的，三角形的三个角对应相等，所以相似工况又称为等角工况。

3. 功率系数

流量系数和压力系数是两个独立的相似准则，在工程中，也常使用一个由这两个独立准则的乘积派生出来的准则——功率系数。在水泵行业，功率系数的表达式为

$$\lambda=\frac{P}{D^5n^3} \tag{3-49}$$

在通风机行业，则采用如下的功率系数的表达式

$$\lambda = \frac{1000P}{\frac{\pi}{4}\rho D^2 {u_2}^3} \tag{3-50}$$

二、相似换算

1. 相似换算公式

当两台几何相似的机器在相似工况下运行时，可将任何一台视为模型，以下标 m 表示，另一台视为真机，以下标 p 表示。由于二者的流量系数、压力系数和功率系数分别相等，立即可以得到它们的工作参数之间满足下列关系

$$q_{V,p} = q_{V,m} \frac{D_p^3 n_p}{{D_m}^3 n_m} \tag{3-51}$$

$$p_{tF,p} = p_{tF,m} \frac{\rho_p D_p^2 n_p^2}{\rho_m D_m^2 n_m^2} \tag{3-52}$$

$$p_{sF,p} = p_{sF,m} \frac{\rho_p D_p^2 n_p^2}{\rho_m D_m^2 n_m^2}$$

$$H_p = H_m \frac{D_p^2 n_p^2}{D_m^2 n_m^2}$$

$$P_p = P_m \frac{\rho_p D_p^5 n_p^3}{\rho_m D_m^5 n_m^3} = P_m \frac{\rho_p D_p^2 u_{2p}^3}{\rho_m D_m^2 u_{2m}^3} \tag{3-53}$$

上面的三个相似换算关系主要用于两台相似的机器之间的性能参数的换算，当然也可以用于同一台机器在转速变化时的相似工况之间的参数换算。在这样的条件下，由于直径及介质密度不变，因此换算公式可以简化为

$$\frac{q_{V,A}}{q_{V,B}} = \frac{n_A}{n_B};\ \frac{H_A}{H_B} = \frac{p_{tF,A}}{p_{tF,B}} = \frac{n_A^2}{n_B^2};\ \frac{P_A}{P_B} = \frac{n_A^3}{n_B^3} \tag{3-54}$$

式中下标 A 和 B 分别表示两个不同的转速。当机器的转速变化时，其性能曲线也随之改变。图 3-12 表示了泵（或通风机）的扬程（或压力）曲线与转速的关系。在两条曲线的对应的相似工况（如图中 A、B 两点）之间，近似如下关系：

$$H = k \cdot {q_V}^2 \tag{3-55}$$

常数 k 对不同的工况是不同的。显然，当转速变化时，相似的工况分布在一条抛物线上，如图 3-12 所示，该抛物线称为相似抛物线。如果满足完全相似的条件，该抛物线上所有的工况的效率应该是不变的，所以该线也称为等效抛物线。不过，实际上当转速变化幅度较大时，由于雷诺数不同以及外部机械损失等能量损失并不遵守流动的相似定理，所以实际上效率是变化的。

2. 通用特性曲线

几何相似但尺寸不同的机器的特性曲线是不同的，同一台机器在不同的转速下工作时，其特性曲线也是不同的。但是，如果用压力系数代替 p 或 H，用流量系数代替 q_V，所得的特性曲线将对一系列几何相似的机器是相同的，这样的特性曲线称为通用特性曲线或无因次（无量纲）特性曲线。

泵与通风机的通用特性曲线如图 3-13 所示，横坐标为流量系数 φ，纵坐标为压力系数 ψ。从通用特性曲线可见，对于给定的机器，其流量系数和压力系数并不是相互独立的。所以，对于几何相似的机器，这两个准则只要有一个相等，另一个必然相等。

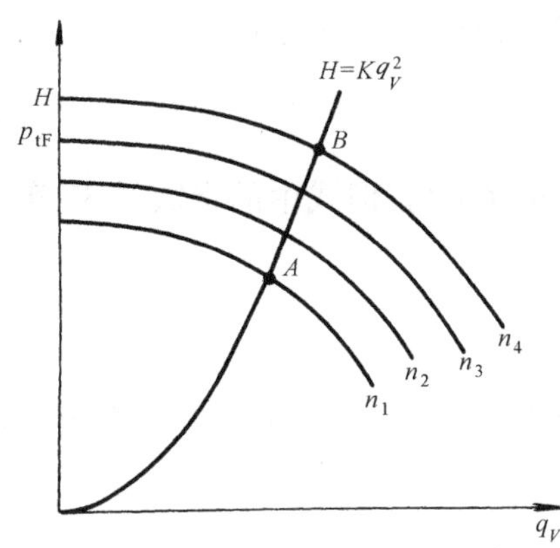

图 3-12 转速变化时的特性曲线

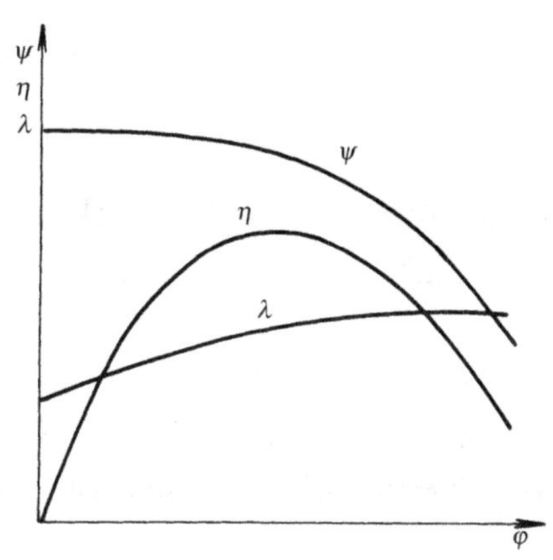

图 3-13 通用特性曲线

【例 3-2】 若效率不变，分别计算例 3-1 在如下情况下通风机的流量、压力和功率：①仅转速变化到 1450r/min；②空气温度增加到 200℃；③机器按比例缩小 1/2。

解 由例 3-1 得到流量 $q_V=16.133\text{m}^3/\text{s}$、压力 $p=11806\text{Pa}$ 和功率 $P=224\text{kW}$

①仅转速变化到 1450r/min，由式（3-48）可得

流量 $q_V = q_{V\text{m}} \times (n/n_\text{m}) = 16.133 \times (1450/2900) = 16.133 \times 1/2 = 8.065(\text{m}^3/\text{s})$；

压力 $p = p_\text{m} \times (n/n_\text{m})^2 = 11806 \times (1450/2900)^2 = 11806 \times 1/4 = 2951.5(\text{Pa})$；

功率 $P = P_\text{m} \times (n/n_\text{m})^3 = 224 \times (1450/2900)^3 = 224 \times 1/8 = 28(\text{kW})$。

②空气温度增加到 200℃，密度也发生变化，变化前后密度比值

$$\rho/\rho_\text{m} = 293/(273+200) = 0.62$$

由式（3-45）～式（3-47）得：流量不变，压力和功率下降到模型值的 0.62，即

流量 $q_V = q_{V\text{m}} = 16.133(\text{m}^3/\text{s})$；

压力 $p = p_\text{m} \times \rho/\rho_\text{m} = 11806 \times 0.62 = 7320(\text{Pa})$；

功率 $P = P_\text{m} \times \rho/\rho_\text{m} = 224 \times 0.62 = 138.88(\text{kW})$。

③机器按比例缩小 1/2，由式（3-45）～式（3-47）得

流量 $q_V = q_{V\text{m}} \times (D_2/D_{2\text{m}})^3 = 16.133 \times (0.5)^3 = 16.133 \times 1/8 = 2.017(\text{m}^3/\text{s})$；

压力 $p = p_\text{m} \times (D_2/D_{2\text{m}})^2 = 11806 \times (0.5)^2 = 11806 \times 1/4 = 2951.5(\text{Pa})$；

功率 $P = P_\text{m} \times (D_2/D_{2\text{m}})^5 = 224 \times (0.5)^5 = 224 \times 1/32 = 7(\text{kW})$。

三、比转数

（一）比转数的定义及其物理意义

相似准则数（流量系数、压力系数）的表达式中，都含有特征尺寸 D，当 D 为未知时（例如设计过程中），就无法应用这些准则数。比转数则是由叶轮机械在相似工况下的工作参数 n、$H(p)$、P（或 q_V）组成的不包含 D 的一个综合性的相似判别数。应用比转数的概念可以为设计与模型试验带来许多方便。

比转数的概念最早是在水轮机中引入的。在水轮机中比转数的定义是

$$n_\text{s} = \frac{n\sqrt{P}}{H^{5/4}} \tag{3-56}$$

将上式推广到泵的时候，由于泵的主要性能参数是流量而非功率，当式中的功率 P 用

马力表示时，将 $P=\rho g q_V H/75$ 代入上式，得到 n_s 又一种形式的表达式：

$$n_s=\frac{3.65n\sqrt{q_V}}{H^{3/4}} \tag{3-57}$$

式中：q_V 的单位为 m^3/s（立方米/秒）；H 的单位为 m（米）。但式中的常数 3.65 实际上并无意义，所以也可以将其去掉，将其写成

$$n_q=\frac{n\sqrt{q_V}}{H^{3/4}} \tag{3-58}$$

n_q 也称为流量比转数，以与用功率计算的比转数 n_s 相区别。该式也可以直接利用流量系数和压力系数的表达式消去 D 而得，即

$$n_q=\frac{\varphi^{1/2}}{\psi^{3/4}}=\frac{\left(\dfrac{q_V}{nD^3}\right)^{1/2}}{\left(\dfrac{H}{n^2D^2}\right)^{3/4}}=\frac{n\sqrt{q_V}}{H^{3/4}} \tag{3-59}$$

对于通风机，通常用全压 p_{tF}表示其能量指标，在我国的风机行业中，比转数的表达式为

$$n_s=\frac{n\sqrt{q_V}}{\left(\dfrac{1.2}{\rho}p_{tF}\right)^{3/4}} \tag{3-60}$$

式中：全压的单位为 Pa。在旧的标准中，通风机的风压的单位用 mmH_2O，这样求得的比转数等于上式的结果乘以系数 $5.54=g^{3/4}$。为了方便和比较，上式中的密度取标准空气的密度 $\rho=1.2kg/m^3$，则比转数应该简化为

$$n_s=\frac{n\sqrt{q_V}}{p_{tF}^{3/4}} \tag{3-61a}$$

用无因次参数流量系数 φ 和压力系数 ψ 表示风机比转数的公式为

$$n_s=14.8\varphi^{0.5}/\psi^{0.75} \tag{3-61b}$$

从式（3-49）～式（3-54）计算的比转数，其意义都是相同的，理论上可以通用。但这些表达式计算的具体数值是不同的。即使是使用同一公式，采用的单位不同时，数值也不相同。当对两台机器的比转数进行比较时，它们必须是按同一个式子并采用相同的单位计算的，否则就会出错。

还要指出的是，作为相似准则，比转数本来应该是无量纲的，但上述式（3-56）～式（3-59）和式（3-61）中的计算结果都是有量纲的。原因是在相似准则中略去了对模型和原型相同的 ρ 与 g。所以，式（3-56）～式（3-59）只能用在相同的重力条件下（当然这个条件一般是可以满足的）。

比转数的不同表达式和不同单位给应用带来诸多不便，所以又提出无量纲比转数的概念，即

$$K=\frac{\omega\sqrt{q_V}}{h^{3/4}}=\frac{\omega\sqrt{q_V}}{(gH)^{3/4}}=\frac{\omega\sqrt{q_V}}{(p_{tF}/\rho)^{3/4}}=\frac{\omega\sqrt{P}}{\sqrt{\rho}(gH)^{3/4}} \tag{3-62}$$

无量纲比转数与所用的单位制无关，只要将各量所涉及的时间、长度、质量这三个基本单位取得一致，计算结果便与单位无关。对于泵而言，ISO（国际标准化组织）和 GB（国标）规程中将 K 称之为型式数。

对于两面进气（双吸式）的泵和风机，计算比转数的流量应为单侧的流量，即式中的流

量取整机流量的一半。对于多级机器，计算比转数时应该用单级的扬程、全压或能量头，即在泵和通风机的计算公式中，H 和 p_{tF}应该是机器相应值除以级数 i。

比转数这个概念在以不可压缩流体为工作介质的叶轮机械（泵、风机和水轮机）中是使用最广泛的概念之一，也是被误解最多的概念之一。所以，关于比转数的物理意义，还应该作一些解释。关于比转数的概念，应该强调以下几点。

（1）比转数是由流量系数和压力系数派生出来的，所以它本质上仍是一个相似准则。显然，如果两机器工况相似，则流量系数和压力系数分别相等，故由式（3-61）可知，比转数也相等。但即使是两台机器的 φ 和 ψ 都不相等，由式（3-61）可知，它们的 n_s 仍有可能相等。所以，比转数作为相似准则，它只是工况相似的必要条件，而不是充分条件。

（2）流量系数仅仅和流量有关，压力系数仅仅和压力有关，而比转数和流量、压力、转速都有关。这样，比转数就具有了这样一种功能，作为一台机器的特性的综合判别数，即流量大压力低的机器的比转数高，而流量小压力高的机器比转数低。由于低压大流量和高压小流量的机器各自具有不同的特点，这些特点就和比转数密切相关了。这就有可能以比转数作为一系列几何相似的机器的共同特征。在后面我们会看到，这正是比转数这个概念得到广泛应用的主要原因。

（3）从比转数的公式可见到，同一台机器，在不同的工况点有不同的比转数。从泵和风机的特性曲线可见，当一台机器的流量从零变到最大值时，H（或 p）将从最大值变为零，n_s 值则将从零变为无穷大。所以，为了使比转数能够作为一系列几何相似机器的一个特征值，对计算比转数时所用的工况作了统一的规定。在我国，计算泵、通风机和压缩机时用其最高效率（全压效率）的工况。这样计算所得的比转数称为机器比转数，与工况无关。机器比转数可以作为一系列几何相似的机器的共同特性的综合判别数。

（4）由于比转数可作为一系列几何相似的机器的共同特性的判别数，工程上常常将很多经验数据表达成比转数的函数，这些函数关系在工程实践中应用极为广泛。但是应该注意的是，几何相似的机器的（按规定工况计算的）比转数确实是相等的，但是比转数相等的机器却不一定是几何相似的。各种参数作为比转数的函数的关系式应该从统计学的意义来理解。

【例 3-3】 已知通风机的流量 $q_V=16.133\text{m}^3/\text{s}$，压力 $p=11806\text{Pa}$，功率 $P=224\text{kW}$；叶轮直径 $d_2=0.88$，周速 $u_2=133.6\text{m/s}$，求压力系数、流量系数、功率系数和比转数。

解　由式（3-39）得流量系数 $\varphi=4\times16.133/(3.1416\times0.88^2\times133.6)=0.1191$

由式（3-41）得压力系数 $\psi=2\times11806/(1.2\times133.6^2)=1.1024$

由式（3-44）得功率系数 $\lambda=4\times1000\times224/(1.2\times0.88^2\times133.6^3)=0.2425$

由式（3-55）得比转数 $n_s=\dfrac{n\sqrt{q_V}}{p_{tF}^{3/4}}=\dfrac{2900\sqrt{16.133}}{11806^{3/4}}=10.28444$

在旧的标准中，曾定义的压力系数在式（3-41）分母中没有 1/2，此时 $\psi=0.5512$；通风机比转数用工程单位制，此时 $n_s=5.54\times10.2844=56$。

（二）比转数与过流部件几何形状的关系

由于比转数表示了一系列几何相似的流体机械的综合特性，因此与机器过流部件的形状以及性能都有密切的关系。工程上常根据比转数对流体机械进行分类，低比转数、中比转数和高比转数机器的尺寸、过流部件形状、效率、特性曲线的形状和应用范围都不相同。

在叶轮转速相同的情况下，可根据表 3-2 来分析比转数与叶轮几何形状的关系。表中离心式叶轮，直径 D_2 较大，所以其速度 u_2 较大，因而扬程（或风压）较高；该叶轮的宽度 b_2 较小，出口面积较小，通过的流量也较小。可见，该叶轮比转数低，低比转数的叶轮的宽度与直径的比值 b_2/D_2 较小。由于流量较小，叶轮进口面积不需要大，直径 D_1 比较小，比值 D_1/D_2 也较小。这样也就造成了叶片比较长，这正好与叶片需要转换更多的能量（H 或 p）相适应。如果比转数增加，必然使上述两个比值增大，叶轮的形状就成为表中的中、高比转数叶轮的形状。

如果比转数继续增大，上述两个比值也进一步增大，则会使叶片长度不断减小，这将影响叶片的做功能力，也使前后盖板处的叶片长度相差过大，为解决这个问题，可将叶片的出口边倾斜布置，将叶片在轴向拉长，叶轮从离心式变成了混流式。

表 3-2　　比转数与叶片形状的关系

	分　类	离　心　式			混流式	轴流式
		低比转数	中比转数	高比转数		
叶片泵	比转数	30～80	80～120	150～300	300～700	500～2000
叶片泵	叶轮简图	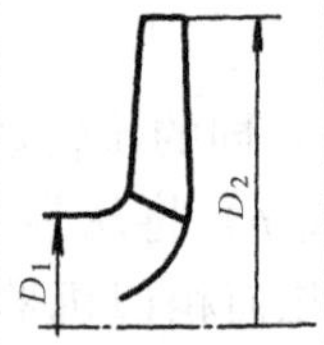	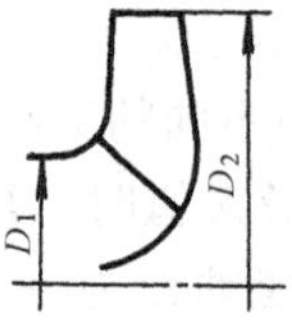	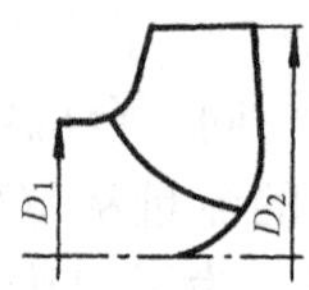	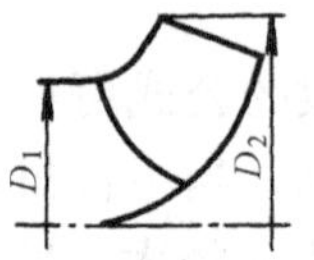	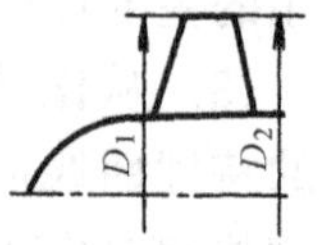
叶片泵	尺寸比 D_1/D_2	1/3	1/2.3	1/1.8～1/1.4	1/1.2～1/1.1	1
叶片泵	叶片形状	圆柱叶片	进口扭曲、出口圆柱	扭曲叶片	扭曲叶片	扭曲叶片
通风机	分　类	离　心　式			混流式	轴流式
通风机	比转数	1.5～5	5～15	10～20	15～25	>20
通风机	叶轮简图	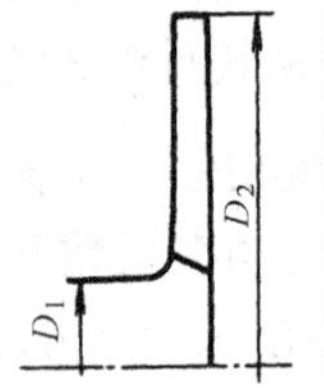	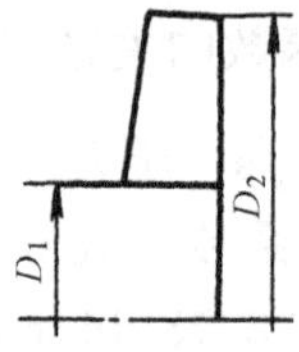	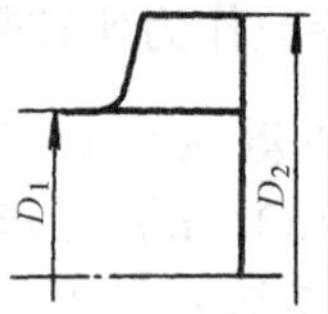	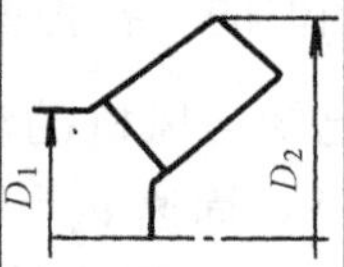	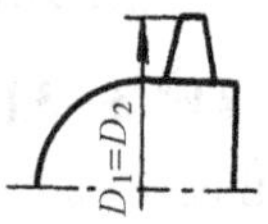
通风机	尺寸比 D_1/D_2	0.15	0.5	0.8	0.8～1	1

如果比转数不断增大，使比值 D_1/D_2 增大到 1，叶轮就成为轴流式。

以上讨论的轴面图上叶轮的形状。在平面图上，对于低比转数叶轮，为了增大扬程（或风压），当然要选取比较大的叶片出口角 β_2，而高比转数的叶轮会有比较小的 β_2 角。叶片进口角与扬程没有直接的关系，由无冲击进口条件决定，所以与比转数关系不大。

第四节　泵与风机在管网中的运行

任何一台泵或风机都不可能孤立地工作，介质进入机器前和流出机器后总是要经过管道、阀门等装置，这就是管网系统。例如，图 3 - 14 所示的泵管网（装置）系统包括泵前后的附件（流量计、滤网、底阀、修理阀、调节阀等）、吸入管路和压出管路、吸入池和压出池等。泵的附件是指装在泵或管路上的流量计、滤网、底阀、修理阀、调节阀等。管网系统可在机器之前，也可在机器之后，更一般的情况是部分管网装置在机器之前，而另一部分则在机器之后。在泵、风机的特性曲线上，工况是可以连续变化的。机器在实际的运行条件下究竟在哪一个工况下工作，不仅与机器本身的特性有关，而且与管网特性有关。设计时，总是希望机器在最高效率的工况（设计工况）下工作，但实际上机器能否在设计工况下工作，还要由管网系统决定。同时，运行中管网系统的参数及外界条件可能是不断变化的，这将使机器的工况在一定的范围内变化，于是就产生了所谓变工况问题。

为了确定泵、风机的实际运行工况点及其变化，必须研究管网的特性以及机器特性与管网特性的相互作用。

一、管网特性曲线

以图 3 - 14 所示的系统为例说明管网的一般特性。当机器将单位质量的流体从容器 1（高程 z_1，压力 p_1）输送到容器 2（高程 z_2，压力 p_2）时，流体的能量增加了（包括重力势能和压力能）

$$h_{st}=g(z_2-z_1)+\frac{p_2-p_1}{\rho}$$

同时流体在流动过程中还需克服阻力损失，由流体力学知，损失将与流量的平方成正比。将单位质量介质从容器 1 输送到容器 2 所需的能量记为 h_G，称之为管网能量头或管网阻力，则

$$h_G=g(z_2-z_1)+\frac{p_2-p_1}{\rho}+\sum\delta h=h_{st}+Kq_V^2 \tag{3-63}$$

式中：$\sum\delta h$ 为管网中流动损失的总和；h_{st}为管网的静能头；K 为阻力系数。

对于泵，习惯用扬程的概念，$H_G=h_G/g$ 称为装置扬程。对于通风机，管网阻力通常用压力表示，即 $p_G=\rho h_G$。

上式表示的 $h_G=f(q_V)$ 关系曲线，即为前述的管网特性曲线或装置特性曲线的一般形式，可用图 3 - 15 表示。在不同的具体条件下，可以忽略式中不同的部分，例如对于气体的输送，重力势能项一般可以忽略不计。

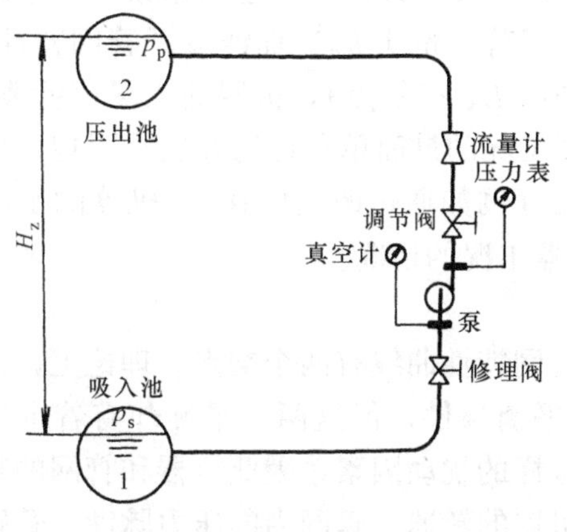

图 3 - 14 泵的管网系统

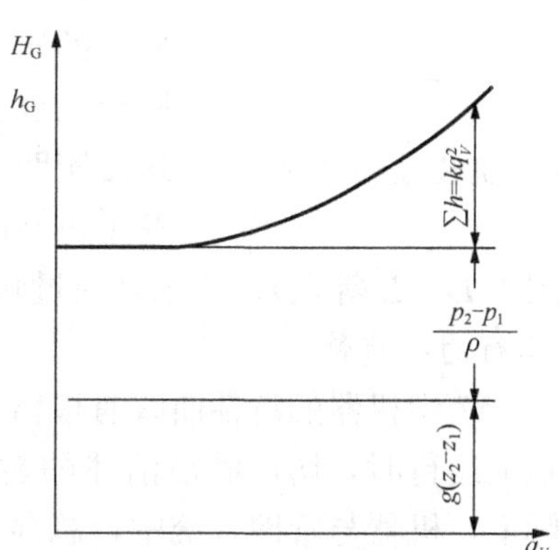

图 3 - 15 管网特性曲线

式（3 - 63）中的 h_{st} 和 K 在某些具体条件下可以忽略不计，这样管网特性曲线又会有不同的形状。如果管网阻力很小而忽略不计，则管网性能曲线成为一条等值的水平线。例如压缩机向某一储气筒送气，储气筒的容积甚大，其中压力基本上保持不变，而压缩机和储气筒之间的连接管道又很短时，就属于这种情况。又如化工和冶金工业中，压缩气体通过某些阻力基本上保持一定的液体层时，也属于这些情况。再如排灌泵站中，如果管路很短，则阻力忽略不计，管网的静能量头此时即为上、下游的水位差。此时管网特性曲线退化为

$$h_G = h_{st}$$

当两端容器的高度差和压力差均可忽略不计时，$h_{st}=0$，管网能量头仅包括与流量平方成正比的损失项。大部分被输送介质为气体的管网都有这种特性，如输气管道，燃气轮机装置及高炉鼓风等。长距离的输油管路等也属于这种情况。这时管网特性曲线退化为

$$h_G = Kq_V^2$$

以上两种情况只是管网特性曲线的特例，h_{st} 和 K 均不为零才是一般情况。实际工程中，这种一般情况也很多。

二、泵、风机与管网系统的联合工作

1. 机器的实际运行工况点

当流体机械在管网系统中工作时（例如图 3 - 14 所示的系统），机器的实际工作点（工况点）应该由能量和质量平衡条件决定。将单位质量介质从容器 1 输送到容器 2 时管网中流体的能量变化值为 h_G，这个变化值只能是机器对介质所做的功，即 h_G 应该等于机器的能量头 h，此为能量平衡。同时，由连续性原理，在与外界没有质量交换的系统中，稳定流过机器和管路的质量流量是相等的，此为质量平衡。这表明满足能量和质量平衡的点（q_m，h）必定是机器的特性曲线和管网特性曲线的交点。

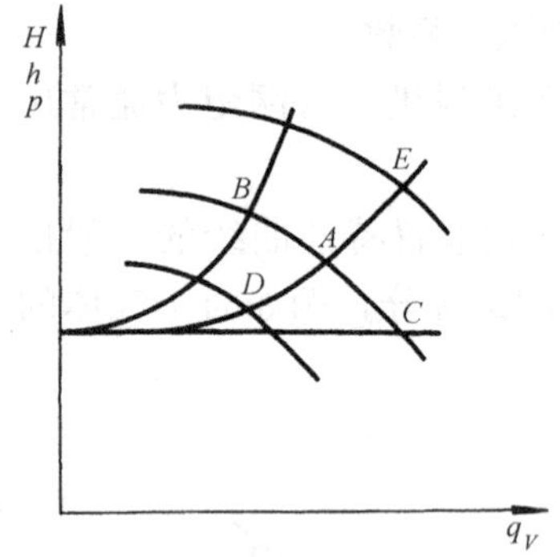

图 3 - 16　机械的运行工况点

图 3 - 16 将机器（泵、风机或压缩机）的特性曲线与管路的特性曲线画在一个坐标系中，图中两条曲线的交点 A 就是机器的实际工作点。可见，流体机械在管网中的实际工作点不仅与机器的特性有关，还与管网的特性密切相关。如果在设计时未能准确估计管网的特性，机器将不能在设计工况下工作。

如果通过改变阀门开度（即改变了阻力系数 K）或改变容器内的压力（即改变了静能量头 h_{st}）而改变了管网特性曲线，则交点也会改变（图中 B、C 等点），机器的工况也就改变了。这是实践中调节机器工况的最简单易行的办法。同理，如果改变了机器的特性曲线（例如通过改变转速），机器的工况也会改变（图中 D、E 等点）。这正是通过转速调节机器工况的情况。

2. 运行的稳定性

图 3 - 17 中机器的特性曲线有极值点，它和管网特性曲线有两个交点。理论上，机器在这两个点上运行时，均可满足前述的能量与质量平衡条件，但这两个平衡却有着本质的区别。实际上，机器与管网系统中，总存在着各种各样的扰动因素，因此机器和管网的特性曲线都不能严格地保持不变。介质的温度、密度、机器的转速、管网内的压力脉动、管路与阀门的振动引起的阻力变化等扰动，都会使系统离开原来处于平衡状况的工作点位置。如果小

扰动过去后，工况仍能回复到原来的平衡工作点，则这种工况就是稳定的。否则，就是不稳定的。

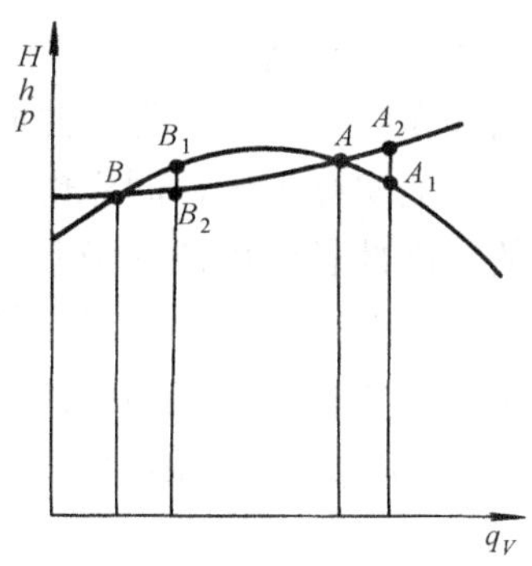

图 3 - 17 稳定与不稳定工况

假设机器在图 3 - 17 中的 A 点工作，系统处于平衡状态（这里“系统”指作为一个整体的机器与管网）。如果由于扰动使流量增加，即由原来的 q_V 增大为 $q_{V1}>q_V$，那么机器的工况点将由 A 点移至 A_1 点，而管网的工况点由 A 移至 A_2 点。由图可见，此时机器的能量头小于管网的能量头（阻力），介质获得的能量 h_{A1} 小于输送介质所需要的能量 h_{A2}。由于机器传递给介质的能量不足以这样的流量输送介质，整个系统的流量必将减小，使得系统的流量由 q_{V1} 回到 q_V，于是系统的工况点又自动回到原来的工作点 A。同样，若小扰动的结果使流量瞬间有所减小，系统的流量由 q_V 减小为 $q_{V2}<q_V$，系统的工况点也将自动回到 A。可见，系统在 A 点的工作是稳定的，A 点是稳定的平衡工作点。

如果系统的平衡位置位于 B 点，在用前面的方法分析后可知此时的平衡是不稳定的。如果因为扰动使系统的流量有所增加，则因为 $h_{B1}>h_{B2}$，系统的流量将自动继续增加，使工作点不断右移，直至到达 A 点达到新的平衡。同样，若扰动使系统的流量有所减小，则系统的流量将自动继续减小，在图 3 - 17 所示的范围内将不可能达到平衡。实际上，最终的平衡流量将为负值，系统中介质将向相反的方向流动。所以实际上，系统不可能在 B 点连续工作，B 是不稳定平衡点。

对比 A、B 两点可知，若管网特性曲线的斜率大于机器特性曲线的斜率，则交点是稳定平衡点，反之，则为不稳定平衡点。如果机器的特性曲线是单调下降的，或者机器的特性曲线虽有极值点，但管网特性曲线中静能量头 h_{st} 较小（小于 $q_V=0$ 时机器的能量头），则二者的特性曲线将只有一个交点 A，不会出现不稳定平衡点 B。单调下降的机器特性曲线被称为稳定的特性，而有极大值的特性被称为不稳定的特性。

3. 机器的串联与并联运行

（1）串联运行。如果一台机器工作时，压力 p（或扬程 H）不能达到用户的要求，可将两台机器串联起来工作。显然，工作机串联运行的目的就是要获得更高的压力 p（或扬程 H）或提高第二台机器的进口压力（例如为改善锅炉给水泵的空化性能，通常在其前串联一台转速和扬程均较低的泵）。

流体的特性对机器串联运行特性有很大影响，而机器的实际工作点，还与管网特性有关。下面主要讨论介质为不可压缩流体时机器的串联特性。根据连续性原理，两台串联运行的机器的质量流量必然相等，当流体为不可压，即介质密度 ρ 为定值时，其体积流量也相等，两台机器的总压力 p（或总扬程 H）则等于两台机器压力（或扬程）之和。为了保证两台机器都在高效区工作，要求它们最佳工况点的流量相等或相近。图 3 - 18 是两台机器串联运行情况，当两台泵的特性相同时，它们的特性曲线重合，而总扬程则为单台泵的两倍。通风机串联运行的情况与此相同，只需将纵坐标改为全压 p_{tF} 即可。

泵的实际工作点应根据管网特性与串联特性的交点 M 确定。M 点的流量即每一台泵的流量，两台泵的工作点分别为 A_{I}、A_{II}。

（2）并联运行。当一台机器的流量不能满足用户的要求时，可将两台机器并联工作，以加大流量来满足实际需要。并联运行是工程中常用的获得较大流量的方法，例如水电站、泵站和压缩空气站等等。并联运行不仅可以获得很大的流量，也是一种有效的调节方法。并联运行的实际工况，同样也与机器及管网的特性有关。并联运行的机器的进、出口压力是相等的，因此各台机器的扬程（或全压）是相同的，流量则为各台机器流量的和。

图 3 - 19 表示了工作机的并联特性，图中曲线Ⅰ和Ⅱ为两台机器各自的性能曲线，曲线Ⅰ＋Ⅱ为并联后总的性能曲线。并联运行的工况点为 M，两台机器各自的工况点为 A_1 和 A_2。请注意，在相同的管网中，如果只开一台机器，则各自的工况点分别为 B_1 和 B_2。

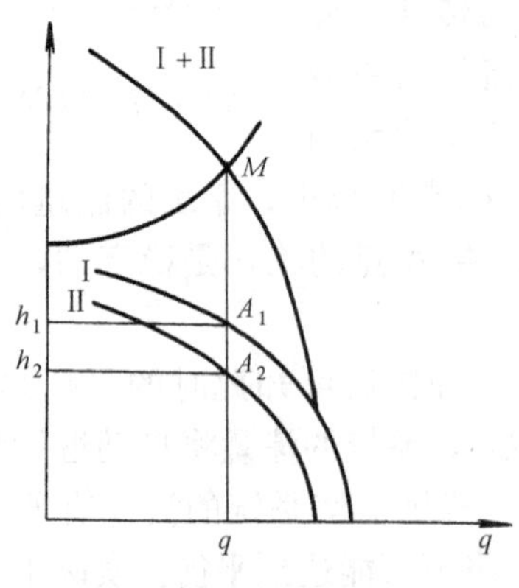

图 3 - 18 工作机的串联运行

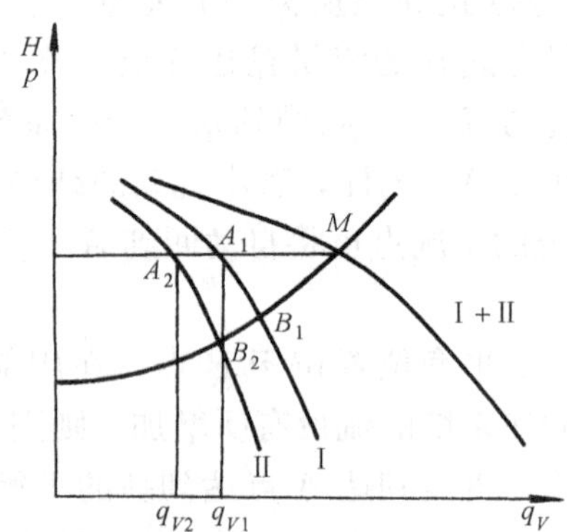

图 3 - 19 工作机并联运行

三、泵与风机的工况调节

泵、风机与管网系统联合工作时，一般要求机器的工作点确定在设计工况点上。但是在实际运行中，由于用户的要求不一样，机器工作点可能发生变动。例如要求的流量或压力（或压比、或扬程）有所增减，这时就需要改变工作机或管网的性能曲线，移动工作点，以满足用户要求。这种改变机器或管网特性曲线的位置，以适应新的工作要求的方法就称为流体机械的工况调节。

根据用户的要求不同，按调节的任务可分为四种。

（1）压力调节：控制机器出口压力满足用户要求，流量则由管网特性确定。

（2）流量调节：控制通过机器的流量满足用户要求，出口压力由管网决定。

（3）流量和压力调节：既需要满足流量要求，又需要满足压力要求。除了特殊情况外，为同时满足流量和压力的要求，通常需要同时改变机器和管网的特性曲线。

（4）比例调节：保证压力比例不变（如防喘振调节），或保证所输送两种介质的流量百分比不变。

常用的调节方法有：①出口节流；②进口节流；③采用可转动的叶片（动叶）；④采用可转动的进口导叶；⑤采用可转动的扩压器叶片；⑥变速调节；⑦改变台数调节。

下面将分别对这几种调节方法进行讨论。

1. 出口节流调节

出口节流是一种很简便的调节方法，在小型泵、通风机和鼓风机中被广泛采用。图 3 - 20（a）为装置示意图，图 3 - 20（b）为装置的工作情况。若管网特性曲线为Ⅰ，则机器的工作点为 A，流量为 q_{VA}。若欲减小流量，可减小机器出口处节流阀的开度，于是管网系统阻力加大，曲线变成Ⅱ，机器的工作点变为 B。反之，若加大节流阀的开度，则管网特性曲线变为Ⅲ，机器工作点变为 C。

这种调节方法只改变管网性能曲线，机器的性能曲线完全没有变动。采用这种人为地加大管网阻力的调节方法，当然是不经济的。节流阀的压力降完全是一种能量损失，使整个装置的效率降低。同时调节也使机器的工作点偏离设计工况，造成机器效率下降。所以这种调节方式不适于大功率的装置，但由于简单，投资少，所以在小型装置中广泛应用。

2. 进口节流调节

将调节阀门装在机器的进口处，就成为进口节流调节。进口节流调节仅用于气体介质（可压缩），因为对于输送液体介质的泵而言，进口节流和出口节流的调节效果是相同的，但进口节流的损失将降低装置有效空化余量（参见第五节），危及泵的安全运行，所以不宜采用。对于可压缩介质而言，进口节流和出口节流的效果不同。进口节流阀的开度变化不仅改变了管网特性（阻力），同时也改变了机器进口处介质的密度和压力，从而改变了机器的特性，使调节更有效。

现在以鼓风机为例，先来分析进气节流对工作机性能的影响。在图 3-21 中，曲线 1 为调节阀门全开时的机器性能曲线，这时进口压力 $p_{in}=p_a$。调节时关小阀门，经过节流 $p_{in}<p_a$。在固定的阀门开度下，p_{in}的大小随流量的大小而变化。流量大，流速高，阀门的压力损失也愈大，p_{in}就愈低。p_{in}的降低量基本上与流量的平方成正比，即 $p_a-p_{in}\approx Aq_V^2$。图中曲线 2 就是某阀门开度下，p_{in}与流量的关系曲线。若机器转速不变，进口压力下降时，出口压力也下降。于是进口节流后性能曲线的位置就由 1 移到 3。若阀门关得更小，则 p_{in}更降低，这时 p_{in}与流量的关系曲线为图中曲线 4，而机器的性能曲线则移到 5 的位置。由此可见，改变进气节流阀门开度，可以相应地改变机器性能曲线的位置，这正是进口节流调节的依据。

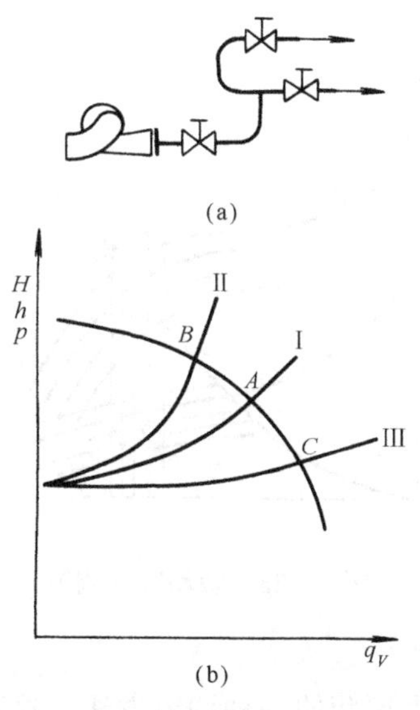

图 3-20　出口节流调节

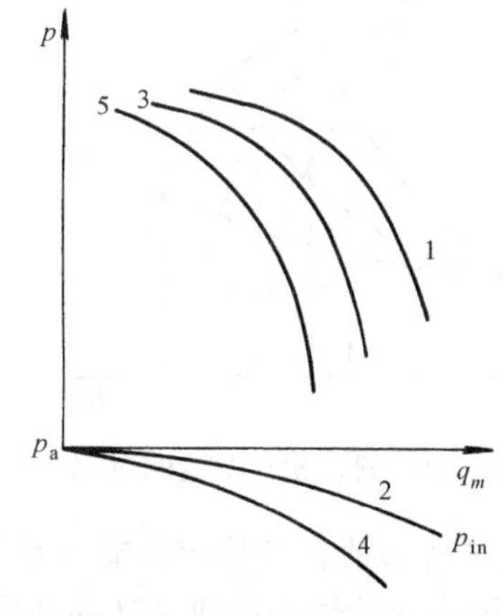

图 3-21　进口节流调节

图 3-22 是进口节流调节与出口节流调节效果的对比，图中曲线 1 是阀门全开时机器的特性曲线，曲线Ⅰ是此时的管网特性曲线，这时工况点为 A。设此时需减小流量，故关小阀

门。若关出口阀，则机器特性不变，管网特性变为Ⅱ，工况点为B。若关闭的是进口阀，则在管网曲线变为Ⅱ的同时，机器特性也变为3，这样工况点为D。若继续关小阀门使管网特性变为Ⅲ，则出口节流工况为C，进口节流工况为E。可见进口节流比出口节流调节范围大，而且机器的功耗也较小。

进口节流的另一优点是：节流后喘振流量减小，使压缩机能在更小的流量下正常工作。此外，采用这种调节方法，可以不改变转速，又不要求机器具有转动叶片等复杂结构。因此，从整个装置的成本和构造来看也是有利的。所以这是一种比较简便而常用的调节方法。

对于不可压缩介质，进口节流和出口节流的效果是相同的。对液体介质，不允许使用进口节流调节方法。

进口节流虽比出口节流经济些，但因采用进口节流阀，仍然带来一定的节流损失，此外，节流时要注意保证阀门后流场的均匀性，以免影响到后面叶轮的工作效率。

3. 采用可转动的叶片（动叶）调节

对于轴流式和斜流式机器，可以在轮毂中安装转叶机构，根据需要改变叶轮叶片的角度。当转速（圆周速度）和流量一定时，改变叶片安放角必将引起能量头的变化。对于斜流式叶轮，β_2 的变化直接导致 c_{u2} 的变化从而改变能量头；对于轴流式叶轮，叶片角度的变化将引起攻角的变化从而改变翼型的升力系数，最终仍是改变能量头。

图 3-23 为轴流式风机转动叶片调节的情况。图中上部为压力特性曲线，下部为功率特性曲线。转动叶片时，压力和功率特性曲线改变，管网特性不变。当流量减小时，工况点沿着管网特性曲线从 a 点移动到 b 点，若采用节流调节，则工况点为 c。从功率曲线可见，b 点比 c 点的功率小，因而能耗低。这是因为改变叶片角度可在比较宽的流量范围内减小叶轮叶片、压水室和尾水管内的冲击损失，因此可在调节过程中保持机器有较高的效率。改变叶片角度的调节方法可以减少功率消耗，经济性较好，并且调节范围较宽。缺点是结构比较复杂，而且不能用于使用广泛的离心式和混流式机器中。

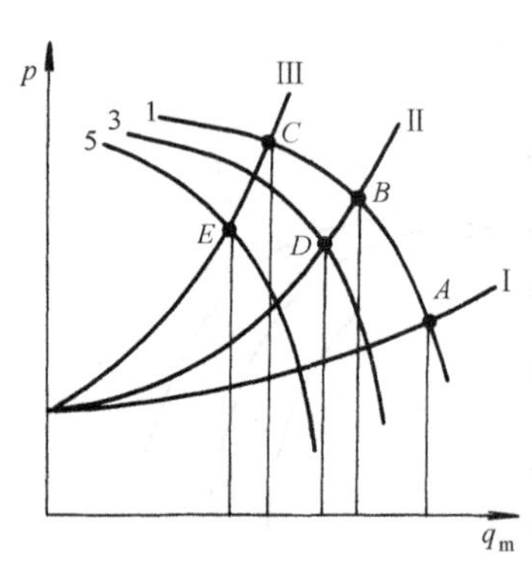

图 3-22 进、出口节流的对比

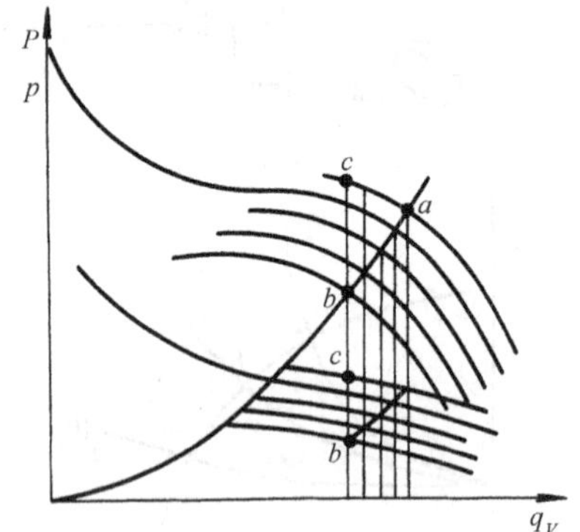

图 3-23 转动叶片调节

4. 采用可转动的进口导叶调节（预旋调节）

这是一种改变叶轮进口前导叶的角度，使流体产生预旋的一种调节方法。这种进口导叶能够绕自身的转轴转动。叶片转动后，使进入叶轮的流体的绝对速度具有一个圆周方向的分量（c_{u1}），称为预旋。规定与叶轮旋转方向一致的预旋（$c_{u1}>0$），为正，相反方向的预旋（$c_{u1}<0$）为负。

图 3 - 24 是一台带进口导叶的轴流式鼓风机的性能曲线。由图 3 - 24 可见，当前导叶的角度改变时，机器特性可以在很大范围内变化。正预旋增加时，机器的性能曲线下移，当管网性能曲线不变时，流量将会减小。

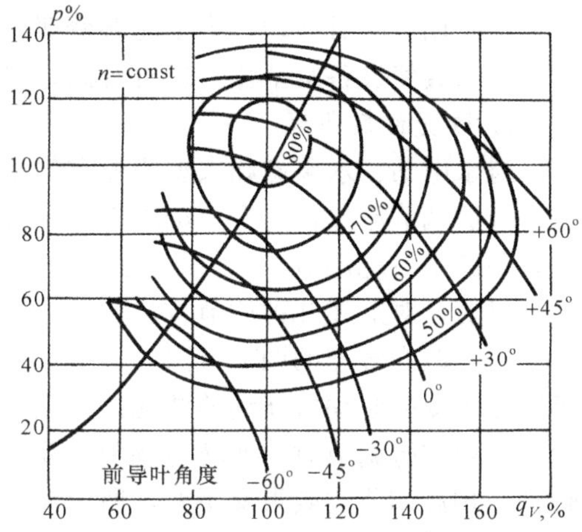

图 3 - 24　带前导叶的轴流鼓风机特性曲线

根据欧拉方程式，当工作机的进口有预旋的时候，有

$$h_{th}=c_{u2}u_2-c_{u1}u_1=u_2\left(c_{u2}-\frac{D_1}{D_2}c_{u1}\right) \tag{3-64}$$

可以看出，预旋值对能量头影响的大小还与比值 D_1/D_2 有关。该比值大时，预旋的影响较大。所以高比转数的机器采用预旋调节方法效果较好，若低比速机器用这种方法，则调节范围是很有限的。因此预旋调节特别适合于单级轴流式和混流式机器。

预旋调节的缺点是可转动导叶的结构比较复杂，特别对多级机器，如每级前都采用可动导叶，则整个装置的结构太复杂。如只对第一级采用可动导叶来调节，效果又不太明显。另外，预旋调节在低比速机器中的调节范围较小，因此应用受到限制。

5. 采用可转动的扩压器叶片调节

在离心式压缩机和泵中，与带无叶扩压器的机器相比，带叶片扩压器（径向导叶）的机器有较陡的性能曲线，当流量变化时，在导叶叶片头部出现冲击，使流动恶化、效率下降。特别是在压缩机中，流量减小时，易于导致喘振。如果在流量变化时，能相应改变扩压器叶片的进口几何角 α_{3b}，以适应改变了的工况，使冲角不离开设计值，就可避免上述缺点，扩大了稳定或高效工况范围。

根据欧拉方程式，转动扩压器叶片对叶轮的工作没有直接的影响，这与转动进口导叶来调节的原理是完全不同的。转动扩压器叶片只是改变扩压器内的损失，从而间接地改变了机器的工况。所以，此方法一般总是与其他调节方法联合使用，特别是与改变转速的调节方法联合使用，如用改变转速的方法改变工况（变速调节方法将在后面介绍），然后转动扩压器叶片来适应改变了的工况，可取得很好的效果。

6. 变速调节

转速变化时，流体机械性能曲线也将改变。与前面讨论过的转动叶轮叶片、改变预旋和进口节流的情况一样，当管网特性曲线不变时而改变机器特性曲线时，工况也就随之改变，达到调节的目的。

由于能量头 h 近似地与转速的平方成正比关系，所以改变转速可取得大范围的调节功能。此外，对可压缩介质，变转速调节还可以大幅度地扩大稳定工况区。另外，转速调节并不引起其他附加损失，是一种经济的调节方法，只是调节后新的工作点不一定在最高效率点，从而使效率有些下降。

变转速调节特别适合于用可变转速的原动机拖动的流体机械。有不少大型泵、风机和压缩机用汽轮机拖动，也有许多农用泵用柴油机拖动，这就可以很方便地满足转速改变的要求。如果用电动机拖动，为了能够变速，就要采用直流电机、交流变频或者液力传动等技术措施，这会使设备复杂化，造价升高。对小功率的风机水泵，变速仍是困难的。

7. 改变台数调节

对水电站、水泵站和大型压缩空气站，当机组台数大于1时，可以采用改变运行机组台数的方法调节流量。这个方法不需要任何附加的装置，经济性很好。但此法只能作有级的调节，不能平滑地调节。

最后，对上述几种调节方法作综合评价：

(1) 改变转速的调节方法，经济性最好，调节范围宽。最适合于由蒸汽轮机、燃气轮机等转速可变的原动机拖动的情况。在大功率电力拖动的场合，变转速的成本较高，在重要装置中必须进行调节时，变转速调节主要用于离心泵与透平压缩机。因为离心式叶轮叶片不能转动，预旋调节的效果又不好，所以倾向于采用变转速调节。

(2) 转动叶轮叶片的调节方法的经济性和调节范围都与变转速调节方法相当，所以在大功率电力拖动的场合被普遍采用。特别是在水力机械（泵、水轮机）中，因为水力机械转速较低，不适合用汽轮机拖动。同时水电站和水泵站也没有蒸汽源。所以转动叶片的调节方式是水力机械中用得最广泛的调节方式。这个方法的缺点是机器结构比较复杂，同时不能用于离心式（泵）和混流式（水轮机）中。

(3) 预旋（转动进口导叶）调节法的调节范围较宽，经济性也较好。缺点是结构比较复杂，对低比转数的机器效果较差。一般用在大型轴流和混流式机器中。

(4) 进口节流调节方法，方法简便、经济性较好，并且具有一定的调节范围，目前转速不变的压缩机、鼓风机经常采用此法调节。但由于空化性能的限制，水泵不宜采用此方法调节，只能采用出口节流调节方法。

(5) 转动扩压器叶片的调节方法，能使压缩机性能曲线平移，扩大稳定工况，对减小喘振流量很有效，经济性也好，但结构比较复杂。适用于压力稳定，流量变化大的变工况。由于转动扩压器叶片既不能改变叶轮的工况，也不能改变管网的特性，因此单独采用这个方法的调节范围很有限，常与其他调节方法联合使用。

(6) 出口节流调节方法最简单，经济性也最差。但对于功率不大的水泵来说，这却是使用最广泛的方法。在通风机及小功率的离心式鼓风机中也有应用。

(7) 改变开机台数的调节方法，简单而有效，是所有装机台数大于1的地方都会采用的调节方法。

实际上，各种方法都有其优点和缺点，工程中常常同时采用几种方法进行调节，互相取长补短，才能最有效地满足用户的需要。

第五节 喘振与空化

喘振与空化是由流体动力原因引起的现象，这两个现象对于流体机械的工作是极其有害的，对机器的安全运行危害极大，因此必须采取措施防止。喘振主要发生在以气体为工作介质的机器中，空化发生在以液体为工作介质的机器中。

一、喘振

（一）喘振现象与危害

喘振是工作机在运转过程中常见的一种有害的现象。喘振现象的发生与机器、管网和介质的特性都有关系。对于风机、压缩机，其特性曲线的左半支（图 3 - 17 曲线上 B 点）是不稳定的。当机器在左半支工作时，假定由于扰动而流量减小时，压缩机出口气流压力下降，但因管网内气体在此之前被压缩并且已储藏了弹性能。当流量减小时，其压力并不会立即减小，而是随着管路内气体质量的减少而逐步降低，降低的速度与管网系统的容积有关。如果系统容积较大，就会在短时间内使管路内气体的压力超过压缩机出口压力，就会造成气体的倒流。一直到管网中的压力下降至低于压缩机出口压力为止。这时倒流停止，气流又在叶片作用下正向流动，压缩机又开始向管网供气，经过压缩机的流量又增大，压缩机恢复正常工作。但管网中的压力回升又将滞后于压缩机出口压力的上升，所以压缩机流量将超过平衡点。由于流量超过了平衡点，一旦管网压力恢复，又将造成管网压力大于压缩机排气压力，于是流量再次减小。如此周而复始，在整个系统中发生了周期性的低频大振幅的气流振荡现象，这就是喘振。由前面的分析可见，只要机器的特性曲线的斜率大于零（即极大值左边的区域），工作就可能是不稳定的。在压缩机的实际运行中，是否出现喘振，不仅与管网系统特性曲线有关，而且和系统的容积有关。

当进入喘振工况后，流体的压力和流量会发生周期性大幅度的脉动，噪声明显增大，发生异常的周期性吼叫或喘气声，甚至出现爆声，机体和轴承也会发生强烈震动，其振幅要比平时正常运行时大得多，它会使工作机部件经受交变应力作用而断裂，导致密封及推力轴承的损坏，使运动元件和静止元件相碰，造成严重事故。所以喘振的危害性及后果是严重的，应尽力防止工作机进入喘振工况。

（二）防止和消除喘振的措施

喘振的发生首先是由于小流量工况下，叶片进口冲角过大而造成流道内流动分离，使机器的效率下降，能量头减小，同时还因管网系统有大的惯性。

对压缩机，可以在不同转速下用实测法近似地得出各喘振点，如图 3 - 25 中 A、B、C、D 各点。将这些喘振点连接起来，就得到一条喘振界限线，在该线之右是正常工作区，在该线之左为喘振区。喘振界限可近似视为通过原点的一条抛物线。为了保证压缩机在喘振区之外工作，就要求压缩机的最小流量满足如下条件

$$q_{V,\min} > \sqrt{\frac{h}{A}} \tag{3-65}$$

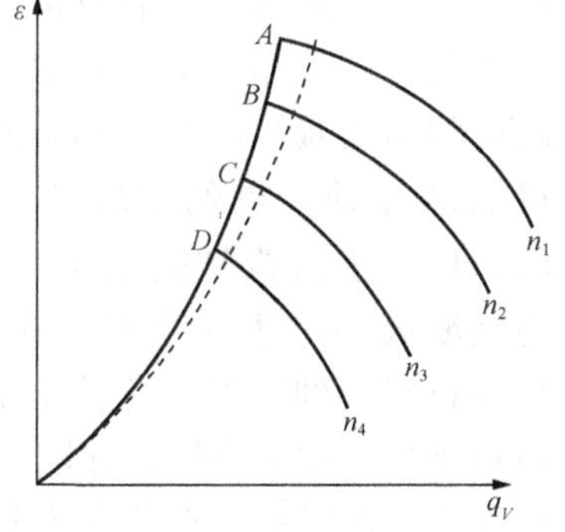

图 3 - 25 喘振界限

往往可根据式（3 - 65）来设计压缩机的防振调节系统。例如保证压缩机工作时的最小流量要大于喘振流量 $q_{V,s}$，通常要求 $q_{V,\min}>1.05q_{V,s}$，日本甚至规定 $q_{V,\min}>1.2q_{V,s}$。这样就可以在喘振界限线之右，画出一条最小工作流量线，如图 3 - 25 中的虚线所示。

为了防止风机、压缩机在运行时发生喘振，设计时就要考虑喘振问题，要尽可能使压缩机有较宽的稳定工作区域。如选用较小的叶轮叶片出口角 β_{2b}，采用无叶扩压器等。另外，在确定机器的设计点时，要离喘振点有一定的距离，一般要求喘振流量小于 0.8 倍的设计工况流量。

除了加宽稳定工况区外，为了保证运行时避免喘振的发生，还可采用防喘放空、防喘回流等措施。采用这些方法，是要增加机器的过流量，以保证机器在稳定工作区运行。例如，

在机器的出口管上安装放空阀，当压缩机的流量减小到接近喘振流量时，通过自动（或手动）控制，打开放空阀，使机器出口的压力马上下降，机器的流量随即增大，从而避免了喘振。又例如用机器出口压力来自动控制回流阀，当出口压力接近喘振工况的压力时，回流阀自动打开，使一部分流体通过回流管回流到机器的进口，使机器的进口流量增大而避免了喘振。

二、空化与空蚀

（一）空化、空蚀机理及危害

液体在恒定的压力下加热，当温度升高至某一值时，就会开始汽化，形成气泡，称为沸腾。而当液体温度一定、降低压力到某一临界压力时，也会汽化，同时溶解于液体中的气体析出，形成气泡（又称空泡、空穴）。如水流流经有局部收缩的文丘里管时，沿流动方向的压力变化如图 3 - 26 所示。若逐渐增加流量，当流速足够大时，会使收缩截面上的压力降低到临界值（对普通水而言，其临界值大体上等于相应温度下的汽化压力），从而在喉部开始汽化，形成空泡。当气泡随水流运动到压力较高的地方后，泡内的蒸汽重新凝结，气泡溃灭。伴随着空泡产生、发展和溃灭，还会产生一系列的物理和化学变化。这种由于压力的变化而导致的液流内空泡的产生、发展和溃灭过程以及由此而产生的一系列物理和化学变化，称为空化。

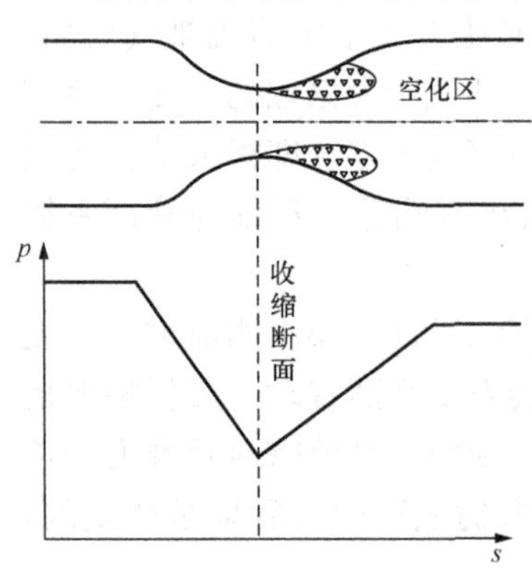

图 3 - 26　空化区的形成

空化对于水力机械是一种非常有害的现象。空泡的产生和发展，改变了流道内的速度分布，会导致效率下降，水轮机的出力减少，泵的扬程降低，引起机器的振动。空化发展到一定的程度时，可使水力机械完全不能正常工作。空泡溃灭的过程如果发生在固壁表面，会使材料受到破坏。这种由空化引起的材料破坏，称为空蚀，如图 3 - 27 中 a、b、c、d 处所示。空化与空蚀，是水力机械提高能量指标的最主要的障碍。

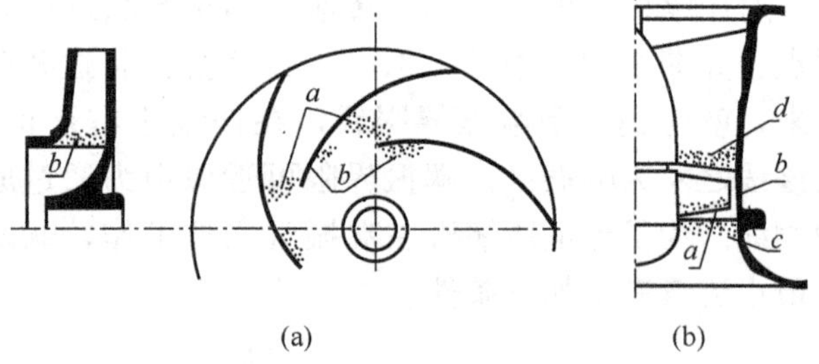

图 3 - 27　叶片泵转轮的空蚀破坏

（a）离心泵叶轮中的空蚀破坏；（b）轴流泵中的空蚀破坏

（二）空化参数

由于空化现象及其复杂，影响空化产生、发展以及溃灭的因素也非常多。在工程实践中，一般将空化产生的条件简化为叶片表面的最低压力低于液体的汽化压力。当叶片表面的最低压力等于汽化压力时，称为空化初生。一般水轮机转轮出口、泵叶轮进口附近是低压区。研究影响水力机械转轮低压侧空化特性的参数及其表示与计算，对保证水力机械的优良性能和稳定工作是非常重要的。

1. 叶转轮叶片上的最低压力

水力机械叶轮叶片的几何形状一般具有翼型形状。液流通过叶轮时，翼型剖面上压力是变化的，在速度最高处，其压力最低。若将最低压力点记为 K，对水轮机工况，K 点位于接近出口边处，而对泵工况，K 点将位于进口边附近，如图 3-28 所示。若 K 点压力等于汽化压力，则在叶片表面将产生空化。

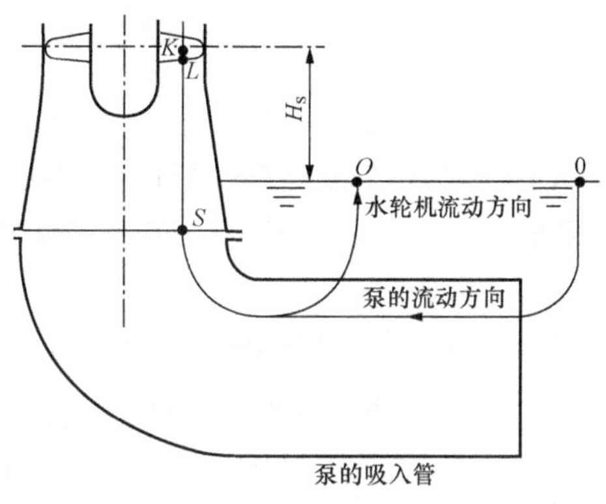

图 3-28 叶片表面最低压力点与吸出高度

图 3-28 中 K 为最低压力点（实际上，K 点通常在低压边的最大直径处附近），点 L 位于叶片低压边上，S 点是机器进（出）口断面上的一点，对泵而言，是吸水室进口处，对水轮机而言，是尾水管出口处。机器的空化特性，基本上取决于低压侧的参数，与高压侧的参数关系不大。应该注意到，机器的低压侧与叶轮的低压侧不是同一个概念。叶轮的低压侧是图 3-28 中的 L 点，而机器的低压侧是图中的 S 点。O 点为下游自由水面上的一点。在工程上，水轮机尾水管出口处即为下游河道，其表面上 O 点的压力为大气压。对泵而言，吸水室与吸水池之间通常有图中虚线所示的管路，而且这管路有可能很长（例如对于输油管线上的中继泵），同时 O 点压力也不一定是大气压。

取 O 点高程为 $z_O=0$，对 O、S 两点利用伯努利方程并注意到 $c_O=0$，可得

$$\frac{p_S}{\rho g}+z_S+\frac{c_S^2}{2g}=\frac{p_O}{\rho g}\mp\Delta H_{O-S} \tag{3-66}$$

式中：ΔH_{O-S}为O 与 S 两点间的水力损失，对泵取“－”号，对水轮机取“＋”号。以下类似的表达意义相同。

对 S、L 两点利用伯努利方程，有

$$\frac{p_L}{\rho g}=\frac{p_S}{\rho g}+z_S+\frac{c_S^2}{2g}-z_L-\frac{c_L^2}{2g}\mp\Delta H_{S-1} \tag{3-67}$$

对 L、K 两点利用相对运动伯努利方程得

$$\frac{p_K}{\rho g}=\frac{p_L}{\rho g}+z_L-z_K+\frac{w_L^2-w_K^2}{2g}\mp\Delta H_{L-K}+\frac{u_K^2-u_L^2}{2g}$$

将式（3-67）代入上式，得

$$\frac{p_K}{\rho g}=\frac{p_S}{\rho g}+z_S+\frac{c_S^2}{2g}-z_K-\left(\frac{c_L^2}{2g}\pm\Delta H_{S-L}\right)-\frac{w_K^2-w_L^2}{2g}\mp\Delta H_{L-K}+\frac{u_K^2-u_L^2}{2g} \tag{3-68}$$

由于 L、K 两点距离很近，将上式最后两项忽略不计，并令

$$\frac{c_L^2}{2g}\pm\Delta H_{S-L}=\lambda_1\frac{c_L^2}{2g} \tag{3-69}$$

$$\frac{w_K^2-w_L^2}{2g}=\lambda_2\frac{w_L^2}{2g} \tag{3-70}$$

系数 λ_1、λ_2 对几何相似的机器在相似工况下是常数。记

$$E_S=\frac{p_S}{\rho g}+z_S+\frac{c_S^2}{2g} \tag{3-71}$$

于是式（3-68）成为

$$\frac{p_K}{\rho g}=E_S-z_K-\left(\lambda_1\frac{c_L^2}{2g}+\lambda_2\frac{w_L^2}{2g}\right)$$

由于 K 点位置无法精确确定，故 z_K 值是未知的。实践中一般用人为规定的基准面到下游水面的高度差 H_S 值代替 z_K 值，由于两者的不一致而引起的误差，将根据经验予以修正。这样，最后得到的最低压力的表达式就是

$$\frac{p_K}{\rho g}=E_S-H_S-\left(\lambda_1\frac{c_L^2}{2g}+\lambda_2\frac{w_L^2}{2g}\right) \tag{3-72}$$

式中：H_S 为吸出高（度），是机器的基准面到下游水面的高度。当基准面高于下游水位时为正，否则为负。规定基准面的位置时，一方面应使其尽量接近最低压力点 K，另一方面应使其便于测量。对于不同型式的机器，基准面的规定不同。

2. 空化余量

将式（3-72）两端同时减去 $p_{Va}/\rho g$，得

$$\frac{p_K-p_{Va}}{\rho g}=\left(E_S-H_S-\frac{p_{Va}}{\rho g}\right)-\left(\lambda_1\frac{c_L^2}{2g}+\lambda_2\frac{w_L^2}{2g}\right)=\Delta h_a-\Delta h_r \tag{3-73}$$

式（3-73）中

$$\Delta h_r=\lambda_1\frac{c_L^2}{2g}+\lambda_2\frac{w_L^2}{2g}$$

$$\Delta h_a=E_S-H_S-\frac{p_{Va}}{\rho g} \tag{3-74}$$

用式（3-66）等号右边各项代替式（3-74）中的 E_S，有

$$\Delta h_a=\frac{p_O}{\rho g}-H_S-\frac{p_{Va}}{\rho g}\mp\Delta H_{O-S} \tag{3-75}$$

在泵的计算中利用上式，并且最后一项取“－”（负值）。在水轮机中，由于 $p_O=p_a$，$\Delta H_{O-S}=0$，故有

$$\Delta h_a=\frac{p_a-p_{Va}}{\rho g}-H_S=H_a-H_{Va}-H_S \tag{3-76}$$

式中：H_a 和 H_{Va} 分别是用液柱高度表示的大气压和汽化压力。

显然，水力机械内部是否发生空化，不仅取决于 p_K-p_{Va} 值的正负，同时也取决于 Δh_a 和 Δh_r 两个参数。这两个参数是表征水力机械空化与空蚀的重要参数。由式（3-74）可知，Δh_r 是一个只与机器内部流动有关的参数，对于某个机器在既定工况下它是常数。它表示由于液体流动而引起的叶片上最低压力点处相对于机器低压侧压力的降低，称为动压降。它是水力机械内部空化性能的度量，而与机器的安装位置和液体性质无关。Δh_r 被称之为机器的必须空化余量。在一定的外界条件下，Δh_r 的值越小，p_K 的值越高，则发生空化的可能性就越小。

Δh_a 是与机器外部环境（装置）有关的参数。它表示了机器低压侧液体总能头（折算到基准面）超过液体汽化压力的部分，它表示了外部环境（装置）给机器提供的避免发生空化的条件，是水力机械装置空化性能的度量。称为装置有效空化余量。Δh_a 的值越大，说明机器低压侧液体具有的能量超过液体汽化压力的余量越多，机器越不容易发生空化或空蚀。

水力机械在工作过程中是否发生空化与空蚀，取决于机器本身和环境（装置）两个方面的因素。在水力机械的设计和安装中，为使机器在运行中不发生空化与空蚀，就要尽量提高 Δh_a 值和降低 Δh_r 值。由式（3-73）可知

若 $\Delta h_a>\Delta h_r$，则有 $p_K>p_{Va}$，不会发生空化；

若 $\Delta h_a = \Delta h_r$，则有 $p_K = p_{Va}$，开始发生空化；

若 $\Delta h_a < \Delta h_r$，则有 $p_K < p_{Va}$，空化发展。

空化余量在欧、美一些国家称为净正吸上水头，用 NPSH 表示（Net Positive Suction Head）。并用 $NPSH_a$ 表示装置的有效正净吸头，用 $NPSH_r$ 表示水力机械必需净正吸头。我国目前也采用 NPSH 表示。

空化余量是有量纲的，单位为 m。有量纲空化参数便于工程计算，但在进行原型和模型的相似换算时，就显得不方便。而无量纲的空化参数更便于进行相似换算，故在实践中更多的是使用无量纲空化参数。常用的无量纲空化参数有两种表示方法。

(1) 空化（空蚀）系数。用 H 除水力机械空化余量表示式（3－73）两端得

$$\frac{p_K - p_{Va}}{\rho g H} = \frac{\Delta h_a}{H} - \frac{\Delta h_r}{H} \tag{3-77}$$

上式右边第一项的意义同 Δh_a，表示装置的空化条件，对于水轮机，称为电站空化系数，也称为托马（Thoma）空化系数，对于泵，则称装置空化系数，以 σ_P 表示，即

$$\sigma_P = \frac{\Delta h_a}{H} = \frac{NPSH_a}{H} \tag{3-78}$$

在水轮机中，式（3－75）中的 $p_O = p_a$，$\Delta H_{S-O} \approx 0$，于是有

$$\sigma_P = \frac{p_a - p_{Va}}{\rho g H} - \frac{H_S}{H} = \frac{H_a - H_{Va} - H_S}{H} \tag{3-79}$$

对于泵的运行，考虑吸入管路损失，则有

$$\sigma_P = \frac{H_a - H_{Va} - H_S - \Delta H_{O-S}}{H} \tag{3-80}$$

式（3－77）中右边第二项反映水力机械空化性能，称作水力机械的空化系数，用 σ 表示

$$\sigma = \frac{\Delta h_r}{H} = \frac{NPSH_r}{H} \tag{3-81}$$

Δh_r 是机器中两点之间的压力差，而 H 是总压差，根据相似原理，他们的比值对几何相似、工作在相似工况下的机器是常数，故空化系数 σ 是水力机械空化现象的相似准则，对几何相似、工作在相似工况下的机器是常数。

这样，可以得到水力机械初生的空化条件为

$$\sigma_P = \sigma \tag{3-82}$$

(2) 空化比转数。空化系数 σ 反映了机器的空化性能，σ 值越小，说明叶轮的抗空化性能越好。在离心泵中最大的动压降（或空化余量 Δh_r）只是在泵叶轮的进口处，并且在很大程度上和叶轮的出口条件无关。在叶轮的进口条件相同，但外径不同的泵内，其扬程不同，但是 Δh_r 的值相同，这样由于扬程不同其空化系数 σ 亦将不同。因此，在泵中希望代表空化性能的系数内不要引入扬程的数值，这样采用空化比转数较为方便。

$$C = \frac{5.62 n \sqrt{q_V}}{\Delta h_r^{3/4}} \tag{3-83}$$

对几何相似、工况相似的泵，C 值等于常数。所以 C 值可以作为空化相似准则，它标志机器本身空化（空蚀）性能的好坏。泵的 C 值范围随泵的使用要求不同而不同，如主要考虑提高效率（对空化不作要求的泵）时 $C=600\sim800$；兼顾效率和空化的泵，$C=800\sim$

1100；主要考虑提高空化性能的泵，C=1100～1600。对火箭推进泵，因其特殊用途，要求很小的 Δh_r 值，C 值超过 5500。

在西方国家的文献中，将 C 称为吸入比转数，用 S 表示，其表达式中不包含常数 5.62，即

$$S=\frac{n\sqrt{q_V}}{\mathrm{NPSH}_r^{3/4}} \tag{3-84}$$

（三）防止空化的措施

水力机械发生空化和空蚀破坏是其工作过程中的流动特性决定的，要完全避免发生空化可能需付出过高的代价。在实践中，人们积累了一些经验和措施以减轻和改善水力机械的空化与空蚀性能。

1. 设计方面

合理确定叶轮的结构参数。改善叶片翼形设计，翼形设计时应尽量使叶片的负荷分布比较均匀而且有尽可能小的负压值，这样可少产生空泡或使空泡在叶片区的凝聚减少，可以减轻叶片的空蚀破坏。采用附加的部件来提高转轮叶片上的压力，例如在泵的设计中采用的诱导轮。

2. 制造方面

提高制造加工精度。避免由于叶片型线制作不准确，或有局部凸凹引起局部流速急剧增加而造成的局部压力下降。

叶片及其他易遭受空蚀破坏的零部件，选用抗空蚀性能良好的材料，一般采用不锈钢材料。

3. 合理选择安装高度

水力机械的安装高度 H_{SZ} 确定是否合理也是很重要的。一般来说，土建工程单位总是希望安装高度不要太小，以免造成过大的土建施工工程量。但从另一方面看，将安装高度 H_{SZ} 选取的较小一些，对减小空化与空蚀是有利的，因此，在设计中应进行分析论证，最后确定比较合理的安装高度。

4. 规定合理的运行范围

水力机械的运行偏离最优工况愈远，其空蚀就越严重。所以应根据具体情况规定水力机械的合理运行范围。

在运行过程中采用补气的办法减小或消除水轮机尾水管中产生的空腔空蚀。在水电站中一般采用自然补气方法，当水电站的安装高度很小，自然补气不易进入时，可采用压缩空气方式补气。

思考题和习题

1. 工作机的主要部件有哪些？它们的功能是什么？
2. 若例 3 - 1 中离心叶轮输送的介质为清水，求该叶轮输出的总理论（或欧拉）功和扬程，并与介质为标准空气的情况进行比较。
3. 通风机和泵的相似条件有哪些？一般使用哪些相似准则？
4. 由压力系数、流量系数和功率系数推导两台相似机器的性能相似换算公式。

5. 比较各种比转数的公式定义。讨论比转数的物理意义。

6. 某泵装置中，进口管路直径 D_S=150mm，其上真空表读数 V=500mmHg，出口管路直径 D_p=125mm，其上压力表读数 p=0.22MPa，压力表位置比真空表高1m，输送介质为矿物油，其密度 ρ=900kg/m^3。泵的流量为 q_V=0.053m^3/s。试求泵的扬程。

7. 装有进、出风管道的一台送风机，测得其进口静压为－367.9Pa，进口动压为63.77Pa，出口静压为186.4Pa，出口动压为122.6Pa，求该风机的全压和静压各为多少。

8. 试述叶片工作机的性能曲线和管网性能曲线的定义和关系。调节方法中通过改变叶片工作机的性能曲线或改变管网性能曲线或改变两者的分别是哪些？

第四章 涡 轮 机

涡轮机又称透平机，它是汽轮机、燃气轮机、透平膨胀机、水轮机等叶轮动力机械的总称，是输出动力的原动机。其中，汽轮机和水轮机分别用作火电厂和水电厂拖动发电机发电，汽轮机还广泛用于化工、冶金等部门，为驱动工作机（如风机、水泵）提供动力。燃气轮机除了在火力发电厂拖动发电机发电之外，还大量用作轮船和飞机的发动机。透平膨胀机在能量回收和低温制冷领域得到广泛应用。

第一节 概 述

汽轮机、燃气轮机、透平膨胀机的工质都是气体，都是高温高压气体在其流道中膨胀成低温低压气体，同时对外输出机械功。气体涡轮机的主要结构形式有径流式（见图 2-5）和轴流式（见图 2-8），它们的结构尽管有很大的不同，但是其基本工作原理是相同的。本章将以轴流式汽轮机为代表，介绍涡轮机的工作原理。

目前，在火电厂常用的几乎都是轴流式汽轮机，它是在高温、高压和高转速条件下工作的巨型精密机器。汽轮机以蒸汽作为工质，并将蒸汽的热能转换为旋转机械能，它具有单机功率大、效率高、能长时间运转的特点。

根据功能和蒸汽参数高低的不同，汽轮机通常有以下几种类型。

（1）按汽轮机功能分类，汽轮机可分为凝汽式汽轮机和供热式汽轮机。凝汽式汽轮机主要用来带动发电机发电，而供热式汽轮机则同时具备供热和发电的功能。

（2）按蒸汽参数高低分类，汽轮机可分为低压汽轮机、中压汽轮机、高压汽轮机、超高压汽轮机和亚临界压力汽轮机、超临界压力汽轮机和超超临界压力汽轮机。

此外，按做功原理可以分为冲动式汽轮机和反动式汽轮机；按汽轮机汽缸个数多少分为单缸汽轮机和多缸汽轮机；按汽轮机轴的个数多少又分为单轴汽轮机和双轴汽轮机；按级数有单级和多级汽轮机之分。

级是动力机械能量传递转换的基本单元（第二章所述），为了讨论汽轮机级内能量转换过程，先介绍汽轮机级的有关概念。

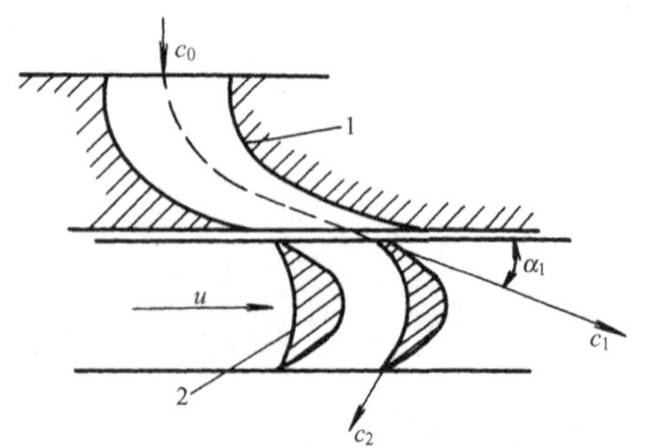

图 4-1 蒸汽通过级的流动
1—静叶栅通道；2—动叶通道

一、汽轮机级的工作原理

汽轮机的级是由一组安装在喷嘴汽室或隔板上的静叶栅和一组安装在叶轮上的动叶栅所组成（见图4-1），级是汽轮机做功的最小单元。具有一定压力、温度的蒸汽通过汽轮机的级时，首先在静叶栅通道中得到膨胀加速，将蒸汽的热能转化为高速汽流的动能；然后进入动叶通道，在其中改变方向或者既改变方向同时又膨胀加速，推动叶轮旋转，将高速汽流的动能转变为旋转机械能，完成利用蒸汽热能做功的任务。

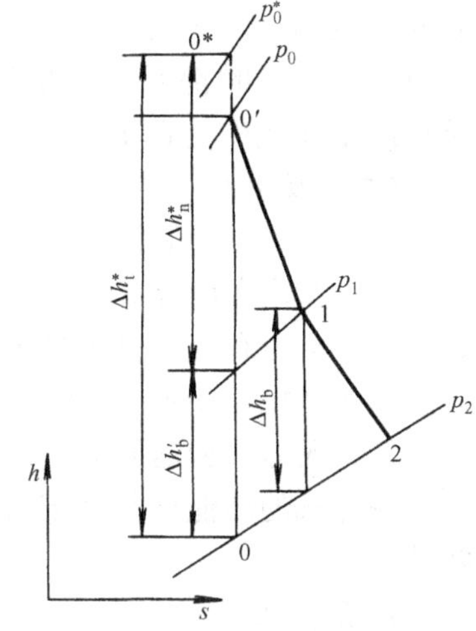

图 4-2 热力过程曲线

图 4-2 为蒸汽通过汽轮机的级做功时的热力过程曲线。0′(p_0，t_0)点为喷嘴前的蒸汽状态点，0*(p_0^*，t_0^*)为喷嘴前的滞止状态点，0′—1 线为蒸汽通过喷嘴的热力过程曲线，1—2为蒸汽通过动叶的热力过程曲线。1(p_1，t_1)点为动叶进口（也是喷嘴出口）状态点，2(p_2，t_2)点为动叶出口状态点，0*—0′—1—2 为级的热力过程曲线。图中，Δh_t^* 为整个级的滞止焓降，Δh_n^* 为喷嘴的理想焓降，Δh_b 为动叶的理想焓降。

为了表明蒸汽在动叶通道中膨胀程度的大小，常用级的反动度 Ω_m 来表示。Ω_m 定义为蒸汽在动叶通道中膨胀时的理念焓降 Δh_b 和在整个级中膨胀时的滞止理想焓降 Δh_t^* 之比，即

$$\Omega_m = \frac{\Delta h_b}{\Delta h_t^*} \approx \frac{\Delta h_b}{\Delta h_n^* + \Delta h_b} \qquad (4-1)$$

根据蒸汽在动叶通道中流动情况（见图 4-1）的不同，对动叶片产生的作用力是不相同的。当汽流通过动叶通道时，由于受到动叶通道形状的限制，被迫改变方向（但不膨胀加速）而产生弯曲，从而产生离心力。离心力作用于叶片内弧上，被称为冲动力。这时蒸汽在级中所作的机械功等于蒸汽微团流进、流出动叶通道时其动能的变化量。这种级称为冲动级。当汽流通过动叶通道时，一方面要改变方向，同时还要膨胀加速，前者会对叶片产生一个冲动力，后者会对叶片产生一个反作用力，即反动力。蒸汽通过这种级，两种力同时做功。通常称这种级为反动级。

二、冲动级和反动级

按蒸汽在动叶通道内喷嘴程度的不同，即反动度的大小不同，轴流式级可分为冲动级和反动级。

（一）冲动级

冲动级有三种不同的形式。

1. 纯冲动级

通常把反动度 Ω_m 等于零的级称为纯冲动级，其特点是蒸汽只在喷嘴叶栅中膨胀，在动叶栅中不膨胀而只改变其流动方向，即有 $\Delta h_b=0$，$\Delta h_n^*=\Delta h_t^*$，$p_1=p_2$。

2. 带反动度的冲动级

为了提高级的效率，通常，冲动级也带有一定的反动度（$\Omega_m=0.05\sim0.20$），这时蒸汽的膨胀绝大部分在喷嘴叶栅中进行，只有一小部分在动叶栅中继续膨胀。这种级称为带反动度的冲动级，它具有做功能力大、效率高的特点，因此得到广泛应用。

3. 复速级

由一组静叶栅和安装在同一叶轮上的两列动叶栅及一组介于第一、二列动叶栅之间、固定在汽缸上的导向叶栅所组成的级，称为复速级。在复速级中蒸汽的做功过程是首先在静叶栅通道中膨胀加速，进入第一列动叶栅通道中将高速汽流的一部分动能转化为机械能做功。从第一列动叶栅通道流出的汽流速度仍然相当大，为了利用这一部分动能，在第一列动叶栅之后装上一列导叶栅以改变汽流的方向，使之顺利进入第二列动叶栅通

道继续做功。为了提高复速级的效率，也采用一定的反动度，即让蒸汽通过两列动叶和导向叶片通道时都有一定的膨胀。复速级具有做功能力大的特点，在中小型汽轮机中，通常用复速级作为调节级。

（二）反动级

在汽轮机中，通常把反动度 $\Omega_m=0.5$ 的级称为反动级。根据反动度的定义，对于反动级来说，蒸汽在静叶和动叶通道的膨胀程度相同，即 $\Delta h_b=\Delta h_n^*=0.5\Delta h_t^*$，$p_1>p_2$。反动级是在冲动力和反动力同时作用下做功。这种级的结构特点是动叶叶型与喷嘴叶型相同。反动级的效率比冲动级高，但做功能力小。

三、压力级和速度级

按蒸汽的动能转换为转子的机械能的过程不同，把汽轮机的级分为速度级和压力级两种。

1. 压力级

蒸汽的动能转换为转子的机械能的过程在级内只进行一次的级，称为压力级。这种级在叶轮上只装一列动叶栅，又称单列级。

2. 速度级

蒸汽的动能转换为转子的机械能的过程在级内进行一次以上的级，称为速度级，速度级可以的双列的（复速级）和多列的。

四、调节级和非调节级

按通流面积是否随负荷大小而变，又将汽轮机的级分为调节级和非调节级。

1. 调节级

通流面积能随负荷改变而改变的级称为调节级。如喷嘴调节汽轮机的第一级，这种级在运行时，可通过改变其通流面积来改变进汽量，从而达到调节汽轮机负荷的目的。一般中小型汽轮机常采用复速级作为调节级，而大型汽轮机常采用单列冲动级作为调节级。

2. 非调节级

通流面积不随负荷改变而改变的级称为非调节级。调节级与非调节级的另一个不同是，调节级总是做成部分进汽，而非调节级可以是全周进汽，也可以是部分进汽。

第二节　汽轮机级内能量转换过程及效率

气体在叶栅通道中的流动具有三元特性，但如第二章所述，为了工程应用方便，忽略蒸汽的黏性，并假设蒸汽在叶栅通道的流动是稳定的、与外界无热交换的一元流动。

在汽轮机热力计算中，需要用到可压缩气体的一元流动基本方程，包括连续方程式、能量方程式、状态及过程方程式、动量方程式、动量矩方程式等，已在第一、二章讨论。

一、蒸汽在静叶栅通道中的膨胀过程

喷嘴的作用是让蒸汽在其通道中得到膨胀加速，将热能转变为动能。喷嘴是固定不动的，蒸汽流过时，不对外做功，$W=0$；同时与外界无热交换，$q=0$。根据能量方程式有

$$h_0^*=h_0+0.5c_0^2=h_{1t}+0.5c_{1t}^2=h_1+0.5c_1^2=h_1^* \tag{4-2}$$

即滞止焓不变。因蒸汽在喷嘴中的流动为等熵过程，有

$$h=c_pT=\frac{\kappa}{\kappa-1}RT=\frac{\kappa}{\kappa-1}pv \tag{4-3}$$

将式（4 - 3）带入式（4 - 2），可得

$$0.5(c_1^2 - c_0^2) = h_0 - h_1 = \frac{\kappa}{\kappa - 1}(p_0 v_0 - p_1 v_1)$$

（一）喷嘴出口汽流速度计算

1. 喷嘴出口的汽流理想速度（c_{1t}）

在进行喷嘴流动计算时，喷嘴前的参数 p_0、t_0、h_0、c_0（初速）及喷嘴后的压力 p_1 均为已知。按等熵过程膨胀，其过程曲线如图 4 - 3 所示。根据式（4 - 2），则喷嘴出口汽流理想速度为

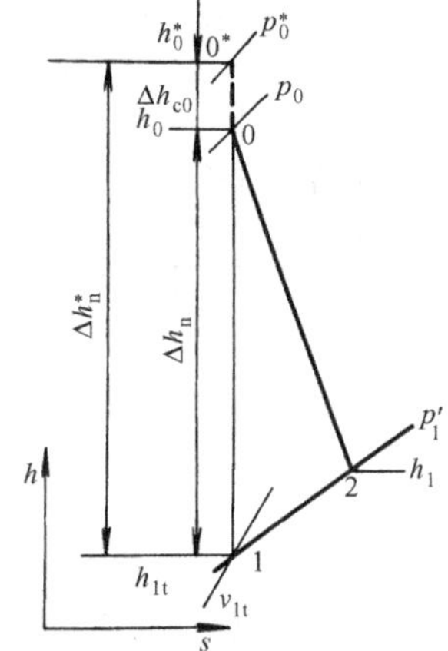

图 4 - 3　蒸汽在喷嘴中的膨胀

$$c_{1t} = \sqrt{2(h_0 - h_{1t}) + c_0^2} \tag{4 - 4}$$

式中：c_{1t}为蒸汽流出喷嘴出口的理想速度（m/s）；h_{1t}为蒸汽按等熵过程膨胀的终态焓（J/kg）。

图 4 - 3 中，$\Delta h_n = h_0 - h_{1t}$称为喷嘴的理想焓降，$\Delta h_n^* = h_0 + 0.5c_0^2 - h_{1t}$称为喷嘴相对于滞止点 0^* 的焓降。因此，式（4 - 4）可表示为

$$c_{1t} = \sqrt{2\Delta h_n^*} \tag{4 - 5}$$

2. 喷嘴出口的汽流实际速度（c_1）

实际流动是有损失的，喷嘴出口的汽流实际速度小于汽流理想速度，其值为

$$c_1 = \psi c_{1t} \tag{4 - 6}$$

式中：ψ 为喷嘴速度系数，定义为汽流实际速度与汽流理想速度两者之比，是用来考虑喷嘴损失的经验系数，它与喷嘴高度有关，现代轴流机器 ψ=0.92～0.98，通常取 ψ=0.97；径流机器 ψ=0.75～0.92。

3. 喷嘴损失（δh_n）

选取喷嘴速度系数 ψ 后可以得到喷嘴出口的汽流实际速度，也可以得到喷嘴损失和喷嘴损失系数。蒸汽在喷嘴通道中流动时，动能的损失称为喷嘴损失，用 δh_n 表示：

$$\delta h_n = 0.5(c_{1t}^2 - c_1^2) = 0.5c_{1t}^2(1 - \psi^2) = (1 - \psi^2)\Delta h_n^* \tag{4 - 7}$$

（二）喷嘴中汽流的临界状态

当蒸汽在喷嘴通道中膨胀时，汽流速度逐渐增加，压力和焓值逐渐降低，声速也降低，如图 4 - 4 所示。在膨胀过程中，到某一截面会出现汽流速度等于当地声速的临界状态，此时马赫数 M=1。此时汽流所处的状态参数称为临界参数，用 p_{cr}、c_{cr}等表示。

1. 临界速度（c_{cr}）

当用 0^* 点的滞止参数表示时，由声速公式和能量方程有

$$\frac{a^2}{\kappa - 1} + \frac{c^2}{2} = \frac{a_0^{*2}}{\kappa - 1} \tag{4 - 8}$$

式中：a 为汽流声速；a_0^* 为滞止状态 0^* 点下的声速，当 p_0^*、v_0^* 已知时，a_0^* 为一定值。若以 $c = a = c_{cr}$代入式（4 - 8），则临界速度为

$$c_{cr} = \sqrt{\frac{2}{\kappa + 1}}a_0^* = \sqrt{\frac{2\kappa}{\kappa + 1}p_0^* v_0^*} = \sqrt{\kappa p_{cr} v_{cr}} \tag{4 - 9}$$

2. 临界压力（p_{cr}）

根据式（4 - 9），临界压力为

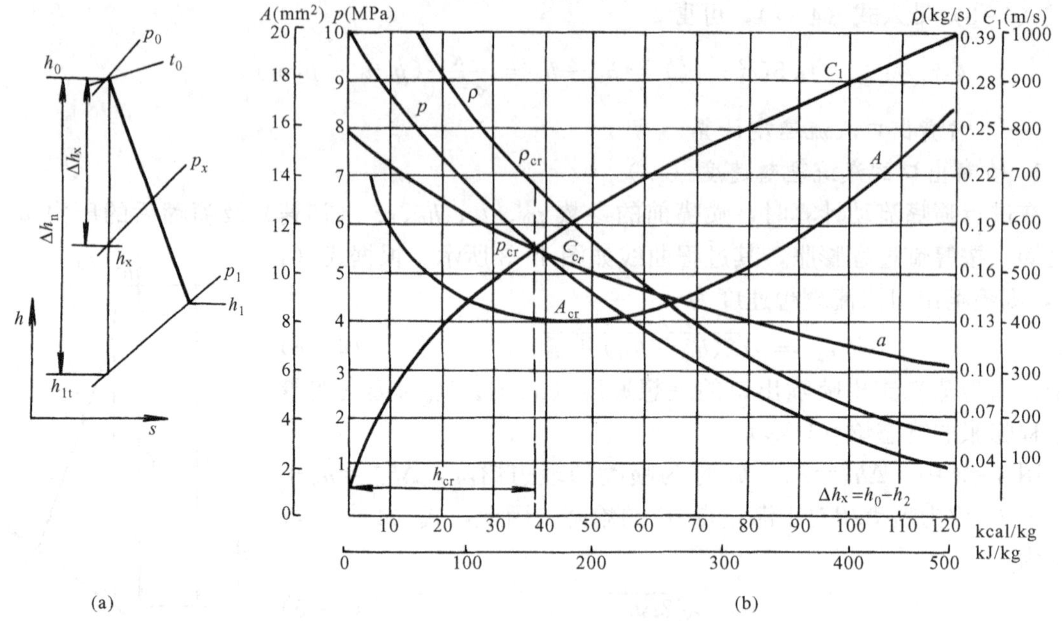

图 4-4 蒸汽在喷嘴中膨胀时各参数沿流程的变化规律

(a) 热力过程曲线；(b) 汽道面积 A 与各参数的关系曲线

$$p_{cr} = \left(\frac{2}{\kappa+1}\right) p_0^* \ \frac{v_0^*}{v_{cr}} \tag{4-10}$$

对于等熵膨胀过程来说，有$\frac{v_0^*}{v_{cr}} = \left(\frac{p_{cr}}{p_0^*}\right)^{\frac{1}{\kappa}}$，则上式为

$$p_{cr} = p_0^* \left(\frac{2}{\kappa+1}\right)^{\frac{\kappa}{\kappa-1}} \tag{4-11}$$

上式表明，临界压力只与等熵指数 κ 和初压有关。临界压力与初压之比为临界压力比 ε_{cr}：

$$\varepsilon_{cr} = \frac{p_{cr}}{p_0^*} = \left(\frac{2}{\kappa+1}\right)^{\frac{\kappa}{\kappa-1}} \tag{4-12}$$

对于过热蒸汽（κ=1.3）则 ε_{cr}=0.546；对于饱和蒸汽（κ=1.135）则 ε_{cr}=0.577。

（三）喷嘴截面积的变化规律

根据连续性方程式的微分形式可知，汽流的速度和比体积的变化规律与喷嘴截面积的变化有关。根据动量方程式、等熵过程方程式及马赫数计算式可求得喷嘴截面积变化与汽流速度变化之间的关系

$$\frac{1}{A}\frac{\mathrm{d}A}{\mathrm{d}x} = (Ma^2 - 1)\frac{1}{c}\frac{\mathrm{d}c}{\mathrm{d}x} \tag{4-13}$$

从式（4-13）可看到，喷嘴截面积的变化，不仅和汽流速度有关，同时还和马赫数 Ma 的大小有关：

（1）当汽流速度小于声速，即 $Ma<1$ 时，若要使汽流能继续加速，即 $\mathrm{d}c/\mathrm{d}x>0$，则必须 $\mathrm{d}A/\mathrm{d}x<0$，也就是说喷嘴截面积必须沿流动方向逐渐减小，即做成渐缩喷嘴。

（2）当汽流速度大于声速，即 $Ma>1$ 时，若要使汽流能继续加速，即 $\mathrm{d}c/\mathrm{d}x>0$，则必须 $\mathrm{d}A/\mathrm{d}x>0$，也就是说喷嘴截面积必须沿流动方向逐渐增加，即做成渐扩喷嘴。

(3) 当汽流速度在喷嘴某截面上刚好等于声速，即 $Ma=1$，这时，$dA/dx=0$，喷嘴的截面积 A 达到最小值，称为临界截面或喉部截面。

预使汽流在喷嘴中从亚声速连续加速至超声速，则汽流通道的截面积沿汽流方向的变化应为渐缩变为渐扩，呈缩放型，称为缩放喷嘴。缩放喷嘴是由渐缩和渐扩喷嘴组合而成的。汽流通过缩放喷嘴时，在渐缩部分膨胀加速，到喷嘴喉部达声速，然后在渐扩部分达超声速。

(四) 喷嘴流量计算

1. 喷嘴的理想流量（q_{mth}）计算

流经喷嘴的蒸汽流量可根据连续方程求得。通常取喷嘴出口截面来计算喷嘴流量。喷嘴的理想流量 q_{mth} 可用式（4-14）计算，即

$$q_{mth}=A_n\frac{c_{1t}}{v_{1t}} \tag{4-14}$$

式中：A_n 为喷嘴出口处截面积（m^2）；c_{1t} 为喷嘴出口处理想汽流速度（m/s）；v_{1t} 为喷嘴出口处理想汽流比体积（m^3/kg）。

若用式（4-5）表示 c_{1t}，又有 $\frac{1}{v_{1t}}=\frac{1}{v_0^*}\left(\frac{p_1}{p_0^*}\right)^{1/\kappa}$，则上式为

$$q_{mth}=A_n\sqrt{\frac{2\kappa}{\kappa-1}\frac{p_0^*}{v_0^*}\left(\varepsilon_n^{2/\kappa}-\varepsilon_n^{(\kappa+1)/\kappa}\right)} \tag{4-15}$$

式中：$\varepsilon_n=p_1/p_0^*$ 称为喷嘴前后压力比。

2. 喷嘴流量曲线

对于式（4-15），当喷嘴前的参数 p_0^*、v_0^* 和喷嘴出口截面积一定时，通过喷嘴的流量只取决于喷嘴前后压力比。实验证明，它们的关系如图 4-5 中 ABC 曲线所示。当压力比 ε_n（p_1/p_0）从 1 逐渐缩小时，流量 q_{mth} 逐渐增加，当喷嘴前后压力比等于临界压力比（$\varepsilon_n=\varepsilon_{cr}$），$q_{mth}$ 达最大值，如 B 点所示。这时的流量称为临界流量，用 q_{mcr} 表示。当喷嘴前后压力比小于临界压力比（$\varepsilon_n<\varepsilon_{cr}$）时，流量保持最大值不变，如 AB 所示，其值为

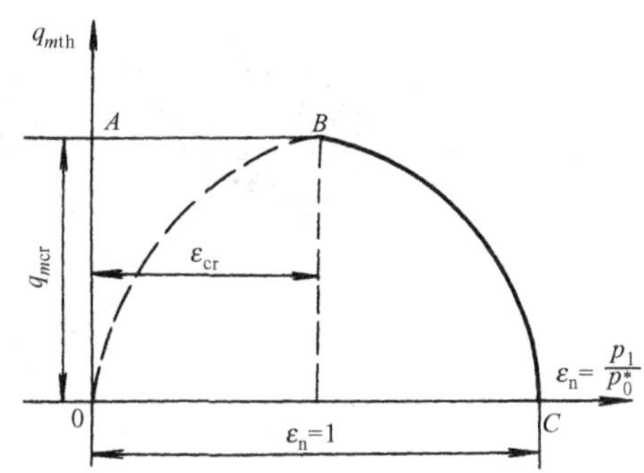

图 4-5 渐缩喷嘴的流量曲线

$$q_{mcr}=A_n\sqrt{\kappa\left(\frac{2}{\kappa+1}\right)^{\kappa+1/\kappa-1}\frac{p_0^*}{v_0^*}}=\lambda A_n\sqrt{\frac{p_0^*}{v_0^*}} \tag{4-16}$$

式中：λ 只与 κ 值有关。对 $\kappa=1.3$ 的过热蒸汽，$\lambda=0.667$；对 $\kappa=1.135$ 的饱和蒸汽，$\lambda=0.635$。

3. 通过喷嘴的实际流量（q_m）的计算

实际流动过程中由于存在损失，流过喷嘴的实际流量不等于理想流量，它们之间的关系为

$$q_{mcr}=A_n\frac{c_1}{v_1}=A_n\frac{\psi c_{1t}}{v_1}\frac{v_{1t}}{v_{1t}}=\psi\frac{v_{1t}}{v_1}q_{mth}=\mu_n q_{mth} \tag{4-17}$$

式中：$\mu_n=\psi v_{1t}/v_1$ 称为喷嘴流量系数。对于过热蒸汽，μ_n 取 0.97；饱和蒸汽，μ_n 取 1.02。

（五）蒸汽在喷嘴斜切部分的流动

为了使喷嘴中流出的汽流顺利进入动叶通道，在喷嘴出口处必须有一段斜切部分，如图4-6所示。这样，用于汽轮机的实际喷嘴由两部分所组成：一部分是渐缩部分 $ABDE$，AB 为最小截面处；另一部分为斜切部分 ABC。

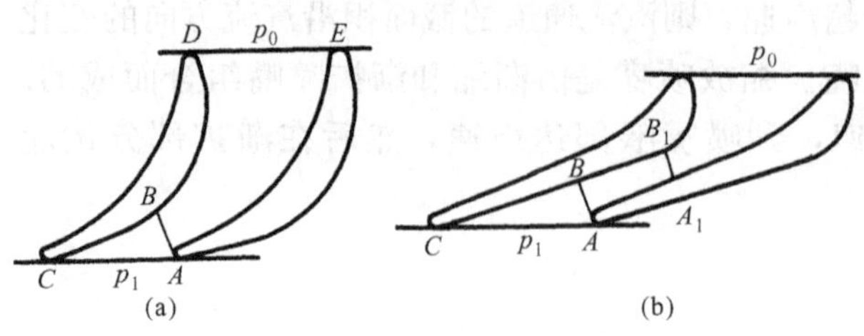

图4-6　带斜切部分的喷嘴

（a）渐缩喷嘴；（b）缩放喷嘴

当斜切压力（AB 面上压力）等于背压（$p_1=p_{1b}$）并大于临界压力 p_{cr} 时，汽流通过喷嘴，只在渐缩部分膨胀加速为亚声速，而在斜切部分 ABC 处不膨胀，斜切部分只起导向作用。从喷嘴流出的汽流与动叶运动方向成一角度 α_1（称为喷嘴出汽角）。

当喷嘴出口压力（背压）小于临界压力（$p_1<p_{cr}$）时，汽流在 AB 截面上达临界状态，而在斜切部分要继续膨胀加速，蒸汽压力由临界压力 p_{cr} 下降为 p_{1b}，汽流速度由临界速度到大于声速，并且由于两侧垂直于汽流方向的压力不平衡，汽流发生了偏转，如图4-7所示。

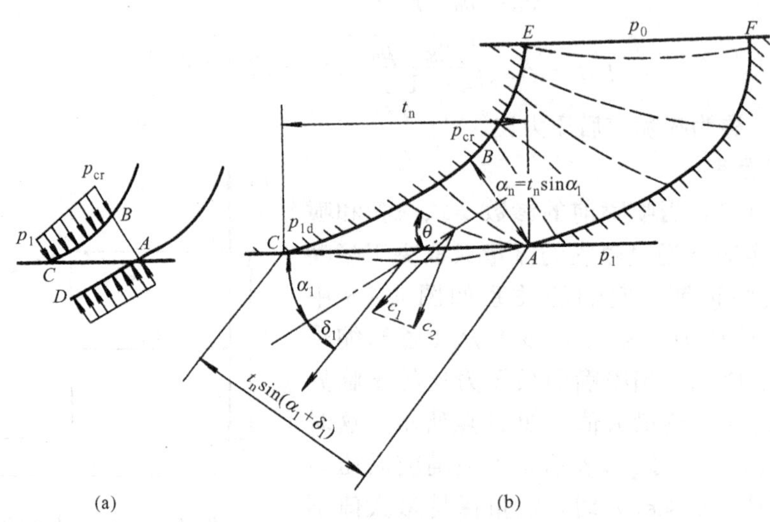

图4-7　蒸汽在斜切部分的膨胀

（a）斜切部分压力分布；（b）斜切部分汽流的偏斜

二、蒸汽在动叶栅中的流动与能量转换过程

现代汽轮机中一般采用冲动级和反动级，蒸汽在动叶通道中有一定程度的膨胀和加速，动叶通道的形状与喷嘴相似，其不同之处是动叶本身以圆周速度 u 旋转。

1. 动叶进口速度三角形

在动叶进口速度三角形中（图2-13），绝对速度的大小 c_1 和方向角 α_1 在喷嘴计算中均已求出，当蒸汽在喷嘴斜切部分有膨胀时，c_1 的方向角应为 $\alpha_1+\delta_1$。

c_1、α_1、u 已知后，根据余弦定理，动叶进口的相对速度 w_1 和进汽角 β_1 可由式（4-18）确定：

$$w_1=\sqrt{c_1^2+u^2-2uc_1\cos\alpha_1} \tag{4-18}$$

$$\beta_1 = \arcsin\frac{c_1\sin\alpha_1}{w_1} = \arctan\frac{c_1\sin\alpha_1}{c_1\cos\alpha_1 - u} \tag{4-19}$$

为使汽流顺利进入动叶通道而不发生碰撞，动叶栅几何进口角 β_{1b} 应等于进汽角 β_1。

2. 动叶栅出口汽流的相对速度

图 4-8 为蒸汽在动叶栅中的热力过程。若蒸汽在动叶栅中的流动过程为等熵过程 1—2′，则由动叶栅进、出口之间的能量方程式可得动叶栅出口汽流理想相对速度 w_{2t}

$$w_{2t} = \sqrt{2(h_1 - h_{2t}) + w_1^2}$$

式中：$h_1 - h_{2t}$ 为动叶栅理想焓降 Δh_b（图 4-8），因 $\Delta h_b = \Omega\Delta h_t^*$，则

$$w_{2t} = \sqrt{2\Omega_m\Delta h_t^* + w_1^2} = \sqrt{2\Delta h_b^*}\,(\mathrm{m/s}) \tag{4-20}$$

其中，$\Delta h_b^* = \Delta h_b + 0.5w_1^2 = \Delta h_b + \Delta h_{w1}$，称为动叶栅的滞止焓降。

由于通过动叶栅的流动有损失，动叶出口的实际相对速度 w_2 小于理想相对速度 w_{2t}，其值为

$$w_2 = \psi w_{2t} = \psi\sqrt{2\Delta h_b^*} \tag{4-21}$$

式中：ψ 称为动叶速度系数，定义为动叶出口的实际相对速度 w_2 与理想相对速度 w_{2t} 之比，它是一个考虑动叶栅损失的经验系数。通常取 ψ=0.85～0.95。

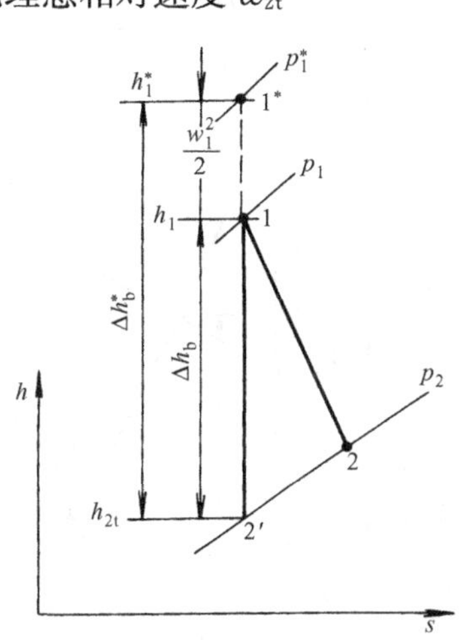

图 4-8 动叶栅中的热力过程

蒸汽以相对速度 w_2 和方向角 β_2^* 流出动叶通道。对于冲动级来说，β_2^* 比 β_1 小 3°～10°，w_2 的大小取决于反动度的大小，一般来说，$w_2 > w_1$。

3. 动叶出口速度三角形

在动叶出口处由相对速度 w_2、绝对速度 c_2 和圆周速度 u 组成出口速度三角形，如图 2-13所示。蒸汽流出动叶栅的绝对速度 c_2 的大小和方向角 α_2^* 可用式（4-22）求得

$$c_2 = \sqrt{w_2^2 + u^2 - 2uw_2\cos\beta_2^*} \tag{4-22}$$

$$\alpha_2^* = \arcsin\frac{w_2\sin\beta_2^*}{c_2} = \arctan\frac{w_2\sin\beta_2^*}{w_2\cos\beta_2^* - u} \tag{4-23}$$

4. 动叶损失和余速损失

蒸汽在动叶栅中的动能损失称为动叶损失，在绝热条件下，损失的动能又转变为热量加热蒸汽本身，使动叶出口蒸汽的焓值由 h_{2t} 升到 h_2（图 4-8）。动叶损失 δh_b 可表示为

$$\delta h_b = 0.5(w_{2t}^2 - w_2^2) = (1 - \psi^2)\Delta h_b^* \tag{4-24}$$

蒸汽在动叶栅中做功之后，最后以绝对速度 c_2 离开动叶，这部分动能 $c_2^2/2$ 在动叶栅中没有转变为机械能，称为这一级的损失，称为余速损失 δh_{c2}，即

$$\delta h_{c2} = 0.5c_2^2 \tag{4-25}$$

在多级汽轮机中，余速动能可以被下一级所利用，其利用程度可用余速利用系数 μ=0～1 表示。μ_0 表示上级余速动能在本级被利用的程度，而 μ_1 表示本级余速动能级被下一级利用的程度。

5. 轮周功 W_u

蒸汽通过汽轮机的级在动叶片上所作的有效机械功称为轮周功。而单位时间内作出的轮

周功称为轮周功率，它等于蒸汽对动叶片的圆周力与圆周速度的乘积，也可由欧拉方程得到1kg 蒸汽所作出的轮周功 W_u，或称为级的做功能力

$$W_u = u(c_1\cos\alpha_1 + c_2\cos\alpha_2^*) = u(c_1\cos\alpha_1 - c_2\cos\alpha_2)\text{(J/kg)} \quad (4-26a)$$

或

$$W_u = u(w_1\cos\beta_1 + w_2\cos\beta_2^*) = u(w_1\cos\beta_1 - w_2\cos\beta_2)\text{(J/kg)} \quad (4-26b)$$

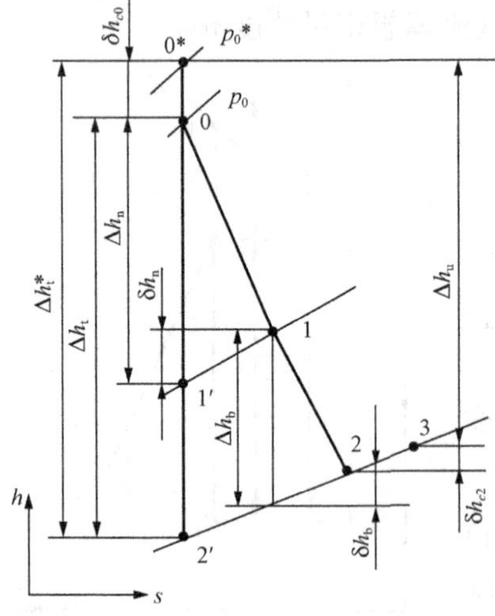

图 4-9 级的热力过程曲线

式（4-26b）表明，级的做功能力大小与动叶栅的进出汽角 β_1、β_2^* 的大小有关。一般来说，冲动级的 β_1、β_2^* 比反动级的小，所以冲动级的做功能力比反动级大。

考虑了喷嘴损失、动叶损失和余速损失之后，汽轮机级在 $h-s$ 图上的过程曲线如图 4-9 所示。图中，Δh_u 称为级的轮周有效焓降，它是用焓降表示的 1kg 蒸汽的轮周功，可由能量平衡方程求得：

$$\Delta h_u = \mu_0\frac{c_0^2}{2} + \Delta h_t - (\delta h_n + \delta h_b + \delta h_{c2})$$

$$= \Delta h_t^* - (\delta h_n + \delta h_b + \delta h_{c2}) \quad (4-27)$$

三、级的轮周效率和速度比

由式（4-27）可以看到，蒸汽在级内所具有的理想能量因损失的存在而不能百分之百地转变为有效功，为了描述蒸汽在汽轮机级内能量转换的完善程度，通常用各种不同的效率来加以说明。

蒸汽在汽轮机级内所作出轮周功 W_u 与它在级内所具有的理想能量 E_0 之比称为级的轮周效率，即

$$\eta_u = \frac{W_u}{E_0} = \frac{\Delta h_u}{E_0} \quad (4-28)$$

一般来说，级的理想能量是级的理想焓降 Δh_t、进入本级的动能 $\mu_0(0.5c_0^2)$ 和本级余速动能被下一级所利用部分 $\mu_1(0.5c_2^2)$ 的代数和，即

$$E_0 = \mu_0(0.5c_0^2) + \Delta h_t - \mu_1(0.5c_2^2) = \Delta h_t^* - \mu_1\delta h_{c2} \quad (4-29)$$

为了研究方便，这里引入一个级的理想速度 c_a，令 0.5（c_a^2）$=\Delta h_t^* = \Delta h_n^* + \Delta h_b$。因此，级的轮周效率可表示为

$$\eta_u = \frac{2u(c_1\cos\alpha_1 - c_2\cos\alpha_2)}{c_a^2 - \mu_1 c_2^2} \quad (4-30)$$

或

$$\eta_u = \frac{\Delta h_u}{E_0} = \frac{\Delta h_t^* - (\delta h_n + \delta h_b + \delta h_{c2})}{E_0} = 1 - \zeta_n - \zeta_b - (1-\mu_1)\zeta_{c2} \quad (4-31)$$

式中：ζ_n、ζ_b、ζ_{c2} 分别为喷嘴损失、动叶损失和余速损失与级的理想能量之比，称其为喷嘴损失系数、动叶损失系数和余速损失系数。

从式（4-31）可以看到，为了提高级的轮周效率，则要求减少喷嘴损失、动叶损失和余速损失。其中，前二项损失与相应的速度系数 φ、ψ 有关。如果选定了动静叶栅的叶型，则系数 φ、ψ 就确定了。这样，为了提高级的轮周效率，就得尽量减少余速损失，即要使动叶出口的绝对速度 c_2 尽量小。

由动叶进出口速度三角形（见图 4-10）可以知道，图 4-10（b）中的动叶出口速度

c_2 刚好为轴方向，为轴向排汽，其余速损失最少。只要 u/c_1 选用一个合理的数值，就能达到轴向排汽的目的。而图 4-10（a）、（c）中的 u/c_1 都不可能使 c_2 轴向排汽，也就不可能使余速损失最小。这样，使 c_2 达到轴向排汽的速度比 u/c_1 称为最佳速度比，用 $(x_1)_{op}$ 表示。级的速度比通常用 $x_1=u/c_1$（或 $x_a=u/c_a$）表示。它是汽轮机级的一个很重要的特性。速度比的取值直接影响汽轮机的效率和做功能力。对于不同型式的级，其最佳速度比是不相同的。

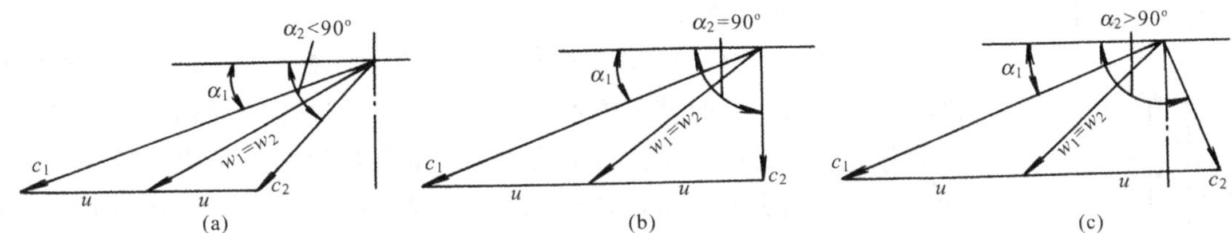

图 4-10　不同速度比下纯冲动级的速度三角形

（a）$\alpha_2<90°$；（b）$\alpha_2=90°$；（c）$\alpha_2>90°$

纯冲动级（不考虑余速利用）　$(x_1)_{op}=0.5\cos\alpha_1$　（4-32）

复速级　$(x_1)_{op}=0.25\cos\alpha_1$　（4-33）

反动级　$(x_1)_{op}=\cos\alpha_1$　（4-34）

四、级内其他的损失和效率

（一）级内损失

前面提到的喷嘴损失、动叶损失、余速损失都是级内损失。除此之外，还存在着其他方面的损失。下面简单地介绍这些损失及产生原因。

1. 叶高损失 δh_l

将喷嘴和动叶中与叶高有关的损失称为级的叶高损失或叫端部损失，通常用 δh_l 表示。它是由汽道上下端面附面层内的摩擦损失和端部的二次流涡流所引起的。试验证明，叶高损失与高度有密切关系，当叶片较长时，二次涡流对主汽的影响较少，故叶高损失小；相反，当叶片较短（叶高 $l<12\sim15$mm）时，叶高损失明显增加。这时，必须采用部分进汽，以增加叶高，减小叶高损失。

2. 扇形损失 δh_θ

由于汽轮机的叶栅是安装在叶轮上的，呈环形，所以，汽流参数和叶片几何参数（节距、进汽角）沿叶高是变化的，而且叶片越长，诸参数变化越大。在进行汽轮机设计时，通常以级的平均直径处的各种参数作为依据的。这样，对于叶高不太长的级，其计算结果的误差不大；但对于叶片较长的级来说，其计算结果的误差就会相差很大，不能满足设计要求。这是因为，在设计时，只有在平均直径处，设计条件才能得到满足；而其他截面上，由于偏离设计条件将会引起附加损失。这个附加损失称为扇形损失，通常用 δh_θ 表示。为了减少扇形损失，对于径高比 $\theta=d/l<10$ 的级，采用扭叶片。

3. 叶轮摩擦损失 δh_f

由于实际蒸汽具有黏性，因此，叶轮在汽室中作高速旋转时，就必然存在着叶轮轮面与蒸汽及蒸汽之间的相对运动而产生的摩擦。要克服摩擦和带动蒸汽质点运动，就要耗功。同时，靠近叶轮轮面侧的蒸汽质点随叶轮一起转动时，受到离心力作用而产生向外的径向运

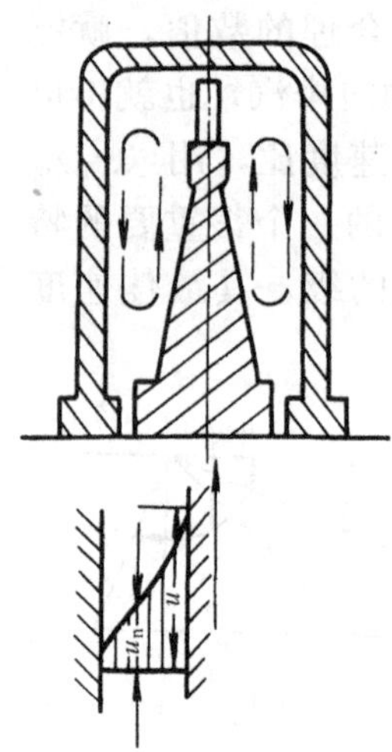

图 4-11 汽室内速度分布

动。这样，靠近隔板处的蒸汽质点的旋转速度小，自然要向旋转中心处流动以保持蒸汽的连续性。于是，在叶轮两侧的汽室中就形成了涡流运动，如图 4-11 所示。蒸汽的涡流运动要消耗一部分轮周功，这样就造成了叶轮摩擦损失，通常用 δh_f 表示。在汽轮机的高压部分的级中，由于比体积较小，叶轮摩擦损失大；低压部分的级，叶轮摩擦损失很小，甚至可忽略不计。

4. 部分进汽损失 δh_e

前面已经讲到，为了保证叶高（叶高 $l>12\sim15$mm），在进行汽轮机级的设计时，有时就不得不采用部分进汽以减小叶高损失。但是，采用部分进汽，又产生了部分进汽损失。部分进汽损失是由“鼓风”损失和“斥汽”损失两部分所组成的。“鼓风”损失发生在没有喷嘴叶片的弧段内。动叶通过这一弧段时，要像鼓风机一样把滞留在这一弧段内的蒸汽鼓到出汽边而耗功。斥汽损失发生在安装有喷嘴叶片的弧段内。动叶片由非工作区进入工作区弧段时，动叶通道中滞留的蒸汽要靠工作区弧段中喷嘴喷出的主流蒸汽将其吹出，这样，就要消耗一部分轮周功。另外，如图 4-12 由于叶轮作高速旋转，这样，在喷嘴出口端的 A 点存在着漏汽，而在 B 点又存在着抽吸作用，将一部分蒸汽吸入动叶道，干扰主流，同样会引起损失。这样就形成了斥汽损失。

为了减少部分进汽损失，则部分进汽度 e 不宜太大。但在有些级中，为了减小叶高损失，部分进汽度 e 又不宜太小。因此，二者应综合考虑。

5. 漏汽损失 δh_l

在汽轮机中，由动静两部分所组成的级，不可能没有间隙。由于压差的作用，只要有间隙存在，蒸汽就会漏过间隙，如图 4-13 所示。在隔板前后存在着很大的压差，又有隔板间隙存在，这样，就必然有一部分蒸汽通过隔板间隙流到隔板后。这部分蒸汽不做功，减少了做功蒸汽量。另一方面，这部分漏汽不是从喷嘴中以正确方向流入动叶通道，它不但不做功，反而要干扰主流，这就形成了隔板漏汽损失（δh_p）。另外，由于反动度的存在，动叶前后有压力差，从喷嘴流出的蒸汽必然有一部分蒸汽不通过动叶通道而从叶顶间隙漏到级后。这部分蒸汽也不做功，形成了叶顶损失（δh_t）。

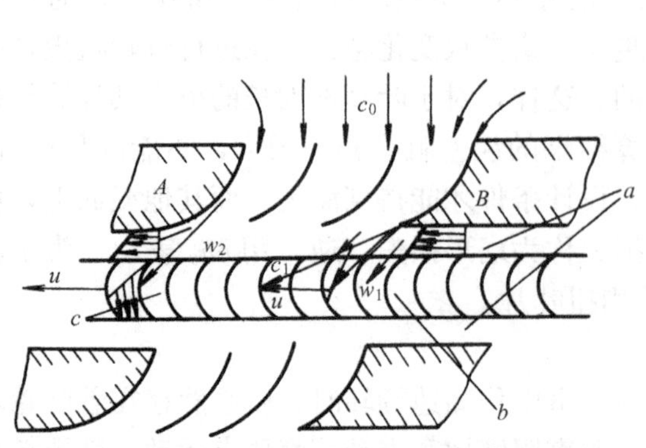

图 4-12 部分进汽时蒸汽流动示意图

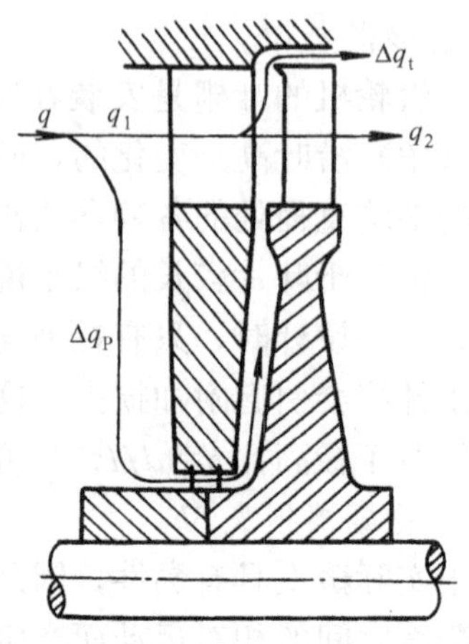

图 4-13 冲动级漏汽示意图

隔板漏汽损失和叶顶漏汽损失都是由于压力差和间隙的存在而引起的。为了减少漏汽损失，就应该减小间隙面积和蒸汽压力差。通常采用齿形轴封来解决这一问题。因为齿形轴封可以使间隙做得很小，而且蒸汽每通过一个齿就有一次节流过程，压力降低一次，从而减小了漏汽速度，并减小了漏汽量。

6. 湿汽损失 δh_x

蒸汽在汽轮机中工作到最后几级时便进入湿蒸汽区，这里将产生湿汽损失（δh_x）。湿汽损失的原因在于：①一部分蒸汽在膨胀加速过程中凝结成水滴，减少了做功蒸汽量；②水滴不但不膨胀做功，反而要被高速汽流所夹带前进，要消耗一部分轮周功；③由于水滴前进速度低于蒸汽速度。这样，从动叶进口速度三角形上分析，水滴从喷嘴中流出时，正好打击动叶背弧，阻止动叶前进，减小了有用功；而水滴从动叶流出之后又打击下一级喷嘴的背弧。不仅如此，水滴长期冲蚀叶片，使叶片进口边背弧被打击成许多麻点，严重时，会打穿叶片。

由于湿蒸汽会引起湿汽损失和冲蚀叶片，就必须采取一些去湿措施。即采用去湿装置，如捕水槽、捕水室等，以减少蒸汽中的水分。提高叶片本身的抗湿能力，主要是设法增强叶片进汽边背弧的抗湿性能。如，在动叶片进汽边背弧加焊硬质合金、电火花处理等。

（二）级的内效率和内功率

由于损失的存在，损失又转换为热能，反过来加热蒸汽本身，从而使动叶出口排汽焓值升高。考虑了各种损失之后级的实际热力过程曲线如图 4-14 所示。其中，0^* 点为级前滞止状态点，3^* 为有余速利用时的下一级级前进口状态点，$\sum\Delta h$ 表示除喷嘴损失、动叶损失、余速损失除外的级内各项损失之和。Δh_i 为级的有效焓降，它表示 1kg 蒸汽所具有的理想能量最后转化为有效功的能量。Δh_i 越大，级的内效率就越高。级的内效率 η_i 定义为

$$\eta_i = \frac{\Delta h_i}{E_0} = \frac{1}{E_0}(\Delta h_t^* - \sum\delta h) \qquad (4-35)$$

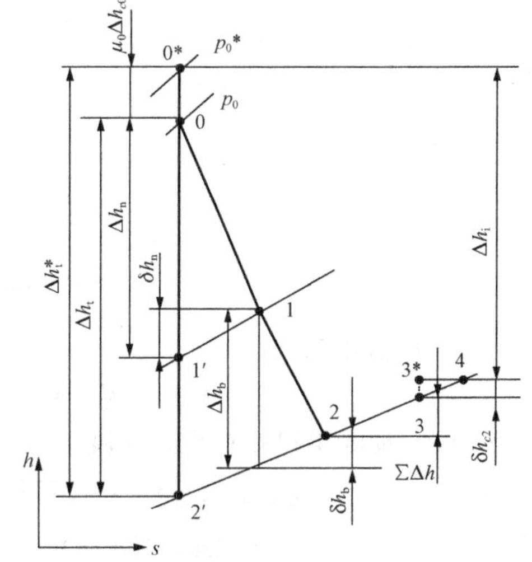

图 4-14 级的实际热力过程曲线

式中：$\sum\delta h$ 为级内各项损失之和，包括喷嘴损失、动叶损失、余速损失，叶高损失、扇形损失、叶轮摩擦损失、部分进汽损失、漏汽损失、湿汽损失。当然，不是每一个级都同时具有这所有损失，而是根据具体情况分析计算其不同的损失。如只有在部分进汽的级才有部分进汽损失，工作在湿蒸汽区的级才有湿汽损失等。级效率是衡量级内能量转换完善程度的指标。在进行汽轮机热力设计时，只有合理地选用叶型、速度比、反动度、进汽度、叶高和有关结构才能得到较高的级效率。

以上诸损失中，喷嘴损失、动叶损失、叶高损失、扇形损失、漏汽损失都和叶片型线设计有关。随着计算机的使用和叶片形线设计及试验技术的提高，世界各大汽轮机制造商对汽轮机的动、静叶片普遍采用新开发的全三维设计叶片，如“弯扭叶片”（马刀形叶片）和“后加载叶片”，叶顶、隔板采用高低齿弹性汽封等，可使通流部分效率得到提高（约 5%）。

级的内功率可由级的有效焓降和蒸汽流量来确定，即

$$P_i = \frac{D_m \Delta h_i}{3600} = q_m \Delta h_i \tag{4-36}$$

式中：D_m、q_m 为级的蒸汽量（kg/h，kg/s）；Δh_i 为级的有效焓降（kJ/kg）。

【例 4-1】 如图 4-15 所示。已知汽轮机某中间级的反动度 $\Omega_m=0.04$，速度比 $x_1=u/c_1=0.44$，级内蒸汽理想焓降 $\Delta h_t=84.3\text{kJ/kg}$，喷嘴出汽角 $\alpha_1=15°$，动叶出汽角和进汽角的关系是 $\beta_2^*=\beta_1-3°$，蒸汽流量 $q_m=4.8\text{kg/s}$，前一级的余速动能可利用的能量为 $\Delta h_{c0}=1.8\text{kJ/kg}$。假设离开该级的汽流动能被下一级利用一半，喷嘴速度系数 $\psi=0.96$，求级的轮周功率 P_u 和轮周效率 η_u。

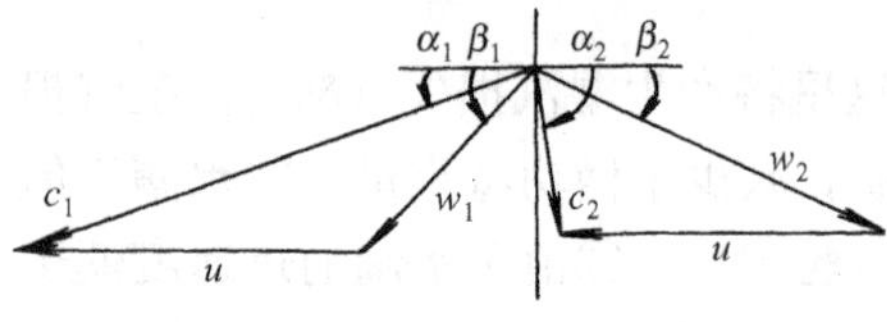

图 4-15　速度三角形

解　(1) 动叶进口的实际速度

$$c_1 = \psi\sqrt{2[(1-\Omega_m)\Delta h_t + \Delta h_{c0}]}$$
$$= 0.96 \times 44.72\sqrt{(1-0.04)\times 84.3 + 1.8} = 390.5(\text{m/s})$$

(2) 圆周速度 u

$$u = c_1 x_1 = 390.5 \times 0.44 = 171.8(\text{m/s})$$

(3) 动叶进口相对速度

$$w_1 = \sqrt{c_1^2 + u^2 - 2c_1 u\cos\alpha_1} = \sqrt{390.5^2 + 171.8^2 - 2\times 390.5\times 171.8\cos 15°}$$
$$= 228.9(\text{m/s})$$

(4) 动叶进汽角

$$\beta_1 = \sin^{-1}\frac{c_1\sin\alpha_1}{w_1}$$
$$= \sin^{-1}\frac{390.5\sin 15°}{228.9} = 26.2°$$

(5) 动叶出汽角

$$\beta_2^* = \beta_1 - 3° = 26.2 - 3 = 23.2°$$

(6) 动叶出口相对理想速度

$$w_{2t} = \sqrt{2\Omega_m\Delta h_t + w_1^2} = \sqrt{2\times 0.04\times 1000\times 84.3 + 228.9^2}$$
$$= 243.2(\text{m/s})$$

(7) 根据动叶出口相对理想速度和反动度值查得动叶速度系数 $\psi=0.924$。

(8) 动叶出口相对速度

$$w_2 = \psi w_{2t} = 243.2 \times 0.924 = 224.7(\text{m/s})$$

(9) 动叶出口绝对速度

$$c_2 = \sqrt{w_2^2 + u^2 - 2w_2 u\cos\beta_2^*}$$
$$= \sqrt{224.7^2 + 171.8^2 - 2\times 224.7\times 171.8\cos 23.2°}$$
$$= 95.1(\text{m/s})$$

(10) 余速损失

$$\delta h_{c2} = 0.5c_2^2 = 0.5\times 95.1^2 = 4.52(\text{kJ/kg})$$

(11) 喷嘴损失

$$\delta h_{\mathrm{n}}=(1-\psi^2)\frac{c_{1\mathrm{t}}^2}{2}=(1-0.96^2)\frac{(390.5/0.96)^2}{2\times10^3}=6.49(\mathrm{kJ/kg})$$

（12）动叶损失

$$\delta h_{\mathrm{b}}=(1-\psi^2)\frac{w_{1\mathrm{t}}^2}{2}=(1-0.924^2)\frac{(243.2)^2}{2\times10^3}=4.32(\mathrm{kJ/kg})$$

（13）轮周有效焓降

$$\begin{aligned}\Delta h_{\mathrm{u}}&=\Delta h_{c0}+\Delta h_{\mathrm{t}}-\delta h_{\mathrm{n}\xi}-\delta h_{\mathrm{b}\xi}-\delta h_{c2}\\&=1.8+84.3-6.49-4.32-4.52=70.8(\mathrm{kJ/kg})\end{aligned}$$

（14）轮周理想可用能量

$$E_0=\Delta h_{c0}+\Delta h_{\mathrm{t}}-0.5\delta h_{c2}=1.8+84.3-0.5\times4.52=83.8(\mathrm{kJ/kg})$$

（15）轮周功率

$$P_{\mathrm{u}}=q_m\Delta h_{\mathrm{u}}=4.8\times70.8=339.8(\mathrm{kW})$$

（16）轮周效率

$$\eta_{\mathrm{u}}=\frac{\Delta h_{\mathrm{u}}}{E_0}=\frac{70.8}{83.8}=0.845$$

五、长叶片级

前面讨论级的气动特性和几何参数时，都是以一元流动模型为理论依据，以级的平均直径截面上的参数作为代表来进行研究和计算的。这种计算方法对于叶片高度不太长的级来说，所引起的误差是不太大的。按这种计算方法设计的叶片，称为等截面直叶片，即叶片的几何参数沿叶高不变。显然，这种设计方法计算方便，叶片加工简单。

但是，对于汽轮机低压部分的级来说，蒸汽比体积变化快，容积流量大，级的平均直径大，叶片长，径高比很小，汽动参数沿叶高变化大。在这种情况下，如果仍然按等截面直叶片进行设计，则级的实际轮周效率比计算值要低得多。其原因有以下几点。

（1）由于长叶片级的径高比小，叶片长，从叶根到叶顶，其相应的圆周速度相差很大。显然，这时如果仍以平均直径处的参数作为依据来进行设计，则实际效果将相差很大。为了说明这一问题，假定喷嘴出口汽流速度和出汽角不变，如图4-16所示。由于圆周速度沿叶高增加，使汽流进入动叶通道时的进汽角 β_1 沿叶片高逐渐增大，即 $\beta_{1\mathrm{t}}>\beta_{1\mathrm{m}}>\beta_{1\mathrm{r}}$。如果仍以平均直径处的速度三角形有关参数作为依据来进行设计，并采用等截面直叶片，那么，除了平均直径附近处之外，其余直径处的汽流在进入动叶通道时，都会有不同程度的撞击现象发生。在小于平均直径的地方，汽流将撞击动叶内弧，而在大于平均直径的地方，汽流将撞击动叶背弧。这样都会造成损失。

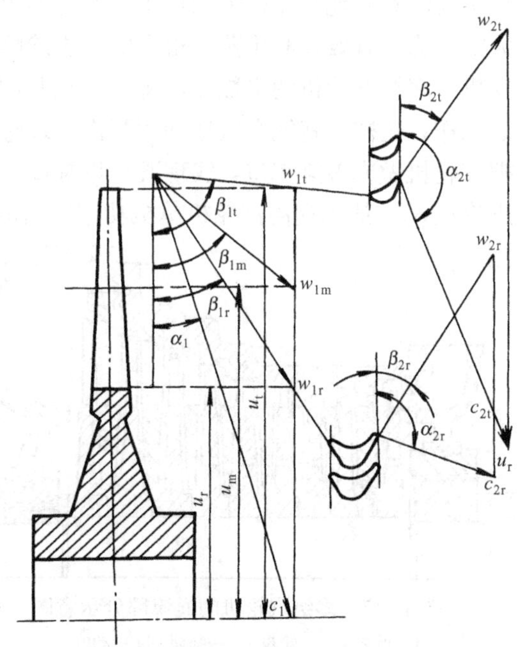

图4-16 长叶片级的速度三角形

（2）由于叶片是安装在叶轮上的，呈环形，径高比很小时，节距沿叶高变化很大。根据叶栅试验得知，每一种叶栅都有一个高效率的最佳相对节距范围。当偏离这一最佳值，都会引起损失，造成效率下降。

(3) 蒸汽从动、静叶栅通道中流出时，都有一定的圆周速度，因此，在动、静轴向间隙中必然产生离心力作用。有离心力，就会产生径向流动，径向流动就会造成损失。而且，叶片越长，径向流动造成的损失就越大。

综合上述分析，对于长叶片级来说，就不能采用短叶片级的来进行设计。为了得到效率较高的长叶片级，就必须把长叶片级设计成型线沿叶高变化的变截面叶片，即扭叶片。扭叶片加工困难，制造成本高。

长叶片级的设计普遍采用径向平衡法。这种设计方法的核心问题就是确定动、静叶栅轴向间隙汽流的平衡条件。建立径向平衡条件，构成径向平衡方程式，然后求解径向平衡方程式，由此得出汽流参数沿叶高的变化规律。(见第二章第五节)

现代大型超临界、超超临界汽轮机（如国产新一代 300MW、600MW 汽轮机）中、低压缸通流部分的动、静叶片都普遍采用新开发的全三维设计“弯扭叶片”（马刀形叶片）和“自带冠叶片”，使通流部分效率得到提高。为了充分利用能源，提高效率，对国内运行多年的国产 125MW、200MW 汽轮机中、低通流部分进行了改造。主要改造措施是：动、静叶片采用全三维设计的弯扭叶片，叶顶、隔板采用高低齿弹性汽封，其通流部分效率提高明显（约 5%），出力可提高 10%。

第三节 多级汽轮机

一、多级汽轮机的特点和工作过程

从汽轮机的内功率方程式（$P_i = q_m \Delta h_t \eta_i$）来分析，为了提高汽轮机的功率 P_i，就必须增加汽轮机的进汽量 q_m 和蒸汽的理想焓降 Δh_t。从经济和安全两个方面来考虑，只有一个级的汽轮机要能有效地利用很大的理想焓降是不可能的。也就是说单级汽轮机的功率是不可能达到很大的。为了有效地利用蒸汽很大的理想焓降，实现提高机组功率，主要的办法就是采用多级汽轮机。多级汽轮机的级数多，每一级只利用总焓降中的一部分。使每一级都能在最佳速度比附近工作，这样，就能有效地利用蒸汽的理想焓降，提高机组效率。只有采用多级汽轮机，才能把汽轮机做成多排汽口，实现既可以提高新蒸汽的参数（提高理想焓降 Δh_t），又能增加机组总进汽量 q_m，达到提高汽轮机单机功率的目的。因此，和单级汽轮机相比较，多级汽轮机具有单机功率大和内效率高的特点。

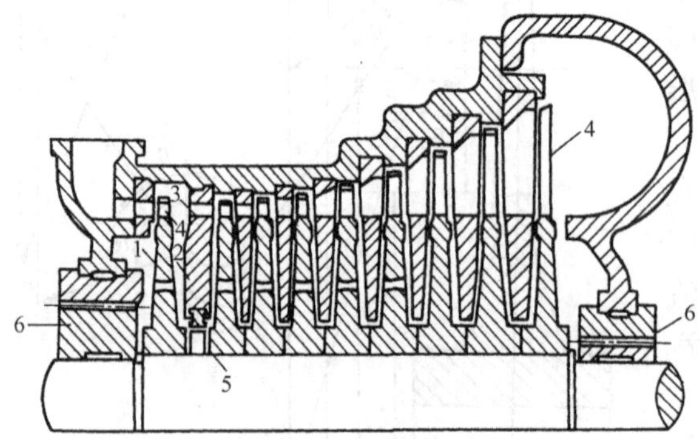

图 4-17 多级汽轮机的通流部分示意图
1—叶轮；2—轮盘；3—喷嘴；4—动叶；5—轴封片；6—轴端汽封

多级汽轮机有冲动式和反动式两种。国产 100MW、125MW、200MW 汽轮机都是冲动式多级汽轮机；国产 300MW 汽轮机则是反动式汽轮机（但是它的第一级为冲动级）。多级汽轮机通常采用喷嘴调节（控制进汽量），故称这种汽轮机的第一级为调节级，而把其余的级称为压力级。对于中小型汽轮机，通常采用双列级作为调节级，大功率汽轮机多用单列级作调节级。多级汽轮机的通流部分如图 4-17 所示。

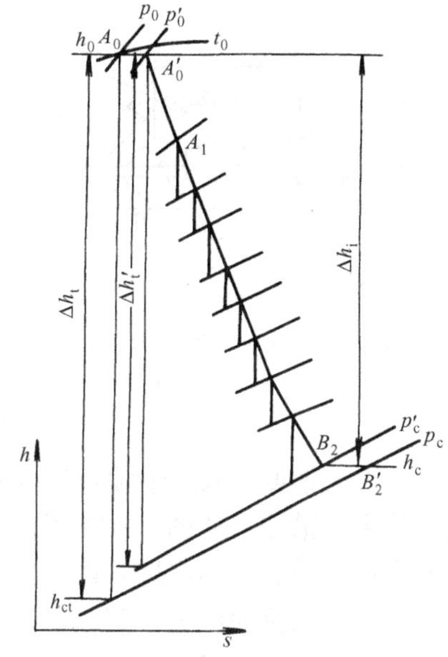

图 4-18 多级汽轮机过程曲线

蒸汽进入汽轮机后，依次通过各级膨胀做功，压力和温度逐级降低，比体容不断增加。因此，多级汽轮机的通流部分尺寸是逐级增大的，特别是在低压部分，平均直径增加很快，即叶片的高度越来越长。由于受到材料强度的限制，叶片不可能太长，故大型汽轮机都采用多排汽口。如国产 200MW 汽轮机，原设计为三排汽口，后改为两排汽口；国产 300MW 汽轮机采用两排汽口。

蒸汽在多级汽轮机中膨胀做功过程和在级中的膨胀做功过程一样，可用 h-s 图上的热力过程曲线来表示，如图 4-18 所示。调节级前的蒸汽状态点为 A_0（p_0，t_0），排汽压力用 p_c 表示。汽轮机的单位理想流体焓降为 Δh_t。由于进汽机构的节流损失和排汽机构的压力损失，故调节级喷嘴前的实际状态点为 A_0'，而汽轮机末级动叶出口压力为 p_c'。考虑了这两项损失之后，则汽轮机的理想焓降为 $\Delta h_t'$。Δh_i 为整机的有效焓降。对于多级汽轮机而言，前一级的排汽状态点，就是下一级的进汽状态点。把这些点连接起来，就是多级汽轮机的热力过程曲线。多级汽轮机的整个热力过程曲线由三部分所组成：进汽机构的节流过程 A_0-A_0'，各级实际膨胀过程 $A_0'-B_2$，排汽管道的节流过程 $B_2'-B_2$。

在多级汽轮机中，上一级的排汽就是下一级的进汽，当叶型选择及结构布置合理时，上一级排汽的余速动能可以全部或部分地作为下一级的进汽动能而被利用。这样，前一级的余速动能就能够被下一级有效地利用。余速利用的结果，使整机的热力过程曲线向左移，整机有效焓降增加，机组效率提高。

二、多级汽轮机的损失

（一）前后端轴封的漏汽损失

由于结构方面的要求，汽轮机的大轴必须从汽缸内向外伸出，使汽轮机转子支持在轴承座上。这样，大轴和汽缸之间必须留有一定的间隙。以单缸凝汽式汽轮机为例，汽缸的高压端，缸内蒸汽压力大于大气压力，蒸汽必然要从间隙向外泄漏。这样就减少了做功蒸汽量，降低了机组的经济性。在机组的排汽端，缸内为真空运行，蒸汽压力低于大气压力，外界的空气将通过间隙流入汽缸内，破坏真空，也会降低机组的经济性。

为了提高汽轮机的经济性，防止或减小汽体这种漏进、漏出现象，在汽轮机的两端漏气（汽）处装设汽封。装在汽轮机高压端的汽封称为前轴封，它的作用是减少高温高压蒸汽从汽缸内向外泄漏；装在汽轮机低压端的汽封称为后轴封，它的作用是防止外界空气漏向汽缸，保证汽缸内的真空度。对于多缸的大型汽轮机，每个缸的两端都有轴封，其作用要根据具体情况而定。

现代汽轮机中常见的端轴封是齿形轴封，它的基本零件是呈弧段形状的汽封圈，汽封圈的背弧上都安装着弹簧片，依靠弹簧片的弹力，使每一段汽封圈都紧紧地贴在定位面（即图 4-19 的 M 面）上。具有代表性的汽封圈横截面形状如图 4-19 所示，汽封圈的内弧上车出了若干个高低齿，分别与轴封套筒上的凹槽和凸肩相互对应，汽封齿与轴封套筒之间形成了环形间隙，每相邻的两个汽封齿之间形成了一个环形汽室，蒸汽通过这些间隙和汽室，从高

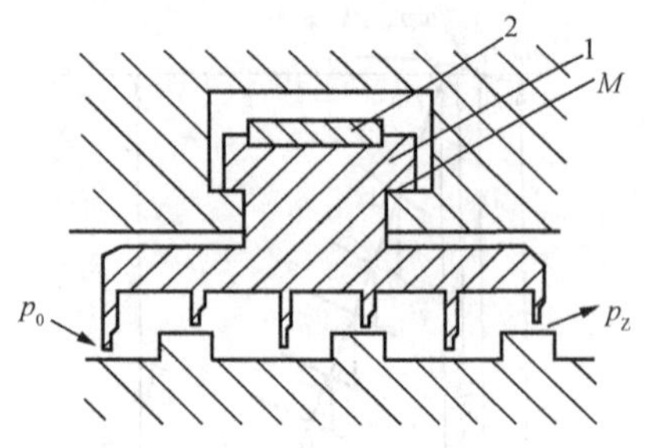

图 4-19　齿形轴封的横截面图
1—汽封圈；2—弹簧片

压（p_0）侧漏到低压（p_Z）侧。

采用齿形轴封减少漏气的原理，可用连续方程式 $\Delta q_{ml}=A_l\dfrac{c}{v}$ 来分析。为了减少漏汽量 Δq_{ml}，可以通过减少漏气齿隙的面积 A_l 和汽流速度 c 来实现。

由于汽封很薄，它一旦与轴封套发生了摩擦，其摩擦面积也很小，此外汽封圈上的弹簧片还有退让性，故产生的摩擦力也不大，因此汽封齿都是尽可能地接近轴封套筒，汽封取间隙 δ 一般在 0.3～0.6mm 之间，故漏汽间隙的面积已减小到最低限度。

汽流速度 c 取决于轴封齿两侧的压力差，所以减小轴封齿两侧的压力差是减少轴封漏汽量的主要措施。从图 4-19 可以看到，蒸汽通过环形齿隙时，通道面积变小，速度增加，压力降低，随后，蒸汽进入两齿之间的小汽室时，由于通道面积突然增加，汽流速度大为减小。由于涡流和碰撞，蒸汽的动能被消耗而转变为热能，蒸汽焓值又回升到原值。也就是说，蒸汽通过轴封的热力过程为一节流过程。蒸汽每通过一齿隙，都重复这一节流过程，压力不断降低，一直降到轴封后的压力为止。所以，轴封的作用是让较高压力的蒸汽通过时，逐级节流到最低的压力，将一个较大的压力差，分割为许多较小的压力差。从而达到降低漏汽速度，减少漏汽量的目的。这就是齿形轴封的工作原理。

（二）汽轮机进、排汽机构的压力损失

为了使蒸汽进入汽轮机做功，必须有进汽机构。而在汽轮机中做过功的蒸汽，又必须从排汽管中排出。汽轮机进汽机构由主汽阀、调节阀、导汽管和蒸汽室组成。汽轮机的排汽机构是由一个扩散形的排汽管所构成。蒸汽通过汽轮机进、排汽机构时，由于摩擦和涡流的存在，会使压力降低，形成损失。

1. 进汽机构中的压力损失

由于摩擦和涡流存在，蒸汽通过汽轮机进汽管道就会有压力降低。这个压力降低不做功，是一种损失。而第一级喷嘴前的压力为 p_0'，则 $\Delta p_0=p_0-p_0'$。从图 4-20 中可见，由于压力差 Δp 存在，使整机理想焓降从 Δh_t 降为 $\Delta h_t''$，差值为 $\delta h_t=\Delta h_t-\Delta h_t''$。蒸汽在进汽机构中的压力损失和管道长短、阀门型线、蒸汽室形状及汽流速度有关。通常，当阀门全开时，汽流速度为 40～60m/s，则在进汽机构中由于节流所引起的压力损失为

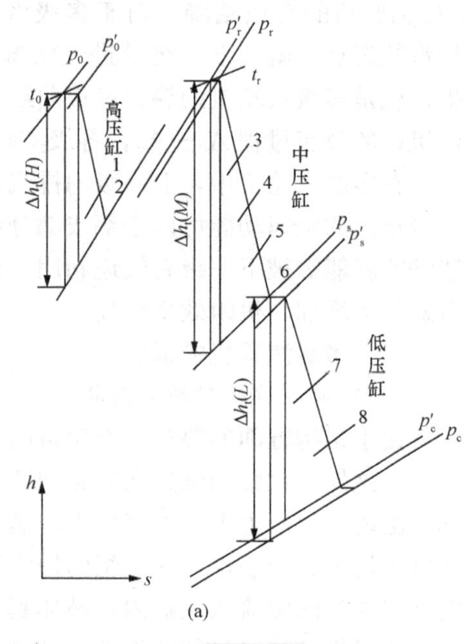

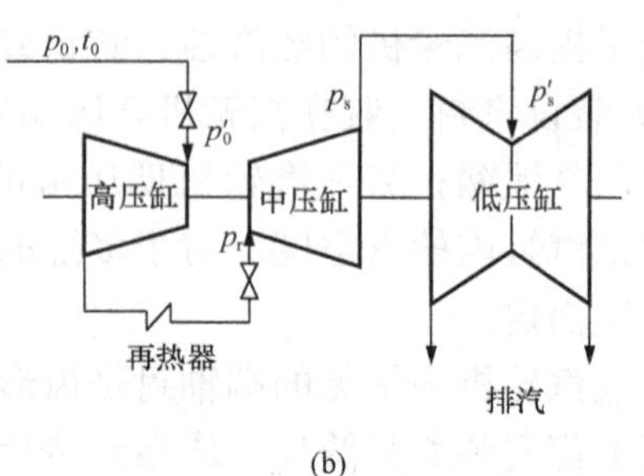

图 4-20　某中间再热 300MW 汽轮机的热力过程线及系统示意图
(a) 热力过程线；(b) 系统示意图

$$\Delta p_0 = p_0 - p_0' = (0.03 \sim 0.05)p_0 \tag{4-37}$$

对于大型汽轮机（如国产 200MW、300MW 汽轮机），中压缸和低压缸之间有低压导汽管道相连接，则低压导汽管道的压力损失为

$$\Delta p_s = p_s - p_s' = (0.02 \sim 0.03)p_s \tag{4-38}$$

2. 排汽管道中的压力损失

做过功的乏汽由汽轮机的末级动叶排出，经排汽管到凝汽器或者供热管道。蒸汽在其中流动时，也因摩擦和涡流等原因，会造成压力损失，即排汽管道中的压力损失。若末级动叶出口压力为 p_c，而凝汽器中的压力为 p_c'，则压力损失为 $\Delta p_c = p_c \sim p_c'$。由于压力损失的存在，从图 4-20 可知，整机理想焓降由 $\Delta h_t''$ 减少为 $\Delta h_t'$，差值为 $\delta h_t = \Delta h_t'' - \Delta h_t'$。压力损失主要取决于汽流速度的大小、排汽管道的型线结构等因素。通常用下式来估计排汽管道中的压力损失为

$$\Delta p_c = p_c - p_c' = \lambda\left(\frac{c_{ex}}{100}\right)^2 p_c \tag{4-39}$$

式中：λ 为阻力系数，一般取 $\lambda = 0.05 \sim 0.1$；c 为排汽管道中的汽流速度，对于凝汽式汽轮机来说，$c_{ex} = 80 \sim 120\text{m/s}$；对于背压式汽轮机来说，$c_{ex} = 40 \sim 60\text{m/s}$。

3. 中间再热管道的压力损失

中间再热蒸汽经过再热器和再热冷、热段管道时，由于流动阻力损失要产生压降，其压力损失约为再热压力 p_r 的 10%。此外，再热蒸汽经过中压主汽阀和中压调节汽阀时也有压力损失，但因中压调节汽阀只在低负荷时才有调节作用，正常运行时则处于全开状态，故节流损失较小，可取 p_r 的 2%。综合上述两种情况后，蒸汽流经中间再热器及再热蒸汽管道、阀门后所产生的压力损失为 $\Delta p_r = (8\% \sim 12\%)p_r$。图 4-20 为某国产 300MW 汽轮机的热力过程线，图中 1～8 表示汽轮机的第 1～8 段回热抽汽压力。

（三）机械损失

汽轮机在工作时，要克服支持轴承、推力轴承的摩擦阻力，还要带动主油泵和调速系统工作，必然要消耗一部分功率 ΔP_m，通常用机械损失来描述。考虑了机械损失之后，汽轮机联轴节端的输出功率 P_{ax} 将小于汽轮机的内功率 P_i。因此，汽轮机的机械效率 η_m 为

$$\eta_m = \frac{P_{ax}}{P_i} = \frac{P_i - \Delta P_m}{P_i} = 1 - \frac{\Delta P_m}{P_i} \tag{4-40}$$

在一定转速下，汽轮机的机械损失 ΔP_m 近似为一常数。

三、汽轮机装置的效率和功率

火力发电厂的生产过程，要经过一系列的能量转换之后，最后才能将矿物燃料的化学能转变为电能。在这些转换过程中，要用各种效率来描述整个能量转换过程中的完善程度。

1. 汽轮机的相对内效率 η_{ri}

汽轮机的相对内效率 η_{ri} 是衡量汽轮机内能量转换完善程度的重要指标，表示汽轮机的实际内功率 W_i 与理想内功率 W_a 的比值，也可用汽轮机的有效焓降与理想焓降的比值来表示，即

$$\eta_{ri} = \frac{W_i}{W_a} = \frac{\Delta h_i}{\Delta h_t} \tag{4-41}$$

汽轮机的 η_{ri} 越高，说明其内部损失越小，目前汽轮机的相对内效率已达 78%～90%左右。

2. 汽轮机的理想内效率 η_t

汽轮机的理想内效率又称理想循环热效率，表示汽轮机的理想内功率 W_a 与汽轮机热耗 Q_0 的比值。对于无回热抽汽的凝汽式机组，理想循环热效率由式（4-42）计算

$$\eta_t = \frac{W_a}{Q_0} = \frac{\Delta h_t}{h_0 - h_c'} \tag{4-42}$$

式中：h_0 为蒸汽初焓；h_c' 为凝结水焓；$h_0 - h_c'$ 为 1kg 蒸汽在锅炉中的吸热量。对于回热机组，式中的 h_c' 应为末级高压加热器出口的给水焓 h_{fw}。

3. 汽轮机的内功率 P_i

汽轮机的内功率 P_i 等于汽轮机的进汽量与有效焓降之乘积。对于无回热加热系统的汽轮机，其内功率 P_i 为

$$P_i = \frac{D_0 \Delta h_i}{3600} = \frac{D_0 \Delta h_t \eta_{ri}}{3600} \tag{4-43}$$

对于有 Z 级回热加热的汽轮机，其内功率 P_i 为

$$P_i = \sum_{j=1}^{Z} \frac{D_j \Delta h_j}{3600} + \frac{D_c \Delta h_c}{3600} \tag{4-44}$$

其中，D_0、D_j、D_c 分别为新蒸汽量、第 j 级回热抽汽量及凝汽量，kg/h；Δh_j 为第 j 级回热抽汽在汽轮机中的有效焓降，kJ/kg；Δh_c 为凝汽在汽轮机中的有效焓降，kJ/kg。

若以热量形式表示汽轮机的内功率，则用符号 W_i 表示，按式（4-45）计算

$$W_i = \sum_{j=1}^{Z} D_j \Delta h_j + D_c \Delta h_c \tag{4-45}$$

汽轮机的比内功定义为

$$w_i = \frac{W_i}{D_0} \tag{4-46}$$

则有

$$w_i = \sum_{j=1}^{Z} \frac{D_j}{D_0} \Delta h_j + \frac{D_c}{D_0} \Delta h_c = \sum_{j=1}^{Z} \alpha_j \Delta h_j + \alpha_c \Delta h_c \tag{4-47}$$

式中：$\alpha_j = \frac{D_j}{D_0}$，$\alpha_c = \frac{D_c}{D_0}$。

4. 汽轮机的轴端功率 P_{ax}

由于存在机械损失，无回热汽轮机的轴端功率为

$$P_{ax} = P_i \eta_m = \frac{D_0 \Delta h_t \eta_{ri} \eta_m}{3600} \tag{4-48}$$

汽轮机以轴端功率 P_{ax} 来拖动发电机发电。

5. 发电机输出功率 P_e

若用 η_g 表示发电机的效率，则在发电机的出线端所获得的电功率为

$$P_e = P_{ax} \eta_g = \frac{D_0 \Delta h_t}{3600} \eta_{ri} \eta_m \eta_g = \frac{D_0 \Delta h_t}{3600} \eta_{r.el} \tag{4-49}$$

其中，$\eta_{r.el} = \eta_{ri} \eta_m \eta_g$，称为相对电效率，它表示 1kg 蒸汽所具有的理想焓降中最后转变为电能的份额，是衡量汽轮发电机组经济性的一项重要指标。

四、多级汽轮机的轴向推力

蒸汽通过汽轮机通流部分膨胀做功时，对叶片的作用力由圆周分力 F_u 和轴向分力 F_z 所

组成。其中，圆周分力 F_u 推动叶轮做功，而轴向分力 F_z 则对转子产生一个轴向推力。

在一般情况下，作用在一个冲动级上的轴向推力由四部分所组成：①作用在动叶片上的轴向力 F_{z1}；②作用在叶轮面上的轴向力 F_{z2}；③作用在轮毂上或者转子凸肩上的轴向力 F_{z3}；④作用在轴封凸肩上的轴向力 F_{z4}。这样，多级汽轮机总的轴向推力为各级轴向推力之和。即

$$F_z = \sum F_{z1} + \sum F_{z2} + \sum F_{z3} + \sum F_{z4} \tag{4-50}$$

在多级汽轮机中，总的轴向推力是很大的。特别是反动式汽轮机，其总的推力可达（200～300）×9.8×10³（N）；冲动式汽轮机，其总的轴向推力可达（40～80）×9.8×10³（N）。这样大的轴向推力是推力轴承所不能承受的。因此，必须设法减少总的轴向推力，使之符合推力轴承的承载能力。也就是说，对汽轮机总的轴向推力应加以平衡。常见的轴向推力平衡办法有：

1. 采用具有平衡孔的叶轮

在叶轮上开设平衡孔可以减少叶轮两侧的压力差，从而可以减少作用在叶轮上的轴向力。如国产 200MW 汽轮机的 2～12 级叶轮，都在其上开设了 5 个 ϕ50mm 的平衡孔。

2. 设置平衡活塞

平衡活塞如图 4-21 所示。由于平衡活塞上装有齿形轴封，当蒸汽由活塞的高压侧向低压侧流动时，压力由 p_0 降为 p_x。这样，平衡活塞在压力差（$p_0 - p_x$）作用下，就产生了一个向左的作用力。这个力刚好与 F_z 方向相反，起到了平衡轴向力的作用。

3. 采用多缸反向布置

对于多缸汽轮机，可以采用多缸反向布置，使汽流在不同的汽缸中作反向流动，形成方向相反的轴向力，达到相互平衡的目的。图 4-22 为多缸反向布置的示意图。国产 125、200、300MW 汽轮机都采用多缸反向布置的办法来平衡轴向力。

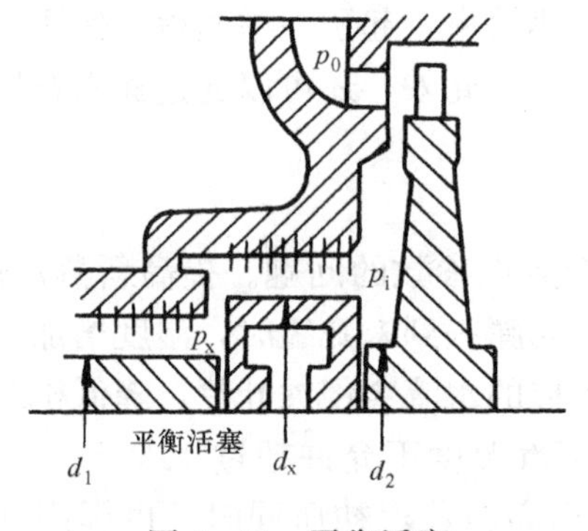

图 4-21　平衡活塞

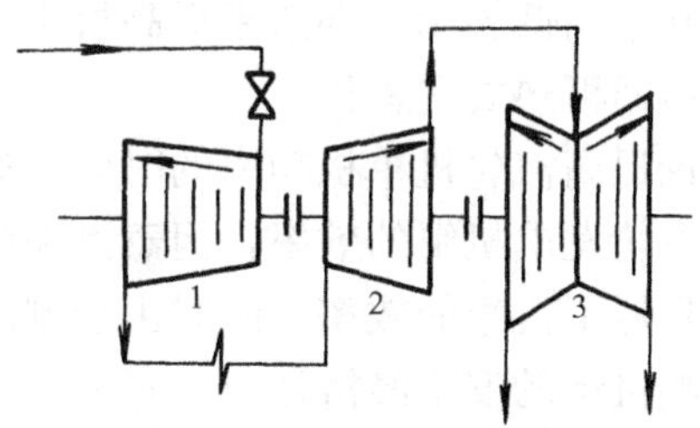

图 4-22　多缸反向布置

4. 采用推力轴承

通常，汽轮机的运行要求推力轴承承担一部分轴向推力，以保证汽轮机运行工况发生变化时，轴向推力方向不变，使汽轮机不发生窜轴现象，达到机组稳定运转的目的。

五、提高汽轮机单机功率的途径

一般来说，凝汽式汽轮机的发电功率可用式（4-49）表示。其中，整机的焓降 Δh_t 取决于初终参数。在常见初终参数条件下，Δh_t=1000～1500kJ/kg，其变化范围不大。而三个效率的变化也不大，接近于常数。所以，汽轮机所能发出的最大功率就决定于汽轮机的进

汽量，而通过汽轮机的最大流量又决定于末级叶片的几何尺寸。在汽轮机中，蒸汽膨胀到末级时，其容积流量达最大值。所以，要求通流面积也最大。因此，汽轮机的末级动叶片必须做得很长。由于汽轮机转子作高速旋转，长叶片将产生巨大的离心力。叶片材料的强度是有限的，因此，末级叶片的叶高将受到限制。这就是说，单缸单排汽的汽轮机的功率是有限的，其最大功率称为汽轮机的极限功率。通常，单缸单排汽的汽轮机的极限功率可达100MW（对于高压机组而言）。

由于单缸单排汽汽轮机受到极限功率的限制，为了得到更大的功率，就必须采取其他措施，常用的办法有：

1. 提高新蒸汽的参数

提高新蒸汽的参数可以增大整机的理想焓降 Δh_t，再加上中间再热，就能较大地提高单机功率。

2. 采用高强度低密度的合金材料

由于汽轮机单机功率受到末级叶片材料强度的限制，故末级叶片不可能做得很长，通流面积大小有限。采用高强度低密度的合金材料制造末级叶片，则可以在同样叶高条件下减少叶片质量、减少离心力，或在保证叶片强度的条件下，增长末级叶片的高度，即增大通流面积，从而达到增加进汽量、增大汽轮机单机功率的目的。

3. 采用多排汽口

采用多排汽口，就是对汽轮机的低压缸进行分流。这是当前提高汽轮机单机功率最有效的办法。另外，采用多排汽口反向布置还可以起平衡轴向推力的作用。

4. 采用给水回热加热系统

从汽轮机中逐级抽出部分蒸汽用来加热给水，一方面可以减少排汽量，同时也可以增大进汽量，增大高压部分几何尺寸，即增加部分进汽度和叶高。增大进汽量，可以增大机组功率；减少排汽量，则减小冷源损失，达到提高汽轮机热效率，起了一举两得的作用。

以上四种办法，是提高汽轮机单机容量的主要办法。此外，还可以通过提高背压、采用双层叶片和采用低转速等办法来提高机组单机容量。

六、中间再热式汽轮机

在讨论提高汽轮机单机功率的时候，谈到提高新蒸汽参数的问题。提高新蒸汽的初压，可以提高汽轮发电机组的效率，但蒸汽在汽轮机中做功膨胀到末几级时，湿度增加，引起湿汽损失，降低了机组的效率。同时由于湿度增加而生成的水滴会侵蚀叶片，降低机组的使用寿命，影响机组的安全经济运行。通常，汽轮机内蒸汽湿度不允许超过12%～15%，大型机组则限制在10%～12%。为了解决这一问题，在提高新蒸汽初压同时，也提高新蒸汽初温。但是，新蒸汽温度的提高，受到金属材料的限制。采用中间再热是解决这一矛盾的最好办法。采用中间再热就是将在汽轮机中作过功的蒸汽从某中间级全部抽出来，送入锅炉再热器进行再过热，提高温度后又送入汽轮机中低压缸继续做功。这种循环称为中间再热循环。按这种循环设计、制造的汽轮机称为中间再热式汽轮机，见图4-20（b）。

七、供热式汽轮机

能同时对外供电、供热的汽轮机称为供热式汽轮机（或者称热电联产汽轮机）。安装有供热式汽轮机的电厂称为热电厂。供热式汽轮机有背压式汽轮机和调节抽汽式汽轮机两大类。

1. 背压式汽轮机

背压式汽轮机的主要任务是给热用户提供一定参数的蒸汽量，并同时发出一定的电能。背压式汽轮机一般没有回热抽汽，也没有凝汽器，排汽全部送到热用户。因此，其热经济性是最好的。

图 4 - 23 为背压式汽轮机和凝汽式汽轮机并列运行装置示意图。新蒸汽进入背压式汽轮机 1 膨胀做功后，送到有压力要求的热用户 4。由于背压式汽轮机无回热抽汽，进汽量等于排汽量。所以，当热负荷增大时，进汽量增大，发电功率增大；反之亦然。这就是说，背压式汽轮机的发电功率要受供热量大小的限制，不能同时满足热、电两负荷的要求。

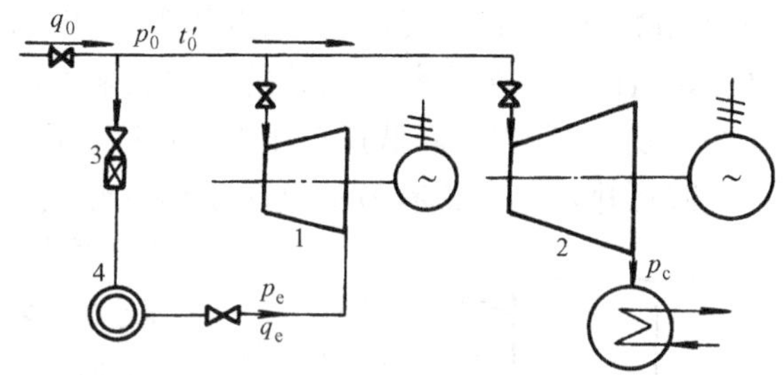

图 4 - 23 背压式汽轮机和凝汽式汽轮机并列运行

1—背压式汽轮机；2—凝汽式汽轮机；3—减温减压器；4—热用户

2. 调节抽汽式汽轮机

调节抽汽式汽轮机同时发电和对外供热，能同时满足热、电两种负荷的要求。就是说，当发电功率不变时，供热抽汽量可以在一定范围内变动；当供热量不变时，发电功率可以在一定范围内变动。因此，调节抽汽式汽轮机得到了广泛的应用。

图 4 - 24 为一次调节抽汽式汽轮机的工作原理和热力过程曲线示意图。一次调节抽汽式汽轮机由高压部分和低压部分所组成。从锅炉出来的蒸汽，经主汽阀、调节阀后先在高压缸膨胀做功。在高压缸膨胀做功之后，汽流分为两股：其中一股 q_e 从高压缸抽出送到热用户；另一股 q_c 经低压调节阀 5 进入低压缸继续膨胀做功，做功后的乏汽最后排入凝汽器。一次调节抽汽式汽轮机有高、低压两个调节阀（有的机组的低压调节装置是旋转隔版），由机组本身的调节系统的调速器和调压器控制。

二次调节抽汽式汽轮机可以发电，并同时向外提供两种不同参数的抽汽。供汽参数一般为工业用汽和采暖用汽两种。也有的是提供两种不同参数的工业用汽。

3. 供热式汽轮机的经济性

在动力循环中，不可避免地有一部分热能没有转换为机械能，而排放到低温热源中，形成冷源损失，使循环的热效率降低。这一部分低位热能，数量是相当可观的。1kg 蒸汽的凝结放热量，一般有 2200kJ/kg（小机组有 2300kJ/kg）。这个数字比机组的整机理想焓降还要大。如国产 200MW 汽轮机，整机理想焓降为 1720.7kJ/kg，小于冷源损失。供热式汽轮机能充分利用其中一部分热能，因而可大大地提高火电厂的热效率。

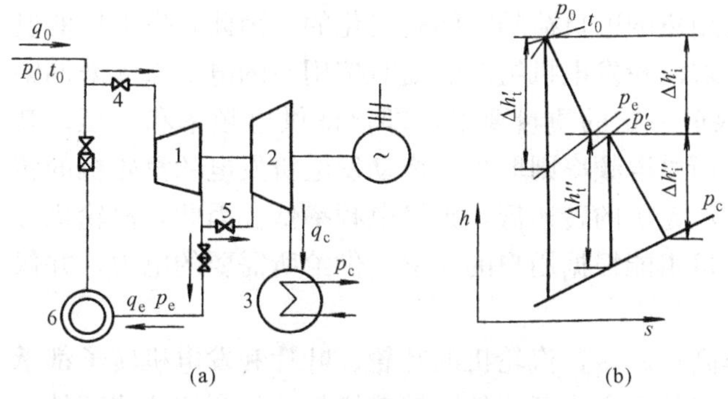

图 4 - 24 一次调节抽汽式汽轮机的工作原理和热力过程曲线

1—高压部分；2—低压部分；3—凝汽器；4、5—调节阀；6—热用户

现代大功率凝汽式火电机组的循环热效率约 45%～47%。对于背压式

汽轮机，由于无凝汽器，无冷源损失，可使循环热效率达100%。而调节抽汽式汽轮机组，由于保留了冷源损失装置，其循环热效率介于凝汽式汽轮机组和背压式汽轮机组之间。

八、汽轮机的凝汽系统及设备

凝汽系统及设备是汽轮机组的重要组成部分。它工作的好坏对汽轮机组的经济性和安全性有很大的影响。由式（4-42）可以看到，为了提高动力循环的热效率，就应该增大新蒸汽的理想焓降 Δh_t。显然，提高新蒸汽的参数和降低排汽压力可以增大理想焓降 Δh_t，从而达到提高汽轮机的循环热效率 η_t 的目的。一般来说，排汽压力每降低2kPa，循环热效率 η_t 就可以提高约3.5%。所以，降低排汽压力对提高火电厂循环热效率 η_t 是一个非常有效的措施。

降低排汽压力最有效的办法是将汽轮机的乏汽送入凝汽器中，用水或者空气作为冷却工质，将排汽凝结成水。当蒸汽凝结成水时，其体积突然缩小很多（如在0.005MPa压力下凝结，体积可缩小约28000倍），这样，在凝汽器内就形成了一个高度真空。同时，再用抽气器或者真空泵不断地将漏入凝汽器内的空气抽出，以维持凝汽器内的高度真空。在凝汽器中生成的凝结水，经汇集以后，又重新送入锅炉作为给水，反复循环使用。这就是凝汽设备的工作原理。图4-25是最简单的凝汽设备原则性系统图。其主要设备有凝汽器、凝结水泵、抽气器、循环水泵等。

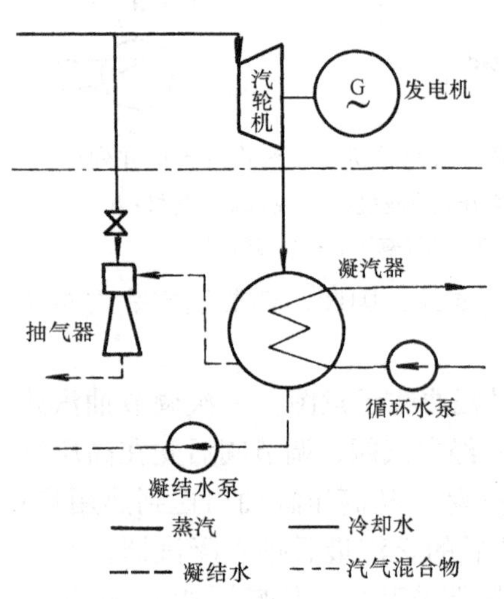

图4-25 最简单的凝汽设备系统

降低汽轮机的排汽压力，增大整机的理想焓降，可以提高火电厂循环热效率，但并不是排汽压力越低越好，而是有一个最佳范围。目前，国内火电厂凝汽式汽轮机组的排汽压力一般为0.003～0.007MPa之间，通常取0.005MPa。

第四节 汽轮机自动调节

一、汽轮机自动调节的任务

由于电能不能大量储存，而电网中各用户的电负荷随时间是变化的。因此，发电厂的发电量必须适应电力用户的数量要求，即要求汽轮发电机组能够随时按用户的电量需求来调整功率。除了数量之外，电力生产还必须保证一定的质量要求，即保证供电频率和电压。其中，供电电压可以通过变压手段来实现，而供电频率则取决于拖动发电机发电的汽轮机的转速。汽轮机的转速高，则发电频率就高；汽轮机的转速低，则发电频率低。因此，汽轮机必须具备调速（节）系统，以保证汽轮发电机组能根据用户的要求，供给所需要的电力，并保证电网频率稳定在一定范围之内。

另外，汽轮发电机组在工作时是在作高速旋转，汽轮机的叶轮、叶片和发电机转子都承受着巨大的离心力。离心力的大小是和转速的平方成正比的，转速增加，将会使这些部件的离心力急剧增加。当转速超过一定范围时，这些部件就会破坏，甚至造成重大事故和巨大的经济损失。因此，维持机组稳定运转也是电厂自身安全的要求。

除调速系统外，为了保证机组自身安全，汽轮机还必须具备保护系统。一旦机组转速、轴向位移等超过规定的安全值，保护系统动作，自动实现紧急停机，保证机组安全。

汽轮机是带动发电机转动而发电的，工作时，作用在汽轮机转子上的力矩有三个：蒸汽主力矩、发电机反力矩和摩擦力矩。在稳定工况下，这三个力矩的代数和等于零，即

$$M_t - M_e - M_f = 0 \tag{4-51}$$

通常，摩擦力矩很小，可以忽略不计，这样，则上式可以写为

$$M_t - M_e = 0 \tag{4-52}$$

在运行中，只要蒸汽主力矩和发电机反力矩不平衡，转子就会产生角加速度，即转速会上升或者下降。

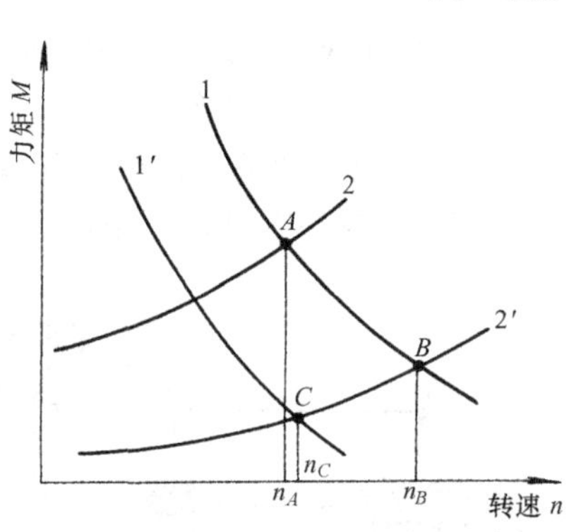

图 4-26　力矩随转速的变化

图 4-26 中，曲线 1 和 1′表示蒸汽主力矩随转速的变化情况，曲线 2 和 2′表示发电机反力矩随转速的变化情况。蒸汽主力矩是进汽量和转速的函数。当进汽量不变时，随着转速增加，蒸汽主力矩就会减小。曲线 1 和 2 的交点 A 就是两力矩平衡状态点。当外界负荷减小，反力矩变化曲线由 2 变为 2′，而主力矩仍然是曲线 1，这样，工作点就由 A 移到 B，即机组在 B 点达到新的平衡。工作转速由 A 点对应的 n_A 增加到 B 点所对应的 n_B。转速增加了许多，不能满足供电质量要求，同时机组强度也受到威胁。因此，在外界负荷变化时，为了使机组转速不变，或者变化不大，使汽轮机组的工作曲线由 1 变为 1′。机组的工作点由 B 移到 C 点，转速由 n_B 移到 n_C。相对于 n_A 来说，在不同的平衡状态下，机组转速变化就很小了。这就是说，当外界负荷变化时，通过改变进汽量，使汽轮发电机组转子在转速变化不大的情况下达到新的平衡，这就是汽轮机调速系统的重要任务。

二、汽轮机调节系统的型式

汽轮机的调节系统有一个从低级到高级的发展过程。根据功能的不同，汽轮机有不同的型式，其调节系统也各不相同。根据发展过程来分，汽轮机调节系统可分为液压（机械液压）调节系统、功率—频率电液调节系统、数字电液调节系统。

（一）液压调节系统

早期的汽轮机调节系统主要由机械部件与液压部件组成，主要依靠液体作工作介质来传递信息，因而被称为液压调节系统。由于根据机组转速的变化来进行自动调节，因而又被称作液压调速系统。这种调节系统的调节精度低，反应速度慢，运行时工作特性是固定的，调节功能少。但是由于它的工作可靠性高且能满足机组运行调节的基本要求，所以至今仍具有一定的应用价值。

（二）电液调节系统

随着单机容量的不断增大、蒸汽参数的不断提高、中间再热循环的广泛采用以及机组运行方式的多样化，对机组运行的安全性、经济性、自动化程度以及多功能调节提出了更高的要求，仅依靠液压调节技术已不能完全适应。于是，电液调节系统便应运而生。电液调节系统主要由电气部件、液压部件组成。

1. 功频电液调节系统

早期的电液调节系统是以模拟电路组成的模拟计算机为基础的，引入了功率、频率两个

控制信号的电液调节系统，常称为功频电液调节系统，又被称为模拟电液调节系统或功频模拟电液调节系统。

2. 数字电液调节系统

随着数字计算机技术的发展及其在电厂热工过程自动化领域中的应用，出现了以数字计算机为基础的数字式电液调节系统。在这种调节系统中，用计算机取代模拟电液调节中的电子硬件，显著提高了可靠性，计算机的运算、逻辑判断与处理功能强大，调节品质高。目前国内外300MW及以上功率的机组，都普遍采用数字电液调节系统。

三、液压调节系统

（一）液压调节系统的工作原理

图4-27是一种最简单的具有一级中间放大的间接调速系统示意图。当外界负荷变化引起机组转速改变时，离心调速器1首先感受到转速变化，并带动滑环A移动，通过杠杆带动滑阀（错油门）2离开中间平衡位置，打开油口a、b，使高压油进入油动机上（下）油室；油动机活塞在油压差作用下向上（下）移动，开大（关小）调节阀，改变进汽量，使机组功率与外界负荷相适应；在油动机活塞上下移动的同时，又通过杠杆带动滑阀回到中间平衡位置，并堵住通往油动机的油口a、b，油动机停止移动，调速系统达到新的平衡。由于滑阀上下移动打开油口a、b而使油动机活塞产生位移，而油动机活塞上下移动反过来又通过杠杆带动滑阀重新回到中间平衡位置，这种功能称为反馈。

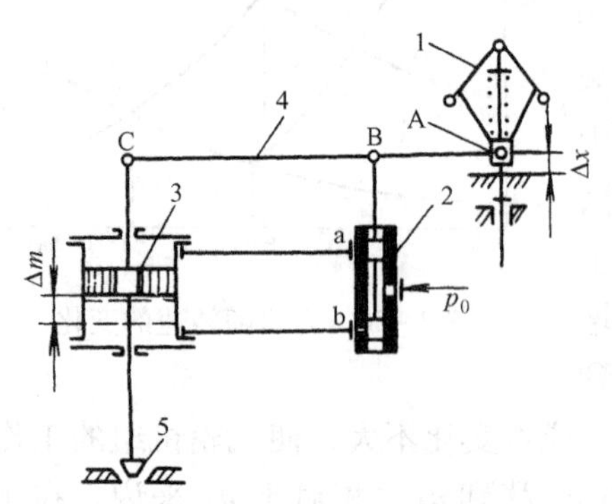

图4-27 间接调速系统
1—调整器；2—滑阀；3—油动机；4—杠杆；5—调节阀

汽轮机的调速系统一般是由三部分所组成：

1. 转速感受元件

转速感受元件的作用是测量汽轮机转速的变化，并将其转换成位移或油压的变化而输送到下一环节。

2. 传动放大机构

由于转速感受元件输出信号的功率小，不足以开启调节阀，因此，传动放大机构的作用就是将转速感受元件送来的信号进行放大，并将放大后的信号送执行机构。

3. 配汽机构

配汽机构就是接受放大器的信号，改变调节阀门的开度，调节进汽量，即改变汽轮机的功率。

另外，同步器也是汽轮机调速系统的重要部件，它是机组功率给定元件。反馈是调速系统不可缺少的组成部分，反馈的作用就在于使调速系统稳定。汽轮机调节系统中所用的反馈有机械反馈和液压反馈。

为了保证汽轮机安全运行，汽轮机还必须具备保护系统。保护系统的作用是当机组调速系统发生故障或者运行工况危急到机组安全时，保护系统动作，实现紧急停机。汽轮机的主要保护系统有超速保护、轴向位移保护、低油压保护和低真空保护等。

（1）超速保护的作用是当汽轮机的转速超过一定安全范围（一般为额定转速的10%～

12%）时，危急遮断器动作，使安全油泄压，主汽门自动关闭，实现紧急停机。

（2）轴向位移保护的作用是汽轮机运行时，动静两部分必须保持一定的间隙，当轴向位移或差胀超过一定安全范围时，通过危急遮断系统动作，实现紧急停机。

（3）低油压保护，当支持轴承和推力轴承的润滑油油压低于一定数值时，发出警告信号，油压继续降低时，启动辅助油泵，并使汽轮机停机。

（4）低真空保护的作用是当汽轮机的背压高到某一数值时，发出警告信号，背压继续升高时，使汽轮机停机。

（二）液压调节系统的静态特性

从图 4-27 可以看出，当调速系统在任何稳定状态时，滑阀 B 点处于中间平衡位置。调速器滑环 A 和油动机 C 对应不同的负荷就有不同的位置。调速器滑环 A 有不同的位置，就说明机组有不同的转速；油动机 C 有不同的位置，则说明有不同的调节阀开度，即有不同的功率。这就表示，在各种不同的稳定工况下，汽轮机有不同的功率，其转速也各不相同，故称这种调节为有差调节。有差调节系统的转速和功率之间的关系如图4-28所示。而机组的转速和功率之间的关系曲线称为调节系统的静态特性曲线。汽轮机的调速系统是由转速感受元件、传动放大机构和配汽机构所组成的。因此，调速系统的静态特性也就取决于各组成部件的静态特性。评价调节系统静态特性的指标有转速变动率和迟缓率。

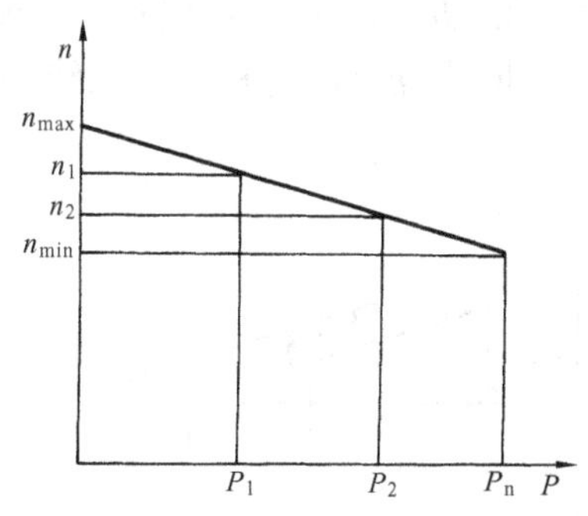

图 4-28 调节系统的静态特性曲线

1. 转速变动率

汽轮机从零负荷到满负荷时，其转速变化是有限制范围的。如机组在满负荷时转速为 n_1，当同步器位置不变，外界负荷从满负荷减到零负荷时，机组转速为 n_2。那么转速的变化量与额定转速 n_0 之比称为调节系统的速度变动率（不等率），用 δ 表示，即

$$\delta = \frac{n_2 - n_1}{n_0} \times 100\% \tag{4-53}$$

在确定机组的速度变动率时，则应根据该机组在电网中所承担的负荷而定。承担基本负荷的机组，希望其运行稳定，并总在额定（经济）负荷下运行，能发挥高的效率，其速度变动率应该取大一些，一般取 4%～6%；承担尖峰负荷的机组，希望其能承担较大的负荷变动，有较强的负荷适应性，其速度变动率应该取小一些，一般取 3%～4%。另外，根据调速系统的动态特性的要求，为了保证机组甩全负荷，其危急保安器不动作，其速度变动率的上限值不应该超过 6%。

2. 迟缓率

上述调速系统静态特性曲线，是假定每个部件的静态特性曲线是一条直线，因此得到的整个调速系统的静态特性曲线也是一条直线，这样的曲线是一种理想的曲线。实际上，调速系统的各个部件都存在着摩擦、铰链间隙、滑阀重叠度等因素的影响，各个部件的静态特性曲线不是一条直线。因此，调速系统的静态特性曲线当然就不是一条直线，而是一个带状区域。当电网频率变动时，汽轮机的功率并不马上改变，而是有一段延迟。通常用迟缓率（不灵敏度）ε 来表示这种迟缓程度的大小。也就是说，调速系统的迟缓率 ε 为同一负荷下可能

的转速变动（n_2-n_1）与额定转速 n_0 之比，即

$$\varepsilon=\frac{n_2-n_1}{n_0}\times 100\% \tag{4-54}$$

迟缓率是汽轮机调速系统的重要质量指标之一。由于迟缓率的存在，机组在同一频率下有不同的功率，这样就会引起机组负荷摆动。为了减小负荷摆动，一般要求 ε 不大于 0.5%，最好不大于 0.3%。

3. 同步器

从调节系统的静态特性曲线可以看到，不同的功率对应有不同的转速（频率），这样就不能满足供电要求。为了使机组在不同的功率下仍有相同的转速，即维持频率不变，调节系统配备了一种能平移静态特性曲线的装置——同步器。同步器能使汽轮机在相同的转速下有不同的功率，或者在相同的功率下有不同的转速。

同步器是汽轮机调速系统的重要部件，它是汽轮机功率给定装置。根据前面的讨论，调速系统的静态特性曲线是一条倾斜向下的曲线。对于单机运行的机组，当功率由 P_1 增加到 P_2 时，转速就由 n_1 降为 n_2，如图 4-29 所示。有了同步器之后，就可以利用同步器平移调速系统的静态特性曲线，它通常是通过平移调速器或者平移传动放大机构的静态特性曲线来实现的。如图 4-29 所示，将静态特性曲线由Ⅰ平移到Ⅱ。这样，机组功率就由 P_1 增加到 P_2，而转速可维持不变。

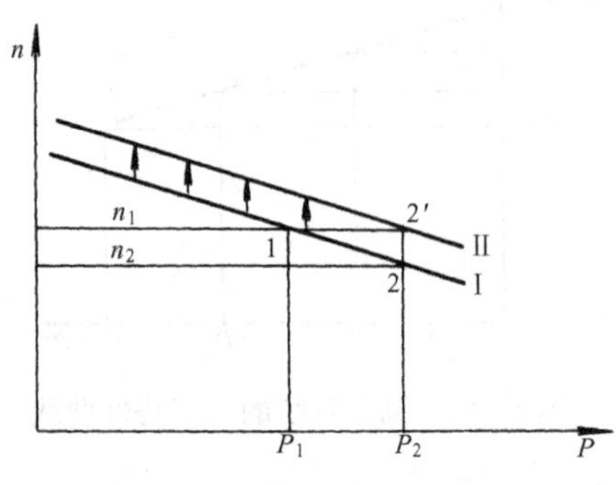

图 4-29　静态特性曲线的平移

同步器的另外一个作用就是在机组启动时，利用同步器增加进汽量，调整机组转速，使之与电网频率同步。习惯上称这种装置为同步器。

在同一电网中，有带基本负荷的机组，也有带尖峰负荷的机组。大型机组的效率高、经济性好，一般承担基本负荷；中小型机组的效率低，一般承担尖峰负荷。承担基本负荷的机组，希望它一天 24h 都在经济负荷下运行。在电网频率变动时，要求其功率基本不变，或变化不大；而承担尖峰负荷的机组，则在电网频率变动时，应承担较大的负荷变动。

四、汽轮机数字电液调节系统（DEH）简介

汽轮机数字电液调节系统 DEH（Digital Electro-Hydraulic Control System）是当前汽轮机调节技术的新发展，集中了两大新成果：数字计算机系统和高压抗燃油系统，使得汽轮机调节系统有关部套尺寸小、结构紧凑、调节质量大大提高。

（一）DEH 调节系统的组成

这里，以国产引进型 300MW 汽轮机组为例，介绍汽轮机数字电液调节系统。DEH 调节系统主要由五大部分组成：

（1）电子控制器。主要包括：计算机、混合数模插件、接口和电源设备等，集中布置在 6 个控制柜内。其作用是用于给定、接受反馈信号、逻辑运算和发出控制指令等。

（2）操作系统。主要设置有：操作盘、图像站的显示器和打印机等。其作用是为运行人员提供运行信息、监督、人机对话和操作等服务。

(3) 油系统。300MW 汽轮机调节用油与润滑油分开的两套油系统。高压油（EH 油系统）采用三芳基磷酸脂抗燃油。EH 油系统作用是接受调节器和或操作盘来的指令，对机组进行控制。润滑油系统作用是为轴承系统提供润滑油。

(4) 执行机构（油动机）。主要由伺服放大器、电液转换器和具有快关、隔离和逆止装置的单侧进油油动机组成。作用是带动高压主汽阀、高压调节阀和中压主汽阀、中压调节阀。

(5) 保护系统。设有 6 个电磁阀。其作用是其中两个用于机组超速（103%n_0）时关闭高、中压调节阀，其余用于机组严重超速（110%n_0）、轴承油压低、EH 油压低、推力轴承磨损过大、凝汽器真空度低等情况下进行危急遮断和手动停机之用。

此外，为了给控制和监督服务，有些测量元件，如传感器，用于测量机组转速、调节汽室压力、发电机功率、主汽压力等；汽轮机自动程序控制（ATC）所需的测量值。

（二）DEH 调节系统的功能

DEH 调节系统有四大功能，其功能形式为：

1. 汽轮机自动程序控制（ATC）功能

DEH 调节系统的汽轮机自动程序控制（ATC），是通过状态监测、计算转子应力，并在机组应力许可范围内，优化启动程序，用最大的速率、最短的时间来实现机组启动（冷态启动和热态启动）过程的全部自动化。其中，各种启动的操作、阀门的切换等全过程均由计算机自动控制完成。在机组正常运行过程中，还可以实现 ATC 监督。

2. 汽轮机的负荷自动控制功能

汽轮机的负荷自动调节有两种情况：冷态启动时，机组并网带初负荷（5%额定负荷）后，负荷由高压调节阀控制；热态启动时，机组负荷未达到 35%额定负荷以前，负荷由高、中压调节阀控制，以后，中压调节阀全开，负荷只由高压调节阀控制。

3. 汽轮机自动保护功能

为了避免机组因超速或其它原因遭受破坏，DEH 的保护系统有以下三种保护功能：

(1) 超速保护（OPC）。当机组转速达到 103%n_0 时，快关中压调节阀；当机组转速在（103%～110%）n_0 范围内时，超速控制系统通过 OPC 电磁阀快关高、中压调节阀，实现对机组的保护。

(2) 危机遮断控制（ETS）。当 ETS 系统检测到机组超速达到 110%n_0 或其他安全指标达到安全界限后，通过 AST 电磁阀关闭所有的主汽门和调节汽门，实现紧急停机。

(3) 机械超速保护和手动脱扣。机械超速保护为超速的多重保护，即当转速高于 110%n_0 时，实现紧急停机；手动脱扣是当保护系统不起作用时进行手动停机，以保证人身和设备的安全。

4. 机组和 DEH 系统的监控功能

监控功能在启动和运行过程中对机组和 DEH 装置两部分运行状况进行监督。其内容包括：操作状态按钮指示、状态指示和 CRT 画面，其中对 DEH 监控的内容包括重要通道、电源和内部程序的运行情况等。CRT 画面包括机组和系统的重要参数、运行曲线、汽流趋势和故障显示等。

（三）DEH 系统的运行方式

为了确保 DEH 系统控制的可靠性，DEH 系统设有四种运行方式，机组可以在其中任何一种方式下运行，其顺序为：

二级手动⇔一级手动⇔操作员自动⇔汽轮机自动（ATC），相邻两种运行方式互相跟踪，并且可以无扰切换。此外，在二级手动以下还有一种硬手操，它作为二级手动的备用，但二者不能跟踪和切换。

（1）二级手动运行方式。是跟踪系统中最低级的运行方式，仅作为备用运行方式。它全部由成熟的常规模拟元件组成，以便在数字系统出现故障时，自动转入模拟系统控制，确保机组安全可靠。

（2）一级手动。是一种开环运行方式，运行人员在操作盘上按键就可以控制各阀门的开度，各按键之间逻辑互锁，同时具有操作超速保护控制器（OPC）、主汽阀压力控制器（TPC）、外部触点返回（RUNBACK）和脱扣等保护功能。此运行方式作为汽轮机自动（ATC）方式的备用。

（3）操作员自动方式。是 DEH 调节系统的最基本的运行方式，用这种方式可实现汽轮机转速和负荷的闭环控制，并且具有各种保护功能。该方式设有完全相同的 A 和 B 双机系统，双机容错，具有跟踪和自动切换功能，也可以实现强迫切换。在这种方式下，目标转速和目标负荷及其速率，均由操作员给定。

（4）汽轮机自动（ATC）。是最高一级运行方式。此时包括转速和负荷及其速率，都不是来自操作员，而是由计算机程序或外部设备进行控制。因此它是最高一级运行方式。

（四）DEH 调节系统的控制模式

DEH 的控制器，是 DEH 调节系统的核心。它有两种控制模式。

1. 主汽阀（TV）控制模式

主汽阀控制又有两种控制方式：

（1）主汽阀自动（AUTO）方式，此亦称为数字系统控制方式。当计算机发出指令进行控制时，称为汽轮机主汽阀自动控制（ATC）方式；当由操作员在操作盘通过计算机进行控制时，称为汽轮机主汽阀操作员自动控制（OA）方式。

（2）主汽阀手动方式，此时，数字系统不参与，而是通过模拟系统对机组进行控制。主汽阀控制系统用于启动升速和机组跳闸时进行紧急停机。在冷态启动开始阶段，是由主汽阀控制汽轮机的转速，调节阀处于全开状态；当转速达到 $96\%n_0$ 时，转速控制由主汽阀切换到调节阀，然后主汽阀全开，直到并网带负荷运行。在此期间只要不出现机组跳闸，机组始终由调节阀进行控制。

2. 调节阀（GV）控制模式

（1）调节阀自动（AUTO）方式。调节阀自动（AUTO）方式即计算机参与的控制方式，是数字系统运行。在负荷控制阶段，GV 有以下五种运行方式：操作员自动控制方式（OA）、遥控方式（REMOTE）、电厂计算机控制方式（PLANTCOMP）、自动汽轮机控制方式（ATC）、电厂限制控制方式。

（2）调节阀手动方式。在调节阀手动控制方式下，计算机不参与控制，而是由运行人员发出指令，通过模拟系统输出的信号进行控制。

因此，不管是主汽门（TV）控制还是调节汽门（GV）控制，都有数字控制和模拟控制两种方式。它们之间应设有数/模（D/A）转换和跟踪系统，便于在系统或运行方式变化时，实现无扰切换。

第五节　燃　气　轮　机

一、概述

燃气轮机是一种以气体为工质的将热能转变为机械能的热力发动机。它主要由进气道、压气机、燃烧室和动力输出机构——尾喷管或动力涡轮以及燃料供给系统、控制调节系统、启动系统组成；其中压气机、燃烧室和驱动压气机的涡轮合称为燃气发生器，即是空气在此机构中提高压力并与燃料燃烧产生可对外做功的工质（燃气）（见图2-8）。一般情况下，燃气轮机是从大气中吸入空气作为工作介质。空气经过进气道，在压气机中压缩以提高压力，再进入燃烧室中与喷入的燃油混合燃烧成为高温高压的燃气，然后进入涡轮膨胀做功。燃气轮机中燃气的膨胀功的功用可分为两部分：一部分是传给与涡轮同轴的压气机用以压缩空气，大约占总膨胀功的三分之二；另一部分则是以动力的形式对外输出，约占总膨胀功的三分之一。

（一）航空燃气轮机

1. 涡轮喷气发动机

采用尾喷管输出方式，即燃气在尾喷管中膨胀加速，以高速动能喷射产生推力的燃气轮机称涡轮喷气发动机（见图2-8）。这种发动机是用作近声速和超声速飞机和巡航导弹的动力。喷气发动机的问世，使飞机能突破音障，在空中能以超声速甚至几倍声速飞行，使航空事业得以突跃式的发展。当飞行器的速度达到3*Ma*以上，就可利用冲压效应，采用冲压式喷气发动机（见图4-30）。这种发动机，一般来说，只有进气道、燃烧室和喷管三大部分，结构十分简单，推重比高。但这种发动机随着速度的下降，经济性变坏，即低速性能不好，如果飞行速度很低，便无法实现热能变为气流动能的循环。所以，在起飞状态，必须采用助推喷气发动机或固体火箭将它加速到一定的飞行速度后才能启动放飞。

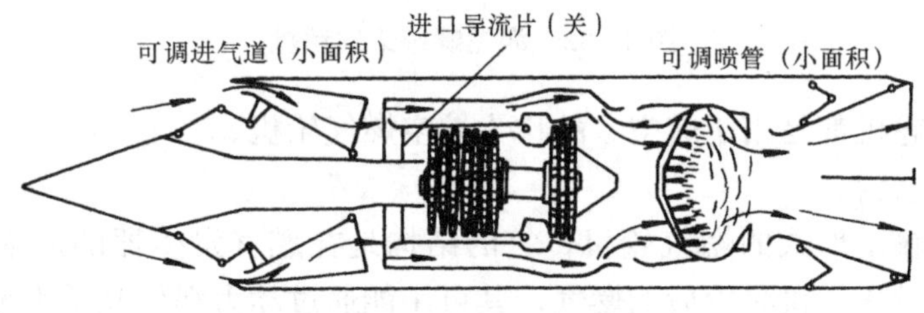

图4-30　涡轮冲压发动机

2. 涡轮风扇发动机

当飞行器的飞行速度较低即为亚声速时，喷气发动机的效率急剧降低，为了提高效率就出现了以动能输出方式的涡轮风扇发动机（见图4-31）。这种发动机有内外两个函道，在内函道中是一个喷气发动机，不过在内函道燃气发生器的后面增加了风扇涡轮，用来驱动外函道的风扇，使流经外函道的空气增加动能，内外函道两股气流都以一定的速度喷出产生反作用推力，推动飞机前进。涡轮风扇发动机推力大，动能损失小，燃油耗率低，经济性好，一般用于高亚声速大型客机和运输机。

3. 涡轮螺旋桨发动机

当飞行速度更低的情况下要保持经济性，函道比就要增大，若飞行速度为500km/h，

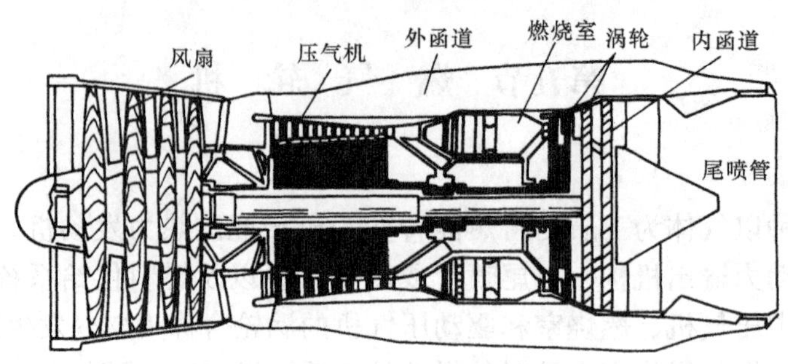

图 4-31 涡轮风扇发动机

函道比可达 50 以上，就是现在也很难有这样的涡扇发动机。因此就要借助于螺旋桨形成一个无外函道壳的函道，以动能输出的航空发动机，这就是涡轮螺旋桨发动机（图 4-32）。这种发动机的燃气发生器产生的燃气的很小一部分能量从尾喷管喷射产生反作用推力，而大部分可用能用于驱动螺旋桨，涡轮变为轴功率带动空气螺旋桨，使燃气发生器周围的大量空气通过螺旋桨作用获得动能增量，产生反作用推力或称为拉力，驱使飞机前进。涡轮螺旋桨发动机与涡喷、涡扇两种发动机相比，在采用相同的燃气发生器的情况下，产生的推力最大，经济性最好。但由于螺旋桨性能的影响，飞行速度不能太高，一般不超 700km/h。因此，涡轮螺旋桨发动机一般用于运输机或小型支线客机。

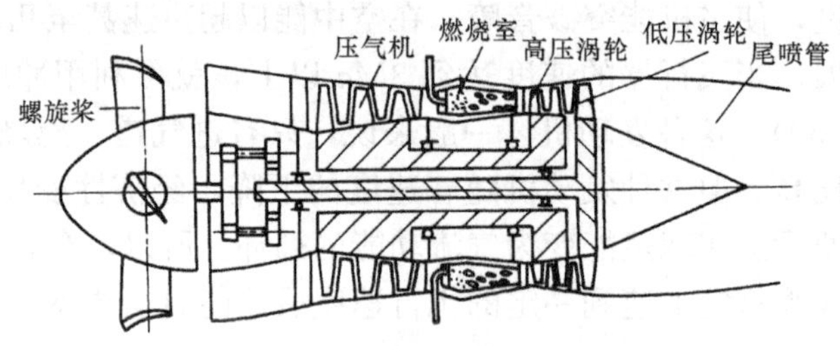

图 4-32 涡轮螺旋桨发动机

以上三种燃气轮机都是用于航空，故称为航空燃气轮机。

（二）地面燃气轮机

以涡轮轴功率输出形式的燃气轮机，它的结构是在燃气发生器的后面，再装配动力涡轮。燃气发生器驱动压气机涡轮后的燃气，其可用能通过动力涡轮几乎大部都变为涡轮的轴功率输出。尾部排气管排出的燃气的能量，除可用于温差回热外，由于压力很低（略高于大气），几乎是不可利用。动力涡轮与燃气发生器驱动压气机的涡轮装固在同一根轴上，称为单轴式结构。动力涡轮与燃气发生器中驱动压气机的涡轮，若分别装固在各自的旋转轴上，则称为分轴式燃气轮机。分轴式与单轴式相比有很多的优点，特别在非设计情况下工作时，动力涡轮和燃气发生器涡轮可以有各自不同的转速，使得各部件具有较高工作效率和较宽广的运行范围。轴功率输出式的燃气轮机在航空上只用于直升飞机，它与旋翼配合，驱动直升飞机上升和前进，时速为 200～300 多 km/h，个别武装直升飞机达到 400km/h。而涡轮轴燃气轮机则广泛地用于地面装置，如图 4-33 所示，作为发电（多为尖峰负荷机组，移动电站、备用机组）、船舶、机车、汽车、坦克、石油和天然气输道加压站的动力，因此也称作地面燃气轮机。

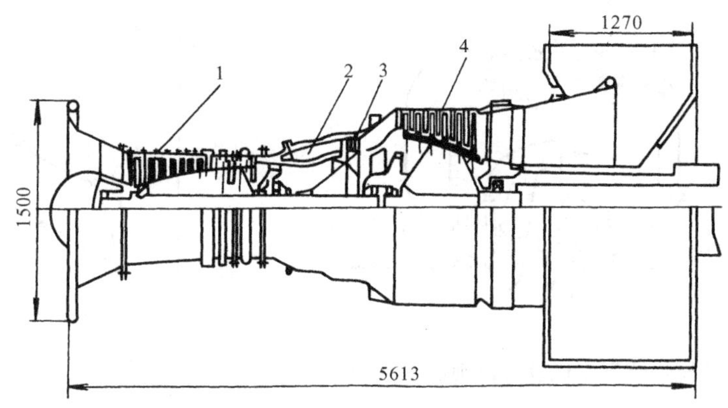

图 4-33 舰船燃气轮机简图

1—16 级压气机；2—燃烧室；3—2 级高压涡轮；4—6 级低压涡轮

燃气轮机有时也被归作内燃机类，因为它的燃料燃烧加热是在一个较小的燃烧室中进行。但它不同于往复活塞式的内燃机。活塞式内燃机从大气中吸气是间断性的，压缩、燃烧、膨胀是在同一气缸中完成的，是等容或是等容等压加热循环。燃气轮机的压缩、燃烧和膨胀是分别在压气机、燃烧室和涡轮三个不同部件中完成的，是等压加热循环。燃气轮机与活塞式内燃机相比，其优点是单机功率大，体积小，重量轻，启动快，排气污染小，而缺点是燃油耗率较高，经济性较差，制造成本高，这些缺点也正是燃气轮机在地面应用没有活塞式内燃机广泛的一个重要原因。

燃气轮机也属于涡轮机。燃气轮机涡轮的工作原理与结构和汽轮机基本上是相同的，而不同的是燃气轮机采用的工质是空气，而汽轮机的工质是蒸汽。燃气轮机燃烧加热是在很小的燃烧室中进行，而汽轮机的工质蒸汽是在庞大的锅炉中加热产生的，且带有很大的凝汽设备。与汽轮机机组相比，燃气轮机优点是装置简单、紧凑、重量轻、体积小、启动快，带负荷快，不需大量冷却水；其缺点是单机功率较小，效率较低，运行寿命短。

现在的地面燃气轮机，多为航空燃气轮机改型，利用航空的先进技术与经验，以获较好的经济性和动力性。如英国的航空涡扇发动机 RB211-22B 改型为工业用和舰用燃气机；美国的双转子涡扇发动机 CF-6-50 改型为 LM5000 工业和舰用燃气轮机就是实例。

二、简单燃气轮机装置和热力循环

简单燃气轮机装置和热力循环在此以单轴燃气轮发电机组为例予以说明，如图 4-34 所示。其中，0 为进气道，1 为压气机，2 为发电机，3 为燃料泵，4 为燃烧室，5 为燃料喷嘴，6 为燃烧区，7 为启动电机，8 为燃气轮，9 为排气管。其工作过程为：压气机 1 通过进气道 0 从大气中吸取空气，并压缩到一定的压力，然后送入燃烧室 4；燃料泵 3 将燃料送入燃料喷嘴 5，喷入燃烧室，燃料和空气混合燃烧；从压气机出口的压缩空气，约 20%～40%作为“一次空气”送入燃烧室的有效燃烧区参与燃烧；其余 60%～80%的压缩空气作为“二次进气”或是“冷却空气”掺入到燃气流中，和燃烧生成的燃气混合，一起进入燃气涡轮膨胀做功；涡轮所发出的功除驱动压气机外，其余用来拖动发电机发电。

上述简单燃气轮机工作的热力循环是等压循环，又称布雷顿循环，如图 4-35 所示。在理想情况下，曲线 1-2′表示空气从 1 点被吸入在压气机中等熵压缩到 2′点，其压力温度从 1 点 p_1、T_1 上升到 2′点 $p_{2'}$、$T_{2'}$，其等熵压缩比功为

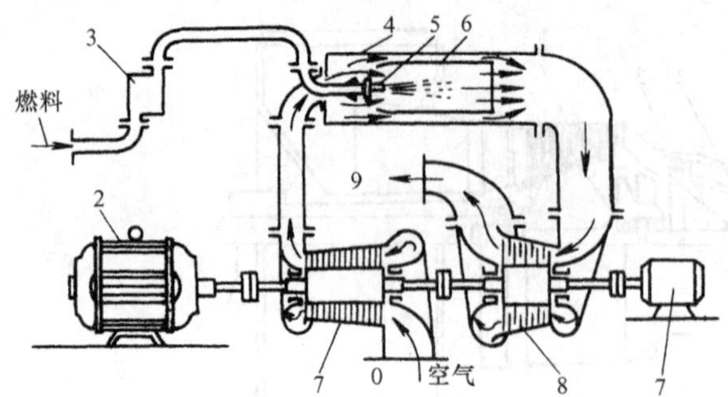

图 4-34 定压燃烧燃气轮机装置原则性系统图

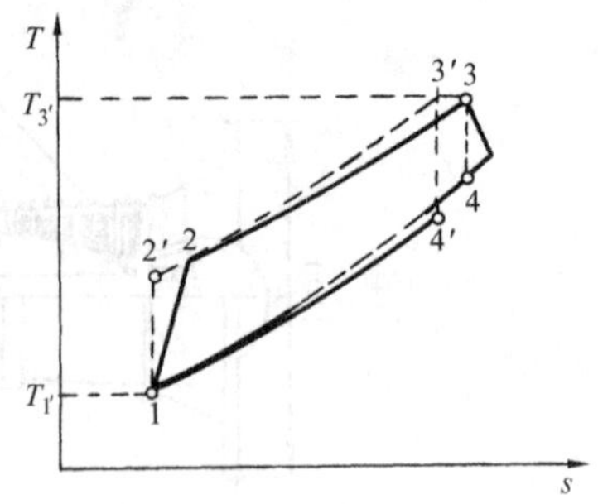

图 4-35 布雷顿循环

$$w_s=c_p(T_{2'}-T_1)=c_pT_1(\varepsilon^{(\kappa-1)/\kappa}-1) \tag{4-55}$$

曲线 2′-3′为工质定压吸热过程，燃料和空气混合在燃烧室中燃烧，工质（燃气）在等压下吸热温度由 2′点的 $T_{2'}$ 上升到 3′点的 $T_{3'}$，吸入的热量

$$q_{2'3'}=c_p(T_{3'}-T_{2'})=c_pT_1\left(\frac{T_{3'}}{T_1}-\frac{T_{2'}}{T_1}\right)$$
$$=c_pT_1\left[\tau-\varepsilon^{(\kappa-1)/\kappa}\right] \tag{4-56}$$

曲线 3′-4′为工质在涡轮中等熵膨胀做功过程，工质从 3′点压力 $p_{3'}$ 温度 $T_{3'}$ 下降到 4′点压力 $p_{4'}$ 温度 $T_{4'}$，等熵膨胀功

$$w_T=c_pT_{3'}\left(1-\frac{T_{4'}}{T_{3'}}\right)=c_pT_1\tau\left(1-\frac{1}{\varepsilon^{(\kappa-1)/\kappa}}\right) \tag{4-57}$$

曲线 4′-1 是做功后的工质从燃气轮机排往大气，在等压下放热，4′点的压力 $p_{4'}$ 等于 1 点的压力 p_1，温度从 4′点的 $T_{4'}$ 下降到 1 点的 T_1，放出的热量

$$q_{4'1}=c_p(T_{4'}-T_1)=c_pT_1\left(\frac{\tau}{\varepsilon^{(\kappa-1)/\kappa}}-1\right) \tag{4-58}$$

整个理想循环单位质量工质所做的功，即比功为

$$w_s=q_{2'3'}-q_{4'1}=c_p(T_{3'}-T_{2'})-c_p(T_{4'}-T_1)$$
$$=c_pT_1\left[\tau\left(1-\frac{1}{\varepsilon^{(\kappa-1)/\kappa}}\right)-(\varepsilon^{(\kappa-1)/\kappa}-1)\right] \tag{4-59}$$

由此可见，简单燃气轮机理想循环所发出的比功是等熵膨胀功与等熵压缩功之差，它随加热比 τ 的增大而增大。在一定的加热比下，用求极值的方法可求得一个最佳比功增压比，使比功 w_s 最大。

简单燃气机的循环热效率为

$$\eta_s=\frac{w_s}{q_{2'3'}}=1-\frac{1}{\varepsilon^{(\kappa-1)/\kappa}} \tag{4-60}$$

由式（4-60）可知，简单燃气轮机的理想循环的热效率 η_s 随着增压比 ε 增加而提高，这是因为当 ε 增加时，$T_{2'}$ 也增加，在相同的燃气初温下，需加入的热量 $q_{2'3'}$ 将减少，而 $T_{4'}$ 随 ε 增加而降低，使排气所带走的热量减少，故效率 η_s 提高；而效率 η_s 与加热比 τ 无关，这是因为增压比 ε 一定时温度 $T_{3'}$ 的变化对比功 w_s 和加热量 $q_{2'3'}$ 的影响正好相互抵消，即 $T_{3'}$ 增加使 w_s 和 $q_{2'3'}$ 增加，恰好使效率 η_s 不变。

简单燃气轮机的实际循环中，工质通过各通流部件时是有能量损失的。这些损失是由摩擦、涡流、散热、在声速或超声速流动中还有激波等不可逆因素引起的，其实际循环过程为

图 4 - 35 中的实线所示。实际简单循环的比功和效率 η 都小于理想循环的值。

涡喷发动机和涡扇发动机除带加力燃烧室外，一般都是简单循环热力过程。发动机作为推进器的推力可根据动量定理求得。设飞机飞行的速度为 U_0，尾喷管的出口截面积为 A_9，喷出的气流速度为 U_9，并假定忽略喷入燃油的质量，进入发动机的空气流量 q_{ma} 与燃气流量 q_{mg} 相等，则发动机的推力

$$F = q_{ma}(U_9 - U_0) + (p_9 - p_0)A_9 \tag{4-61}$$

当燃气在尾喷管内完全膨胀，$p_9 = p_0$，发动机在地面静止状态下工作 $U_0 = 0$，则

$$F = q_{ma}U_9$$

而发动机热力循环所产生的功率用动能表示为

$$P = q_m \frac{U_9^2 - U_0^2}{2}$$

推进功率

$$P_p = FU_0 = q_m(U_9 - U_0)U_0 \tag{4-62}$$

推进效率

$$\eta_p = \frac{P_p}{P} = \frac{2}{1 + \dfrac{U_9}{U_0}} \tag{4-63}$$

由上式可见，当燃气发生器的比功相同，飞行速度 U_0 一定，q_m 越大，喷射速度 U_9 越小，推力和推进功越大，推进效率越高。所以正如前面所说的，采用涡扇发动和涡桨发动机的目的，就是为了在相同燃气发生器的条件下增大推力，提高推进效率。航空燃气轮机作热机和推进器的组合体，应用总效率来评价它的经济性。总效率 η_0 表示加入燃料完全燃烧产生的热能 q 有多少变为飞行的推进功。总效率应等于热效率和推进效率的乘积，即

$$\eta_0 = P_p / q = \eta\eta_p \tag{4-64}$$

一般情况下，涡轮喷气发动机的热效率约为 0.25～0.40，推进效率为 0.50～0.75，总效率约为 0.20～0.30 或更高一些。

三、提高燃气轮机的效率和比功

从上述简单燃气轮机循环分析中可知，要提高简单燃气轮机的效率和比功，就得提高涡轮进口的温度和增压比，或设计高效率的通流部件；航空喷气发动机还可设法减小喷气速度与飞行速度之差。从另一方面来看，简单燃气轮机的排气温度很高，一般为 400°～500°，甚至更高，且用在压气机压缩空气的功率很大，约占总功的三分之二，因此可以采用余热利用和中间冷却减少压缩功的方法来提高热效率。这就出现了复杂循环装置的燃气轮机。

例如回热循环燃气轮机，与简单燃气轮机相比，增设了一个回热器（即热交换器）。将燃气轮机的排气引入到回热器对进入燃烧室前的空气进行预热，回收热量越大，循环效率就越高。在实际回热循环中，由于回热器中有压力损失，回热循环的比功比简单循环的比功小。

中冷循环燃气轮机与简单循环涡轮机相比，不同的是在压气机的级间增设了中冷器，使得高压压气机进口气流的温度降低了，压气机所耗的功减少了，中冷循环的比功增加了。由于进入燃烧室的温度降低了，燃烧室的加热量就要增加，因此，在增压比较低的情况下，两个因素的影响使得中冷循环和简单循环的效率差不多。

再热循环燃气轮机与简单燃气轮机相比，主要的区别是，对地面燃机轮机来说是在高、低压涡轮之间增设一个再热燃烧室。高压涡轮出口的燃气在再热燃烧室加热后，进入低压涡轮做功，以增加其比功。对航空燃气轮机来说，在涡轮和尾喷管之间设置加力燃烧室进行加

力燃烧，以增加单位推力。再热循环虽然可增加比功，但因总加热量增加了，热效率有所降低，只有当增压比较高时，再热循环效率才比简单循环热效率高些。

与简单循环相比，综合利用上述循环可以增大比功，提高效率，但使燃气轮机的结构复杂了，失去了它原有的结构紧凑、体积小、重量轻、功率大的优点。因此，现在除燃气轮机采用再热加力外，其他形式几乎不采用。在地面广泛采用的是燃气—蒸气联合循环，这对提高经济性、增大机组功率都是有益之举，很有发展前景（见第11章）。

第六节 水 轮 机

水轮机和汽轮机以及燃气轮机同属涡轮机，其工作原理与二者相同。但水轮机的工质为液体，是不可压缩流体，同时水的密度比气体大很多，由于工质的不同，使得水轮机又具有与二者不同的特点。本节将主要说明水轮机与汽轮机和燃气轮机不同的特点，与之相同之处，则不再一一指出。

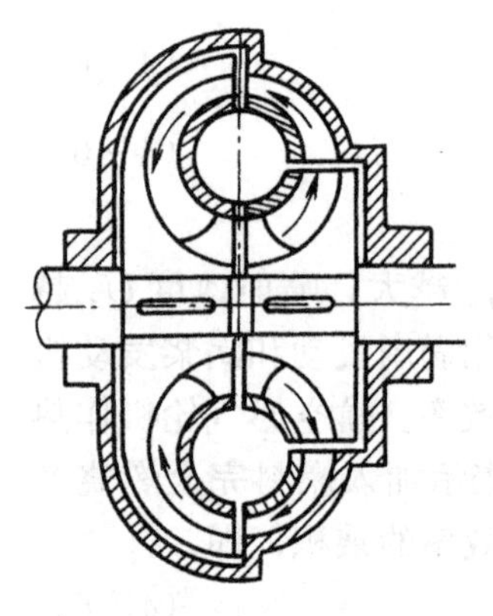

图 4-36 液力变矩器

水轮机主要用于水电站中，是水电站最主要的动力设备。在少数情况下，水轮机也直接用于拖动其他的工作机，例如在山区农村用于拖动加工机械，在化工装置中用作能量回收等。将水轮机和泵组织成一个整体，成为一个传动装置，则在工业中获得广泛的应用。图4-36所示的液力变矩器广泛地应用在内燃机车、坦克等重型军用车辆以及高级轿车等民用车辆上作为无级变速装置。

本节中，将主要讨论水电站的水轮机。由于现代电力系统的规模越来越大，所以对发电设备的要求越来越高。现代水轮机朝着大型、高效、高可靠性和高度自动化的方向发展。

一、水轮机的结构类型

水电站的建设受地形地质等条件限制，其设计参数变化很大，所以水轮机的参数变化也很大。为了适应不同的参数及不同的使用条件，水轮机的结构形式是非常多样化的。各种不同的结构形式可以按不同方法加以分类。最常用的分类方法是按照转轮内水流的流动特点将水轮机分为以下几种。

1. 混流式水轮机

图4-37为典型的混流式水轮机的剖面图。水流从压力钢管进入水轮机以后，先经过蜗壳1，然后通过活动导叶2进入转轮3。蜗壳和活动导叶控制着进入转轮的水流速度的大小和方向。水流在转轮内推动转轮做功以后，从尾水管4排入下游河道。

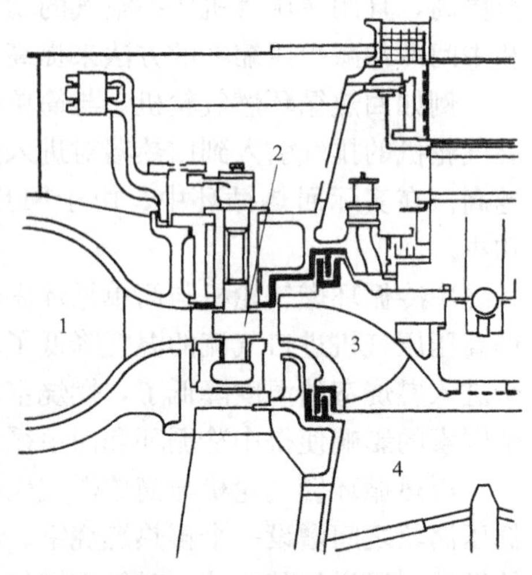

图 4-37 混流式水轮机

活动导叶2在调节机构的控制下可以绕自身的轴线旋转。导叶的旋转改变水流进入转轮的水流的方向，同时也改变了流量，这样就改变了水轮机的功率。水轮机与汽轮机和燃气轮机相比，其调节性能非常好，这使得水轮机在电力系统中除了发电以外，还起着一个非常重要的作用，即担负着系统调节的任务。当电力系统没有足够的调节能力时，常常兴建专门用于调节而不是用于发电的抽水蓄能电站。

2. 轴流式水轮机

图 4-38 所示为轴流式水轮机简图。其中，蜗壳 1、活动导叶 2、转轮 3 以及尾水管 4 等主要组成部分都与混流式水轮机相同。不同的只是转轮的形状。轴流式转轮外形与轴流泵或者轴流式风机的叶轮非常相似，与汽轮机和燃气轮机的叶轮则有很大的不同。其原因在于轴流式水轮机是反击式的。

3. 贯流式水轮机

图 4-39 为贯流式水轮机简图。由图可见，贯流式水轮机转轮与轴流式相同，但贯流式水轮机没有蜗壳。水流从上游直接通过活动导叶 3 进入转轮 4。上游管路、活动导叶、转轮以及尾水管 5，总体上就是一根管路。发电机 2 装置于这个管路之内，用一个钢制壳体 1 保护起来。这个壳体称为灯泡体，这种具有灯泡体的贯流式水轮机也称为灯泡（贯流）式水轮机。这种结构是目前贯流式水轮机的主流结构形式。

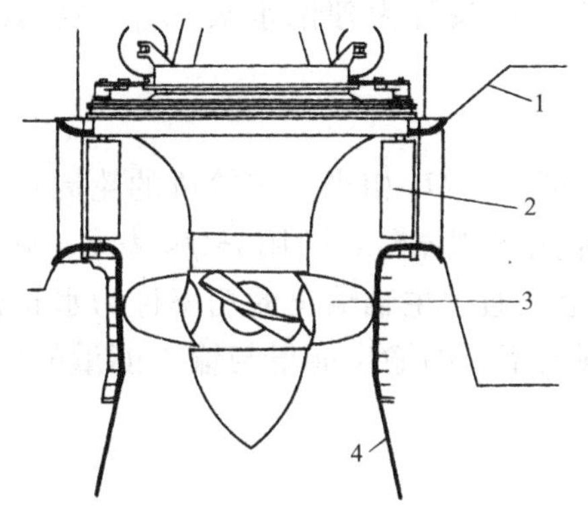

图 4-38 轴流式水轮机

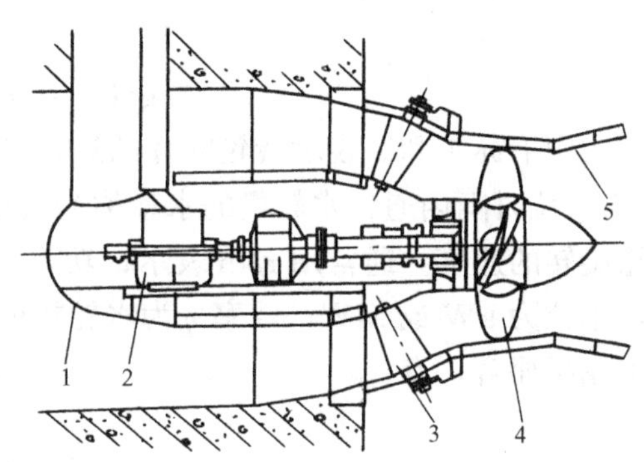

图 4-39 灯泡贯流式水轮机

4. 切击式水轮机

图 4-40 是切击式水轮机简图。切击式水轮机是冲击式水轮机的一种，也是冲击式水轮机的主要结构形式。在冲击式水轮机中，高压的水流从喷嘴 1 中高速喷出，形成一股自由射流。该射流作用于转轮 2 的叶片，推动转轮旋转做功。喷嘴、射流和转轮的相互关系用该图右上角的局部放大图作了进一步的说明。喷嘴中有喷针 3，前后移动喷针，就可以改变喷嘴的出口面积，从而改变流量和水轮机的功率。

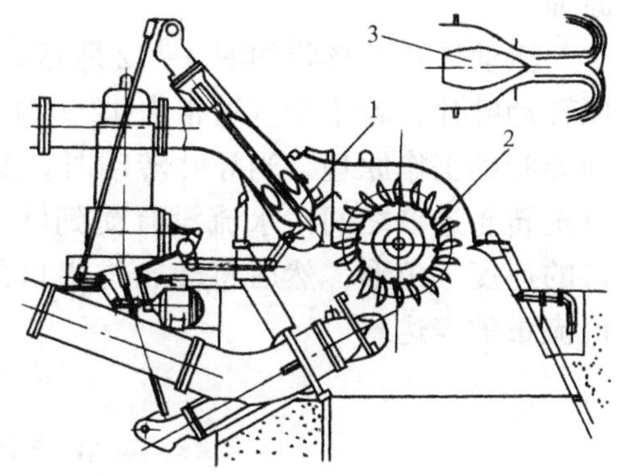

图 4-40 切击式水轮机

二、水轮机的工作特性

水轮机作为涡轮机，其工作原理与汽轮机基本相同，其不同之处，在于工质是不可压缩的，因此在水轮机中没有压缩与膨胀过程，工质也不会因为膨胀而做功或被压缩而吸收能量。在水轮机内工质所传递的只有推动功，工质在水轮机内能量的变化过程可以看成是等容过程。从第一章的讨论可以知道，等容过程的比功是所有热力学过程中最大的。

1. 水轮机的工作参数

水轮机的主要工作参数包括：水头 H。由于水轮机内工质的内能不变，所以在水轮机中不再使用焓降等概念，而是使用与之相对应的水头等概念。

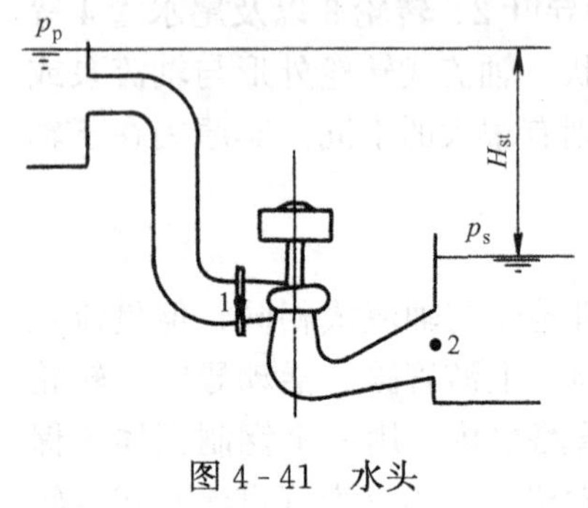

图 4-41　水头

水轮机的水头是指水轮机的进口断面 1 和出口断面 2 的单位重量水流所具有的能量差（图 4-41）。这个能量差用水柱高度表示就是

$$H=\frac{p_1-p_2}{\rho g}+\frac{c_1^2-c_2^2}{2g}+Z_1-Z_2 \qquad (4-65)$$

对于水电站而言，上游水面和下游水面上的压力相同，速度都可以忽略不计，所以电站的水头可以近似看成是上、下游水位的差值 H_{st}，也称为电站的静水头。而上述水轮机的水头是电站水头中可以利用的部分，称为电站的净水头。二者的差值，是引水管路中的损失。

从 H 中扣除损失后，得到真正作用于转轮叶片的水头称为理论水头 H_{th}。根据欧拉方程

$$gH_{th}=u_1c_{u1}-u_2c_{u2} \qquad (4-66)$$

注意，式中下标 1 和 2 表示转轮叶片的进口和出口。可见，H_{th}相当于汽轮机的轮周功；流量 q_V 为单位时间内通过水轮机的水量称为流量，通常用体积流量，即用 m^3/s 表示；转速 n 为转轮旋转的速度，通常用 r/m 表示；功率 P 为水轮机通过主轴输出的功率称为水轮机的功率，单位为 kW 或 MW；效率 η 为水轮机的能量利用率，即输出能量与输入能量的比值。对于水轮机而言，有

$$\eta=\frac{P}{\rho g q_V H} \qquad (4-67)$$

由于对水轮机内流动过程的研究取得了很大的进展，最近 20 年来水轮机的效率得到了很大的提高。现代大型水轮机的总效率已经达到 95%以上，是所有的原动机中效率最高的。

2. 水轮机的流量调节

流量便于调节是水轮机的一大优势。反击式水轮机的流量是依靠活动导叶调节的，而冲击式水轮机的流量调节则依靠喷针。后者的原理比较简单。这里只介绍活动导叶的工作原理。

活动导叶的形状如图 4-42 所示，为一个两端均有小轴的叶片。调节机构通过小轴可以转动叶片。若干个（通常为 12～24 片）这样的叶片围绕转轮一周。图 4-43 表示了活动导叶的工作原理。当导叶转动时，其出口绝对速度 c_0 的方向随之改变。考虑到导叶出口至转轮进口之间，水流没有受到叶片的作用，其速度矩保持不变，即可以得到转轮进口的速度三角形。然后将转轮进出口的速度三角形与欧拉方程相联系，就可以得到水轮机流量的表达式

$$q_V=\frac{r_2^2\omega+g\dfrac{H_{th}}{\omega}}{\dfrac{1}{2\pi b_0}\mathrm{ctg}\alpha_0+\dfrac{r_2}{A_2}\mathrm{ctg}\beta_{b2}} \qquad (4-68)$$

式中：A_2 为转轮出口面积；r_2 为转轮出口处的半径；b_0 为导叶的高度。

由该式可见，转动导叶即改变了 α_0，于是改变了水轮机的流量。

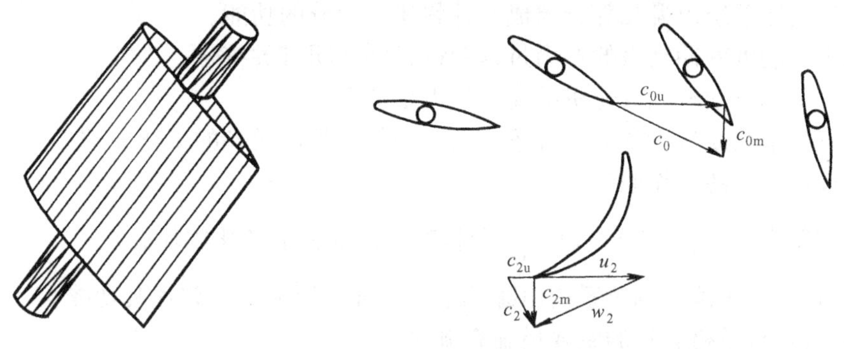

图 4-42　活动导叶　　　图 4-43　活动导叶调节原理

3. 水轮机的特点

虽然水轮机和汽轮机、燃气轮机同属于涡轮机，但不管是从叶轮的形状还是整体的结构来看，水轮机和另外两种机器都显得不同，当然工作特性也有一些区别。造成这些区别的主要原因在于，水轮机的工作水头主要由地形条件决定，一方面其能量头比汽轮机低得多；另一方面有很大的变化范围。而汽轮机的工作压力和温度是人为产生的，是可以控制在一定的范围内的。还有一个原因是液体属于不可压缩流体，而且其密度比气体大得多。

由于水轮机的能量头比较低，所以其转速也低。但液体的密度大，所以其功率密度并不比汽轮机低。与汽轮机相比，水轮机属于低速重载的机器。这一事实决定了二者的结构细节有相当多的不同。

也由于水轮机的能量头比较低，所以水轮机不需要做成多级结构，在实际工程中运用的水轮机基本都是单级的。单级的结构中设置调节机构比多级的情况要方便得多，所以水轮机具有很好的调节特性。

水轮机的水头在很大的范围内变化。为了适应从低到高不同的水头，水轮机转轮的叶片形状从轴流式经过混流式到切击式，呈现出相应的变化规律。这一点也是与汽轮机不同的。

水轮机的工作中还面临一些特有的困难和问题，需要进行更加深入的研究，才能使水轮机的设计制造技术得到继续发展。这些问题包括以下几方面。

(1) 水轮机通常需要进行大范围的调节，在非设计工况下，效率的降低是不可避免的。所以水轮机不仅要在设计工况具有很高的效率（这已经做到了），而且要在工况变化时具有尽可能高的效率。

(2) 大范围的工况调节还可能影响水轮机运行的稳定性。当前，水轮机的水力稳定性问题是最受关注的问题，各国都在这个方向上进行着深入的研究。

(3) 水轮机在河流的自然水流中运行。我国的河流泥沙含量比较高，常常造成机器快速磨损。如何从流动和材料两个方面研究减轻和避免泥沙磨损，是我国面临的特殊课题。

思考题和习题

1. 蒸汽在汽轮机级进行能量转换时存在哪些损失？

2. 汽轮机的轴向推力由哪几部分组成？平衡轴向推力的措施有哪些？
3. 为什么说供热式汽轮机的热经济性比凝汽式汽轮机好？
4. 汽轮机调速系统由哪几部分组成？并叙述各部分的功能。
5. 画出带反动度的冲动级的热力过程曲线，并注明有关符号。
6. 画出一次调节抽汽式汽轮机的简单热力系统图。
7. 画出最简单的凝汽设备原则性系统图，并叙述凝汽设备的工作原理。
8. 叙述齿形轴封的工作原理。
9. 根据方程$\frac{1}{A}\frac{\mathrm{d}A}{\mathrm{d}x}=(Ma^2-1)\frac{1}{c}\frac{\mathrm{d}c}{\mathrm{d}x}$分析喷嘴截面积的变化规律。
10. 凝汽式汽轮机液压调节系统由哪几个主要部分组成？并叙述其功能。
11. 提高汽轮机单机容量的主要措施有哪些？
12. 除了调节系统之外，汽轮机还必须具有哪四种主要保护系统？并叙述其主要功能。
13. 为什么长叶片必须做成变截面扭叶片？
14. 叙述 300MW 汽轮机 EH 油系统的组成和功能。
15. DEH 调节系统主要由哪几部分组成？

第五章 往复活塞式机械的结构分析

第一节 往复活塞式机械的功能与分类

往复活塞式机械是最早实现热功转换的机械，其最早的机器形式——蒸汽机导致了第一次工业革命的发生。目前，往复活塞式机械不仅具有能够像蒸汽机一样通过气缸内气态介质体积变化驱动活塞进行往复运动，进而通过曲柄连杆机构转化为转轴的旋转运动、向外输出机械功的工作机器，而且还能够将外界输入功驱动转轴进行的旋转运动通过曲柄连杆机构转化为活塞的往复运动，从而提高气缸内气态介质压力的工作机器。

往复活塞式机械按基本功能可分为两大类。一类是往复活塞式热力发动机，即内燃机，它是利用气缸内燃料燃烧膨胀进而产生驱动功率的热力原动机；另一种是往复活塞式的压缩机和泵，是对流体增压和输送的工作机械；这两类机械的结构和工作原理有许多共同或类似的部分，但各自有其特点，它们按照各自特点又有不同类型。

一、往复活塞式发动机分类

内燃机是燃料直接在发动机气缸内部燃烧，并将燃烧所产生的热能转变为机械功的装置。内燃机结构型式很多；根据基本工作原理可分为往复活塞式内燃机、旋转活塞式内燃机和燃气轮机等，其中以往复活塞式内燃机使用最广泛。常讲的"内燃机"就是指这种型式。内燃机的分类形式很多。

(1) 按工作循环的冲程数的不同可分为：二冲程循环机，即活塞连续运动两个冲程（曲轴旋转一圈）完成一个工作循环；四冲程循环机即活塞连续运动四个冲程（即曲轴旋转两圈）完成一个工作循环。

(2) 按气缸数的不同可分为：单缸机，即一台机器只有一个气缸；多缸机，即一台机器具有两个或两个以上的气缸。

(3) 按曲轴转速的不同可分为：高速机，即 $n>1000\text{r/min}$；中速机，即 $n=600\sim1000\text{r/min}$；低速机，即 $n<600\text{r/min}$。

(4) 按进气方式的不同可分为：自然吸气式内燃机和增压式内燃机。

(5) 按所用燃料的不同可分为：柴油机、汽油机、煤气机以及天然气机等。

(6) 按冷却方式的不同可分为：水冷式内燃机、风冷式内燃机。

(7) 按着火方式的不同可分为：压燃式，即利用气缸内的空气被高度压缩所产生的高温，使燃料自行着火燃烧，又称为自燃式，柴油机属于这种点火方式，所以柴油机又称为压燃式内燃机。点燃式，即利用外界热源（如火花塞发出的电火花）点燃燃料，使其着火燃烧，如汽油机、煤气机都属于这种点火方式，所以这类发动机亦可称为点燃式内燃机。

二、活塞式压缩机和泵的功能与分类

压缩机和泵是一种用于提高流体的压力或压送流体的机械。从能量转换的观点来看，压缩机和泵是一种将原动机传给的能量转换为气体或液体的压力能和动能的工作机械。压缩机和泵常分为容积式和速度式两大类；而活塞式压缩机和泵是容积式压缩机和泵中的一种。

活塞式压缩机和泵的种类很多，常用的分类方式有以下几种。

1. 按所能达到的排出压力 p_2 分类

低压压缩机 $p_2=0.3\sim1$MPa；中压压缩机 $p_2=1\sim10$MPa；高压压缩机 $p_2=10\sim100$MPa；超高压压缩机 $p_2>100$MPa。

低压泵 $p_2<1$MPa；中压泵 $p_2=1\sim10$MPa；高压泵 $p_2>10$MPa。

2. 按气缸中心线相对地平面的排列方式分类

立式：气缸中心线垂直于地面。

卧式：气缸中心线平行于地面，若气缸位于曲轴一侧时为普通卧式。

对动式：气缸中心线平行于地面，气缸配置在曲轴两侧，相应活塞作对称运动。

对置式：气缸中心线平行于地面，气缸配置在曲轴两侧，相应活塞作不对称的运动。

角度式：气缸中心线之间成一定角度，按排列所呈的形状再分为：L 形、V 形、W 形、扇形等。

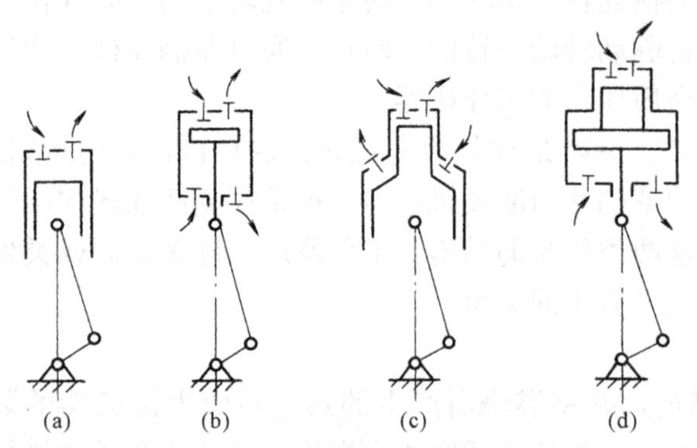

图 5-1 气缸容积的利用方式
(a) 单作用式；(b) 双作用式；(c)、(d) 级差式

3. 按气缸（液缸）容积的利用方式（图 5-1）分类

单作用式：仅在活塞一侧有气缸（液缸）容积。

双作用式：活塞两侧均有相同级次的气缸（液缸）容积交替工作。

级差式压缩机：大小活塞组合在一起，构成不同级次的气缸容积。与此类似的往复泵则称为差动泵。

4. 按气体达到终了压力所需的级数分类（见图 5-2）

单级压缩机：气体经一级压缩达到终压；两级压缩机：气体经两级压缩达到终压；多级压缩机：气体经三级以上压缩达到终压，例如五级压缩机、六级压缩机等。请注意“级数”与“列数”的区别，“列数”是指气缸中心线的数目，例如单列压缩机、两列压缩机、多列压缩机。多列可以获得较好的平衡性能及均匀的切向力，每列的活塞力最大值比单列时的小，可以使运动机构轻便，机械效率得到提高。

“级”表示压缩过程的阶段，多级可以是多列，也可以是一列；单级可以多列，也可以单列。“级”和“列”虽然没有确定的关系，但级在列中的配置影响到机器的平衡和性能参数。

内燃机结构型式中所谓的“列数”与压缩机中的含义不一样，例如单列式发动机，是指所有气缸排成一直线的型式，这一列中的气缸数最多可以达 12。多列式发动机是指所有的气缸排成两条直线或两条以上的直线，例如 V 形发动机就是两列的，W 形发动机就是 3 列的，其中每一列

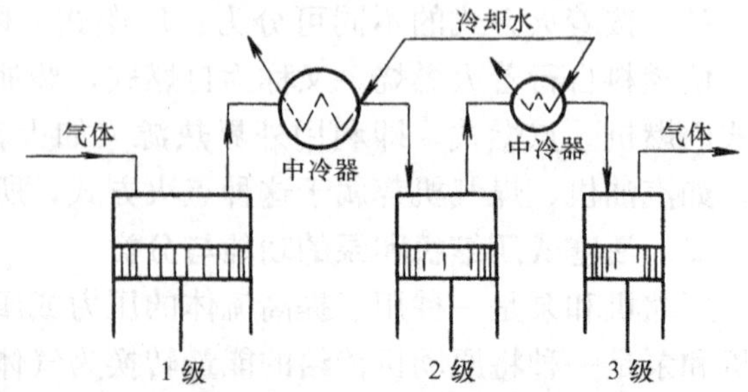

图 5-2 多级压缩示意图

可以有多个气缸，如果每一列各有两个气缸，作为压缩机型式来称呼，则分别称为四列和六列。

5. 按密封方式分类

按密封方式的不同可分为开启式、封闭式、全封闭式。

开启式压缩机的主轴功率输入端伸出机体之外，通过传动装置与原动机相连接，主轴伸出部位装有防止泄漏的轴封装置。

封闭式压缩机的电动机和压缩机共用一根主轴，装在同一机体内，因此可以取消轴封，减少泄漏，降低噪声。半封闭式（见图 7-9）和全封闭式（见图 7-5、图 7-15）的密封形式上的差异：前者的密封面用法兰连接，靠垫片或垫圈密封，装配后可以拆卸；后者的机壳接合处被焊封，在使用期限内不能拆检。

这种分类仅在制冷压缩机中存在。

第二节　总体结构和主要部件

一、总体结构

内燃机包括柴油机、汽油机和气体发动机。压缩机与泵也有各种不同的结构。图 5-3 和图 5-4 分别是典型内燃机和压缩机的结构图。虽然这些机构和系统的构造及组成随不同机器的用途、生产厂家和生产年代的不同而千差万别，但总体构造是基本相同的。如内燃机都是由气缸体—曲轴箱组、曲柄连杆机构、配气机构、进排气系统、燃油系统、冷却系统、

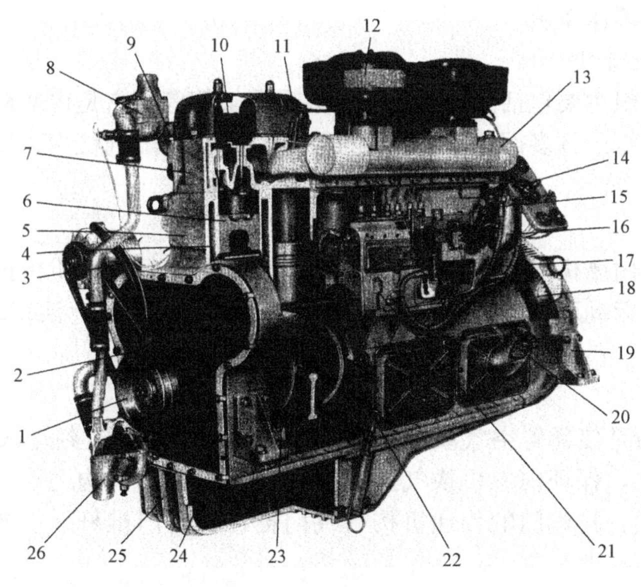

图 5-3　6 缸直列基本型柴油机结构

1—皮带盘；2—传动机构；3—硅整流充电发电机；4—气缸套；6—机体；6—活塞连杆；7—气缸盖；8—节温器体；9—气缸盖出水管；10—配气机构；11—喷油器；12—空气滤清器；18—进气管；14—仪表板；15—调速操纵手柄；16—燃油滤清器；17—飞轮；18—安装支架；19—加油及通气盖；20—转速表软轴；21—喷油泵调速器总成；23—机油标尺；28—盘形组合式曲轴；24—机油泵；25—油底壳；26—淡水泵

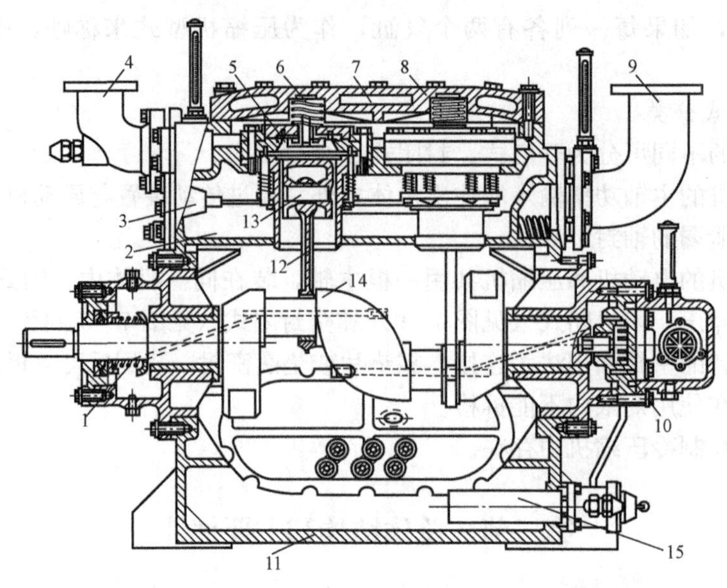

图 5-4 812.5ACG（8AS12.5）型制冷压缩机剖面图

1—轴封；2—进气腔；3—油压推杆机构；4—排气管；5—气缸套及进排气阀组合件；6—缓冲弹簧；7—水套；8—气缸盖；9—进气管；10—油泵；11—曲轴箱；12—连杆；13—活塞；14—曲轴；15—油过滤器

润滑系统、启动系统和有害排放物控制装置等组成。如果是汽油机，还包括点火系统。若为增压内燃机，还应有增压系统。

1. 气缸体—曲轴箱组

气缸体—曲轴箱组主要包括气缸盖、气缸体和曲轴箱等。它是内燃机各机构、各系统的装配基体，而且其本身的许多部位又分别是曲柄连杆机构、配气机构、燃油供给系统、冷却和润滑系统的组成部分。

2. 曲柄连杆机构

曲柄连杆机构是内燃机传递运动和动力的机构，通过曲柄连杆机构把活塞的往复直线运动转变为曲轴的旋转运动而输出动力。曲柄连杆机构主要由活塞、活塞环、活塞销、连杆、曲轴、飞轮等组成。

3. 配气机构

配气机构的作用是使新鲜空气或混合气按一定要求在一定时刻进入气缸，并使燃烧后的废气及时排出气缸，保证内燃机换气过程顺利进行。配气机构主要由进气门，排气门，进、排气管和控制进、排汽门的传递机构（气门挺柱、气门推杆、凸轮轴、正时齿轮等）组成。

4. 燃油系统

柴油机燃油系统的作用是将一定量的柴油，在一定的时间内，以一定的压力喷入燃烧室与空气混合，以便燃烧做功。它主要由柴油箱、输油泵、柴油滤清器、高压油泵、喷油器及调速器等组成。

汽油机燃油系统的主要作用是将汽油和空气按一定比例混合成混合气供入气缸。它主要由汽油箱、输油泵、汽油滤清器、汽油喷射系统或化油器等组成。

5. 点火系统

汽油机的发火方式为点燃式，设有点火系统。点火系统的作用是定时点燃气缸内被压缩的混合气。现代汽油机的点火系统主要包括火花塞、点火线圈、电源设备及传感器、微机控制装置和配电器（或点火控制器）等。传统汽油机的点火系统由火花塞、点火线圈、电源设备及分电器等组成。

6. 润滑系统

润滑系统的主要作用是将润滑油不间断地送入内燃机的各个摩擦表面，以减少运动件之间的摩擦阻力和零件的磨损，并带走摩擦时产生的热量和金属磨屑。主要由机油滤清器、机油道、机油泵和机油散热器等组成。

7. 冷却系统

冷却系统的主要作用是将内燃机受热零件，如气缸盖、气缸、气门等的热量散发到大气中去，保证内燃机的正常工作温度。根据冷却介质不同，分为水冷和风冷两种形式。水冷式冷却系统主要由水泵、风扇、散热器、节温器和冷却水套等组成。风冷式冷却系统主要由风扇、导流罩和冷却强度调节装置等组成。

8. 启动装置

启动装置是用来启动内燃机的。要使一静止的内燃机开始工作，必须借助外力启动才能转为自行运转。不同的启动方法，有不同的启动装置。它主要包括启动机及传递机构和便于启动的辅助装置。

活塞压缩机和泵是依靠容积的周期性的变化来实现流体的增压与输送。活塞压缩机和泵的总体结构与内燃机的基本相似，但比内燃机少一些。在内燃机的八个子系统中，除了燃油系统、点火系统和启动系统外，其余五个子系统活塞压缩机和泵均有，只是复杂程度略有不同，其中区别最大的是进排气系统（配气机构）。

内燃机用的配气机构类型有：气门式的、滑阀式的和混合式三种。气门式的配气机构因为结构简单、工作可靠而得到广泛的应用。气门作为进、排气工作元件而被采用在全部类型的冲程发动机中和作为排气元件在滑阀窗口式换气系统的二冲程发动机中。气门被布置在上面或在气缸的侧面由发动机的曲轴通过凸轮轴传动（见图 5-5）。

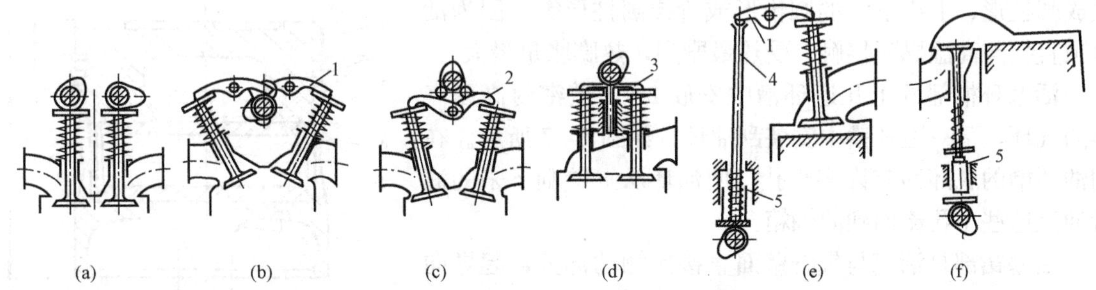

图 5-5　气门装置简图及其驱动

(a)、(b)、(c)、(d) 具有上置凸轮轴的驱动的顶置式气门；(e) 具有下置凸轮轴驱动的顶置气门；(f) 下置气门（侧置式气门）

1—摇臂；2—杠杆；3—横梁；4—推杆；5—挺柱

气门布置在气缸盖上时，称为顶置式的或悬挂式的。顶置式气门位有可能得到圆柱形状、锥形或椭球形状的、结构紧凑的燃烧室，这些燃烧室对混合气的形成和燃料的燃烧是良好的。燃烧室的表面积小使通过缸壁的热损失也小，从而指示效率增大。顶置气门直接由凸轮轴驱动或者通过中间零件以挺柱、推杆、摇臂和横梁的形式来实现驱动。在这种情况下凸轮轴的布置可以是上置式，也可以是下置式。驱动机构的各种零件的存在取决于凸轮轴的布置和气门数。柴油机普遍采用顶置式气门。现代高压缩比的化油器式发动机也具有顶置气门，在高速情况下保证得到大的功率。

布置在气缸侧面的气门［见图 5-5（e）］称为侧置式的或下置式的。在这种情况下，气门从气缸的一侧或两侧布置在与曲轴轴线相平行的面上。侧置式气门的燃烧室的结构较不紧凑，一般有一 Γ—型燃烧室而相对气缸轴线偏置。在这种情况下简化气缸盖和气门驱动机构的构造，并减少配气机构零件的数目和发动机的高度，但是机体曲轴箱复杂化和气门的充量变坏。

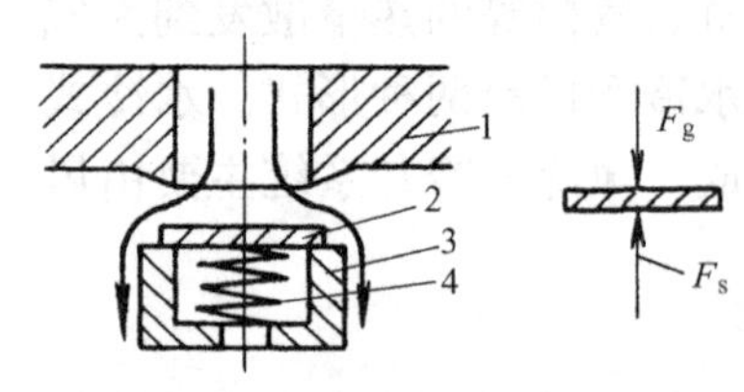

图 5-6 自动阀示意图

与内燃机的“强制阀”不同，活塞式压缩机进排气阀的开启和关闭是依靠阀片两侧压力差的作用，而不需要专门机构驱动。图 5-6 所示为活塞压缩机自动阀示意图，它由阀座 1、阀片 2、升程限制器 3、弹簧 4 组成，比内燃机的配气机构要简单多了。另外，活塞式压缩机的工作过程与内燃机相比，只有膨胀、进气、压缩、排气过程，即活塞两个行程，曲轴转一圈，完成一个循环。

二、活塞、连杆和曲轴三大运动件

1. 活塞

活塞组包括活塞本体（简称活塞）、活塞环、活塞销及其固定件，如图 5-7。活塞组是往复式内燃机主要运动件（活塞、连杆和曲轴）之一，它的作用是与活塞顶部、气缸盖和气缸等组成燃烧室。在燃烧膨胀冲程中，活塞顶直接承受缸内燃气的压力，并将此力通过活塞销传给连杆，以推动曲轴旋转。在压缩冲程中，活塞压缩缸内气体到一定的压力和温度，为燃料的着火燃烧创造条件。在箱式发动机中，活塞组在往复运动中起导向块的作用，而且直接承受由于连杆倾斜而产生的侧压力。此外二冲程发动机的活塞还具有控制进、排气口开、闭的作用。

为了消除活塞头部与缸套咬死，必须留有最佳间隙。活塞顶部的直径比裙部小，有的顶部做成圆柱形、上小下大的圆锥形或阶梯圆柱形等。因为活塞顶直接与高温燃气接触，受热最剧烈，热膨胀量最大。

活塞环槽部的上几道环槽中安放 2～3 道密封高压气体的气环，下一道环槽中安装刮油环，如图 5-7 所示。在刮油环槽的底部钻有许多小孔，使油环从缸壁刮下来的润滑油经这些小孔流回到曲轴箱。

活塞裙部是活塞与气缸壁面直接接触的部分，起导向和承受连杆传给的侧压力的作用，是活塞磨损最严重的部位。裙部的上部有活塞销座，以安装活塞与连杆的连接件——活塞销。活塞裙部的横向和纵向断面的形状和结构对润滑及磨损的影响极大。为了保证活塞裙部与气缸的正确配合，必须保持一定的配合间隙而不被卡死或拉伤，活塞裙部的横断面形状就必须做成与其椭圆变形相反的以活

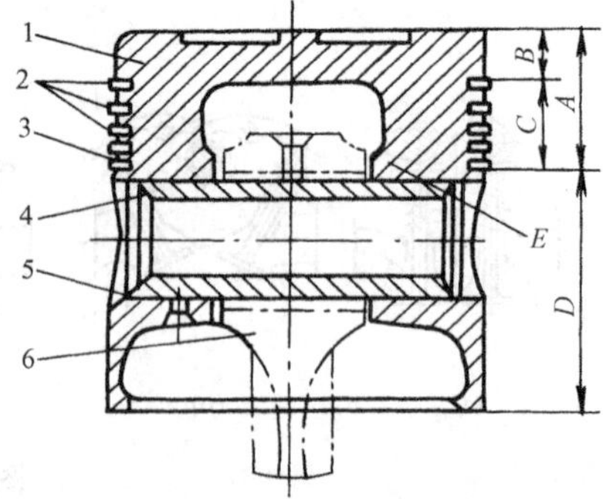

图 5-7 活塞组

1—活塞；2—气环；3—油环；4—活塞销；5—卡环；6—连杆

A—活塞头部；*B*—活塞顶部；*C*—活塞环槽部；*D*—活塞裙部；*E*—活塞销座

塞销轴方向为短轴的椭圆形，或在活塞销轴的两外端裙部车去一部分或铸成凹坑。

现代活塞裙部的纵断面形状大多为凸弧或桶形，与气缸壁的接触面积最小，且形成油膜润滑，可以减少磨损和摩擦功率。

活塞环是装在活塞环槽的开口弹性金属环，分为气环和油环。气环主要起密封和散热作用，防止缸内高温高压燃气漏入曲轴箱，并将活塞顶所吸收热量的一部分传给气缸套。油环主要起刮油和铺油的作用，活塞下行时刮除缸壁多余的润滑油，防止润滑由于气环的泵油作用而进入燃烧室；活塞上行时在缸壁上铺上一层薄薄的润滑油，保证润滑良好，减少磨损。

活塞销是活塞和连杆的连接零件。机器工作时，它在连杆小头轴承和销座孔中只作摆动或缓慢地转动，受到气缸压力、活塞组和连杆惯性力的冲击作用。因此，对活塞销的要求是，重量轻、刚性好、表面硬而耐磨、内韧而耐冲击。因此，大多数活塞销做成空心，减少惯性力。活塞销用低碳合金钢，表面经渗碳和精磨而成。

活塞销与连杆小头轴承、活塞销座孔的连接方式，大多数均采用“浮动式”，装配时活塞销与销座孔为过渡配合，与连杆小头轴承孔为动配合。

为了防止活塞销发生轴向窜动，一般用卡簧定位，把卡簧固定在销座孔两端的沟槽内。

压缩机活塞的基本结构型式有：筒形、盘形、鼓形、柱塞形、级差式、组合式等。由于零件的热膨胀和加工误差，零部件间的相对运动和磨损等，当活塞位于止点时，应该让活塞端面与气缸盖之间保持一定的间隙，防止活塞撞缸盖；同时，为预防活塞与气缸内径表面接触而损伤，气缸与活塞之间在第一道活塞环前应有适当的径向间隙容积；另外，气阀的通道容积等，以上三项容积组成了压缩机中的所谓“余隙容积”V_c，余隙容积的存在，使得气缸工作容积V_s得不到充分利用。为了减小余隙容积，其活塞顶部是平的；而这个部位在发动机中则为燃烧室，因此设计成凹坑。

无油润滑压缩机的活塞环和支承环选用自润滑材料，如填充聚四氟乙烯。因非金属环的弹力小，一般在环内圈再装一金属张力环，保证活塞环对气缸壁的初始压力。

2. 连杆

连杆的作用是把活塞和曲轴连接起来，使活塞的往复运动与曲轴的旋转运动相互转换，并将活塞所受的气体压力传给曲轴。

连杆由连杆小头（包括衬套轴承）、杆身和大头（包括大端盖、连杆螺栓及连杆瓦）等组成，如图5-8所示。根据连杆的作用、工作条件及其破坏的形式，要求连杆尺寸小、重量轻，减小其惯性力，有足够的疲劳强度，避免产生大的变形和断裂。

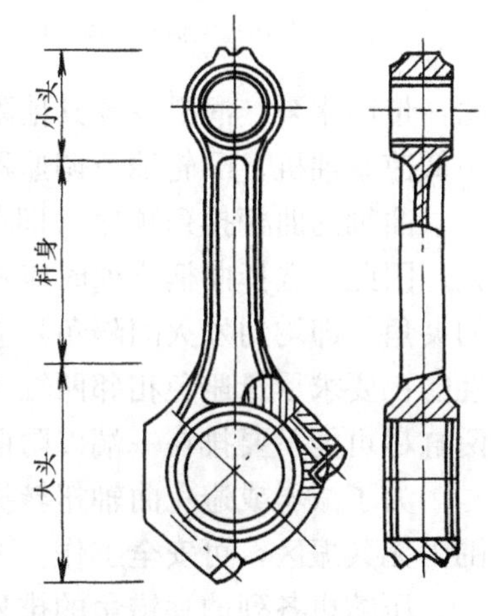

图5-8　连杆组

连杆小头是连杆与活塞销相连的部分。它一般为圆筒形，与杆身连成一体。为了减少磨损、维修方便，小头都镶有铜衬套。

连杆杆身的断面形状大多数是“工”字形，其翼面的长轴安排在连杆摆动平面内，且断面尺寸由小头向大头逐渐增大。这样的结构与其他断面形状相比的优点：①在杆身断面面积相等的条件下，工字形断面的抗弯断面模数大，抗弯曲能力强，因此在保证强度和刚度足够的前提下，其重量最轻；②由于连杆受到拉伸、压缩和弯曲的作用，且在摆动平面内受到横向惯性力的作用，所以工字形翼板的长轴安排在摆动平面内，以增强杆身的抗弯强度；③使连杆传力及应力均匀分布，由于杆身的弯曲应力是随离开小头孔中心愈远而愈大，以及为了使从活塞销传来的力能够均匀地分布在曲柄销上，必须使杆身的断面尺寸从小头逐渐地向大头增大。

连杆大头是连杆与曲轴相连部分，曲柄销在连杆大头轴承中作相对高速旋转。

小型单缸汽油机的连杆大头是滚针轴承的整体式结构，绝大多数发动机的连杆大头、轴瓦是分开式结构，被分开的部分称为连杆盖，并用连杆螺栓（螺钉）紧固在大头上。

3. 曲轴

曲轴在发动机中的作用是：通过连杆将活塞的往复运动转换为曲轴的旋转运动。曲轴在泵和压缩机中的作用则正好相反。因此，曲轴承受周期交变的气体压力、活塞连杆组的惯性力和扭力的作用，从而产生相应的扭矩、弯曲、压缩和拉伸应力及变形；高速旋转的主轴颈和连杆轴颈（曲柄销）遭受到严重的摩擦和磨损。

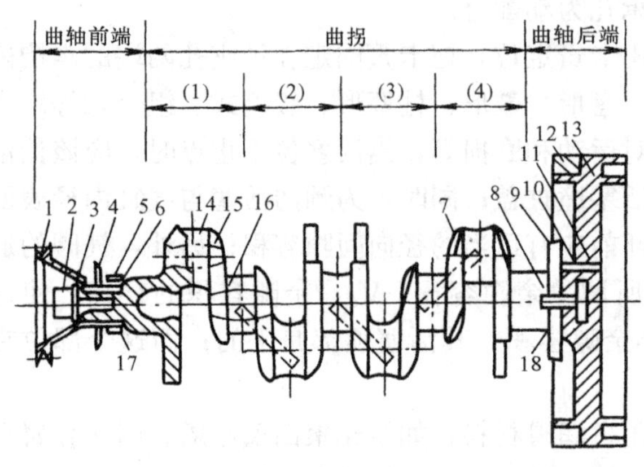

图 5-9　四缸高速内燃机曲轴

1—皮带轮；2—起动爪；3—垫圈；4、9—前、后挡油盘；5—曲轴正时齿轮；6—键；7—曲轴；8—定位销；10—锁片；11—飞轮螺钉；12—齿圈；13—飞轮；14—曲柄销；15—曲柄；16—主轴颈；17、18—曲轴前、后端

曲轴的损坏形式是疲劳断裂，断裂的位置常常发生在输出端的连杆轴颈与主轴颈的过渡小圆角处，或在其他有大的应力集中处（如油孔边缘）和裂纹处。

为了保证曲轴工作可靠，要求曲轴具有足够的刚度和疲劳强度，重量轻，轴颈表面有高的耐磨性。

曲轴主要有曲轴前端（称为自由端）、曲拐（包括主轴颈、曲臂和连杆轴颈）和曲轴后端（功率输出端），如图 5-9 所示的高速内燃机曲轴。

一般来说，曲拐中相邻两主轴颈中心线之间的部分称为单位曲柄，曲轴前端通常装有驱动凸轮轴的定时齿轮，带动水泵、润滑泵及其他附属机械的齿轮或皮带轮。曲轴后端一般装有飞轮。对于大型中低速柴油机，凸轮轴及调速器是由装有曲轴后端的定时齿轮驱动。

曲轴的曲柄排列顺序（即各缸的发火顺序）对发动机的运转均匀性及平衡性的影响极大，因此，选择曲柄排列时应考虑：发动机要均匀发火，各缸不要同时发火，因此各曲柄间的夹角（即均匀发火间隔角）应相等。各曲柄的相对位置必须保证曲轴具有良好的运转平衡性能；要求尽量避免相邻两缸连续发火，以防止这两缸之间的主轴承受力过大；相继发火的两缸尽可能不要排在一端以防曲轴的一端受力过大。

为了减弱或避免曲轴扭转振动，通常在曲轴自由端装配一减振器，使发动机在全转速范围内无共振区，可安全工作。

压缩机各列曲拐错角的排列原则：

(1) 各列惯性力、惯性力矩尽可能相互抵消；

(2) 总切向力图均匀，使得飞轮矩小；

(3) 级间管道中气流脉动的影响互相抵消，降低管道振动。

三、气缸体、气缸套和气缸盖三个主要固定件

内燃机的主要固定件通常是指机体、气缸套和气缸盖，而机体是由气缸体、曲轴箱和机座或油底壳及主轴承盖等组成，有机座式底部安装机座，无机座式底部安装油底壳。它们之间通常都用螺栓或螺柱牢固地结合在一起，成为内燃机的骨架。有的内燃机把气缸体和曲轴箱制成整体。往复活塞式压缩机的固定件与内燃机的基本相同。

1. 气缸体

移动式水冷内燃机的气缸体和曲轴箱常铸成一体，称为气缸体曲轴箱（简称为气缸体)。气缸体的上半部内腔装有活塞往复运动导向和容纳工质的圆柱形空腔，称为气缸；气缸体的下半部分支承曲轴的曲轴箱，其内腔为曲轴和连杆的运动空间；气缸体的顶部与气缸盖连接，底部与机座或油底壳连接；而无机座式利用机体两侧的下部作为内燃机安装在基础上的支承。

气缸体结构形式一般分为三种：平分式气缸体，其刚度较差；龙门式气缸体，其刚度较好；隧道式气缸体，其刚度最好。

2. 气缸套

气缸体中的气缸套内壁是活塞的导向面。由于气缸直接受高温、高压燃气的作用，且活塞在气缸中高速往复滑动，所以缸壁磨损较大，容易损坏，降低气缸的寿命。

常用的气缸套有干、湿两种。干式气缸套的外壁不直接与冷却水接触，缸套的壁厚很薄，滑动配合装入气缸体孔座。湿式气缸套壁较厚，外壁直接与冷却水接触，其上、下端的外圆表面的两道凸出圆环装有橡胶圈用以密封冷却水。其冷却效果好。

3. 气缸盖

气缸盖的主要作用是其底面和活塞顶与气缸等共同组成燃烧空间；气缸盖上设有进排气道，并装有配气机构的进气和排气阀组件、摇臂、摇臂座等，还装有喷油器或火花塞。多缸发动机的气缸盖结构形式有单体式、分段式和整体式三种。单体式多用于大型发动机。

第三节　曲柄连杆机构动力学

内燃机、往复泵、活塞压缩机运动机构的基本型式是曲柄连杆机构，它由活塞、连杆和曲轴三大基本构件所组成。曲柄连杆机构动力学主要研究三大基本构件所受各种作用力、各作用力之间的相互关系和平衡方法。

内燃机、泵、压缩机正常运行时，作用在曲柄连杆机构上的力主要有三种：①惯性力；②流体压力所形成的流体力；③相对运动表面间所产生的摩擦力。对于构件重力的处理，因其作用相对较小，通常可忽略不计。进行动力学分析是为强度、刚度和磨损计算以及基础设计提供依据，确定所需的飞轮矩，寻求内燃机、泵、压缩机平衡的有效途径。以下以压缩机为代表进行分析。

1. 加速度

在动力分析之前，先讨论曲柄连杆机构的运动关系，其几何关系见图 5-10。

曲轴在外界驱动力的作用下作旋转运动，经连杆的摆动转变为活塞的往复运动。为简化计算，往往将连杆的运动视为两个质点的运动。即一部分随曲柄销中心 D 运动，另一部分

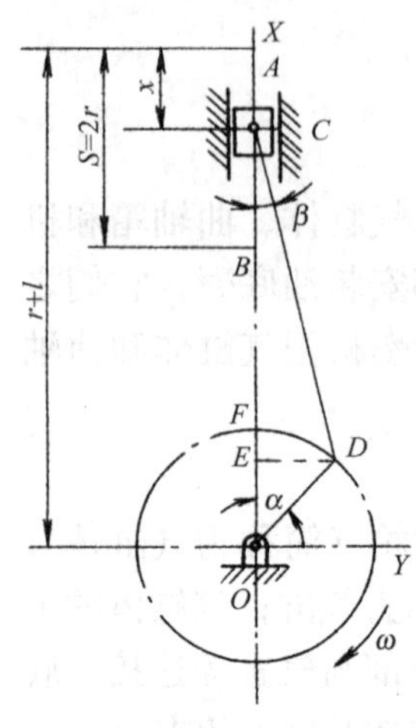

图 5-10 曲柄连杆机构示意图

随活塞销（或十字头销）中心 C 运动，CD 之间的距离等于连杆长度 l，则曲柄连杆机构的运动关系就用 C、D 两个代换点来研究。

活塞的位移、速度、加速度可以从曲柄连杆机构的几何关系和运动关系中导出。

在图 5-9 中，O 点为曲轴旋转中心，D 点为曲柄销中心，C 点是活塞销中心，OD 是曲柄半径，令 $OD=r$、$CD=l$、$\lambda=\dfrac{r}{l}$，λ 的取值范围为$\dfrac{1}{7}\sim\dfrac{1}{3.5}$。

活塞离曲轴轴心线最远的位置即 A 点为外止点，最近的位置即 B 点为内止点，AB 为活塞行程，令 $AB=S=2r$。曲柄的瞬时位置以曲柄与气缸中心线的夹角 α 表示，顺着曲柄旋转方向，α 角从外止点开始算起。在任意转角 α 瞬时，活塞离外止点的位移 X

$$X=AC=AO-CO=l+r-(l\cos\beta+r\cos\alpha)$$

β 为连杆摆角，它是连杆长度 l 与气缸中心线的夹角，因 $\sin\beta/\sin\alpha=r/l=\lambda$，

$$\cos\beta=\sqrt{1-\lambda^2\sin^2\alpha}\approx 1-\frac{1}{2}\lambda^2\sin^2\alpha$$

则活塞位移的近似公式

$$X=r\left[(1-\cos\alpha)+\frac{\lambda}{4}(1-\cos 2\alpha)\right] \tag{5-1}$$

设曲轴每分钟转速为 n 转，旋转角速度 $\omega=\dfrac{\pi n}{30}$为定值，将式（5-1）对时间 t 微分得活塞运动速度

$$v=r\omega\left(\sin\alpha+\frac{\lambda}{2}\sin 2\alpha\right) \tag{5-2}$$

将式（5-2）对时间 t 微分，得活塞加速度

$$a=r\omega^2(\cos\alpha+\lambda\cos 2\alpha) \tag{5-3}$$

曲柄销中心点 D 的旋转加速度

$$a_r=r\omega^2 \tag{5-4}$$

2. 惯性力 I

为了确定惯性力，将运动零件的质量简化为两类：①集中在 C 点作往复运动的质量 m_p，m_p 包括活塞、十字头部件、连杆部件的小部分质量；②集中在 D 点作旋转运动的质量 m_r，m_r 包括曲拐、曲柄、连杆部件大部分质量。

往复质量 m_p 运动时所产生的往复惯性力 I 为

$$I=m_p r\omega^2(\cos\alpha+\lambda\cos 2\alpha) \tag{5-5}$$

惯性力 I 可看作两部分之和：$I=I_{\mathrm{I}}+I_{\mathrm{II}}$，$I_{\mathrm{I}}=m_p r\omega^2\cos\alpha$ 称为一阶往复惯性力，其变化周期等于曲轴转一转的时间；$I_{\mathrm{II}}=m_p r\omega^2\lambda\cos 2\alpha$ 称为二阶往复惯性力，其变化周期等于曲轴转半转的时间。λ 通常在$\dfrac{1}{7}\sim\dfrac{1}{3.5}$的范围内选择，因此一阶往复惯性力起主要作用。往复惯性力沿着气缸中心线作用。通常规定，从曲轴中心向外的力，即在连杆中引起拉伸的惯性力为正，方向相反时为负，因此其符号与由活塞外止点算起的曲柄转角 α 的余弦符号一致。

旋转运动质量 m_r 引起旋转惯性力（即离心力）I_r

$$I_r = m_r r\omega^2$$

其作用方向始终沿着曲柄半径指向外。

3. 流体力 F_g

作用在活塞上的流体力，为其端面面积与流体压力乘积的代数和，内燃机中的气体力是做功的基本力源，压缩机中的气体力、泵中的液体力则是耗功的力源。

气缸内的气体压力随着曲轴转角 α 而变化，其规律可从压力指示图中得到。图 5 - 11 为简化的指示图，它是图 7 - 1 实际循环指示图经简化处理后的工程计算图，其纵坐标为气缸压力 p，横坐标为活塞位移 x，余隙容积折合长度 $S_C=C\times S$，相对余隙容积 $C=V_o/V_s$。根据不同曲柄转角 α，由式（5 - 1）求相应的活塞位移 x_i，再求对应的气体压力。下面按过程方程式整理。

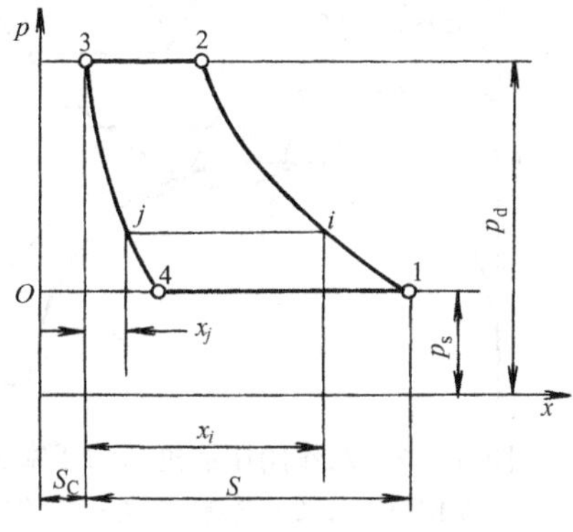

图 5 - 11　盖侧气缸工作容积的简化 $p-x$ 图

（1）压缩过程 1 - 2

$$p_i = \left(\frac{S+S_C}{x_i+S_C}\right)^{m_c} p'_s$$

式中：p_i 为压缩过程第 i 点的气体压力；x_i 为 i 点的活塞位移；m_c 为压缩过程的指数；p'_s 为考虑压力损失后的实际吸气压力。

（2）膨胀过程 3 - 4

$$p_j = \left(\frac{S_C}{x_j+S_C}\right)^{m_e} p'_d$$

式中：p_j 为膨胀过程第 j 点的气体压力；X_j 为 j 点的活塞位移；m_e 为膨胀过程指数；p'_d 为考虑压力损失后的实际排气压力。

吸气过程 4 - 1 可看作气缸压力等于 p'_s 的等压过程。排气过程 2 - 3 可看作气缸压力等于 p'_d的等压过程。在动力计算中，凡是使连杆受拉伸的力都取正值，使连杆受压缩的力取负值。因此，轴侧气缸容积中的气体力取正值，而盖侧气缸容积中的气体力取负值。

4. 摩擦力 f_p

活塞与气缸壁、活塞杆与填函、十字头与滑道的相对运动产生往复摩擦力 f_p；活塞销（或十字头销）与连杆小头、曲柄销与连杆大头、主轴颈与主轴承之间产生旋转摩擦力 f_r。摩擦力的大小随转角 α 而变化，难以精确计算，其值比惯性力、气体力小得多，可按经验认可的摩擦功率值估算，并视为定值。

往复摩擦力的正负也按往复惯性力的规则定，向轴行程（$\alpha=0\sim180°$），往复摩擦力取正值；向盖行程 $\alpha=180°\sim360°$时，往复摩擦力取负值；止点处 $f_P=0$。

旋转摩擦力的正方向与压缩机旋向相反。

5. 活塞力 F_p

压缩机正常工作时，气体力、往复惯性力、往复摩擦力的方向都是沿每列气缸中心线，其代数和称为该列的活塞力（图 5 - 12）。

$$F_p = F_g + I + f_p \tag{5 - 6}$$

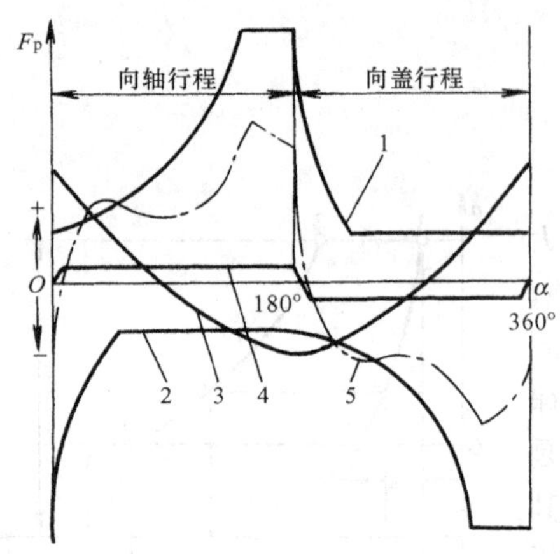

图 5-12 双作用压缩机列的活塞力图

1—轴侧气体力；2—盖侧气体力；3—惯性力；4—往复摩擦力；5—列的活塞力

上式 F_g 为轴侧、盖侧气缸工作容积中气体力的代数和，按工作容积中的气体压力随曲柄转角 α 变化的瞬时值 $p=f(\alpha)$ 与活塞面积的乘积值代入式（5-6）。注意：图 5-12 不是图 5-11 中 $p=f(x)$ 的直接展开图，而是要借助式（5-1）将 x 与 α 相互转换后，再进行计算。

在内燃机中因往复摩擦力所占比例很小，在此分析中不予计及，它的影响将在机械损失中考虑。在压送液体的活塞泵中，除考虑液体的压力外，还应考虑液体的重力。

活塞力的正负也按往复惯性力的规定：使连杆受拉取正，受压取负。压缩机空负荷时，活塞力为惯性力和摩擦力之和；满负荷突然停车时，气体力就是活塞力。若在活塞止点停车，此时的活塞力为最大值。压缩机铭牌上所指的活塞力即止点时的气体力。

6. 连杆力和侧向力

活塞力 F_p 传递到活塞销（或十字头销）C 点上（见图 5-13），分解为连杆力 F_c 和侧向力 F_n，其值分别为

$$F_c = F_p \frac{1}{\sqrt{1-\lambda^2\sin^2\alpha}} \tag{5-7}$$

$$F_n = F_p \frac{\lambda\sin\alpha}{\sqrt{1-\lambda^2\sin^2\alpha}} \tag{5-8}$$

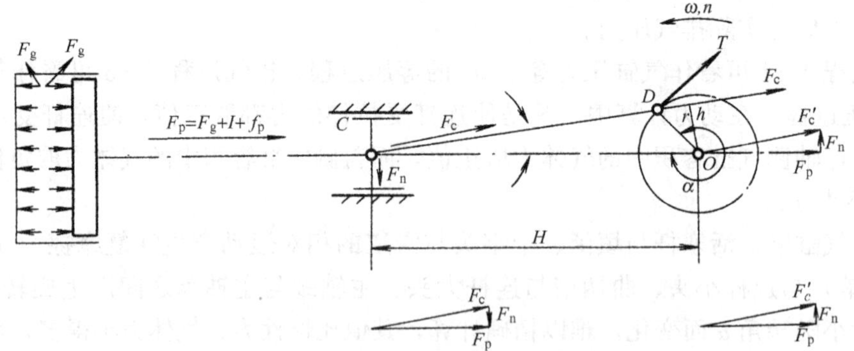

图 5-13 压缩机作用力分析

F_c 沿着连杆轴线方向，使连杆受拉伸时 F_c 取正值，反之取负值。侧向力 F_n 垂直于气缸轴线压向十字头导轨，由导轨产生一个反力 $-F_n$ 与它平衡，F_n 的符号与 F_c 相同。

7. 阻力矩

连杆力 F_c 沿着连杆轴线传到曲柄销 D 点，对曲轴产生两个作用。其一是连杆力相对于曲轴中心 O 构成一个力矩 $M_1=F_c h$（即分解的切向力 T 对 O 形成的力矩 $M_1=T\cdot r$）。

$$M_1 = F_p r\left(\sin\alpha + \cos\alpha\frac{\lambda\sin\alpha}{\sqrt{1-\lambda^2\sin^2\alpha}}\right) \tag{5-9}$$

如图 5-13 所示时刻的 M_1 方向与曲轴转向相反，起阻止曲轴旋转的作用，习惯上称 M_1 为阻力矩。作用在曲柄销轴颈上的旋转摩擦力 f_r 所产生的旋转摩擦力矩 M_2 也起阻止曲轴旋转的作用，两力矩叠加得 $M_r=M_1+M_2$。M_1 是内燃机对外做功的输出扭矩。

8. 主轴承上的作用力

连杆力的另一作用是曲轴的主轴颈向主轴承作用一个力 F'_c，F'_c 在主轴承上被分解为水平与垂直分力，垂直分力与侧向力 F_n 大小相等，方向相反；水平分力等于活塞力 F_p；在主轴承上还有旋转惯性力和旋转摩擦力。

9. 各力对机械的作用

气体力　气缸中的气体力既作用在运动的活塞上，也作用在静止的气缸盖（或气缸座），且大小相等，方向相反；气体力通过机身传到主轴承 O 点，与经运动机构传到主轴承上的活塞力 F_p 中的气体力 F_g 相抵消。因此，气体力不传到机器外面，它只使气缸、中体、机身及相关的螺栓等受到交变的拉伸或压缩，往往称其为内力。

往复摩擦力　因摩擦力成对出现，一条途径是经运动部件传到主轴承上，另一途径是通过气缸壁和机身传到主轴承上，所以它不传到机器外面，它也是内力。

惯性力　作用在主轴承上的活塞力 F_p，其气体力 F_g 和往复摩擦力 f_p 已在机器内部自动平衡，而往复惯性力 I 未被平衡，能通过主轴承和机体传到基础，习惯上称 I 为外力，或称为自由力。I 的数值和方向是随曲柄转角周期地变化，因此导致机器和基础振动。旋转惯性力 I_r 也作用在主轴承上，它的大小不变，但方向随曲柄转角周期地变化，也是自由力，也能引起机器和基础振动。为减小机器振动，应尽可能平衡惯性力。

侧向力与倾覆力矩　侧向力 F_n 与主轴颈作用于主轴承上的垂直分力，大小相等，方向相反，在机器内构成了一个力矩 $M_n=F_n\cdot H$（$H=OC$，H 是十字头销中心至曲轴中心的瞬时距离），习惯上称 M_n 为倾覆力矩。计算表明：倾覆力矩 M_n 和阻力矩 M_1 大小相等，方向相反。但倾覆力矩 M_n 是作用在静止的机身上，而阻力矩 M_1 是作用在曲轴上，因此 M_n 与 M_1 不能相互抵消。同理，机身上的旋转摩擦力矩和曲轴上的旋转摩擦力矩大小相等，方向相反，也不能相互抵消。倾覆力矩的数值周期变化，属自由力矩，也要引起机器的振动。

阻力矩　作用于压缩机曲柄销上的阻力矩和旋转摩擦力矩阻止曲轴旋转，实质上就是压缩机所耗的功。机器在每分钟的转数是不变，在压缩机一转中，阻力矩、旋转摩擦力矩之和所耗功与驱动力矩 M_d 供给的功相等。但阻力矩是随转角 α 周期地变化，而驱动力矩 M_d 一般是不变的，则它们在一转中的每一瞬时是不相等的，因此曲轴加速或减速（图 5-14）。

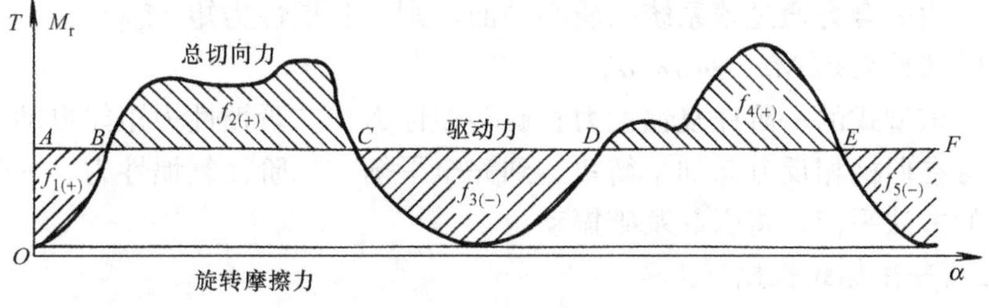

图 5-14　压缩机在一转中的多余功和不足功

总切向力曲线与平均切向力直线的交点 B、C、D、E，使压缩机一转中分成几个功量盈亏阶段，从 B 到 C，D 到 E 的曲柄转角范围内，$M_r>M_d$，压缩机减速；从 A 到 B、C 到

D、E 到 F 的曲柄转角范围内，$M_r<M_d$，压缩机加速。交点 B、D 为多余能量向不足能量变化的转折点，交点 C、E 为不足能量向多余能量变化的转折点。即

$$M_1 - M_d = -J\varepsilon \tag{5-10}$$

式中：J 为压缩机机组中的全部旋转质量的惯性矩；ε 为压缩机曲轴的瞬时角加速度。

一般不允许机器在一转中的角加速度有很大变化，往往设法增大 J 值。因此，在压缩机中都装有飞轮，利用它的惯性矩，自动储存多余的能量，自动释放补充不足的能量，使速度波动控制在允许的范围内。

若用内燃机、往复泵示功图的相关数据分别代入流体力的计算，则上述动力分析的全部过程适用于内燃机和往复泵。

第四节　往复式机器的惯性力的平衡

在内燃机、往复泵、往复压缩机的工作过程中，其作用力的变化规律基本相同，因此，三类机器的惯性力的分析方法和平衡手段基本一致，本节以压缩机为例进行分析。

惯性力的数值和方向周期性的变化，导致机器和基础的振动，必须采用有效方法，在机器内部平衡惯性力。惯性力是自由力，可以用变化周期相同、方向相反的另一个惯性力平衡。压缩机的每列连杆分别装在各个曲拐上，可利用曲柄错角使各列惯性力相差一定相位而互相抵消；或各列连杆装在同一曲拐上，利用各列气缸轴线间的夹角，使惯性力的合力为定值，且作用在曲柄方向，则可在曲柄反方向加平衡块平衡。

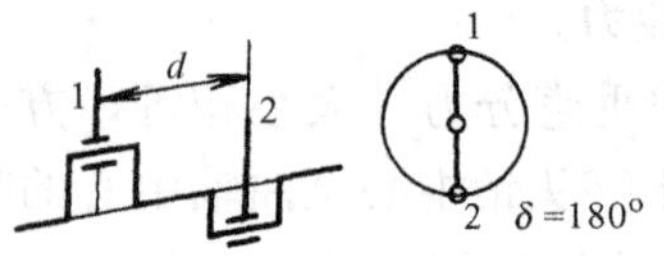

图 5-15　两列立式—往复式机械

1. 两列立式—往复式机械

两列曲柄错角 $\delta=180°$（见图 5-15），设两列的往复质量 m_p 和不平衡旋转质量 m_r 均相等，两列的一阶和二阶往复惯性力的合力分别为

$$\sum I_{\mathrm{I}} = m_p r\omega^2\cos\alpha + m_p r\omega^2\cos(\alpha+180°) = 0$$

$$\sum I_{\mathrm{II}} = m_p r\omega^2\lambda\cos2\alpha + m_p r\omega^2\lambda\cos2(\alpha+180°) = 2m_p r\omega^2\lambda\cos2\alpha$$

两列的旋转惯性力的合力

$$\sum I_r = m_r r\omega^2 - m_r r\omega^2 = 0$$

设两列的中心距为 d，则一阶惯性力矩

$$M_{p\mathrm{I}} = m_p r\omega^2 d\cos\alpha$$

若二阶惯性力的合力通过该系统的质心平面，则二阶惯性力矩 $M_{p\mathrm{II}}=0$。

两列的旋转惯性力矩 $M_{ri}=m_r r\omega^2 d$。

由此可见，该型式的一阶往复惯性力、旋转惯性力、二阶惯性力矩能自动平衡。对于旋转惯性力矩，可在曲柄相反方向加平衡块达到完全平衡。二阶往复惯性力、一阶往复惯性力矩不能用简易的方法平衡，将引起基础振动。

2. 三列立式—往复式机械

图 5-16 所示三列立式—往复式机械，曲柄错角 $\delta=120°$，设各列往复质量 m_p 相等，不平衡旋转质量 m_r 相等，列间距 d 相等，则

$$\sum I_{\mathrm{I}} = m_p r\omega^2[\cos\alpha + \cos(\alpha+120°) + \cos(\alpha+240°)] = 0$$

$$\sum I_{\mathrm{II}} = m_p r\omega^2\lambda[\cos2\alpha + \cos2(\alpha+120°) + \cos2(\alpha+240°)] = 0$$

$$\sum M_{p\mathrm{I}} = \frac{\sqrt{3}}{2}m_p r\omega^2 d(\sqrt{3}\cos\alpha - \sin\alpha)$$

$$\sum M_{p\mathrm{II}} = \frac{\sqrt{3}}{2}\lambda m_p r\omega^2 d(\sqrt{3}\cos2\alpha + \sin2\alpha)$$

$$\sum I_r = 0$$

$$\sum M_{ri} = \sqrt{3}m_r r\omega^2 d$$

往复惯性力的合力矩$\sum M_{p\mathrm{I}}$、$\sum M_{p\mathrm{II}}$不能在机器内部平衡，但旋转惯性力的合力矩$\sum M_{ri}$可装平衡块得到平衡。

3. 对动式—往复式机械

图 5-17 对动式的特点是气缸中心线分布在曲轴中心线两侧，相对两列的曲拐错角 $\delta=180°$。若相对列的往复运动质量相等，则一阶往复惯性力、二阶往复惯性力、旋转惯性力的数值相等、方向相反，能互相抵消。设相对两列的列间距为 d，则一阶惯性力矩、二阶惯性力矩、旋转惯性力矩为

$$\sum M_{p\mathrm{I}} = m_p r\omega^2 d\cos\alpha$$

$$\sum M_{p\mathrm{II}} = \lambda m_p r\omega^2 d\cos2\alpha$$

$$\sum M_{ri} = m_r r\omega^2 d$$

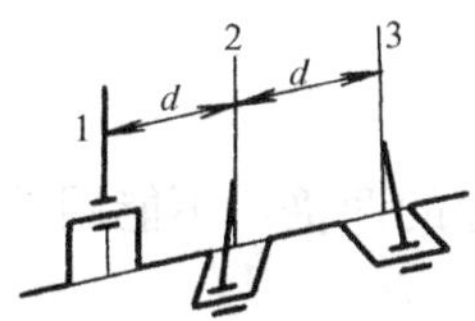

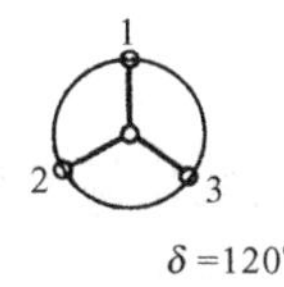

图 5-16　三列立式—往复式机械

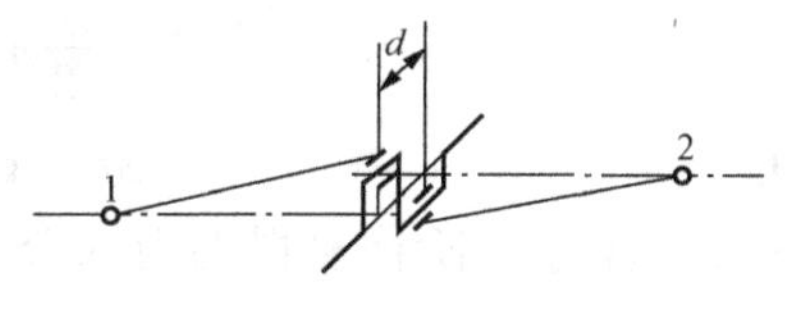

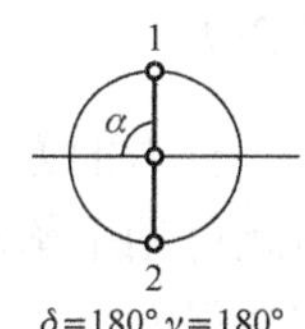

图 5-17　对动式—往复式机械

$\sum M_{ri}$可在曲柄相反方向装平衡块予以平衡。对动式的气缸位于曲轴箱两侧，列间距 d 有可能取小值，则一阶、二阶惯性力矩可控制在允许的范围内。此外，四列、六列、八列等多列对动式，利用相邻对动列之间的合理曲柄错角，使得力矩全部平衡。

角度式泵、压缩机是一个曲拐上配置两个或两个以上的连杆，各列气缸中心线之间成一定的角度 γ。

4. V 形往复式机械

图 5-18 所示 V 形往复式机械，它有两个连杆装在同一曲拐上，令左右列往复运动质量相等，$\gamma=90°$，忽略两列的轴间距，则两列的往复惯性力可视为一平面汇交力系。

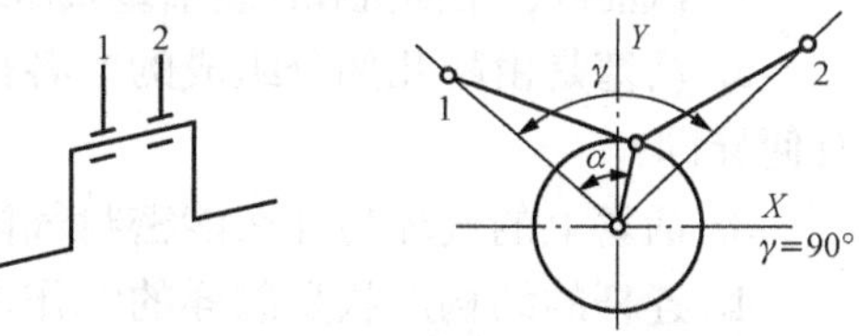

图 5-18　V 形往复式机械

左、右列的一阶往复惯性力及其合力、合力的方位角 θ 分别为

$$I'_{\mathrm{I}} = m_p r\omega^2\cos\alpha$$

$$I''_{\mathrm{I}} = m_p r\omega^2\cos(\gamma-\alpha) = m_p r\omega^2\sin\alpha$$

$$\sum I_{\mathrm{I}} = m_p r\omega^2$$

$$\mathrm{tg}\theta = \mathrm{tg}\alpha$$

左、右列的二阶往复惯性力及其合力分别为

$$I'_{\mathrm{II}} = m_p r\omega^2\lambda\cos2\alpha$$

$$I''_{\mathrm{II}} = -m_p r\omega^2 \lambda \cos 2\alpha$$

$$\sum I_{\mathrm{II}} = \sqrt{2} m_p r\omega^2 \lambda \cos 2\alpha$$

一阶往复惯性力合力的方向始终与曲柄方向一致，可利用平衡块平衡；二阶往复惯性力合力始终处于水平方向，随 2 倍主轴旋转角速度变化，不能用平衡块平衡。

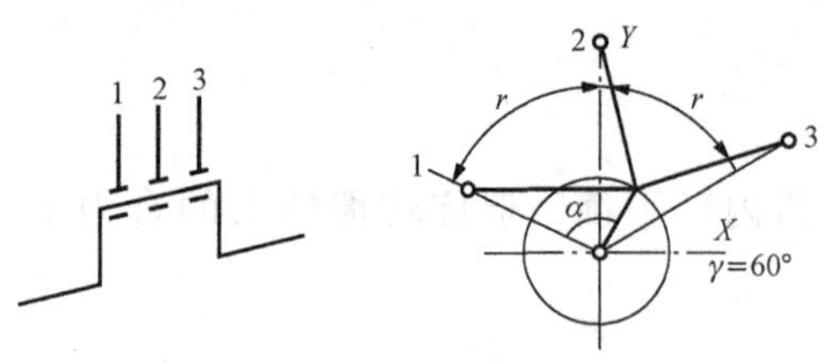

图 5-19　W 形往复式机械

5. W 形往复式机械

如图 5-19 所示 W 形往复式机械，它的三个连杆装在同一曲拐上，设三列的往复运动质量相等，$\gamma=60°$，忽略列间的轴间距，以中间列为基准，各列一阶往复惯性力向垂直和水平方向投影。

$$\sum I_{\mathrm{IV}} = m_p r\omega^2 \cos(\alpha+\gamma)\cos\gamma + m_p r\omega^2 \cos\alpha + m_p r\omega^2 \cos(\gamma-\alpha)\cos\gamma$$

$$\sum I_{\mathrm{IH}} = -m_p r\omega^2 \cos(\alpha+\gamma)\sin\gamma + m_p r\omega^2 \cos(\gamma-\alpha)\sin\gamma$$

取　$\gamma = 60°, \sum I_{\mathrm{IV}} = \dfrac{3}{2} m_p r\omega^2 \cos\alpha$

$$\sum I_{\mathrm{IH}} = \frac{3}{2} m_p r\omega^2 \sin\alpha$$

其合力　$\sum I_{\mathrm{I}} = \dfrac{3}{2} m_p r\omega^2$

合力的方位角　$\mathrm{tg}\theta = \mathrm{tg}\alpha$

因此可用平衡块平衡。至于二阶往复惯性力的合力，其变化频率是转速的两倍，不能用简易方法平衡。

由惯性力平衡的分析，不难理解：内燃机、往复泵、活塞压缩机往往设计成多列、对动式、V 形、W 形的力学原理。

思考题和习题

1. 汽油机、柴油机和往复活塞式压缩机各自是由哪些机构和系统组成的？它们有何异同？

2. 活塞是由哪几部分组成的？各部分的作用是什么？在发动机和压缩机中活塞受的力有何异同？

3. 活塞上的气环为什么能密封气体？油环为什么能铺油和刮油？

4. 连杆的结构形状是怎样的？作用在它上面的力有哪些？

5. 曲轴的结构形状是怎样的？其功能如何？承受哪些作用力？

6. 活塞、连杆和曲轴机构的惯性力是怎样分析和计算的？

7. 看总活塞力图，说明惯性力对机器所起的作用。

8. 已知扇形往复流体机械：四列气缸均为单作用，每列往复运动质量 m_p，气缸中心线夹角 $\gamma=45°$，不平衡旋转质量 m_r，写出其平衡计算式。

9. 已知对称平衡式往复流体机械：四列气缸均为双作用，每列往复运动质量 m_p，曲柄错角 $\delta=90°$，不平衡旋转质量 m_r，写出其平衡计算式。

第六章　内　燃　机

第一节　内燃机的工作过程

一、内燃机的工作原理

（一）四冲程内燃机的工作过程

在内燃机中，燃料在缸内依靠活塞上行压缩的气体着火燃烧，放出大量热能，使可燃混合气（工质）的压力和温度急剧增高，并在缸内膨胀推动活塞做功。膨胀终了的气体，已成为不能在缸内做功的废气，必须先把它们排出去才能重新充填新鲜空气。也就是说，内燃机做功，必须具备进气、压缩、燃烧、膨胀和排气五个过程，这五个过程构成一个工作循环。循环是通过活塞往复四个行程来完成的，所以重复这种循环以连续运转的内燃机被称为四冲程内燃机。

下面就以单缸柴油机为例对其工作过程加以阐明。

第一冲程——进气冲程［见图 6-1（a）］。

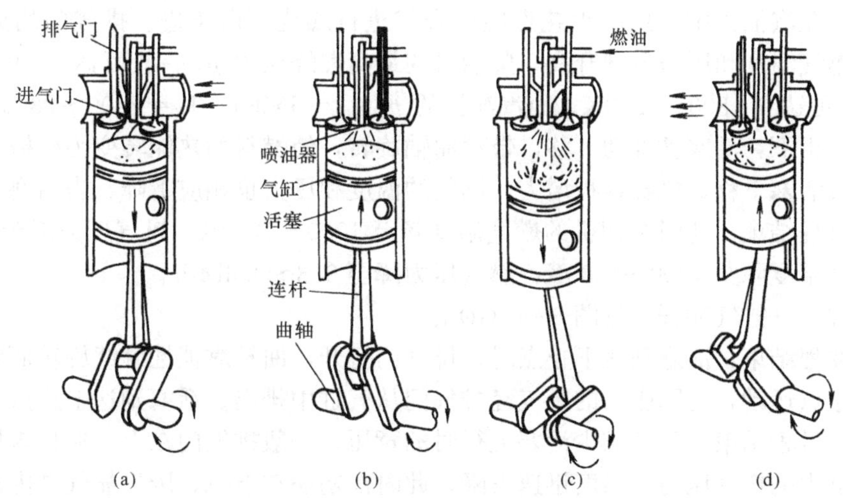

图 6-1　四冲程内燃机的工作过程

（a）进气；（b）压缩；（c）做功；（d）排气

进气冲程开始时，进气门开启，排气门关闭，活塞从上止点向下止点运动。由于活塞的下行，活塞顶部的气缸容积增大，缸内压力下降到大气压力或增压压力以下，靠气缸内外压力差的作用，新鲜空气（柴油机）或混合气（汽油机）通过进气门被吸入气缸。当活塞运动到下止点以后，进气门关闭，进气过程结束。

在进气过程中，由于柴油机进气系统有空气滤清器、进气管和进气门，存在流阻损失，气缸中的压力 p_a 略低于大气压力 p_0 或增压压力 p_c。汽油机的进气系统与柴油机相比多了节气门等调节装置，且转速一般比柴油机高，因此，缸内进气压力比柴油机还低。

为了使柴油机发出较大的功率，在进气过程中应提高进气量，一般采取下列措施。

(1) 进气阀的直径尽可能大于排气阀的直径。

(2) 尽可能减小进气系统内的流阻，流道中尽量避免产生涡流。

(3) 进气门提前在上止点前20°～30°曲轴转角打开，以减少气流经气门口时的损失。

(4) 进气门延迟在下止点后20°～40°曲轴转角关闭，延长进气时间，利用气流流动惯性，增加进气量。

第二冲程——压缩冲程［见图6-1(b)］。

活塞自下止点向上止点运动。在此期间，进、排气门都处于关闭状态。当压缩冲程开始时，活塞位于下止点，曲轴在飞轮惯性（如果多缸机则加上其他缸的扭矩）作用下带动旋转，通过连杆推动活塞向上运动。随着气缸容积的不断减小，气缸内的空气就受到了压缩，其温度和压力迅速上升。当活塞到达上止点时，压缩过程结束。在柴油机中压缩的是空气，压缩比较高，压缩终了时，气缸内气体压力 p_c 可达3～4MPa，气体温度 T_c 可升至800～950K。这一温度比柴油的自燃温度（约600K）高出200～250K，使喷入气缸内的柴油能迅速自燃。在汽油机中，压缩的是可燃混合气，为防止爆燃，压缩比较低，终点压力 p_c=0.7～1.5MPa，温度 T_c=600～800K。

第三冲程——做功冲程（燃烧与膨胀）［见图6-1(c)］。

在压缩冲程接近终了时，在柴油机中，柴油被喷入气缸，与高温高压的空气混合，并自行着火燃烧。在汽油机中，用电火花点燃混合气进行燃烧。由于进、排气门均处于关闭状态，气缸内燃气温度和压力急剧升高，柴油机的最高燃烧压力 p_Z 一般可达6～9MPa，最高燃烧温度 T_Z 可达到1800～2200K；而汽油机的 p_Z=3～5MPa，T_Z=2500～2800K。在高温高压的燃气作用下，活塞被推动下移，带动曲轴旋转，使燃料的热能转变为机械能，从而对外做功。随着活塞下移，气缸容积增大，燃气的温度和压力也相应下降，当活塞运动到下止点时，膨胀过程结束。此时柴油机的燃气温度降至1000～1200K，燃气压力降至3～4MPa；汽油机的燃气温度降至1200～1500K，燃气压力降至0.3～0.6MPa。

第四冲程——排气冲程［见图6-1(d)］。

当做功冲程结束，活塞到达下止点时，排气门打开，曲轴靠惯性继续旋转而带动活塞从下止点向上止点运动，把膨胀后的废气经排气门从气缸中排出。活塞到达上止点以后，排气门关闭，排气过程结束。为了减少活塞上行时的背压，一般排气门在上一冲程末期下止点前已开启，气缸内的燃气压力和温度迅速下降，此时活塞还在下行，废气靠气缸内外压力差自行排出。当活塞由下止点向上止点上行时，废气被活塞推挤出气缸，整个排气过程是在高于大气压，并且在压力基本不变的情况下进行，一般排气门在上止点后10°～15°曲轴转角才关闭。在排气过程结束时其排气压力 p_r 约为0.105～0.11MPa，温度为700～900K。

上述四个冲程中，进气冲程所占曲轴转角为220°～250°；压缩冲程所占曲轴转角为140°～160°；工作冲程所占曲轴转角为135°～160°；排气冲程所占曲轴转角为210°～260°。

由上所述，可见活塞要上下运动四个单程即四个冲程，曲轴旋转二转，完成一个工作循环，每个工作循环中，只有第三个冲程（做功冲程）是输出有效功的。在此冲程内，完成了燃油从化学能转变为热能，又从热能转变为机械能的两次能量转换，其他三个冲程都是为工作冲程服务的，都需要从外界输入能量才能进行。在单缸柴油机中，这一能量是靠膨胀冲程储藏在飞轮中的能量来供给的；在多缸柴油机中，则由其他正在做功的气缸来供给的。

（二）二冲程往复式活塞发动机的工作过程

从上面分析四冲程内燃机工作原理得知，四冲程内燃机中，只有第三个冲程是对外做功的，而其他三个冲程只做辅助性的工作，不但不能向外输出有用功，反而要消耗一部分第三冲程输出的有用功。为了进一步提高内燃机向外输出功率，人们通过生产实践，发明了二冲程内燃机。

二冲程发动机的主要特点，就是在活塞运动的二个冲程中，也就是曲轴旋转一转，完成一个工作循环，即完成进气、压缩、燃烧、膨胀及排气五个过程。二冲程发动机没有单独的进气过程与排气过程，而是把排气和进气过程安排在膨胀过程的末尾和压缩过程的初期。新鲜空气由一专门设置的扫气泵压入气缸，气缸中燃烧后的废气除一部分自由排出外，其余部分被进入气缸的新鲜空气所挤出，这个过程称为扫气过程或者换气过程。

图 6-2 为气泵扫气的二冲程柴油机工作原理示意图。这种内燃机有排气门和进气口，即为直流扫气的二冲程柴油机。此外还有横流扫气和回流扫气二冲程机。二冲程发动机的工作过程按以下方式进行：

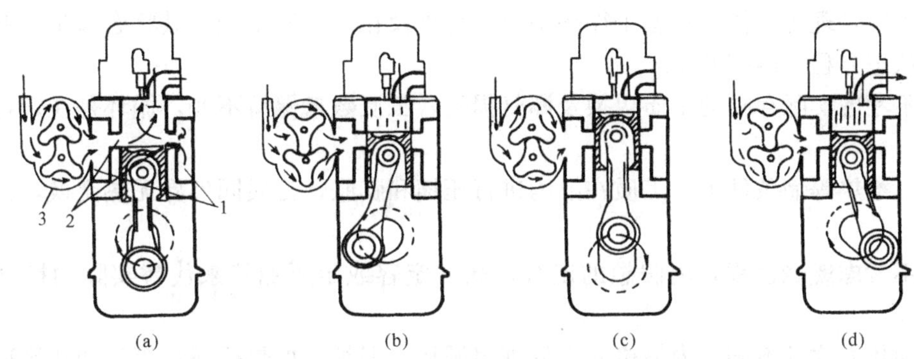

图 6-2　二冲程柴油机工作原理图

(a) 换气；(b) 压缩；(c) 燃烧；(d) 膨胀

第一冲程：扫气及压缩如图 6-2（a)、图 6-2（b）所示。

活塞由下止点向上止点运动，活塞在遮盖扫气孔之前，扫气空气由扫气泵先提高压力后进到气缸扫气孔四周的扫气箱，再由扫气箱经扫气孔进入气缸。由于扫气压力约为 0.11～0.13MPa，它高于气缸中残存的废气压力，在扫气的气体进入气缸的同时，气缸中残存的废气被扫气的气体从排气阀（或排气口）中挤出去。活塞继续上行，遮盖扫气孔时，排气阀（或排气口）也差不多在此时关闭，扫气过程结束。气缸中的新鲜空气和少量未排尽的废气随着活塞的继续上行被压缩，直到活塞运动到上止点位置，完成压缩过程。在这个过程中，柴油机与汽油机的区别是扫气的气体不同，前者是空气，后者是可燃混合气。柴油机的压缩比较高，压缩终点压力温度高，以保证柴油喷入气缸后能自燃，着火，一般柴油在上止点前 10°～30°曲轴转角位置喷入气缸内。

第二冲程：燃烧、膨胀、排气如图 6-2（b)、图 6-2（c）所示。

当活塞达到上止点前，在柴油机中，柴油喷入缸内自行发火燃烧，在汽油机中，用电火花点燃混合气进行燃烧。在高温高压气体作用下，活塞从上止点被推向下止点。在活塞下行的运动中，燃烧气体发生膨胀，一直到排气阀（或排气口）打开为止。此时膨胀过程结束。排气阀（或排气口）开启时间一般比扫气孔打开的早，废气利用本身较高的压力自行排出，从排气阀（或排气口）开启到扫气孔被打开的一段时间为自由式排气过程，大量废气是在这段时间内排出的。活塞继续下移，扫气孔被打开，扫气泵开始将压力较高的新鲜空气压入气缸，将残存于气缸中的废气继续从排气阀（或排气口）排出，这是扫气过程的开始。当活塞下行到下止点时，第二冲程结束。但扫气过程仍在继续，直到活塞从下止点又重新向上运动，到扫气孔全部被活塞遮盖，并同时将排气阀（排气口）关闭，扫气过程才算结束。活塞继续上行，第二个工作循环的压缩过程又开始，工作循环依上述顺序重复进行。

二、内燃机的热力循环及性能指标

（一）理想循环和热效率

在热力发动机中，确定质量的流体所经历的过程称为循环。内燃机的实际热力循环如前所述，它是由进气、压缩、燃烧、膨胀和排气等过程所组成的，其物理、化学过程十分复杂，如要确切地描述这些实际的热力过程是非常困难的。为此，采取了下列简化条件，提出了一种便于作定量分析的理想循环。

（1）工质是理想气体，在整个循环中保持物理及化学性质不变，其状态参量的变化完全遵守气体状态方程 $pV=MRT$。

（2）不考虑实际存在的工质更换及漏气损失，工质数量保持不变，循环是在定量工质下进行的。

（3）在绝热等熵条件下，工质在缸内进行压缩和膨胀，工质同外界无热交换，工质比热为常数。

（4）不考虑燃烧过程，用假想的定容放热和定容或定压加热来代替实际的换气和燃烧过程。

根据加热方式的不同，内燃机有三种理想循环，即等容加热循环、等压加热循环和混合加热循环，图 6-3 为这三种循环的 $p-V$ 图。

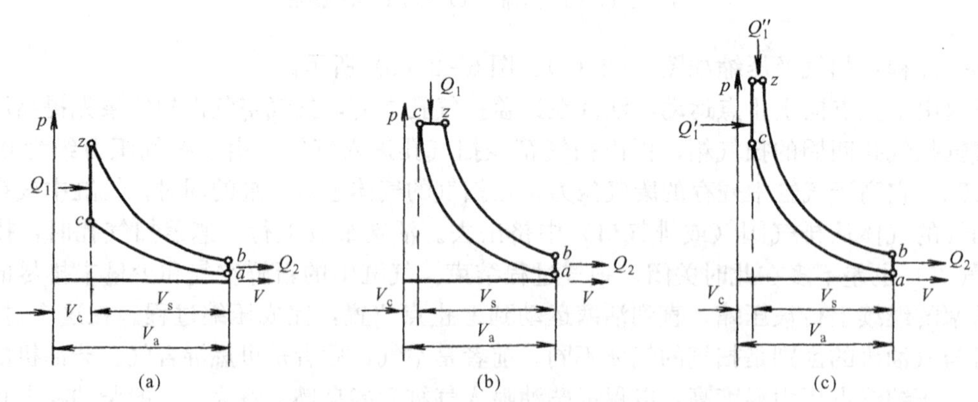

图 6-3 理想循环示功图

(a) 等容循环；(b) 等压循环；(c) 混合循环

图 6-3 (a) 为等容加热循环。气体从 a 点开始绝热压缩到 c 点，自 c 点等容吸热到 z 点，从 z 点绝热膨胀到 b 点，最后沿 ba 线等容散热再回到 a 完成一个工作循环。等容循环也叫奥托循环，汽油机的工作过程近似于等容加热循环。

在工程热力学中已知等容加热循环的热效率为

$$\eta_t = 1 - \frac{1}{\varepsilon^{\kappa-1}} \tag{6-1}$$

式中：ε 为压缩比，它表示压缩过程中工质容积的变化，即

$$\varepsilon = \frac{V_a}{V_c} = \frac{V_s + V_c}{V_c} \tag{6-2}$$

由式（6-1）可以看出，等容加热循环的热效率只随压缩比 ε 与等熵指数 κ 的变化而变化。由于 κ 在实际循环中变化不大，因此，η_t 主要随 ε 的增加而增加。但在实际发动机中，ε 的增加受最高燃烧压力 p_Z 的限制，实际使用的 ε 较小。

图 6-3（b）为等压加热循环。同等容加热循环的不同之点仅在于加热过程是在等压条件下进行的，该循环也叫狄赛尔循环。低速柴油机和空气喷射式柴油机的工作过程近似于等压加热循环。它的热效率为

$$\eta_t = 1 - \frac{1}{\varepsilon^{\kappa-1}} \frac{\rho^\kappa - 1}{\kappa(\rho - 1)} \tag{6-3}$$

式中：ρ 为初膨胀比，即 $\rho = V_Z/V_c$。

由式（6-3）可以看出，η_t 是随着 ε、κ 和 ρ 而变化的，ε 与 κ 对 η_t 的影响与等容加热循环中的情况相同，而 ρ 的增大使 η_t 下降。

图 6-3（c）为混合循环即加热过程先为等容加热，后为等压加热，总加热量为二者之和。它的热效率为

$$\eta_t = 1 - \frac{1}{\varepsilon^{\kappa-1}} \frac{\pi\rho^\kappa - 1}{\pi - 1 + \kappa\pi(\rho - 1)} \tag{6-4}$$

式中：π 为压力升高比，即 $\pi = \frac{p_Z}{p_c}$。

由式（6-4）可看出，η_t 随 ε、κ、ρ 和 π 而变，说明在混合加热循环条件下，当 Q_1 和 ε 不变时，如果 π 增大，相应的 Q_2 亦减小，则 η_t 增大；如果 ρ 增大，则 η_t 减小。

在极端情况下，当 π=1 时，内燃机即以等压加热循环方式工作；当 ρ=1 时，即以等容加热循环方式工作。各种无气喷射式柴油机的实际工作过程近似于混合加热循环。

（二）实际循环

内燃机的实际循环是工质在气缸中实际所经历的物理、化学过程，可用示功器实测气缸中的 $p-V$ 曲线，则得如图 6-4 所示的内燃机示功图。

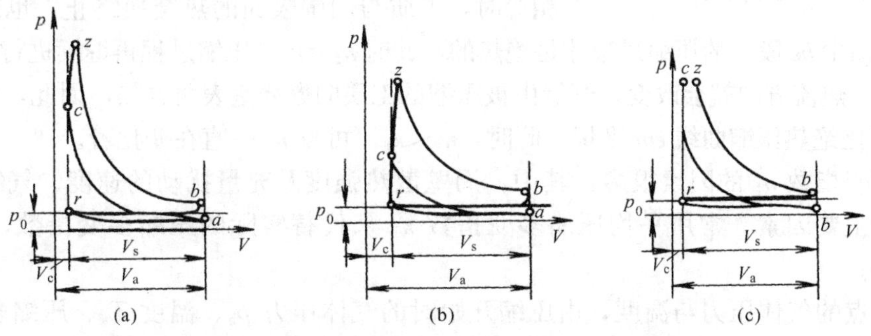

图 6-4　四冲程内燃机实际循环的 $p-V$ 示功图

（a）无气喷射柴油机；（b）汽油机；（c）空气喷射柴油机

实际循环与理想循环相比较，由于实际循环的工质的不同，有气体流动阻力，有传热损失，有不完全燃烧损失及漏气损失，使其热效率较低，循环做的功也较小。

内燃机的实际循环一般包括压缩、燃烧、膨胀和换气等多个过程，下面逐一简要介绍。

1. 压缩过程

在理想循环中，压缩过程是一个等熵过程，而实际的压缩过程是一个复杂的多变过程。该过程工质的温度是变化的，还存在漏气损失，所以工质的比热不是常量，工质的数量也在改变。另外还存在失效行程。

压缩过程的作用是：

(1) 扩大工作循环的温度范围，以提高工作循环的热效率；

(2) 使工质得到更大的膨胀比，以输出更多的功；

(3) 使工质的温度和压力提高，为冷机启动及着火创造条件。

发动机的压缩比是表征工质容积变化和压缩行程变化的一个参数。根据循环与着火方式的不同，对不同类型的内燃机应有不同的要求。

在具有外部混合气形成及外源点火式的内燃机中（例如汽油机），在气缸内被压缩的是空气与燃料的混合物。当活塞到达压缩终点时，由于处在强扰流运动的情况下，使混合物进一步混合，将燃烧火焰快速地由着火点传播到整个燃烧空间。虽然提高压缩比能提高内燃机的性能，但是，压缩比的大小却受到可燃混合气早燃或爆燃的限制，因此，压缩比上限的取值要考虑到燃料的性质、可燃混合气的成分、传热的条件及燃烧室的结构等因素。

对于压燃式的内燃机——柴油机，必须使压缩终了的空气温度不低于燃料着火燃烧的自燃温度，因此，这就决定了柴油机正常工作的最低压缩比。

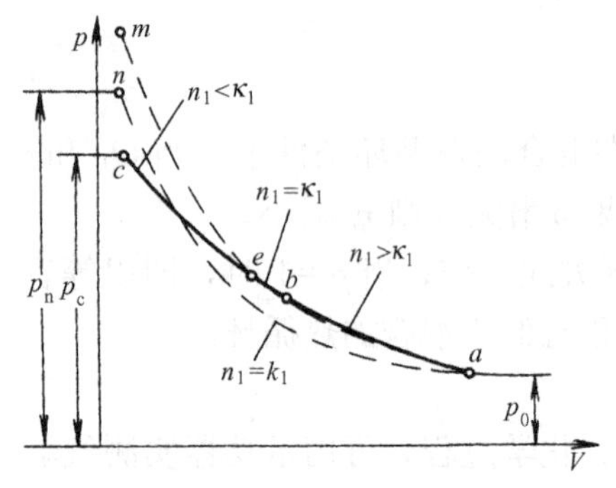

图 6-5 压缩曲线图

内燃机实际循环中压缩过程是一个变指数的多变过程，如图 6-5 所示。

在压缩初期，工质的温度常低于气缸内壁表面的温度，这样，在压缩行程前半部分内被压缩的工质从这些表面吸热进一步升温，使得实际压缩曲线 ab 要比压缩曲线 an 要陡一些，多变压缩指数 n_1 大于绝热指数 κ_1。随着压缩过程的继续进行，工质温度升高，从壁面吸入的相对热量减少，n_1 也不断减小，当压缩到某一时刻（图中 b 点），被压缩工质的平均温度与燃烧室内表面的平均温度相等时，工质与周围表面的热交换终止，也就是说，在这个瞬时（图中 be 段）的压缩过程才是绝热的，此时 $n_1=\kappa_1$。压缩过程再继续进行，工质温度进一步增高，热流方向就会改变，开始由被压缩的工质向燃烧室表面放热，因此，实际压缩曲线 ec 就变得比绝热压缩曲线 em 平坦，此时，$n_1<\kappa_1$。可见 n_1 一直在变化着。

影响多变指数 n_1 的因素很多，其中，周壁散热强度及充量扰动的速度、气缸尺度、曲轴转速等为主要因素。常用平均压缩多变指数 n_1 来代替实际的压缩多变指数，一般 $n_1=1.32\sim1.39$。

压缩终点的气体压力与温度，由压缩开始时的气体压力 p_a、温度 T_a、压缩多变指数 n_1 和压缩比 ε 而定，并可用式（6-5）表示，即

$$p_c = p_a \cdot \varepsilon^{n_1} \quad (6-5)$$

$$T_c = T_a \cdot \varepsilon^{n_1-1} \tag{6-6}$$

2. 燃烧过程

燃烧过程是将燃料的化学能转变为热能的过程，由燃烧所放出的热量使工质的温度和压力升高，然后将其中的一部分热能转变为机械功。燃烧过程如图 6-4 中 cz 线所示。

在理想循环中，如图 6-3 所示的那样，燃烧是在等容或等压或等容与等压下进行的，其缸内压力变化在示功图上是平行于纵坐标或横坐标的直线，不存在任何损失。但在实际循环中，由于燃烧需要进行一定的时间，燃烧速度也不均匀，燃烧前缸内集聚的可燃混合气，着火后燃烧进行得较快，但又不是瞬时的，与活塞的运动也不同步，所以压力线 cz 不是一段直线，既不平行于纵坐标也不平行于横坐标，而是以一段弧线与压缩线和膨胀线圆滑相接，构成如图 6-4 所示的四冲程内燃机实际循环的示功图。由于在燃烧过程中还存在高温热分解、比热变化、后燃燃烧不完全损失等，使燃烧过程的工质状态参数 T_Z 及 p_Z 大大低于理想循环的状态参数值，热效率及循环中所做的功也降低。

3. 膨胀过程

膨胀过程是内燃机的做功过程，燃烧产物所积聚的内能，在膨胀过程中被转变为机械功。在理想循环中，膨胀过程为绝热的等熵过程，而实际循环的膨胀过程则是一个比压缩过程更为复杂的热力过程。燃料不可能完全燃烧，以及燃烧产物产生热分解，在膨胀开始时，后燃放出的热量大于气体传给缸壁的热损失，气体在吸热情况下膨胀；随着膨胀的继续，后燃减少，气体在散热情况下膨胀。因此膨胀是一个复指数的多变过程。膨胀多变指数 n_2 的变化情况如图 6-6 所示。

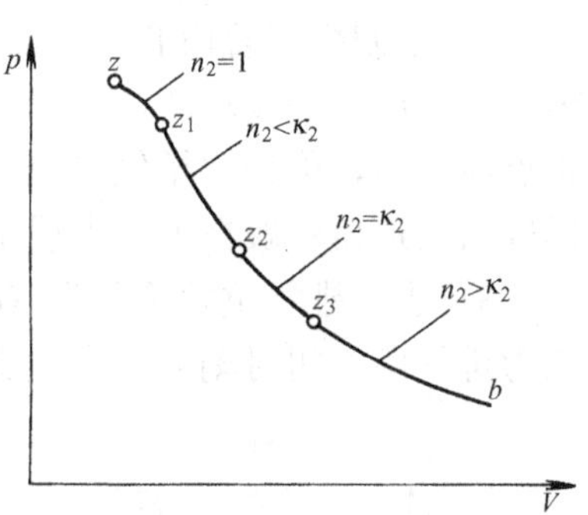

图 6-6　柴油机膨胀过程曲线示意图

在膨胀初期 zz_1 段，当后燃发出的热量较多时，过程接近等温膨胀即 $n\approx1$。膨胀继续进行，在 z_1z_2 段，后燃及分解产物重新化合，发出的热量虽比初期少，但仍高于工质散往周壁的热量，工质仍是受热的，即 $dQ>0$，因此 $n_2<\kappa_2$，但大于 zz_1 阶段的 n_2 值。

在 z_2z_3 阶段，后燃减少，但分解产物的化合作用仍在进行。后燃发出的热量接近工质传给周壁的热量，即 $dQ=0$，这时 $n_2=\kappa_2$。

膨胀进行到 z_3 点以后，后燃消失，高温分解化合作用仍在进行，但发出的热量已低于工质传给周壁的热量，这一阶段（图中 z_3b）的膨胀是散热膨胀，即 $dQ<0$，这时 $n_2>\kappa_2$，到接近 b 点时只有工质传热。

影响 n_2 的因素有内燃机的转速、燃烧速度、气缸尺寸及负荷等。一般以一个假定不变的平均膨胀多变指数 n_2 来代替实际变化的膨胀多变指数，一般 $n_2=1.15\sim1.28$。

膨胀终点的压力和温度可按式（6-7）计算

$$p_b = p_Z \cdot \frac{1}{\delta^{n_2}} \tag{6-7}$$

$$T_b = T_Z \cdot \frac{1}{\delta^{n_2-1}} \tag{6-8}$$

式中：δ 为后膨胀比，即 $\delta=V_b/V_Z$。

4. 换气过程

柴油机与汽油机的换气过程是相同的，不同的是汽油机扫气的气体不是空气而是混合气，为了不使混合气过多流失，气门重叠角度较小。下面以柴油机为例说明换气过程。

（1）四冲程柴油机的换气过程是指整个进、排气过程，即从排气门开启到进气门关闭的整个时期，其作用是更换工质，为下一循环燃烧创造必要的条件。换气过程可分为自由排气、强制排气、进排气重叠、主要进气和过后充气五个阶段。图 6-7 表示四冲程柴油机换气过程的曲线。

1）自由排气阶段Ⅰ（$b'be$）。图 6-7 中的 b' 为排气门开启时刻，b 为下止点时刻。排气门在下止点前开启，提前的角度叫排气提前开启角 θ_{ea}。排气门刚开启时，缸内废气压力较高，排气管压力与气缸压力之比往往等于或小于临界值 $\left[\left(\frac{2}{\kappa+1}\right)^{\kappa/\kappa-1}\right]$，出现超临界流动；随着废气吹出的排气门开大，气缸内压力迅速下降，排气管压力随之变化，气体流动逐渐转入亚临界流动状态。在某一时刻两个压力接近相等，即 e 点，为自由排气阶段结束，一般在下止点后 10°～30°CA（Crank Angle，曲轴扭转角）。

2）强制排气阶段Ⅱ（ed）。此阶段发生在排气行程中，气缸内的废气被活塞上行强制推出。缸内压力是波动的，由于排气门与排气道的阻力，它较排气管压力高。一般排气门在上止点后关闭，称为“排气延迟”。其作用是利用排气系统内的气流惯性从气缸中抽吸废气，排气门延迟角一般在上止点后 10°～40°CA。

3）进、排气重叠阶段Ⅲ（drr'）。本阶段在上止点附近，始点为进气门开启时刻 d，终点为排气门关闭时刻 r'。进气提前角与排气延迟角的和叫气门重叠角（见图 6-8）。

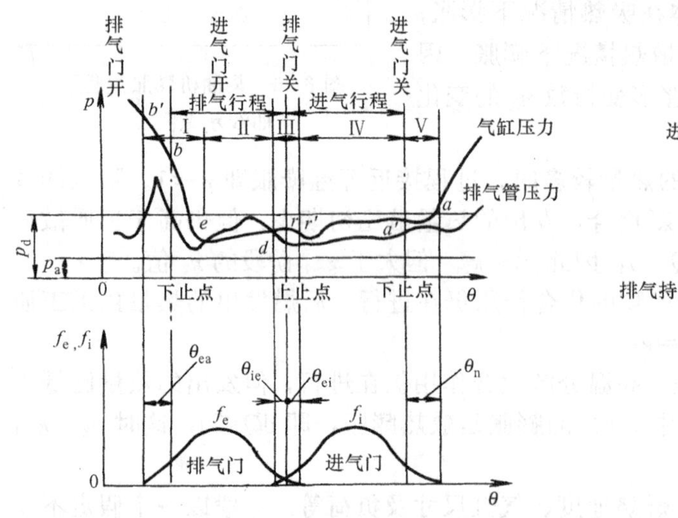

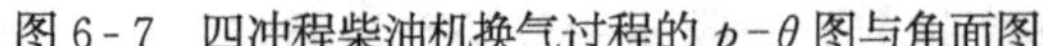
图 6-7　四冲程柴油机换气过程的 $p-\theta$ 图与角面图

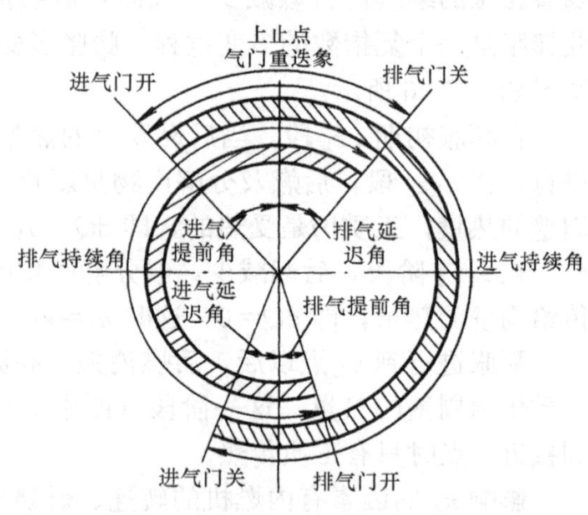

图 6-8　四冲程柴油机配气定时示意图

气门重叠期间，进气管、气缸、排气管连通一起，如果进气管压力大于排气管压力，新鲜空气可借此压差流入气缸，驱赶残余废气并与之混合后部分流入排气管。这样，既有利于充气，又可以降低燃烧室周围的气缸盖、排气门、活塞顶及缸套的温度。

非增压柴油机的气门重叠角一般为 20°～50°CA。增压柴油机的气门重叠角一般为 80°～160°CA。

4）主要进气阶段Ⅳ（$r'a'$）。它发生在进气行程中，活塞向下止点运动。在非增压柴油机中由于活塞的抽吸受大气压力作用，在增压柴油机中由于增压空气的压力作用，新鲜空气充入气缸。气缸内的压力低于大气压力 p_a（非增压柴油机）或低于进气箱压力 p_d，但高于大气压力 p_a（增压柴油机），且是波动的。终点为下止点 a'，此时进气门尚未关闭。

5）过后充气阶段Ⅴ（$a'a$）。本阶段由下止点到进气门关闭。活塞虽向上运动，但可利用进气箱与气缸间的压差和进气流动的惯性，能多充入一些空气进入气缸内。进气门关闭延迟至下止点后的角度叫进气延迟角 θ_{il}。一般进气延迟角约为 20°～60°CA。

利用补充进气可以有效地增加进入气缸的空气量，但也损失了部分压缩行程。

（2）二冲程柴油机的换气过程。

1）二冲程柴油机换气的基本形式。按扫气空气在气缸中的流动路线，可分为弯流换气和直流换气，下面分别进行论述。

①弯流换气形式。弯流换气的气口布置在气缸套下部，由活塞的运动来控制开闭；扫气空气先从下往上流动，到气缸盖后再由上向下流动，形式弯曲的流动路线。按气口布置方式，又可分为横流换气形式（图 6-9）、回流换气形式（图 6-10）。

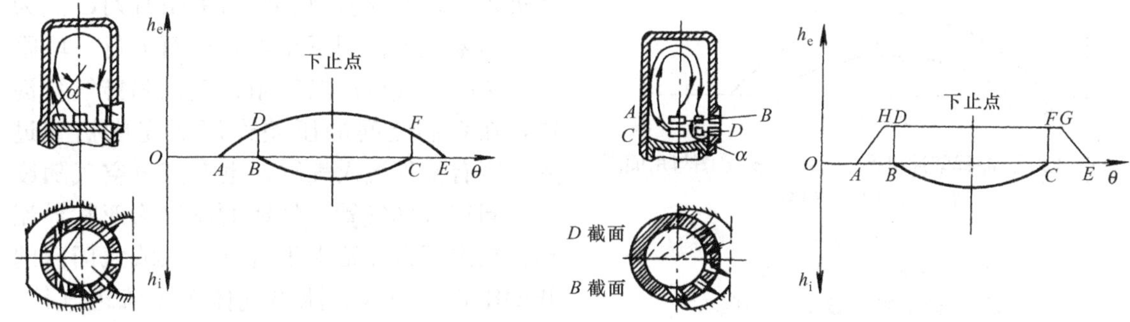

图 6-9　横流换气形式简图　　　图 6-10　回流换气形式简图

②直流换气形式。直流换气如图 6-11 所示，气缸套下部一整圈进气口和气缸盖上的排气门进行换气，空气从气缸下部进入，沿气缸轴线向上流动，将废气从气缸上部经排气门推出，扫气空气在缸内仅朝一方向流动。直流换气的优点是换气质量较好，空气消耗量与换气阻力较小。

2）二冲程柴油机换气过程。二冲程柴油机换气可分为自由排气、强制扫气和额外充、排气三个阶段。现以横流换气形式为例说明，如图 6-12 所示。

①自由排气阶段Ⅰ（BR）。本阶段从排气口（或排气门）开启时刻 BD 点到扫气空气开始进入气缸的时刻 R 点。R 是一个假想点，在该点处缸内压力降到扫气阶段缸内的平均压力 p_{cp} 那一时刻，即图中的 R 点。

排气口（或气门）开启时刻到扫气开启时刻 BD，叫初期排气阶段。活塞下行打开扫气口（D 点）时，缸内压力 p_D 大于进气箱压力 p_d，空气不能立即进入气缸，直到缸内压力下降到低于 p_d 时，才开始（R 点）流入。由于扫气口的开启很小，而

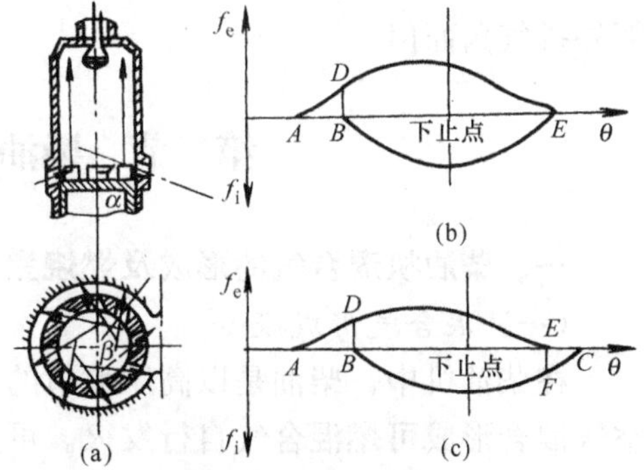

图 6-11　直流换气形式简图

(a) 排气阀与进气口同时关闭；

(b) 排气阀早于进气口关闭；

(c) 排气阀晚于进气口关闭

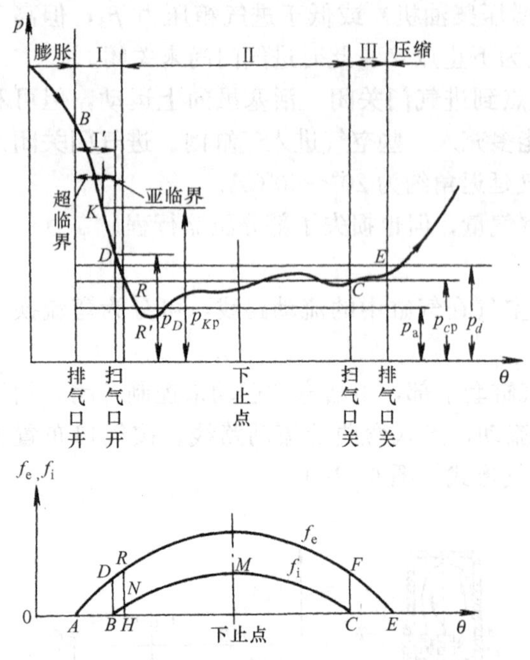

图 6-12 二冲程柴油机换气过程的 p-θ 图与角面图

Ⅰ——自由排气阶段；

Ⅰ'——初排气阶段；

Ⅱ——强制排气及扫气阶段；

Ⅲ——额外排气（或充气）阶段

排气口已开得较大，气流又有从排气口冲出的惯性，因此，缸内废气不会倒流入进气箱。

自由排气阶段内，废气在气缸和排气管的压力差作用下自由外流；初期缸内压力较高，与排气管压力之比超过临界比，为超临界流动，废气以声速流出；随着气缸压力下降，压比逐渐减小至临界压比（约 1.86，图中 K 点），以后即转入亚临界流动，废气流过排气口（或气门）的流速低于声速，在 100m/s 以下。

②强制扫气阶段Ⅱ（RC）。本阶段从空气进入气缸的 R 点到扫气口关闭时刻 C 点为止。活塞先下行到下止点，转而上行一段距离至关闭扫气口；扫气箱、气缸和排气管沟通，在它们之间的压差作用下完成扫气过程，既有空气流入气缸，也有部分空气随废气一同流入排气管。气体的流动为亚临界流动，缸内压力开始由于排气口（或气门）的开度比扫气口大，流出气体多于流进气体，因而继续下降，直到最低点 R'。以后，扫气口开大，大量空气流入，气缸压力上升，并形成一定的压力波动。

③额外排气（额外充气）阶段Ⅲ（CE）。本阶段从扫气口关闭时刻 C 点直到排气口（或气门）关闭时刻 E 点。此时气缸内基本上是空气，会有部分空气从排气口逸出的额外损失。在非对称换气形式中，可将其改为额外充气，通过后关闭的扫气口额外充入一部分空气。

在角面图中，面积 AHR 相当于排气口（或气门）的自由排气角面值；面积 $HCMN$ 为扫气口的强制扫气角面值；面积 $HCFR$ 为排气口的强制扫气角面值；面积 CEF 为排气口的额外排气角面值。

第二节 柴油机的燃烧和燃料供给系统

一、柴油机混合气的形成及燃烧室

（一）混合气形成概述

在柴油机中，柴油是以高压喷射的方式喷入燃烧室的，它与缸内被压缩了的高压、高温空气混合形成可燃混合气自行发火。可燃混合气的质量对燃烧过程有着决定性的影响。柴油喷入燃烧室一般在上止点前 10°～25°曲轴转角开始，延续 15°～35°曲轴转角，可见柴油和空气混合形成混合气的时间是极短的。以转速 1000r/min 为例，只有 0.0025～0.0058s。并且在喷油的延续时间内，是一面燃烧，一面喷油，即柴油和空气的混合和燃烧过程同时进行。另外柴油黏度大，蒸发性差，很难保证全部燃料分子和空气完全接触。

从上述可看到柴油机的混合气是在缸内形成的，而汽油机通过化油器在气缸外部就开始与空气逐步形成均匀的混合气，故柴油机混合气质量比汽油机的差。为了使柴油机形成良好的混合气，要求燃油喷射和进气系统与燃烧室有良好的匹配。对某些柴油机还必须组织空气在燃烧室内形成一定强度的涡流。

（二）柴油机燃烧室

为改善燃料和空气混合气质量，柴油机的燃烧室做成。

1. 统一式燃烧室（亦称开式燃烧室或直接喷射式燃烧室）

它是由气缸盖底平面、活塞顶面及气缸壁所形成的统一容积所构成。统一式燃烧室又可分为开式、半分开式、球型油膜式及复合式等型式。

（1）开式燃烧室中燃烧室的气流运动很微弱，为了使燃料能分布到整个燃烧室空间，活塞顶上的凹坑浅而大，必须采用多孔喷油嘴，高喷射压力，使油束形状与燃烧室很好配合（见图 6-13）。

（2）半分开式燃烧室。这种燃烧室由两部分空间构成（见图 6-14）。一部分是在活塞顶上较深的凹坑，凹坑口处直径较小，构成活塞顶燃烧室；另一部分是活塞顶部余隙空间。两部分之间没有缩小的通道明显地分开，故称为半分开式。这种燃烧室混合气的形成是靠喷雾质量与压缩过程中空气在活塞顶的深凹内产生挤压涡流的共同作用。

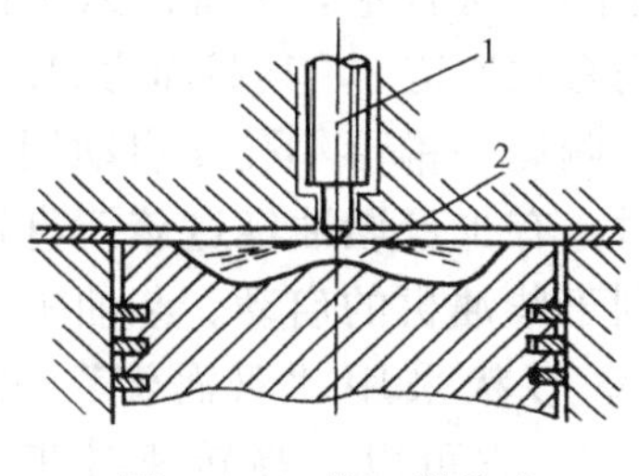

图 6-13 统一燃烧室

1—喷油器；2—燃烧室

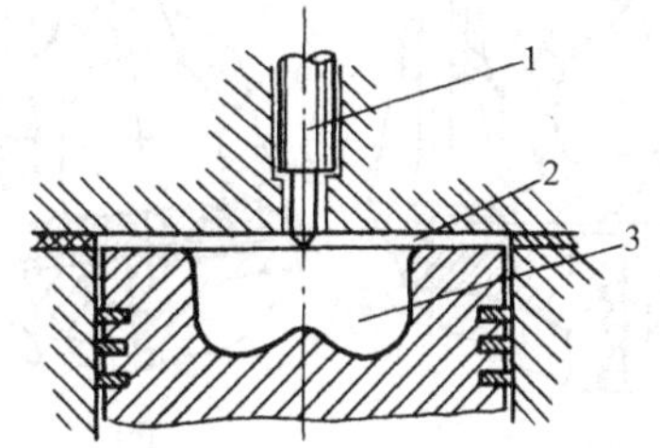

图 6-14 半分开式燃烧室

1—喷油器；2—活塞顶部余隙；3—活塞顶部燃烧室

（3）球型油膜燃烧室。球型油膜燃烧室（图 6-15）呈球形，位于活塞顶内，基本上属于半分开式的一种型式。但混合气的形成与半分开式不同，半分开式燃烧室主要是空间雾化混合，而球型油膜燃烧室却为油膜蒸发混合。喷油嘴将燃油 90%～95%以上喷到燃烧室壁上，借螺旋气道形成的强烈空气进气涡流将燃油布于室壁上形成油膜，在较低的温度下蒸发，以控制燃油的裂解反应。蒸发的油气与空气形成可燃混合气。这种燃烧室的柴油机工作柔和，燃烧噪声小，排烟少，常称为“轻声、无烟”燃烧系统，并可使用多种燃料。缺点是冷车启动困难。

（4）复合式燃烧室。复合式燃烧室（图 6-16）介于球形油膜与半分开式燃烧室之间。它把空间雾化与油膜蒸发两种型式结合在一起，实现燃油与空气混合。

图中燃烧室位于活塞顶正中心，呈 U 字形的凹坑。喷油方向基本与空气涡流运动方向垂直。有一个很小的顺气趋向的偏角，使一部分燃油在涡流作用下沿燃烧室壁面分布成油膜；另一部分则产生空间雾化，但在空间形成的混合气数量要比球形燃烧室多一些，特别是在低转速和启动时，气流速度低，空间形成的混合气量增多，因而启动性能要好一些。此外，这种燃烧室也适用多种燃料，对燃油系统的要求也相对低一些。

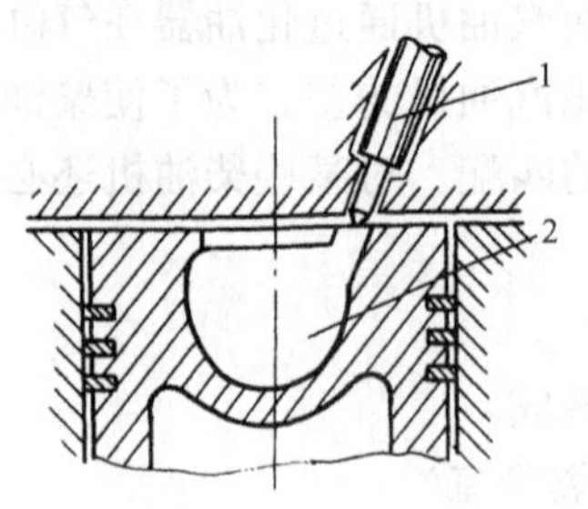

图 6-15　球形油燃烧室

1—喷油器；2—球形燃烧室

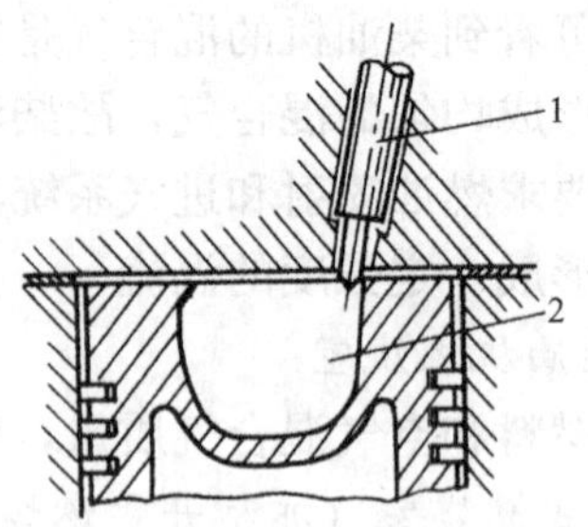

图 6-16　复合式燃烧室

1—喷油器；2—燃烧室

2. 分隔式燃烧室

分隔式燃烧室是把燃烧室的容积分为两个部分，即活塞顶上的主燃烧室和气缸盖中的副燃烧室，两者之间用通道连接。分隔式燃烧室又可分为涡流室（图 6-17）和预燃室（图 6-18）两种。

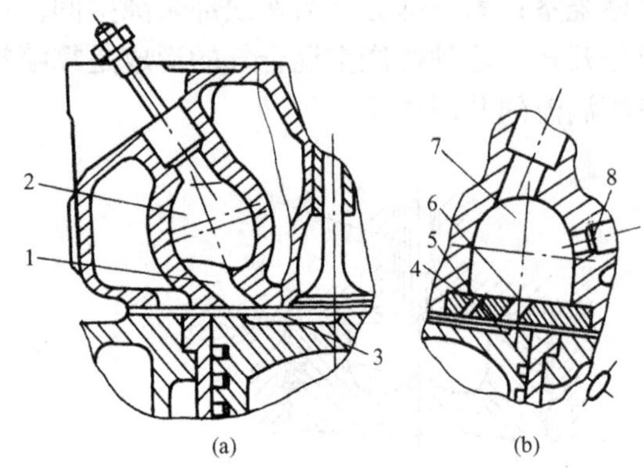

图 6-17　涡流室式燃烧室

(a) 4125A 柴油机；(b) S195 柴油机

1—双连涡流室；2—通道；3—主燃烧室；4—启动喷孔；5—主燃烧室；6—主通道；7—涡流室；8—螺孔

(1) 涡流室式燃烧室。图 6-17 为 95 系列柴油机采用的涡流室。图 6-17 (b) 为 95 系列柴油机采用的“钟罩形”涡流室，其上部为球面，中间为圆柱形，下部压入平面镶块。镶块中间有主通道 3，其截面为扁圆形。靠活塞中心一侧有一锥形小孔作启动用，在柴油机启动时，有少量燃油经过该孔直接喷入燃烧室有利于柴油机的启动。柴油机活塞顶部主燃烧室形状采用“双涡流”凹坑、“铲击形”凹坑，它可以在高转速时获得良好的性能指标。后来又出现了“双楔形”凹坑，它可以加速火焰向整个主燃烧室的扩展，从而缩短后燃烧阶段，有利于柴油机经济性的提高，其形状示于图 6-18。

涡流室式柴油机在压缩过程中，当活塞向上止点运动时，缸内的空气经过通道进入涡流室，并形成强烈的空气涡流，便于雾化燃油同空气均匀混合，因此，对燃油的喷雾质量要求不高，工作较柔和。但由于相对散热面积较大以及通道的节流损失，不仅启动较困难，而且经济性也较差。

(2) 预燃室式燃烧室。图 6-19 为预燃室式燃烧室，在主燃烧室和预燃室之间有一个或几个孔道相通。与涡流室相比，预燃室容积较小，约为总容积的 25%～40%（涡流占总容积的 50%～80%）。喷油器装在预燃室的一端，通常对准预燃室的中心线。

在压缩过程中，主燃烧室内空气压力上升较快，两室之间有一压差，主燃烧室中的部分空气经孔道进入预燃室，形成强烈的紊流；当压缩过程快结束时，喷油器将燃油喷入预燃室。由于预燃室中氧气不足，喷入的燃油只有部分在其中燃烧，未燃烧燃料和燃烧产物一起高速喷入主燃烧室，并在主燃烧室中形成强烈的紊流运动，使燃油与空气能很好地混合，以达到完全燃烧。预燃室式柴油机同涡流式柴油机一样，具有工作柔和的特点，但热损失较大，冷车启动困难，经济性较差。

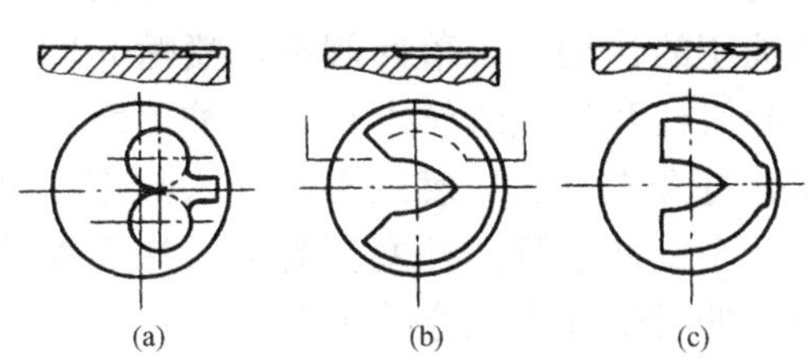

图 6-18　主燃烧室形状

（a）双涡流；（b）铲击形；（c）双楔形

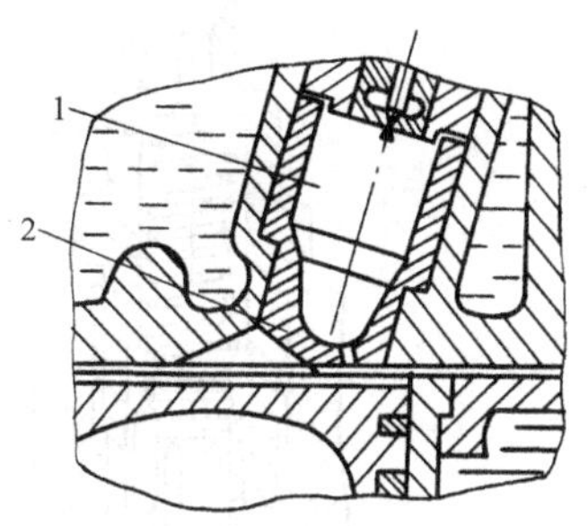

图 6-19　预燃室

1—预燃室；2—喷孔

二、燃料供给系统

柴油机燃料供给系统按柴油机负荷的需要，依照燃烧规律，在一定的时间内将一定数量的燃油以一定的喷雾形状喷入气缸与空气形成良好的混合和燃烧。它对柴油机的动力性和经济性都有重要的影响。

柴油机的燃料供给系统是由燃油箱、柴油粗滤器、输油泵、柴油精滤器、喷油泵、喷油器、燃油管系及调速器等组成。图 6-20 为 495 柴油机燃料供给系统。

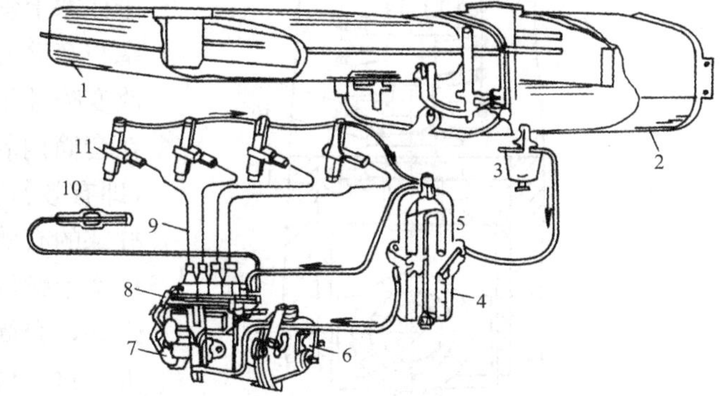

图 6-20　495 柴油机燃料供给系统

1—前油箱；2—后油箱；3—沉淀杯；4—柴油粗滤器；5—柴油细滤器；6—调速器；7—输油泵；8—喷油泵；9—高压油管；10—预热塞；11—喷油器

柴油的油箱分前后两部分，前后油箱之间有油管相连。柴油由后油箱 2 经油箱开关先进入沉淀杯 3，柴油中的水分及机械杂质沉积在杯中，较清洁的柴油经管道流向柴油滤清器。

为了提高柴油的压力，以克服流动阻力设有输油泵 7，以便及时向喷油泵 8 供油。柴油进入喷油泵后，通过油泵柱塞的压缩使油压提高，然后流向喷油器 11，喷入气缸。

1. 喷油泵

喷油泵是燃料供给系统重要部件。它是根据柴油机工况的要求，定时、定量、定压地将燃油按一定的喷油规律喷入气缸内。喷油泵的结构型式很多，目前常用的柱塞式喷油泵结构如图 6-21 所示。

喷油泵利用柱塞在套筒内上下移动来完成吸油与压油的。当柱塞移动到下端时，套筒上的两个油孔被打开，泵体低压腔的燃油迅速流入柱塞的上部空间（称泵油室）。当柱塞升起时，从柱塞开始向上运动到柱塞上端圆柱面遮盖油孔前，燃油从油室被挤出，流回低压油腔。当柱塞遮盖油孔时，便开始压油过程，柱塞继续上行，油室内燃油压力急剧增高，燃油压力升高到一定值时将出油阀顶开，燃油便经高压油管流到喷嘴。

柱塞套筒上油孔被柱塞上端圆柱面完全遮盖的时刻称为理论供油始点。柱塞继续向上运动时供油继续。压油过程持续到柱塞上的螺旋斜槽让开柱塞筒上油孔时为止。当油孔一被打

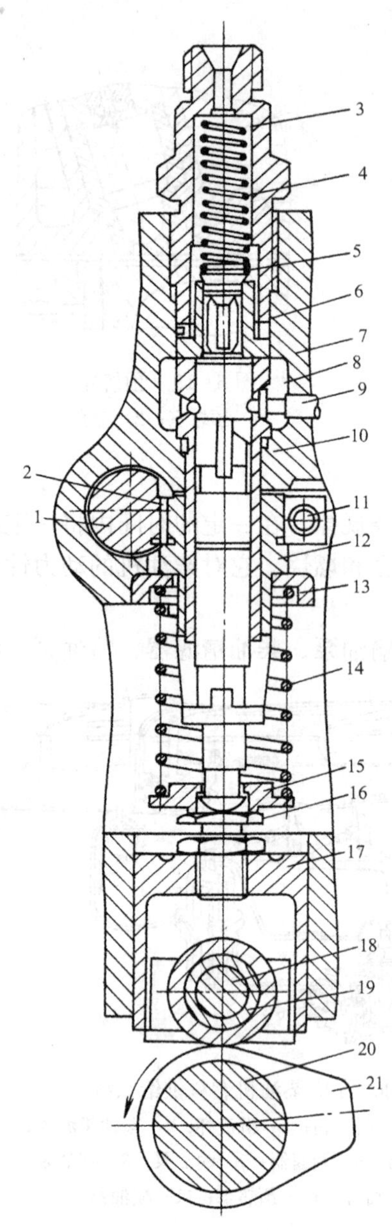

图 6-21　高压油泵

1—齿杆；2—齿圈；3—管接；4—弹簧；5—输油阀；6—输油阀座；7—柱塞套筒；8—油道；9—螺钉；10—柱塞；11—螺钉；12—转动套；13—上承盘；14—弹簧；15—下承盘；16—调整螺钉；17—从动筒；18—轴；19—滚轮；20—凸轮轴；21—凸轮

开，高压燃油便从油室经柱塞上的纵向槽和柱塞套筒上的回油孔流回泵体的低压油腔。此时，柱塞腔内的油压迅速下降，出油阀在弹簧和高压油管中油压的作用下，落回阀座，喷嘴立即停止喷油。此后柱塞虽然继续上行，供油已终止。柱塞下移并打开进油孔，燃油再次充入油室，重复进行下一个供油过程。柱塞套筒上回油孔被柱塞斜槽打开的时刻称为理论供油终点。

在柱塞向上运动的整个行程中，只有中间一段行程是压油过程。从理论供油始点至理论供油终点这一段行程称为柱塞的有效行程。

柴油机发出的功率与每循环的供油量有关，恰当地增加供油量功率就大，反之功率就小。为了适应柴油机负荷变化的要求，喷油泵的供油量必须在最大供油量到零供油量的范围内进行调整。喷油泵柱塞运动的总行程是不变的，喷油量的大小只取决于柱塞上斜槽与套筒上回油孔的相对位置，改变柱塞与套筒的相对位置，就能改变泵油行程，也就能改变喷油量。从图 6-22 看出，带螺旋斜槽的柱塞在套筒内转动时，随柱塞斜槽对套筒回油孔位置（即有效行程）改变而变化。柱塞转动的角度不同，柱塞的有效行程就不同，其供油量也就随之改变。柱塞上螺旋斜槽最长的一段对着回油孔，柱塞向上运动，套筒上回油孔被遮住的时间最长，供油量最大，这一位置为柴油机全负荷最大供油量的位置。当柱塞转到对着回油孔的螺旋斜边长度变短，柱塞向上运动时泵油行程较小，供油量也较小。这一位置为柴油机部分负荷的供油量位置。当柱塞转动到柱塞的直槽正好对准回油孔，虽然柱塞向上运动，但柱塞上面的燃油只是被挤压，通过与回油孔相通的直槽倒流到套筒周围的低压油腔，实际上泵油行程为零不供油，这一位置为柴油机停车不供油位置。转动柱塞改变供油量的装置称为油量控制机构。常见控制机构型式有：轮式油量控制机构和拨叉式油量控制机构。

为了柱塞套筒内腔与高压油管在不供油时互相隔断，高压油管中压力不过分降低，下次喷油管内的燃油压力可以很快地升高，以保证柴油机在低负荷运转条件下的稳定。当喷油泵供油结束时，使高压油管中的油压迅速下降以保证断油干脆，消除喷嘴的滴油现象。柱塞套的上端面装有出油阀和出油阀座，其结构如图 6-23 所示。

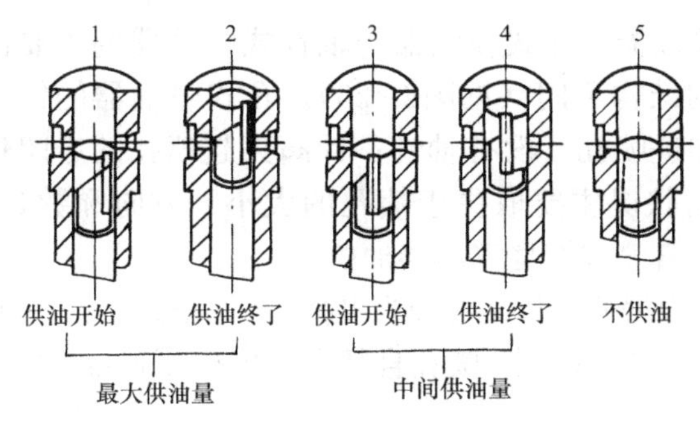

图 6-22　油量调节原理

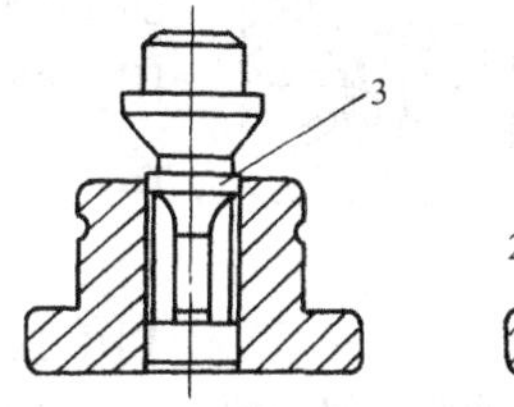

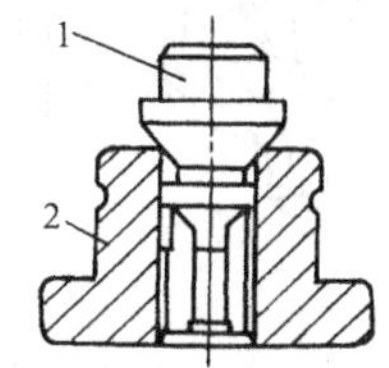

图 6-23　出油阀及阀座

1—出油阀；2—阀座；3—减压环带

柴油机的供油开始时刻一般在压缩行程上止点前某一曲轴转角，该曲轴转角称为几何供油提前角。柴油机的供油提前角一般为 10°～30°，它是为燃油与空气形成良好的可燃混合气体在自行着火前必需的准备时间，对燃烧和工作过程有很大的影响。在试验过程中要经过反复调整，以确定最佳供油提前角。

2. 喷油器

喷油器是燃料供给系统中的重要部件，它将燃油以一定的压力，按一定的方向和穿透能力干脆地喷入燃烧室，与高温高压的空气形成良好的可燃混合气。

喷油器的种类很多，根据不同类型的柴油机和不同的燃烧室，选用不同的喷油器。常用的是闭式喷油器，它又分为轴针式和多孔式两种。

(1) 轴针式喷油器。如图 6-24 所示，它由轴针式喷油器体、针阀体、针阀、推杆、弹簧、调节螺钉等组成。用调节螺钉 8 调节好弹簧预紧力来形成一定的喷射压力。高压柴油从高压油管接头 12 经喷油器体的油道进入针阀体上端的环形槽内，流入下部空腔的高压柴油对针阀锥面产生向上的推力。当克服弹簧压力后，针阀上移开启喷孔，于是柴油从针阀末端与喷孔间所形成的圆环缝隙喷入燃烧室内。针阀上的倒锥体保证了柴油喷注具有 20°～70°的喷射锥角。当喷油泵停止供油时，油压迅速下降，调压弹簧使针阀下落迅速将喷孔关闭，停止喷油。

轴针式喷油器的喷孔直径较大，一般为 1～3mm，便于加工，具有自行清除积炭能力，提高了工作的可靠性。这种喷油器常用于涡流室式、预燃室式和复合式燃烧室柴油机上。

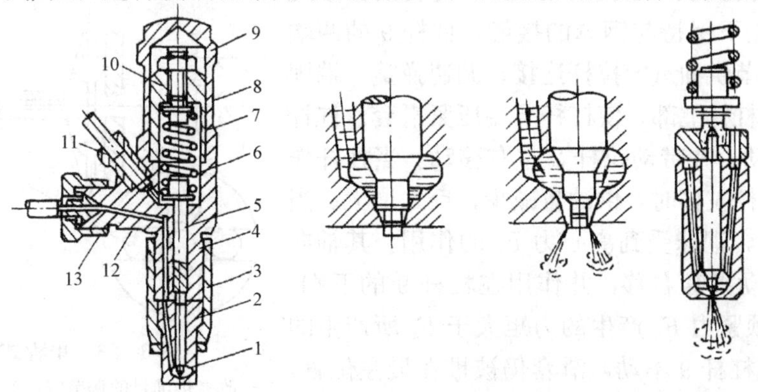

图 6-24　闭式轴针式喷油器

1—针阀；2—针阀体；3—喷油器螺帽；4—喷油器体；5—锥体；6—弹簧；7—垫圈；8—弹簧压力调节螺钉；9—罩；10—弹簧罩；11—回油管接头；12—高压油管接头；13—压缩螺帽

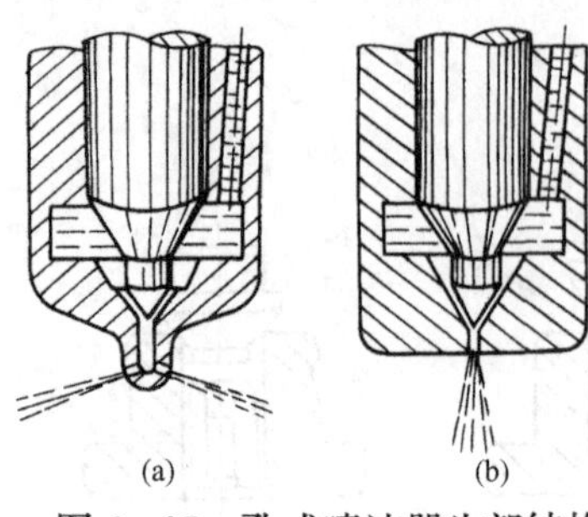

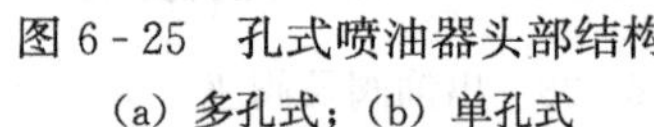
图 6 - 25　孔式喷油器头部结构

(a) 多孔式；(b) 单孔式

(2) 孔式喷油器。孔式喷油器与轴针式喷油器的主要区别在头部喷嘴的结构不同（见图6 - 25）。孔式喷油器的针阀前端细长，不伸进喷孔，没有轴针；针阀只起喷孔的启闭作用，燃油的喷射状况主要取决于喷孔的大小、方向和数目。这种喷油器用在直喷式燃烧室的柴油机上。

孔式喷油器根据喷孔数又可分为多孔式［见图 6 - 25（a)］和单孔式［见图 6 - 25（b)］。喷孔直径为 0.25～0.50mm。

三、调速器

柴油机在驱动其他工作机械时，外界负荷增加引起柴油机的转速下降，负荷减小时转速上升。因此对于负荷不断变化的工作机械如汽车、拖拉机、船舶和工程机械等，工作时必须随着负荷的变化相应地调节供油量，使柴油机的扭矩与外界负荷相适应。对于外界负荷的变化难以人为控制，例如拖拉机或油田钻井过程中，当负荷突然增大，如不及时增加供油量，会造成转速急剧下降，甚至会熄火；如果负荷突然减小，供油量不及时减少，使转速上升甚至造成“飞车”。对于柴油机来说，这种严重的超速是十分危险的，它将引起柴油机零件的严重损坏。

由此可见，为了安全生产，防止柴油机负荷突然变化所引发的事故，要求在柴油机上安装能随外界负荷变化而自动调节供油量的调速器。这样柴油机在外界负荷变化时，能自动调节柴油机的转速，使之能稳定地工作。

调速器按工作原理不同分机械式、气动式和液压式。使用最广泛的是机械式调速器。机械式调速器按其控制的转速范围不同分为极限式、两极式、单程式和全程式。

机械式调速器通常利用钢球或飞锤作为感应元件，利用离心力推动一些机构使柴油机的柱塞或汽油机的节气门转动，即可随转速变化而改变供油量或混合气量，达到保持转速稳定的目的。

1. 单程式调速器

图 6 - 26 为单程式调速器简图。调速器由曲轴通过齿轮驱动，轴 4 上装有放置钢球的主动盘 6。当钢球随固定盘旋转时，在离心力的作用下钢球向外飞开。钢球左侧为不可移动的挡板，右侧为滑套 8，滑套的锥形盘在弹簧 11 的作用下保持与钢球的接触，杠杆 9 的两端分别与滑套和调节供油量的拉杆连接。调速弹簧一端固定，另一端压在杠杆上部，使杠杆下端压紧滑套。杠杆可绕定轴 10 转动，并带动拉杆 2 左右移动。当杠杆作反时针转动使拉杆左移时，供油量减少，反之增大。当曲轴转速升高时，钢球受到离心力 F_1 的作用，其轴向分力 F_2 企图推动滑套右移，并作用在杠杆 9 的下端。如果弹簧 11 的预紧力 F_3 产生的力矩大于 F_2 所产生的力矩时，滑套和杠杆 9 不动，滑套仍被推在最左位置，拉杆 2 则处于供油量最大位置，而调速器未起作用。

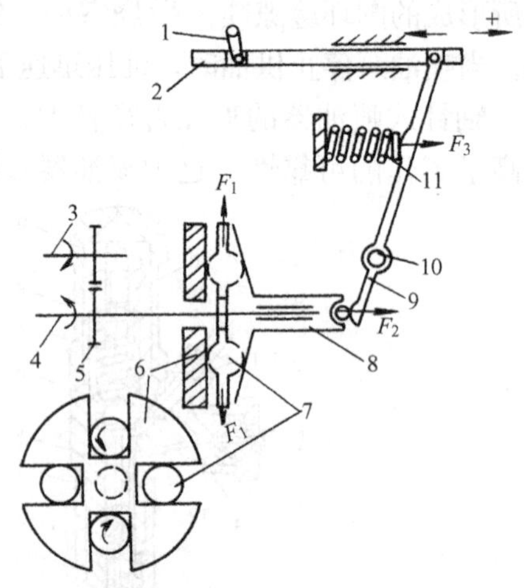

图 6 - 26　单程式调速器

1—改变供油量的调节臂；2—拉杆；3—曲轴；4—调速器轴；5—调速；6—主动盘；7—钢球；8—滑套；9—杠杆；10—定轴器齿轮；11—调速弹簧

当转速升高到某一转速 n_k 时，F_2 和 F_3 产生的力矩相等。如果外界负荷减少，曲轴转速超过 n_k，则 F_2 产生的力矩大于F_3的力矩，滑套开始右移，并推动杠杆9反时针转动，使供油量减小，直到F_2和F_3对支点的力矩重新相等为止，曲轴转速则稳定在比n_k略高的转速上。n_k为调速器开始起作用的转速，n_k的大小主要取决于调速弹簧的预紧力，预紧力愈大，n_k愈高。

当外界负荷降到零时，离心力F_1和轴向力F_2进一步增大，使杠杆继续转动，供油量减小，使内燃机稳定在最高空转转速为止。

由n_k到最高空转转速为调速器起作用的调速范围，这一范围愈小，调速器愈灵敏。由于这种调速器调速弹簧预紧力是不变的，因此调速器只在转速超过标定转速时才起作用，且只有一个固定的调速范围，称为单程式调速器。

2. 两极式调速器

两极式调速器的简图如图6-27所示。它是由内外两根弹簧组成调速弹簧，外弹簧较长但刚性较弱，内弹簧较短但刚性强，两根弹簧均有一定预紧力，在未工作前两弹簧长度差为Δ。两极式调速器只是低速和标定转速情况下起调速作用。当发动机未工作时，外弹簧将拉杆2推向供油量最大的位置。当发动机启动后，只要转速稍有升高，由于外弹簧弱，钢球的离心力克服弹簧力而使杠杆9转动，供油量减少。当转速升至某一定转速n_a时，杠杆将弹簧座推到与内弹簧相接触，转速继续升高，但F_2仍不能推动杠杆转动。因此在低速情况下，调速器只在满负荷最低转速和n_a之间起作用，以保证低速时工作的稳定，n_a可视为最低空转转速。

当发动机转速增至标准转速时，F_2的力矩与内外弹簧的弹力矩相平衡。这时如果转速稍上升，杠杆9又开始转动，使供油量减小；当负荷降至零时，调速器将供油减到较小转速，则达到最高空转转速，此阶段工作情况与前述单程式调速器相似。

在转速n_a与标定转速之间调速器不起作用。

3. 全程式调速器

图6-28为全程式调速器简图。扳动操纵杆4可使调节杆1摆动，当调节杆向右摆动时，调速弹簧3的预紧力增大，调速器开始起作用，转速升高；如果调节杠向左摆动，则转速降低。调节杆的摆动范围，由两个限位螺钉所限。操纵杆向右到与最高转速限位螺钉5相碰时，调速弹簧的预紧力最大，调速器在标定转速与最高转速范围内随负荷的变化调节供油

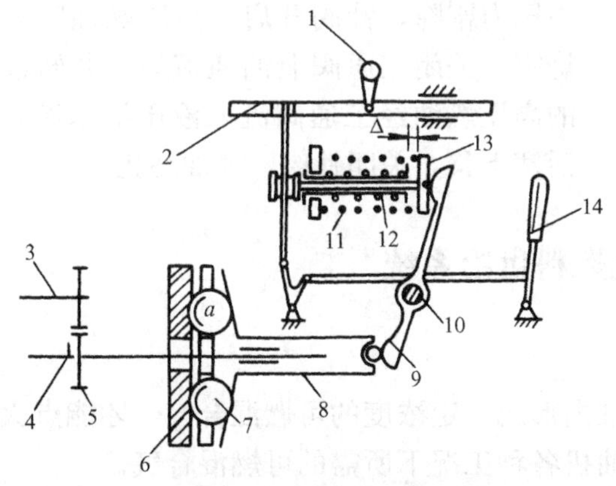

图6-27 两极式调速器简图

1—调节臂；2—拉杆；3—曲轴；4—调速器轴；5—齿轮；6—主动盘；7—钢球；8—滑套；9—杠杆；10—定轴；11—外弹簧；12—内弹簧；13—弹簧座；14—操纵杆

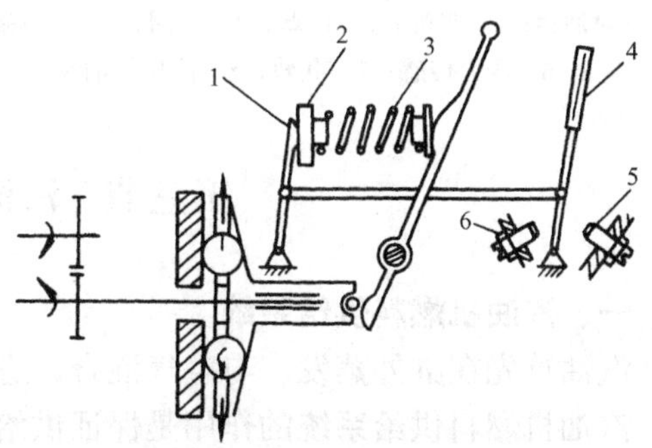

图6-28 全程式调速器简图

1—调节杆；2—弹簧座；3—调速弹簧；4—操纵杆；5—最高转速限位螺钉；6—最低转速限位螺钉

量。如将操纵杆扳到左端与最低转速限位螺钉6相碰，则调速弹簧放松，预紧力最小，调速器在最低满负荷转速与最低空转速范围内起作用。将操纵杆在上述两极位置之间变动，可任意改变调速弹簧的预紧力，从而得到无数个单程式调速器起作用的情况。当操纵杆向右扳动时，调速器控制的转速范围升高，反之则降低。

四、柴油机电控喷油系统

柴油机的常规机械式燃油喷射系统在工作时，喷油压力的高低与变化规律、喷油提前角、持续角以及喷油量的控制规律，都由已设计好的系统结构参数和运行工况所定，外界再不能根据运行工况予以调节。这一主要缺点，使得柴油机在整个工作范围内不能实现喷油过程诸参数与运行工况匹配的最优调控，以提高发动机的动力性和经济性，并改善有害物质的排放。为解决这一个问题，将电子控制技术和计算机应用于燃油喷射装置，构成柴油机的电控喷油系统。从工作原理来讲，柴油机的电控喷油系统可分为两类：一类是位置控制喷油系统。该系统中喷油泵、喷油器的结构及在柴油机上的布置保持不变，匹配电子调速器、驱动器和传感器来改变拉杆、齿条、滑套的位置，调节喷油量和喷油定时，实现电子控制。这一装置的缺点是由于泵送和计量机构不变，喷油参数的调节受到限制。

另一种是时间控制喷油系统，由高速电磁阀在电子控制单元（计算机、芯片）控制下实现喷油量、喷油规律、喷油定时的优化调节。这种系统控制自由度大、参数多、喷射压力不受柴油机的转速的影响，对优化全工况十分有利。图6-29就是这种装置——电控高压共轨式喷油系统的原理图。高压供油泵将高压燃油输送到共轨油管，再分别连接各缸喷油器。进入喷油器的高压燃油一部分直接到针阀腔，一部分经过三通阀到液压活塞腔。液压活塞在弹簧作用下顶在针阀上端，在电信号的作用下三通阀开启，液压活塞腔的燃油经三通阀流回油箱，腔内压力剧降，针阀开启，高压燃油喷入燃烧室。关闭三通阀泄油通道后，共轨油管的高压燃油经三通阀流入液压活塞腔，该活塞下移，关闭针阀，喷油终止。

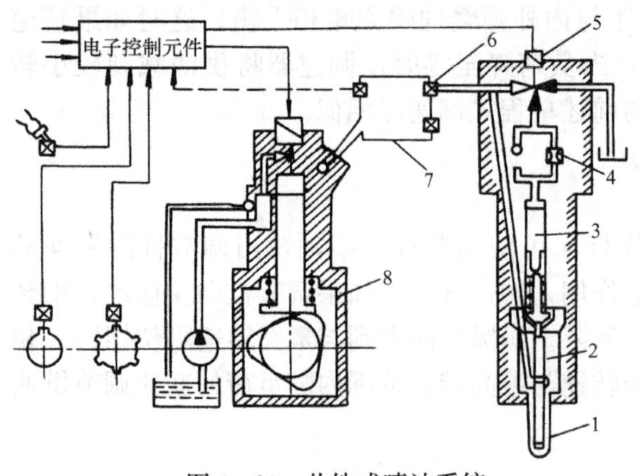

图6-29 共轨式喷油系统

1—喷油器；2—喷嘴；3—活塞；4—单阀孔；5—电磁阀；6—压力传感；7—共轨；8—高压供油泵

第三节 汽油机燃料供给系统

一、汽油机燃料供给系统

汽油首先在缸外蒸发、与空气混合，进入缸内形成一定浓度的可燃混合气，才能点火燃烧。汽油机燃料供给系统的作用是保证供给汽油机各种工况下所需的可燃混合气。

汽油机燃料供给系统一般由油箱、油管、汽油滤清器、汽油泵和化油器等组成，如图6-30所示。储存在油箱中的汽油在汽油泵的泵吸作用下流入汽油滤清器，经滤清汽油进入化油器。汽油在化油器中雾化和蒸发，与经空气滤清器的空气混合，从进气管流入气缸，形成可燃混合气。在燃料供给系统中化油器对可燃混合气形成的质量对燃烧过程起着决定性的作用。

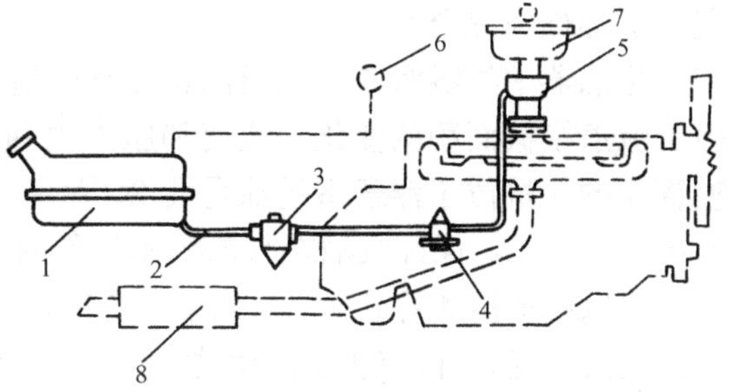

图 6-30 汽油机燃料供给系统示意图

1—油箱；2—油管；3—汽油滤清器；4—汽油泵；5—化油器；6—汽油表；7—空气滤清器；8—消音器

汽油泵的作用是将汽油从油箱中吸出，克服滤清器及管道的阻力，按汽油机工作所需的一定压力的汽油量供给化油器；当汽油机熄火但曲轴仍在转动时，汽油泵应及时地停止向化油器供油。

汽油泵一般为膜片式汽油泵，结构如图 6-31 所示。它由上体和下体组成。上体主要由进油阀、出油阀及泵腔等组成；下体由泵膜、泵膜弹簧、泵膜拉杆、内摇臂、外摇臂及手摇臂等组成。泵膜被夹在上、下体之间，由偏心轮的旋转推动泵膜的上下运动，造成上体泵腔的容积变化，对汽油产生泵吸作用，把汽油泵进化油器。

汽油滤清器用来除去汽油中的水分和杂质，减少化油器和汽油泵等部件故障及气缸磨损。常用的有沉淀杯式滤清器、滤芯式滤清器。

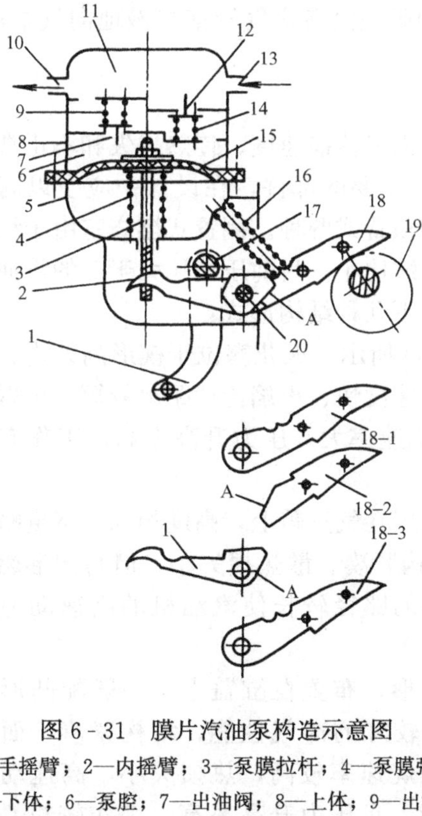

图 6-31 膜片汽油泵构造示意图

1—手摇臂；2—内摇臂；3—泵膜拉杆；4—泵膜弹簧；5—下体；6—泵腔；7—出油阀；8—上体；9—出油阀弹簧；10—出油口；11—出油空气室；12—出油阀；13—进油口；14—进油阀弹簧；15—泵膜；16—外摇臂回位弹簧；17—手摇臂半圆轴；18—外摇臂；19—偏心凸轮；20—摇臂轴

二、汽油机的简单化油器和可燃混合气的形成

可燃混合气是能被电火花点燃的空气与汽油的混合气，主要由化油器完成。

1. 简单化油器的构造

简单化油器的示意结构如图 6-32 所示。它由：浮子室 9（浮子 3、针阀 2 和量孔 8 等）、喷管 4、喉管 5。喉管的上部称为进气

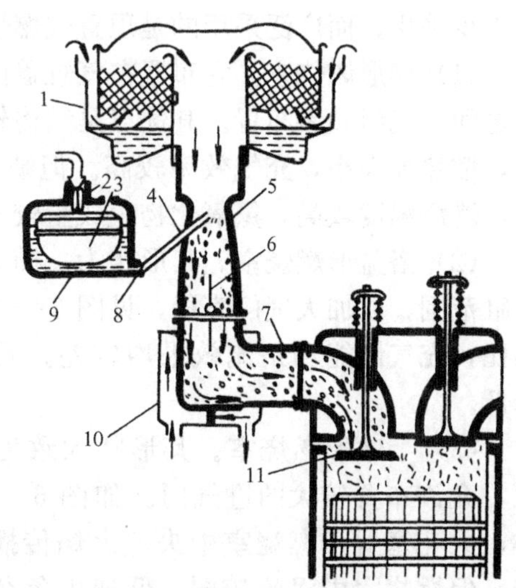

图 6-32 简单化油器及可燃混合气形成原理

1—空气滤清器；2—针阀；3—浮子；4—喷管；5—喉管；6—节气门；7—进气管；8—量孔；9—浮子室；10—进气预热套管；11—进气门

室，下部称为混合室。

化油器中的喉管 5 是流通面积变化的管道，面积最小处被称为喉部。空气流经喉管时，由于流道横截面积的变化，流速和压力也随之变化。空气流经喉部，流速最大，压力最低。喷管 4 的一端位于浮子室进油量孔 8，另一端与喉部相连。一般喷管的喷口比浮子室的油面高出 2～5mm，保证汽油在汽油机不工作时不外流。

可以绕轴转动的节气门 6 位于混合室，流入气缸的空气量完全是由节气门控制的。当节气门开度由小变大时，空气流量增加，喉部的空气流速加大，压力下降，同时节气门下部管道的真空度减小。当节气门开度由大变小时，则结果与前者相反。

2. 可燃混合气的形成过程

汽油机在进气行程中，活塞从上止点向下止点运动，空气经空气滤清器、化油器和进气管流入气缸。空气流经化油器的喉部时，流速和真空度增大，因作用于浮子室油面的大气压力大于喉部喷口处的压力，汽油从喷口喷入喉管，进行雾化和蒸发，并且喷出的汽油受高速气流的冲击，被粉碎为由不同直径油滴所组成的油雾，使汽油与空气接触的表面积大增，从而加速汽油的蒸发。

油雾随空气流动过程中，小油粒先完全蒸发并与空气混合进入气缸；直径较大的油粒来不及完全蒸发的部分随气流进入气缸，在进气被压缩过程中继续蒸发并与空气混合；一些直径大的油粒随气流而沉积在进气管壁上，形成流动油膜，沿着进气管壁缓慢地向气缸流动，在流动中也不断蒸发，并与空气混合，进入气缸。

三、汽油机燃烧室

汽油机燃烧室的结构形状直接影响到充气系数、火焰传播速度、传热损失和不正常燃烧的产生，从而影响汽油机的性能。因此，燃烧室成为重要的部件，在设计中应予以高度重视。根据配气机构不同布置，燃烧室可分为侧置式和顶置式两种。侧置式燃烧室由于结构不紧凑、面容比大、散热损失大、燃烧速率低、许用压缩比小，目前压缩比大于 7 的汽油机上已很少采用，而广泛采用的是顶置式燃烧室，它有如下几种结构形式：

(1) 楔形燃烧室。它布置在气缸盖内，如图 6-33 所示。火花塞位于楔形高处进、排气门之间。气门倾斜布置。其优点是结构较紧凑、燃烧速度快、火焰传播距离较短，抗爆性较好，散热损失小，充气效率较高。但缺点是初期燃烧速率大，压力升高率高，工作有些粗暴，燃烧温度较高，氮氧化物生成量较多。

(2) 浴盆形燃烧室。其形状为一椭圆形浴盆，布置在气缸盖上，高度相同，宽度略超出气缸范围，以加大气门直径，见图 6-34。因此，结构紧凑、散热损失小，但与楔形燃烧室相比，充气性能和挤流效果均较差。同时火焰传播的路径较长使汽油机的高速动力性能降低。

(3) 半球形燃烧室。其形状大致为半球形或蓬形，布置在缸盖上，一般配凸形活塞顶，允许布置较大的进气门。如图 6-35 所示，有较好的冲气性能，结构紧凑，面容比小，火花塞置于燃烧室中央，火焰传播路径短，燃烧速率较高，热损失小，高速动力性好；但燃烧室内涡流较弱，低速大负荷易引起爆燃，且压力升高率高，工作较粗暴，氮氧化物排放量较高。目前二冲程汽油机普遍采用这种燃烧室，四冲程汽油机采用的也越来越多。

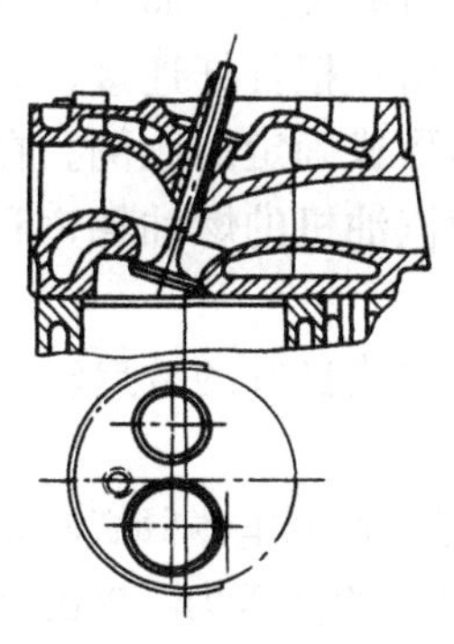
图 6-33 CA-72 型汽车汽油机楔形燃烧室

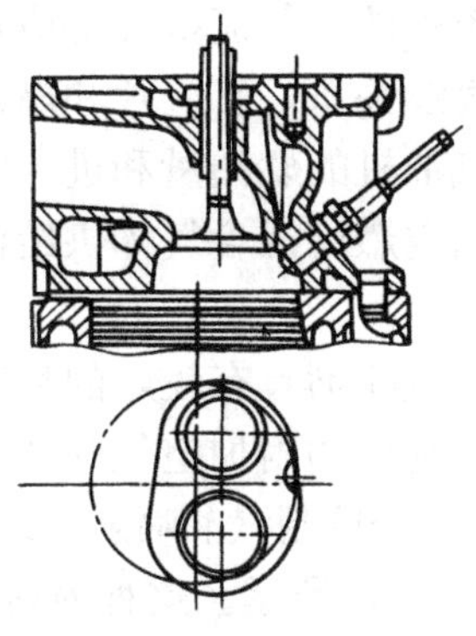
图 6-34 25Y-6100Q 型汽油机浴盆形燃烧室

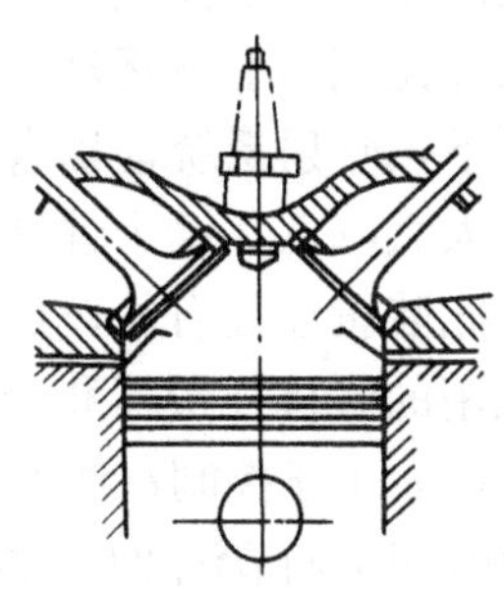
图 6-35 半球形燃烧室

四、汽油机燃油喷射系统

汽油机燃油喷射供油系统是当前的一项先进技术。它和化油器供油系统相比，虽然结构较复杂，制造成本高，但有很多的优点，例如有较高的热效率，不易爆震，增加进气充量，提高平均有效压力，提高汽油机的运行性能，降低有害物质的排放量。因此，当前世界很多国家正在积极采用。应用汽油喷射技术较多的国家是美国、日本和西欧的一些国家。我国也在开始应用。

1. 汽油喷射的方式

根据汽油喷射的部位，有下列三种方式。

(1) 向缸内直接喷射。采用类似于柴油机用的喷油嘴向气缸内喷射燃油，用布置在燃油喷注边缘附近的火花塞点燃。喷射时间是在压缩行程末期上止点前 30°CA 左右开始，持续到压缩过程接近终了时结束。

(2) 向气缸盖进气道喷射。这种喷射方式是将燃油喷向进气门前气缸盖进气道中，可在进气门开启时定时喷射，也可连续喷射。采用连续喷射方式要求气门重叠角要小，以防止燃油流入排气系统而造成损失。

(3) 向进气管中喷射。喷油嘴装在进气管上，用较低的喷射压力（约 0.98MPa）向进气管内连续喷射，使燃油雾化和蒸发，形成均匀的混合气进入气缸。这种喷射方式的装置结构比较简单，当前采用较多。

2. 汽油喷射装置的类型

按照汽油喷射系统的调节型式有以下两种。

(1) 机械汽油喷射装置。图 6-37 是一种用空气流量计量的机械式汽油喷射系统。这一喷射装置是在各缸进气门外作连续喷射。其特点是燃油由电动泵输送，不需发动机驱

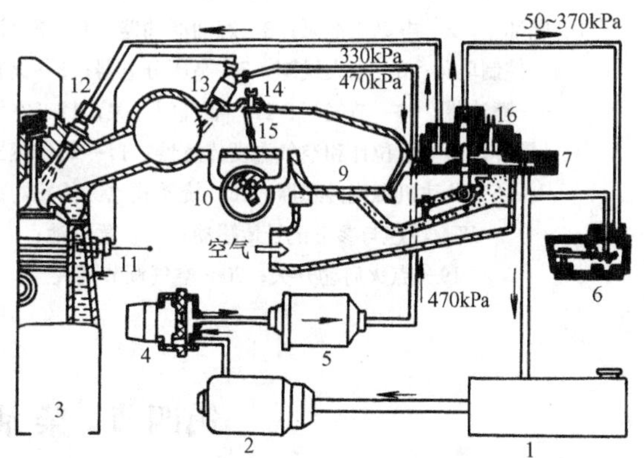

图 6-36 GP 型或 301 型汽油喷射系统

1—油箱；2—电动汽油泵；3—汽油机；4—稳压储油箱；5—滤清器；6—暖机补偿器；7—压力调节器；8—怠速调节螺钉；9—空气计量器感应片；10—附加空气补偿器；11—水温传感器；12—主喷油嘴；13—冷启动喷油嘴；14—怠速空气调节螺钉；15—节气门；16—燃油分配器

动。进入汽油机的空气流量与系统中的空气流量计感应片的升程成直线关系，而喷入汽油机的燃油量与燃油控制柱塞升程成直线关系，感应片和燃油控制柱塞由一根杠杆连接，以一定的杠杆比同步上下运动，使喷入汽油机的燃油量和进入空气量能够形成确定的比例。在各种情况下，喷射系统能以合乎要求的空燃比混合气体供给汽油机，使汽油机的燃油耗率和排气污染大大降低，动力性能提高。

此装置还装有冷车启动喷嘴（该喷嘴具有较好的喷雾特性，能造成良好的冷启动条件），暖机用的暖机补偿器和冷车快怠速利用的附加空气补偿器。

（2）电子控制汽油喷射系统。电子控制汽油喷射系统是利用计算机控制电磁阀式喷油器的开闭时间来调节汽油喷射量，如图6-37所示。这种喷射系统是以恒定的低压力（200kPa）在进气门前喷射，用传感将节流阀的开度、空气流量、水温及转速等信息输入计算机。计算机根据不同运行工况要求和传感器信息，按照汽油喷射控制程序调节供油量，并向电磁阀式喷油器发出喷油持续时间指令。这种电子控制汽油喷射系统能精确地控制空燃比，并能很好地在低温起动、暖机工况下控制混合气的加浓。控制空燃比的方法当前来看有两种方法：一种是速度密度度法。这种方法，首先是通过测量进气管中的压力、温度来计算出密度，决定气缸中的循环空气量，从而计算出该工况的喷油量所需的喷射持续时间。另一种是空气流量法。这一方法是通过测量发动机的空气量，然后依据气动法则导出喷射持续时间。在控制空燃比的情况下，再加上用试验方法得出的电子点火正时脉谱图存储于电控单元，中央处理器根据测定的实际工况，确定最佳点火提前角，这样可使得发动机常处于最佳性能运行。

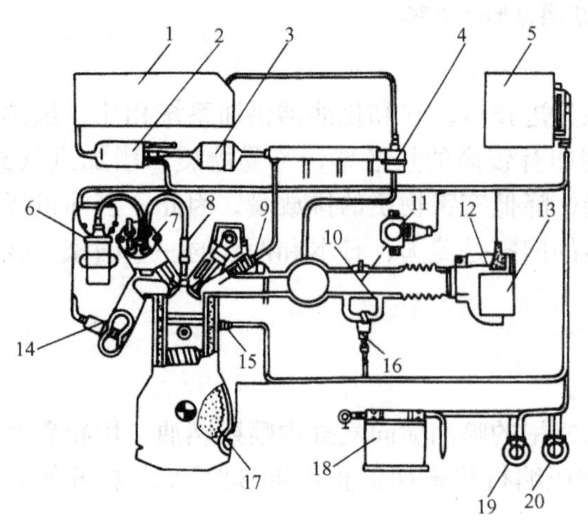

图6-37　Motronic电子控制汽油喷射系统

1—燃油箱；2—电动汽油泵；3—燃油滤油器；4—压力调节器；5—控制单元；6—点火线圈；7—高压分电器；8—火花塞；9—喷油器；10—节气门；11—节气门开关；12—空气流量计；13—电位计和空气温度传感器；14—氧传感器；15—发动机温度传感器；16—旋转式怠慢传感器；17—转速与参考记号传感器；18—蓄电池；19—点火启动开关；20—空气调节开关

第四节　柴油机增压系统

一、增压是提高柴油机功率的主要手段

自然吸气的柴油机称为非增压柴油机。由于吸入气缸的新鲜充气数量受到限制，所以功率提高的潜力不大。如将进入柴油机气缸的空气通过压气机预先压缩提高进气密度，同时增加喷入气缸的燃料，能使其功率得以大幅度提高。通常称这种提高功率的方法为增压。增压柴油机不仅动力性指标高于同类型的非增压柴油机，而且燃油消耗率也有较大降低。

二、增压方式

根据驱动增压器所用能量来源的不同，可分为机械式增压、废气涡轮增压及复合式增压等三种。

（1）机械增压系统。增压器由柴油机直接驱动称为机械增压。图 6－38 为机械增压柴油机工作原理图。由图可见，这种增压柴油机的特点是压气机 1 通过传动齿轮由曲轴带动。当柴油机工作时，吸入的空气经压气机提高压力后再进入进气管 2。这种压气机要消耗柴油机输出功率的 10%左右。它可使进气压力达到 0.13～0.17MPa，增加功率 30%～50%。

（2）废气涡轮增压系统。压气机由柴油机废气驱动的涡轮所带动的称为废气涡轮增压。图 6－39 为废气涡轮增压柴油机简图。这种增压柴油机上压气机是由废气涡轮来驱动的，增压器和柴油机的曲轴没有机械联系。柴油机排出的废气沿排气管 1，经过导向器 2 进入废气涡轮的叶片 3，并推动其旋转。这种压气机不损失发动机输出的功率。这种增压方式是提高发动机功率的有效方法，它可使气缸空气压力达到 0.13～0.5MPa，一般可提高功率 50%～300%，还可以改善燃烧过程提高机械效率。

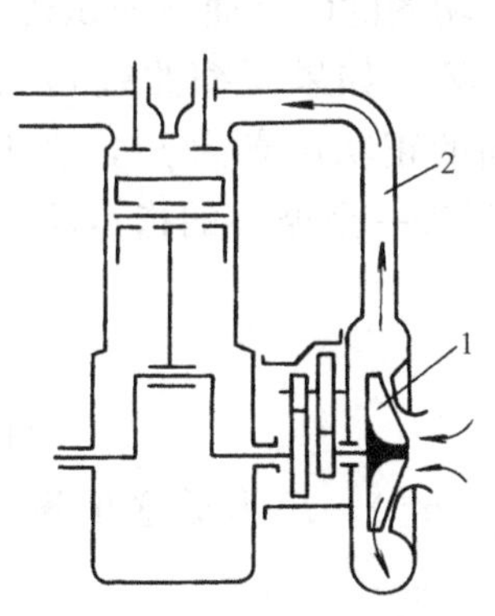

图 6－38 机械增压

1—压气机叶轮；2—进气管

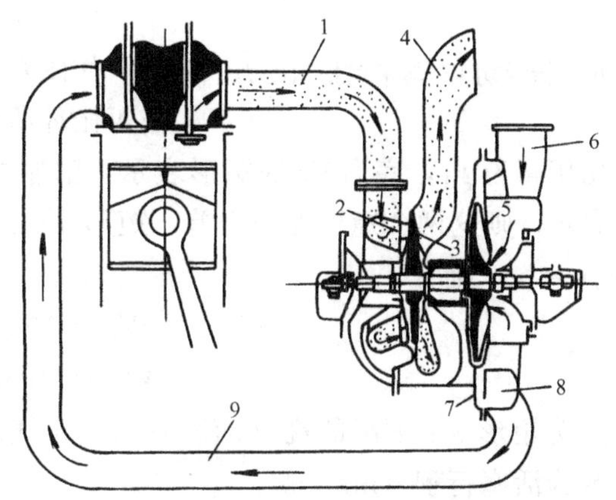

图 6－39 废气涡轮增压的柴油机简图

1、4—排气管；2—涡轮导向器；3—废气涡轮叶片；5—增压器叶轮；6、9—进气管；7—扩散器；8—蜗形管

（3）复合增压系统。除了应用涡轮增压器外，还装有机械驱动式增压器。这种增压系统称为复合增压系统，多用于二冲程柴油机上。复合增压系统又可分为串联增压系统和并联增压系统。在二冲程柴油机上采用复合增压系统是为了保证起动和低转速低负荷时仍有必要的扫气压力。

三、增压柴油机的机械负荷和热负荷

柴油机增压后，由于最高燃烧压力提高，使得柴油机各部件的机械应力提高，轴承负荷增大，气缸、活塞环等磨损加剧。因此非增压柴油机改为增压柴油机时，必须适当减小压缩比，加强主要部件（如曲轴等）的结构强度。

柴油机增压后进气温度提高，最高燃烧温度也随之提高，使得活塞、活塞环、气缸、气缸盖、排气门等零件的温度提高。为此，对增压柴油机必须利用扫气对燃烧室进行冷却，用较大的过量空气系数，使燃烧温度下降；并用中间冷却器冷却增压空气。

第五节 内燃机的性能指标和特性

一、性能指标

为了对各种类型的内燃机性能进行比较，从中找出影响性能指标的因素及其提高的措施，常用动力性和经济性指标来评价。内燃机的动力性和经济性指标有两种：以工质对活塞做功为基础的指标称为指示指标；以发动机曲轴输出功率为基础的指标称为有效指标。

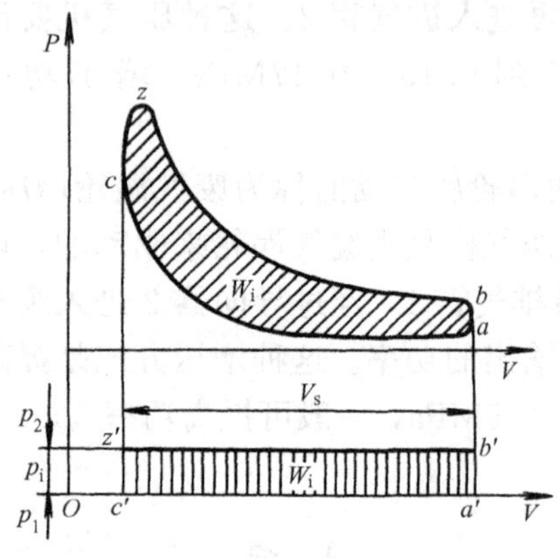

图 6-40 指示功 W_i 与平均指示压力 P_i

（一）指示指标

内燃机的指示指标是表示工质在气缸内经历的循环各过程完善程度的一组参数。它只考虑工质在气缸内有关热量的各种损失，指示指标可从示功图测量计算得出，下面主要介绍几个主要指标。

1. 平均指示压力 p_i

如图 6-40 所示，示功图的闭合曲线面积代表工质在每循环所做的指示功 W_i。如果压缩曲线 ac 下面的压缩负功用高为 p_1，底为 V_s 的矩形表示：膨胀曲线 czb 下面的正功用高为 p_2，底也为 V_s 的矩形表示，则这两个矩形面积之差，矩形 $a'c'z'b'$ 面积，即代表一个循环的指示功 W_i，如令 $p_2-p_1=p_i$，则有

$$W_i = 10^3 p_i V_s \tag{6-9a}$$

或

$$W_i = 10^3 p_i FS \tag{6-9b}$$

式中：p_i 为矩形 $a'c'z'b'$ 的高（MPa）；V_s 为气缸工作容积（m^3）；F 为活塞顶投影面积（m^2）；S 为活塞行程（m）。

从对图 6-40 的分析，我们可以这样认为：平均指示压力并不是在气缸中实际存在的压力值，而且一个假想的数值不变的压力作用在活塞上，在整个膨胀行程中所做的功与实际循环的指示功相等，这个假想不变的压力就称为平均指示压力。其公式可写成

$$p_i = \frac{W_i}{V_s} \times 10^{-3} \tag{6-10}$$

平均指示压力的单位为兆帕（MPa），它是衡量发动机实际循环强载程度的重要参数。

2. 指示功率 N_i

内燃机的指示功率 N_i 是每单位时间内作用于活塞上的指示功。每个气缸每个循环作用于活塞上的指示功为

$$W_i = 10^3 p_i V_s$$

考虑到柴油机不同类型的实际情况，在公式中要引进一个动作系数即循环行程数 m，则整机指示功率为

$$P_i = \frac{p_i V_s n i}{3m} \times 10^2 \tag{6-11}$$

式中：n 为转速，r/min；i 为柴油机气缸数；对四冲程柴油机 $m=4$，对二冲程柴油机 $m=$

2，对二冲程双动柴油机 $m=1$。

从（6-11）式可知，加大 p_i、V_s、n、i 均可达到增加 N_i 的目的。

3. 指示油耗率 g_i 及指示效率 η_i

内燃机指示油耗率 g_i 和指示效率 η_i 是评定柴油机实际循环经济性的重要指标。指示油耗率是柴油机每小时发出 1kW 指示功率时燃油消耗量，即

$$g_i = \frac{m_f}{P_i} \times 10^3 \tag{6-12}$$

式中：m_f 为内燃机每小时的油耗量，kg/h。

内燃机指示效率是实际循环指示功与所消耗燃料热量之比值，亦即为指示功率为 1kW 工作一小时的热当量和指示燃油油耗完全燃烧放出的热量的比。每千瓦小时的热当量是 3600×103kJ，燃油的低热值为 H_u kJ/kg，则指示效率为

$$\eta_i = \frac{3600 \times 1000}{g_i H_u} \tag{6-13}$$

从上式可知，必须降低指示油耗率 g_i 才能提高指示效率 η_i。

（二）有效指标

常用的有效指标有平均有效压力 p_e、有效功率 P_e、有效油耗率 g_e 及有效效率 η_e。

1. 平均有效压力 p_e 及有效功率 P_e

平均有效压力 p_e 是一个假想的不变的压力。用 p_e 作用在活塞上，在一个行程中所做的功，等于一个实际循中经曲轴所输出的有效功。和 p_i 的定义相仿，p_e 是柴油机在一个循环中单位气缸工作容积在曲轴上输出的有效功。

活塞上的指示功要经过活塞、活塞销、连杆、连杆轴承、曲柄销、曲轴一直传到曲轴输出端的飞轮上，才能把机械功传出去作为输出功，在机械功传递过程中存在一系列的损失，所以在曲轴输出端实测的有效功是小于指示功 P_i，两者之差叫做机械损失功 P_m。则有效功率为

$$P_e = P_i - P_m \tag{6-14}$$

同样，也可用平均有效压力形式表示平均机械损失压力，则平均有效压力为

$$p_e = p_i - p_m \tag{6-15}$$

平均有效压力 p_e 是内燃机性能的一个重要指标，它可以用来评价不同排量内燃机的动力性。在其他相同条件下，p_e 值越高，内燃机的动力性越好。

内燃机的有效功率与指示功率之比叫做机械效率 η_m，即

$$\eta_m = \frac{P_e}{P_i} = \frac{P_i - P_m}{P_i} = 1 - \frac{P_m}{P_i} \tag{6-16}$$

由（6-11）式可得有效功率

$$P_e = \frac{p_e V_s n i}{3m} \times 10^2 \tag{6-17}$$

2. 有效油耗率 g_e 及有效效率 η_e

有效油耗率 g_e 是内燃机曲轴输出有效 1kW·h 所消耗的燃油量，即

$$g_e = \frac{g_i}{\eta_m} = \frac{m_f}{P_i \eta_m} \times 10^3 = \frac{m_f}{P_e} \times 10^3 \tag{6-18}$$

与指示效率相似，有效效率 η_e 表示燃料所含的热量转变为有效功的有效程度，它在数

值上等于 1kW·h 的有效功率与所消耗的热量之比，与公式（6-13）相似有

$$\eta_e = \frac{3600 \times 1000}{g_e H_u} \tag{6-19}$$

二、内燃机特性

为满足从动机具（如发电机、船舶、汽车、坦克、拖拉机等）的工作需要，内燃机的转速和输出扭矩必须按照从动机具的阻力特性，通过发动机自身的能力或附加的自动调节装置或人工进行调节，不同的转速和扭矩对应着不同的运行状态。通常将内燃机的运行状态称为工况，一般可分三类工况：第一类工况是内燃机驱动发电机或其他在运行时转速保持不变的从动机具时的工况，此时内燃机输出的扭矩（或平均有效压力，或内燃机的功率）可以是从零变化到最大许用值，此类工况可用如图 6-41 中的曲线 1 表示，内燃机按负荷特性运行。第二类工况是内燃机驱动船用螺旋桨的工况，螺旋桨吸收的功率大小是按转速的 m 次方变化，如图 6-41 的曲线 2 所示，内燃机按推进特性运行。第三类工况是内燃机驱动汽车、坦克、拖拉机等从动机具时的工况，此时从动机具本身的转速和所需扭矩之间随着外界条件的不同，没有固定的相互变化关系，所以内燃机的转速和输出扭矩之间没有一定关系，这种工况可用图 6-41 的曲线 3（内燃机在不同转速下所能输出的最大功率曲线）下面阴影部分表示内燃机按速度特性运行。

（一）内燃机速度特性

内燃机的速度特性，是指内燃机在循环供油量保持不变的情况下主要性能参数（Me、Ne、g_e、Tr 以及烟度、噪声级等）随转速不同而变化的关系。当柴油机的循环供油量限制在对应于标定工况点的位置或汽油机的节气门全开时，其主要性能参数随转速不同而变化的曲线称为全负荷速度特性（俗称外特性），如图 6-42 曲线 4 所示。若将油门控制手柄固定在使发动机能达到其极限工作能力的位置上，这时所得到的速度特性称为极限外特性。

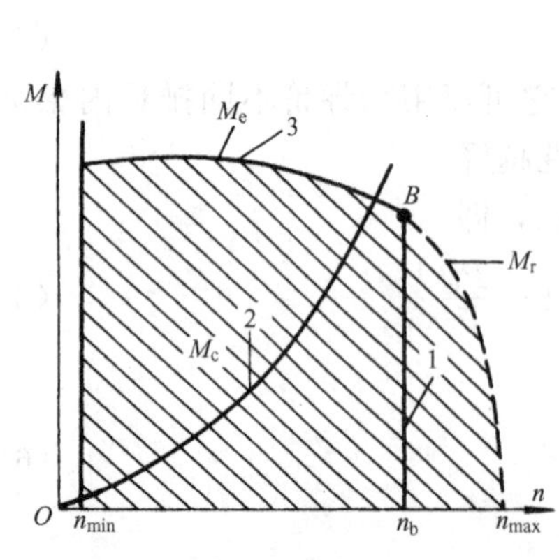

图 6-41　内燃机的工况范围

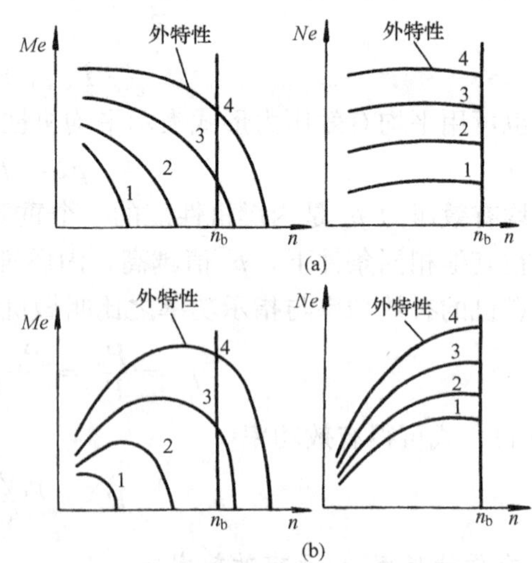

图 6-42　内燃机的速度特性

（a）汽油机；（b）柴油机

（二）内燃机的负荷特性

内燃机的负荷特性是内燃机在保持转速不变的情况下改变发动机的负荷时，其主要性能参

数随负荷变化而变化的关系。内燃机的负荷特性通常是在发动机试验台架上测得的。为了测取某转速下的负荷特性，在试验时必须根据负荷的增减而增减供油量，以保持发动机的转速为规定值。在实际中，用以驱动发电机、压气机以及各种泵类的内燃机就是按负荷特性而运行。

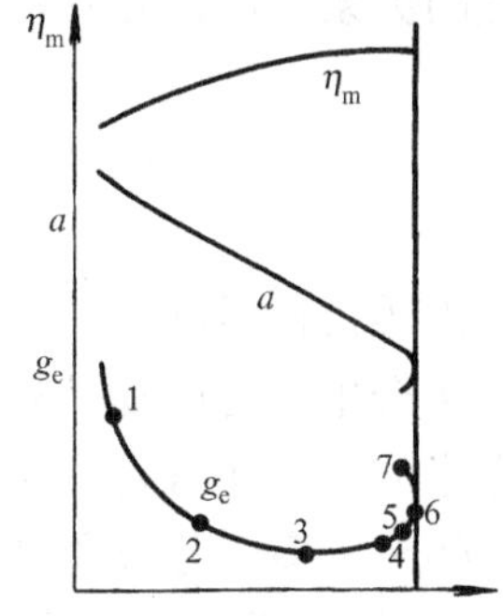

图 6-43 柴油机的负荷特性

非增压柴油机负荷特性如图 6-43 所示。

对增压柴油机而言，由于随着负荷的增大，废气能量增大、增压器转速提高、增压压力上升、空气密度 p_s 增大，所以在重负荷时，其过量空气系数 α 和指示效率 η_i 的变化较小，燃油消耗率 g_e 曲线较为平坦。当汽油机按负荷特性运行时，其节气门的开度随负荷的增减而增减。当负荷很轻、节气门开度很小时，其指示效率 η_i 因进气节流大、残余废气系数大而降得很低；随着负荷的增加，节气门开度加大，α 变大，η_i 上升。汽油机的机械效率也是随负荷的增加而提高；在重负荷时，其 g_e 曲线比非增压柴油机的略微平坦些。

（三）船舶内燃机的推进特性

船用内燃机的推进特性是将内燃机的工况人为地调节在螺旋桨特性所对应的各个工况点上运行时，内燃机的性能参数随转速变化而变化的关系。用以描述这些变化关系的曲线称为推进特性曲线。螺旋桨特性可用如下公式来描述：

$$P_p = K_N \cdot n_0^m \qquad (6-20)$$

式中：P_p 为螺旋桨所吸收的功率；K_N 为功率系数，与螺旋桨的结构尺寸和水的密度有关；n_0 为螺旋桨的转速；m 为指数，在 1.6～3.2，间选取；m 取值与船舶的类型有关，低速、排水型船舶 m＝2.8～3.2，驱逐舰 m＝2.2～2.8，快艇 m＝1.9～3.2，水翼艇 m＝1.6～1.9。

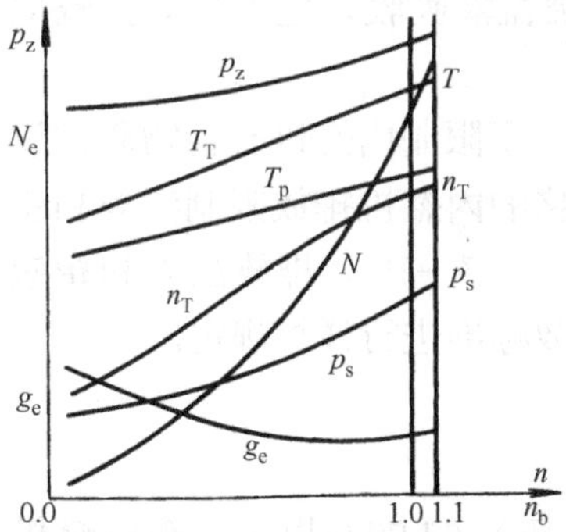

图 6-44 某船用主机的推进特性曲线

图 6-44 所示为某船用主机的推进特性曲线。图 6-44 中给出了 g_e、T_T、n_T、p_s、p_Z 以及 T_p（涡轮后的废气温度）等性能参数随转速变化而变化的关系。若发动机在实际运行中的有关参数与上述曲线偏离太远，则表明发动机的工作状态异常，应及时查明原因，排除故障。

（四）万有特性

为较全面展示内燃机性能，更方便地看出该内燃机适合作何种用途，为机具配套提供依据，一般采用多参数特性曲线——万有特性。万有特性曲线图通常是以转速为横坐标，平均有效压力（或扭矩）为纵坐标，在一张图上绘出等油耗曲线等功率曲线、等排温曲线，如图 6-45 所示。

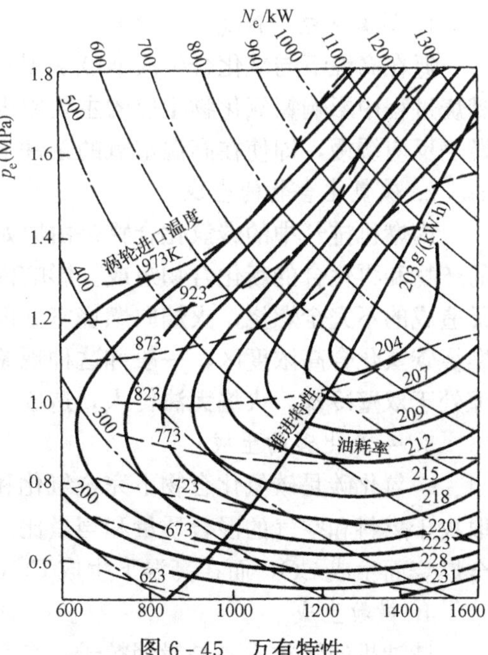

图 6-45 万有特性

从这种曲线图中可清楚地看出在宽广运行范围内油耗率、负荷和转速的关系，即经济性和动力性的关系。这种万有特性曲线可用负荷特性曲线和速度特性线转换来绘制。

第六节 内燃机的排气净化

内燃机包括汽油机与柴油机都是以石油产生物烃类作燃料。烃类在高温高压下与空气中的氧化合生成的产物是复杂的，其中一部分对人类和环境是无害的，而有一些对人类和环境是有害的。这些有害物质包括一氧化碳（CO）、氮氧化物（NO_x）、未燃烃（C_nH_m）、醛类（RCHO）、多环芳香烃（PAH）、炭烟微粒以及含硫燃料燃烧时产生的二氧化硫（SO_2）、硫化氢（H_2S）等。一氧化碳被人吸入体内，它能以比氧强 210 倍的亲和力同血红蛋白结合，形成碳氧血红蛋白，阻碍血液向心、脑等器官输送氧气，使人发生恶心、头晕、疲劳等症状，严重时会窒息死亡；一氧化碳还会使人慢性中毒，中枢神经受损，记忆力衰退等。燃烧产物中的氮氧化物中的主要成分是 NO 和 NO_2，其中绝大多数是 NO。高浓度的 NO 能造成人与动物中枢神经系统障碍。NO_2 吸入体内与血红蛋白作用，成为变性血红蛋白，使血液输氧能力下降，且对心、肝、肾有影响。未燃烃中的甲醛、乙醛等是有毒物质，多环芳香烃的 3、4 苯并以及某些硝基烃是致癌物质。微粒对人的健康危害极大，直径小于 $0.1\mu m$ 的微粒在空气中作随机运动，通过呼吸进入肺细胞组织，某些还会被血液吸收，危害身体。硫化物微粒刺激人的呼吸道，影响空气的可见度，且会形成酸雨。

为了保护人类的健康和生态环境，现在世界上很多国家已制订了限制内燃机有害物质排放量的法规。美国、日本、欧共体等工业发达国家和地区均制定严格的内燃机排放限制法规和相应的试验方法。我国于 1993 年颁布 GB14761·1—1993～GB14761·7—1993 排放法规和相应的试验方法，对车用内燃机和其他行业使用的内燃机的污染物排放标准进行详细规定。

一、有害排放物的生成机理

1. 氮氧化物（NO_x）的生成

氮在高温下与氧化合生成 NO_x，其中 NO 的体积分数占总 NO_x 的 90%以上。在内燃机燃烧过程中影响氮氧化物生成的主要原因是高温富氧，滞留时间长，由于 NO 生成的反应比燃烧反应缓慢，即使在高温富氧的条件下，如果滞留时间短，NO 生成量会受到限制。

2. 碳氢化合物的生成

内燃机排气中的碳氢化合物是由原始烃燃料分子、不完全燃烧产物、燃烧过程中被分解的产物和再化合的新化合物组成。影响内燃机中碳氢化合物生成的因素有：混合气过浓或过稀造成的不完全燃烧，火焰向燃烧室壁面传播时，碰到壁面的激冷作用使火焰熄灭，形成未燃烧碳氢化合高浓度区，一般称这种现象为室壁淬熄；还有一种是缝隙效应，燃烧室中的缝隙处于双壁冷却，火焰无法传入，造成一定量未燃烧烃。

3. 一氧化碳的生成

一氧化碳是碳氢化合物不完全氧化和高温下引起的 CO_2 和 H_2O 的分解而生成的。主要取决于燃料和空气的混合质量和当量比。在过浓的混合气中由于空气不足，有些燃料不能完全燃烧而生成 CO，而在高温下生成 CO_2 和水又可能分解为 H_2O 和 CO。

4. 微粒生成

柴油机的微粒主要是炭烟粒子，是在燃烧过程中经历一系列物理化学变化而形成的。首先，燃料分子在高温中裂解或氧化裂解，形成炭烟核心。成核后再经历表面增长和凝聚，形成链状结构物。但应注意到，碳烟粒子从核萌发到成长集聚的生成过程也都伴随着炭烟的氧化，因此排放中炭烟净生成量是碳烟生成速率和氧化速率竞相发展的结果。炭烟的生成与混合气的浓度有很大的关系，在混合气中 C/O 比大于某一临界值（成烟界限），炭烟就会生成。可见在以扩散燃烧为主的柴油机中形成的混合物不均匀，炭烟生成是难以避免的。

二、排气净化措施

减少内燃机有害物质的排放量，可以从机内燃烧过程和结构上采取措施，也可以在机外附加净化装置。

对汽油机来说，从结构上适当减小压缩比推迟点火时间，以降低最高燃烧温度减少 NO_x 的排放量；同时提高排气温度，降低碳氢化合物的排放量；采用电喷、分层燃烧等先进的燃烧系统以减少其有害物质排放量；采用排气再循环（EGR）使进气中残余废气系数增大以降低最高燃烧温度，减少 NO_x 生成量；向排气门喷入新鲜空气以减少 CO 和 HC 的排放量；还用化学方法对排放的有害物质进行后处理。

对柴油机来说，CO 和 HC 排放是较少，主要是 NO_x 和炭烟的排放，为减少这两种物质的排放量，可采取以下的净措施。

（1）采取改进燃料，加入消烟添加剂，掺水乳化，排气再循环，进气管喷水、增压等措施，进行前处理。

（2）采取推迟喷油、提高喷油速率，加强进气涡流和分隔式燃烧室等措施，控制燃烧过程，进行机内净化。

（3）采用催化反应装置，对排气进行后处理。

由于各种有害物质的生成机理不同，很难用一种方法同时减少各种有害排放物。要全面降低内燃机的污染物的排放，必须采用综合措施。

第七节 内燃机代用燃料

现代内燃机的发展，正面临着石油短缺和排放限制的巨大压力。传统燃料——汽油和柴油不仅数量有限，而且燃烧产物有害，污染环境，特别近年来世界性的油价飙升，已引起人们寻求洁净替代能源的紧迫感。美国《科学》杂志纪念创刊 125 周年，撰文提出 25 个目前挑战全球科学界的重大基础性问题，其中之一就是“什么能源能取代石油?”。现在常说的一些内燃机代用燃料，只是目前能作为内燃机替代燃料的可用燃料而已，至于哪种燃料能最终取代石油，结论还为时尚早，有待于今后研究工作的进展和技术发展的水平。

作为内燃机代用燃料应具备以下条件和特点：资源丰富，数量上能满足燃油市场的需求；价格适宜，不应高于汽油和柴油的价格；燃料热值，特别是与空气混合后的热值应能满足内燃机性能的需要；有良好的排放特性，符合国家相关排放法规的要求；内燃机的结构改动要求要小，技术上可行；能量密度高，便于运输、储存；对内燃机的可靠性应无不良影响等。目前较有应用前景的内燃机代用燃料有：天然气、液化石油气、含氧燃料和生物燃料、氢燃料等。下边仅对天然气、液化石油气、含氧燃料作一下简单介绍。

一、天然气和液化石油气

1. 天然气（NG）

天然气是一种高效、清洁、廉价的工业和生活用燃料及重要化工原料。天然气分为气田气和石油伴生气。我国有丰富的天然气资源，总资源储量约为38万亿m^3，探明储量为1.53万亿m^3，仅为资源储量的4.05%。天然气主要是气田气，分布在四川、陕西及新疆等西部地区，近年来在近海也发现有大气田。石油伴生气主要分布在东部油田。

天然气的主要成分是甲烷（CH_4），其含量为85%～99%。作为发动机燃料，具有低排放、低价格、储量丰富、无需加工等优点。应用时分为液化天然气（LNG）和压缩天然气（CNG）。我国一些地区已有改装的CNG汽车在运行，许多城市准备将公交汽车逐步改为天然气汽车。

天然气发动机中的非甲烷碳氢化合物比汽油机低，甲烷排放量相对要高。对于采用相同排放控制技术措施的汽车，使用的燃料不同，其尾气排放水平也不同：天然气汽车的非甲烷排放物比汽油车低90%，而甲烷排放物则高出9倍；其CO的排放水平约为汽油车的20%～80%，而NO_x视不同的车型有很大的差别，大多数情况下二者相同，最低时天然气汽车的排放仅为汽油车的40%。

天然气汽车排放的有害物质，如苯，1、3-丁二烯等，比汽油车低，且在使用过程中基本没有蒸发气排放，冷启动过浓、运行损失和加油排放可以忽略。由于天然气所含的碳比汽油少，故天然气的排放也比汽、柴油机低20%～30%。

影响天然气推广的主要因素是：加气网络少、续行里程短以及储气罐较重。

2. 液化石油气（LPG）

我国的液化石油气分为油田液化气和炼油厂液化气两种。液化石油气的主要成分是丙烷（C_3H_8）和丁烷（C_4H_{10}）。油田液化气来自于各油田，不含烯烃，可直接作为车用燃料。炼油厂液化气主要是催化裂化过程和延迟焦化炼油过程中的产物，含有大量丁烯（C_4H_8）、丙烯（C_3H_6）以及少量乙烷和异丁烯。因烯烃类为不饱和烃，燃烧后结胶、积炭严重，对发动机的火花塞、气门、活塞环等零件损害较大，不适合直接用作车用燃料。一般烯烃含量要低于6%，才能用作车用燃料。

LPG与天然气相似，具有能量密度高、辛烷值高等优点，不需要高压储气瓶，容易转运和装车使用，加气比天然气容易。主要缺点是：燃料的储存较为复杂，需中压储液罐，比汽油箱笨重，一般只能利用80%的存储空间；车用LPG的要求比生活用液化气要高，需进行再加工，使成本升高。

LPG汽车的排放与天然气汽车相似，因其含碳量低，CO_2排放比汽油机和柴油机都低；在点燃式发动机上使用LPG燃料，几乎没有颗粒排放，CO的排放也很低，HC排放属于中等水平，但加气过程中会产生较多的LPG排放。与同等技术的汽油车相比，LPG汽车尾气中的非甲烷碳氢化合物和CO都较低，NO_x的排放水平与汽油车相近。

3. 天然气与液化石油气的特点

（1）天然气的体积低热值和质量低热值略高于汽油，但理论混合气热值比汽油低，甲烷含量越高，相差越大，纯甲烷的理论混合热值比汽油低10%左右；液化石油气则介于汽油和天然气之间。

（2）抗爆性能高。天然气的主要成分是甲烷，甲烷的辛烷值为130，具有高抗爆性能。

燃用天然气发动机应采用的合理压缩比为 12，允许压缩比可达到 15，可采用高压缩比，从而可大幅提高发动机的动力性和经济性。如采用较高的压缩比，天然气发动机的燃烧效率可相当于柴油机，有利于减少 CO_2 排放。装有电子燃料控制系统和三效催化转化器的轻型天然气汽车的尾气排放，比最为严格的美国加州超低排放车（ULEV）标准还低于 75%。液化石油气的辛烷值也比较高，为 100～110。

（3）混合气着火界限宽。天然气和空气混合后有很宽的着火界限，其过量空气系数的变化范围为 0.6～1.8，可在大范围内改变混合比，提供不同成分的混合气。通过采用稀薄燃烧技术，可进一步提高发动机的经济性，改善排放。

（4）天然气和液化石油气比汽油的着火温度较高，传播速度较慢，因此需要较高的点火能量。

（5）天然气和液化石油气比汽油和柴油更"清洁"。由于天然气和石油液化气的燃烧温度低，NO_x 的生产量少；与空气同为气相，混合均匀，燃烧较安全，CO 和微粒的排放很低。采用柴油一天然气双燃料工作的发动机，尾气的烟度值很低，为采用纯柴油的 1/10 左右，几乎呈无烟状态运行。未燃烧的甲烷等成分性质稳定，在大气中不会形成有害的光化学烟雾。但其对大气温室效应的影响比 CO_2 严重，应在内燃机缸外燃烧掉或选用新的催化剂进行机外处理。

二、含氧燃料

含氧燃料是理化特性不同于柴油、汽油传统燃料的内燃机代用燃料，其燃料分子结构内含有一定量的氧，易于充分燃烧，能实现洁净燃烧，有助于提高发动机的经济性和改善发动机的排放性能。它既可以作为传统燃料的含氧添加剂，在不改变发动机结构参数的情况下，能有效降低排气中 PM、HC、CO 的排放量，以及如不减少、至少也不会增加 NO_x 的排放量，同时也可以作为燃料，部分地或者完全地代替传统的内燃机燃料，为解决当前石油危机和改善发动机的排气污染提供可行的途径，也为现代内燃机技术的发展提供物质和技术保障。常见的含氧燃料有：醇类（甲醇、乙醇）、醚类（二甲醚）、酯类（碳酸二甲脂）燃料等，其理化特性列于表 6-1。

表 6-1 几种常见含氧燃料的物理化学特性

名　称	二甲醚	乙酸乙酯	甲缩醛	碳酸二甲酯	甲醇	乙醇
英文名字	Dimethyl Ether	Eghyl acetate	Methylal	Dimethly carbonate	Methanol	Ethanol
简称	DME	EAC	DMM	DMC	MEOH	ETOH
分子式	C_2H_6O	$C_4H_8O_2$	$C_3H_8O_2$	$C_3H_6O_3$	CH_4O	C_2H_6O
分子量	46.07	88.10	76.10	90	32	44
氧含量（%）(质量)	34.8	36.2	42.1	53.3	50.0	34.8
液态密度（20°C）($g \cdot cm^{-3}$)	0.664/(0.5MPa)	0.9006	0.8593	1.0694	0.793	0.81
沸点/℃	−24.9	77.11	42.3	90～91	65.1	78
自燃点/℃	235	425.5	237		450	420
低热值（$MH \cdot kg^{-1}$）	28.8		22.4	15.78	19.5	20.5

思考题和习题

1. 何谓内燃机的理想循环？有哪些形式的理想循环？影响理想循环热效率有哪些因素，是怎样影响的？

2. 内燃机的实际循环与理想循环有什么区别？实现实际循环要有哪些过程？

3. 分析影响实际循环热效率的因素，找出提高热效率的方法？

4. 四冲程内燃机和二冲程内燃机的工作过程有什么不同？各自有什么优缺点？

5. 汽油机和柴油机的供油系统各自是由哪些部件组成的？各部件的作用是什么？

6. 汽油机和柴油机的燃烧室各有哪些主要类型？它们各自的功能和优缺点是什么？汽油机和柴油机的可燃混合气各自是怎样形成的，受哪些因素的影响？

7. 汽油机和柴油机的电控喷油系统各有哪些形式？它们各自与传统的喷油系统相比有什么优点？

8. 什么是增压，主要有哪些增压方式？各自有什么优缺点？

9. 内燃机有哪些性能指标？指示性能指标与有效性能指标有什么区别？各是如何计算？

10. 内燃机有哪些特性，各自是如何定义的？怎样进行实验以获得这些特性线？汽车、船舶匹配的发动机各自按照什么特性运行？

11. 内燃机有哪些有害排放物？各自生成的条件是什么？对人类和环境有什么危害？如何减少这些有害物质的排放量？

12. 设某六缸柴油机的缸径 $D=280$，活塞行程 $S=290$，台架试验得到标定工况的参数为：转速 $n=220\text{r/min}$，单缸功率 $N=295\text{kW}$，燃油耗率 $g=210.3\text{g/(kW·h)}$，柴油的热值 $Q=41868\text{kJ/kg}$，求该柴油机的平均有效压力、输出扭矩和有效热效率。

第七章 容积式压缩机和泵

第一节 结构形式与工作原理

一、往复式压缩机和泵

活塞泵和压缩机的主要零部件与内燃机的基本相似，其中差别较大的是"阀"（见图5-5和图5-6）。内燃机阀的开启和关闭由专门机构控制，启闭时间固定，与气缸内压力变化无关。压缩机的气阀是靠气缸和阀腔之间微小的气体压力差而开启；同时，在进气和排气的过程中，受气流流经气阀所产生的推力，而停留在开启的位置上。而当气流停止时，阀片受到与气流推力相反的弹簧力作用则立即关闭。进、排气阀的工作过程也相同。

图7-1为活塞压缩机的实测气缸内压力随容积变化的曲线。将进气管和排气管中的压力视为定值，p_s、p_d 分别表示名义进气压力和名义排气压力。因结构的需要，气缸和气阀中必须留有一定的余隙容积 V_0。排气终了时，余隙容积中残留有高压气体，当活塞自外止点（或上止点）向内止点（或下止点）运动时，残留气体进行膨胀到低于吸气管内压力 p_s（cd），阀片两侧的气体压力差 Δp 足以克服气阀弹簧力及阀片惯性力，吸气阀才能开启进气（da）。余隙容积 V_0 越大，膨胀过程越长，进入气缸的气体越少。若气流推力大于弹簧力，则阀片就停留在升程限制器上，直到活塞接近内止点（或下止点）时，活塞速度减小，进气速度和气流推力相应降低，当气流推力小于弹簧力时，阀片便开始脱离升程限制器，到达状态 a 点时吸气阀关闭。活塞到达内止点（或下止点）时，气缸内的气体从状态 a 压缩到状态 b 的进程中，吸排气阀处于关闭位置，一直到 b 状态，气缸与阀腔之间的气体压力差作用在阀片上的力，足以克服弹簧力及阀片和一部分弹簧的质量力时，阀片便开启，气缸内的压缩气体被排出。活塞到达外止点（或上止点）时，排气阀关闭。气体进入或排出气缸前后，要流经气阀、管道等零部件，此项流动阻力所引起的压力损失，使进、排气过程线分别低于和高于名义进、排气压力线。如果气阀弹簧力过强，阀片开启时的振动引起压力损失，使得进、排气过程呈曲线，压缩过程线也变化，即气阀弹簧力的大小影响指示图的形状。

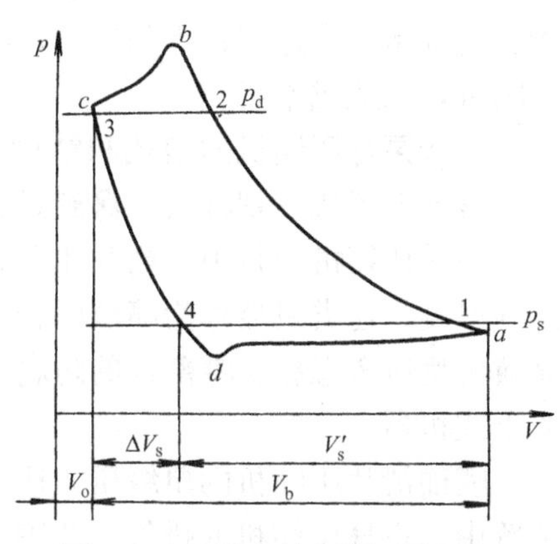

图7-1 压缩机实际循环指示图

活塞泵的工作原理和活塞压缩机类似，因其介质为液体，当忽略液体的可压缩性时，余隙容积对它没有影响。它的工作循环只有吸入及排出两个过程，活塞在液缸中往复运动与吸入、排出阀配合进行工作循环，这种泵的运动规律与活塞式压缩机完全一样，不再重复。往复泵用于输送流量较小、扬程（压力）较高的各种介质，如高黏度、有腐蚀性、有毒、易燃、易爆等各种液体，在国民经济中得到了广泛的应用。

如上所述，从几何意义上来比较，活塞压缩机的余隙容积 V_0 相当于内燃机的压缩容积

V_c；但是，内燃机是驱动机，压缩机是耗能的能量转化机械，因此 V_0 和 V_c 有本质的区别，前者为有害容积、后者为燃烧室容积。同时，对于内燃机结构参数中的压缩比 ε，在压缩机中没有对应的参数，只有热力性能参数“压力比” τ_p，即气缸排气管压力与进气管压力之比。

我国已经生产了 850 多个品种的活塞压缩机，它在国民经济中应用广泛，特别是在化工、煤炭、石油、海洋工程中。例如，合成氨需要提供（150～200）$\times 10^5$Pa、（300～450）$\times 10^5$Pa、（800～1000）$\times 10^5$Pa 的氮氢气压缩机；高压聚乙烯是将乙烯压缩到 2800$\times 10^5$Pa 聚合而成；石油精炼需要（100～320）$\times 10^5$Pa 的氢气压缩机；鱼雷发射、潜艇沉浮、沉船打捞，均需要不同压力的压缩空气。因此，它被称为“通用机械”。

二、回转泵与压缩机

回转泵与压缩机是工作容积作回转运动的容积式流体机械，它们是依靠容积的周期性变化来实现流体的增压与输送，其容积的变化是通过气缸里的一个或几个转子作旋转运动来实现的。同一型式的泵与压缩机的结构基本相同，只是回转泵无内压缩过程。回转泵与压缩机没有往复运动机构，动力平衡性良好；一般不设阀门，只在气缸上配置流体进出的孔口，就能实现基本工作过程；零部件少，结构简单。回转泵与压缩机的工作容积呈曲面体，使得密封困难，制造成本高。

回转泵与压缩机的型式和结构种类较多，一般按元件的特征命名，应用广泛的有滑片式、滚动转子式、螺杆式、涡旋式、罗茨式。

回转压缩机运行中，当气体受到压缩时，将液体喷入工作腔，吸收气体的压缩热，降低排气温度，这类机器称为喷液回转压缩机。所喷的液体可以是水、油、制冷剂、其他液体。喷液机型应考虑相关零部件的防腐、防锈措施。若工作腔为干式运行，则称为无润滑、无油或干式机器。

喷油滑片压缩机的单级压力比可达 8～10，用于中、小型压缩空气装置、小型空调制冷装置中。空气压缩机的排气量范围为 1～20m^3/min；制冷压缩机的排气量小于 1m^3/min。在石油、化学、食品、建筑行业中，无油滑片压缩机用来输送各种气体、粉尘或颗粒物料。

滑片式还可以作为输送液体的滑片泵和真空泵使用。所谓真空泵是一种使气体不断地吸入和排出而达到抽气目的的装置。真空技术用于工业生产是为了满足某些工艺上的特殊要求。

滚动转子式用于压缩机和真空泵。容量在 3kW 以下的滚动转子压缩机广泛用于家用空调器、冰箱、商用制冷设备。

螺杆机械可以作为泵、压缩机、膨胀机使用。它们能处理很多种工作流体，其中有液体、气体、干蒸汽、有相变发生的多相混合流。它们的运行模式可以是干式、喷油、压缩或者膨胀过程中喷入其他的流体。

涡旋流体机械可以用于泵、压缩机、膨胀机、发动机、风机、真空泵。涡旋泵的工作介质为黏性液体，其工作过程只有吸液和排液过程。立式和卧式全封闭涡旋压缩机用于制冷和热泵技术，其功率范围为 0.75～11kW；汽车空调系统采用开启式涡旋压缩机，其吸气容积为 60～150cm^3/转，用于轿车和中型车的空调。压缩是膨胀的逆过程，压缩机稍加改装便可成涡旋膨胀机，它可作制冷和低温工业的能量回收装置、能源领域的动力回收装置。

罗茨式可用于鼓风机和真空泵，它对气体中的灰尘和蒸气不敏感，工作腔可以无油润滑，因此可以输送各种气体、水泥、颗粒状化工产品，在冶金、造纸、食品、电子工业中得到广泛的应用。

回转泵与压缩机的工作腔内，有几个工作容积逐次进行相同的过程，因此只须分析某一个工作容积的全过程，就能知道该机器的工作，称此工作容积为基元容积。

（一）滑片式

滑片式结构可作为泵、压缩机、真空泵使用。图 7-2 为滑片式压缩机示意图，它的主要构件有气缸、转子、滑片。转子偏心安装在气缸中，转子轴向开了几条凹槽，滑片配置在凹槽内能沿径向滑动，吸气孔开设在气缸的左侧，其右侧开设排气孔。转子旋转时，离心力使滑片端部紧贴气缸内壁；因此，气缸内壁与转子外表面，两气缸端盖以及两滑片侧面则形成一基元容积。由于转子偏心配置，导致基元容积在转子旋转一周之内，由最小值逐渐变大，再由最大值逐渐变小，直至最小值。随着转子的旋转，基元容积逐渐增大，与吸气孔连通时开始吸气，基元容积达到最大值时，吸气过程结束。转子继续旋转，基元容积开始缩小，气体被压缩，当与排气孔连通时开始排气，基元容积至最小值时排气结束。此后基元容积又开始增大，残留高压气体进行膨胀，当与吸气孔联通时，又开始吸气过程。若滑片数为 Z，在转子旋转一周中，有 V_Z 个基元容积逐次进行吸气、压缩、排气、膨胀。由此可见，滑片压缩机没有吸排气阀，由吸排气孔强制性地控制吸排气过程，与往复压缩机自动阀的自动控制截然不同（该机型用于汽车空调系统时，设置排气阀）。

滑片式流体机械的关键零件是滑片，其端部和侧面的摩擦、磨损严重，使得机械效率较其他回转式的低。滑片与转子、滑片与气缸之间有喷液润滑与无润滑的形式，滑片若选用合金铸铁、合金铝，则采用喷油润滑；而无油润滑的滑片材料一般选用具有自润滑性能的石墨。滑片数 Z 增加，机械摩擦损失增大，但泄漏减少，因此，Z 一般取 6～12 片。

（二）滚动转子式

这种机型可用于真空泵和压缩机。滚动转子压缩机又称为滚动活塞压缩机、固定滑片压缩机。滚动转子压缩机的简图示于图 7-3。气缸 6 上设置有吸气孔和排气孔，簧片排气阀 5 安装在排气孔上。滚子由偏心轴 1 和套圈 2 组成。偏心轴 1 的旋转中心与气缸的中心线 O 相重合，偏心轴的外圆表面上套装一个可以绕偏心轴几何中心 O_1 作旋转运动的套圈 2。偏心轴 O_1 绕气缸轴线 O 转动的过程中，套圈则在气缸内表面上滚动，这两圆柱面的公切线与 O、O_1 轴线共面（即切点 T 位于 OO_1 的延长线上）。在气缸的吸气孔与排气孔之间设置一径向槽，滑片 4 安装在槽中，配置在滑片顶部的弹簧 3，使滑片下端始终紧贴滚子表面。当偏心轴转动时，滑片作径向往复运动。

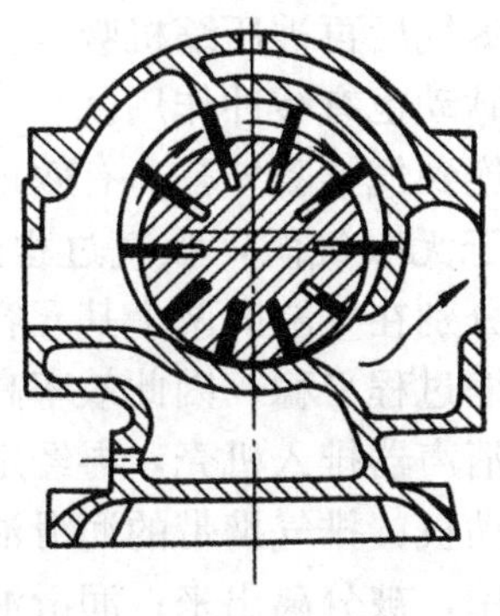
图 7-2　滑片压缩机

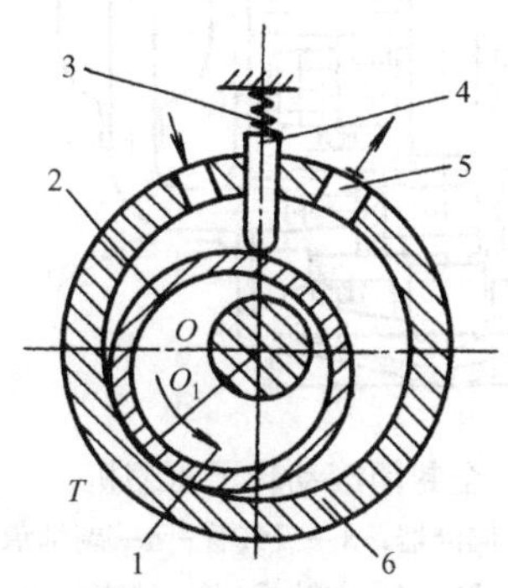

图 7-3　滚动转子压缩机

气缸内壁、滚子外壁、滑片侧面、两端的气缸盖构成了基元容积。基元容积的位置和大小随公切线位置而变化。当滚子与气缸的公切线转到超过吸气孔口时，滑片左侧基元容积开始吸气，当滚子接触线转到最上端的位置时，吸气结束（见图 7-4）。即左侧基元容积经历一个吸气过程，偏心轴旋转 2π。与此同步，滑片右侧基元容积充满了滚子在上一转中吸入的新鲜气体，随着滚子旋转，其容积逐渐缩小，气体压力逐渐增高到大于排气管的压力，排气阀开启即开始排气。滚子接触线越过排气口后边缘，排气过程结束，此刻的容积为余隙容积，该基元容积与其后的低压基元容积经排气孔口相互连通，余隙容积中的高压气体膨胀至吸气压力，使吸入的气体相应减少，因此影响排气量。如上所述，滚子每旋转两周，其中一个基元容积完成吸气、压缩、排气过程。因有两个基元容积同时工作，所以偏心轴每旋转一周，滚动转子压缩机排气一次。

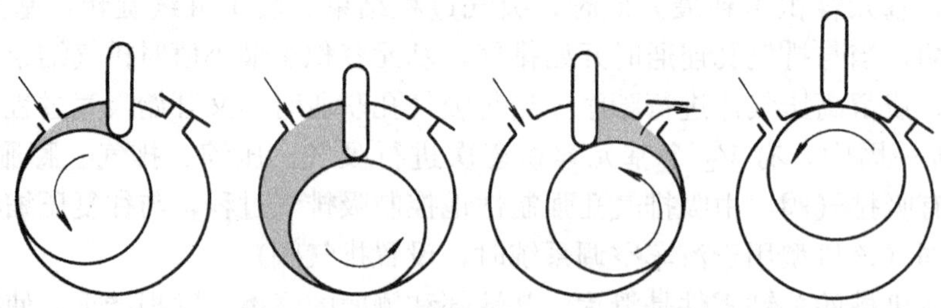

图 7-4 滚动转子压缩机的工作过程

图 7-5 为单缸立式全封闭滚动转子式压缩机结构剖面图，在全封闭的机壳中，电动机的转子和定子配置在上部，压缩机设置在下部。压缩机（参考图 7-3）由气缸、曲轴（即偏心滚子轴）、套圈、滑片、滑片弹簧、排气阀、消声器、主轴承、副轴承等组成。电动机的转子和压缩机的滚动套圈用曲轴连接，曲轴由主轴承和副轴承支承，主轴承和副轴承同时充当气缸盖的作用。

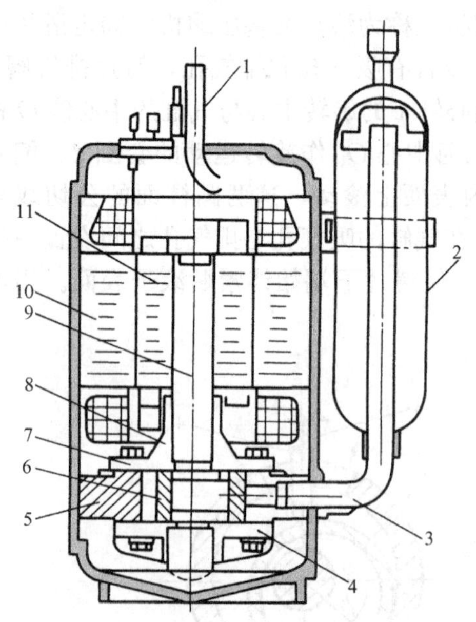

图 7-5 全封闭滚动转子压缩机

1—排气管；2—储液器；3—吸气管；4—副轴承；5—气缸；6—套圈；7—主轴承；8—消声器罩；9—曲轴；10—电动机定子；11—电动机转子

为了防止吸入气体含液量高，一般都设置储液器，积蓄润滑油和制冷剂液体。制冷剂进入储液器后，流速突然降低，流向急剧变化，液相和气相制冷剂被分离。存积于底部的液相制冷剂，吸收环境的热量，蒸发成蒸气后再被压缩机吸入。另外，储液器对吸气压力脉动也有缓冲作用。

吸气管直接连到气缸吸气孔，有效地减小吸气的有害过热；由于无吸气阀，吸气过程连续进行；吸气和排气过程分别在气缸的两个基元容积中同时进行，吸气和压缩过程平稳，因此效率高。

高压气体经消声器排入机壳，再经定子和转子的气隙，冷却电动机；排气携带的润滑油受电动机转子离心力的作用，被分离出来；润滑油聚集于机壳底部，偏心滚子轴端和部分副轴承伸入油池中；

因机壳内充满高压气体，润滑油靠气缸内外的压力差，通过轴的油道、相关部件的间隙，流到各润滑点和密封部位。

这种机型可设计成立式全封闭单缸压缩机和卧式全封闭单缸压缩机，卧式比立式的高度降低47%，可大幅度缩小制冷和空调设备的外形尺寸。在输出功率3～4.5kW的单缸压缩机中，旋转轴系传到外壳的振动高达几百微米，这已到了不能应用的程度，解决这一问题的措施是：采用两个气缸，相应的两个偏心轴呈180°对称配置，使其扭矩变化幅度很小，外壳表面的振动水平小于30μm。这种双滚子压缩机特别适用于变频驱动的热泵，它在高频高转速下的振动和噪声得到缓解。双滚动转子压缩机与往复式相比，零部件数量减少50%，重量减轻12%，安装空间减少40%。

滚动转子压缩机的电机——压缩机机组刚性地（如焊接）固定在机壳上，而往复式压缩机则是弹性地连接在机壳上。与往复压缩机相比，这个差异使得滚动转子压缩机在噪声和振动方面处于不利。因此，降低它的噪声就显得十分重要。通常，在排气孔口附近设置压力脉动缓冲器，它的消声机理是Helmholtz共鸣效应，它对高频噪声（2000Hz以上）的降噪效果明显。另外，在其气缸内壁上开设抑声槽，在1000～3000Hz范围内，消声效果极佳。

（三）螺杆式

螺杆式流体机械的种类很多，其应用广泛。螺杆式流体机械是利用相互啮合螺杆的旋转运动，把流体封闭在啮合腔内，将流体从吸入端沿着螺杆轴向连续推进至排出端。

单螺杆压缩机有一个螺杆，它的螺槽同时与几个星轮啮合。螺杆有圆柱形（Cylindrical）和平面型（Planar）的两种，星轮也有圆柱形和平面形的两种，螺杆和星轮四种组合的单螺杆压缩机有CP型、PP型、CC型、PC型，见图7-6。图7-7和图7-8为CP型单螺杆压缩机的结构简图和工作原理图，圆柱螺杆和两个平面星轮放置在机壳内，机壳上设置了轴向吸气孔口和两个径向排气孔口。螺杆齿槽、机壳内壁、星轮齿顶面构成基元容积。星轮的凸齿相当于往复压缩机的活塞，它在螺杆齿槽内的相对移动使基元容积的大小改变。动力经螺杆轴输入，由螺杆带动星轮旋转。

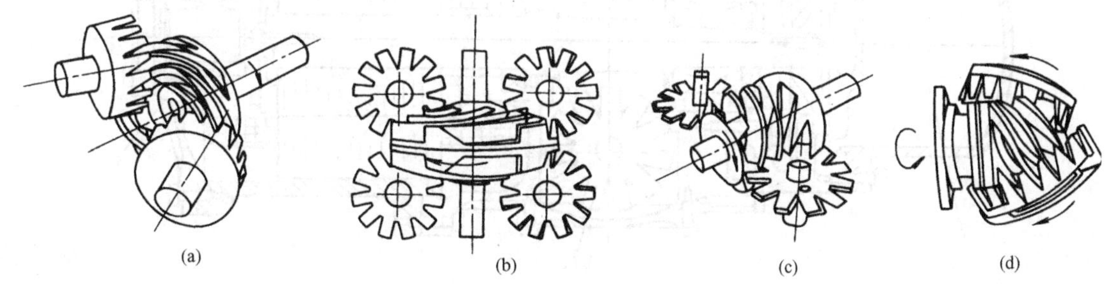

图7-6 单螺杆压缩机的类型

(a) PC型；(b) PP型；(c) CP型；(d) CC型

螺杆有6个齿槽，两个星轮把它分成上、下两个区间，主螺杆上方与下方的齿槽同时工作，各自进行吸气、压缩、排气过程。机壳上设置喷液孔，将油、水、冷凝液喷入压缩腔，主要是冷却降温，其次才是密封和润滑。压缩介质可以是空气、制冷剂和石油化工气体。

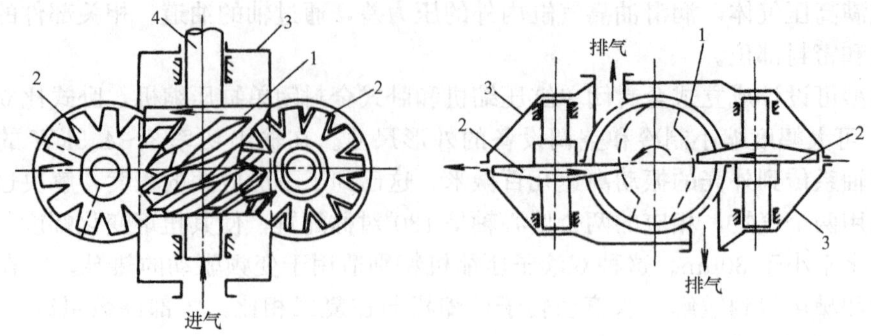

图 7-7 单螺杆压缩机的结构简图

1—螺杆；2—星轮；3—机壳；4—主轴

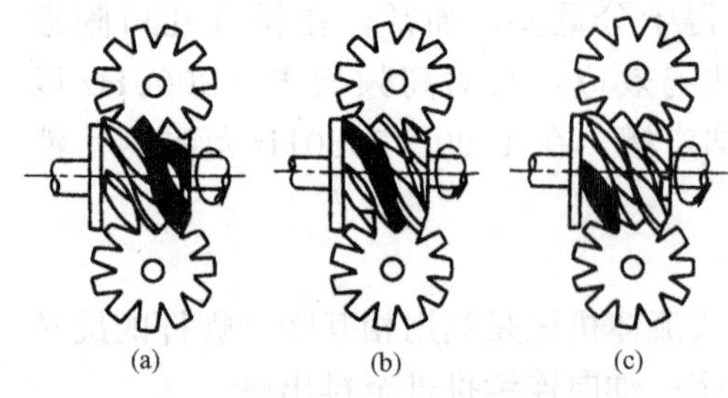

图 7-8 单螺杆压缩机的工作过程

(a) 吸气；(b) 压缩；(c) 排气

图 7-9 为半封闭单螺杆压缩机的结构简图，蒸发器来的气态制冷剂先冷却电动机，再进入压缩腔，气体被压缩的同时，将冷凝器来的液态制冷剂和油混合后喷入压缩腔，使封闭式的装置得到了有效的冷却。排出的气体进入过滤器，分离后存积在油池里的油，在高压作用下再流入轴承。油仅在主机中循环，而不进入制冷剂循环，这种方式可以不设置油分离器、油泵、油冷却器，也排除了油在系统中循环对换热性能的影响。

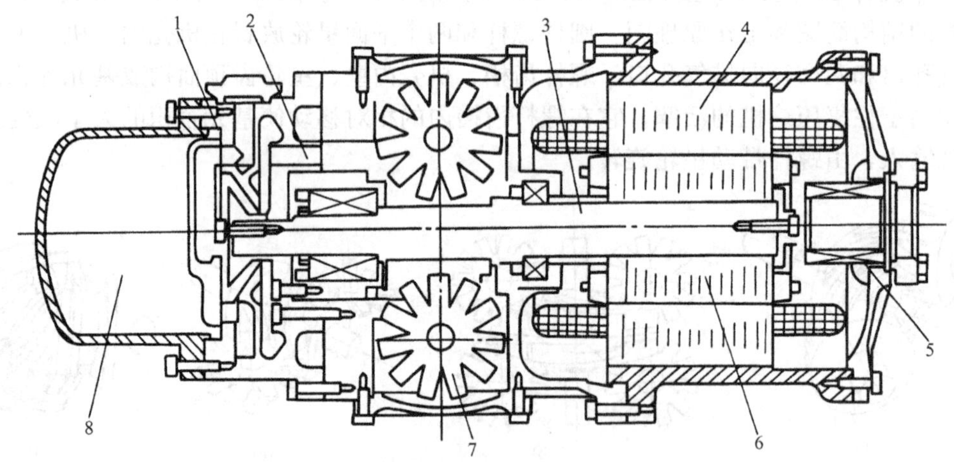

图 7-9 半封闭单螺杆压缩机的结构简图

1—经济器组件；2—能量调节组件；3—主转子轴；4—电动机定子；5—吸气过滤器；6—电动机转子；7—星轮；8—油池

该半封闭装置的另一特点，是在气缸上开设了补气口，系统中增设的经济器（热交换器）内的闪发性气体，通过补气口进入正在压缩的基元容积中，单级压缩机按双级制冷循环运行；同时，经济器中大部分液态制冷剂过冷度增加，流入蒸发器时，吸收热量增加，节能效果显著。

1. 结构特点

（1）星轮在螺杆轴线两侧对称配置，作用在螺杆上的径向气体力互相抵消。两排气孔口呈径向，使螺杆两端间有可能设置引气通道，让端面上的气体力平衡。因此，动力平衡性好。

（2）螺杆旋转一周，一个基元容积完成两次吸气、压缩、排气循环，相当于一台六缸双作用的活塞压缩机。因此，排气量相同时，它比其他回转式机型的结构尺寸小。

2. 关键技术

（1）啮合副型线：螺杆、星轮啮合副是该机型最关键的部件，啮合副啮合运动中，星轮为惰轮，螺杆后齿面驱动星轮后齿面；其型线有多种，若用圆台二次包络型线，星轮齿侧工作面不是原始母面，而是以螺杆作刀具反过来加工（包络）出的共轭曲面；这种啮合副形成两条瞬时接触线，其中一条接触线是运动的，使磨损位置分散，减少了星轮的磨损量。

（2）研制星轮的新材料：迄今，较好的材质是英国生产的 Victrex PEEK，它是一种耐高温的工程塑料，它在 250°时抗拉强度为 50MPa，耐磨、耐腐蚀。美国麦克维尔公司的星轮由 52 层优良的渗碳材料复合而成，使星轮齿片与转子齿槽啮合间隙接近零。

（3）喷水单螺杆压缩机若用于压缩石油化工气体，单级压力比可高达 16；喷水的冷却作用使得排气温度较低，这是其他机型无法达到的；因此国内外都在研制水润滑轴承，其内外圈用 3Cr13 不锈钢，炭石墨轴承外圆与不锈钢外圈紧配，炭石墨轴承内圆在不锈钢内圈外圆上滑动，在间隙中通水进行润滑和冷却，炭石墨轴承耐磨性好，热膨胀小。

双螺杆压缩机的气缸内配置一对转子（见图 7-10），齿面凸起的转子称为阳转子，齿面凹进的转子称为阴转子，阳、阴转子相互啮合时，两转子之间形成一条接触线（见图 7-21～图 7-23）。气缸的两端有对角线布置的吸气孔口、排气孔口（见图 7-11、图 7-12）。这种机型的基元容积由阳转子和阴转子齿面、气缸内壁面、吸气和排气端盖、接触线所形成（见图7-21～图 7-23）。转子啮合旋转时，齿面彼此脱离的一侧与吸入孔口连通，进行吸气过程，基元容积逐渐扩大，当转子旋转到一定位置时，基元容积越过吸气孔时，吸气结束。此后随着齿的相互填塞，基元容积向排出方向运动，其容积逐渐减小，内压力上升，进行压缩过程。将气体压缩到设定压力时，基元容积与排气孔口连通，进行排气过程。随着转子连续旋转，各个基元容积依次吸气、压缩、排气。因此，凸齿与凹齿彼此脱开的一侧称为低压区，彼此填塞的一侧称为高压区。

为了比较单、双螺杆压缩机的效率值，瑞典 STAL 公司作了一系列实验。两台都是喷油制冷压缩机，转速为 3000r/min，排气量 1250m^3/h，内容积比相同，一台为 SRM 型线，一台为 CP 型，先后用 NH_3 和 R22 作为工质，在同样的试验台上，进行完全相同工况的实验。两台压缩机同时在全负荷、部分负荷、各种内容积比、各种冷凝温度、各种蒸发温度、各种转速下进行实验。实验结果显示：双螺杆绝热效率和容积效率比单螺杆的高。在摩擦损耗相近时，效率的差异主要是结构的几何形状引起的。瑞典 STAL 公司同时对这两种机型作了几何计算。

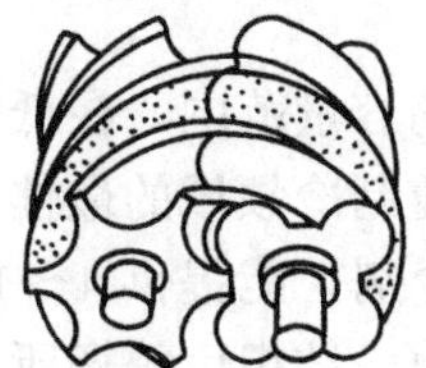
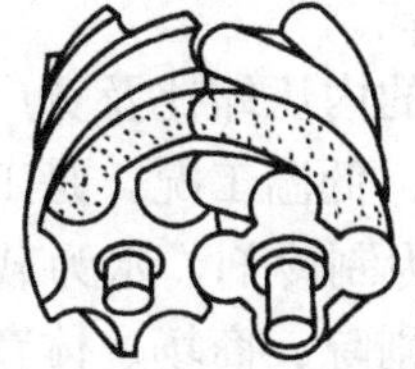

图 7-10 双螺杆压缩机

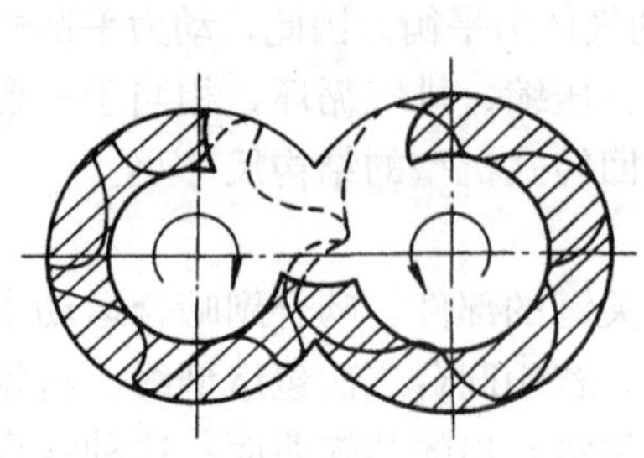
图 7-11 吸气孔口

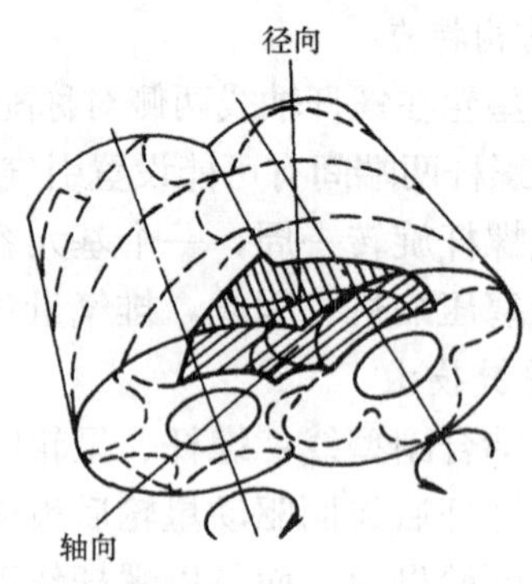

图 7-12 排气孔口

在排气量相等时，向进气口泄漏的接触线总长度，单螺杆比双螺杆约长 13%；而从排气口直接向进气口泄漏（不包括泄气三角形的面积）的接触线长度，在内容积比较低时，单螺杆比双螺杆长 46%；在内容积比较高时，单螺杆比双螺杆约长 37%。实际型面沿接触线存在一定的间隙值，则接触线就转化为泄漏的间隙面积，它既是密封线，又是泄漏线，接触线的长短直接影响泄漏量。

影响压缩机工作过程的泄漏分为内泄漏和外泄漏两种。前者为螺杆相邻密封螺槽间的泄漏，它使压缩机功耗增加，但对容积效率影响甚微；后者为螺杆螺槽内高压工质向进气压力处泄漏，它不但消耗了功率，而且使容积效率下降，影响排气量。因双螺杆的接触线相对短，所以其效率比单螺杆的高。

双螺杆的转子耐磨性好，可以长期工作；单螺杆经过一段时间运转后，必须更换星轮。但是，双螺杆压缩机中有较大的轴向气体力，它限制了单级压力比的提高；而单螺杆压缩机中，主螺杆的轴向和径向气体力互相抵消，单级压力比不仅可以比双螺杆的高，而且排气温度相对低，更适宜化工流程中的气体输送和压缩。

螺杆压缩机没有气阀、活塞环等易损件，运转可靠性高；没有往复运动零部件，不产生不平衡惯性力，力矩、振动小，因而得到广泛的应用。

3. 螺杆压缩机的用途

(1) 压缩空气用于驱动各种风动工具，压力约 $(6\sim10)\times10^5$ Pa，用于控制仪表及自动化装置和纺织厂吹送纬纱取代梭子，压力约 $(2\sim6)\times10^5$ Pa，其工作容积不能喷油，只能干式运行。

(2) 工艺流程用气体压缩机主要应用于石油、化工工业中，能对干的和湿的、中性的和腐蚀性的、无害的和有毒的 40 多种气体进行压缩和输送；一般不能向工作腔喷油，只能喷水或喷其他中性液体，并应采取防腐蚀、油与水、油与气严格分隔的措施。压缩机吸气端密封采用螺纹密封、浮环密封与充气密封的组合形式；排气端密封采用螺纹密封、迷宫密封、浮环密封与抽气、充气密封的组合形式。

(3) 螺杆制冷压缩机单级有较大的内压缩比及宽广的容量范围，在低温工况、变工况下仍有较高的效率，因此适用于高、中、低温工况，是工业制冷领域的最佳机型。

螺杆冷水机组是以 R22、R134a 为制冷剂，水为载冷剂，能提供 4～15℃冷水的成套制冷设备，适用于宾馆、饭店、医院、剧院、商场、体育馆、纺织厂等场所，作为中央空调及工艺用水的主要设备。螺杆冷水机组主要由压缩机组、卧式壳管式冷凝器、蒸发器等组成一个完整的制冷装置。

螺杆泵有单螺杆、双螺杆、三螺杆、五螺杆泵，其中一根为主动螺杆，其他与之啮合的为从动螺杆。排出压力一般可达 12MPa，可输送黏度 3°～80°E，温度小于 80℃的液体，如燃油、润滑油、合成橡胶液、人造黏胶液、牛奶、啤酒等。

（四）涡旋式

涡旋压缩机的主要构件如图 7-13 所示，涡旋盘 1 是固定的，涡旋盘 2 由一个偏心距很小的曲柄机构 3 驱动绕固定涡旋盘的轴转动，它们安装时相对角度为 180°，相互间在几条直线上接触并形成一系列月牙形容积，接触线在运转中沿涡旋曲面移动，它们之间的相对转角靠安装在运动涡旋盘与固定部分间的自转防止机构来保证，本例采用的是十字连接环 4。

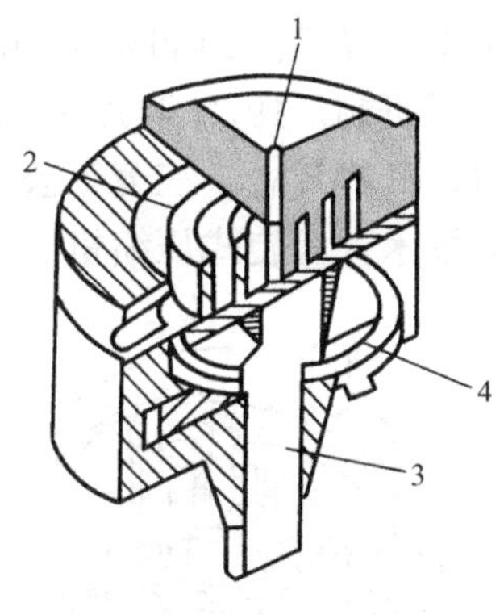

图 7-13 涡旋机械的基本结构

压缩机的工作过程如图 7-14 所示，吸气口在固定涡旋的外侧面，随着曲柄轴的顺时针转动，吸入气体被封闭在月牙形容积内，在接触线沿曲面向中心运动的同时，容积逐渐缩小，压力逐渐提高，高压气体通过固定涡旋盘上的轴向中心孔排出。在曲柄轴的每一转中，都形成一对新的吸气容积，依次完成吸气、压缩、排气过程。

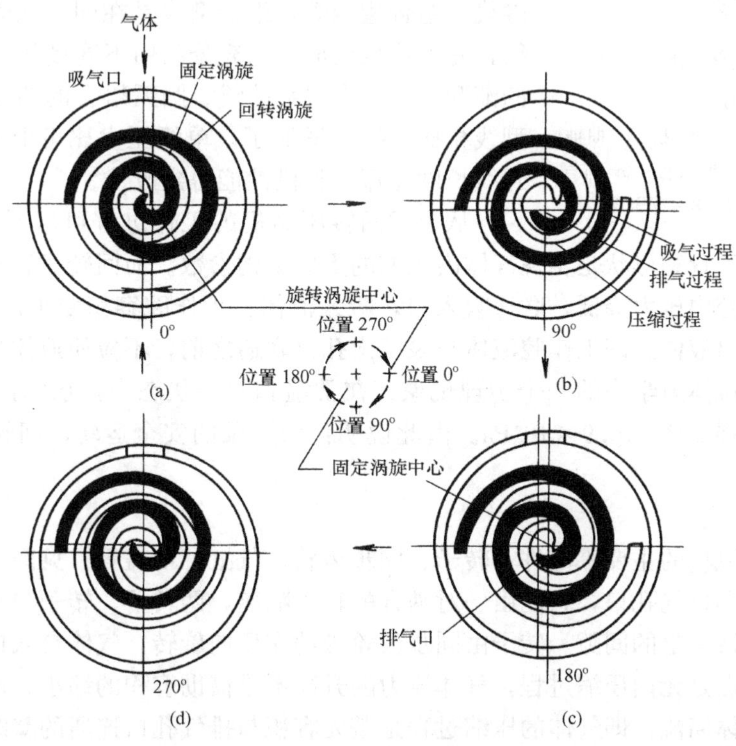

图 7-14 涡旋压缩机的工作原理图

早在 19 世纪初，法国人 L. Creux 就提出了涡旋式机械的设想，并于 1905 年在美国取得了专利，因精度太高，当时无法实际应用。19 世纪 20～60 年代期间，科技工作者们相继从事涡旋式机械的研制，比较突出的是美国麻省剑桥的 Arthur. D. Little 研究所 60 年代末期的实验室样机。20世纪70年代初，美国海军研究所急需海轮超导用氦压缩机，委托A.D.L研究所研制。1972年A.D.L研究所研制出涡旋式氦气压缩机和涡旋式氦气膨胀机。80年代初，日本日立、三菱等公司研制成功了轴向和径向密封机构，并解决了成批生产中精确的加工技术，涡旋式压缩机于1983年开始投入商业性生产。

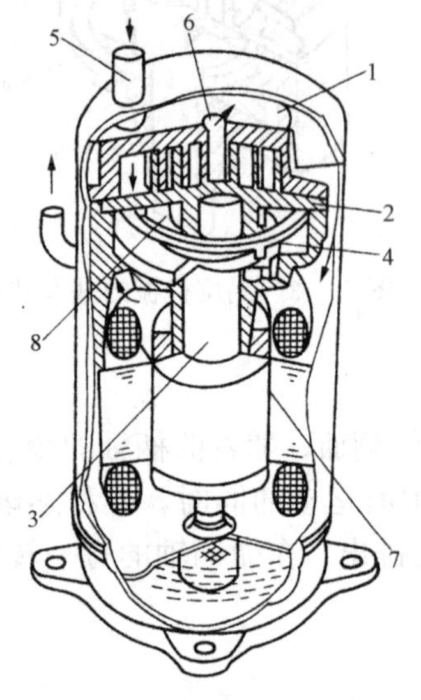

图7-15 全封闭涡旋压缩机的结构简图

1—静涡旋盘；2—动涡旋盘；3—曲轴；4—十字连接环；5—吸气管；6—排气口；7—电动机；8—背压腔

图7-15全封闭涡旋式压缩机的结构图，涡旋安装在密封壳体的上部，电机安装在涡旋的下部，固定涡旋和电机定子坚固在密封壳的内壁上，活动涡旋下面的背压腔通过背压孔与基元容积相通，制冷工质由吸气管直接流入涡旋的基元容积，压缩后经固定涡旋的中心排入密封壳体内，高压气体对电机线圈进行冷却后由排气管排出。利用排气压力和背压腔压力之差，润滑油由底部经曲轴上的油孔对轴承供油后，通过背压孔流入基元容积，润滑涡旋密封面，高压气体中的油在密封壳体中分离，然后流回下部。

涡旋型线能准确地啮合，是涡旋流体机械正常工作的必要条件。涡旋型线有圆的渐开线、阿基米德螺线、代数螺线、组合型线等，组合型线是在同一涡圈上采用多段型线，光滑连接而成。它充分利用不同型线的特点，例如圆的渐开线、高次代数曲线、圆弧组合的曲线。与采用单一型线相比，排量增加了，单级压力比可上升到7～10，密封线长度缩短，整机性能得到改善。

从上述回转压缩机的工作过程可以看出：吸气孔口、排气孔口的准确位置和形状是实现气体内压缩的重要结构参数。而回转式容积泵则不然，工作腔容积变大，腔内压力降低，联通吸入口，吸入液体；工作腔容积变小，腔内压力上升，联通压出口，压出液体。即工作腔液体与泵压出孔口联通之前，不应使液体受到内压缩。我们不妨回忆一下流体力学中的一个物理现象：在常温和常压状态中，水的体积缩小5/1000时所需增加的压强$\Delta P=10.9\times10^{6}$Pa。由此说明：为了泵的安全运转，回转泵内不应有液体的内压缩过程。

（五）罗茨式

罗茨泵和鼓风机的主要零部件：转子、同步齿轮、气缸、端盖等（见图7-16），气缸上设置了吸气孔口和排气孔口，它们由一对啮合的转子隔离，两转子、转子与气缸内壁、转子与端盖之间，保持一定的间隙。转子由同步齿轮带动作反向旋转，气体自入口处被送到出口处。罗茨机的特点是无内压缩过程，气体压力的升高不是借助容积的缩小，而是依靠排气孔口较高压力的气体回流，即气体的压缩过程是基元容积与排气孔口连通的瞬时完成的，因此它比有内压缩的机型要多耗压缩功，其效率也相对低。

罗茨机对型线的基本要求：转子啮合区在任何瞬时至少有一条连续的接触线，圆弧、渐开线、摆线等曲线的组合能达到理想的密封。通常采用的是二叶渐开线——圆弧直叶转子，与其他型线相比，容积效率较高，制造较简单，为了改善输气的连续性，降低噪声，可选用三叶直叶的转子，或三叶扭曲叶型（见图7-17）。

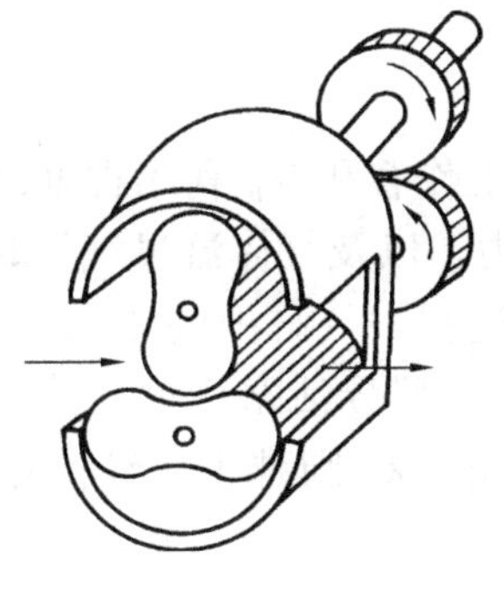

图 7-16　罗茨泵

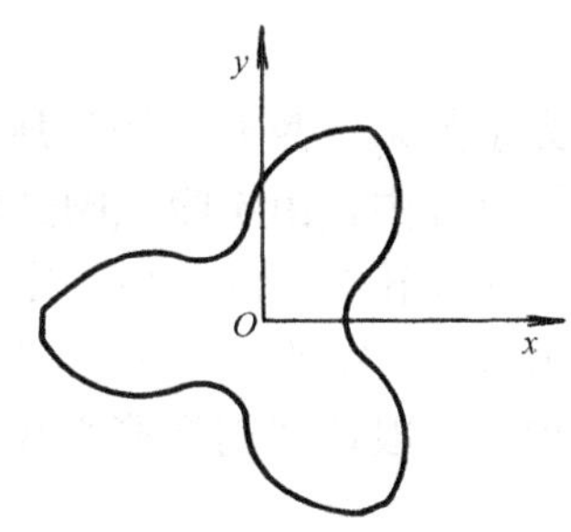

图 7-17　三叶罗茨转子

第二节　压缩机的排气量调节

一、活塞压缩机的排气量

在压缩机排气端测得的单位时间内排出的气体容积值，换算到第一级进口状态的压力和温度时的数值，称为排气量（又称输气量）Q，单位为 m^3/min。

若已知第一级气缸直径 D、活塞行程 S、第一级气缸数 i，则单作用气缸的行程容积 $V_h=0.25\pi D^2 Si$。

活塞式制冷压缩机的实际工作中，吸入的制冷剂蒸气容积并不等于活塞的排量。其原因是：在压缩机的结构上，不可避免地会有余隙容积；吸、排气阀门有阻力；气阀部分及活塞环与气缸壁之间有气体的内部泄漏；吸气过程中气体与气缸壁之间有热量交换等。因此活塞式制冷压缩机的实际输气量 V_s 远小于理论输气量 V_h。两者之间的比值称为压缩机的输气系数，用 η_v 表示（$\eta_v<1$），即 $\eta_v=V_s/V_h$。

η_v 的大小反映了实际工作过程中存在的诸多因素对压缩机输气量的影响，也表示了压缩机气缸工作容积的有效利用程度，故也称压缩机的容积效率。通常可用容积系数 λ_v、压力系数 λ_p、温度系数 λ_T 和泄漏系数 λ_l 表示。

(1) 容积系数 λ_v　反映了压缩机中余隙容积 V_0 的存在对压缩机气缸工作容积 V_h 利用程度的影响（见图 7-1）。

由于余隙容积的存在，工作过程中出现了膨胀过程，占据了一定的气缸工作容积，使部分活塞行程失去了吸气作用，导致压缩机吸气量的减少，亦即压缩机的实际输气量的减少。

由理论分析和推导可知，可得容积系数 λ_v 的计算式为

$$\lambda_v = 1 - c\left[\left(\frac{p_k + \Delta p_k}{p_0}\right)^{1/m} - 1\right]$$

式中：c 为相对余隙容积；m 为膨胀指数；p_k 为冷凝压力（即排气压力），Pa；Δp_k 为排气压力损失，Pa；p_0 为蒸发压力（即吸气压力），Pa。

可以看出，影响 λ_v 数值的因素有相对余隙容积 c、压力比 p_k/p_0、膨胀指数 m 及排气压力损失 Δp_k。c 值愈大，λ_v 愈小，因此在加工和运行条件许可的情况下，应尽量减少压缩机的相对余隙容积 c。

一般地，Δp_k 对 λ_v 的影响较小，可以略去不计，则

$$\lambda_v = 1 - c\left[\left(\frac{p_k}{p_0}\right)^{\frac{1}{m}} - 1\right]$$

（2）压力系数 λ_p　反映了吸气压力损失对压缩机气缸工作容积 V_h 利用程度的影响。在压缩机的吸气过程中，由于吸气阀开启时要克服气阀弹簧力，以及气体流过气阀时，通道截面较小，流动速度较高，故产生一定的流动阻力，使吸气过程中气缸内的压力 p_1 恒低于吸入管中的压力 p_0。要使气缸内的压力升高到 p_0，则要损失一部分活塞行程，使压缩机的实际吸气量减少。一般地气阀弹簧力越强，吸气终了压力越低，λ_p 则越小。经推导和分析 λ_p 可表示为

$$\lambda_p = 1 - \left(\frac{1+c}{\lambda_v}\frac{\Delta p_0}{p_0}\right)$$

（3）温度系数 λ_T　反映在吸气过程中，因气体的预热对压缩机气缸工作容积 V_h 利用程度的影响。吸入气体一方面在吸气过程中，不断地受到所接触的各种壁面的加热，另一方面又与气缸中具有较高温度 T_4 的余隙容积中的气体相混合，此外还加入了由于流动不可逆损失转化成的热量，由此使得实际吸入压缩机气缸的气体量减少，即降低了压缩机气缸有效工作容积的利用率。温度系数不仅与气体性质有关，而且与运行工况有关。不同类型的压缩机，使用不同的工作介质，以及在不同工作条件下．其温度系数 λ_T 的数值均不相同。压力比高时，排气温度也高，壁面与进气的温差大，λ_T 减小。气缸和阀腔冷却良好，温度系数 λ_T 提高。

（4）泄漏系数 λ_l　在单级制冷压缩机中，影响输气量的泄漏发生在活塞、活塞环和气缸壁面间以及吸排气阀密封面的不严密处。此外，气阀延迟关闭也会造成蒸气倒流的泄漏损失。

泄漏系数 λ_l 和 λ_T 一样，不能从 $p-v$ 示功图直接求得。但是，气缸内制冷剂的泄漏会引起示功图中过程线的变化。在压缩过程中，若高压腔蒸气因排气阀不严密而漏入气缸，则压缩线变陡；若蒸气通过气缸和吸气阀的不严密处由气缸漏出，则曲线变平坦。膨胀过程则相反。

要减少泄漏损失，必须注意气阀的设计、制造和安装质量，防止发生延迟关闭引起的蒸气倒流。

若已知压缩机转速 n(r/min)，第一级的排气系数 λ_1，则排气量 $Q = V_h\lambda_1 n$(m^3/min)。

二、螺杆压缩机的排气量

设螺杆转子相邻两齿在端平面上的齿间面积为 A_S，轴向长度为 l，则齿间容积 V

$$V = \int_0^l A_s \mathrm{d}Z = A_s l$$

若阳、阴转子的端面齿间面积、齿间容积分别为 A_1、A_2、V_1、V_2，则 $V_1 = A_1 l$，$V_2 = A_2 l$。

令阳、阴转子的转速和齿数分别为 n_1、n_2、Z_1、Z_2，单位时间内两转子转过的齿间容积之和即理想排气量 $V_i = Z_1 n_1 V_1 + Z_2 n_2 V_2$。因为 $Z_1 n_1 = Z_2 n_2$，则

$$V_i = Z_1 n_1 (V_1 + V_2) = Z_1 n_1 (A_1 + A_2) l$$

设 D_0 为转子公称直径、长径比 $\lambda_0 = \dfrac{l}{D_0}$、$C_n = \dfrac{(A_1 + A_2)\ Z_1}{D_0^2}$，则

$$V_i = C_n n_1 l D_0^2 = C_n n_1 \lambda_0 D_0^3$$

C_n 称为螺杆压缩机的面积利用系数，它表征转子公称直径范围内用于有效充气的程度，相

同输气量的压缩机，若 C_n 大，则外形尺寸小。面积利用系数 C_n 与齿数、齿形有关。

若齿数增加，总的齿间面积减少，C_n 减小；若齿高半径增大，或转子中心距缩小，都能使有效充气面积增大，C_n 增大。例：中国 JB 齿形的 $C_n=0.5206$，瑞典 SRM 齿形的 $C_n=0.5256$。

多数转子的扭转角 τ_{1Z} 较大，当阳螺杆齿间容积在吸气端开始受到阴螺杆齿的填塞时，与之相啮合的阴螺杆齿在排气端并没有完全脱离该齿间容积，即阴齿的填塞与脱开在同一个阳齿槽的两端同时进行，使阳螺杆齿间容积不能完全充气，为此，用 C_φ 来表征它对排气量的影响。则理论排气量

$$V_t = C_\varphi C_n n_1 \lambda_0 D_0^3 = C_\varphi C_n n_1 l D_0^2$$

扭角系数 C_φ 与型线、扭角、齿数有关。例：中国 JB 型线，$\tau_{1Z}=270°$，$C_\varphi=0.989$；$\tau_{1Z}=300°$，$C_\varphi=0.971$。

因泄漏、吸气损失等的影响，实际排气量 Q

$$Q = \eta_V C_\varphi C_n n_1 \lambda_0 D_0^3 = \eta_V C_\varphi C_n n_1 l D_0^2$$

容积效率 η_V 受齿形、喷液条件、压差、转速、工质、工况、间隙、制造精度等的影响，按统计数据，无油螺杆压缩机 $\eta_V=0.7\sim0.9$，喷油螺杆压缩机 $\eta_V=0.80\sim0.95$。

三、排气量调节

压缩机的排气压力一般是指在储气筒处测量的值，多级压缩机末级以前的各级排气压力，称为级间压力。压缩机铭牌上额定排气压力即设计工况下的数值。若强度和排气温度允许，容积压缩机可在高于或低于额定排气压力下运转。容积压缩机的排气压力与机器自身无关，它是由其“背压”而定，即储气筒内的气体压力所控制。若压缩机排入储气筒的气量与向用户所供气量平衡，则压缩机就工作在这一稳定压力下；若排入储气筒内的气体质量大于用户所需量，则背压就不断增加。从容积压缩机的作用原理得知，它的排气量不会随背压的升高而自动降低，如果不进行有效的调节，其压缩机的排气压力可能提高到发生爆炸的危险程度。若压缩机排气量供不应求，则其排气压力相应降低，一直降到新的压力下供求平衡为止。多级压缩机的级间压力也遵循上述规律。压缩机的额定排气量是由设计工况所确定，而实际耗气量却是变化的，特别是化工流程气体需要分阶段多次洗涤净化。因此，排气量调节的目的是：当耗气量小于排气量时，采取措施减小排气量使两者相等。常用的调节方法有作用于驱动、管路、气缸部位的。

（一）转速调节

排气量与转速成正比，改变转速则可调排气量。这种调节不要求增设专门的调节机构，用于多级压缩机时，不因调节工况而引起各级压力比重分配，因此经济性较好；但受驱动机性能的限制，适用于内燃机无级变速驱动压缩机的场合；家用空调压缩机采用变频技术进行调节后节能效果显著；驱动功率 2.2kW 以下的微型压缩机，则采用间断停转的方式调节排气量。

（二）管路调节

压缩机自身结构不变，而在管路上增设机构进行排气量调节。

1. 进气节流

将节流阀设置在压缩机的进气管路上，节流阀逐渐关闭，进气受到节流，压力降低，因此排气量减少。因节流进气使进气压力连续变化，所以能得到连续的排气量调节，适用于

中、大型压缩机不经常调节和调节范围较小的场合。

2. 进、排气管自由连通

它借助旁通阀的完全开启，压缩机排出的气体克服旁通阀及旁通管路阻力，自由地流入进气管路。自由连通能得到间断的调节，调节机构简单，其经济性好，往往也用于大型高压压缩机启动释荷。

3. 截断进气

用阀门关闭进气管路，压缩机不再进气，排气量为零，压缩机进入空运转，其功率消耗约为额定功率的2%～3%，经济性很好。由于减荷阀截断进气，气缸内将形成真空，若背压不变，则启动困难。因此截断进气往往配置使吸入与压出连通的管路，以便启动。

（三）余隙调节

除压缩机原始的余隙容积外，再配置一定的空腔，调节时与气缸工作腔连通，余隙容积增大。余隙容积中已被压缩了的气体，膨胀时压力降低，体积增加，致使气缸中吸入的气体减少，排气量降低。改变连通补助余隙容积的方式，可以分别得到连续的、分级的、间断的调节。连通补助余隙容积调节气量时，各级压力比将重新分配，这种调节方法比较方便，广泛地用于工艺流程气体压缩机。

（四）卸载调节

对于多缸压缩机，采用顶开吸气阀片调节输气量时，缸内气体不进入排气阀. 在压缩、排气的行程中从吸气阀返回吸气腔。由于吸气阀片关闭时阀座密封面所在位置的不同，顶开的方式也不同。

目前我国缸径在70mm以上的高速多缸制冷压缩机，广泛采用顶开吸气阀片的办法来调节输气量。工作原理是：调节机构将压缩机的吸气阀片强制顶离阀座，使吸气阀始终处于开启状态。压缩机吸气过程中，低压蒸气从吸气阀吸入，压缩过程中因压力无法升高，排气阀始终处于关闭状态，低压蒸气又通过吸气阀重新回到吸气腔，因而使该气缸的输气量为零，达到输气量调节的目的。利用这种方法可以实现压缩机的空载启动及调节制冷能力。顶开吸气阀片的调节机构有油缸—拉杆顶开机构、油压直接顶开机构、电磁阀控制的调节机构等几种。

（五）滑阀调节

螺杆压缩机通常在高压侧的两个转子之间，设置轴向移动的滑阀（见图7-18），利用它改变螺杆的充气长度和排气孔的大小，进行无级能量调节、卸载启动、内容积比控制。

如图7-19（a）所示，滑阀在未移动时，基元容积100%的吸入新鲜蒸汽，被压缩后，全部由排气孔口排出，如图7-19（b）实线所示，称为全负荷工作状态。一旦滑阀向排气端移动一下，则图7-19（c）所示的旁通口B立刻开启，仅排出基元容积V_d的气体；相邻基元容积的气体没有受到压缩就经旁通口B，流入压缩机吸气侧。显然，螺杆转子的工作长度减少了，理论容积下降了。如果滑阀继续移动，其负荷连续地成比例下降，达到无级能量调节；若滑阀再向左移动，当旁通口B接近排气孔口时，螺杆转子的工作长度趋近于零，起到了卸载启动的作用（后续的专业课中再介绍内容积比控制）。

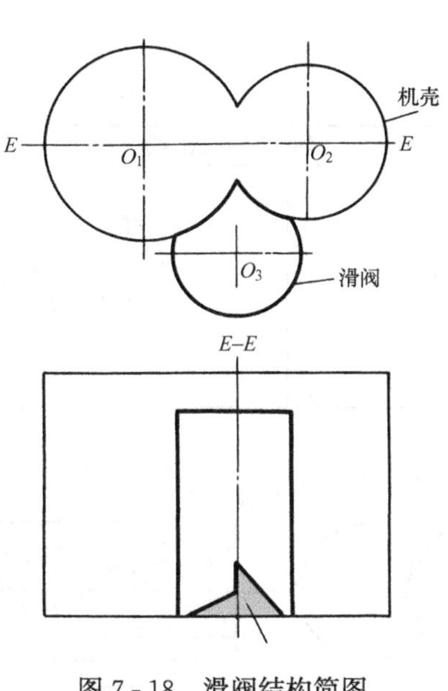

图 7-18 滑阀结构简图

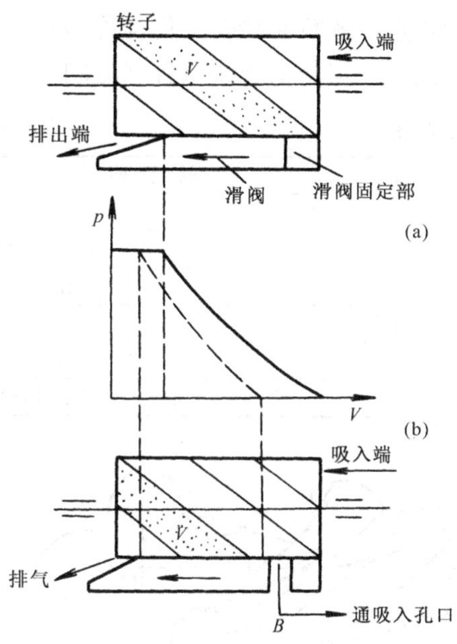

图 7-19 滑阀位置与负荷关系

第三节 螺杆压缩机转子的几何分析

一、共轭型线，啮合线

为了分析转子型线，在转子端面设图 7-20 所示的坐标系，O_1Z_1 为阳转子旋转中心轴；O_2Z_2 为阴转子旋转中心轴，$O_1O_2=A$，$X_1O_1Y_1$ 是原点在 O_1 的静坐标系；$X_2O_2Y_2$ 是原点在 O_2 的静坐标系；$x_1o_1y_1$ 为固结在阳转子上的动坐标系，$x_2o_2y_2$ 为固结在阴转子上的动坐标系。

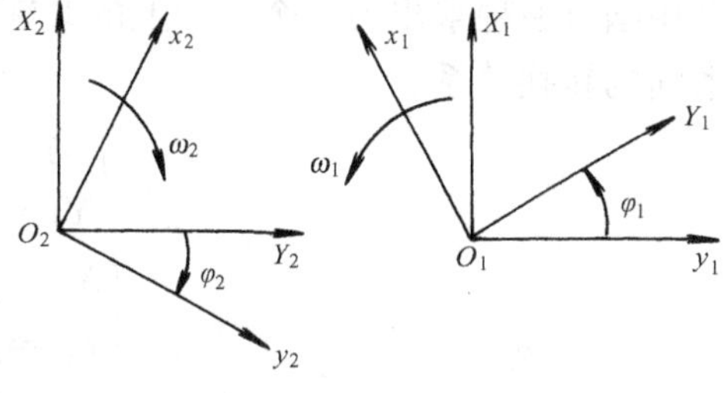

图 7-20 转子坐标系

从某种意义上说，螺杆压缩机的转子是斜啮合的正齿轮，转子的齿面是由正齿轮的端面齿廓作螺旋运动形成的。正齿轮的功能是在两根平行轴的任意转动方向上传递转速、扭矩、功率。而螺杆压缩机转子的螺齿则不然，其动力传递只按某一恒定转向在转子的前齿面上进行。后齿面的主要作用是把齿槽空间从齿顶圆到齿根圆尽可能完善地密封，因此两齿面的端面齿廓必须完全满足啮合定律：如果两个转子的传动比 i 是常数，则其齿形曲线切点处的公法线通过定点 P，P 点在连心线 O_1O_2 上，且 O_1P：$O_2P=i$，符合啮合定律的一对型线，称为共轭型线，见图 7-24 和表 7-1。

设两转子的节圆作纯滚动，阳转子和阴转子的角位移、角速度、节圆半径、齿数分别为 φ_1、φ_2、ω_1、ω_2、r_{1t}、r_{2t}、Z_1、Z_2，则

$$i=\frac{\varphi_2}{\varphi_1}=\frac{\omega_2}{\omega_1}=\frac{r_{1t}}{r_{2t}}=\frac{Z_1}{Z_2}$$

一对共轭曲线某瞬时在动坐标系上的交点称为瞬时接触点，而该交点投影到静坐标系上

称为啮合点，各瞬时啮合点集合称为啮合线。同一时刻齿面接触点的集合是接触线，接触线向端面投影一定与啮合线重合（见图 7 - 21、图 7 - 22）。

表 7 - 1　　阳转子和阴转子型线

段　号	阳转子型线		阴转子型线	
	代　号	性　质	代　号	性　质
1	$b_1 i$	椭圆共轭线	ab_2	椭圆线
2	$b_1 c_1$	圆心在 P 点圆弧	$b_1 c_2$	圆心在 P 点圆弧
3	c_1	点	$c_1 d_2$	延伸外摆线
4	$c_1 f$	外摆线	d_2	点
5	fi	修正小圆弧	da	修正小圆弧

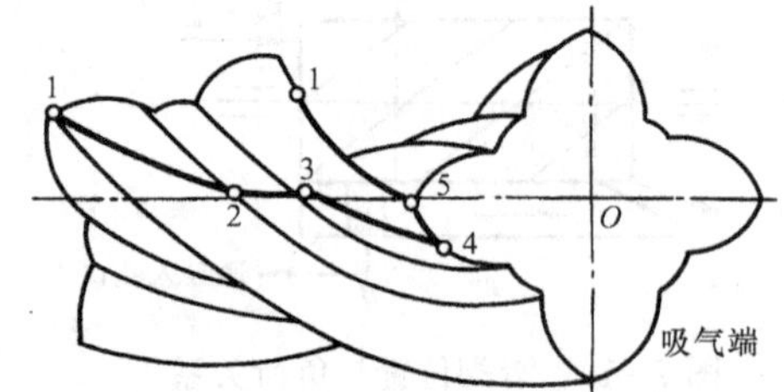

图 7 - 21　转子齿面和齿间接触线的立体图

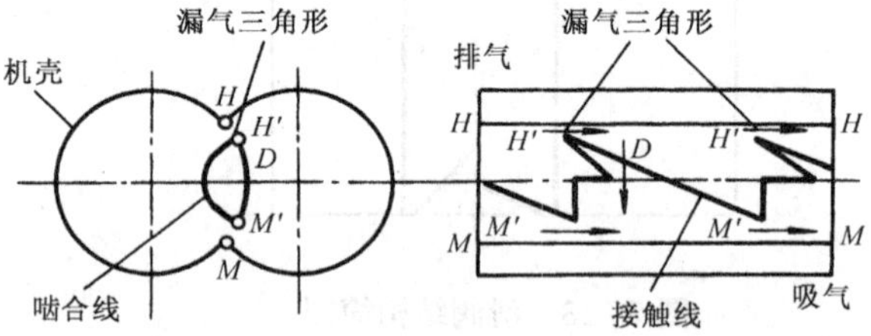

图 7 - 22　轴向气密性与横向气密性

因此，讨论转子啮合时，可用平面的型线、啮合线代替空间的型面、接触线进行分析，使空间啮合简化为平面啮合问题。

设阳转子的型线方程为 $x_1 = x_1(t)$、$y_1 = y_1(t)$，阴转子的型线方程为 $x_2 = x_2(t)$、$y_2 = y_2(t)$，t 为型线的参变量。为了探讨两个转子的啮合特征，通常设定一个转子的型线方程，利用啮合原理求出另一个转子上的共轭型线、啮合线、接触线……，这就需要借助以下坐标系间的转换关系：

$$\begin{cases} X_1 = x_1 \cos\varphi_1 + y_1 \sin\varphi_1 \\ Y_1 = -x_1 \sin\varphi_1 + y_1 \cos\varphi_1 \end{cases} \tag{7 - 1}$$

$$\begin{cases} X_2 = x_2 \cos i\varphi_1 + y_2 \sin i\varphi_1 \\ Y_2 = -x_2 \sin i\varphi_1 + y_2 \cos i\varphi_1 \end{cases} \tag{7 - 2}$$

$$\begin{cases} x_1 = x_2 \cos K\varphi_1 + y_2 \sin K\varphi_1 - A\sin\varphi_1 \\ y_1 = -x_2 \sin K\varphi_1 + y_2 \cos K\varphi_1 - A\cos\varphi_1 \end{cases} \tag{7 - 3}$$

$$\begin{cases} x_2 = x_1 \cos K\varphi_1 + y_1 \sin K\varphi_1 + A\sin i\varphi_1 \\ y_2 = -x_1 \sin K\varphi_1 + y_1 \cos K\varphi_1 + A\cos i\varphi_1 \end{cases} \tag{7 - 4}$$

$$K = i + 1$$

根据啮合原理，曲线啮合的必要充分条件是

$$\begin{vmatrix} \dfrac{\partial x}{\partial t} & \dfrac{\partial y}{\partial t} \\ \dfrac{\partial x}{\partial \varphi} & \dfrac{\partial y}{\partial \varphi} \end{vmatrix} = 0 \tag{7 - 5}$$

式（7 - 5）建立了曲线参数 t 与位置参数 φ 之间的关系，即指出了啮合点的位置。转子转到哪个位置（φ），曲线上的哪一点（t）进行啮合。

为了简化计算，将啮合条件（7-5）整理成如下形式：

$$\begin{cases}\gamma_1 = \text{arctg}\,\dfrac{y_1'}{x_1'} \\ \sin(\phi_1 - \gamma_1) = \dfrac{x_1(t)\cos\gamma_1 + y_1(t)\sin\gamma_1}{r_{1t}}\end{cases} \tag{7-6}$$

$$\begin{cases}\gamma_2 = \text{arctg}\,\dfrac{y_2'}{x_2'} \\ \sin(\gamma_2 - i\phi_1) = \dfrac{x_2(t)\cos\gamma_2 + \gamma_2(t)\sin\gamma_2}{r_{2t}}\end{cases} \tag{7-7}$$

$$\frac{\partial x_1}{\partial t}(-x_1 + r_{1t}\sin\phi_1) - \frac{\partial y_1}{\partial t}(y_1 - r_{1t}\cos\phi_1) = 0 \tag{7-8}$$

$$\frac{\partial x_2}{\partial t}(-x_2 + r_{2t}\sin i\phi_1) - \frac{\partial y_2}{\partial t}(y_2 - r_{2t}\cos i\phi_1) = 0 \tag{7-9}$$

解析法用式（7-8）、式（7-9），数值法用式（7-6）、式（7-7）。若已知型线方程式为$x_1 = x_1(t)$，$y_1 = y_1(t)$，式（7-4）、式（7-8）联立［或式（7-4）、式（7-6）联立］即共轭型线；式（7-1）、式（7-8）联立［或式（7-1）、式（7-6）联立］即啮合线。

若已知型线方程式为$x_2 = x_2(t)$，$y_2 = y_2(t)$，式（7-3）、式（7-9）联立［或式（7-3）、式（7-7）联立］即共轭型线；式（7-2）、式（7-9）联立［或式（7-2）、式（7-7）联立］即啮合线。

【例7-1】 已知阴转子型线中的某段曲线

$$\begin{cases}x_2 = -R\sin t \\ y_2 = r_{2t} - R\cos t\end{cases} \tag{7-10}$$

式中：$t_1 \leqslant t \leqslant t_2$，$R$—齿高半径，常数，求与其啮合的阳转子上的共轭曲线。

解 式（7-10）代入式（7-3）

$$\begin{cases}x_1 = -R\sin(t + K\varphi_1) + r_{2t}\sin K\varphi_1 - A\sin\varphi_1 \\ y_1 = -R\cos(t + K\varphi_1) + r_{2t}\cos K\varphi_1 - A\cos\varphi_1\end{cases} \tag{7-11}$$

式（7-11）为曲线簇方程，下一步是找啮合点的位置：$\varphi_1 = \varphi_1(t)$，将式（7-10）代入式（7-9）

$$\sin(t - i\varphi_1) = \sin t; \varphi_1 = 0$$

啮合条件$\varphi_1 = 0$代入式（7-11），即共轭曲线

$$\begin{cases}x_1 = -R\sin t \\ y_1 = -r_{1t} - R\cos t\end{cases}$$

二、接触线

端面型线［$x(t)$，$y(t)$］既绕转子OZ轴线旋转，又沿OZ轴线移动形成空间螺旋型面，其方程式为

$$X = x(t)\cos\tau \mp y(t)\sin\tau$$
$$Y = \pm x(t)\sin\tau + y(t)\cos\tau$$
$$Z = \frac{T}{2\pi}\tau$$

式中：τ为齿形曲线的扭转参数（绕OZ轴的转角）；T为导程（轴节距）；∓、±——上面

的符号为右旋螺旋面，下面的符号为左旋螺旋面。

螺杆齿型从吸气端面至排气端面旋转的角度叫扭转角，令 τ_{1Z}、τ_{2Z} 分别为阳、阴转子的扭转角。观察螺杆型面可知：平面型线轴向运动使齿形所扭转的 τ 角，相当于平面型线轴向位置不动，齿形所转过的 φ 角（图 7-21）。所以，型面的三个参数 τ、φ、t 的关系为：t 与 φ 完全等同于 t 与 τ 的函数关系，因此接触线的 Z 坐标

$$Z_1=\frac{T_1}{2\pi}\tau_1 \text{ 和 } Z_2=\frac{T_2}{2\pi}\tau_2$$

可以分别写成 $\begin{cases} Z_1=\dfrac{T_1}{2\pi}\varphi_1 \\ Z_2=\dfrac{T_2}{2\pi}\varphi_2 \end{cases}$

根据接触线与啮合线的投影关系，将啮合点还原到转子型面上，即接触点的坐标见式（7-1）和式（7-6）的联立。以上几何分析适用于螺杆泵、罗茨泵、容积式转子流体机械。

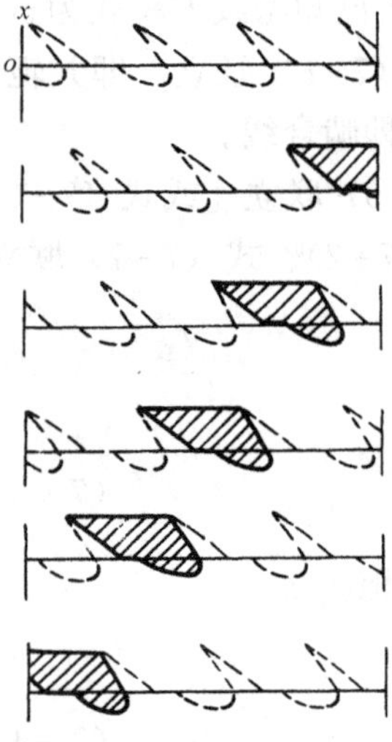

螺杆压缩机的基元容积，在压缩和排气过程中不允许与相邻的容积联通。因此，要求螺杆的齿间接触线连续，啮合线应封闭（见图 7-21～图 7-23）。由机器制造误差引起的间隙乘接触线长度即漏气面积，而泄漏对机器的性能影响很大，因此要求型线所形成的齿间接触线尽可能短，横向气密性好，例如渐开线和圆弧往往作为前齿的型线（见图 7-22）。

一对啮合的转子所形成的齿间接触线，延伸不到气缸孔的交汇棱边时，所形成的空间曲边形习惯上称漏气三角形（blowhole）。漏气三角形的存在，使得气体从排气孔沿着轴向依次穿过相邻的容积向吸气端面泄漏。漏气三角形的大小取决于型线的设计，点生摆线作为后齿的型线，理论上的漏气三角形等于零。型线所形成的漏气三角形尽可能地小，则轴向气密性好（见图 7-22）。

图 7-23　接触线平移图

螺杆压缩机型线的构造与螺杆泵不同，它通常不是单一的型线，而是由圆弧、摆线、渐开线、椭圆、抛物线及其包络线等择优连接而成。对这种由多段二次曲线组成的型线，最基本的要求是接触线短、横向气密性好；漏气三角形小，轴向气密性好。

高效型线多种多样，按型线的几何特征可以分为对称齿形、不对称齿形；单边齿形、双边齿形。若两侧齿形关于齿顶与转子轴心连线对称，就称为对称齿形；反之为不对称齿形。若型线只分布在节圆的一侧称为单边齿形，在节圆的内外侧均有齿形称为双边齿形。迄今为止，著名的高效齿形有：瑞典 SRM 公司的 SRM-D 型线，德国 Kaeser 公司的 Sigma 型线，瑞典 Atlas 公司的 X 齿形，德国 GHH 公司的 GHH 齿形（见图7-24，表 7-1），英国伦敦大学的教授 N. Stosic 和荷兰德尔夫特技术大学的教授 K. Hanjalic 共同研究的 N 齿形。N 型线由渐开线、摆线、包络圆弧组成的双边

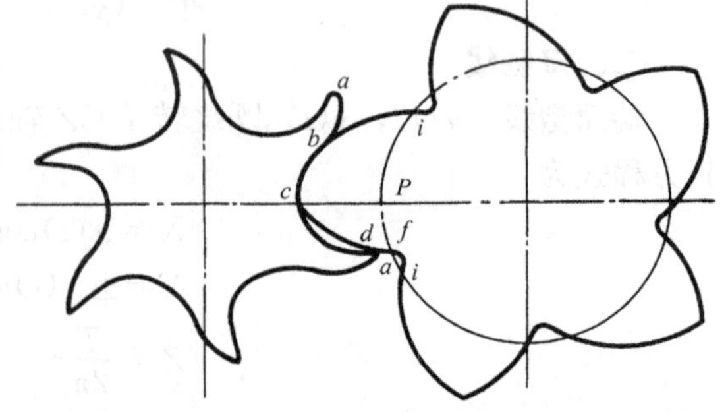

图 7-24　GHH 型线

不对称齿形。3+5 齿的 N 型线，用于无润滑空气压缩机；5+6 齿的 N 型线，用于喷油的中压压缩机；6+7 齿的 N 型线，用于高压的制冷压缩机（图 7-25）。

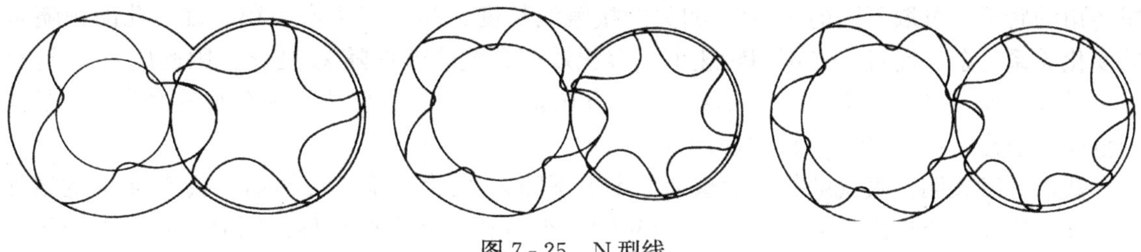

图 7-25 N 型线

第四节 螺杆压缩机性能参数的选择

螺杆压缩机的性能取决于一系列的参数，如型线、齿数、长径比 $\lambda_0=L/D$、扭转角、几何间隙、密封线的长度、漏气三角形的大小、喷油量、喷油位置、排气孔口的位置和大小、齿顶速度等。

一、齿数

为了获得最佳转子几何参数组合，英国 Strathclyde 大学、美国 I-R 公司、日本日立公司、日本神户制钢所等都进行了如下研究：选用 3+4、4+5、4+6、5+6、5+7、6+7 等不同的阳、阴转子齿数比，达到相同理论容积和相同内容积比，长径比 $L/D=1\sim2.2$，扭转角，$\tau_{1Z}=250°\sim350°$，分析其效率、阴转子挠度、轴承载荷、转子啮合齿面的接触力。

现介绍英国 Strathclyde 大学用瑞典 SRM-D 型线所进行的有关计算。其参数：阳转子外径 $D=204$mm，阳转子转速=3000r/min，吸气压力=4.21bar，排气压力=15.34bar，喷油温度=40℃，压缩制冷工质，排气量=275kg/min。接触力定义为每单位齿间接触线上所受的力，外形尺寸用 $0.002C^{0.5}$ 表示（C——转子中心距），齿数的影响见表 7-2。

由表 7-2 可见：5+6 齿具有最好的综合性能，5+7 齿次之；用于高压力工况时，5+6 齿阴转子挠度过大；而 5+7 齿阴转子挠度最小，但其轴承载荷和转子啮合齿面的接触力却比较大；4+6 齿的容积效率和绝热效率相对低，其阴转子的挠度相对小，转子啮合齿面的接触力最小，同样也用于高压工况。

表 7-2 中的 5+6 齿之所以效率高，是因为其接触线长度、漏气三角形大小、排气孔尺寸匹配好，相对取较好的值，泄漏和流动损失之和最小。

表 7-2 **不同齿数对应的参数**

参数	齿数比 Z_1+Z_2			
	4+5	5+6	4+6	5+7
转子重量（kg）	151.3	159.0	160.0	173.4
容积效率（%）	96.7	108.6	104.7	127.2
绝热效率（%）	82.76	82.78	82.41	82.68
输入力矩（Nm）	840.0	810.6	1014	947.0
最大接触力（N/mm）	16.3	18.0	15.9	18.8
最大阴转子挠度（mm）	0.0207	0.0178	0.0123	0.0087
$0.002C^{0.5}$（mm）	0.0246	0.0252	0.0253	0.0263

二、长径比 λ_0

螺杆转子长度与其公称直径之比 λ_0 是螺杆压缩机的重要参数，相同理论排气量和相同扭转角的转子，可取不同的 λ_0 值，相关的接触线长度、漏气三角形面积、排气孔面积随 λ_0 的变化关系复杂；而且，在不同转速下，容积效率和绝热效率随 λ_0 变化，因此应对 λ_0 进行优化设计，如 SRM-D 型线的 5+6 和 5+7 齿在 $\lambda_0=1.65\sim1.8$ 时，效率取最大值。长径比的范围一般是 $\lambda_0=1\sim2$，可根据使用条件选取。

数值计算表明：吸气端的轴承载荷基本上不随 λ_0 变化，排气端的轴承载荷随 λ_0 的增加而增加，因此，当选用较大的 λ_0 时，应对轴承载荷和寿命进行校核。同时，转子啮合齿面的接触力也随 λ_0 增加而减少，因此，较大 λ_0 能满足转子的寿命要求。另外，若达到同样的气量，为了降低阴转子的挠度，宜选用小的长径比和大的公称直径、即粗而短的转子比细长转子合理。

三、扭转角

螺杆的扭转角是保证压缩机齿间容积充分吸气和实现内压缩的必要条件。螺杆的扭转角 τ_Z、导程 T、长度 L 之间的关系

$$\tau_Z = 360^\circ \frac{L}{T}$$

我国螺杆系列标准的导程 T、长径比 λ_0、扭转角 τ_Z，见表 7 - 3。

在一定的转速下，容积效率随扭角的增加而减少，这是因为扭角增加，接触线长度增加，加大了工作过程中的泄漏损失。绝热指示效率随扭角的增加而增加，这主要是排气孔口面积增加、节流损失减少。当 $\tau_{1Z}>325^\circ$，绝热效率随之降低，因此也要对 τ_{1Z} 进行优化。

表 7 - 3　　我国螺杆系列标准的导程、长径比、扭转角

名称		代号	短导程			长导程			特长导程		
导程	阳	T_1	$1.2D_0$			$1.80D_0$			$2.7D_0$		
	阴	T_2	$1.8D_0$			$2.7D_0$			$4.05D_0$		
长径比		λ_0	0.8	0.9	1	1.2	1.35	1.5	1.8	2	2.25
齿形扭角	阳	τ_{1Z}	240	270	300	240	270	300	240	270	300
	阴	τ_{2Z}	160	180	200	160	180	200	160	180	200

阴转子挠度和轴承载荷随扭转角增加而减小，其减小的幅度很小。因此，选取扭转角主要考虑它对容积效率和绝热效率的影响。

四、齿顶速度

阳转子齿顶速度对泄漏损失和流动损失的影响是相反的，齿顶速度较低时，泄漏损失对效率起主要作用；齿顶速度较高时，流动损失是能量损失的主要部分，使得总损失最小的齿顶速度，压缩机效率则取较高值。

一般而言，当 τ_{1Z} 取较大值时，可得到较大的排气孔口，允许取较大的齿顶速度；反之，当 τ_{1Z} 较小时，接触线长度较短，则可取较小的齿顶速度。

螺杆压缩机的结构参数：齿数、长径比、扭转角对性能的影响是很复杂的，应针对具体的型线和工况进行分析，如接触线长度、漏气三角形面积、面积利用系数、扭角系数、排气孔面积等与 Z_1、Z_2、λ_0、τ_{1Z} 的关系，并计算在一定的齿顶速度范围内的容积效率和绝热效

率，才能确定齿数、扭转角、长径比。

例如对于无润滑空气压缩机，可选 3＋5 齿的 N 型线，也可以选 5＋6 齿的日立型线；作为高压的制冷压缩机，可选 6＋7 齿的 N 型线，也可以选 5＋6 齿的日本神户制钢所的齿形。

对于喷油空气压缩机，压力比＝8，美国英格索尔-朗德公司的研究表明：5＋6 齿，$\tau_{1Z}=300°$，$\lambda=1.6\sim1.8$，齿顶速度＝25～35M/S，能获得最好的综合性能。

思考题和习题

1. 压缩机工作时，哪些是热力学过程？哪些不是热力学过程？

2. 回转压缩机向工作腔喷液的作用是什么？喷液对压缩机有哪些影响？喷液时，对气体排气温度有限制吗？为什么？

3. 分析滚动转子压缩机套圈 2 的运动状态？

4. 以圆的渐开线为涡旋盘型线的流体机械，其接触线的形状、位置、运动方向怎样？

5. 已知某转子的一段型线方程

$$\begin{cases} x_2 = R_2\cos t & R_2\text{-常数} \\ y_2 = R_2\sin t & t_1 \leqslant t \leqslant t_2 \end{cases}$$

求它的共轭型线方程。

6. 试构造一种有内压缩的直齿流体机械？

第八章 热质交换设备

第一节 概 述

热质交换设备是将热量以一定的传热方式从热流体传递给冷流体的设备，其间可伴随有质量的传递。

热质交换设备在工业生产中的应用极为普遍，如制冷机中的冷凝器、蒸发器、发生器、吸收器、中间冷却器、冷凝蒸发器、回热器以及冷水塔等，气体液化、分离中的精馏塔，低温技术中的蓄冷器，电厂热力系统和动力工业中锅炉受热面、凝汽器、给水加热器、省煤器、过热器、空气预热器等，制糖工业和造纸工业中的糖液蒸发器和纸浆蒸发器等。在化学工业和石油化学工业中热交换器的应用场合更多。仅热交换器在石化整个装置中所占的比例，在建设费方面达20%～50%，它的重量占工艺设备总重量的40%。在氨制冷装置中，换热器的重量约占整个制冷装置重量的90%，即使在氟利昂制冷装置中，由于换热器多数使用薄壁铜管，但其重量也要占整个装置的50%以上。在火电厂用得最多的汽轮机凝汽器也是一种表面式加热器，其冷却面积可达17650m^2，冷却水量达到37300m^3/h，冷却管有2×9758根，净重417t。因此，为了减轻整个装置的重量和体积，设计结构紧凑、传热性能良好的热质交换设备是一项十分迫切的任务。

换热器的传热性能对装置的经济指标有很大的影响。由于传热温差的存在，造成了循环的外部不可逆，使有效能效率降低。为了减少循环的不可逆性，也可用增大换热面积的方法来减少温差，但这将增大重量和初投资。要同时减少外部不可逆性和换热面积，只有依靠强化换热器中的传热过程来达到。因而，研究换热器中强化传热过程的方法，寻求新的换热元件和换热器结构，是当前的重要任务。

热交换器的种类繁多，分类方式也多种多样，本章将按照热交换器工作原理的分类方式，对换热器的各种通用的典型结构和某些新型结构及特性作介绍。

第二节 表面式换热器

在表面式换热器中，参与换热的冷、热流体之间有一固体壁面，两种流体恒在固体壁面的两侧流动，热量通过壁面进行传递，所以也被称为间壁式换热器。表面式换热器是目前应用最广的一类换热器，根据具体结构的不同，它又可分为管壳式、板式、翅片管式、板翅式、旋板式和热管换热器等多种形式。

一、管壳式换热器

管壳式结构的共同特点是有一圆形外壳，内装平行管束，管内通道部分称为管程，管外面与壳体内表面之间的通道部分称为壳程或管间。冷、热流体分别流过管程和壳程，通过传热壁面而实现换热。管壳式换热器的优点是结构简单、造价低廉、选材范围广、清洗方便、适应性强。虽然在结构的紧凑性、传热效率和单位传热面积的金属耗量等方面不及某些板式换热器和新型高效换热器，但由于上述优点，加之处理能力（容量）大、适应高温、高压能力强，因而始终是应用最广的一种换热器。管壳式换热器结构形式较多，大体上有固定管板式、浮头式和U形管式三类，套管式也可归入U形管式。下面对这三种型式的管壳式换热器的结构、工作特点和应用条件进行介绍。

1. 固定管板式换热器

卧式壳管式换热器是固定管板式换热器中应用最广泛的一种。其典型结构如图 8-1 所示，在一个钢制圆筒形外壳的两端焊有两块固定的管板，在两块管板上钻有许多位置相对应的小孔，在每对相对应的管孔中装入一根传热管，这样便形成了固定管板式换热器的一组直管管束。传热管与管板的连接可以采用胀接，焊接及铺锡焊。

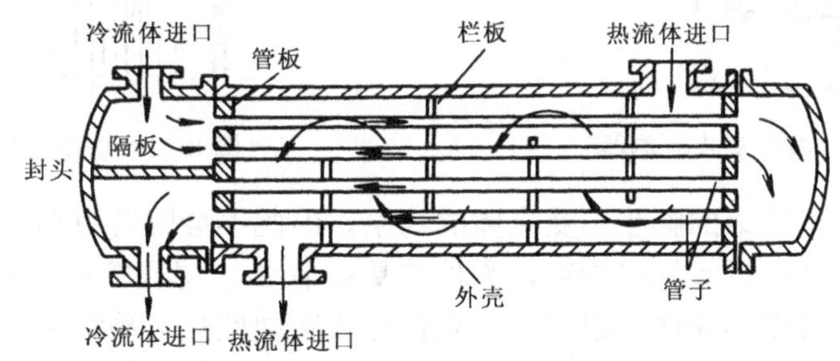

图 8-1 固定管板式换热器

参加换热的两种流体分别在管内（也称管侧）及管间（也称壳侧）流动。图 8-1 所示的固定管板式换热器是用冷却水来冷却经过压缩的石油气、天然气或制冷剂蒸汽。冷却水在管侧流动，为了提高冷却水的流速，一般使用多流程，例如两流程、四流程、六流程等，管侧流程的划分是借助于端盖中的隔板来实现的。原料气在壳侧流动，因为在冷却过程中较重分子的烃类要凝结成液体，所以在外壳设有排放凝析液的管接头。为了提高原料气的速度并改善换热器传热效果，在壳侧装有若干个圆缺形折流板（或称弓形折流板）。这种折流板有上下之分，且须相间装配。折流板的数量随所选定的流速大小而变，且常取奇数，以便换热体进出口管接头可以布置在传热器的同一侧。如果壳侧是具有相变的蒸汽冷凝过程或液体蒸发过程，则不须加折流板。管子比较长时，可装一个或几个支承板，以免管子下垂。

固定管板式换热器除壳程清扫困难和适应热膨胀能力差外，集中了管壳式换热器的一系列优点。因此，除壳程流体有腐蚀性、易结垢需要经常拆换管束或机械清扫管束外表面的情况外，应尽量采用此型式。对于管子和壳体温差超过 30～50℃的情况需考虑在壳体上加装膨胀节。制冷工业中的卧式壳管式冷凝器、干式蒸发器、满液式蒸发器，电厂热力系统中的凝汽器、除氧器和高、低压加热器等多采用此种结构。

2. 浮头式换热器

针对固定管板式热膨胀能力差的缺陷，浮头式作了结构上的改进，两端管板只有一端与外壳固定死；另一端可相对壳体滑移，称为浮头。浮头封闭在壳体内的称为内浮头式，如图 8-2 所示。浮头露在壳体以外的称为外浮头式，为防止泄漏，外浮头与外壳的滑动接触面处常采用填料函密封结构，故又有填函式或填塞式换热器的名称，图 8-3 示出了该种结构。

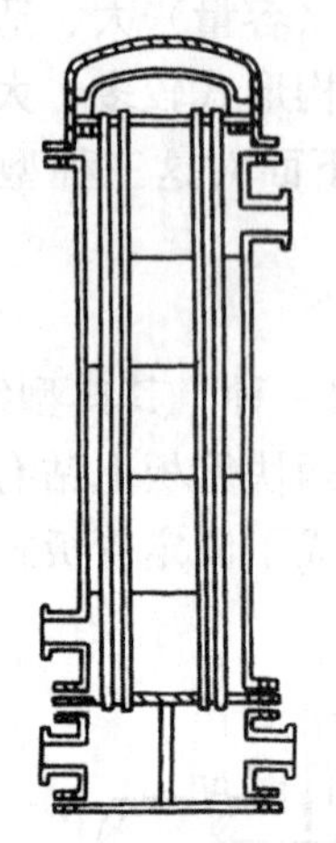
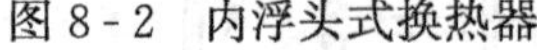

图 8-2 内浮头式换热器

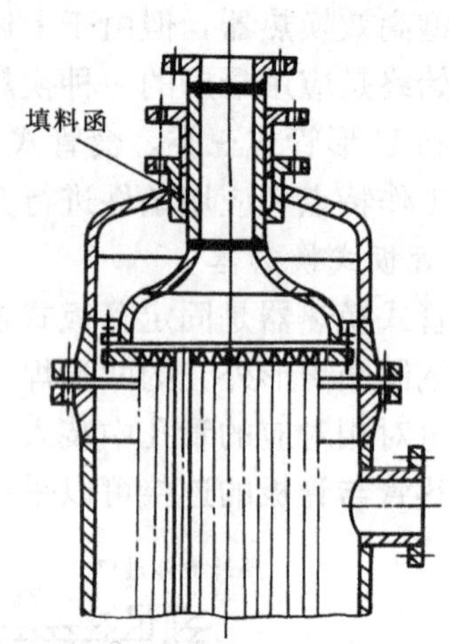

图 8-3 填函式换热器

浮头式换热器由于管束的膨胀不受壳体的约束，因此不会因管束和壳体之间的差胀而产生温差热应力；浮头端可拆卸抽出管束，为检修更换管子、清理管束及壳体带来很大方便。这些优点表明，对于管子和壳体间温差大、壳程介质腐蚀性强、易结垢的情况，浮头式换热器很适应。但结构复杂，填函式滑动面处在高压时易泄漏，使应用受到限制。

3. U 形管式换热器和套管式换热器

典型的U形管式换热器只有一个管板，管子两端均固定在同一管板上，如图 8-4 所示。U形管式换热器具有双管程和浮头式换热器的某些特点：每根U形管均可自由膨胀而不受别的管和壳体的约束，故弹性大，热补偿性能好；管程流速高传热性能好、承压能力较强、结构紧凑、管束可抽出便于安装检修和清洗等优点。制造较繁，管侧流阻较大，管内清洗不便，中心部位管子不易更换，因最内层管子弯曲半径不能太小限制了管板上排列的管子数目等则是其缺点。以上特点表明，U形管式换热器对于壳间温差大，压力高的工艺条件较能适应，但管程流速受允许压降限制较大，管内外介质要求无腐蚀性和结垢性。

套管式换热器可以看成是由一根管子组成的串联U形管换热器。套管式换热器常应用于换热量较小的场合，如在制冷技术中常应用于制冷量小于 40kW 的小型制冷装置。它既可作冷凝器又可作蒸发器，其结构也基本相似，如图 8-5 所示。其特点是结构紧凑，制作简单，冷却水或载冷剂与制冷剂为纯逆流，传热温差大。而冷却水或载冷剂侧的阻力损失大，除垢困难。

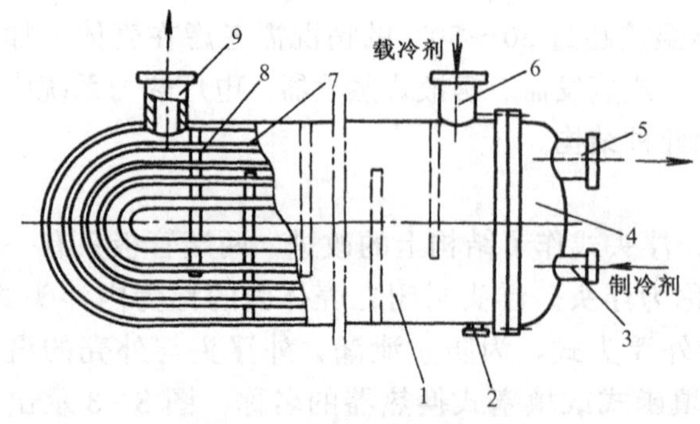

图 8-4 U形管式换热器

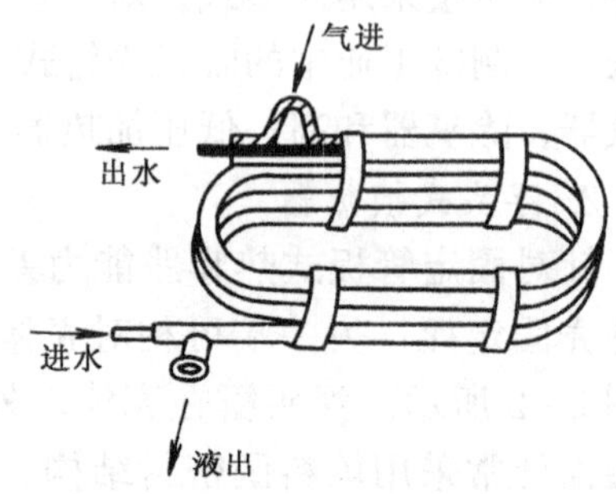

图 8-5 套管式换热器

二、板式换热器

板式换热器是一种高效、紧凑的换热设备。板式换热器在制造和使用上都有一些独特之处，已经广泛地应用于石油、化工、轻工、电力、冶金、机械、能源动力以及制冷空调等领域，开始取代一些传统的管壳式换热器，显示出极其强劲的发展势头。

板式换热器主要是指板框式换热器（PHE）。它主要由若干长方形的薄金属片（即传热板片）相互叠置压紧而成。目前，板式换热器的传热板片都是由金属薄板冷压成形。

板式换热器的典型结构如图 8-6 所示。它由传热板片、密封垫片、固定压紧板、活动压紧板、上下导杆、支撑架以及压紧螺栓螺母等零件组成。密封垫片按流道设计要求粘贴在传热板片的垫片槽内，然后将传热板片按一定顺序置于活动压紧板与固定压紧板之间，用压紧螺栓将它们夹紧。

传热板片是板式换热器的关键部件，其型式有上百种，典型的几种如图 8-7 所示。

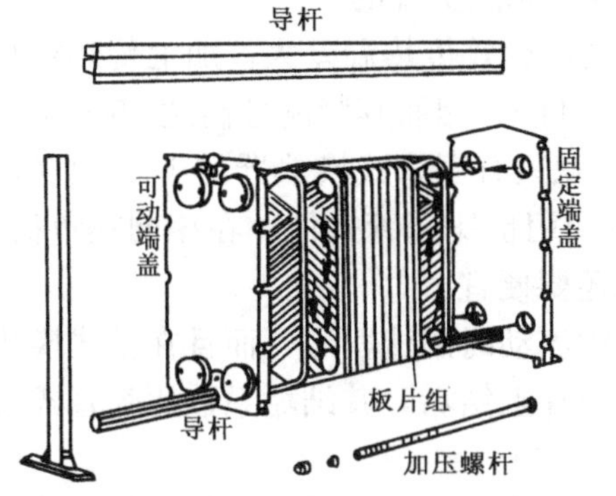

图 8-6　板式换热器的典型结构图

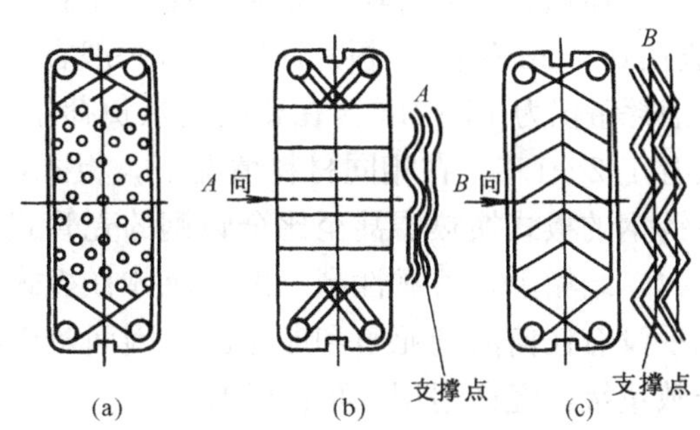

图 8-7　几种新型传热板片

（1）瘤形板片，板上交替排列着许多半球突起或平头突起。瘤形板片也属网状流动，流阻较小，传热系数可达 4650W/(m² · ℃)。如图 8-7（a）所示。

（2）一种典型的水平平直波纹板，断面形状为等腰三角形（或阶梯形），传热系数可达 5800W/(m² · ℃)。如图 8-7（b）所示。

（3）人字形板片，是典型的网状流板片，优点是刚性强，传热性能也较好，缺点是流阻较大且不适宜于含颗粒或纤维的介质。如图 8-7（c）所示。

由于板式换热器中流体与流体之间，流体与环境之间的密封是依靠密封垫片来实现，因此只要合理布置密封垫片，很容易实现多流体之间的换热以及多种流程和通道数的安排，如图 8-8、图 8-9 所示。

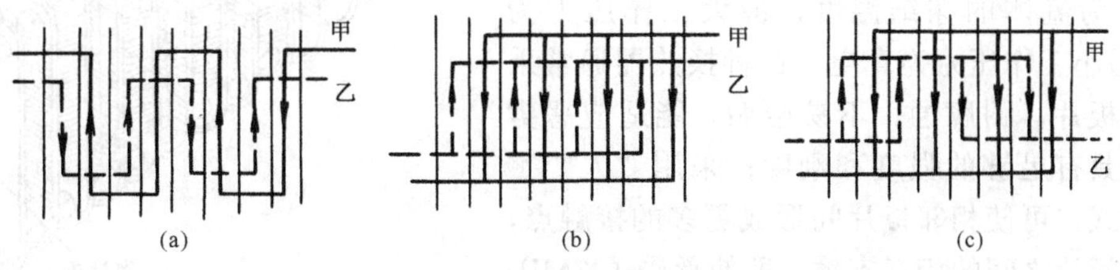

图 8-8　板式换热器的流程组合

（a）串联；（b）并联；（c）混联

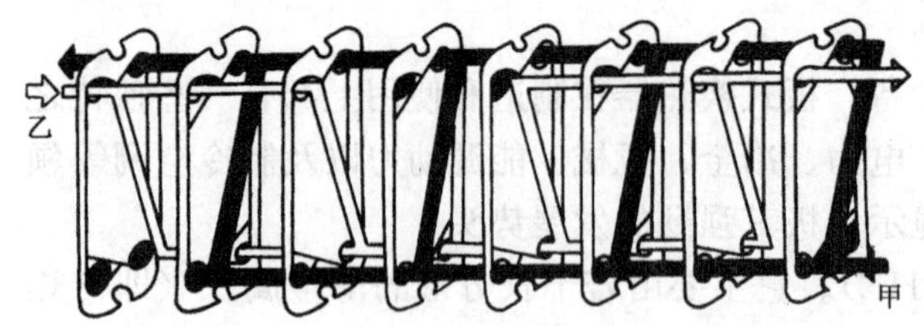

图 8-9 板式换热器内流体流动示意图

与壳管式换热器相比，板式换热器具有十分明显的优点：

(1) 结构简单，制造方便。板式换热器的零件数量很少，通用性很高，只需改变传热板片的数量就可以得到不同传热面积的板式换热器，而且组装简单方便，焊接等热加工量很少。

(2) 传热效率高，有效传热温差大。板片叠置在一起时形成众多的接触点使得流体在狭窄的板间流动时，即使流速很低，雷诺数仅为 100～500 时也可产生旺盛紊流，提高传热效率。当进行水—水换热时，在相同的雷诺数下，传热系数可达 2000～5000W/(m^2·K)，比壳管式换热器高 2～5 倍。而且冷热流体还可实现理想的逆流换热，因而有效温差大，甚至可以处理近乎 1℃的微小温差传热，这是壳管式换热器所无法实现的。

(3) 体积小，重量轻，价格便宜。由于传热系数高，有效传热温差大，加上传热板片薄（一般在 0.5mm 左右），板片间距小（一般在 2～5mm 之间），因而其紧凑性高达 1500m^2/m^3，金属消耗量仅为 16kg/m^3。在相同的热负荷下，它的体积只有壳管式换热器的 1/3～1/6，重量只有 1/2～1/5。在相同材料情况下，板式换热器的费用也比壳管式低，在相同热负荷下，全不锈钢的板式换热器甚至比全碳钢的壳管式换热器还要便宜。

(4) 结垢少，可靠性高。由于流体在板式换热器中流动时湍流剧烈，而且在板式换热器中几乎没有任何流动死角和滞流区，因而难以在传热板片上结垢，其结垢系数比壳管式要小一个数量级，经久耐用，可靠性高。

(5) 可拆卸，便于清洗和维护。由于板式换热器是依靠密封垫片进行密封，用螺栓螺母夹紧的，因此在遇到故障或进行检修时，可将所有零件拆开，十分便于清洗和维护。

板式换热器（PHE）的使用范围是由密封垫片的承压耐温能力决定的。一般情况下，这种板式换热器最大允许压力为 1MPa 左右，特殊情况下可达 2MPa；最高允许温度为 260℃（压缩石棉垫片）。为了提高板式换热器的承压能力，近年来，出现了一种全焊接式的板式换热器（CBE），并开始在制冷空调装置中得到应用。

如图 8-10 所示，这种板式换热器仅由传热板片和两端的端板组成，传热板片之间、传热板片与端板之间以及需要密封的通孔周围等所有的密封部位都是依靠真空钎焊完成，结构更加简单，更加紧凑牢固。它的最高工作温度为 225℃，最低工作温度为流体的冻结温度，最大工作压力为 3MPa，最小工作压力为真空。这种换热器通常采用不锈钢板片，耐腐蚀，不易结垢，能适应恶劣工况，并具有足够的强度和刚度；采用“人”字形波纹形式，可使相邻板片间形成更多的接触点，既可增加板片之间的相互支撑，即使承受了 3MPa 的压力，仍可使传热板片的厚度降低，又更容易产生流动漩涡，形成旺盛紊流，提高传热效率。

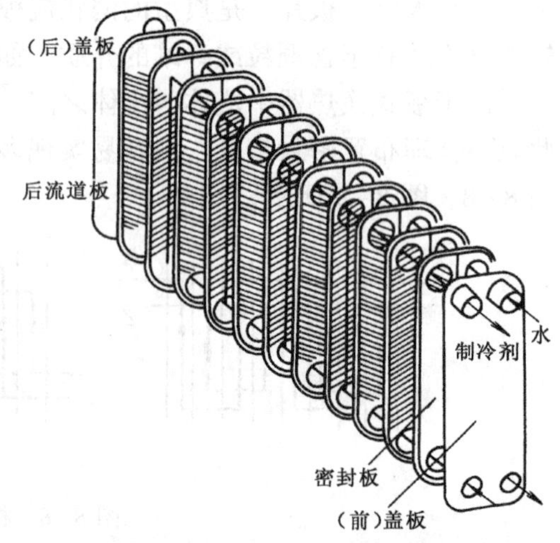

图 8-10 钎焊式板式换热器

钎焊式板式换热器与制冷用壳管式换热器相比，除了具有板式换热器的一般特点（可拆卸性除外）外，还具有如下特点：

(1) 制冷剂充灌量少，有利于环境保护和降低运行成本。板式换热器不仅整个体积小，而且板片间距小，因此它的内容积很小，所能容纳的制冷剂量很少，每1kW热负荷只需65g制冷剂，其充灌量只有壳管式的1/7左右。

(2) 冻结倾向少，抗冻性能高。由于水在低流速时，就能在板式换热器中形成高度紊流，温度分布非常均匀，从而减少了冷媒水的冻结倾向。

(3) 蒸发彻底，经济性高。制冷剂在制冷用板式换热器中蒸发时很容易实现完全蒸发，达到无液态程度，因此在大多数情况下，制冷系统无须设置气液分离器。

板式换热器的缺点是：周边很长，密封困难，容易泄漏；金属板薄，刚性差，故不能适应高压或高压差的工况；由于角孔和流道狭窄的限制，使介质流量不能太大，对气体介质限制更大，故多用于液—液型或液—相变型换热器；板片造型复杂，成本较高；流道狭窄，不宜处理特别容易结垢和堵塞的介质。

三、翅片管式换热器

翅片管是一种带肋的壁面，它对扩展换热面积和促进湍流有显著作用，无论对单相对流换热和相变对流换热都具有很大价值。这里主要讨论用于加热或冷却管外气体，而在管内通以蒸汽或水、制冷剂等，例如风冷冷凝器、表面式蒸发器、空气冷却器、锅炉省煤器、暖气片等形式的翅片管换热器。图8-11所示为一方形翅片管换热器。

1. 翅片管的型式

翅片管的型式很多，主要可归纳为纵向和径向（横向）两类，其他类型都是这两类的变形，例如大螺旋角翅片管，接近纵向。通常径向翅片管表面积扩展程度大于纵向翅片管，在工业上应用更广。翅片可在管内、管外或内外兼有，加热和冷却空气的翅片管的翅片都在管外。翅片管按制造方法不同可分为整体翅片、焊接翅片和机械连接翅片。几种带纵向肋片和径向肋片的翅片管如图8-12所示。

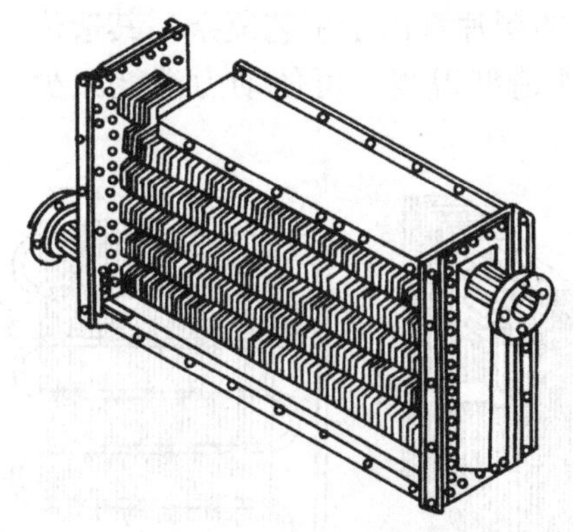

图8-11 方形翅片管换热器

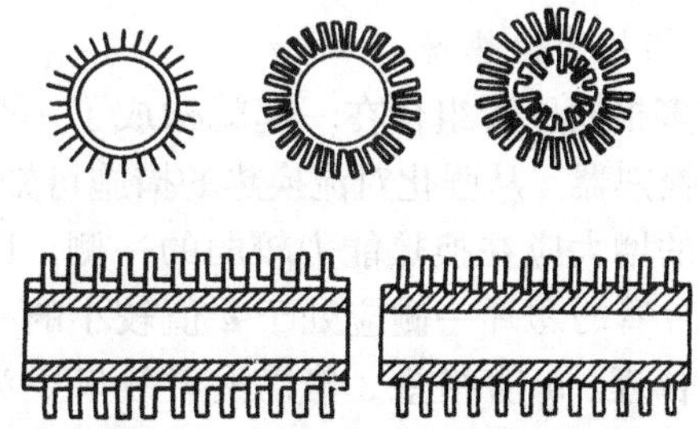

图8-12 带纵向肋片和径向肋片的翅片管

整体翅片由铸造，机械加工而成，翅片与管子一体，无接触热阻，强度高，耐热震和机械振动，因而传热、机械和热膨胀等性能较好，但制造成本提高，对低翅片比较适用；焊接翅片采用钎焊或氩弧焊等工艺制造，现代熔焊技术可使不同材料的翅片与母体管连接在一起并将翅片弯成各种形状，焊接翅片管由于制造简易、经济且具有较好的传热性能和机械性

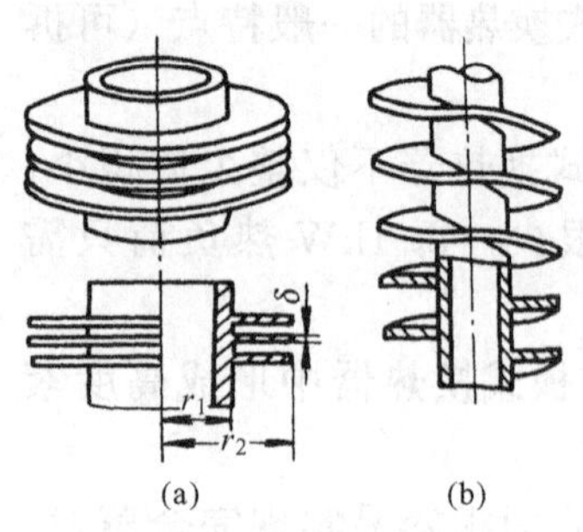

图 8-13 翅片管型式
(a) 套片管；(b) 绕片管

能，已在工业上广为应用；机械连接翅片管通常有绕片式、镶嵌式、热套或胀接式三种类型。机械连接翅片管的优点是经济，翅片和管子材料可任意组合，翅化比可大到 40，其缺点是接触热阻可能因膨胀不均匀引起松动而加大，故绕片式的工作温度多不超过 200～250℃，镶嵌式耐热性能较好，常用于 250～350℃的场合，但制造费高，强度较低。

图 8-13 (b) 所示为绕片管，它是在管子外表面按螺旋状绕一条金属带。金属带在绕制前先要在绕片机上将一侧扎成皱褶，然后再用专用机床绕在管子上。其优点是传热系数较高，缺点是翅片侧阻力较大，同时由于皱折的存在，妨碍了翅片节距的进一步缩小。

图 8-13 (a) 所示为一种套片管。而整体式套片管已广泛地应用于氟利昂制冷机的风冷冷凝器和表面式蒸发器。它通常用 0.15～0.4mm 厚的铝片套在多根 ϕ10～16mm 的紫铜管上。翅片上的管孔系冲压而成，且带有二次翻边，以增加翅片与管子的接触面积和起到保证翅片间距的作用。翅片先用专用设备套在管子上，再用胀管机使钢珠通过管内进行机械胀管，从而使翅片与传热管外表面紧密接触以减少接触热阻。翅片形式多样，除平翅片外，为了强化空气侧的换热，还有凹凸形、波纹形、条形以及开孔形等多种形式。

2. 翅片管的工作特点

(1) 传热能力强。与光管相比，传热面积可增大 2～10 倍，传热系数可提高 1～2 倍。

(2) 结构紧凑。由于单位体积传热面加大，传热能力增强，在相同热负荷下与光管相比，翅片管换热器管子少，结构紧凑且便于布置。

(3) 可以更有效和合理地利用材料。结构紧凑使材料用量减少；而且可能针对传热和工艺要求来灵活选用材料，例如不同材料制成的镶嵌或焊接及套接翅片管等。

(4) 当介质被加热时，与光管相比，同样热负荷下的翅片管管壁温度 t_w 有所降低，这对减轻金属面的高温腐蚀和超温破坏是有利的。

翅片管的主要缺点是造价高和流阻大。例如空冷器的翅片管由于工艺复杂，其造价达设备费用的 30%～60%；阻力大，导致动力消耗大，但如造型得当，可使动力消耗减少，与传热加强的得益相比合算就行。

3. 翅片管换热器

将多根翅片管组合在一起就构成了一个翅片管换热器。从强化对流换热的措施可知，换热面的增大应在换热能力较弱的一侧，因此，翅片管的翅片一侧应处于 h 值较小的一侧方为合理。h 值相差 3 倍以上者效果更为显著。如空冷器，水侧 $h_w \approx (2～5) \times 10^3$W/(m^2·℃)，而气侧则为 $h_g \approx 10～50$W/(m^2·℃)，故翅片多设在气侧，以弥补气侧 h 值低的缺陷。在设计制造时，应注意使翅片平面与介质流动方向相顺（平行），自然对流时宜采用垂直的翅片平面更为有

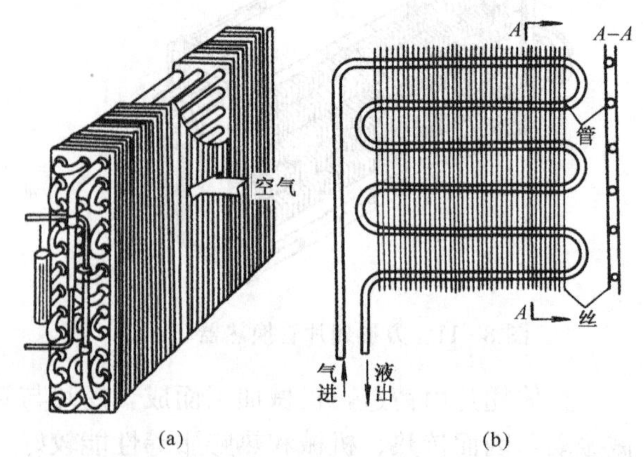

图 8-14 风冷冷凝器结构示意图
(a) 强制对流的风冷冷凝器；(b) 自然对流的风冷冷凝器

效。翅片管换热器的型式也很多，图 8-14（a）为强制对流的整体套片式风冷冷凝器的结构示意图，图 8-14（b）为自然对流的风冷冷凝器的结构示意图。

四、板翅式换热器

板翅式换热器又有紧凑式换热器或二次表面换热器等名称，是一种紧凑、轻巧、高效的新型换热器。

1. 基本结构

板翅式换热器的基本结构是由翅片、隔板和封条三种元件组成的单元体（如图 8-15）叠积结构。波形翅片置于两块平隔板之间，并由侧封条封固；许多单元体进行不同组叠并用钎焊焊牢就可得到常用的逆流、错流或逆错流布置的组装件，称为板束或芯体。一般情况，在工作压力较高和单元尺寸较大时，从强度、绝热和制造工艺出发，板束上、下各设置一层假翅层。假翅层或称强度工艺层，无流体通过，由较厚的翅片和隔板制成。板束上配置导流体、封头和流体出入口接管即构成一个完整的板翅式换热器。

冷热流体分别流过间隔放置的冷流层和热流层而实现热量交换。除某些多孔翅片外，一般翅片传热面占总传热面的 75%～85%，翅与隔板间为完善的钎焊，部分热量由翅片经隔板传出，部分热量直接通过隔板传出，由于翅片不像隔板是直接传热，故称为二次表面，隔板则称为一次表面。

由于板翅式换热器由自成流道的单元体组成，因此它可方便地实现多股气流之间的换热以及错流、逆流、错逆流等不同的换热形式。如图 8-16 所示。

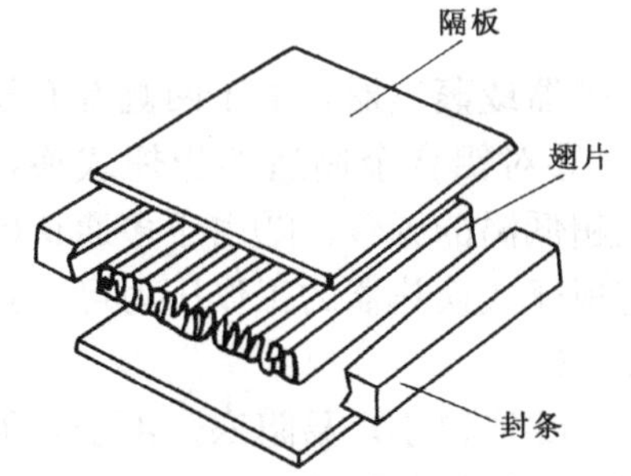

图 8-15　板翅式换热器单元体分解图

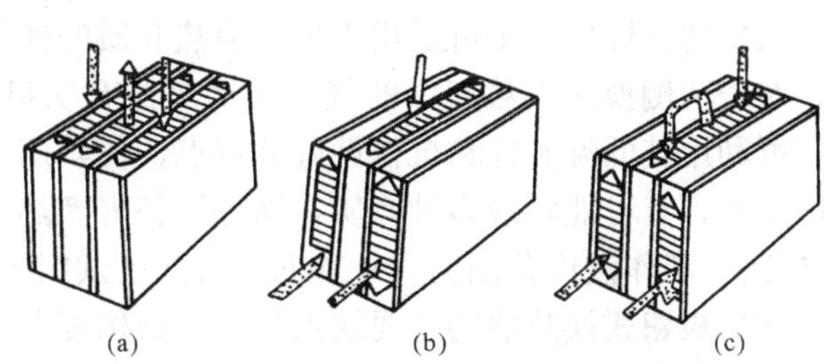

图 8-16　板翅式换热器换热形式
(a) 逆流；(b) 错流；(c) 错逆流

翅片除主要承担传热任务外，还在两隔板间起支撑作用，使薄板单元体结构有较高的强度和承压能力。翅片的型式也很多，常用的三种形式如图 8-17 所示。

(1) 光直翅片。由薄金属板冲压而成，其槽道断面形状又有正方形、矩形、梯形、三角形、半圆形等多种型式。光直翅片仅起扩展面作用，促进湍流的作用较小，传热特性与管内流动类似，传热系数较低，但压降小，强度高，不易堵塞，对于两流体压差和温差较大或含有固体悬浮物的场合比较适合；

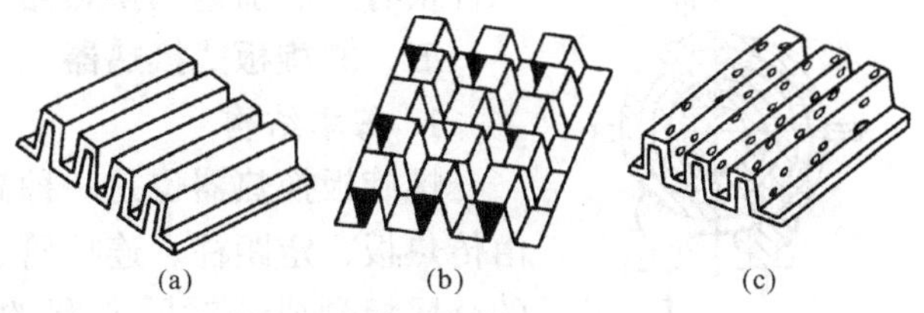

图 8-17　翅片形式
(a) 光直翅片；(b) 锯齿形翅片；(c) 多孔翅片

(2) 锯齿形翅片。它可看成是光直翅片切成片段再错成一定间隔而形成的间断式翅片，它对促进流体湍流、破坏热阻边界层十分有效，故传热效率较高，其传热系数在压降相同时比光直翅片可高出30%，它较适宜于两流体温差较小的场合。

(3) 多孔形翅片。它是在光直翅片上冲出许多小孔而成，孔有圆形、方形等。孔使热阻边界层不断破裂使其不能发展变厚，且能使流体分布更趋均匀，故传热性能很好，特别在进出口分配段处常采用多孔形翅片作为导流片应用。因为密布小孔能破坏冷凝膜和防止杂质结晶，故对于冷凝、蒸发等有相变的场合特别适宜。

除上述三种型式外，波纹型、百叶窗型、钉状或片条状翅片也较常见。翅片的尺寸可根据流动情况来选用，一般换热系数大时选用低而厚的翅片，换热系数小时选用高而薄的翅片，用增加换热面积来弥补换热系数的不足。

2. 工作特点

(1) 传热能力强。由于翅片表面孔洞、缝隙、弯折等能促使流体湍动，破坏热阻很大的层流底层，故可使传热强度加大，据报导：对强制对流空气的传热系数可达35～350W/(m²·℃)；对强制对流的油的传热系数可达116～1745W/(m²·℃)。板束通道的布置常采用逆流或错流布置，故平均温差也较高；

(2) 结构紧凑。单位体积传热面积可达1500～2500m²/m³，相当于管壳式换热器的十几倍；

(3) 轻巧牢固。因为结构紧凑，加之都采用薄的铝合金、不锈钢、铜、镍、钛或它们的合金薄片制造，重量很轻，又有波形翅片的支撑作用，故强度很高。例如0.7mm厚的隔板和0.2mm厚的翅片配合可承压3.9MPa，据统计同条件下板翅式换热器的重量只有管壳式的10%～65%。

(4) 适应性广。①可适用于各种换热介质的换热器、冷凝器或蒸发器，由于两侧都有翅片，对于两侧换热系数都低的气—气换热器有明显的改善；②对铝合金制造的板翅式换热器，可利用其低温延性和抗拉性好的特点，使其用于低温或超低温的场合；③由于多通道的结构特点，有可能实现多种介质在同一设备内换热；④目前板翅式换热器的工作压力可高达4.9MPa，工作温度范围为0～500K，目前已试用于300～500℃。

(5) 板翅式换热器的主要缺点是：①结构复杂，造价高；②流道小，易阻塞。由于不能拆卸，清洗和检修均很困难，故要求介质十分清洁；③多用薄板铝材等制造，一旦腐蚀造成内漏，很难发现和检修，故要求介质对所采用金属无腐蚀性。

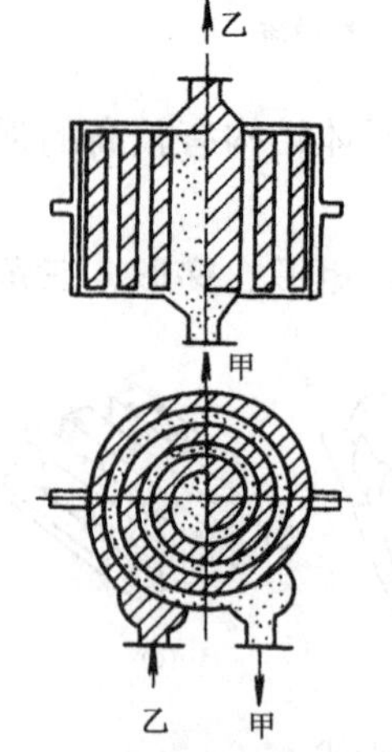

图8-18 Ⅰ形螺旋板换热器

总的看来，板翅式换热器优点突出，故发展很快，最初用于飞机发动机的散热，但随着有色金属和不锈钢防腐处理技术和钎焊工艺技术的提高，目前已广泛应用于航运、原子能、电子、化工、动力机械等部门，如在空气分离设备、天然气及合成氨尾气的分离设备中，是一种很有发展前途的换热器型式。

五、螺旋板式换热器

1. 基本结构

螺旋板换热器也是一种高效换热器，结构如图8-18所示。它主要由传热板、定距柱、连接管、头盖及衬垫等部件组成。两块厚约6mm的金属板卷成一对同心圆的螺旋形流道，流道始于中心，终于边缘，中心处用隔板将两边流体隔开。甲、乙两流体在金属板两边的流道内逆向流动而实现了热交换。根据流体在流道内的流动形式不同，螺旋板换热器的流道型式可分为多种。

两流体都是螺旋流动的Ⅰ型（图8-18），通常是冷流体由周边流向中心，热流体由中心流向外周。由于螺旋通道狭窄它通常用作液一液换热器，用作气一气或蒸汽冷凝时则流量不能过大，否则流阻太大。一般只用于两流体流量相近的情况，否则要把两个螺旋通道设计成不同宽度才能适应。

一种流体螺旋流动，另一种为轴向流动的Ⅱ型（图8-19），将Ⅰ型的一个螺旋通道出入口封死而代之以两个轴向出入口即成为Ⅱ型结构。轴向流道也可以制成多程，由于轴向流通截面比螺旋通道的流通截面大得多，故很适宜于两种流体的体积流量相差很大的工况，如冷凝器、气体冷却器、再沸器等。

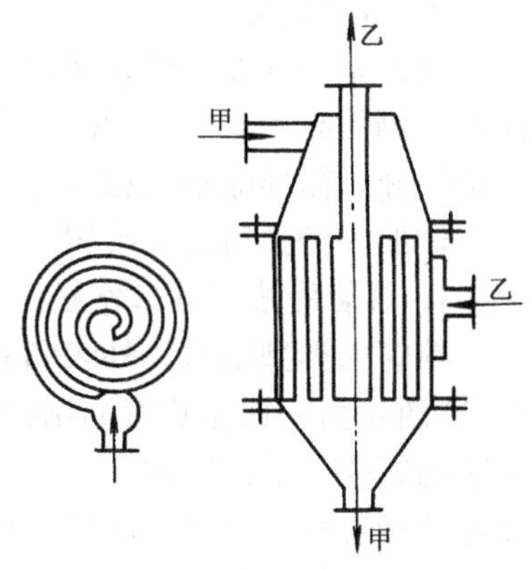

图8-19 Ⅱ形螺旋板换热器

其他流道型式都是以上两种型式的变型，例如一种流体螺旋流动，另一种是轴向和螺旋流动的组合。

定距柱是为了保证流道的间距，也能起加强湍流和传热板刚度的作用，一般用3～10mm的圆钢或带钢在卷板前预焊在钢板上，也有在板上造成凸包来定距的。通常工作压力小于0.3MPa时可不用定距柱。

头盖形状随流道型式而异，一般Ⅰ型多采用盖板，Ⅱ型多采用圆锥形、椭圆形头盖或带有延伸段的平盖。

2. 工作特点

螺旋板换热器的性能类似板式换热器，但也有独特之处，其主要优点如下所述。

(1) 传热强度高。当Re=1400～1800（甚至500）时就能形成湍流，且因流阻较管壳式小使流速可以提高，结果使传热系数K可提高半倍至2倍，可达2900～3840W/(m^2·℃)。此外，完全的逆流传热（Ⅰ型）还可得到较大的平均温差，这都有助于提高传热效率。

(2) 结构紧凑，不用管材。由于板型传热面面积大，单位体积传热面可达44～100m^2/m^3，约为管壳式换热器的2～3倍，加之传热系数和平均温差都大，这就必然导致螺旋板换热器结构的紧凑和轻巧。

(3) 不易污塞。由于单流道、高流速，污垢不易沉积。一旦有所沉积使流通截面减小随即导致流速增高，从而加强了对污塞的冲刷作用，这种“自洁”作用，管壳式换热器是没有的。螺旋式的污塞速度只及管壳式的十分之一。

(4) 能有效利用低温热源，精密控制温度。由于双螺旋流道能较完全地形成逆流传热且流道较长，有助于降低换热器设计所允许的（两种介质）最小温差值，有利于连续均匀地换热或升降温度，这就为利用地下热能等低温热源或精密控制介质温度提供了有利条件。

(5) 流阻较小。

螺旋板式换热器的主要缺点是：

(1) 承压能力受限。当板厚在2mm以内时，使用压力不超过0.5～1.0MPa，特殊结构可达2.45MPa。工作温度一般<250℃，特殊条件可达350～400℃。

(2) 容量受限。由于单流道流通能力较小，故介质的体积流量受到限制，容量不能过大，否则流速太高，流阻很大，使输送动力消耗加大。

(3) 制造较复杂、检修很困难。传热部分和密封部分制造比较复杂，但主要的缺点还在于检修困难。

螺旋板换热器常用的材料为碳钢、不锈钢、蒙乃尔合金、铅合金、铜、镍、铝的合金等。介质的合理流速对于液体为 1～2m/s（浊液最低容许流速为 0.6m/s），对于蒸汽或气体可高至 20m/s。

六、热管换热器

热管是一种新型传热装置，它作为一种高效能的导热元件，其相当导热系数比优良导热体银、铜等高 10^3～10^4 倍。热管的作用相当于一个导热能力极高的导热体，但其内部工质却是按介质循环流动和相变传热的原理工作的，可以说是一种集导热元件、蒸发器和冷凝器于一体的一种独特传热装置。

1. 热管的结构与工作原理

热管的类型很多，外表和断面形状各不相同，但基本组成部分和工作原理是一致的。图 8-20 所示为一典型热管的结构原理图。热管是一个密闭容器，从径向看也可分为三个部分：密闭的管壳，毛细结构（或称吸液芯）和蒸汽通道（或称蒸汽腔）。管壳材料要求与工质有良好的相容性，并具有高导热率、耐压、耐热应力等性能。吸液芯是一个紧贴管壳内壁的毛细结构，承担着将液体由冷凝段输送到蒸发段的任务。液态载热工质要求有较高的汽化潜热、导热系数、密度（或压力），较低的黏度、熔点和适当的沸点，其数量应能使毛细结构充分浸润并稍有过量以使蒸汽腔充满蒸汽。

热管轴向可分为三个区域：蒸发段（或称热源段、热端）、蒸发输送段（或称绝热段）、冷凝段（或称热汇段、冷端）。

热管的传热过程概括起来有以下六个同时发生而又互相关联的过程：①热量从热源通过壳壁和充满液体工质的吸液芯传递到液—汽分界面上；②液体在蒸发段内的液—汽分界面上蒸发；③蒸汽通过蒸汽腔输送到冷凝段；④蒸汽在冷凝段内的汽—液分界面上冷凝；⑤热量从冷凝段内的汽—液分界面通过吸液芯和壳壁传给冷源；⑥冷凝液借助吸液芯的毛细作用从冷凝段返回蒸发段重新工作。

热源到蒸发段内液—汽分界面的传热基本上是热传导过程。

液体在蒸发段内的液—汽分界面上蒸发使交界面缩回到吸液芯里面，形成一个凹形弯月面（如图 8-21 所示）。这个弯月面的形状对热管工作性能有决定性的影响。对于球形分界面，在力平衡状态，蒸汽压力大于液体压力，其差值为

$$\Delta P = 2\sigma / r$$

式中：σ 为汽液分界面上的表面张力；r 为弯月面半径。这个压差是汽、液流动的基本推动力。

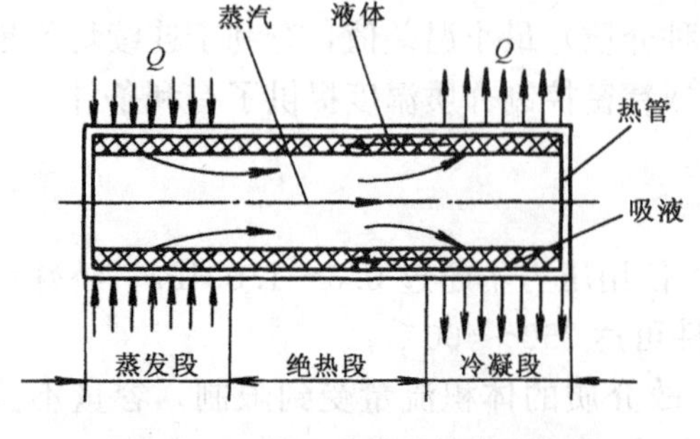

图 8-20 典型热管的结构原理图

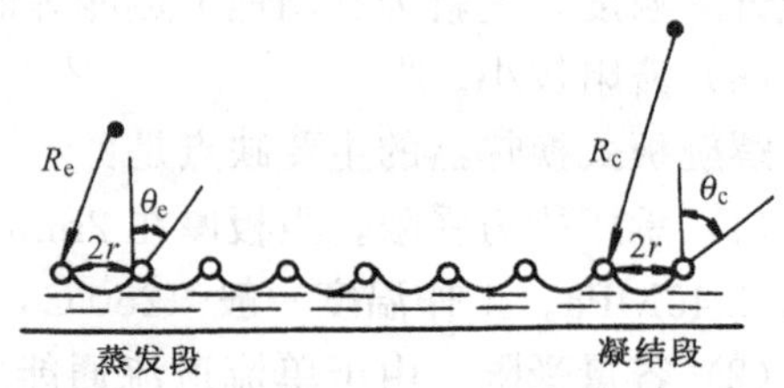

图 8-21 热管的汽—液交界面

由图 8-21 可知，弯月面曲率半径 R 和吸液芯毛细孔半径 r 之间有如下关系：

$$R=\frac{r}{\cos\theta} \tag{8-1}$$

式中：接触角（浸润角）θ 为液体与管壁接触处液体表面的切线和管壁表面的切线（指向液体内部）之间的夹角。

由此可得

加热段毛细压差为 $$\Delta P_{e}=\frac{2\sigma\cos\theta_{e}}{r} \tag{8-2}$$

冷凝段毛细压差为 $$\Delta P_{c}=\frac{2\sigma\cos\theta_{c}}{r} \tag{8-3}$$

在冷凝段，蒸汽逐渐凝结的结果使液—汽分界面高出吸液芯，故分界面基本上呈平面形状，即界面的曲面半径为无穷大，即冷凝段液、汽相间近似无压差。故热管两端毛细压差为

$$\Delta P=\Delta P_{e}-\Delta P_{c}=2\sigma\left(\frac{\cos\theta_{e}}{r}-\frac{\cos\theta_{c}}{r}\right)\approx\frac{2\sigma\cos\theta_{e}}{r} \tag{8-4}$$

在 $\cos\theta_{e}=1$（$\theta_{e}=0^{0}$）时，ΔP 有最大值

$$\Delta P_{max}=\frac{2\sigma}{r}$$

式中：ΔP 是热管内部工作液体循环的推动力，用来克服蒸汽从加热段流向冷却段的压力损失 ΔP_{rl}、冷凝液体从冷却段回流到蒸发段的压力损失 ΔP_{lr} 和重力对液体流动引起的压力损失 ΔP_{z}（可以是正，负，或零）。因此，$\Delta P>\Delta P_{rl}+\Delta P_{1r}+\Delta P_{z}$ 是热管正常工作的必要条件。

虽然热管的传热能力很大，但仍然存在一系列的制约因素即传热限制，它们是：①吸液限（或称毛细限）；②声速限；③携带限（或称载液限）；④沸腾限；⑤连续流动限；⑥冷冻启动限；⑦黏性限；⑧冷凝极限等。这些传热极限与热管的尺寸、形状、工作介质、吸液芯结构、工作温度以及热管内工作状况有关。

2. 工作特点

热管是依靠自身内部工作液体相变来实现传热的传热元件，具有以下基本特征：

(1) 很高的导热性。热管内部主要靠工作液体的汽、液相变传热，热阻很小，与通过物质显热的增减来传热相比，具有很大的传热能力。在一定的温度下，其导热率约相当于铜的 40～10000 倍。

(2) 优良的等温性。热管内腔的蒸汽处于饱和状态，饱和蒸汽的压力决定于饱和温度，饱和蒸汽从蒸发段流向冷凝段所产生的压降很小，温降亦很小，因而热管具有优良的等温性。

(3) 热流密度的可变性。热管可以通过改变蒸发段或冷却段的加热面积来改变热管输入端或输出端的热流密度，即以较小的加热面积输入热量，而以较大的冷却面积输出热量，或者以较大的传热面积输入热量，而以较小的冷却面积输出热量。用以解决一些其他方法难以解决的传热难题。

(4) 热流方向的可逆性。一根水平放置的有芯热管，由于其内部循环动力是毛细作用。因此任意一端受热就可作为蒸发段，而另一端向外散热就成为冷凝段。

(5) 热二极管与热开关性能。热管可做成热二极管或热开关。所谓二极管就是只允许热流向一个方向流动，而不允许向相反的方向流动。热开关则是当热源温度高于某一温度时，

热管开始工作，当热源温度低于这一温度时，热管就不传热。

(6) 环境的适应性。热管的形状可随热源和冷源的条件而变化做成各种形状，热管也可做成分离式的以适应长距离或冷热流体不能混合的情况下的换热。热管既可以用于地面（重力场），也可用于空间（无重力场）。

除上述内部有吸液芯（毛细式）热管外，还有一些无毛细式热管，如重力热管和离心力热管等。重力热管只能竖置或斜置，不能平置，热端在下，冷凝液依靠重力沿壁面上流返回热端，因而无需吸液芯。离心力热管则是利用离心力使冷凝液返回热端。

热管上述优点充分显示了作为一种新型高效传热元件的生命力，目前热管已广泛应用于宇航、电子设备的冷却、太阳能发电和换热器、动力、化工工业中的均温、余热利用、热工测量以及永久冻土层的稳定及地热利用等方面，并已产生了几种商品热管。随着对热管机理的深入认识、工艺技术、吸液芯材料和工质、结构形状、经济性等问题的进一步解决，热管将得到更为广泛的实际应用。

3. 热管换热器

由若干支带翅片的热管组成一体，置于冷热流体之间，通过热管把热流体的热量源源不断地传送到冷流体，以实现冷热流体间的换热，这种热管元件的组装体称为热管换热器。

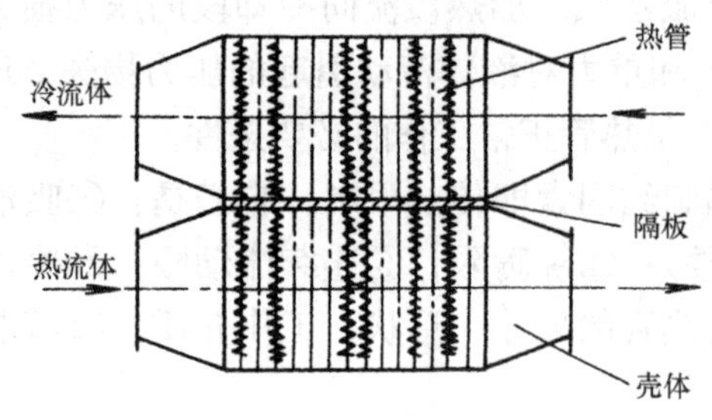

图 8-22 单管组合式热管换热器

热管换热器的使用温度范围受热管工质工作温度的限制，采用不同的工质可使其在不同的温度范围工作，如在空调制冷中使用的热管换热器常采用氨、氟里昂等为工质的热管，而在烟气余热利用中使用的热管换热器往往采用水为工质的热管。

热管换热器的种类很多，主要分为以下三种。

(1) 单管组合式热管换热器（见图 8-22）。按冷热流体的种类有：①气—气热管换热器，亦称热管式空气预热器；②气—液热管换热器，亦称热管式省煤器；③气—蒸汽热管换热器，亦称热管锅炉。

(2) 分离式热管换热器（见图 8-23）。热管的蒸发段与凝结段被分开，它们之间通过专门的汽液导管连通两个工作段，形成工质的闭合循环回路。热管内的工作液体在蒸发段被加热变成蒸汽通过汽导管输送到凝结段，蒸汽被管外流过的流体冷却，凝结液由液导管流回到蒸发段。如此不断循环达到传输热量的目的。

(3) 回转式热管换热器（见图 8-24）。回转式热管换热器由数十根或更多根的热管组成。这些热管束绕着一定的轴旋转。冷热流体分别与热管的放热段和加热段进行热交换。它的最大优点是清灰比较方便，故适用于含尘较多的烟气的余热利用。

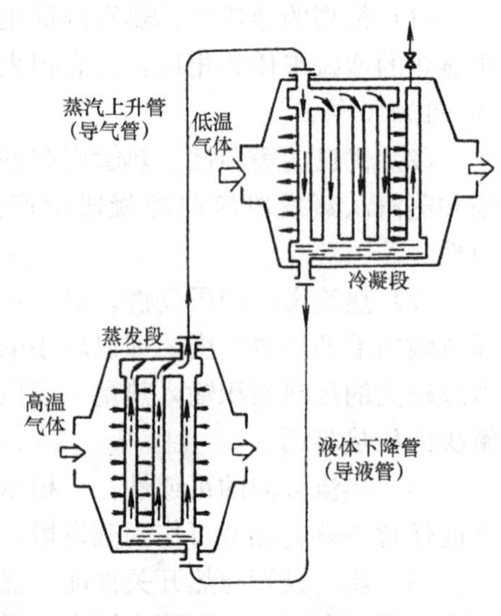

图 8-23 热管换热器

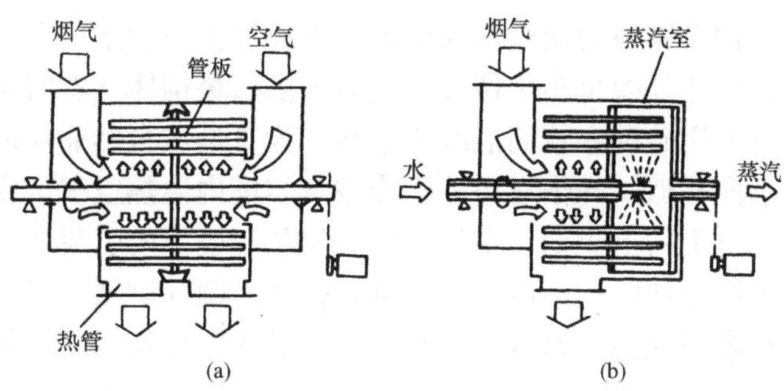

图 8-24 回转式热管换热器

(a) 气—气型；(b) 气—水型

第三节 混合式换热器

混合式换热器是依靠冷、热流体直接接触进行传热的，冷热介质间没有固体传热面，也可称为直接接触式换热器。其优点是结构简单，材耗较少，不存在传热面带来的热阻（包括污垢热阻）、过热或腐蚀等问题。因此，对于不容许混合或混合后不易分离介质以及两种介质的参数相差很大或因物性会产生不良反应的工艺过程均不适用。

当混合式换热器中的传热过程为气液直接接触传热时，如果是挥发性液体，则同时存在温差传热和传质传热两种机理，即气液温差引起的显热传递和液体汽化（或蒸汽冷凝）引起的潜热传递。如果是无挥发性的液体，在液气接触面上不产生蒸发或凝结，故只有显热传递。实质上混合式换热器的特点就是传热传质同时进行。

影响混合式换热器传热能力的重要因素之一是两种介质接触面积的大小，因此，常将参加换热的液体设法分散为液柱、液滴或雾状以增加接触表面积。液粒越细小，接触面越大，下降速度越慢，换热也越充分，但应注意不使向上的气流速度过大，以免吹走下落的液粒。因此，液体雾化程度应与气流速度、设备生产率互相适应，还应考虑雾化成本，并非雾化程度越大越合算。

混合式换热器型式繁多。与大气相通，借用空气自然通风或强制通风来冷却热水的敞开式设备有喷水池和冷水塔等；两种介质在同一封闭器内直接接触换热的设备有混合式冷凝器、洗涤器、蒸发式空冷器（管外喷水、空冷）及浸没燃烧蒸发器等。以下介绍的是几种典型设备，从中可掌握混合式换热器的一般构造和工作原理。

1. 冷水塔

在热力发电、化工生产以及制冷空调工程中都需耗用大量的冷却水，用来冷却蒸汽、空气或气体、油及辅助机械的轴承等。为了减少冷却水的消耗量，通常采用闭式供水系统，即把用过了的、温度已经升高的冷却水再通过喷水池或冷水塔使其被空气冷却后循环使用。冷却塔比喷水池占地面积小，被风吹失的水量少三分之二左右，不受风向等自然条件限制，也不存在喷水池周围生雾和使建筑物冬季结冰的缺点。因此，尽管其结构复杂，建造和维修较困难，材耗大，造价高，仍然得到广泛的应用。

冷水塔由淋水装置、塔体和集水池组成，如图 8-25 所示。淋水装置通常由木板条制成的格栅状填充物组成，层层堆置塔内，其上部设有分水槽等散水装置，使被冷却的水能均匀溅落在格栅上。水沿着稍有倾斜的栅板成薄膜状下流而被上升的空气所冷却，空气可自由地在各相邻的板间通过。塔体外貌呈多边棱柱体或截头多边棱锥体（有时也可做成双曲线形），用金属骨架构成，也可采用砖砌和钢筋混凝土结构。为了形成自然通风所需的风筒，塔体高达数十米。其原理与烟囱相似，即依靠塔外干冷空气与塔内温热空气的密度差所形成的自生通风力（压差）使空气自下而上流动。空气也可利用装于塔顶的引风机或塔底的送风机强制推动，此时因不需要风筒可使塔体高度大大降低，但动力消耗则增大了。

冷却后的水汇集在塔底池内，通过循环水泵重新送入厂房使用，被加热了的上升空气通过分离器分离出大部分水滴后从塔顶排出。

按淋水方式的不同，冷水塔有滴水式和薄膜式两种，薄膜式（见图 8 - 25）单位容积的释热比前者大 1.6～2.5 倍，淋水密度达 5～7m³/(m²·h)，约为滴水式的两倍，故常采用。

淋水密度表示 1h 内每 1m² 冷水塔截面的落水量 m³，其数值越大，塔体越小，投资费用越少，但冷却水效果变差，可能使运行费用增加或恶化了工艺生产过程。淋水密度小则塔体大，投资费用增加，冷却效果则有改善。因此，存在一个最佳的淋水密度，需要通过技术经济比较来决定。

图 8 - 26 所示为热电厂双曲线型冷却塔。冷却塔由淋水装置、封筒（带支持结构）和集水池组成。从汽轮机凝汽器铜管流出的温度较高的热水，由循环泵沿排水管送至冷却塔风筒中约 10m 高处的配水槽，随后沿着分水槽由塔中心逐渐分至四周，并从槽底流出，落在淋水装置上。热水经分水槽导水管下落至溅水碟形成水滴，然后经多层溅水木条最后落入集水池。冷却空气（风）从塔的底部进入，从塔的顶部排出。就这样使热水水滴与冷风直接接触，带走热量，使循环水得到冷却。

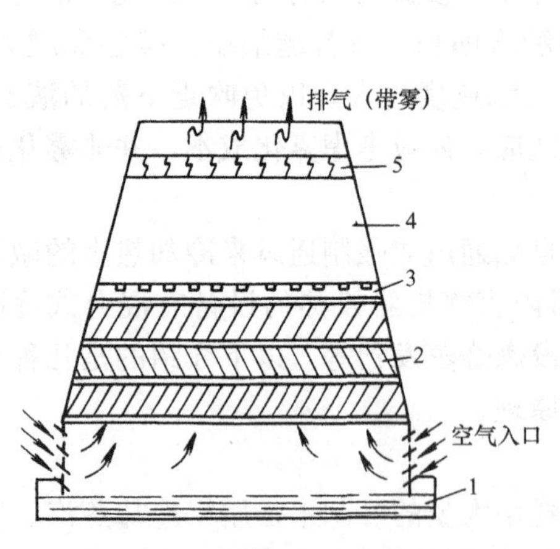

图 8 - 25 薄膜多边形冷水塔

1—水池；2—淋水装置；3—散水装置；4—风筒；5—水分离器

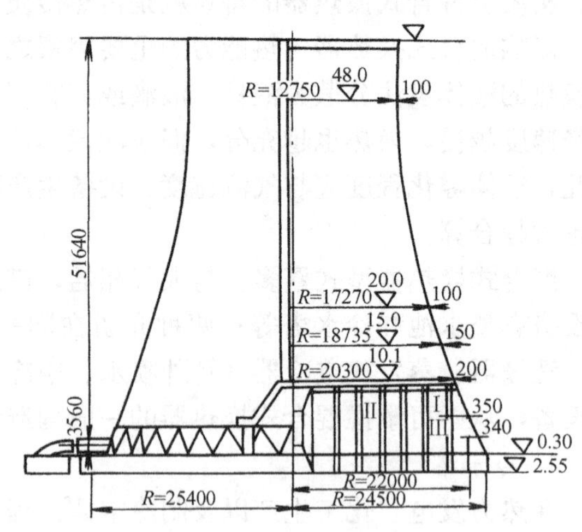

图 8 - 26 双曲线型冷却塔

循环水的冷却除了由于温差产生的显热传递外，还会由于水的蒸发产生潜热传递。设想空气量很大，温度改变极小，在充分冷却的条件下，当水温等于空气温度，接触传热即告停止。但由于水表面上水蒸气分压力大于周围空气中的水蒸气分压力，水的蒸发冷却还要继续进行，故使水温继续下降并低于空气温度，而引起空气向水面进行反方向的接触传热，直至水从接触传热中得到的热量与蒸发冷却水失去的热量相平衡为止，此时水温达到理论冷却极限值。

冷却塔的冷却效果除与水温、淋水密度、淋水方式等有关外，还与当地大气压力、温度、湿度及风速等气候条件密切相关。被风吹失和底部排污损失的水量约为1%～5%，这些需在运行中不断得到补充。

2. 混合式冷凝器

混合式冷凝器的作用在于使蒸汽在与冷却水直接接触的过程中放出潜热而被冷凝，这种冷凝方式仅适用于没有回收价值的蒸汽的凝结或者对冷凝液的纯净度要求不高的场合。

混合式冷凝器的类型较多，现在被广泛使用的类型主要有如图8-27所示的几种。图8-27（a）是液柱式冷凝器，在其内部安装多块圆缺形多孔淋水板，水从板的小孔以柱状淋洒而下，以增大冷却水与蒸汽的接触面积。图8-27（b）是液膜式冷凝器，在其内部安装有盘环间隔排列的淋水板，冷却水从板上流下时形成液膜，蒸汽与之接触时产生冷凝。图8-27（c）是填充式冷凝器，采用拉西环等作为填料填充于塔体之内，冷却水沿填料表面流下，蒸汽逆流而上，两者在填料表面接触，使蒸汽冷凝。这三种冷凝器的蒸汽与水皆为逆流，且蒸汽都由下而上流动，两相接触时间长，换热充分，出水温度高，省水，且不凝气体温度低，体积小，可节省抽气设备动力。图8-27（d）为喷射式混合冷凝器，其工作原理基于文丘里管，故冷却水在入口必须具备一定压力，以使喷管喷出的水呈雾状，并在蒸汽吸入器内进行混合冷凝，同时夹带不凝气体从下部流出，因而无需抽汽设备，但冷却水的消耗量大。将净水喷入蒸汽以调节汽温的减温器常用于蒸汽锅炉等设备用以调节过热蒸汽的温度，比表面式调温器效率高、反应快。

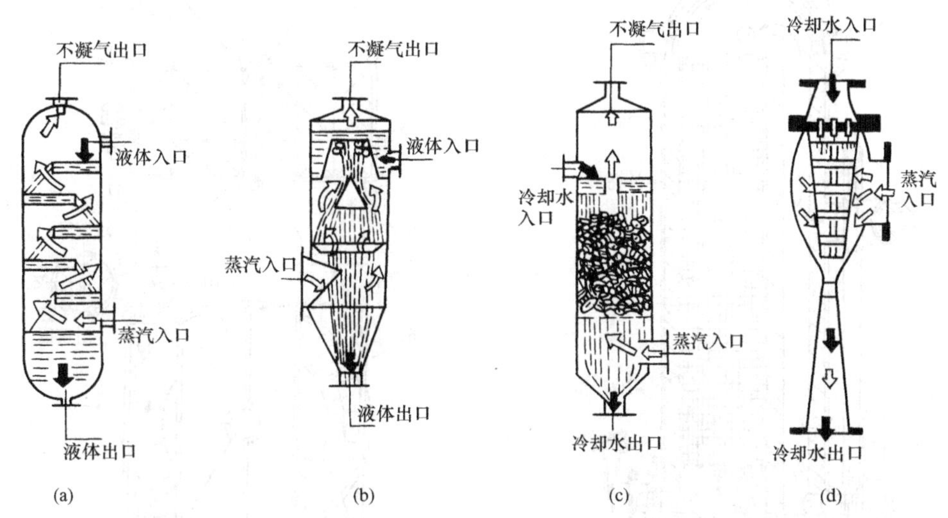

图8-27　混合式冷凝器

（a）液柱式冷凝器；（b）液膜式冷凝器；（c）填充式冷凝器；（d）喷射式混合冷凝器

第四节　蓄热（冷）式换热器

在蓄热（冷）式换热器中，冷、热流体交替地流过装有固体填料的容器，依靠构成传热面的物体（填料）的热容作用（吸热或放热），实现冷、热流体之间的热交换。

它与一般间壁式换热器不同，虽然都有固体传热面，但在间壁式换热器中，热量是在同一时刻通过固体壁面，由一侧的热流体传递给另一侧的冷流体。而蓄热（冷）式换热器中的换热流体不是在各自的通道内吸、放热量，而是交替地通过同一通道利用蓄热体来吸、放热量。换热分两个阶段进行：先是热介质流过蓄热体放出热量加热蓄热体并被储蓄起来，接着是冷介质流过蓄热体吸取热量并使蓄热体又被冷却。重复上述过程就能使换热连续进行。

蓄热（冷）式换热器有固定型（阀门切换型）和转动型（回转式）两种。

图 8-28 为一种固定型结构，其蓄热体由耐火砖砌成的"火格子"构成，冷、热气体交替通过火格子以实现换热，为了连续运行，通常也是两套同时工作。冶金工业中的热风炉常采用此结构，石油化工工业中蓄热式裂解炉可将气体加热到 1200℃以上，故很适合于对高温气体的加热。

图 8-29 为蓄热式的回转型空气预热器。转子的中心轴支承在上下轴承上，转子周界上装有环形长齿条，当马达带动传动齿轮转动时，转子即绕中心轴以每分钟 3/4～5/4 转的转速旋转。扁圆柱形的转子从上到下被 12 块径向隔板隔成互不通气的 12 个大扇形格，每个 30°的大扇形格又被许多块横向和径向短隔板规则地分为许多个小格仓，小格仓中放满预先叠扎好的蓄热板。蓄热板由厚度为 0.5mm 的钢板压成的波纹板和定位板两种组件相间排列组成，如图 8-30 所示，定位板除起传热面作用外，还可起使波纹板相对位置固定的作用。

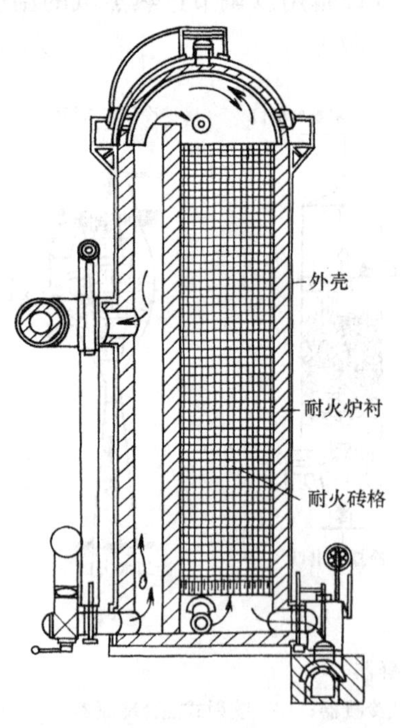

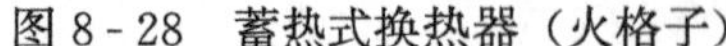

图 8-28 蓄热式换热器（火格子）

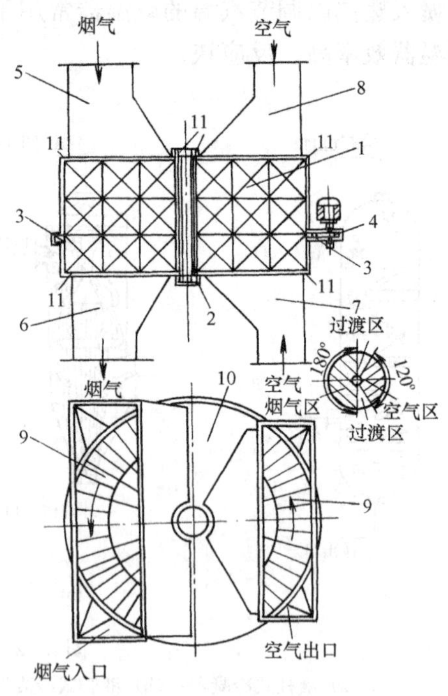

图 8-29 回转式空气预热器

工作时烟气从上方通过烟道和转子截面的 50％从下方流出，空气则从另一侧下方进入，经风道和转子截面的 30％～40％从上方流出，其余部分为两者之间的密封区（过渡区）。作用是将烟气和空气隔开，使两者不相渗混。转子每转一圈，蓄热板吸、放热一次，使烟气和冷空气之间的热交换得以实现。

回转式空气预热器的突出优点是蓄热体由多孔型或板型传热面构成，单位体积传热面大，重量轻；结构紧凑，便于设备布置；蓄热板常处于高温，可减轻传热面的低温腐蚀；此外它的转子高度小，易于吹灰且蓄热板周期性地通过清洁空气，有自清扫作用。

它的主要缺点是结构较复杂，制造上机加工工作量大；由于挟带、内部泄漏等原因造成漏风量很大，可达20%，甚至更大。因此，密封问题就成为该种换热器的主要研究课题。

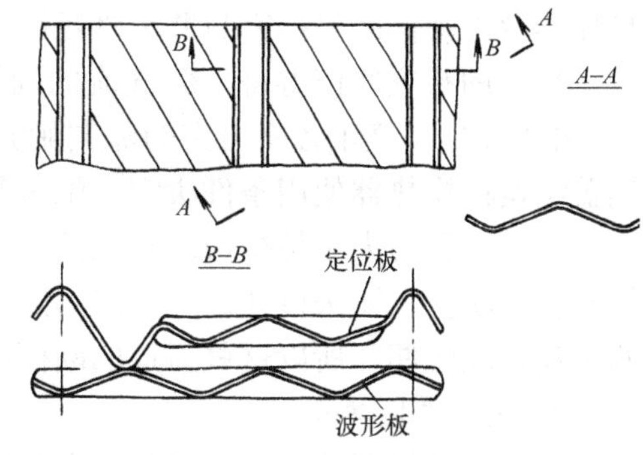

图 8-30 蓄热板结构图

蓄热器的填料多采用耐火材料、金属板、网等。

蓄冷器在低温技术中是气体制冷机的主要换热器之一。其结构形式多为固定式，且与固定式蓄热器的结构相似。所不同的是在低温工程中的蓄冷器常采用细金属丝、铜丝网、铜丝绒、不锈钢丝网等作为填料。

第五节 特殊换热器

随着生产的发展，为适应高温、高压、高真空、深冷、有毒、有放射性和腐蚀性等各种工艺条件，换热器的形式和材料也日新月异，特殊形式的换热器就是指那些在传热、流动及制造工艺等方面采取了新型结构，以及采用特殊材料制造的换热器。

一、小型低温换热器

网格式换热器和孔板式换热器是两种重要的小型低温换热设备，它们的性能对许多微型制冷机与液化器的特性及发展前途具有举足轻重的作用。

1. 网格式换热器

网格式换热器的结构见图 8-31，它是将许多片方形铜丝网与浸渍有低温胶的开孔纸质垫片（浸胶纸垫见图 8-32）交替叠合组装在夹具里，然后施加一定的轴向压力，并在一定的温度下（如150℃）固化成型，形成具有许多平行流道的刚性结构。

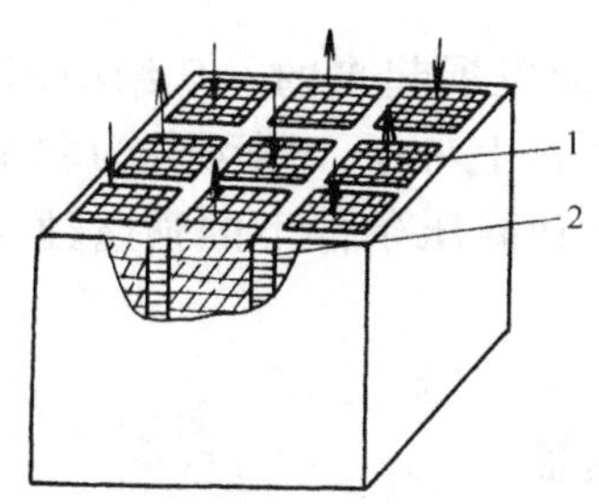

图 8-31 网格式换热器结构图

1—铜丝网；2—浸胶纸垫

图 8-32 浸胶纸垫结构图

进行换热的气流沿着平行道流动，气流方向与铜丝网垂直。流道的分隔是由浸胶纸垫与铜丝网组成的间壁来实现。这种结构具有足够的强度，经过1000次的室温—液氮温度的反复加热及冷却仍能保持密封并承受足够的压差。

流道的布置要使得每一股气流的周围与4股逆向流动的气流保持最佳的逆流接触传热（见图8-31）。至于各个流道的流向则是由网格式换热器两端端盖的气流分配通道来引导。端盖结构由换热器使用条件决定。端盖与网格式换热器本体的连接可以是机械连接或粘接。

垫片开孔的大小是按边缘开孔面积为中间开孔面积的1/2、四角的4个孔开孔面积为中间开孔面积的1/4来设计。这是因为边缘通道部分只与三个通道相毗邻，而四角的流道只与两个流道相毗邻，所以这些通道的断面积应该小些（见图8-32）。

2. 孔板式换热器

孔板式换热器的工作原理基本上与网格式换热器相同。其结构特点仅在于以打有许多细孔的薄铜片或薄铝片来代替网格式换热器中的铜丝网，使用导热性差的材料（塑料或不锈钢片）作为隔热衬垫，并用环氧树脂、低温胶粘接或经钎焊，扩散焊接而成。

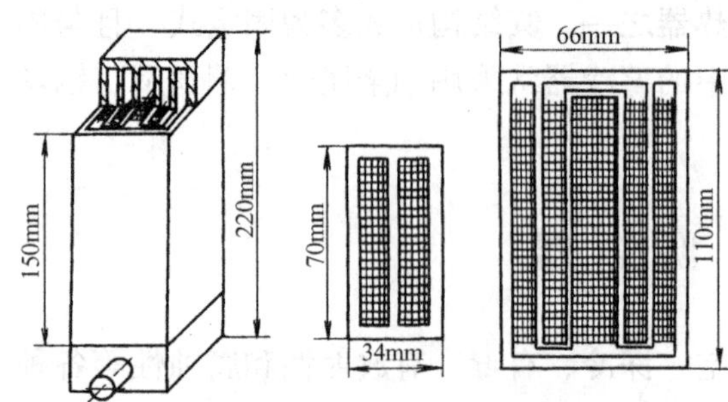

图8-33 孔板式换热器结构图和断面图

孔板式换热器的结构和其断面见图8-33，除了平行断面、指型断面以外尚有棋盘格型断面、同心圆断面等结构型式。

孔板式换热器的特点：①当量直径很小，具有很大的比表面积与表面换热系数；②轴向间隔减少了纵向导热；③孔板与孔板之间的重集流效应（即气流穿过孔板之后，在衬垫开孔的空间混合重新分配）以及孔板的横向高导热性减轻了因气流不均匀分布而引起的效率下降；另外尚可以设计成指型断面隔热衬垫，使热传导距离缩短，同时使同一股气流流道之间互相串通，每对孔板之间的压力均等，从而进一步改善了气流均布；④对于某一侧流道而言，多孔板既是该侧流道的内翅片，同时又是另一侧流道的外翅片，它可以显著地提高换热器的紧凑度；⑤孔眼的长径比小（$\delta/d=0.5\sim1.0$），不能形成稳定的边界层，加上开孔率高，相邻孔板开孔率不等，孔眼错位等因素，使得孔板式换热器具有很高的效率；⑥使用镀银不锈钢片作为绝热衬垫的焊接结构，虽然解决了低温胶的老化开裂问题，但纵向导热增大，换热器的效率略有降低。

二、新型材料换热器

新型材料换热器是为了适应强腐蚀性流体的条件而发展起来的。从结构形式上分析，它与上述各种形式的换热器基本上是大同小异。从材料上考虑，则可分为非金属材料和稀有金属材料两类。而稀有金属换热器又是针对高温和高压条件下的强腐蚀性流体的换热问题。

1. 非金属换热器

主要有石墨、聚四氟乙烯和玻璃等材料制作的换热器。

石墨换热器常用于腐蚀性介质的处理。石墨具有优良的物理、化学性能，高度化学稳定性；能耐除硝酸等强氧化性酸以外的无机酸和盐类溶液的腐蚀，线膨胀系数很小，因而具有很好的抗热冲击性能；石墨本身不会污染与它接触的介质；对污垢的吸附力小，故不易结垢，由于石墨和大多数污垢层的线胀系数相差很大，故即使结了垢也很易清洗或自行脱落；石墨的导热系数很高，甚至超过某些耐腐蚀金属的导热系数，因而具有良好的传热性能；石墨虽不能压延、锻压和焊接，但可以经受各种机械加工且便于精确加工，抗压强度高，没有蠕变、流动或疲劳的现象，具有一定的抗振能力，能持久地保持其机械强度，因而比较耐用。其缺点是易脆裂，抗弯和抗拉能力差，且石墨具有“各向异性”的特性，在导热能力上各向是有差别的。

由于石墨是渗透性的，故作为换热器材料的石墨需作不透性处理，如用石墨塑料压制的元件或用合成树脂浸渍剂或充填剂处理过的不透性石墨元件等，石墨换热器在结构上应力求做到：

(1) 尽量采用实体块，避免石墨受拉伸和弯曲应力，尽量在受压缩条件下装配石墨件，以利用其抗压能力。

(2) 换热器通道应符合石墨导热方向性特点。

(3) 尽量避免粘合连接，因为粘接剂与石墨的线胀系数不同，在介质温度和时效作用下会引起接口处的脆性断裂。

石墨换热器有管壳式、块式、阶梯式（喷淋式）、浸没式、套管式、板式和螺旋板式等多种形式，管壳式也有固定式和浮头式之分。

聚四氟乙烯换热器具有化学性质稳定，抗腐蚀能力强；表面光滑不吸附污垢，抗污塞性能好，可制成小口径薄壁软管等优点。它的传热面积大可使结构紧凑，便于安装且能适应各种特殊形状的换热器，与某些耐腐贵重合金钢管相比，成本较低，维护安装也较容易，泄漏时利用塑料焊枪、热空气和塑料填充焊丝即可检修。其主要缺点是机械性能和导热能力较差，故使用温度一般不超过 150℃，使用压力不超过 1.5MPa。但由于可制成薄壁小直径管，表面光滑不像金属壁那样易结污垢使热阻加大和发生污塞，也不易腐蚀，这些有利因素大大弥补了导热系数小的缺陷，结果使管壁及其内、外垢膜的热阻之和仅比金属壁大 0%～50%。

聚四氟乙烯换热器通常做成管壳式，管束由数以百、千计的聚四氟乙烯细管（外径约 2.5mm）组成，管束具有柔性，故有热补偿能力，并可弯成各种形状。

玻璃的品种很多，作为换热器材料的玻璃主要是硼硅酸玻璃和无硼低硅玻璃。玻璃换热器近年来在医药、食品、高纯硫酸的蒸馏等部门应用甚广。

硼硅酸玻璃具有与聚四氟乙烯类似的性质，即具有化学稳定性，耐腐蚀性，表面光滑不易吸附污垢，结垢后易于清除或自行脱落，线胀系数极小，流阻很小，可制成小管径薄壁管故热阻减小传热面增大，结构紧凑等优点。但机械强度小，加工性能差，吹制玻璃的工艺较复杂，特别是用于较高参数的介质，导热系数很小，目前使用温度可达 450℃，使用压力一般在 0.35MPa 以下，玻璃换热器常用于冷凝或沸腾换热。玻璃管换热器由于上述有利的传热因素大大弥补了导热系数小的缺陷，故其总传热系数并不比金属换热器差多少。

玻璃换热器有盘管式、喷淋式、管壳式、套管式、插入式等型式，前两种型式用得较多。

2. 稀有金属换热器

作为换热器材料的稀有金属价格较高，故常以薄板、薄壁管或复合板的形式来应用。在实用的稀有金属中，钛、钽、锆制的换热器比较成熟。

钛的价格相对便宜，机械强度和熔点都很高，密度小，与钢的线胀系数接近。除发烟硝酸、盐酸、磷酸、氢氟酸及草酸等有机酸外，钛对海水、大气及多数金属氯化物、氯酸盐、铬酸、湿氯气及许多有机酸有很高的抗腐能力。钛只与盐酸和浓硫酸起作用，在发烟硝酸中也能产生有爆炸性的腐蚀产物。当然钛与不锈钢相比价格偏高，机械加工性能较差，复合板制造工艺仍较复杂且成本较高，导热系数小。目前钛换热器在航空、化学及医药等部门应用较广。

钽的承压、传热能力较石墨、玻璃等非金属材料高，它的耐蚀和耐热性能远超过钛，钽的熔点高达3000℃，在200～300℃条件下，对除氢氟酸和发烟硫酸外的各种强酸和强碱具有与玻璃相比的抗腐蚀性能，但在更高温度下，钽的化学稳定性将遭破坏，钽的机械强度比钛差，但极低温度下仍保持良好的延展性；钽的导热系数与碳钢接近，热阻较小；钽的价格比钛高好几倍，但只及抗腐性相同的金价的10%，铂价的3%；钽在300℃以上与多种气体起反应，这为焊接工艺提出了很高的要求。综合钽的以上特点，可以预料钽换热器将会得到发展，目前多用于特殊场合。

锆与钽有类似的性质，目前主要用于制造某些特殊化工设备及衬里。

三、微型换热装置

随着微型机械电子系统和微型化学机械系统的发展，以及微电子、航空航天、医疗、化学生物工程、材料科学、高温超导体的冷却、薄膜沉积中的热控制、强激光镜的冷却以及其他一些对换热设备的尺寸和重量有特殊要求的场合，传统的换热设备已经难以满足需要，换热装置微型化的发展成为迫切要求和必然趋势。

微通道是微型换热装置的关键部位。为了满足高效传热、传质的要求，必须实现高性能机械表面的加工制造，其中包括金属材料制造各种异形微槽道的技术，金属表面制造催化剂载体的技术等。常规微系统微通道的加工制造技术主要有以下四大类。

（1）IC技术：从大规模集成电路（IC工艺）发展起来的平面加工工艺和体加工工艺，所使用的材料以单晶硅及在其上形成微米级厚的薄膜为主，通过氧化、化学气相沉积、溅射等方法形成薄膜；再通过光刻、腐蚀特别是各向异性腐蚀、牺牲层腐蚀等方法形成各种形状的微型机械。虽然IC工艺的成熟性决定了它目前在微机械领域中的主导地位，但这种表面微加工技术仅适合于硅材料，并限于平面结构，厚度很薄，限制了应用范围。

（2）光刻电镀（LIGA）技术：1986年由德国Ehfeld等利用高能加速器产生的同步辐射X射线刻蚀、结合电铸成形和塑料铸模技术发展出的LIGA工艺。该技术特点是：可以加工出大深宽比的微结构，加工面宽。但LIGA需要同步辐射X射线光源、制造成本高；LIGA实际上是一种标准的二维工艺，难以加工形状连续变化的三维复杂微结构；而且同步辐射X光刻掩膜的制备也极为困难。

（3）属于个别特殊、特微加工，如微细电火花EDM、电子束加工、离子束加工、扫描隧道显微镜技术等。可加工材料面窄、工艺复杂。

（4）近年来出现的准分子激光微细加工技术。准分子激光处于远紫外波段，波长短、光子能量大，可以击断高聚物材料的部分化学键而实现化学“冷加工”。利用准分子激光的掩膜投影直刻技术能获得大深宽比的微结构、加工面宽、成本低、可实现批量生产；利用聚焦激光束光栅扫描刻蚀技术能实现连续三维结构的加工。

目前微型换热装置包括由多层槽道板构成的微通道换热器、微通道蒸发器和微通道加热器等。所谓微通道换热器是一种借助特殊微加工技术以固体基质制造的可用于进行热传递的三维结构单元。微通道换热器通常含有当量直径小于500μm的流体通道。在这种狭窄的通道中，流动边界层厚度大大减小，因而流体热传导阻力大大减小，传热速率大大增加，其无相变传热系数可达 10～15kW/(m^2·K)，有相变传热系数可达 30～35kW/(m^2·K)；同时微通道使得流体与通道单位体积接触表面积要远大于常规通道中流体与通道的单位体积接触表面积，从而使得整个换热器的体积可比常规换热器的体积小一个数量级以上，单位体积内的换热量可比常规换热器高 5 个数量级以上；用微通道换热器预热系统进行预热时，其加热速率是普通换热器的 40 倍，且不会加热过头，可控性较好。

微通道蒸发器以其微型换热装置的显著特点，成为机动车辆、航空以及低温制冷技术领域中的热门研究内容之一。与常规的蒸发器性能相比，微通道蒸发器具有优良的特性指标，如高传热系数［10～30kW/(cm^2·K)］、高热流量（100W/cm^2）、高传热效率（大于 80%）和低的热响应时间（几秒）等。以 1999 年美国 PNNL（Pacific Northwest National Laboratory）设计的微通道燃料蒸发器为例，将尺寸为 9cm×10cm×3.8cm，质量 1.8kg 的微通道燃料蒸发器应用到燃料电池的燃料处理系统中，可蒸发汽油量 260mL/min，可为 50kW 燃料电池的燃料处理系统提供燃料。

微通道加热器是一个微尺度的燃烧系统，由 100～200μm 厚的蚀刻板层压装配而成，其热源来自于系统内的天然气燃烧，而不需电池、外部蒸汽发生器等驱动。微通道加热器的质量不到 0.2kg，仅为常规燃烧器的 1/10，其体积也为常规燃烧器的 1/10 左右，可用于便携式加热/冷却装置、户内取暖装置、串列式热水器及燃料电池系统。每平方厘米燃烧面积可产生 30W 的热量。对于单个微通道加热器模块，只需消耗少量燃料，就可连续进行 8h 加热或为串列式热水器提供热量。并行的 20 个微通道加热器模块大约可产生 20kW 的热量，可为一间大房子供暖，同时可减少 45%的热量损耗。

目前，微型换热装置在设计、制造、装配、密封技术和参数测量（无接触测量技术）等技术方面还存在很多难点，但随着大量的试验和数值模拟对其结构、性能等的技术改进和优化设计研究，微型换热装置将日趋成熟，成为一种具有广泛应用前景的新型设备。

第六节 换热器的强化传热技术

一、增强传热的基本途径

根据传热的基本公式 $Q=KF\Delta t$ 可见，传热量 Q 的增加可以通过提高传热系数 K、扩展传热面积 F、加大传热温差 Δt 的途径来实现。

（1）扩展传热面积 F。通过合理地提高设备单位体积的传热面积，如采用翅片管、波纹管、板翅式传热面等，即从研究如何改进传热面结构和布置出发加大传热面积，以达到换热设备高效紧凑的目的。

（2）加大传热温差 Δt。通过改变热流体或冷流体温度来改变传热温差 Δt。例如，提高热水采暖的热水温度；采用温度较低的深井水来冷却冷凝器等。另一方面，改变换热流体之间的流动方式，如顺流、逆流或错流等，它们的传热温差也就不同。

当然增加传热温差应考虑到实际工艺或设备条件上是否允许。而且传热温差的增大将使整个热力系统的不可逆性增加，降低了热力系统的可用能。所以，应兼顾整个热力系统的能量合理应用。

（3）提高传热系数 K。

二、增强传热的方法

围绕上述三条增强传热基本途径而采取的一系列技术措施即形成增强传热的方法。由于扩展传热面积及加大传热温差常常受到一定的条件限制，因此，这里只讨论如何提高传热系数的问题。

1. 改变流体的流动情况

（1）增加流速。增加流速可改变流动状态，并提高湍流脉动程度。但又须注意增加流速也受到各种因素的限制。因此，应权衡各种因素，选择最佳流速或为流体输送机械所允许的流速。

（2）加插入物。在管内安放或管外套装如金属丝、金属螺旋圈环、盘状构件、麻花铁、翼形物等多种型式的插入物，可增强扰动、破坏流动边界层而使传热增加。但也会产生流动阻力增加、通道易堵塞与结垢等运行上的问题。因此在选择插入物的形式时，应考虑到在小阻力下增强传热。

（3）加旋转流动装置。旋转流动的离心力作用将使流体产生二次环流，因而会强化传热。如涡流发生器，它能使流体在一定压力下以切线方向进入管内作剧烈的旋转运动。研究表明，管道旋转对层流放热的强化效果显著，而湍流时效果不明显。

（4）依靠外来能量作用。大体上有三方面措施：①用机械或电的方法使传热表面或流体发生振动；②对流体施加声波或超声波，使之交替地受到压缩和膨胀，以增加脉动而强化传热；③外加静电场。对于参与换热的流体加以高电压而形成一个非均匀的径向电场，这样的静电场能引起传热面附近电介质流体的混合作用，因而使对流换热加强。

2. 改变流体的物性

流体的物性对对流换热系数有较大的影响，一般导热系数与容积比热较大的流体，其换热系数也较大。在流体内加入一些添加剂是近二三十年来强化传热研究的新课题。添加剂可以是固体或液体，它与换热流体组合成气—固、液—固、汽—液以及液—液混合流动系统，下面分述如下。

（1）气流中加入少量固体细粒，可以大大提高流体热容量；固体颗粒能使气流的湍流程度增强；固体颗粒还具有比气体高得多的热辐射作用等，这些因素使换热系数得到明显增大。

（2）液体中加入固体细粒，液—固系统的传热类似于搅拌完善的液体传热，因而截面温度分布平坦，平均温度较单纯液体时高，层流底层的温度梯度比较大，使传热增强。

（3）在蒸汽或气体中喷入液滴，促使形成珠状凝结而提高换热系数。

（4）液体中加入少量液体添加剂。如水中加入挥发性强的添加剂，可使其大空间沸腾换热系数增加40%左右。将能润湿加热面的液体作为添加剂加入换热液体时，能增强沸腾换热。当传热面被油脂沾污时会使沸腾换热系数严重下降，加入少量碳酸钠则可使换热系数显著上升。

3. 纳米强化传热技术

近年来，随着纳米技术的飞速发展，已有研究者把这一新技术应用于热能动力这一传统领域，即把金属纳米材料或碳素纳米材料分散到传统换热介质中，制备成均匀、稳定和高导热的新型换热介质——纳米流体。研究表明在液体中添加纳米粒子，显著增加了液体的导热系数，显示了纳米流体在强化传热领域具有广阔的应用前景。

在液体中添加纳米粒子，显著增大了液体的导热系数，其原因可能有以下两个方面：

（1）纳米流体导热系数增大的原因之一，是由于固体粒子的导热系数远比液体大，固体颗粒的加入改变了基础液体的结构，增强了混合物内部的能量传递过程，使得导热系数增大。

（2）由于纳米粒子的小尺寸效应，纳米流体中悬浮的纳米粒子受布朗力等力的作用，作无规行走（扩散），布朗扩散、热扩散等现象存在于纳米流体中，纳米粒子的微运动使得粒子与液体间有微对流现象存在，这种微对流增强了粒子与液体间的能量传递过程，增大了纳米流体的导热系数。最重要的是，纳米流体中悬浮的纳米粒子在作无规行走的同时，粒子所携带的能量也发生了迁移，同粒子与液体间微对流强化导热系数相比，粒子运动所产生的这部分能量迁移大大增强了纳米流体内部能量传递过程，对纳米流体强化导热系数的作用更大。

纳米流体强化传热的主要原因除了在液体中添加纳米粒子，增加了液体的热容量、导热系数外，粒子与粒子、粒子与液体、粒子与壁面间的相互作用及碰撞，也使传热增强。由于纳米粒子的小尺寸效应，其行为接近于液体分子，不会像毫米或微米级粒子易产生磨损或堵塞等不良结果。纳米流体不仅能够显著地增强单相传热，而且纳米颗粒在流体沸腾过程中同样可以增强传热，因此，与在液体中添加毫米或微米级粒子强化传热相比，纳米流体更适于实际应用。

4. 改变换热表面情况

换热表面的性质、形状、大小都对对流换热系数有很大影响。通常可通过以下方法增强传热：

（1）增加壁面粗糙度。增加壁面粗糙度不仅有利于管内受迫流动换热，也有利于沸腾和凝结换热及管外受迫流动换热。增加粗糙度也会带来流动阻力的增加，在工业应用中应予考虑。

（2）改变换热面形状和大小。为了增大对流换热系数，亦可采用各种异形管，如椭圆管、螺旋管、波纹管、变截面管等。

（3）由于采用传热管的换热器的应用最为普遍，应用也最为广泛，因此强化传热管的研究始终受到关注，并取得了许多重要成果。在强化无相变的传热方面，螺旋槽管、横槽纹管、缩放管以及内翅片管等强化传热管相继研究成功并得到广泛应用。在强化有相变的传热方面，单面纵槽管、低螺纹管、锯齿形翅片管、表面多孔管、双面纵槽管以及T形翅片管等也相继研究成功并得到广泛应用，并且各类强化传热管还在不断的研究发展中。

第七节 换热器的传热计算

换热器的传热计算根据给定条件和计算目的的不同可分为两种情况：一种情况是给定两种传热介质的流量和进出口温度，要求计算换热器的传热面积和结构尺寸，这就是换热器的设计计算；另一种情况是对于一台已有的换热器在给定两种传热介质流量和进口温度的情况下要求计算两种传热介质的出口温度，常称之为校核计算。换热器的传热计算可用不同的方法，这几种方法是：①按传热方程计算；②按效率—传热单元数法（*Ntu*）算法；③按最大温差法计算。其中按传热方程计算是最基本的方法。

一、按传热方程计算

换热器的传热量可表示为

$$Q = KA\Delta t_{\mathrm{m}} \tag{8-5}$$

上式称为换热器的传热方程。用传热方程计算换热器时，必须根据给定条件先确定其中三个量，然后按该式算第四个量。传热量 Q 是任一侧流体的流量与进出口焓差的乘积。平均传热温差 Δt_{m} 与换热器形式有关；对顺流和逆流换热器，一般用对数平均温差；对叉流和混合流换热器，常按逆流温差计算，再根据冷、热流体的进出口温度加以修正（当温差较小时可不加修正）。传热系数 K 不仅与传热管的型式（光管是翅片管）有关，而且还与其基准面积有关。对光管换热器，传热量可表示为

$$Q = K_0 A_{0\mathrm{t}} \Delta t_{\mathrm{m}} = K_{\mathrm{i}} A_{\mathrm{it}} \Delta t_{\mathrm{m}} \tag{8-6}$$

式中：K_0、K_{i} 分别为以外、内表面为基准的传热系数，单位为 $\mathrm{W/(m^2 \cdot K)}$。其关系为

$$K_{\mathrm{i}} = \frac{K_0 A_{0\mathrm{t}}}{A_{\mathrm{it}}} = \frac{K_0 A_0}{A_{\mathrm{i}}} = \frac{K_0 d_0}{d_{\mathrm{i}}} \tag{8-7}$$

式中：$A_{0\mathrm{t}}$、A_{it}分别是管外、管内总面积；A_0、A_{i} 分别是单位管长管外、管内面积，单位为 $\mathrm{m^2/m}$；d_0、d_{i} 分别是管外径和管内径，单位为 m。

由传热系数 K 的定义得

$$K_{\mathrm{i}} = \frac{1}{\dfrac{1}{\alpha_{\mathrm{i}}} + r_{\mathrm{i}} + \dfrac{\delta A_{\mathrm{i}}}{\lambda A_{\mathrm{m}}} + \left(r_0 + \dfrac{1}{\alpha_0}\right)\dfrac{A_{\mathrm{i}}}{A_0}} \tag{8-8}$$

$$K_0 = \frac{1}{\left(\dfrac{1}{\alpha_{\mathrm{i}}} + r_{\mathrm{i}}\right)\dfrac{A_0}{A_{\mathrm{i}}} + \dfrac{\delta A_0}{\lambda A_{\mathrm{m}}} + r_0 + \dfrac{1}{\alpha_0}} \tag{8-9}$$

式中：α_0、α_{i} 分别为管外和管内的表面传热系数，单位为 $\mathrm{W/(m^2 \cdot K)}$；δ 为管壁厚度，单位为 m；λ 为管子的热导率，单位为 W/m；A_{m} 为按管子平均直径计算的面积，单位为 $\mathrm{m^2}$；r_0、r_{i} 分别为管外表面和管内表面传热热阻，单位为 $\mathrm{m^2 \cdot K/W}$。

从式（8-8）和式（8-9）可知，传热系数的计算实质上是要确定管内外的换热系数和相关热阻。换热系数的计算与流动介质、流动状态、换热的形式及换热器的结构型式等诸因素有关，换热系数的计算往往是根据半理论半经验公式而得。因此，在计算时必须查找相关的换热系数的计算公式，或查有关的经验数据。而管内外热阻亦与各种换热介质、换热器的结构型式等因素有关，因此亦必须要查找有关的资料。

二、换热器计算实例

【例 8-1】 蒸汽动力装置的凝汽器是一种换热器，在这种换热器内，蒸汽凝结成液态的水。假设某发电厂的凝汽器是由 $N=30000$ 根管所组成壳程单程，管程为 $2n$ 程的管壳式换热器，管子是 $D=25\mathrm{mm}$ 的薄壁结构，蒸汽在管的外表面上凝结，且凝结换热系数 $\alpha_{\mathrm{o}}=11000\mathrm{W/(m^2 \cdot ℃)}$，换热器所必须达到的热负荷 $Q=2\times10^9\mathrm{W}$，并靠流量为 $3\times10^4\mathrm{kg/s}$ 的冷却水冷却，水的进口温度为 20℃，蒸汽在 50℃冷凝，试计算

（1）冷却水的出口温度是多少？

（2）为达到上述目的所需的每个流程的管长是多少？

解 对于水，假定出口温度为 $t_2=36℃$，这样管内冷却水的定性温度 $t_{\mathrm{f}}=(20+36)/2=28℃$，查物性表有比定压热容 $c_p=4179\mathrm{J/(kg \cdot ℃)}$，动力黏度 $\mu=855\times10^4\mathrm{kg/(m \cdot s)}$，导

热系数 $\lambda=0.613\text{W}/(\text{m}\cdot℃)$，普朗特数 $Pr=5.83$。

（1）根据能量平衡式 $Q=G_2c_2(t_2''-t_2')$，代入数据得到水的出口温度

$$t_2''=t_2'+Q/(G_2c_2)=20+2\times10^9/(3\times10^4\times4179)=36(℃)$$

因而假定温度正确，物性参数为上面所查。

（2）用平均温差法计算管长 L

根据传热方程 $Q=KA\Delta t_\text{m}$，先计算平均温差 Δt_m。平均温差 Δt_m 的计算比较复杂，它与流体的种类、流动方式、热质交换设备的型式等许多因素有关，这些因素常常采用相关的辅助图线进行考虑。例如图 8-34 就是两种壳式换热器的修正系数 ψ 图，先根据给定流体的进、出口温度按逆流计算对数平均温差 $\Delta t_{逆}$，然后利用该图和式 $\Delta t_\text{m}=\psi\Delta t_{逆}$，得到平均温差。

$$\begin{aligned}\Delta t_{逆}&=(\Delta t_{\max}-\Delta t_{\min})/\ln(\Delta t_{\max}/\Delta t_{\min})\\&=[(50-20)-(50-36)]/\ln[(50-20)/(50-36)]=21(℃)\end{aligned}$$

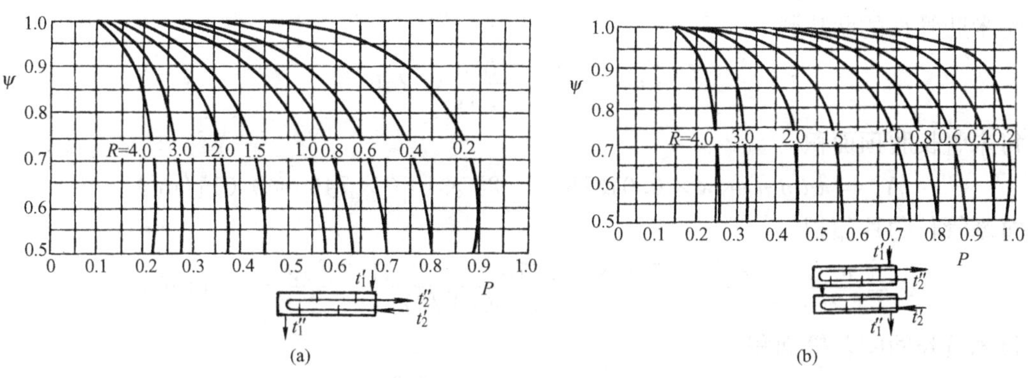

图 8-34 两种壳式换热器的修正系数 ψ 图

（a）壳侧单程，管程为 $2n$ 程；（b）壳侧两程，管程为 $4n$ 程

为了利用图 8-34，应该计算两个参数 P 和 R。

$P=$ 冷流体温度升高值 / 热冷流体进口温差 $=(36-20)/(50-20)=0.53$

$R=$ 热流体温度降低值 / 冷流体温度升高值 $=(50-50)/(36-20)=0$

对于壳程单程，管程为 $2n$ 程的管壳式换热器，查图 8-34（a）得到 $\psi=1$，即有

$$\Delta t_\text{m}=\psi\Delta t_{逆}=1\times21=21(℃)$$

假设忽略管壁导热热阻，并把管子视作平壁，则传热系数 K 有

$$\frac{1}{K}=\frac{1}{\alpha_\text{o}}+\frac{1}{\alpha_\text{i}}$$

式中管外侧对流换热系数 $\alpha_\text{o}=11000\text{W}/(\text{m}^2\cdot℃)$，为已知值，管内侧对流换热系数 α_i 没有给出，需要计算，为此：

由每根单管流量 $q_m=3\times10^4/30000=1\text{kg/s}$ 计算管内雷诺数

$Re=C/\mu=4q_m/\pi d\mu=4\times1/(\pi\times0.025\times855\times10^{-6})=59567>10^4$，即管内流动是紊流。

这时的紊流满足下式（不同雷诺数 Re 对应努塞尔数 Nu 的公式不同）

$$Nu_\text{f}=0.023Re_\text{f}^{0.8}Pr^{0.4}=0.023\times(59567)^{0.8}\times(0.583)^{0.4}=308$$

$$\alpha_i = Nu_f\lambda/d = 308 \times 0.613/0.025 = 7552[\text{W}/(\text{m}^2 \cdot ℃)]$$

$$K = 1/\left(\frac{1}{\alpha_0} + \frac{1}{\alpha_i}\right) = 1/(1/11000 + 1/7552) = 4478[\text{W}/(\text{m}^2 \cdot ℃)]$$

再由传热过程方程 $Q = KA\Delta t_m = K\pi d \times L \times N \times \Delta t_m = 2 \times 10^9\text{W}$ 得到每根管双管程总长度 L 为

$$L = 2 \times 10^9/(4487 \times \pi \times 0.025 \times 30000) = 9.02(\text{m})$$

【例 8-2】 现有一台制冷压缩机，制冷剂为 R22，其额定工况下蒸发温度 $t_0 = 2℃$，冷凝温度 $t_k = 40℃$，冷却水进口温度 $t_{w1} = 31℃$，冷凝器热负荷 $Q_k = 425\text{kW}$，试设计一台卧式壳管式冷凝器。

解 (1) 冷凝器传热管的选择及参数计算。根据生产工艺条件，拟采用每英寸 19 片滚轧低肋管作为传热管，其基本参数为

$d_f = 18.75\text{mm}$，$d_b = 15.85\text{mm}$，$\delta_t = 0.25\text{mm}$，$s_f = 1.34\text{mm}$，$d_1 = 14\text{mm}$，$\varphi = 20°$

则，每米肋管长的肋片数

$$n = \frac{1000}{s_f} = \frac{1000}{1.34} = 746$$

每米管长肋顶面积

$$A_r = \pi d_f \delta_t n = \pi \times 0.01875 \times 0.25 \times 10^{-3} \times 746 = 0.011(\text{m}^2)$$

每米管长肋片面积

$$A_f = \frac{n\pi(d_f^2 - d_b^2)}{2\cos(\varphi/2)} = \frac{746 \times (0.01875^2 \times 0.01585^2)\pi}{2\cos(20°/2)} = 0.119(\text{m}^2)$$

每米管长肋间基管面积

$$A_b = \pi d_b\left(1 - \frac{\delta_0}{s_f}\right) = \pi d\left[1 - \frac{\delta_t + (d_f - d_b)\sin 10°}{s_f}\right]$$

$$= \pi \times 15.85 \times \left(1 - \frac{0.25 + (18.75 - 15.85) \times 0.17}{1.34}\right) \times 10^{-3} = 0.022(\text{m}^2)$$

每米管长肋管外表面积

$$A_t = A_f + A_b + A_r = (0.119 + 0.022 + 0.011) = 0.152(\text{m}^2)$$

每米管长管内表面积

$$A_i = \pi d_i = 0.014\pi = 0.044(\text{m}^2)$$

肋片当量高度

$$H = \frac{\pi(d_f^2 - d_b^2)}{4d_f} = \frac{\pi(18.75^2 - 15.85^2)}{4 \times 18.75} = 4.2(\text{mm})$$

(2) 冷却水流量

取冷却水温升 $\Delta t_w = t_{w2} - t_{w1} = 5℃$，则冷却水出口温度为 $t_{w2} = t_{w1} + 5 = 31 + 5 = 36(℃)$；

由此得冷却水定性温度 $t_f = \dfrac{t_{w2} + t_{w1}}{2} = \dfrac{36 + 31}{2} = 33.5(℃)$；

查水的物性比定压热容 $c_{p,w} = 4.179\text{kJ}/(\text{kg} \cdot \text{K})$，密度 $\rho_w = 994.3\text{kg/m}^3$，所以，冷却水流量为

$$G_w = \frac{3600Q_k}{c_{p,w}\Delta t_w} = \frac{3600 \times 425}{4.175 \times 5} = 73223.3(\text{kg/h})$$

(3) 冷凝器构的初步规划。查得不同型式冷凝器传热系数 K 和单位面积热流量 q_f 的推荐值，同时考虑 R22 表面传热系数大，低肋螺纹管传热效率高，初取管外表面单位面积热负荷 $q_f=5700\text{W/m}^2$。则初步估算所需冷凝器外表面积为

$$A_{0t}=\frac{Q_k}{q_f}=\frac{425\times10^3}{5.7\times10^3}=74.56(\text{m}^2)$$

所需上述规格低肋管管长为

$$L=\frac{A_{0t}}{A_t}=\frac{74.56}{0.152}=490.5(\text{m})$$

设管内水速 $w=2.5\text{m/s}$，则每流程的管数

$$n=\frac{4G_w}{3600\pi d_i^2\cdot\rho_w\cdot w}=\frac{4\times73223.3}{3600\pi\times0.014^2\times994.3\times2.5}=53.15(\text{取 53 根})$$

若设流程数为 i，冷凝管有效长度为 L_e，必有

$$A_{0t}=i\times n\times A_t\times L_e$$

或

$$iL_e=\frac{A_{0t}}{nA_t}=\frac{74.56}{53\times0.152}=9.255$$

由此不同流程数 i 和有效长度 L_e 的组合由表 8-1 列出（计算此表中数值的条件是设定传热管按正三角形排列，管中心距 $t=24\text{mm}$）。从表中可见，流程数的多少与冷凝器的生产成本高低有密切关系，从装置性能和经济方面综合考虑，本设计取流程数 $i=4$，传热管的排列情况如图 8-35 所示。

表 8-1　　不同流程数 i 和有效管长 L_e 的组合情况

i	L_e(m)	$i\times n$	壳内径 d_i(m)	长径比 L_e/d_i
4	2.31	212	0.424	5.45
6	1.54	318	0.50	3.08
8	1.157	424	0.55	2.10

(4) 管内水侧表面换热系数 α_i。由图 8-35 可知，实际每流程的平均管数 $n_m=204/4=51$ 根，则管内冷却水平均流速为

$$w_m=\frac{4G_w}{3600\pi d_i^2\rho_w n_m}=\frac{73223.3}{900\pi\times0.014^2\times994.3\times51}=2.6(\text{m/s})$$

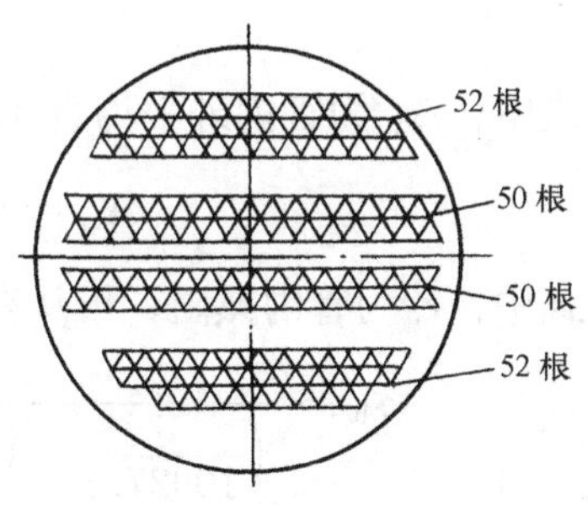

图 8-35　管的排列

由 $t_f=33.5$℃查水的热物性 $v_f=0.75\times10^{-6}\text{m}^2/\text{s}$，$Re_f=\frac{w_m d_i}{v_f}=\frac{2.6\times0.014}{0.75\times10^{-6}}=48566>10^4$，即水在管内作紊流运动。

管内受迫运动放热的紊流区换热系数

$$\alpha_i=B_f\frac{w_{fw}^{0.8}}{d_i^{0.2}}=2166.5\times\frac{2.6^{0.8}}{0.014^{0.2}}=10927.3[\text{W/(m}^2\cdot\text{K)}]$$

式中：定性温度下 $B_f=1396+23t_f=1396+23\times33.5=2166.5$

(5) 计算管外 R22 蒸汽冷凝表面换热系数。按图 8-35 所示传热管排列方式，有管簇修正系数 ε_n，其中平均管排数

$$n_m=\left(\frac{N}{\sum n_j^{3/4}}\right)^4=\left(\frac{204}{2\times 2^{3/4}+6\times 4^{3/4}+12\times 6^{3/4}+13\times 8^{3/4}}\right)^4=6.42$$

故
$$\varepsilon_n=\frac{1}{n_m^{0.167}}=\frac{1}{6.42^{0.167}}=0.733$$

对于低螺纹管要考虑增强系数（取 $\eta_f=1$）。

可从有关资料中查得

$$\psi_f=\frac{A_b}{A_t}+1.1\times\frac{(A_r+A_f)}{A_t}\eta_f^{3/4}\left(\frac{d_b}{H}\right)^{1/4}$$
$$=\frac{0.022}{0.152}+1.1\times\frac{0.011+0.119}{0.152}\times 1\times\left(\frac{0.01585}{0.0042}\right)^{1/4}=1.456$$

由于冷凝管换热与液膜的平均温度有关，由于此值为未知数，故设冷凝液膜平均温度 $t_m=39.5$℃，在有关资料中查制冷剂蒸气冷凝时 R22 的 $r_s^{1/4}$ 和 B_m 值表得 $t_k=40$℃时 $r_s^{1/4}=20.192$；$B_m=71.86$。蒸汽在低螺纹管上冷凝换热系数为

$$\alpha_0=0.72r_s^{1/4}B_m(t_k-t_w)^{-1/4}d_b^{-1/4}\psi_f\varepsilon_n$$
$$=0.72\times 20.192\times 71.86\times\left(\frac{1}{0.01585\Delta t_0}\right)^{0.25}\times 1.456\times 0.733=3142\Delta t_0^{0.25}$$

（6）计算传热系数 K_0 和单位面积热流量 q_{A0}。根据管内外热平衡关系，管外单位面积热流量 $q_{A0}=\alpha_0\Delta t_0=3142\Delta t_0^{0.75}$。取水侧垢层热阻 $r_i=0.000086\text{m}^2\cdot\text{K/W}$；查金属材料性质得纯铜管导热系数 $\lambda_r=384\text{W/(m}\cdot\text{K)}$。低螺纹管壁厚为 $\delta_r=0.95$mm，则管外表面单位面积热流量为

$$q_{A0}^*=\frac{\Delta t_m-\Delta t_0}{\left(\frac{1}{a_i}+r_i\right)\frac{A_t}{A_i}+\frac{\delta_r}{\lambda_r}\frac{A_t}{A_m}}$$

式中：Δt_m 为蒸汽与冷却水之间的传热温差

$$\Delta t_m=\frac{t_{w2}-t_{w1}}{\ln\frac{t_k-t_{w1}}{t_k-t_{w2}}}=\frac{36-31}{\ln\frac{40-31}{40-36}}=6.166(℃)$$

式中：A_m 为管内外平均直径处面积

$$A_m=\pi d_m=\pi\left(\frac{0.01585+0.014}{2}\right)=0.047(\text{m}^2)$$

式中：r_i 为管内热阻，可从有关资料中查得。所以有

$$q_{A0}^*=\frac{6.166-\Delta t_0}{\left(\frac{1}{10927.3}+0.000086\right)\times\frac{0.152}{0.044}+\frac{0.00095}{384}\times\frac{0.152}{0.047}}=\frac{6.166-\Delta T_0}{6.2\times 10^{-4}}$$

将计算 q_{A0} 和 q_{A0}^* 相等

$$3142\Delta t_0^{3/4}=\frac{6.166-\Delta t_0}{6.2\times 10^{-4}}$$

整理得
$$1.952\Delta t_0^{3/4}=6.166-\Delta t_0$$

用试凑法得 $\Delta t_0=2.4$℃为联立式之解。因此管外表面温度 $t_{0w}=t_k-\Delta t_0=40-2.4=37.6$℃，代入 q_{At} 计算式中得

$$q_{At}=3142\Delta t_0^{0.75}=3142\times 2.4^{0.75}=6058(\text{W/m}^2)$$

故以管外表面积为基准的传热系数 K_0 为

$$K_0=\frac{q_{A0}}{\Delta t_{\mathrm{m}}}=\frac{6058}{6.166}=982.5\mathrm{W/(m^2\cdot K)}$$

（7）计算所需要的传热面积

$$A_{0t}=\frac{Q_{\mathrm{k}}}{q_{A0}}=\frac{425\times 1000}{6058}=70.16\mathrm{m^2}<74.56\mathrm{m^2}$$

表明设计面积能满足传热要求，设计合理。

按照图 8 - 35 管排数 $N=204$ 根，则有效冷凝管长为

$$L_{\mathrm{s}}=\frac{74.56}{nf_{\mathrm{t}}}=\frac{74.56}{204\times 0.152}=2.4(\mathrm{m})$$

（8）计算冷却水侧流动阻力

管内摩擦阻力系数

$$\xi=\frac{0.3164}{Re_{\mathrm{f}}^{1/4}}=\frac{0.3164}{48533^{1/4}}=0.0213$$

取冷凝器两侧管板厚 $\delta_{\mathrm{p}}=50\mathrm{mm}$，其实际冷凝管长度为

$$L_{\mathrm{t}}=L_{\mathrm{e}}+2\delta_{\mathrm{p}}=2.4+2\times 50=2.5(\mathrm{m})$$

冷却水在管内的质量流速 c_{g} 为

$$c_{\mathrm{g}}=\rho_{\mathrm{w}}w_{\mathrm{w}}=994.3\times 2.6=2585[\mathrm{kg/(m^2\cdot s)}]$$

冷却水在冷凝器内总的压力损失 Δp

$$\begin{aligned}\Delta p&=\frac{1}{2}c_{\mathrm{g}}^2 v_{\mathrm{w}}\left[\frac{\xi_{\mathrm{i}}L}{d_{\mathrm{i}}}+1.5(i+1)\right]\\&=\frac{1}{2}\times 2585^2\times 0.0010054\times\left[0.0213\times 4\times\frac{2.5}{0.014}+1.5\times(4+1)\right]\\&=76300.8\mathrm{Pa}=76.3(\mathrm{kPa})\end{aligned}$$

思考题和习题

1. 热交换器的作用是什么？根据工作原理可分为哪几类？

2. 管壳式换热器是怎样工作的？它有哪几种结构形式？各有何特点？

3. 板式换热器主要由哪些零部件组成？有几种结构形式？应用于制冷系统时有何优点？使用时主要应注意什么问题？

4. 翅片管增强换热的原理是什么？按制造方式翅片管有哪几种连接方式？各有何特点？

5. 板翅式换热器与板式换热器有何不同？常用翅片主要有哪几种？主要应用于什么场合？

6. 试从结构、传热特点和适用场合等方面分析管壳式、板式、翅片管式、板翅式以及螺旋板式等表面式换热器的优劣。

7. 试述热管的工作原理并分析热管工作的基本条件。

8. 混合式换热器的工作原理是什么？分析冷却塔的传热过程及其影响因素。

9. 有哪几种特殊换热器？它们有何特殊之处？它们各自针对于何种应用环境？

10. 蓄热（冷）式换热器有何特点？常应用于何种场合？

11. 试述强化传热的基本原理、强化传热的途径。它们各自受到什么限制？

12. 强化对流传热的机理是什么？强化冷凝换热和蒸发换热的机理又是什么？

第九章　锅炉及其主要部件

第一节　锅 炉 概 述

一、构成及工作过程

锅炉是利用燃料等能源的热能或工业生产中的余热，将工质加热到一定温度和压力的换热设备。在各种工业企业的动力设备中，锅炉是其重要的组成成分之一。

锅炉生产的蒸汽（或热水）直接供给工业生产过程和人民生活所需要的热能，或通过蒸汽动力机械转换为机械能，称之为工业锅炉。

在火力发电厂中，锅炉通过燃料的燃烧，将其化学能转变为燃烧产物（烟气）的热能。经受热面的传热过程，将热能传递给水，产生规定参数和品质的蒸汽。水蒸气推动汽轮机做功，带动发电机发出电能。锅炉、汽轮机、发电机称为火力发电厂的三大主机。这类锅炉称为电站锅炉。图 9 - 1 是电站煤粉锅炉的工作过程示意图。

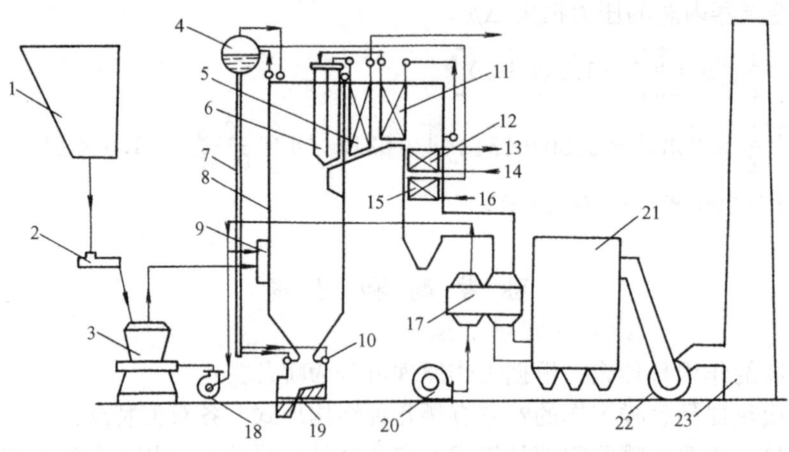

图 9 - 1　火力发电厂煤粉锅炉及辅助设备示意图

1—原煤斗；2—给煤机；3—磨煤机；4—汽包；5—高温过热器；6—屏式过热器；7—下降管；8—炉膛水冷壁；9—燃烧器；10—下联箱；11—低温过热器；12—再热器；13—再热蒸汽出口；14—再热蒸汽入口；15—省煤器；16—给水；17—空气预热器；18—排粉风机；19—排渣装置；20—送风机；21—除尘器；22—引风机；23—烟囱

（一）燃烧系统

煤运到电厂储煤场后，由抓煤机送入碎煤装置，初步破碎后的煤经输煤皮带送至原煤斗 1，并经给煤机 2 送入磨煤机 3 磨成煤粉。然后送入炉内燃烧。送风机 20 将冷空气送入锅炉尾部的空气预热器 17 中，加热后的热空气一部分通过排粉风机 18 送入磨煤机中，将煤加热和干燥并输送煤粉经燃烧器 9 到炉膛；一部分则经燃烧器直接送入炉膛参与燃烧。煤粉和空气混合后在炉膛空间燃烧并释出大量热量。燃烧产生的高温烟气经炉膛进入水平烟道和尾部烟道，依次流经屏式过热器 6、对流过热器 5 和 11、再热器 12、省煤器 15 和空气预热器 17

进入除尘器 21，再由引风机 22 送往烟囱 23 排入大气。煤中的灰分不参与燃烧过程，其中较大的灰粒会因自重从气流中分离出来与未燃尽的碳粒一起，沉降至炉膛底部的冷灰斗中，形成固态渣，最后由排渣装置 19 排出。大量细小的灰粒则随烟气离开炉膛，其中绝大部分经除尘器分离下来，最后只有少量极细灰粒排入大气。上述炉膛、燃烧器、空气预热器、风机及烟、风道等构成了锅炉的燃烧系统，也称为“炉”。

（二）汽水系统

进入锅炉的水，即给水由给水泵送入省煤器，给水在省煤器中吸热后进入汽包 4，并沿炉墙外的下降管 7 经下联箱 10 流入炉膛水冷壁 8。水在水冷壁中吸收炉膛辐射热，使部分水蒸发形成汽水混合物上升并流入汽包 4。汽水混合物在汽包中经汽水分离器分离后，饱和蒸汽由汽包上部送入对流式过热器、半辐射式过热器等吸热并形成过热蒸汽，达到额定温度后由过热器出口联箱送往汽轮机中做功。蒸汽在汽轮机高压缸做功后，排汽送到再热器中吸收烟气热量后再送到汽轮机中、低压缸中继续做功。水和蒸汽流经的受热面、汽包及连接管道等组成了锅炉的汽水系统，也称“锅”。

燃烧系统和汽水系统主要部件与其间的连接管道和炉墙构架等组成的整体称为锅炉本体。

为了保证锅炉安全，经济运行，锅炉还设有诸多辅助系统，主要包括燃料供应系统、煤粉制备系统、给水系统、通风系统、除灰除渣系统、水处理系统、测量和控制系统等。现代锅炉还包括工业电视等技术的应用。

二、锅炉的参数、型号与分类

1. 锅炉容量与参数

锅炉容量即锅炉蒸发量，它是反映锅炉生产能力大小的基本特性数据，常用 t/h 为单位。此外，锅炉容量也可用与之配套的汽轮发电机组的电功率来表示，单位为 MW。

在大型电站锅炉中，锅炉容量分为额定蒸发量和最大连续蒸发量。

额定蒸发量是指在额定蒸汽参数，额定给水温度和使用设计燃料，并保证热效率时所规定的蒸发量。

最大连续蒸发量是指在额定蒸汽参数，额定给水温度和使用设计燃料，长期连续运行时所能达到的最大蒸发量。

工业热水锅炉的容量用供热量表示，单位为 kW（或 kcal/h）。

锅炉蒸汽参数是说明蒸汽规范的特性数据，一般指锅炉过热器出口处的蒸汽温度和蒸汽压力。

蒸汽锅炉的额定蒸汽参数包括额定蒸汽压力、额定蒸汽温度。

额定蒸汽压力是指锅炉在规定的给水压力和规定的负荷范围内，长期连续运行应保证的蒸汽压力，单位是 MPa。

额定蒸汽温度是指锅炉在规定的负荷范围、额定蒸汽压力和额定给水温度下长期连续运行所必须保证的蒸汽温度，单位是℃。

工业热水锅炉的额定参数是指锅炉出口热水的压力和温度，单位分别是 MPa 和℃。

2. 锅炉型号

电站锅炉的型号由三部分组成，分别表示锅炉制造厂代号（用汉语拼音缩写表示）、锅炉蒸发量/额定蒸汽压力、设计燃料代号（用汉语拼音缩写表示）和设计序号。煤、油、气的燃料代号分别为M、Y、Q，其他燃料的代号为T。各部分之间用短横线相连。

例如：SG-1025/18.1-M型锅炉为上海锅炉厂制造，额定蒸发量1025t/h，额定蒸汽压力18.1MPa，原型设计燃煤电站锅炉。

工业锅炉的型号也由三部分组成，第一部分分三段，分别表示锅炉型号、燃烧方式（均用汉语拼音缩写表示）和蒸发量，第二部分是锅炉额定蒸汽压力/额定蒸汽温度，第三部分是设计燃料代号和设计序号。

例如：SHL20-2.45/400-A型锅炉为双锅筒横置式链条炉排，额定蒸发量20t/h，蒸汽压力2.45MPa，过热蒸汽温度400℃，燃用烟煤，原型设计的蒸汽锅炉。

3. 锅炉的类型

锅炉分类的方法主要有下面几种。

（1）按锅炉的用途分类

电站锅炉：用于发电，多为大容量，高参数锅炉；

工业锅炉：用于工业生产和供采暖，制冷和生活用，多为低参数，小容量锅炉。出口工质为蒸汽的称为蒸汽锅炉，出口工质为热水的称为热水锅炉。

（2）按锅炉的容量分类

按锅炉容量的大小，锅炉有小型、中型、大型之分。但它们之间没有固定的界限。目前，发电功率等于或大于300MW机组配置的锅炉称为大型锅炉。

（3）按锅炉的蒸汽压力分类

按锅炉出口蒸汽压力（表压）p，可将锅炉分为低压锅炉（p=2.45MPa），中压锅炉（p=2.94～4.9MPa），高压锅炉（p=7.84～10.8MPa），超高压锅炉（p=11.8～14.7MPa），亚临界锅炉（p=15.7～19.6MPa），超临界锅炉（绝对压力超过临界压力22.1MPa）。

（4）按锅炉的燃烧方式分类

按炉内燃烧过程的气体动力学原理，锅炉有四种不同的燃烧方式，对应于四种不同的锅炉，见图9-2。

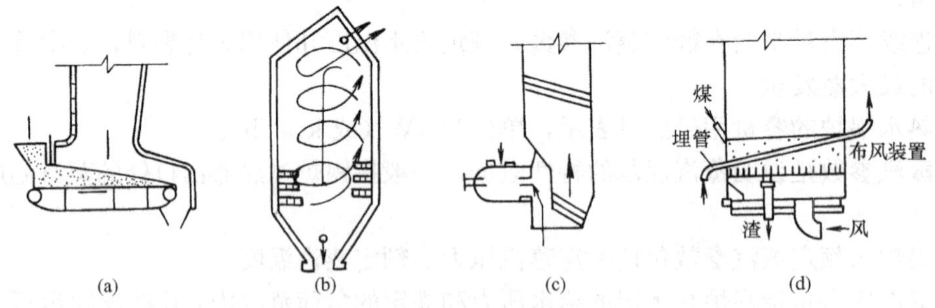

图9-2 锅炉燃烧方式

（a）层燃炉；（b）室燃炉；（c）旋风炉；（d）流化床炉

层燃炉［见图9-2（a）］：煤块或其他固体燃料以一定厚度分布在炉排上进行燃烧，燃烧所需要的空气从炉排下送入。少数未燃尽的可燃气及细粒燃料在炉排上的炉膛空间燃烧。

室燃炉［见图9-2（b）］：燃料以粉状、雾状或气态随同空气喷入炉膛并在其空间进行悬浮燃烧的锅炉。煤粉炉、燃油锅炉、燃气锅炉都属于室燃炉。其中，煤粉炉是现代大中型电站锅炉的主要形式。煤粉炉按排渣方式的不同，又可分为固态排渣煤粉炉、液态排渣煤粉炉。

旋风炉［见图 9-2（c）］：燃料和空气在高温的旋风筒内高速旋转，细小的燃料颗粒在其中悬浮燃烧，而较大的燃料颗粒被甩向筒壁液态渣膜上进行燃烧的锅炉。由于旋风炉的负荷调节范围较小，而且不能快速启动，炉温也较高，NO_x 的排放量较煤粉炉高，故在我国电厂中很少采用。

流化床炉［见图 9-2（d）］：固体燃料颗粒在高速空气流的作用下，在布风板上的床料层中上下翻滚，呈流化状态燃烧的锅炉。流化床燃烧是 20 世纪 60 年代发展起来的新型燃烧技术，应用范围已从中、小型的工业锅炉发展到较大型的电站锅炉；流化床燃烧技术本身也从第一代的鼓泡流化床发展到第二代的循环流化床。

（5）按工质在锅炉蒸发受热面中的流动方式分类

锅炉蒸发受热面内的工质是两相的汽水混和物，它在蒸发受热面中的流动可以是循环的，也可以是一次通过的。因此，按工质在蒸发受热面内的流动方式可将锅炉分为自然循环锅炉、强制循环锅炉、直流锅炉、低倍率循环锅炉。如图 9-3 所示。

自然循环汽包锅炉［见图 9-3（a）］：具有汽包，利用下降管和上升管中工质密度差产生工质循环，自然循环汽包锅炉的循环倍率约为 4～10，是亚临界压力以下锅炉的主要形式；

强制循环锅炉［见图 9-3（b）］：具有汽包和循环泵，利用循环回路中工质密度差和循环泵压头建立工质循环，其循环倍率为 3～5，只能在临界压力以下应用；

直流锅炉［见图 9-3（c）］：无汽包，给水靠给水泵压头一次通过各受热面产生蒸汽，可在高压以上任何压力下应用。

低倍率循环锅炉［见图 9-3（d）］：无汽包，具有汽水分离器和循环泵，主要靠循环泵实现工质再循环，低倍率循环锅炉的循环倍率约为 1.2～2，多应用于亚临界压力。

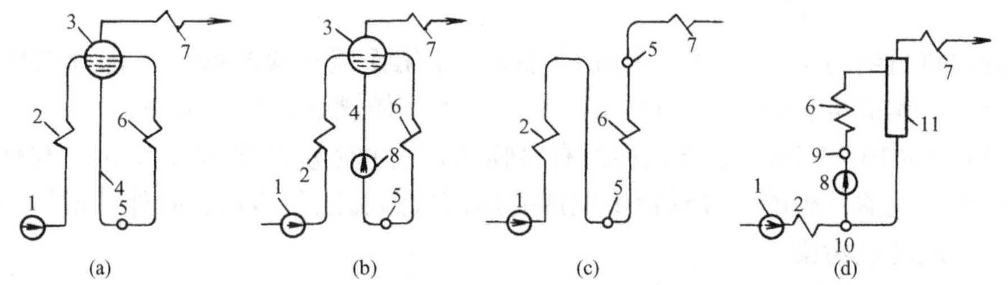

图 9-3 蒸发受热面中的流动方式

（a）自然循环；（b）强制循环；（c）直流式；（d）低倍率强制循环

1—给水泵；2—省煤器；3—汽包；4—下降管；5—联箱；6—水冷壁；7—过热器；8—循环泵；9—分配器；10—混合器；11—汽水分离器

第二节 锅炉燃料及热平衡

燃料通常是指在燃烧时能够放出大量热量的物质，可分为核燃料和有机燃料。锅炉是耗用大量燃料的动力设备。锅炉运行的经济性和安全性与燃料的性质密切相关。

锅炉大部分燃用有机燃料。有机燃料均为复杂的高分子碳氢化合物，其主要成分是碳、氢、硫、氧、氮、水分和灰分。按其物理形态可分为固体燃料、液体燃料、气体燃料；按获得方法可分为天然燃料和人工燃料。

我国电站锅炉以燃煤为主，而且主要是燃用劣质煤。劣质煤燃烧比较困难，会给锅炉工带来较大影响。

一、煤的组成成分及其主要特性

（一）煤的组成成分

煤是由有机化合物和无机矿物质等物质组成的一种复杂物质。为了实用方便，煤可按元素分析法和工业分析法研究其组成和性质。

煤的元素分析成分由碳（C）、氢（H）、硫（S）、氧（O）、氮（N）五种元素组成，元素分析常用于锅炉设计与试验。

煤的工业分析成分由水分（*M*）、灰分（*A*）、挥发分（V）和固定碳（FC）组成，工业分析可反映煤的某些燃烧特性，有助于锅炉的运行调整。

（二）煤中各种成分的特性

1. 碳（C）

碳是煤中含量最多的可燃元素，其含量达50%～90%，碳的发热量大，为33.7×10^3kJ/kg。碳元素包括固定碳（挥发分放出后所剩下的纯碳）和挥发分（CH_4、C_2H_2及CO等）中的碳。碳化程度越深的煤，固定碳的含量也越多。固定碳不易着火燃烧，因此含碳量越高的煤，其着火燃尽也越困难。

2. 氢（H）

氢是煤中发热量最高的可燃元素，可达120×10^3kJ/kg，但其含量不多，约为1%～6%。且均以化合物状态存在。碳化程度越深的煤，氢的含量越少。氢气极易着火及燃烧，因此含氢越多的煤越容易着火燃烧。

3. 硫（S）

煤中的含硫量约为1%～8%。硫由有机硫、硫化铁硫和硫酸盐硫三部分组成，前两种均能燃烧放热，构成可燃硫或挥发硫（S_r）。后一种不能燃烧，计入灰分中（S_{ly}）。硫的发热量很小，只有9×10^3kJ/kg。硫是煤中的有害物质，它的燃烧产物SO_2及SO_3与烟气中的水蒸气作用生成亚硫酸及硫酸，导致锅炉尾部受热面低温腐蚀及堵灰。此外，烟气中的硫化物排向大气，造成环境污染。

4. 氧（O）及氮（N）

氧和氮都是煤中不可燃元素。

煤中氧的含量变化很大（1%～40%），碳化程度越深的煤，氧的含量越少。氧气虽能助燃，但却使煤中可燃元素含量相对减少，而且煤中氧会使可燃元素氧化，从而降低煤的发热量。

煤中的氮含量很小，仅0.5%～2.5%。但在氧气供应充分、高温和含氮量高的燃烧过程中易生成NO_x，污染大气。

5. 水分（*M*）及灰分（*A*）

水分和灰分都是煤中的不可燃杂质。

煤中水分的含量变化很大（5%～60%）。它由外部水分M_f和内部水分M_{ad}组成，外部水分是煤在开采、运输、储存过程中进入的，依靠自然干燥可以除去。内部水分是指失去了外部水分后煤中的剩余水分。

灰分是煤中的矿物杂质燃烧后形成的，煤中灰分的含量相差很大，一般为10%～50%。

多的可达60%～70%，甚至更高。

煤中的水分和灰分增多，不仅使煤中的可燃元素相对减少，而且当煤燃烧时还要吸收热量，使煤的实际发热量降低。水分多对煤的着火、燃烧不利，损失增大。烟气中过多的水分还会加重尾部受热面的低温腐蚀和堵灰。多灰燃料则可使受热面积灰、结渣、磨损和堵灰。

6. 挥发分（V）

把失去水分的煤在隔绝空气的条件下加热至一定的温度时，其中的氢、氧、氮、硫及部分碳所组成的有机化合物便分解，变成气体成分逸出，这些逸出的气体成分统称为挥发分。挥发分逸出后剩下的固体物质称为焦炭。一般碳化程度浅的煤，挥发分含量多。

挥发分的发热量低，但容易着火燃烧，而且挥发分逸出后焦炭变得疏松呈多孔性，增加了煤与空气的接触面积，燃尽容易。因此挥发分是煤的重要特性，也是对煤进行分类的重要依据。

（三）煤的成分基准及换算

煤的成分一般用质量百分比表示，由于煤的水分及灰分含量常受外界条件（开采、运输、气候等）的影响而变化，为了便于研究和实际应用，煤的成分分析通常采用四种基准：

（1）收到基。以入炉煤为基准，包括煤的全部成分。用下角标“ar”表示。

（2）空气干燥基。以自然干燥去掉外部水分的煤为基准。用下角标“ad”表示。

（3）干燥基。以去掉全部水分的煤为基准，可准确反映煤中灰分的含量。用下角标“d”表示。

（4）干燥无灰基。以去掉全部水分和灰分的煤为基准。用下角标“daf”表示。

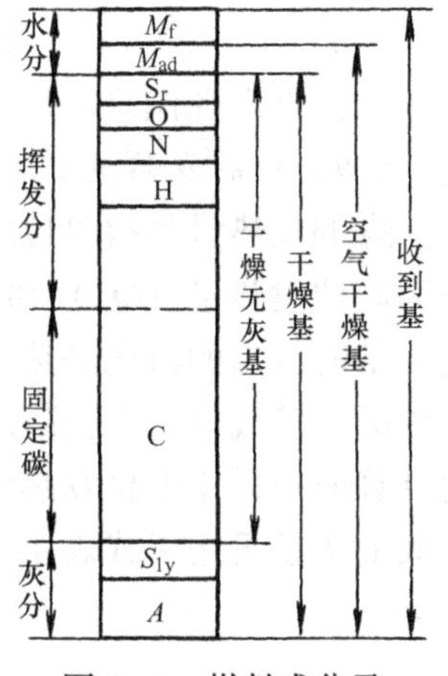

图9-4　燃料成分及各种基准间的关系

图9-4为煤的成分及各种基准之间的关系示意图。

用干燥无灰基表示的煤的成分百分数因不受外界条件的影响，是最稳定的基准，可作为燃料分类的依据。一般在煤质分析等工业应用中常采用空气干燥基或干燥无灰基，但在锅炉设计计算中必须知道煤的收到基成分。不同基准之间可以相互转换，转换系数见表9-1。

表9-1　煤的各种基准成分之间的换算系数

已知成分	所求成分			
	收到基	空气干燥基	干燥基	干燥无灰基
收到基	1	$\frac{100-M_{ad}}{100-M_{ar}}$	$\frac{100}{100-M_{ar}}$	$\frac{100}{100-M_{ar}-A_{ar}}$
空气干燥基	$\frac{100-M_{ar}}{100-M_{ad}}$	1	$\frac{100}{100-M_{ad}}$	$\frac{100}{100-M_{ad}-A_{ad}}$
干燥基	$\frac{100-M_{ar}}{100}$	$\frac{100-M_{ad}}{100}$	1	$\frac{100}{100-A_d}$
干燥无灰基	$\frac{100-M_{ar}-A_{ar}}{100}$	$\frac{100-M_{ad}-A_{ad}}{100}$	$\frac{100-A_d}{100}$	1

【例 9-1】 湖南金竹山煤的成分组成为 $M_{ar}=7.5\%$、$A_d=24.0\%$、$C_{daf}=92.5\%$、$H_{daf}=3.6\%$、$O_{daf}=2.0\%$、$N_{daf}=0.9\%$、$S_{daf}=1.0\%$、$Q_{ar,net}=22190kJ/kg$。试计算该煤各成分的收到基含量。

解 $A_{ar}=A_d\times(100-M_{ar})/100=24\times0.925=22.2\%$

煤的干燥无灰基到收到基的转换系数：$(100-M_{ar}-A_{ar})/100=0.703$

煤的收到基元素分析成分为

$C_{ar}=C_{daf}\times0.703=92.5\times0.703=65.03\%$

$H_{ar}=H_{daf}\times0.703=3.6\times0.703=2.53\%$

$O_{ar}=O_{daf}\times0.703=2.0\times0.703=1.41\%$

$N_{ar}=N_{daf}\times0.703=0.9\times0.703=0.63\%$

$S_{ar}=S_{daf}\times0.703=1.0\times0.703=0.7\%$

验算 $C_{ar}+H_{ar}+S_{ar}+O_{ar}+N_{ar}+M_{ar}+A_{ar}$

$=65.03+2.53+1.41+0.63+0.7+22.2+7.5=100\%$

若验算出现偏差，是由于计算中四舍五入造成的。可将偏差放入数值最大的项上。

（四）煤的发热量

煤的发热量是指单位质量的煤在完全燃烧时所释放的热量，单位是 kJ/kg。煤的发热量分为高位发热量（Q_{gr}）和低位发热量（Q_{net}）两种。高位发热量包括了燃烧产物中全部水蒸气凝结时放出的汽化潜热，用氧弹测热计测出。在锅炉排烟温度范围内（110～160℃），烟气中的水蒸气通常不会凝结，此时，燃料在锅炉中放出的热量为低位发热量。显然，锅炉热力计算时应采用低位发热量。高、低位发热量的差别在于汽化潜热，收到基高、低位发热量之间的关系可用下式表示

$$Q_{ar,net}=Q_{ar,gr}-r\left(\frac{9H_{ar}}{100}+\frac{M_{ar}}{100}\right) \tag{9-1}$$

式中：r 为水的汽化潜热，通常取 $r=2510kJ/kg$。

各种煤的发热量相差很大，为了便于进行经济性比较和管理，统一规定以收到基低位发热量为 29270kJ/kg 的燃料作为标准煤，于是，各种煤的消耗量均可通过其收到基低位发热量折算成标准煤量，即

$$B_b=\frac{BQ_{ar,net}}{29270} \tag{9-2}$$

式中：B_b 为标准煤耗煤量，t/h；B 为实际煤耗煤量，t/h。

（五）煤的灰分特性

煤的灰分在熔融状态下会粘结在锅炉受热面上造成结渣（或称结焦），严重影响锅炉运行的安全性和经济性。

由于灰是各组成成分的非复合化合物或混合物，所以它没有固定的熔点。当它受热时，就由固态逐渐向液态转化。这种转化特性就称为灰的熔融性。灰分的熔融特性与煤的成分及含量有关，影响因数很多。通常用试验测定的三个特征温度：变形温度 DT、软化温度 ST、熔化温度 FT 表示灰的熔融性。经验表明，当 ST＞1350℃时，固态排渣炉一般不会结渣。

（六）煤的分类

我国锅炉用煤主要依据煤的干燥无灰基挥发分 V_{daf} 含量进行分类，一般可分为无烟煤、

贫煤、烟煤、褐煤等。

（1）无烟煤是干燥无灰基挥发分含量最低的煤种，其碳化程度最高，含碳量最多，发热量一般为25000～32500kJ/kg，质硬性脆，结焦性弱，燃烧困难，不易着火、燃尽。

（2）贫煤是干燥无灰基挥发分含量6%～19%的煤，其性质比较接近无烟煤。着火，燃烧均较困难。

（3）烟煤是干燥无灰基挥发分含量较高（20%～40%）的煤，较易着火与燃尽。煤质一般较无烟煤软，发热量一般为20000～30000kJ/kg。

（4）褐煤碳化程度最低，煤质松，略带褐色，干燥无灰基挥发分含量高达40%～50%，易于点燃。但褐煤的水分和灰分均较高，发热量低，一般小于16750kJ/kg。

二、液体燃料和气体燃料

（一）液体燃料

锅炉常用的液体燃料主要是重油和渣油，均系石油冶炼后的残余物，重油和煤一样，其成分也是由碳、氢、氧、氮、硫、灰分、水分等组成。特点是碳和氢的含量高，且变化不大；灰分和水分含量极少，所以发热量很高，容易着火、燃烧。

燃油的主要特性参数有以下几个。

（1）黏度。黏度是液体流通性指标，燃油的黏度通常以恩氏黏度表示，符号为^{0}E。黏度越低，流动性越好。重油的黏度随温度的提高而下降，常温下黏度过大，为便于输送并保证油喷嘴的雾化质量，重油必须加热至100℃以上，使油喷嘴前的黏度小于4^{0}E。

（2）凝固点。凝固点是指燃油丧失流动性时的温度。凝固点对重油输送有重要意义。燃油凝固点的高低与其中石蜡的含量有关，我国重油凝固点一般在15～36℃。

（3）闪点与燃点。在常压下，随着油温升高，油表面蒸发的油气增多，当油气和空气的混合物达到某一浓度时与明火接触可发生短促闪光，继而着火并持续燃烧。对应的最低油温分别称为闪点和燃点。显然，闪点及燃点是燃油安全防火的重要指标。重油的闪点通常在80～130℃之间。

（4）含硫量。按油中含硫量的多少，燃油可分为低硫油（小于0.5%）、中硫油（0.5%～2%）、高硫油（大于2%）三种。一般来说，当燃油的含硫量高于0.3%时，就应注意低温腐蚀问题。

（5）灰分。重油的灰分虽少，但灰中常含有矾、钠、钾、钙等元素的化合物，易生成低熔点的燃烧产物，可对受热面产生高温腐蚀。

（二）气体燃料

锅炉燃用的气体燃料是指各种煤气，按照来源分为天然煤气和人工煤气两类。

天然煤气包括从地下气层引出的气田煤气和从油井引出石油时伴生的油田煤气两种。它们的主要成分是甲烷，此外还含有少量烷属重碳氢化合物。天然煤气是优质动力燃料，同时又是宝贵的化工原料，除在产区外一般不应作为锅炉燃料使用。

人工煤气的种类较多，按获得的方法不同可分为高炉煤气、焦炉煤气及发生炉煤气等。

高炉煤气是炼铁高炉的副产品，其主要可燃成分是为一氧化碳和氢。高炉煤气是一种含灰尘很多的低级燃料，在使用前需净化。焦炉煤气是炼焦炉的副产品，其主要可燃成分为氢和甲烷，发热量较高，约为标况下17000kJ/m^3。

三、燃料的燃烧计算

燃烧计算的主要任务是确定燃料完全燃烧所需的空气量、燃烧生成的烟气量和烟气焓等。计算中把空气和烟气都当成理想气体，即在标准状态下，1kmol 的理想气体的体积均为 22.4m^3。燃烧计算是进行锅炉设计、改造以及选择锅炉辅机的基础，也是正确进行锅炉经济运行调整的基础。

（一）燃料燃烧所需要的空气量

1. 理论空气量 V^0

燃料的燃烧是燃料中可燃元素与氧气在高温条件下进行的高速放热化学反应过程。1kg 收到基燃料（固、液）完全燃烧且没有过剩氧气存在时所需的空气量称为理论空气量，用 V^0(m^3/kg) 表示。它可通过燃料中的可燃元素（C、H、S）完全燃烧化学反应方程求得。

$$\begin{aligned} V^0 &= \frac{1}{0.21}\left(1.866\frac{C_{ar}}{100}+5.56\frac{H_{ar}}{100}+0.7\frac{S_{ar}}{100}-0.7\frac{O_{ar}}{100}\right) \\ &= 0.0899(C_{ar}+0.375S_{ar})+0.265H_{ar}-0.0333O_{ar} \end{aligned} \tag{9-3}$$

2. 实际空气量 V 与过剩空气系数 α

为了使燃料在炉内能够燃烧完全，实际送入炉膛的空气量都大于理论空气量。实际空气量 V 与理论空气量 V^0 的比值称为过剩空气系数 α，即

$$\alpha = V/V^0 \tag{9-4}$$

α 是锅炉重要的运行参数。一般认为，锅炉内的燃烧过程在炉膛出口处结束。所以可用炉膛出口处的过剩空气系数 α_l'' 来描述空气量对燃烧过程的影响。α_l'' 过大不仅增加了排烟损失，还会降低炉膛温度，对燃烧不利。反之，α_l'' 过小，不完全燃烧热损失增大。最佳的 α_l'' 值与燃料种类、燃烧方式以及燃烧设备的完善程度有关，应通过试验确定。最佳的 α_l'' 对煤粉炉为 1.15～1.25，燃油炉为 1.05～1.1，火床炉为 1.3～1.5。

过剩空气系数与烟气中的 RO_2、O_2 的含量存在以下近似关系

$$\alpha = \frac{RO_2^{max}}{RO_2} \qquad 及 \qquad \alpha = \frac{21}{21-O_2}$$

式中：RO_2、O_2 分别为三原子气体（包括 CO_2 和 SO_2）、氧气的容积百分比，可由烟气分析确定。

RO_2^{max} 为三原子气体容积百分比的最大值，对于一定的燃料是个常数。

烟气中的 SO_2 含量较小。在运行中，可以用控制烟气中的 CO_2（或 O_2）含量的办法来控制过剩空气系数的大小，以保证炉内正常的燃烧工况。

对于负压运行锅炉，外界冷空气通过炉墙、烟道等不严密处的漏入将导致烟气中过量空气增加。炉膛后任一烟道截面处的过剩空气系数为

$$\alpha = \alpha_l'' + \sum\Delta\alpha \tag{9-5}$$

式中：$\Delta\alpha$ 为漏风系数，漏入的空气量 ΔV 与理论空气量 V^0 的比值。

（二）燃烧产物（烟气）的容积及其焓值

1. 烟气容积 V_y^0、V_y

燃料燃烧后生成的产物是烟气和灰。烟气是由多种气体成分组成的混合物。

当 $\alpha=1$ 且完全燃烧时，烟气所具有的容积称为理论烟气容积，用 V_y^0(Nm^3/kg) 表示。这时烟气的组成成分包括二氧化碳 CO_2、二氧化硫 SO_2、氮气 N_2 和水蒸气 H_2O。理论烟气容积为各种成分容积之和，可由燃料中各可燃元素完全燃烧化学反应方程式得到。

$$V_y^0 = V_{RO_2} + V_{N_2}^0 + V_{H_2O}^0$$
$$= 1.866\frac{(C_{ar} + 0.375S_{ar})}{100} + 0.8\frac{N_{ar}}{100} + 0.79V^0$$
$$+ 11.1\frac{H_{ar}}{100} + 1.24\frac{M_{ar}}{100} + 0.0161V^0 \tag{9-6}$$

式中：V_{RO_2}、$V_{N_2}^0$、$V_{H_2O}^0$分别为三原子气体容积（包括V_{CO_2}和V_{SO_2}）、理论氮气容积及理论水蒸气容积。

锅炉中实际的燃烧过程是在烟气$\alpha>1$的条件下进行的。烟气中除含有上述气体成分外，还有剩余O_2。此时，烟气容积V_y可用下式计算

$$V_y = V_{RO_2} + V_{N_2} + V_{H_2O} + V_{O_2}$$
$$= V_y^0 + (\alpha - 1)V^0 + 0.0161(\alpha - 1)V^0 \tag{9-7}$$

2. 空气和烟气的焓值

在进行锅炉热力计算及整理锅炉热平衡试验结果时都需要知道空气和燃烧产物的焓值。在锅炉热力计算中，无论空气焓还是烟气焓，都是以1kg燃料为计算基准，同时规定0℃时的焓值为零。

（1）理论空气焓的计算

1kg燃料燃烧所需要的理论空气量在定压下（通常为大气压力）从0℃加热到ϑ℃时所需要的热量，称为理论空气焓，用h_k^0表示，单位为kJ/kg。

理论空气焓可用式（9-8）计算：

$$h_k^0 = V^0(C\vartheta)_k,\ \text{kJ/kg} \tag{9-8}$$

式中：$(C\vartheta)_k$为标况下1m^{3}空气在ϑ℃时的焓值。

（2）烟气焓的计算

1kg燃料燃烧生成的烟气容积在定压下（通常为大气压力）从0℃加热到ϑ℃时所需要的热量称为烟气焓，用h_y表示，单位为kJ/kg。

烟气是由多种成分组成的混合物，它的焓等于理论烟气焓h_y^0，过量空气焓$(\alpha-1)h_k^0$及飞灰焓h_{fh}之和，即

$$h_y = h_y^0 + (\alpha - 1)h_k^0 + h_{fh},\ \text{kJ/kg} \tag{9-9}$$

其中理论烟气焓为

$$h_y^0 = V_{RO_2}(C\vartheta)_{RO_2} + V_{N_2}^0(C\vartheta)_{N_2} + V_{H_2O}^0(C\vartheta)_{H_2O},\ \text{kJ/kg} \tag{9-10}$$

飞灰焓为

$$h_{fh} = \frac{a_{fh}A_{ar}}{100}(C\vartheta)_h,\ \text{kJ/kg} \tag{9-11}$$

式（9-11）中a_{fh}为烟气中的飞灰份额；$(C\vartheta)_{RO_2}$、$(C\vartheta)_{N_2}$、$(C\vartheta)_{H_2O}$、$(C\vartheta)_h$分别为烟气中1kg三原子气体、氮气、水蒸气、飞灰在温度ϑ℃时的焓。

【例9-2】 某锅炉燃用例9-1的煤种，试计算：①燃烧所需的理论空气量V^0；②α=1.45时燃烧所产生的烟气量V_y；③α=1.45、ϑ=300℃、a_{fh}=95%时烟气的焓h_y。

解　(1) $V^0 = 0.0889\times(C_{ar} + 0.375\times S_{ar}) + 0.265\times H_{ar} - 0.0333\times O_{ar}$
$= 0.0889\times(65.03 + 0.375\times0.7) + 0.265\times2.53 - 0.0333\times1.41$
$= 6(\text{Nm}^3/\text{kg})$

(2) $V_y = V_{RO_2} + V_{N_2}^0 + V_{H_2O}^0 + 1.061(\alpha - 1)V^0$

$= [1.866\times(C_{ar}+0.375\times S_{ar})/100] + [0.8\times(N_{ar}/100) + 0.79\times V^0]$

$+ [11.1\times H_{ar}/100 + 1.24\times M_{ar}/100 + 0.0161\times V^0] + 1.061\times(\alpha-1)\times V^0$

$= [1.866\times(65.03+0.375\times0.7)/100] + [0.8\times(0.63/100)+0.79\times6.428]$

$+ [11.1\times2.53/100 + 1.24\times7.5/100 + 0.0161\times6.428]$

$+ 1.061\times(1.45-1)\times6.428$

$= 1.22 + 5.08 + 0.477 + 3.07 = 9.847(\text{Nm}^3/\text{kg})$

(3) $h_y^0 = V_{RO_2}(C\vartheta)_{RO_2} + V_{N_2}^0(C\vartheta)_{N_2} + V_{H_2O}^0(C\vartheta)_{H_2O}$

$= 1.22\times559 + 5.08\times392 + 0.477\times463$

$= 2894.2(\text{kJ/kg})$

$h_k^0 = V^0(C\vartheta)_k = 6.428\times403 = 2590.48(\text{kJ/kg})$

$4187\times(a_{fh}\times A_{ar})/(Q_{ar,net})$

$= 4187\times(0.95\times22.2)/22190 = 4 \leqslant 6$ 可不计 h_{fh}

$h_y = h_y^0 + (\alpha-1)h_k^0$

$= 2894.2 + (1.45-1)\times2590.48$

$= 4059.92(\text{kJ/kg})$

四、锅炉的热平衡

锅炉热平衡计算的目的是确定锅炉热效率和燃料消耗量，分析热损失产生的原因，用来鉴定锅炉的性能和运行水平。

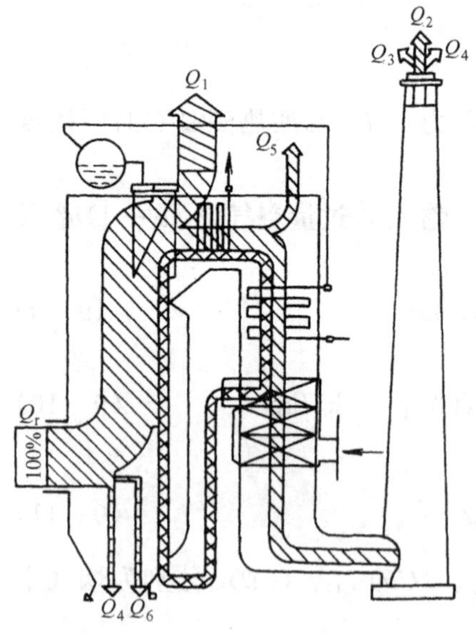

图 9-5 锅炉热平衡示意图

锅炉热平衡是指输入锅炉的热量与锅炉输出的热量（包括有效利用热和各项热损失）之间的平衡，见图 9-5。

（一）锅炉的热平衡方程

锅炉热平衡是在锅炉稳定热力状态下，以 1kg 固体燃料、液体燃料或标况下 1m³ 气体燃料为基准来进行的。锅炉的热平衡方程式可表示为

$$Q_r = Q_1 + Q_2 + Q_3 + Q_4 + Q_5 + Q_6 \quad (9-12)$$

式中：Q_r 为锅炉的输入热量，kJ/kg；Q_1 为锅炉的有效利用热量，kJ/kg；Q_2 为排烟损失的热量，kJ/kg；Q_3 为气体未完全燃烧损失的热量，kJ/kg；Q_4 为固体不完全燃烧损失的热量，kJ/kg；Q_5 为散热损失的热量，kJ/kg；Q_6 为灰渣物理热损失的热量，kJ/kg。

将上式两边都除以 Q_r，并乘以 100%，可建立以百分数表示的热平衡方程式，即

$$100 = q_1 + q_2 + q_3 + q_4 + q_5 + q_6 \quad (9-13)$$

式中：$q_i = \frac{Q_i}{Q_r}\times100\%$，分别为有效利用热量或各项损失热量占输入热量的百分比。其中，$i=1, 2, \cdots, 6$。

（二）正反平衡求锅炉效率的方法

锅炉热效率可以采用正平衡或反平衡方法计算。

正平衡法是通过直接测定锅炉的输入热量 Q_r 和有效利用热量 Q_1，然后按下式计算锅炉热效率 η_b：

$$\eta_b = \frac{Q_1}{Q_r} \times 100 \tag{9-14}$$

反平衡法则是通过试验测定锅炉的各项热损失 q_2、q_3、q_4、q_5、q_6，并按下式计算锅炉热效率 η_b：

$$\eta_b = q_1 = 100 - (q_2 + q_3 + q_4 + q_5 + q_6) \tag{9-15}$$

由于正平衡法要求锅炉在比较长时间内保持稳定的运行工况，而且燃料消耗量的测量相当困难，并且只能求出锅炉效率，未能找出影响锅炉效率的各种原因和提高热效率的途径，因此电厂锅炉常用反平衡法求效率。

（三）锅炉输入的热量

对于燃煤锅炉，如果燃料和空气都没有利用外界热量进行预热，则 $Q_r = Q_{ar.net}$。

（四）锅炉有效利用热量

锅炉有效利用热量是指工质在锅炉受热面内吸收的热量。电站锅炉的有效利用热量包括过热蒸汽的吸热、再热蒸汽的吸热、饱和蒸汽的吸热和排污水的吸热，可按下式计算

$$\begin{aligned} Q_1 &= [D_{gr}(h''_{gr} - h_{gs}) + D_{zr}(h''_{zr} - h'_{zr}) + D_{pw}(h' - h_{gs})]/B \\ &= Q/B,\ \text{kJ/kg} \end{aligned} \tag{9-16}$$

对于饱和蒸汽锅炉，有

$$Q_1 = \left[D_{bh}\left(h'' - h_{gs} - \frac{rw}{100}\right) + D_{pw}(h' - h_{gs})\right]/B,\ \text{kJ/kg} \tag{9-17}$$

对于热水锅炉，有

$$Q_1 = [D_{rs}(h_{cs} - h_{js})]/B,\ \text{kJ/kg} \tag{9-18}$$

式（9-16）～式（9-18）中：Q 为受热面中工质（水、蒸汽）的总吸热量，kJ/s；B 为燃料消耗量，kg/s；r 为汽化潜热，kJ/kg；w 为蒸汽带水量，%；D_{gr}、D_{zr}、D_{pw} 为过热蒸汽量、再热蒸汽量、排污量，kg/s；D_{bh}、D_{rs} 为饱和蒸汽量、热水循环水量，kg/s；h''_{gr}、h_{gs}、h''、h' 为过热蒸汽焓、给水焓、饱和汽焓、饱和水焓，kJ/kg；h''_{zr}、h'_{zr} 为再热蒸汽出口和进口焓，kJ/kg；h_{cs}、h_{js} 为热水出水和进水焓，kJ/kg。

（五）锅炉各项热损失

锅炉热损失包括燃料未完全燃烧热损失（q_3、q_4）及燃料放出的热量未被充分利用热损失（q_2、q_5、q_6）两部分。

1. 固体不完全燃烧热损失 q_4

固体不完全燃烧热损失是指灰渣及飞灰中未燃烧或未燃尽的固体可燃物（通常认为是纯碳）被排出炉外所造成的热损失，是燃煤锅炉主要的热损失。

对于火床炉，还需考虑炉排漏煤造成的热损失。对于流化床炉，则还需考虑溢流灰造成的热损失。

q_4 可按推荐数据选取。对固态排渣炉，q_4 约为 0.5%～6%；对火床炉，q_4 为 7%～15%；燃用气体和液体燃料的锅炉，一般可认为 q_4 为零。

2. 气体不完全燃烧热损失 q_3

气体不完全燃烧热损失是指未完全燃烧的可燃气体（CO、H_2、CH_4）随烟气排入大气

所造成的热损失，燃用固体燃料时，气体未完全燃烧产物主要是CO。

煤粉炉化学不完全燃烧热损失很小，一般可取 $q_3=0$，燃油和燃气炉取 $q_3=0.5\%$，火床炉 q_3 取0.5%～1.0%。

影响燃料未完全燃烧热损失的因素主要有燃料的性质、燃烧方式、燃烧设备的结构与布置、炉膛温度及过剩空气系数、运行工况等。

3. 排烟热损失 q_2

排烟热损失是排烟物理显热造成的热损失，它等于排烟焓与进入锅炉的冷空气焓之差。

$$q_2=(h_{py}-\alpha_{py}h_{lk}^0)\frac{100-q_4}{Q_r},\ \% \tag{9-19}$$

式中：h_{py} 为排烟焓，按排烟处过剩空气系数 α_{py} 及排烟温度 ϑ_{py} 计算，kJ/kg；h_{lk}^0 为进入锅炉的冷空气焓，kJ/kg；α_{py} 为排烟处的过剩空气系数，$\alpha_{py}=\alpha_l''+\sum\Delta\alpha$。

q_2 是锅炉最大的一项热损失，一般为5%～12%。影响排烟热损失的主要因素是排烟温度 ϑ_{py} 及排烟处的过剩空气系数 α_{py}。通常 ϑ_{py} 升高10～20℃，排烟热损失约增加1%。ϑ_{py} 过低，则可能造成尾部受热面的腐蚀及堵灰，现代锅炉 ϑ_{py} 一般在110℃以上。工业锅炉排烟温度较高，故 q_2 相对较大。降低过剩空气系数 α_l'' 可降低排烟热损失，但 α_l'' 过低会增大不完全燃烧热损失，因此最佳的排烟温度及过剩空气系数应通过技术经济比较得出。

4. 散热损失 q_5

散热损失是由于锅炉炉墙、金属结构以及锅炉范围内的汽水管道、烟风管道等部件的温度高于周围环境温度而散失的热量。一般锅炉容量越大，散热损失相对越小。当锅炉容量＞900t/h时，q_5 取0.2%。

5. 灰渣物理热损失 q_6

灰渣物理热损失主要是指灰渣排出锅炉时的物理显热造成的热损失。对于固态排渣煤粉炉，q_6 一般取0.5%～1.0%。

（六）锅炉燃料消耗量

1. 实际燃料消耗量

实际燃料消耗量是指锅炉每小时实际耗用的燃料量，一般简称为燃料消耗量，用符号 B 表示，单位为kg/s。锅炉设计时，通常在计算出锅炉输入热量 Q_r、锅炉每小时有效利用热量 Q_1 及用反平衡求出锅炉效率 η_b 的基础上，用下式计算燃料消耗量：

$$B=\frac{Q}{Q_1}=\frac{100Q}{\eta_b Q_r} \tag{9-20}$$

2. 计算燃料消耗量

计算燃料消耗量是指考虑到固体未完全燃烧损失 q_4 的存在，在炉内实际参与燃烧反应的燃料消耗量，用符号 B_j 表示，单位为kg/s。由于1kg入炉燃料只有 $\left(1-\frac{q_4}{100}\right)$kg燃料参与燃烧反应，所以 B_j 与 B 存在以下关系：

$$B_j=B\left(1-\frac{q_4}{100}\right) \tag{9-21}$$

显然，在进行锅炉燃烧计算时应采用 B_j，而在进行燃料供应系统和煤粉制备系统计算时则应采用 B。

第三节　燃料的燃烧及其燃烧设备

一、燃料的燃烧过程

燃料的燃烧一般是指燃料中的可燃物质与空气中的氧化剂之间进行的发热与发光的高速化学反应。燃料和氧化剂可以是相同的物态，如气体燃料在空气中燃烧，称之为均相燃烧；也可以是不同的物态，如固体燃料在空气中燃烧，称之为多相燃烧。

燃料的燃烧过程是一个与燃料本身特性、燃烧方式、炉内燃烧工况等因素有关的复杂的物理化学过程。

燃烧化学反应速度与温度的关系遵循阿累尼乌斯定律。对于实际燃烧设备，化学反应速度可用反应速度常数 k 来表示，而 k 主要取决于反应过程的温度及活化能的大小，即

$$k = k_0 e^{-\frac{E}{RT}} \tag{9-22}$$

式中：k_0 为与分子碰撞数有关的常数；E 为活化能；R 为通用气体常数；T 为反应温度，K。

活化能为发生化学反应所需要的最低能量，取决于反应物的种类。无烟煤活化能数值较大，化学反应需在较高的温度下才能进行。

由式（9-22）可见，化学反应速度与温度成指数关系，当反应温度升高时，化学反应速度显著增大。

实际上，在炉内燃烧过程中，反应物的浓度、炉膛压力变化较小，因此煤粉的燃烧速度主要与温度和氧的扩散速度有关。在不同的温度下，由于化学反应条件与气体扩散条件是不同的，燃烧过程可能处于以下三个不同的区域。

1. 动力燃烧区

当反应温度较低时，氧的供应速度远大于燃烧化学反应中氧的扩散速度，燃烧速度主要取决于化学反应动力因素（温度和燃料的反应特性），而与氧的扩散速度关系不大。这时燃烧处于动力区。

2. 扩散燃烧区

当反应温度较高时，化学反应速度加快，扩散到燃烧表面的氧气瞬间即用完，氧气的供应满足不了化学反应的需要，燃烧速度主要取决于气流的扩散速度，燃烧处于扩散区域。在这一区域内，提高燃烧速度的措施是增加气流的扩散速度，即加大风速或降低炭粒直径，强化炭粒与氧气的扰动和混合。

3. 过渡燃烧区

动力燃烧区与扩散燃烧区之间是过渡区，燃烧过程在过渡区的燃烧反应速度将同时取决于化学反应速度与扩散速度。

在煤粉炉中，煤粉和空气通过燃烧器喷入炉膛作悬浮燃烧。固体燃料受热后，首先析出水分。进而发生热分解并释放出挥发分，这是一个吸热过程。达到一定浓度的可燃混合物的温度高到一定值时开始着火，燃烧，此时的温度称为煤的着火温度。放出的热量通过对流放热及辐射传给煤粒。随着煤粒温度的提高，挥发分进一步释放，为焦炭燃烧提供了温度条件。达到一定值时，焦炭即行着火，燃烧，并放出大量热量。这时只要焦炭颗粒保持一定的温度和适当的氧浓度，燃烧放热过程就会一直进行下去，最后形成灰渣。

煤粉气流的着火主要是靠高温回流烟气的对流传热，其次是火焰、炉墙等对煤粉的辐射。

煤粉气流由初始温度加热到着火温度所需要的热量称为着火热。着火热与燃料性质（着火温度、燃料水分）、锅炉运行工况（煤粉气流的初温、一次风量、负荷）以及炉膛的散热情况等因素有关。

当煤粉颗粒加热速度较高时，煤粉粒子的着火燃烧可能在挥发分着火之前，或同时发生。而挥发分的析出过程几乎延续到煤粉燃烧的最后阶段。

二、煤粉炉及燃烧设备

（一）煤粉制备

煤磨成粉后，与空气的接触面大大增加，燃烧反应加快，因此煤粉炉具有较高的燃烧效率。煤粉一般很细，具有很好的流动性，便于气力输送。当散热不良或周围环境温度升高时极易自燃，在一定条件下与明火接触还会发生爆炸。必须引起足够的重视。

煤粉颗粒的粗细程度通常用煤粉细度 R_x 表示，即取一定量的煤粉试样，用标准筛子筛分，筛子上剩余量占煤样总量的百分比。角码 x 为筛号或筛孔的内边长。显然，R_x 越小，煤粉越细，燃烧就越充分，但制粉能耗也越大。挥发分低的煤，为保证其及时着火并充分燃烧要求磨得细些。绝大部分煤粉的尺寸为 20～50μm。

煤粉制备系统由磨煤机及辅助设备构成，可分为中间储仓式和直吹式两种。

中间储仓式制粉系统如图 9-6 所示。原煤由给煤机送出和干燥用热风一起进入磨煤机，磨成的煤粉由干燥剂携带至粗粉分离器进行分离，不合格的煤粉沿回粉管返回磨煤机再磨，合格的煤粉在细粉分离器中与干燥剂分离后送入煤粉仓，然后经给粉机由气流携带经由燃烧器喷入炉膛，称之为一次风。部分热风直接由燃烧器送入炉膛，称之为二次风。二次风主要起混合、扰动和强化燃烧的作用，同时补充燃料燃烧所需要的空气。

由细粉分粒器上部出来的干燥剂（也称磨煤乏气）还含有约 10%的极细煤粉，一般由排粉机提高压头后送入炉膛中燃烧。

直吹式制粉系统如图 9-7 所示。它比中间储仓式系统减少了细粉分离器、煤粉仓等设备。磨煤机磨制的煤粉直接送入炉膛内燃烧，因此磨煤机的制粉量随锅炉负荷大小而变化。

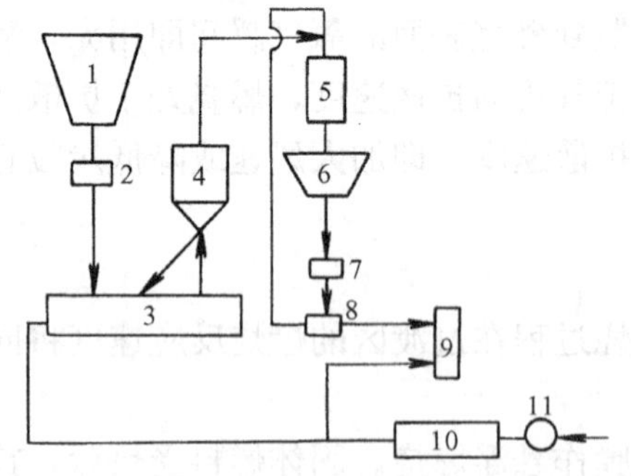

图 9-6　中间储仓式制粉系统（磨煤乏气送粉）

1—原煤仓；2—给煤机；3—磨煤机；4—粗粉分离器；5—细粉分离器；6—煤粉仓；7—给粉机；8—混合器；9—燃烧器；10—空气预热器；11—送风机

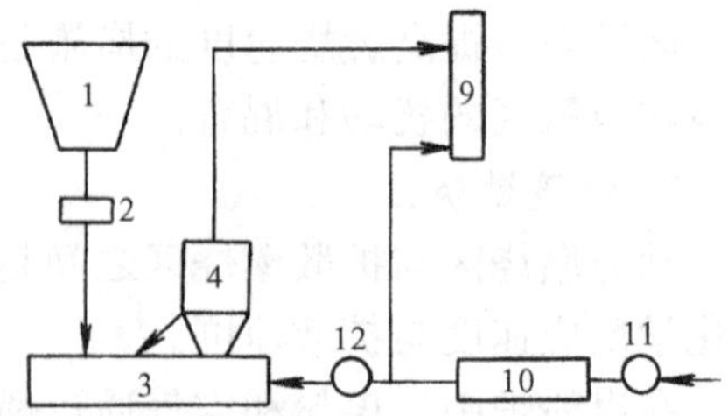

图 9-7　直吹式制粉系统

1—原煤仓；2—给煤机；3—磨煤机；4—粗粉分离器；9—燃烧器；10—空气预热器；11—送风机；12—排粉机

制粉系统的主要设备磨煤机是利用撞击、压碎、研磨等方法磨制煤粉的。根据工作转速可将磨煤机分为低速磨（16～25r/min）、中速磨（50～300r/min）及高速磨（500～1500r/min）。

低速磨主要有筒式钢球磨，它是一个直径为2～4m、长为3～10m的圆筒，筒内装有大量直径为25～60mm钢球的大圆筒，圆筒通过齿轮由电动机带动低速转动，燃料和干燥剂（热空气）从一端进入圆筒，在圆筒内煤被干燥、打碎并研磨成粉，随后被干燥剂从另一端带出，见图9-8。

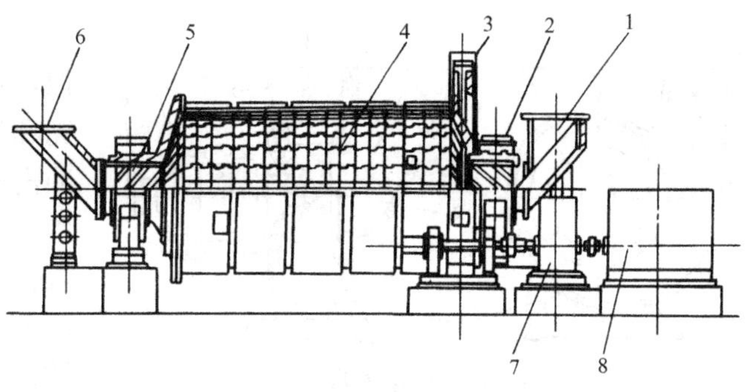

图9-8 筒式钢球磨煤机

1—进料装置；2—主轴承；3—传动齿轮；4—转动筒体；5—螺旋管；6—出料装置；7—减速器；8—电动机

筒式钢球磨结构简单，对煤种适应性广，工作可靠。但初投资高，噪声大，单位电耗大且随出力的降低而增高，故对锅炉负荷的适应性较差。为了提高设备运行的经济性，筒式钢球磨大都采用中间储仓式制粉系统。

双进双出筒式钢球磨是近年来我国引进的一种新型低速磨，其结构与普通的钢球磨相似。不同的是圆筒两端的空心轴内有一空心圆管，圆管外装有螺旋输送装置。两端的空心轴既是热风和原煤的进口，又是煤粉气流混合物的出口。从而形成两个相互对称又彼此独立的磨煤回路，见图9-9。与普通钢球磨相比，双进双出钢球磨体积减小，磨煤电耗降低，适应锅炉负荷变化的能力增强。

中速磨由电动机驱动，通过减速装置和垂直布置的主轴带动磨盘或磨碗或磨环转动。原煤经落煤管进入两组相对运动的碾磨件之间，在压紧力的作用下被挤压、研磨成煤粉。热风（干燥剂）经风环进入磨煤机，对被甩至此处的煤粉进行干燥并将煤粉带入磨上方的粗粉分离器进行分离，不合格的煤粉返回磨煤机重磨，细粉则送出磨外，见图9-10。中速磨布置紧凑，投资省，单位电耗小，适宜变负荷运行。但结构复杂，不宜磨水分太大及太硬的煤种。

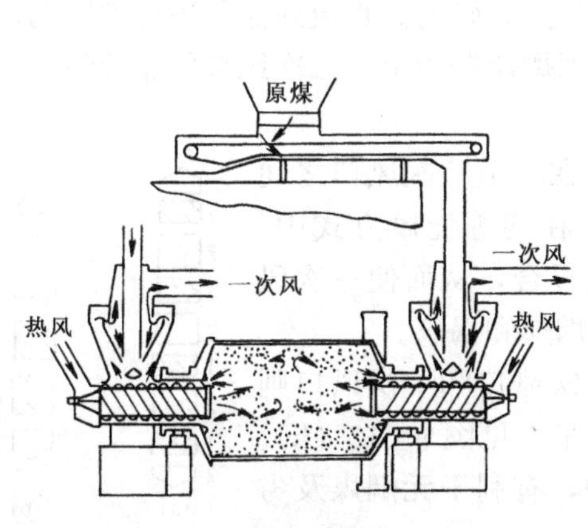

图9-9 双进双出筒式钢球磨

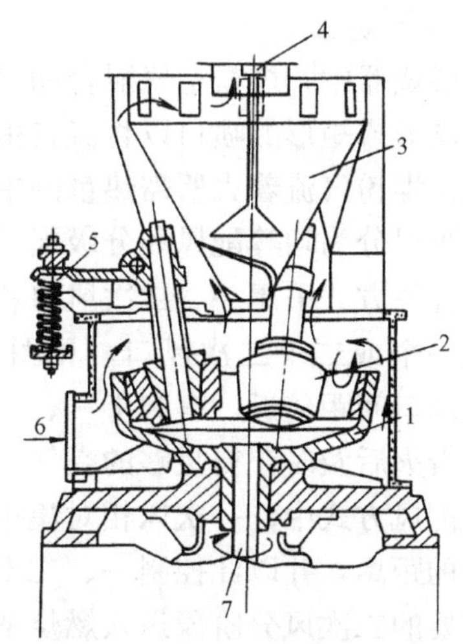

图9-10 中速磨煤机

1—碗形磨盘；2—磨辊；3—粗粉分离器；4—气粉混合物出口；5—压紧弹簧；6—热空气进口；7—驱动轴

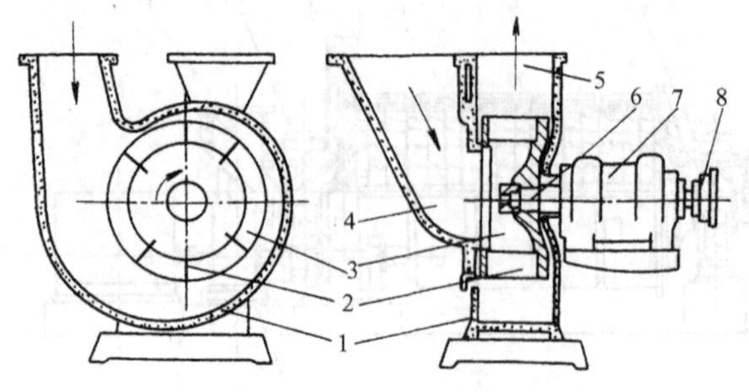

图 9-11 风扇磨煤机

1—机壳；2—冲击板；3—叶轮；4—燃料进口；5—出口；6—轴；7—轴承箱；8—联轴节

高速磨主要有风扇磨，结构与风机相似，见图 9-11。它由叶轮、带有护甲的蜗壳和粗粉分离器组成，叶轮上装有 8～10 个冲击板并由电动机带动高速旋转。原煤和干燥剂一起被吸入磨煤机内，煤被转动的冲击板打碎，甩到护甲上再次被撞击成煤粉，然后由干燥剂携带经粗粉分离器带出。高速磨结构简单，金属耗量小，负荷适应能力强，但部件磨损大，不宜磨制较硬的煤种。

中速磨及高速磨通常配直吹式制粉系统。直吹式系统与中间储仓式制粉系统比较系统简单，初投资及运行电耗小。但直吹式是利用给煤机调节送入锅炉的煤粉量的，因此对锅炉负荷变化的响应要比中间储仓式采用给粉机调节煤粉量慢，工作可靠性较差，对煤种适应性不及中间储仓式。

(二) 燃烧器及其布置

在煤粉炉中，煤粉和空气是通过燃烧器喷入炉膛的，煤粉在其中悬浮燃烧。

煤粉炉的炉膛既是燃料燃烧的场所，又是进行热交换的场所。因此炉膛的结构应能合理布置受热面及燃烧器，组织炉内良好的空气动力场，既保证燃料的完全燃烧，又能避免炉内及炉膛出口受热面结渣。

燃烧器是煤粉炉的主要燃烧设备，其作用是保证煤粉气流及时稳定着火，一、二次风适时混合，扰动强烈，燃烧效率高，同时避免结渣。此外，需具有良好的调节性能以适应燃料和负荷的变化。并且要尽可能减少 NO_x 的生成，满足环保要求。

锅炉下部的燃烧器内部一般都装有重油喷嘴作为点火和低负荷稳燃装置。

煤粉燃烧器的形式很多，按其出口气流特性可分为直流燃烧器和旋流燃烧器两种。

1. 直流燃烧器

直流燃烧器中，煤粉空气混合物（一次风）及燃烧所需要的空气（二次风）是从垂直布置的一组圆形或矩形的喷口以直流自由射流的形式喷入炉膛的。直流射流外边界卷吸的炉内高温烟气是煤粉气流着火所需热量的主要来源。根据燃烧器中一、二次风口的布置情况，直流燃烧器可以分为均等配风和分级配风两种形式。

均等配风方式采用一、二次风口相间布置，即在二个一次风口之间均等布置一个或二个二次风口，见图 9-12（a)。在均等配风方式中，一、二次风口间距较近，有利于一、二次风较早地混合，从而使一次风煤粉气流着火后及时获得足够的空气。一般适用于烟煤和褐煤。

分级配风方式中，一次风相对集中布置，而二次风口和一次风口则保持一定的距离，并以此控制一、二次风混合的迟早，见图 9-12（b)。燃烧所需要的二次风分阶段送入燃烧的煤粉气流中，有利于无烟煤及劣质煤的稳定着火，促进煤粉的燃烧与燃尽过程。

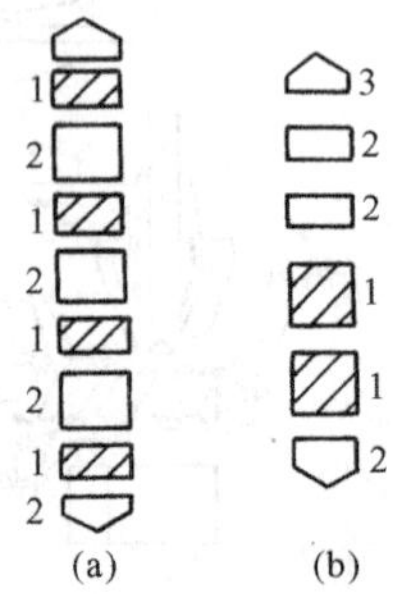

图 9-12 直流燃烧器喷口布置

(a) 均等配风方式；(b) 分级配风方式

直流自由射流射程长，卷吸量相对较小，为了保证挥发分低的煤种稳定着火，直流燃烧器多采用四角布置切圆燃烧方式，见图 9-13。在这种燃烧方式中，燃烧器布置在炉膛的四角或接近四角，燃烧器的轴线与炉膛中心的一个或两个假想圆相切。这时，每一个角的燃烧器喷出的煤粉气流着火所需要的热量，除了靠本身卷吸高温烟气和接受炉膛辐射换热外，主要是靠来自上游邻角正在剧烈燃烧火焰的混合和加热。而且切圆越大，来自邻角火炬的高温烟气更易到达下角射流的根部，扰动也更强烈。有利于煤粉气流的着火、燃尽。但过大的切圆易使气流偏斜贴墙，引起水冷壁的结渣。由此说明，切圆燃烧炉室中各燃烧器射流间的相互作用对炉内燃烧过程有很大影响，必须合理组织。

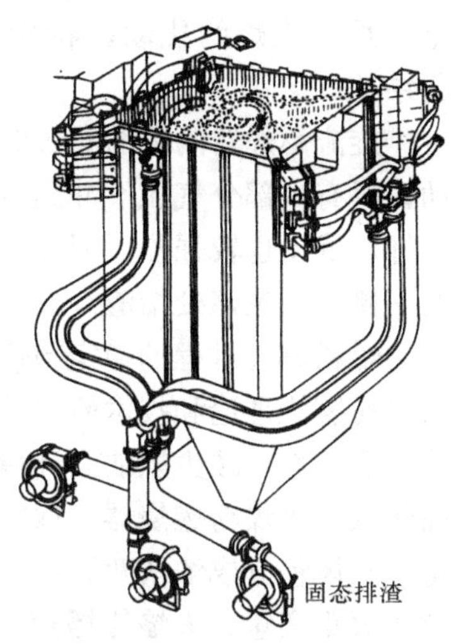

图 9-13 直流燃烧器四角布置切圆燃烧方式

2. 旋流燃烧器

旋流燃烧器的二次风射流都是旋转射流，而一次风射流可以是旋转射流，也可以是直流射流，但燃烧器总的出口气流都是一股绕燃烧器轴线旋转的旋转射流，它是通过各种型式的旋流器产生的。旋流燃烧器一般以所采用的旋流器型式而命名。

（1）蜗壳式旋流燃烧器。可分为直流蜗壳式和双蜗壳式两种。

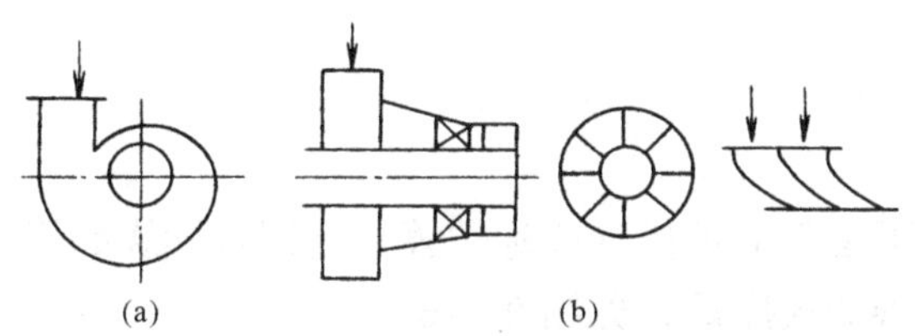

图 9-14 旋流煤粉燃烧器
(a) 蜗壳式；(b) 轴向可动叶轮式

直流蜗壳式旋流燃烧器的二次风经蜗壳旋流器产生旋转，一次风为直流，其出口装有扩流锥，借此形成的内回流区有利于煤粉气流的着火，见图 9-14 (a)。

双蜗壳式旋流燃烧器的一次风和二次风分别经过两只蜗壳旋流器产生同方向的旋转运动，有利于气流的混合。

（2）轴向可动叶轮旋流燃烧器。一次风气流为直流或靠挡板产生弱旋转射流，出口装有扩流锥。二次风气流通过装有轴向叶片的叶轮产生旋转运动。叶轮可沿燃烧器轴线方向移动，借此改变直流风与旋流风的比例达到调节二次风的旋流强度的目的，见图 9-14 (b)。

旋流燃烧器出口的煤粉气流是靠旋转射流的外边界和内回流同时吸入高温烟气加热引燃的，卷吸量大，但射程短。适用于挥发分较高的煤种。

旋流燃烧器的引燃和混合性能较好，单个燃烧器在炉膛内形成的空气动力结构基本上是独立的，彼此之间的影响很小。

旋流燃烧器常采用前墙布置和前、后墙对冲或交错布置等，见图 9-15。

旋流燃烧器前墙布置可不受炉膛截面形状的影响，与同侧布置的磨煤机连接的煤粉管道短且形状尺寸一致，可降低沿炉膛宽度方向的烟温偏差。前墙布置的旋流燃烧器在主气流上下两端形成两个明显的停滞旋涡区，炉膛火焰充满程度较

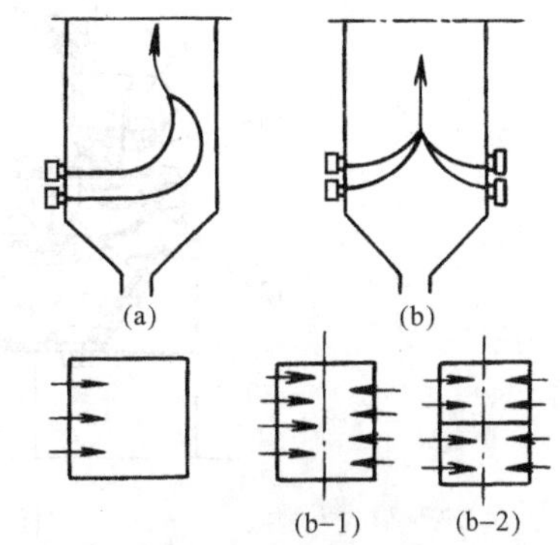

图 9-15 旋流燃烧器布置方式
(a) 前墙布置；(b) 两面墙对冲或交错布置
(b-1) —交错布置；(b-2) —对冲布置

差，炉内火焰的扰动，特别是燃烧后期的混合不好。此外，前墙火焰可能直冲后墙引起结渣。

旋流燃烧器两侧墙布置时，两股气流在炉膛中央相互撞击后，大部分气流向炉膛上方运动，只有少部分气流下冲到冷灰斗，在冷灰斗附近形成停滞旋涡区。因此，炉内火焰充满度较好，扰动也较强烈。但如果对冲的两个燃烧器负荷不均匀，炉内高温火焰将会偏向负荷低的一侧，导致该处结渣。

煤粉燃烧过程的稳定与低 NO_x 的生成直接关系到锅炉经济、安全运行与环境保护，成为煤粉燃烧理论和技术研究的重点之一。为了改善锅炉着火的稳定性，提高锅炉对煤种和负荷的适应性，减少燃油及环境污染，近年来，国内外研制开发了很多新型的具有稳燃功能的高效低污染煤粉燃烧器，取得了显著的经济效益。它们或通过喷口前的各种浓淡分离结构，将一次风粉分成浓淡两股，获得高浓度的煤粉气流，利用高浓度煤粉着火温度低、着火时间及着火距离短、火焰传播速度快的优点改善和稳定着火，此外，提高煤粉浓度还可以降低 NO_x 的生成量。如：美国燃烧工程公司的 WR 燃烧器、日本三菱重工的 PM 燃烧器、我国的径向浓淡旋流煤粉燃烧器等；或者采用各种办法在燃烧器出口附近产生或增大回流区，获得较强的高温烟气的回流，建立稳定的着火热源。如我国的钝体燃烧器、开缝钝体燃烧器、稳燃腔燃烧器、火焰稳定船式直流燃烧器等。

三、链条炉与硫化床炉

1. 链条炉及其燃烧特点

固体燃料以一定的厚度均匀分布在固定的或可运动的炉排（或称炉箅）上进行燃烧的锅炉称为火床炉。链条炉是应用最广泛、结构较完善的火床炉，见图 9-16。

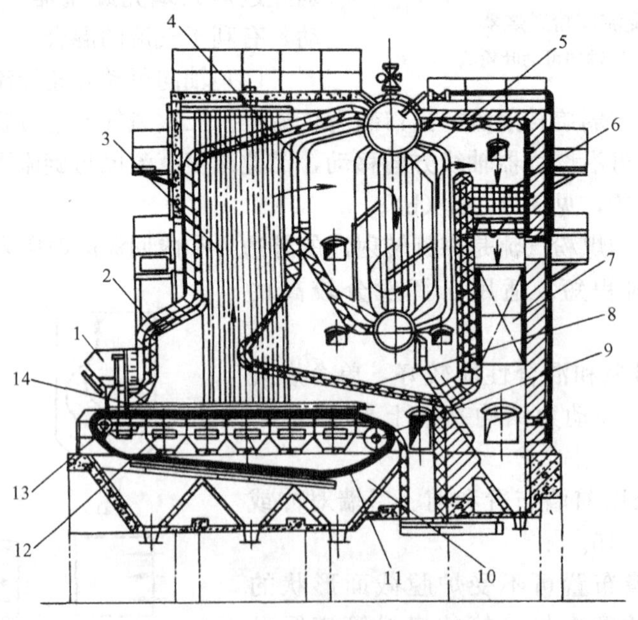

图 9-16 链条炉结构示意图

1—煤斗；2—前拱；3—水冷壁；4—凝渣管；5—对流受热面；6—省煤器；7—空气预热器；8—后拱；9—从动轮；10—渣斗；11—链条；12—风室；13—主动轮；14—煤闸门

链条炉的结构特点是有一个自前向后不断缓慢移动的炉排，链条炉排的形式很多，主要有链带式、鳞片式及横梁式。

链条炉中，煤块自煤斗送到链条炉排上，形成燃料层。燃料随炉排一起移动，没有相对运动，空气从炉排下的通风空隙自下而上穿过燃烧层，在高温下，燃料和空气发生燃烧反应。燃料沿炉排长度方向经受热干燥，挥发分析出并着火燃烧，焦炭燃烧和燃尽，最后形成灰渣随炉排的移动被排出。燃烧的不同区域所需的空气量和燃烧层中释放的气体成分是不同的。为此必须将炉排下的风室沿纵向隔成几段，每段装有单独调节的风门以满足燃烧不同区域对空气量的需要。称此为分段送风，通常分为 4～7 段。燃烧生成的烟气通过炉膛的辐射换热和对流烟道的对流换热，温度降到 150～180℃后由引风机送入烟囱排入大气。

链条炉中，绝大部分燃料在炉排上燃烧，被吹到炉排上部的极少数细粒燃料及可燃气体则在炉膛内进行燃烧。由于其燃烧的区域性，单面着火且无自动拨火作用，着火条件较差。因此，对于链条炉，必须兼顾炉排上的燃烧和炉膛内的燃烧，采用合理的炉膛布置形式，其中最主要的是炉拱和二次风。

炉拱是指紧靠炉排上部，作成特殊形状的炉膛前后墙，分别称为前，后拱。炉拱的作用主要是加快燃料的引燃和促进炉内气体的混合和燃烧，炉拱形状及布置方式主要取决于煤种。前拱的引燃作用主要在于通过吸收来自火焰和高温烟气的辐射热，提高自身的温度，然后以辐射的方式将此热量传给燃料层。实践证明，强化前拱传热的主要途径是提高前拱区的温度。为此，通常采用高而短的前拱。后拱则可将炉排后部的高温烟气及其所携带的炽热焦炭还有大量富氧气体引导到炉排的前端，用以提高燃料着火区和前拱的温度。并在那里产生强烈的紊流扰动从而强化辐射换热及对流换热，促进新燃料的着火及燃烧。对于难着火的燃料，如无烟煤，一般应采用低而长且倾角较小的后拱；而对于烟煤，后拱则不需太长，倾角也较大。

二次风是指从炉排上方以一定压力送入炉膛的强烈气流（一般将从炉排下方送入的空气称为一次风）。二次风通常是配合炉拱使用的。二次风的主要作用是强化炉内的扰动与混合，加快新燃料的引燃，改善炉内气流的充满度，延长烟气在炉内的停留时间，减少不完全燃烧热损失。而补充空气量是次要的，因此，二次风所用的工质可以是空气、蒸汽或烟气。

二次风的布置取决于燃料种类、燃烧方式和炉膛的形状及大小等。其布置方式有前、后墙单面布置、双面布置及四角切圆布置。

由于链条炉运行简单，燃料适应性广，自用电少和负荷变化范围大等优点，因而在容量为 4～65t/h 的工业锅炉上得到广泛应用。

2. 流化床锅炉及其特点

流化床锅炉中煤粒的燃烧既不像链条炉那样在炉排上进行，这时气流作用于煤粒的升力小于其自重；也不像煤粉炉那样悬浮在炉膛内燃烧，这时升力大于重力，煤粒将被气流带走（相应的速度称为输送速度）；当气流速度达到使升力相当于重力时，煤粒开始浮动沸腾，进入流化状态，煤粒由固定状态转变为流化状态的最低速度称为临界速度。若气流的速度大于临界速度而小于输送速度，整个料层内的煤粒将被气流吹起，失去稳定性，颗粒之间开始相对运动，料层厚度膨胀增高，燃料层由固定床转变为流化床。这时，燃料颗粒在一定高度范围内自由翻滚，犹如水在沸腾状态，故又称为沸腾床。图 9-17 是一台鼓泡流化床锅炉示意图。由

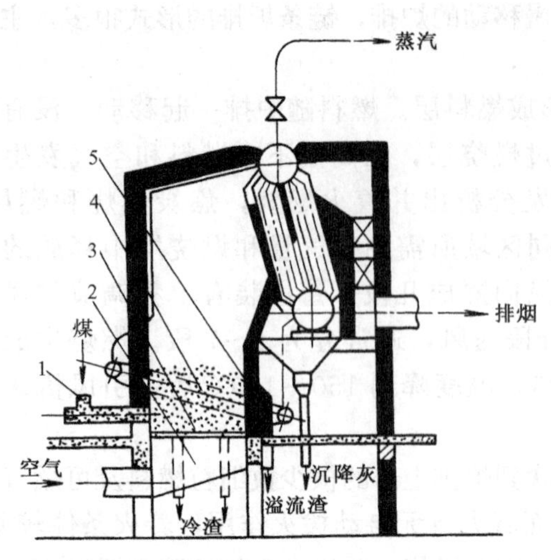

图 9-17 鼓泡流化床锅炉示意图

1—给煤机；2—风室；3—布风板；4—埋管；5—溢流口

图可见，细小煤粒通过锅炉前墙给煤口送入由不漏煤布风板（包括孔板和风帽）承载的床内，床内布置有倾斜（或垂直）的埋管蒸发受热面，空气由风室通过布风板以一定的速度送入床层，燃料颗粒在流化床内燃烧。产生的灰渣不断通过溢流口排出。

流化床锅炉由于床内蓄热量大，煤粒气流强烈的扰动和混合，强化了热质交换，延长了燃料在炉内的停留时间，着火燃烧条件好，因此对燃料适应性广。能烧高水分、高灰分的劣质煤及挥发分很低的无烟煤，尤其是热值很低的石煤、煤矸石等；床内低温燃烧能有效控制有害气体 NO_x 和 SO_2 的产生和排放。此外，流化床锅炉负荷调节性能好，灰渣易于综合利用。

鼓泡流化床锅炉的主要缺点是床内受热面磨损较严重，烟气夹带飞灰多，灰渣含碳量大，影响燃烧效率；脱硫效率低；锅炉大型化有一定的困难等。

快速循环流化床锅炉是新一代流化床锅炉，见图 9-18。其特点是循环床内气体速度（或流化速度）较高，接近输送速度，是鼓泡床的 2～3 倍。因此床内气固两相的滑动速度较大，气固混合强烈，强化了燃烧反应，具有良好的内循环。此外，循环流化床炉膛出口都布置有高效率的分离器，形成了颗粒的外循环。即细颗粒在燃烧的同时被气流带出床层，经分离器从烟气中分离出来，再用回料装置重新送入炉膛底部，继续在床内燃烧。从而大大地延长了燃料颗粒在炉内的停留时间和反应时间，提高了燃烧效率和脱硫效率。为了避免流化床内受热面的磨损，循环流化床没有设置埋管；由于循环流化床的截面热负荷比鼓泡流化床大得多，能够实现流化床锅炉的大型化。

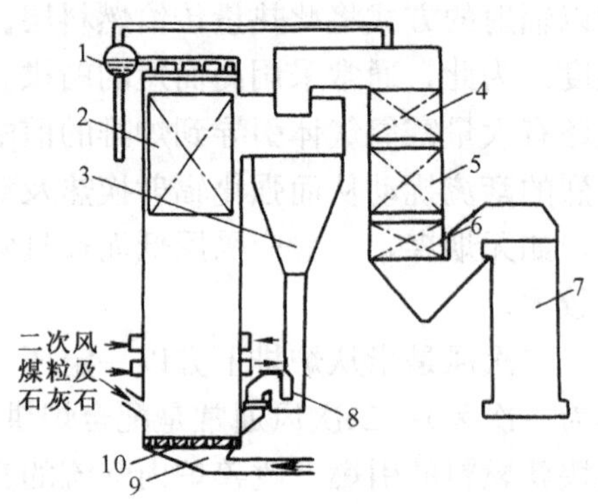

图 9-18 快速循环流化床锅炉示意图

1—汽包；2—屏式过热器；3—旋风分离器；4—高温过热器；5—低温过热器；6—省煤器；7—空气预热器；8—U 形回送；9—风箱；10—布风板

由此可知，快速循环流化床发展了鼓泡流化床的优点，解决了鼓泡流化床存在的问题。与煤粉炉比较则具有对煤种的适应性广，对环境污染小的优势，具有很好的发展前景。

四、燃油炉及燃气炉

（一）油的燃烧特点及燃油设备

油的挥发性强，着火容易。由于油的沸点低于它的着火温度，因此油的燃烧是在气体状态下进行的。在燃油炉中，燃油需通过油喷嘴（又称雾化器）雾化成极细小的油滴，增加燃料的表面积，以求燃烧快速、完全，如同把煤磨成煤粉后再燃烧一样。油滴在炉膛中受到加热后首先蒸发成油蒸气，油蒸气和周围空气互相扩散，混合达到着火温度后，即开始燃烧。

由此可知，油滴的燃烧过程包括雾化、蒸发、扩散混合和着火燃烧几个阶段，其中雾化和混合是强化油燃烧的关键。组织油的燃烧，使之在有限的炉膛空间内获得良好的燃烧效果，最重要的是要有性能良好的燃烧器。它主要由雾化器（又称油喷嘴）和调风器组成。

1. 油雾化器

油雾化器的雾化质量用雾化粒度、雾化角及流量密度表示。

雾化粒度是表示油粒颗粒大小的指标。为使燃料及时着火，完全燃烧，要求雾化的油粒和磨制的煤粉颗粒一样，细且均匀。

雾化角为喷嘴出口处油雾边界切线的夹角。雾化角的大小对油粒与空气的混合有很大的影响。

流量密度是流过垂直于油雾速度方向的单位面积上的燃油体积。为了合理组织配风，流量密度应沿喷嘴出口圆周方向均匀分布。而在雾化角的中心回流区，流量密度则应相对较小。

油雾化器按雾化方式可以分为机械式雾化器（离心式和旋杯式）、介质式雾化器（以空气或蒸汽作介质）。其中离心机械式雾化器是应用最多的一种，这种油雾化器又可分为简单压力式油雾化器和回油式压力油雾化器。

简单压力式油雾化器主要由雾化片 1、旋流片 2 及分流片 3 组成，见图 9-19。由油管送来的具有一定压力的燃油，首先经过分流片上的几个进油孔汇合到环形均油槽中，并由此进入旋流片上的切向槽，获得很高的流速，然后以切向方向流入旋流片中心的旋流室，油在旋流室中产生强烈的旋转，最后从雾化片上的喷口喷出，并在离心力的作用下迅速被粉碎成许多细小的油粒，形成具有一定雾化角的圆锥形雾化炬。

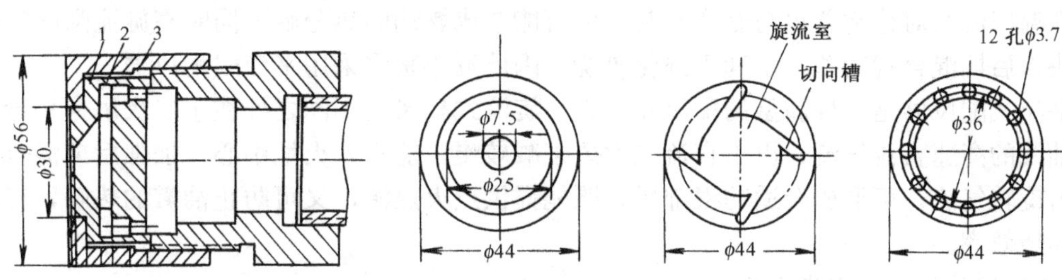

图 9-19　简单压力式油雾化器

1—雾化片；2—旋流片；3—分流片

简单压力式油雾化器的喷油量是通过改变油压来调节的，而进油压力降低会使雾化质量变差，从而使负荷的调节范围受到了限制。

回油式压力油雾化器与简单压力式不同的是旋流室多了一个通向回油管的通道，见图 9-20。因此，进入油喷嘴的油流被分为喷油和回油两部分。若进油压力保持不变，总的进油量亦变化不大。这时只要改变回油量，喷油量随之发生变化，依此便可进行负荷的调节。同时，在油喷嘴工作时，进油量基本上是稳定的，故油在旋流室中的旋转强度及其雾化质量可得到保证。从而使这种喷嘴有比较大的负荷调节范围。

Y 形蒸汽雾化器是一种新型的内混式高压介质雾化器，在 Y 形蒸汽雾化器中，油孔、汽孔、混合孔三者呈 Y 形相交，见图 9-21。油从外管 5 进入喷嘴头部的油孔 7，蒸汽由内管 6 进入汽孔 8，油在混合孔 9 中和蒸汽相遇，被撞击破碎形成乳化状态的油汽混合物。然后再经混合孔前面的喷口喷到炉内雾化成油粒。Y形蒸汽雾化器雾化质量很好，负荷调节范围大。

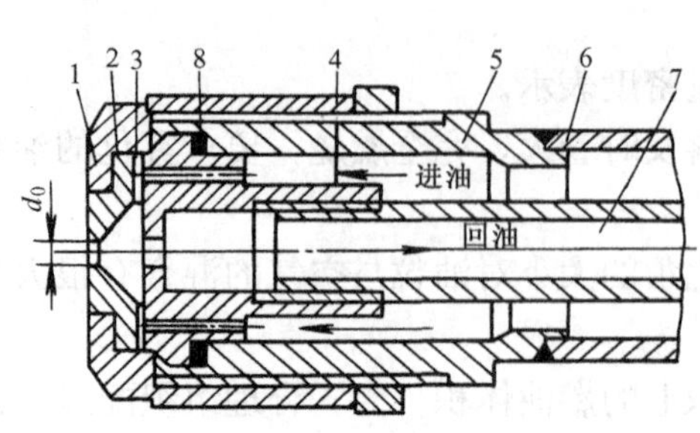

图 9-20　回油式压力油雾化器

1—螺帽；2—雾化片；3—旋流片；4—分油嘴；5—喷油座；6—进油管；7—回油管

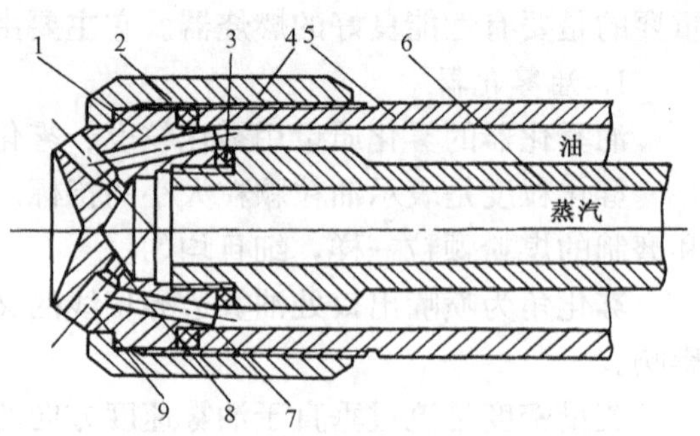

图 9-21　Y形蒸汽雾化器

1—喷嘴头部；2，3—垫圈；4—螺帽；5—外管；6—内管；7—油孔；8—汽孔；9—混合孔

2. 配风器

配风器的作用是对油喷嘴喷出的油雾供应适当的空气，并在炉内形成合理的空气动力场，强化空气与油雾的扰动与混合，保证燃油及时着火，燃烧稳定而完全。

配风器按气流流动的方式可分为旋流式和平流式。

旋流式配风器的结构与旋流式煤粉燃烧器相似。调风器的一次风和二次风分别经一次风管端部的稳焰器和套在一次风管外面的二次风叶轮（又称旋流器）旋转后进入炉膛，它们的旋流强度可由改变稳焰器和旋流器的轴向位置来调节。这种配风器旋流强度大，油雾根部形成的高温回流区对稳定着火与燃烧有利，但可能造成燃油的热分解。同时高旋流强度气流衰减很快，后期混合扰动差，不利于强化燃烧。因此近年来多采用平流式配风器。

平流式配风器是一种新型的配风器，它与旋流式配风器不同之处在于二次风为平行于配风器轴线的高速直流气流，由于直流二次风衰减较慢，能穿入火焰中心，加强后期混合。一次风为旋转气流，可形成合适的根部风，既能提供点火热源，又可防止油雾的热解，有利于提高燃烧效率。

（二）燃气炉及其燃烧设备

燃气的燃烧为均相燃烧，气体燃料含灰分极少，其着火和燃烧要比固体燃料容易得多。气体燃料在燃烧时，在着火面形成火焰面，其后是高温的燃烧产物，之前是未燃的可燃混合物。火焰面前后有很大的温度梯度，热量向前传播，使邻近的未燃气温度升高，达到着火温度后形成新的火焰面。垂直于火焰面的传播速度称为法向火焰传播速度。当气体混合物的流速在火焰面法向方向的分量高于火焰传播速度时，火焰将不断远离燃烧器火孔，到一定距离后完全消失，称之为脱火；若低于火焰传播速度，火焰将沿燃烧器混合管道逆向燃烧，称之为回火。引起脱火的最低气流速度及引起回火的最高气流速度分别称为脱火极限和回火极限，处于脱火极限和回火极限之间的气流速度值均能保证稳定燃烧。强化气体燃料燃烧的主要措施是提高燃烧温度和加强混合，因此必须要有性能良好的燃烧器。

1. 天然气燃烧器

天然气燃烧器可分为直流式和旋流式。

典型的直流式天然气燃烧器的结构见图 9-22。天然气由多根喷管的喷孔切向和径向喷入炉室，形成旋转运动。燃烧器出口有一中心叶轮，起稳焰器作用。空气以直流方式从叶轮与喷孔间的环形通道中喷出，与燃气正交，少量空气通过叶轮产生旋转。

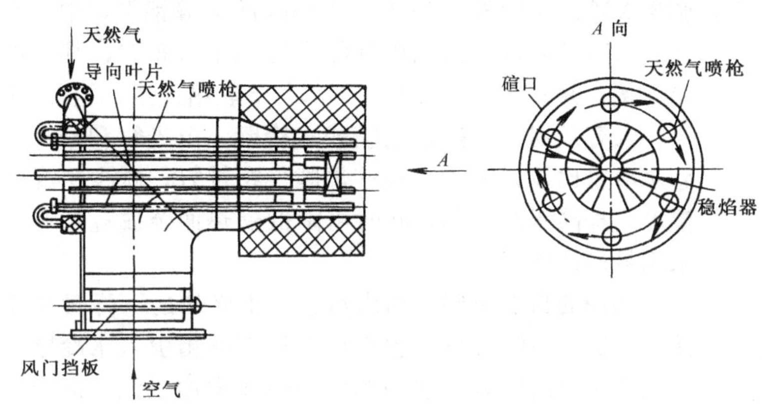

图 9-22　多枪式直流式天然气燃烧器

旋流式天然气燃烧器中的空气采用与油燃烧器基本相同的蜗壳旋流装置造成旋转气流，天然气则经中心管由管端的径向小孔喷出，横向穿入旋转空气流中，天然气和空气混合后经过缩放喷口进入炉室，可使混合进一步改善。

2. 高炉煤气燃烧器

高炉煤气热值很低，并含有大量惰性气体，燃烧温度不高，着火困难。大多采用预混合燃烧，即煤气和空气混合后分成若干股片状气流，使之流过炽热的耐火砖隔墙组成的燃烧通道进行预热，以强化煤气的着火、燃烧。此外，燃用高炉煤气时，最好掺烧重油或煤粉，以利稳定燃烧。

第四节　锅炉受热面

锅炉受热面是吸收炉内热量加热工质的表面式换热器。锅炉受热面的传热由管内对流换热、管壁导热及管外辐射、对流换热构成，分别完成水的加热、蒸发和过热，蒸汽的再热以及空气的加热过程。

锅炉受热面主要包括蒸发受热面、过热器、再热器、省煤器及空气预热器。

一、蒸发受热面及其工作特点

（一）蒸发受热面的作用与结构

锅炉蒸发受热面是指工质在其中吸热汽化的受热面。锅炉最主要的蒸发受热面是敷设在炉膛四周炉墙上吸收辐射热的水冷壁。在低压锅炉中，仅靠水冷壁吸热不能满足汽化热增大的需要，因此在对流烟道还需布置吸收对流热的对流管束。在中、高压锅炉中，为了降低炉膛出口烟气温度，防止炉膛出口过热器结渣，将该处后墙水冷壁拉稀形成凝渣管束。对流管束及凝渣管束均为对流蒸发受热面。超临界压力锅炉不存在蒸发受热面，这时水冷壁是用作加热介质的辐射受热面。

现代锅炉水冷壁已成为锅炉的主要受热面，由于炉内火焰温度很高，水冷壁的辐射吸热很强烈，因此可减少总的受热面面积，节约钢材消耗；同时可降低高温对炉墙破坏，有效地防止炉壁结渣；并可悬吊敷管炉墙的全部重量。

1. 水冷壁与自然循环

自然循环锅炉的水冷壁通常采用外径为45～60mm的无缝钢管，中、小容量锅炉多用光管水冷壁贴近炉膛四周互相平行地垂直布置，其上部与汽包或上联箱连接，并固定在支架上，下部与下联箱连接，能自由膨胀。

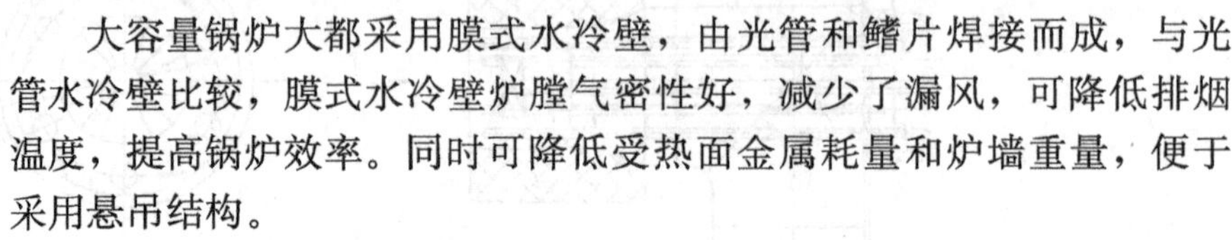

大容量锅炉大都采用膜式水冷壁，由光管和鳍片焊接而成，与光管水冷壁比较，膜式水冷壁炉膛气密性好，减少了漏风，可降低排烟温度，提高锅炉效率。同时可降低受热面金属耗量和炉墙重量，便于采用悬吊结构。

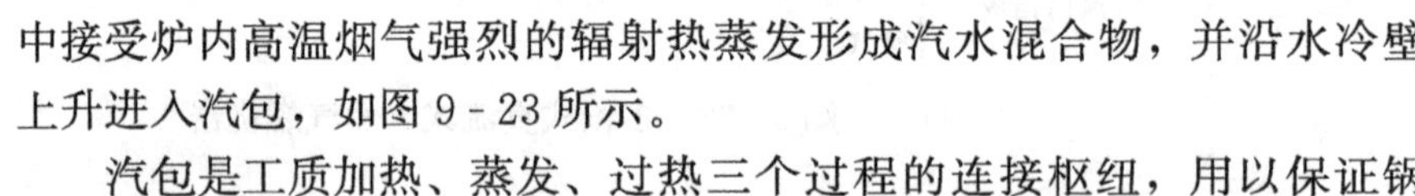

锅炉的自然循环回路由汽包、不受热的下降管和作为上升管的水冷壁构成，下降管自汽包将炉水经下联箱引入水冷壁，炉水在水冷壁中接受炉内高温烟气强烈的辐射热蒸发形成汽水混合物，并沿水冷壁上升进入汽包，如图9-23所示。

图9-23 简单自然循环回路

汽包是工质加热、蒸发、过热三个过程的连接枢纽，用以保证锅炉正常的水循环，汽包内部装有汽水分离、排污等蒸汽净化装置。

由图9-23可见，在稳定流动的状态下，下降管与上升管作用在下联箱两侧的压力应相等，即

$$p + h\rho_{xj}g - \Delta p_{xj} = p + h\rho_{ss}g + \Delta p_{ss} \tag{9-23}$$

式中：p为汽包压力；h为循环回路高度；ρ_{xj}、ρ_{ss}分别为下降管与上升管中工质的密度；Δp_{xj}、Δp_{ss}分别为下降管与上升管中工质的流动阻力。

经整理得

$$h(\rho_{xj} - \rho_{ss})g = S_{yd} = \Delta p_{xj} + \Delta p_{ss} \tag{9-24}$$

式中：S_{yd}为循环回路的运动压头，取决于循环回路高度h和下降管与上升管中工质的密度差$\Delta\rho$，是产生水循环的动力。在稳定流动时，循环回路的运动压头用来克服工质的流动阻力。显然，h、$\Delta\rho$越大，则S_{yd}越大，自然循环的可靠性就越高。随着锅炉容量的提高，压力增大，密度差$\Delta\rho$减小，S_{yd}是减小的。因此，至一定压力，必须放弃自然循环而采取强制循环乃至直流形式。

循环回路中水流量G与回路中产生的蒸汽量D之比，称为循环倍率，用K表示。

$$K = \frac{G}{D} = \frac{G}{Gx} = \frac{1}{x} \tag{9-25}$$

式中：x为上升管出口汽水混合物质量含汽率。

循环倍率的意义为上升管中产生1kg蒸汽需要进入上升管的循环水量，或1kg水完全变成蒸汽在循环回路中需要循环的次数。K增大，x减小，上升管出口汽水混合物中水的份额增大且管壁水膜稳定，使受热面管壁得到充分的冷却，可避免管子超温。但K过大，又使$\Delta\rho$减小，S_{yd}减小，导致循环回路的循环流速w_0减小，对水循环不利。由此可见，循环倍率是标志锅炉水循环安全性的一个重要指标。

现代电站锅炉中，水冷壁是由若干具有独立下降管和独立联箱的循环回路组成，这样可以减少并列水冷壁管之间的热偏差，避免发生循环异常而导致管壁超温。后水冷壁上部带有

的折焰角可以改善烟气的混合和对受热面的冲刷。

2. 直流锅炉水冷壁

直流锅炉没有汽包，给水在给水泵压头的推动下，依次流过省煤器、水冷壁、过热器受热面，完成水的加热、汽化和蒸汽过热过程，其循环倍率$K=1$。直流锅炉采用膜式水冷壁，为节约钢材，常采用小管径。水冷壁可以自由布置成各种形式。基本形式有水平围绕管圈式，垂直上升管屏式和回带管屏式。

水平围绕管圈式的蒸发受热面是由多根并联布置的水平或微倾斜的管子沿炉膛四周由下而上盘旋构成，无下降管，见图9-24（a）。其优点是金属耗量小，沿炉膛四周热力偏差小，水动力较稳定。缺点是安装组合率低，管圈支吊较困难。

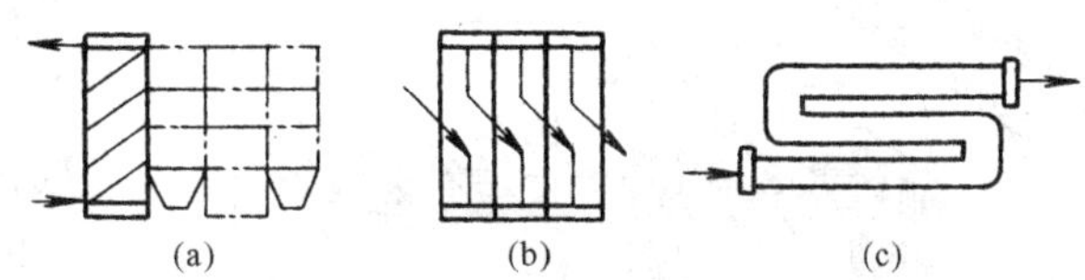

图9-24　直流锅炉水冷壁结构形式

(a) 水平围绕管圈式；(b) 垂直上升管屏式；(c) 回带管屏式

垂直上升管屏式水冷壁又可分为一次垂直上升（UP式）和多次垂直上升（FW式）二种。一次垂直上升管屏式水冷壁中工质一次由下而上平行流经全部四面墙水冷壁管屏；多次垂直上升水冷壁由多组平行布置的垂直管屏组成，屏间用布置在管外的不受热下降管作为连接管，工质多次上升，见图9-24（b）。垂直上升管屏式直流锅炉的主要优点是系统简单，阻力小，可采用全悬吊结构。安装、支吊方便，适用于大容量锅炉。但对滑压运行锅炉适应性较差，且金属耗量大。

回带管屏式水冷壁由多行程回带管屏组成，根据回带迂回方式的不同又可分成水平回带及垂直升降回带两种，见图9-24（c）。回带管屏式直流锅炉的优点主要是布置方便，省金属。但因两联箱之间的管子很长，热偏差大，不易疏水排气，且水动力稳定性较差，制造困难。

直流锅炉的炉膛辐射受热面也可以同时兼有几种结构形式，如：在炉膛下部高温辐射区采用水平围绕管圈结构以减少热偏差；而在炉膛的上部则采用垂直上升管屏以减少阻力。

（二）蒸发受热面运行特点

我国锅炉主要燃用煤，而且优先使用劣质煤。在固态排渣煤粉炉中，火焰中心温度可达1400～1600℃，燃烧过程形成的灰渣大多呈熔融状态，如果液态的渣粒在凝固之前冲刷到水冷壁或炉墙上，将会紧紧地粘在受热面或炉墙上，产生结渣。结渣是一个自动加剧过程，一旦开始，便越结越多，不断蔓延。不仅影响受热面吸热，造成炉膛出口烟温及排烟温度升高，过热蒸汽超温；结渣后的水冷壁管受到灰渣和烟气复杂的化学反应，还会发生高温腐蚀；同时炉膛结渣还破坏炉内空气动力场，影响炉内的燃烧工况，降低锅炉出力和效率。严重时，大块渣团掉落，还可能砸坏冷灰斗的水冷壁管。因此结渣是煤粉炉的一个突出问题，必须认真对待。

为了防止煤粉炉结渣，在设计方面应选择合适的切圆直径和热强度，避免切圆过大造成气流贴壁，防止炉内温度过高；在运行方面应组织良好的炉内燃烧工况和空气动力场，避免不完全燃烧造成的还原性气氛使灰的熔点下降，避免火焰偏斜，冲墙；避免锅炉超负荷运行。

二、过热器与再热器

（一）过热器与再热器的型式及特点

电站锅炉过热器的作用是将饱和蒸汽加热成为具有一定温度的过热蒸汽，送往汽轮机高压缸做功，并且保证汽温稳定在允许的范围内。

为了提高汽轮发电机组的循环热效率，减少汽轮机最后几级蒸汽的湿度，确保机组运行的安全性，当锅炉压力大于13.7MPa时大多要采用再热循环，即在锅炉再热器中将汽轮机高压缸排出的蒸汽加热至具有一定温度的再热蒸汽，然后送到汽轮机的中、低压缸中继续做功。

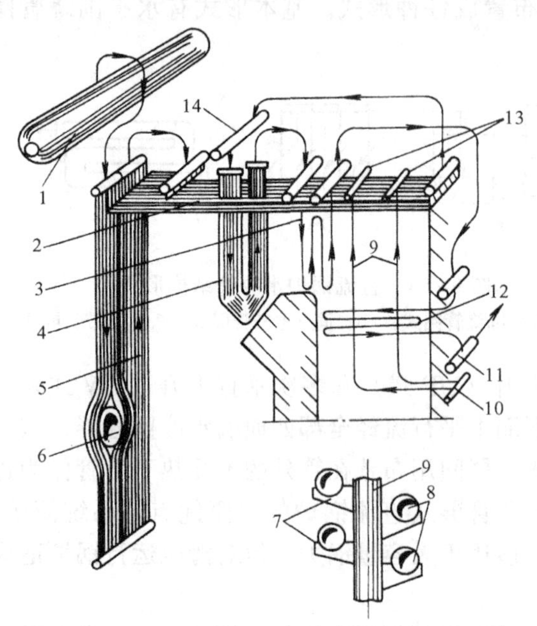

图9-25　大型电站锅炉过热器布置示意图

1—锅筒；2—顶棚过热器；3—立式对流过热器；4—屏式过热器；5—辐射式过热器；6—燃烧器留孔；7—支撑搁条；8—水平过热器蛇形管；9—悬吊管；10—悬吊管进口集箱；11—过热蒸汽出口联箱；12—卧式对流过热器；13—悬吊管出口联箱；14—减温器

过热器与再热器一般布置在锅炉的高烟温区，管内工质温度高，冷却能力差，因此是锅炉中工作条件最为恶劣的部件。

过热器与再热器可根据传热方式分为：对流式、半辐射式、辐射式。工业锅炉的过热器均为对流式，现代大型电站锅炉为了满足蒸汽参数提高使蒸汽吸热量份额增加的需要，则往往由对流式、半辐射式、辐射式组成，见图9-25。

1. 对流式受热面

对流式受热面布置在锅炉的对流烟道，主要吸收烟气的对流热。对流式受热面由无缝钢管弯制的蛇形管和联箱组成，蛇形管外径为32～42mm。布置形式可分为立式和卧式。立式对流受热面的优点是不易积灰，支吊方便。缺点是疏水，排气性差，锅炉启停时易造成管壁腐蚀及超温。卧式受热面的优、缺点与立式相反。

根据烟气与管内蒸汽的相对流向可分为顺流、逆流和混合流。顺流式对流受热面壁温较低但传热温压小，逆流式对流受热面与之相反，壁温较高但传热温压大。混合式则为折中的布置方式。

蛇形管的排列方式有顺列和错列两种。在条件相同的情况下（烟气流速等），烟气横向冲刷错列布置受热面管子时的传热系数比顺列布置时大，但积灰难以吹扫。

综上所述，在锅炉水平烟道的高烟温区域，对流受热面多采用立式、顺列和顺流布置，而在尾部烟道则多采用卧式、错列和逆流布置。

2. 半辐射式、辐射式受热面

半辐射式受热面布置在炉膛出口烟窗处，既吸收炉内的直接辐射热，又吸收烟气的对流热。它是由布置在炉外的联箱与吊在联箱上的许多外径为32～42mm的管子紧密排列成U形或W形的管屏组成，烟气在管屏与管屏之间的空间流过，又称为屏式受热面。为了防止结渣，相邻两屏之间有较大的距离，约为500～900mm。

辐射式受热面常设置在炉膛顶部，称为顶棚式受热面，或布置在炉膛的内壁上，称为墙式受热面。辐射式受热面直接吸收炉膛辐射热。

半辐射式、辐射式受热面与对流式受热面一起采用，有利于改善工质的汽温特性。由于炉膛热负荷高，还可以降低锅炉金属耗量，但因管内蒸汽冷却能力差，所以管壁温度较高，为了改善半辐射式，尤其是辐射式受热面的工作条件，一般只布置在远离火焰中心的炉膛上部，同时将它们作为低温级受热面，另外还常采用较高的工质质量流速来控制壁温。

流经过热器与再热器的烟气速度应适当，过大导致管子金属磨损，过小则传热差。一般为7～12m/s，燃用灰多和灰分磨损性较强的燃料时取下限。管内蒸汽流速也有最佳范围，常用质量流速表示，蒸汽流速过大流动阻力大，过低则管壁冷却差。一般对流受热面取400～1000kg/(m^2·s)，半辐射受热面取800～1300kg/(m^2·s)，辐射受热面取1000～1500kg/(m^2·s)。

（二）热偏差

过热器与再热器是由许多并列管子沿烟道宽度方向平行排列而成，管子的结构尺寸、内部阻力系数不可能完全相同。由于烟道宽度相对较大，沿烟道宽度方向烟气的温度场和速度场不均匀，会造成并列各管子间吸热不均和流量不均，因此，每根管子中蒸汽的焓增也就不同。这种在并列工作管组中，部分管内蒸汽的焓增大于整个管组平均焓增的现象称为热偏差。这些焓增大、温度高的管子叫热偏差管。

偏差管中蒸汽的焓增量 Δh_p 与整个管组蒸汽的平均焓增量 Δh_0 之比，称为热偏差系数 ϕ，即

$$\phi = \Delta h_p / \Delta h_0 \tag{9-26}$$

ϕ 反映了过热器、再热器的热偏差程度。由于热偏差，可使受热强的部分管子内的蒸汽温度大于管组平均温度，造成该金属管壁超温破坏。减轻热偏差的主要措施是从设计和运行上尽量保证炉内良好的空气动力场，减少过热器并列管子间的吸热不均与流量不均。采用过热器分段、分级布置以减少每级过热器的蒸汽焓降，降低热偏差。同时，各级过热器出口工质在联箱管中混合、左右交叉可防止各级热偏差的“叠加”。

（三）过热器与再热器的汽温调节

过热蒸汽温度和再热蒸汽温度是衡量蒸汽品质的重要指标之一，也是锅炉运行中监视和控制的主要参数之一。蒸汽温度偏离规定值或频繁大幅度波动，都将严重影响到锅炉和汽轮机的安全、经济运行。因此，在锅炉运行中，必须维持过热蒸汽温度和再热蒸汽温度的稳定。锅炉在运行过程中，过热蒸汽与再热蒸汽温度会随着锅炉负荷，燃料性质，给水温度，炉膛过剩空气系数等的变化而发生较大的波动。电站锅炉蒸汽温度的允许波动范围是额定汽温的－10～＋5℃。

汽温调节就是要在一定的负荷变化范围内保持额定的蒸汽温度。

蒸汽温度的调节可分为蒸汽侧调节和烟气侧调节两大类。蒸汽侧调节汽温的方法有表面式减温器、喷水减温器等，烟气侧调温的方法有烟气再循环、分隔烟道挡板及改变火焰中心位置等。

1. 喷水减温器

现代锅炉蒸汽侧调温基本上都采用喷水减温器。其工作原理是将减温水直接喷入蒸汽中，

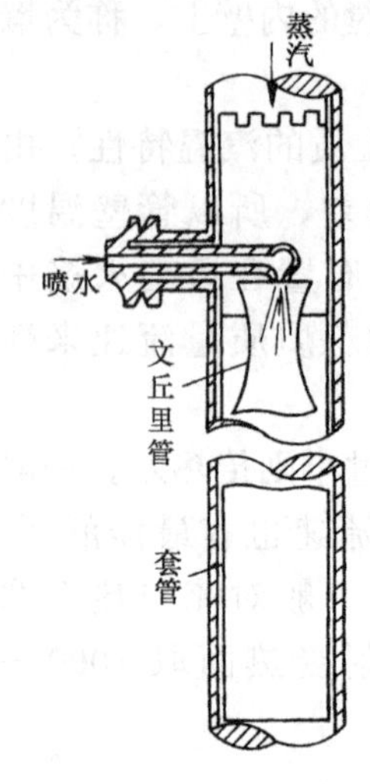

图 9-26 喷水减温器

通过减温水吸收蒸汽热量来改变其焓值，使蒸汽温度降低。喷水减温器的主要部件是装在蒸汽管道或过热器联箱内的水喷嘴、文丘利管和混合管，是一种混合式热交换器，见图 9-26。

高纯度的除盐水由喷嘴上的小孔（直径为 3～6mm）喷出并形成液雾，然后在喉部与高速蒸汽混合，水滴的汽化使过热蒸汽的温度降低。喷水减温器在文丘里管后都需要装置 3～5m 的混合管，使喷入的水滴不与高温管壁接触引起热应力，且使水与蒸汽混合均匀。

喷水减温器结构简单，调节灵敏，广泛用于高压和高压以上锅炉过热蒸汽的调节。

再热蒸汽采用喷水减温会降低电站循环效率，故一般采用烟气侧调温，而用喷水减温作为事故调温。

2. 烟气再循环

烟气再循环的工作原理是采用再循环风机从锅炉尾部低温烟道中（一般为省煤器后）抽出一部分温度为 250～350℃的烟气，从炉膛底部（如冷灰斗下部）送回到炉膛，用以改变锅炉内辐射和对流受热面吸热量的比例，从而达到调节汽温的目的，见图 9-27。

烟气再循环调温幅度大，迟滞小且调节灵敏。但因增加再循环风机使厂用电增大，风机磨损大。国内常用于燃油锅炉。

3. 分隔烟道挡板

分隔烟道挡板是用挡板将尾部烟道分隔成两个并列烟道。其一布置再热器，另一侧布置过热器，在两个烟道受热面后的出口处布置可调的烟气挡板，利用调节挡板的开度，改变流经两烟道的烟气量来调节再热汽温，见图 9-28。

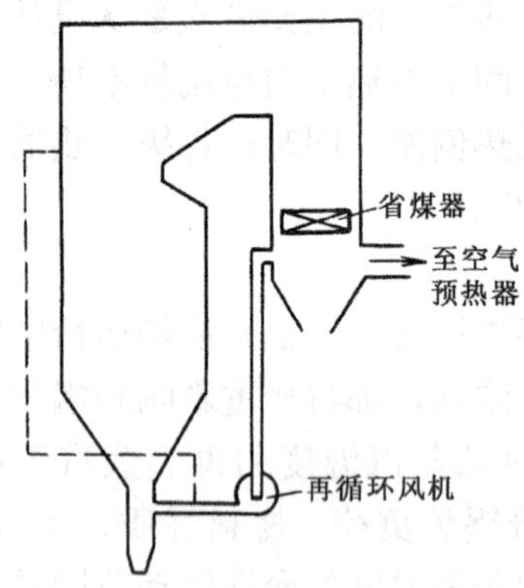

图 9-27 烟气再循环系统

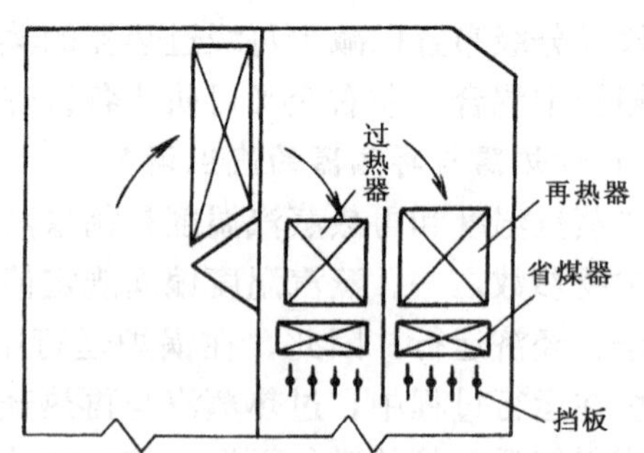

图 9-28 分隔烟道挡板法受热面布置

这种调节方法结构简单，操作方便但延迟较大，挡板开度在（0～40%）范围内较为有效，挡板宜布置在烟温低于 400℃的区域，以免烧坏。

4. 改变火焰中心位置

通过改变火焰中心沿炉膛高度的上下位置，使炉膛出口烟温改变，以改变过热器、再热器的传热温差，进而达到调节蒸汽温度的目的。

现代大型锅炉，在采用四角切圆燃烧方式时，常采用摆动式燃烧器来改变火焰中心位置。燃烧器向上摆动，火焰中心位置上移，炉膛出口烟温升高，过热器、再热器吸热量增加，汽温升高。反之，燃烧器向上倾斜，火焰中心下移，炉膛出口烟温降低，过热器、再热器吸热量减少，汽温降低。一般燃烧器摆动±20°～30°，炉膛出口烟温变化约110～140℃，调温幅度可达40～60℃。

（四）过热器与再热器的高温积灰与高温腐蚀

高温过热器和高温再热器布置在烟气温度高于700～800℃的烟道内，在烟气侧管子表面有时会牢固地黏附一层密实的沉积物，称为高温黏结性积灰。受热面积灰将影响传热，使传热量减少，造成过热蒸汽和再热蒸汽温度偏低，排烟温度升高。如果积灰不均匀，还会引起热偏差。在高温黏结性灰层下还会引起受热面的金属腐蚀。

与水冷壁一样，在过热器与再热器的烟气侧管壁也会发生高温腐蚀。高温腐蚀是一个复杂的物理化学过程。燃煤锅炉过热器、再热器的高温腐蚀主要是由于管壁外存在高温黏结性灰层。这些灰层中含有复合硫酸盐的存在。复合硫酸盐的熔点较低，在550～710℃的范围内熔化成液态，当温度低于550℃时为固态；温度高于710℃时，它们要分解出SO_3成为硫酸盐，对过热器、再热器金属管壁具有强烈的腐蚀作用。

三、尾部受热面

省煤器和空气预热器布置在对流烟道的最后，处于锅炉的低烟温区，称之为尾部受热面或低温受热面。尾部受热面中受热工质和烟气温度均较低，金属的工作条件虽不像过热器那样恶劣，但易造成低温腐蚀、磨损与积灰。

（一）省煤器

省煤器的作用主要是利用锅炉尾部烟气的余热加热给水以降低排烟温度，提高锅炉效率，节省燃料；给水在省煤器内预热还可以减少价格较高的蒸发受热面，同时减少给水与汽包壁之间的温差，使汽包热应力降低。因此省煤器已成为现代锅炉必不可少的换热部件。

省煤器按其使用的材料可分为铸铁式和钢管式两种；按其出口工质的状态可分为沸腾式和非沸腾式两种。

铸铁式省煤器耐磨损和耐腐蚀，但不能承受高压和水冲击，故大多作为低压非沸腾式省煤器。而沸腾式省煤器可以满足较低压力下工质汽化吸热量份额增大导致蒸发受热面增多的需要，但产生的蒸汽量一般不大于20%，以免流动阻力过大和产生汽水分层。钢管式省煤器由许多平行错列排列的蛇形管和联箱构成，水平布置，工质逆向流动。钢管式省煤器与铸铁式省煤器相比，体积小，重量轻，价格便宜，不易泄漏且能在任何压力下应用，可用作非沸腾式或沸腾式省煤器。

钢管省煤器蛇形管在烟道中的布置可以垂直于前墙，也可以与前墙平行，见图9-29。通常锅炉尾部烟道宽度大而深度小，当管子垂直于前墙布置时，并列管子多，水速较小；而且管子支吊简单，但采用这种布置，对于倒U形锅炉，由于离心力的作用，所有蛇形管靠近后墙部分都将受到严重的飞灰磨损。同时，省煤器蛇形管中水速过低，可能造成管壁局部的氧腐蚀。平行于前墙布置时则只有后墙附近几

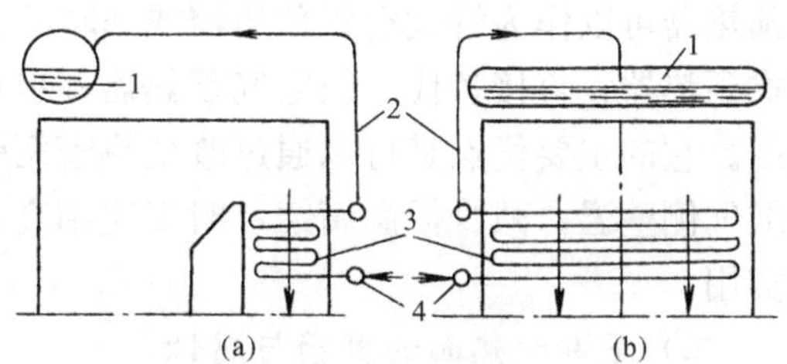

图9-29 省煤器蛇形管布置

（a）垂直前墙布置；（b）并行前墙布置

1—汽包；2—水连通管；3—省煤器蛇形管；4—进口联箱

根蛇形管磨损较大，磨损后只需更换少数管子。但因平行布置的蛇形管根数少，水速较高，流动阻力较大。

省煤器一般采用光管，为了强化烟气侧传热并减少省煤器尺寸可采用鳍片管、肋片管和膜式管。在烟气流动阻力和金属耗量相同的情况下，鳍片和膜式省煤器可增大烟气流通截面，降低烟速，减轻受热面磨损；肋片管则因热交换面积明显增大使传热得到强化。

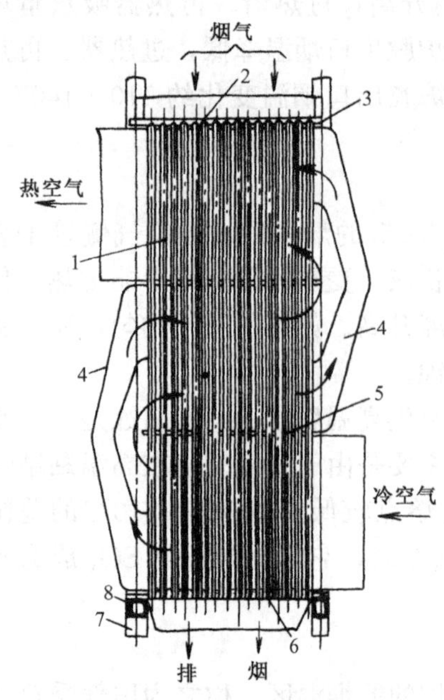

图 9-30　管式空气预热器

1—管子；2，6—上、下管板；3—膨胀节；4—空气罩；5—中管板；7—构架；8—框架

（二）空气预热器

空气预热器的作用是利用省煤器后烟气的热量加热燃烧所用的空气，以利于燃料的着火和燃烧，并可降低排烟温度，提高锅炉效率。空气预热器可分为管式和回转式两种。

管式空气预热器为表面式换热器，布置在锅炉尾部烟道，它是由许多平行错列的钢管焊在上下管板上构成的一个立方形箱体。钢管外径为 25～51mm。烟气在管内由上而下纵向流动，空气从管外横向流过，两者成交叉逆向流动。热量连续地由烟气通过管壁传给空气。为增加交叉次数，保证所需的空气流速，强化传热，在箱体的水平方向装有中间管板，见图 9-30。

回转式空气预热器（又称再生式空气预热器）是一种蓄热式换热器，因其直径较大，布置在锅炉尾部烟道外，按旋转的部件可分为受热面旋转和风罩旋转两种。常用的受热面旋转回转式空气预热器见图 8-24，它主要由受热面、外壳、烟风罩、传动及密封装置等组成。固定的外壳顶部和底板上、下对应地被分隔为烟气流通区、空气流通区和密封区。受热面每旋转一周完成一个烟气与空气的热交换过程。

若被加热的空气需为不同的温度，则采用三分仓回转式空气预热器。此时，空气流通区分为一次空气和二次空气两个通道。

回转式空气预热器与管式空气预热器相比结构紧凑，外形小，重量轻，不易腐蚀，在大型锅炉中得到广泛应用。但结构复杂，漏风量较大。

近年来，热管空气预热器在国内、外锅炉余热利用中得到广泛的应用。热管空气预热器多采用重力式钢水热管，垂直或倾斜布置在锅炉烟道和冷风道内，如图 9-31 所示。热管空气预热器可以作为管式空气预热器或回转式空气预热器的前置式预热器，直接替代一级空气预热器，也可以当作暖风机使用。它的主要优点是可以通过改变热管两侧热阻的办法调节烟气侧壁温，减少低温腐蚀，对于使用高硫燃料的锅炉尤为实用。

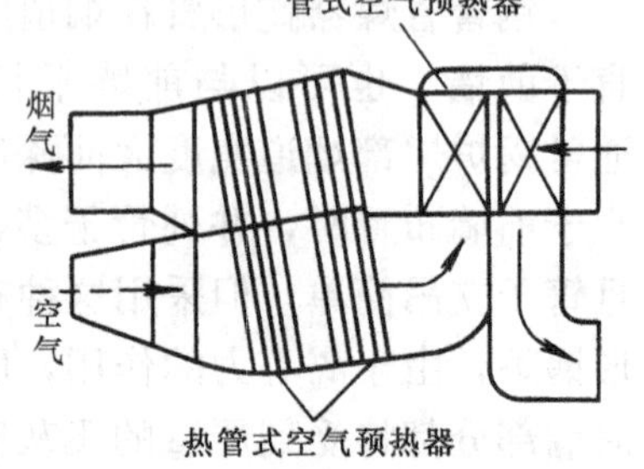

图 9-31　倾斜布置热管空气预热

（三）尾部受热面的磨损与腐蚀

1. 受热面的飞灰磨损

进入尾部烟道的飞灰由于温度较低，具有一定的硬度，携带有灰粒和未完全燃烧颗粒的高速烟气通过受热面时，都

会对管壁产生磨损作用。烟速越高，灰粒对管壁的撞击力就越大；烟气飞灰浓度越大，撞击的次数就越多。受热面因磨损管壁变薄，强度降低，造成管子损坏、泄漏、影响锅炉的安全运行。省煤器因采用小直径薄壁碳钢管，更易受到磨损损坏。

为了减轻尾部受热面的磨损，设计时应合理选择烟气流速，降低烟气中的飞灰浓度，在磨损严重的部位加装防磨装置，例如，在尾部烟道贴炉墙处或弯头等易产生磨损的部位装置护帘，护瓦；在空气预热器的管子入口处加装防磨环等。

2. 低温腐蚀

当受热面壁温接近或低于烟气露点时，烟气中的硫酸蒸汽将在受热面壁面凝结并对壁面产生腐蚀，称之为低温腐蚀，低温腐蚀一般发生在壁温最低的空气预热器的冷段。低温腐蚀造成空气预热器受热面管子穿孔，空气大量泄露到烟气中，致使送风不足，炉内燃烧恶化，锅炉效率降低；同时腐蚀也加重堵灰，使烟道阻力增加。严重影响锅炉的经济、安全运行。

防止低温腐蚀的最有效的办法是提高空气预热器受热面的壁温，为此须采用暖风机或热风再循环来提高空气预热器入口的空气温度。此外，空气预热器冷段受热面可采用耐腐蚀材料。运行中则应尽量减少过量空气系数即过量氧以减少烟气中硫酸蒸汽量，从而减少低温腐蚀。

思考题和习题

1. 试述电站燃煤锅炉的主要系统及工质流程。
2. 强制流动锅炉有哪几种形式？它们与自然循环锅炉在工作原理上有何区别？
3. 煤的元素分析与工业分析成分是什么？挥发分、水分及灰分对锅炉工作有什么影响？
4. 何谓煤的高位发热量与低位发热量？如何进行换算？
5. 锅炉运行中存在哪些热损失？影响锅炉排烟损失的因素有哪些？
6. 何谓煤粉细度？试述钢球磨中储式制粉系统工质流程。
7. 试述煤的三个燃烧区域的特点及相应的燃烧强化措施。
8. 何谓锅炉燃烧系统的一、二、三次风？它们的作用是什么？
9. 直流燃烧器喷口布置有几种形式？在什么情况下采用分级配风？为什么？
10. 直流燃烧器为什么一般采用四角布置切圆燃烧方式？
11. 为什么说流化床燃烧方式具有良好的发展前景？
12. 试述燃油及燃气的燃烧特点。
13. 为什么大型电站锅炉需采用对流—辐射式过热器系统？
14. 锅炉运行中，调节蒸汽温度的主要方法有哪些？
15. 尾部受热面运行的主要问题是什么？
16. 某锅炉的理论空气量$V^0=4.8\text{m}^3/\text{kg}$（标况下），实际送入炉膛的空气量$V=5.4\text{m}^3/\text{kg}$（标况下），炉膛的漏风系数$\Delta\alpha=0.1$，试求该锅炉炉膛出口过剩空气系数$\alpha_l''$。
17. 已知煤的空气干燥基成分为$C_{ad}=68.6\%$、$H_{ad}=3.66\%$、$S_{ad}=4.84\%$、$O_{ad}=3.22\%$、$N_{ad}=0.83\%$、$A_{ad}=17.35\%$、$M_{ad}=1.5\%$。收到基水分$M_{ar}=2.67\%$，干燥基低位发热量$Q_{d,net}=27523\text{kJ/kg}$。试计算该煤的收到基其他成分及干燥基高位发热量。

第十章 制冷原理与空气调节

第一节 概　　述

制冷技术的应用与发展是由于社会生产和人民生活的需求而产生的。自改革开放以来，电冰箱和空调的生产和普及大大地推进了我国制冷技术的发展。

从低于环境温度的物体中吸取热量并将其转移给环境介质的过程称为制冷。制冷技术就是一门研究采用人工方法制取低温的原理、设备及其应用的科学技术。

冷和热的概念是相对的。对物体进行制冷实际上就是使其温度降低。在制冷技术中，冷和热都是与周围环境介质（空气或水）的温度相比较而言的。冷是指某物体或空间的温度低于周围环境介质的温度状态；热则是指某物体或空间的温度高于周围环境介质的温度状态。

工程热力学指出：热量总是自发地由高温物体或空间流向低温物体或空间，这是自然界的普遍规律。而制冷是将低于环境温度的物体或空间的热量转移到空气和水中，这就必须要有一个消耗一定外界能量的补偿过程。人工制冷就是借助于制冷机，以消耗机械能、电磁能、热能以及太阳能等形式的能量为代价，使热量从低温物体或空间转移到高温物体或空间以达到制冷的目的。

实现人工制冷的制冷机是指完成制冷循环所必需的机器和设备的总和。如蒸汽压缩式制冷机中就包括制冷压缩机、冷凝器、蒸发器、节流机构等，而吸收式制冷机中则包括发生器、冷凝器、蒸发器、吸收器、节流机构以及泵等。在制冷机中通常将消耗电能的、有机械运动的制冷压缩机、泵等称为机器，而将其余的换热器及其他辅助设备称为制冷设备。制冷机与消耗冷量的设施结合在一起被称为制冷装置，如冰箱、冷库等。

虽然从环境温度到绝对零度只有约300℃的温度差，但在工程实际和科学研究中，根据人工制冷所能达到的低温范围，将人工制冷划分为普通制冷和低温制冷两个领域。从环境温度到120K为普通制冷范围，一般简称为制冷；而低于120K为低温制冷，一般简称为低温。低温又可进一步划分为深度制冷（120～20K）、低温制冷（20～0.3K）和超低温制冷（小于0.3K）三个温区范围。制冷与低温不仅体现在所获得的温度高低的不同，还体现在获得低温的原理、方法、系统与设备以及所采用的工作介质的不同。下面主要就制冷及其应用——空气调节的基本知识进行介绍，并简要介绍低温工程的主要应用之一空气分离的基本方法。

第二节 制 冷 基 本 理 论

一、制冷的热力学基础

从热力学角度说，制冷系统是利用逆向循环的能量转换系统。按补偿能量的形式（或驱动方式），制冷的方法可分为两大类：以机械能或电能为补偿的和以热能为补偿的。前者如蒸汽压缩式、热电式制冷机等；后者如吸收式、蒸汽喷射式、吸附式制冷机等。两类制冷机的能量转换关系如图10-1所示。

热力学关心的是能量转换的经济性，即花费一定的补偿能，可以收到多少制冷效果（制冷量）。对于图 10-1（a）中机械或电驱动方式的制冷机引入制冷系数 ε［见式（1-31）或式（10-15）］和热力学完善度 η［见式（1-33）或式（10-16）］来衡量；对于热能驱动方式的制冷机，如图 10-1（b）所示，制冷机从驱动热源（温度为 T_g）吸收热量 Q_g 作为补偿，完成从低温热源吸热，向高温热源排热的能量转换，为此引入热力系数 ζ 来衡量其能量转换的经济性。ζ 可表示为

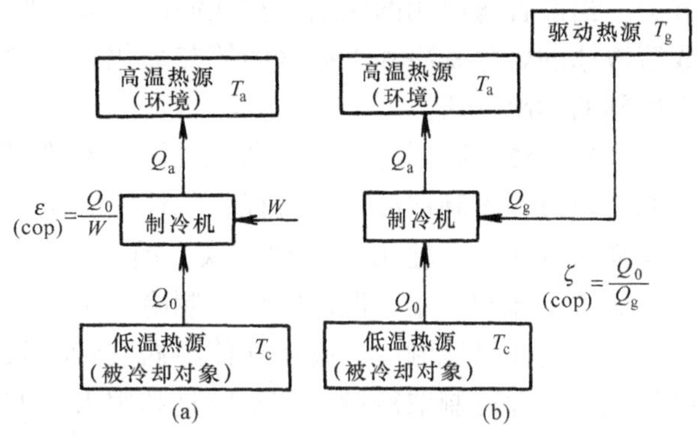

图 10-1　两类制冷机的能量转换关系

(a) 机械或电驱动方式；(b) 热能驱动方式

$$\zeta=\frac{Q_0}{Q_g} \tag{10-1}$$

式中：Q_0 为制冷机的制冷量；Q_g 为制冷机输入的热量。

通常又可将制冷系数和热力系数统称为制冷机的性能系数 COP（Coefficience of Performance）。我们要研究一定条件下 COP 的最高值。

对于以热能驱动的制冷机，假定驱动热源和高、低温热源都是恒温热源，那么可以推导热能驱动的可逆制冷机的性能系数。

由热力学第一定律有

$$Q_a=Q_0+Q_g \tag{10-2}$$

可逆循环的熵增为 0，由热力学第二定律有

$$\frac{Q_a}{T_a}=\frac{Q_0}{T_c}+\frac{Q_g}{T_g} \tag{10-3}$$

利用式（10-2）、式（10-3）和定义式（10-1）得出热能驱动的可逆制冷机的热力系数

$$\zeta_c=\frac{T_c}{T_a-T_c}(1-T_a/T_g) \tag{10-4}$$

上式右边的第一个因子就是在热源 T_a 和热源 T_c 之间工作的可逆制冷循环的制冷系数 ε_c［式（1-19b）］；而第二个因子（$1-T_a/T_g$）则是在热源 T_g 和热源 T_a 之间工作的可逆热发动机的热效率 η（式 1-19a）。故它相当于用一个可逆热机，将驱动热源的热量 Q_g 转换成机械功 W，$W=(1-T_a/T_g)Q_g$，再由 W 去驱动一个可逆制冷循环。这说明 ε_c 与 ζ_c 在数量上不具备可比性，因为补偿能 W 与 Q_g 的品位不同。

式（10-4）给出一定热源条件下制冷机性能系数的最高值，作为评价实际制冷机性能系数的基准值。实际制冷机循环中的不可逆损失总是存在的，其性能系数 COP 恒小于相同热源条件下可逆机的性能系数 COP_c。用热力学完善度 η 评价实际制冷循环与可逆循环的接近程度，于是

$$\eta=\zeta/\zeta_c \tag{10-5}$$

与式（1-20）一样，恒有 $0<\eta<1$。而且 η 越大，说明循环越好，热力学的不可逆损失越小；反之，η 越小，则说明循环中热力学不可逆损失越大。

二、制冷的基本方法

（1）相变制冷。利用液体在低温下的蒸发过程或固体在低温下的熔化或升华过程向被冷

却物体吸取热量——即制取冷量的过程。在制冷技术中，利用液体气化制冷是最重要的制冷方法，当前普遍应用的压缩蒸汽式制冷机和吸收式制冷机都是采用这种制冷方式的。而水冰或溶液冰的熔化制冷和干冰（固体二氧化碳）的升华制冷也是在冷冻冷藏及其他一些场合中常用到的制冷方法。

（2）气体膨胀制冷。利用高压气体的绝热膨胀以达到低温，并利用膨胀后的气体在低压下的复热过程来制取冷量的过程。气体膨胀制冷有采用膨胀机膨胀（有外功输出）和采用节流阀膨胀（无外功输出）两种方式。前者膨胀机复杂，但气体温降大，制冷量大，应用较广；后者节流阀简单，但温降小，制冷量也小，应用比前者更广。

（3）气体涡流制冷。高压气体经涡流管膨胀后被分离成冷、热两股气流，将分离出来的冷气流复热即可制取冷量。其实质是利用人工方法产生旋涡使气流分为冷热两部分。气体涡流制冷的优点是结构简单，维护方便，启动快，缺点是效率太低。通常只适宜于那些不经常使用的小型低温实验设备或对系统经济性要求不高、又有充裕的压缩空气的场合，如钢铁企业工艺流程中仪器仪表的局部冷却。

（4）热电制冷。热电制冷是以温差电现象为基础的制冷方法，它是利用珀尔帖效应的原理达到制冷的目的，即当直流电通过两种不同导体组成的回路时，在其中一个结点上将产生吸热现象即制取冷量。由于半导体材料的热电现象最为明显，热电制冷通常采用半导体材料，因此热电制冷又称为温差电制冷、半导体制冷或电子制冷。热电制冷具有许多十分优异的特点，是一种非常好的制冷方式，只是目前的效率还比较低。随着材料技术尤其是纳米技术的发展，是有可能找到性能更加优异的热电材料，使热电制冷效率得到提高，热电制冷的发展前景将会更加光明。

（5）固体吸附制冷。固体吸附制冷是利用某些固体物质在一定的温度及压力下，能吸附某种气体或水蒸气，在另一温度及压力下，又能将它释放出来的这种吸附与解吸的过程引起的类似于制冷压缩机的压力变化来实现制冷目的的。固体吸附制冷可以利用余热、废热等热能来驱动。

第三节　单级蒸气压缩制冷循环

一、蒸气压缩式制冷

蒸气压缩式制冷属于相变制冷，即利用制冷剂由液态变为气态（相变）时的吸热效应来获取冷量。

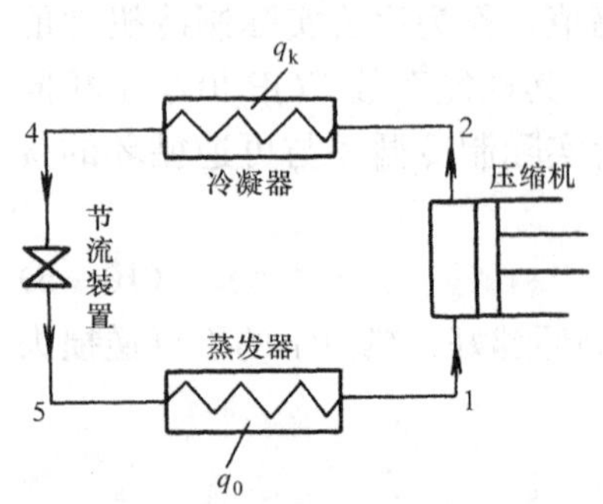

图 10-2　蒸气压缩式制冷系统图

蒸气压缩式制冷系统由压缩机、冷凝器、节流阀和蒸发器四大件组成（见图 10-2）。它们之间用管道依次连接，形成一个封闭系统，制冷剂在系统内循环流动，不断地发生状态变化，并与外界进行能量交换，达到制取冷量的目的。

它的工作过程是：压缩机吸入蒸发器内产生的低温低压制冷剂蒸气，并将其进行压缩，使其温度、压力升高，高温高压制冷剂蒸气进入冷凝器，在压力基本保持不变的情况下被冷却介质（水或空气）冷却，放出热量，温度降低，并进一步凝结成液体，从冷凝器流出，随后这些高压制冷剂液体经过节流阀时，因受阻而使压力下降，导致部分制冷剂液体气化，吸收气化潜热，使其本身温度也相应降低，成为低温低压下的湿蒸气，进入蒸发器，在蒸发器中，低温低压的制冷剂液体在压力不变的情况下吸收被冷却介质（空气、水或盐水等）的热量（即制取冷量）而气化，形成的低温低压蒸气又被压缩机吸走，如此循环不已。

蒸气压缩式制冷有单级压缩制冷循环和多级压缩制冷循环之分。所谓单级压缩，是指制冷剂蒸气只经过一次压缩，最低蒸发温度可达－40～－30℃。单级压缩广泛用于制冰、冷藏、工业生产过程的冷却，以及空气调节等各种低温要求不太高的制冷工程。在这里只介绍单级压缩蒸气制冷循环。

（一）制冷剂的压—焓图

制冷剂在工作范围内不能当成理想流体，即不能利用理想流体的关系式而是利用热力状态图进行讨论。用热力状态图不仅可以研究循环中的每一个过程，而且可以了解过程之间的关系，以及循环中某一过程的变化对其他过程的影响。表示制冷剂状态参数的热力状态图主要有压力—比焓（$P-h$）图及温度-比熵（$T-s$）图。在制冷循环的热力计算中，因为循环的各个过程中功与热量的变化均可用比焓值的变化来加以计算，因此，运用 $p-h$ 图更为合适。

压—焓图的结构如图 10-3 所示。以绝对压力为纵坐标（为了缩小图的尺寸，提高低压区域图的精度，通常取对数坐标），以比焓值为横坐标。图中临界点 c 左边的粗实线为饱和液体线，干度 $x=0$；右边的粗实线为饱和蒸气线，干度 $x=1$；这两条粗实线将图分为三个区域：饱和液体线的左边为过冷液体区；饱和蒸气线的右边为过热蒸气区；两条线之间的区域为两相区（湿蒸气状态区域）。图中共有六种等参数线簇：定压线、定焓线、定温线、定熵线、定容线、定干度线。

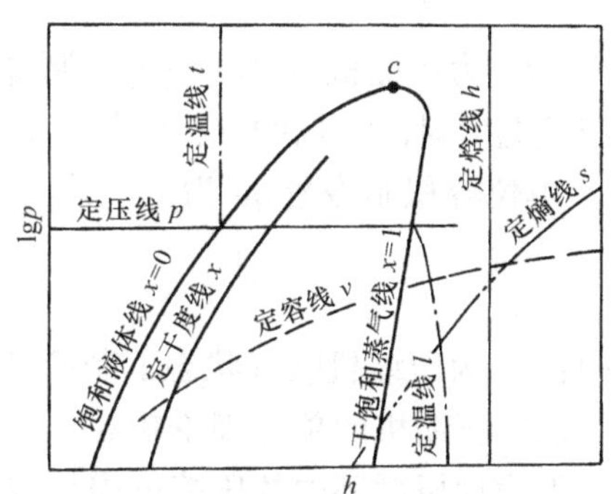

图 10-3　制冷剂压—焓图

（二）理想制冷循环（理论循环）

1. 理想化条件

①蒸发过程、冷凝过程都是等压、等温过程；②压缩过程是定熵过程，并且吸入的是 $x=1$ 的干饱和蒸气；③节流过程是等焓过程；④在各段连接管路中，制冷剂不发生状态变化。

2. 在压—焓图上的表示法

单级蒸气压缩理想制冷循环，其压—焓图如图 10-4 所示。图中示出的热力过程线的意义如下：

1-2——定熵线。干饱和蒸气（点 1）在压缩机的气缸中被定熵压缩，压力升高，变成过热蒸气（点 2）。

2-3——定压线。过热蒸气在冷凝器中被定压冷却成为干饱和蒸气（点 3）。

3-4——定温—定压线。干饱和蒸气在冷凝器中定温、定压地放出气化潜热之后，被冷凝成饱和液体（点 4）。

4-5——节流过程线。饱和液体经节流机构，被节流降温、降压为湿蒸气状态（点 5）。

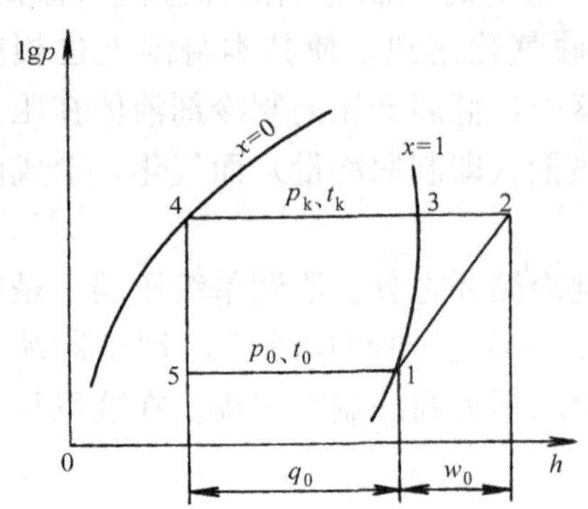

图 10-4 单级蒸气压缩理想制冷循环示意图

5-1——定温一定压线，湿蒸气在蒸发器中，定温、定压地吸取被冷却介质的热量，使湿蒸气变成干饱和蒸气（点 1）。

3. 理论循环的热力计算

已知条件：制冷剂种类，制冷系统的蒸发温度 t_0(℃)、冷凝温度 t_k(℃) 和环境状态 p_a(Pa)、t_a(℃)、φ_a、压缩机的气缸直径 D(m)、活塞行程 S(m)、气缸数 Z、曲轴转速 n(r/min)。

计算程序：先画出相应于理想制冷循环的制冷剂压—焓图（如图 10-4），并在图上画出循环各过程，查出点 1 的比体积 v_1 和各点的比焓值 h_1、h_2、h_3、h_4，以及蒸发压力 p_0 和冷凝压力 p_k。然后依次进行下列计算。

（1）单位制冷量

单位质量制冷量 q_0 为

$$q_0 = h_1 - h_4 \tag{10-6}$$

或

$$q_0 = r_0(1 - x_4) \tag{10-7}$$

式中：h_1 为压缩机吸气状态下的制冷剂比焓；h_4 为节流机构之后的制冷剂比焓；r_0 为相当于蒸发温度时制冷剂的气化潜热；x_4 为节流机构后的制冷剂（湿蒸气）干度。

单位容积制冷量 q_V 为

$$q_V = \frac{q_0}{v_1} = \frac{h_1 - h_4}{v_1} \tag{10-8}$$

式中：v_1 为压缩机吸气状态下制冷剂蒸气的比体积，m^3/kg。

（2）压缩机的单位理论功 w_0

因为理想循环中的压缩过程是定熵过程，所以，单位理论功可用压缩前、后制冷剂的比焓差表示

$$w_0 = h_2 - h_1 \tag{10-9}$$

式中：h_2 为压缩终了状态下制冷剂的比焓，kJ/kg。

单位理论功取决于制冷剂种类、蒸发温度、冷凝温度和吸气温度。

（3）压缩机的理论排气量 V_h

$$V_h = \frac{\pi}{4} D^2 Szn/60 \tag{10-10}$$

（4）制冷剂的循环量 $q_{m,R}$

$$q_{m,R} = V_h / v_1 \tag{10-11}$$

（5）制冷机的制冷量 Q_0

$$Q_0 = q_{m,R}，q_0 = q_{m,R}\ (h_1 - h_4) \tag{10-12}$$

（6）冷凝器的热负荷 Q_k

$$Q_k = q_{m,R}，q_k = q_{m,R}\ (h_2 - h_5) \tag{10-13}$$

（7）压缩机理论功率 N_0

$$N_0 = q_{m,R}，\ w_0 = q_{m,R}\ (h_2 - h_1) \tag{10-14}$$

由式（10-12）、式（10-13）、式（10-14）和 $h_4 = h_5$，可得

$$q_k = q_0 + w_0 \quad 或 \quad Q_k = Q_0 + N_0$$

即制冷系统满足热力学第一定律，能量守恒。

（8）制冷系数 ε

$$\varepsilon = \frac{q_0}{w_0} = \frac{h_1 - h_4}{h_2 - h_1} \tag{10-15}$$

（9）热力学完善度 η

$$\eta = \frac{\varepsilon}{\varepsilon_c} = \frac{(h_1 - h_4)\ /\ (h_2 - h_1)}{T_0 /\ (T_k - T_0)} = \frac{h_1 - h_4}{h_2 - h_1} \times \frac{T_k - T_0}{T_0} \tag{10-16}$$

式中：ε 为制冷循环的制冷系数；ε_c 为逆卡诺循环的制冷系数。

（10）单位功率制冷量 k_e

$$k_e = \frac{Q_0}{N_0} = \frac{q_{m,R}\ (h_1 - h_4)}{q_{m,R}\ (h_2 - h_1)} = \frac{h_1 - h_4}{h_2 - h_1} \tag{10-17}$$

从式（10-7）可以看出：当气化潜热 r_0 增大或节流后蒸气干度 x_4 减小都会导致单位制冷量 q_0 增大，而 r_0 和 x_4 的数值均与制冷剂种类有关，x_4 还与冷凝温度和蒸发温度有关，这说明单位质量制冷量 q_0 与制冷剂种类、冷凝温度和蒸发温度有关。而由式（10-8）可以看出，单位容积制冷量 q_V 的大小，同样取决于制冷剂种类、冷凝温度和蒸发温度。制冷系数 ε 是表示制冷机性能的重要技术经济指标之一，并随着蒸发温度下降和冷凝温度升高而降低。对于不同工作温度下制冷循环的经济性，制冷系数是无法判断的，只能采用热力学完善度的大小来比较。

二、实际循环

1. 过冷循环

节流前的制冷剂定压冷却到低于冷凝温度的状态，叫做过冷。含有过冷过程的制冷循环就是过冷循环，如图 10-5 所示。

由图 10-5 可以看出，节流后的湿蒸气干度 x_5 不仅与制冷剂种类、冷凝温度和蒸发温度有关，而且还与节流前制冷剂液体的温度有关，即当 $t_{4'}$ 降低，x_5 减小。

在实际应用中，冷凝温度 t_k 受到环境气候条件的制约，不能随意降低的。虽然可以采用地下水，使 t_k 降低，但地下水受水源、水量的限制，且成本也较高。常规的做法是用深井水对从冷凝器流出的液体制冷剂进行过冷。而且这部分水还可成为采用循环水冷却冷凝器时的补充水。在这种情况下，过冷后的温度 $t_{4'}$ 取决于深井水的温度和传热温差。

在图 10-5 中，1-2-3-4′-5′-1 为过冷循环，其中 4-4′表示过冷过程。与无过冷循环 1-2-3-4-5-1 相比较，过冷循环的制冷量增加了，而耗功量和吸气比体积 v_1 都不变。增加的制冷量为 $\Delta q_0 = h_5 - h_{5'} = h_4 - h_{4'}$，制冷剂液体在过冷器中的过冷度为 $\Delta t_u = t_4 - t_{4'}$。于是

$$\Delta q_0 = h_4 - h_{4'} = c\Delta t_u \tag{10-18}$$

式中：c 为液体制冷剂的比热容，kJ/(kg·℃)。

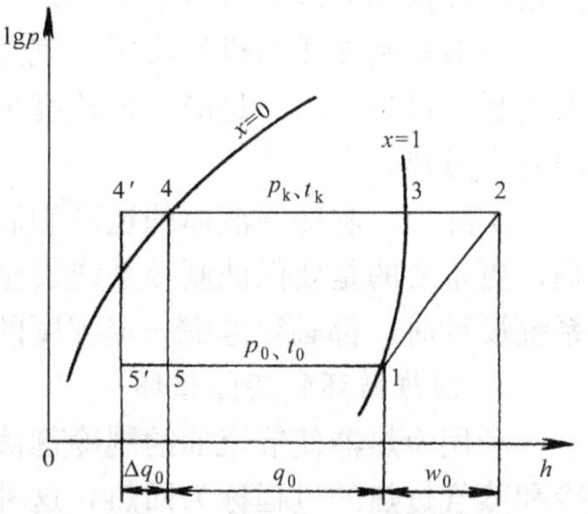

图 10-5　过冷循环压—焓图

过冷循环的制冷系数 ε_u 为

$$\varepsilon_u=\frac{q_0+\Delta q_0}{w_0}=\frac{(h_1-h_4)+(h_4-h_{4'})}{h_2-h_1}=\varepsilon+\frac{c}{h_2-h_1}\Delta t_u \qquad (10-19)$$

由上式可知，制冷系数值与$\frac{c}{h_2-h_1}$和 Δt_u 成正比，而$\frac{c}{h_2-h_1}$又与制冷剂的种类有关。

从上述理论分析中可知，过冷对于提高 q_0、q_V、ε 总是有利的。液体制冷剂的过冷，还有助于减少节流后的闪发气体量。实际上，过冷只需消耗一定量的过冷水，并不增加压缩机的功率，却能较大地增加制冷量。但是，过冷需要设置过冷器和采用温度较低的冷水（如深井水），即增加了设备投资和运行费用。因此，是否采取过冷循环，应通过技术经济分析而精心比较。

2. 过热循环

将压缩机吸入前的制冷剂蒸气加热到高于饱和温度的状态，叫做过热。含有过热过程的制冷循环就是过热循环（如图 10-6 所示）。

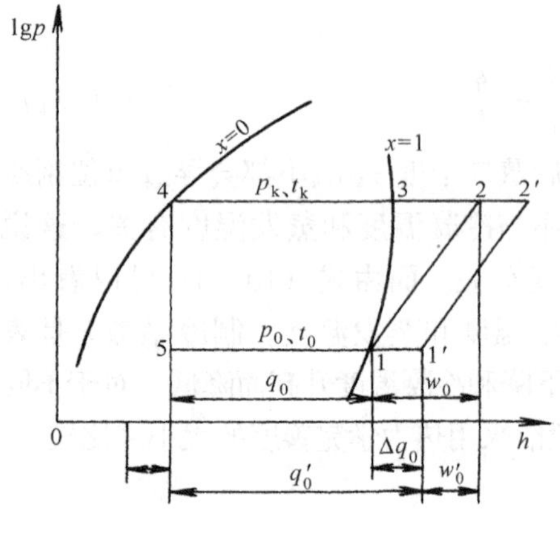

图 10-6　过热循环压—焓图

在图 10-6 中，1′-2′-2-3-4-5-1-1′为过热循环而 1-2-3-4-5 为无过热循环，比较这两个循环可知过热循环的单位质量制冷量增加了 Δq_0，而根据压缩过程的理论分析，可知压缩功也略有增加。过热是否有利于制冷系数的增大，则与制冷剂的种类和工作温度有关。

在实际的制冷装置中，Δq_0 可视作是由两部分组成的：①在蒸发器中，干饱和蒸气被再度加热，使制冷量增加；②自蒸发器流出的蒸气，在压缩机的吸气管路中被再度加热，但这部分吸热量不能计入制冷量中，而是散失在环境中。而且由于吸气管路的冷耗，使压缩机的吸气温度升高，吸入的蒸气比体积增大，单位容积制冷量减小，压缩机的耗功增加，制冷系数随之降低，对制冷装置的运行经济性不利，所以又把这种过热称为有害过热。一般要对吸气管路采取隔热保温措施，以减轻有害过热。

但是，制冷剂蒸气的过热，对于往复活塞式压缩机尤为重要。过热可以保证制冷剂进入压缩机前完全蒸发，是避免压缩机因吸入过多液滴而产生液击现象的有效措施。如果不对压缩机的吸气采取过热措施，则可能造成压缩机的湿压缩，严重者即发生液击，对压缩机的安全运转和操作管理是非常不利的。

一般氨制冷压缩机的实用吸气过热度应控制在 5～8℃。氟利昂制冷压缩机可以允许较大的吸气过热度，一是应用过热度来调节膨胀阀的开启度，二是采用回热器以减小吸气管路的有害过热。

实际上，制冷剂液体的过冷和制冷剂蒸气的过热不仅仅要考虑它们对制冷系统性能的影响，更重要的是要保证制冷系统安全、可靠的工作，因此不论是过热有利还是不利，在制冷系统设计时，都必须考虑一定程度的制冷剂液体过冷和制冷剂蒸气过热。

3. 回热循环和实际循环

利用换热器使节流前的制冷剂液体与从蒸发器流出的制冷剂蒸气进行热交换，使液体过冷和蒸气过热的过程称为回热，这种换热器称为回热器。包含回热的制冷循环，叫做回热循环（如图 10-7 所示）。回热可以有效地减轻甚至消除吸气管路的有害过热。

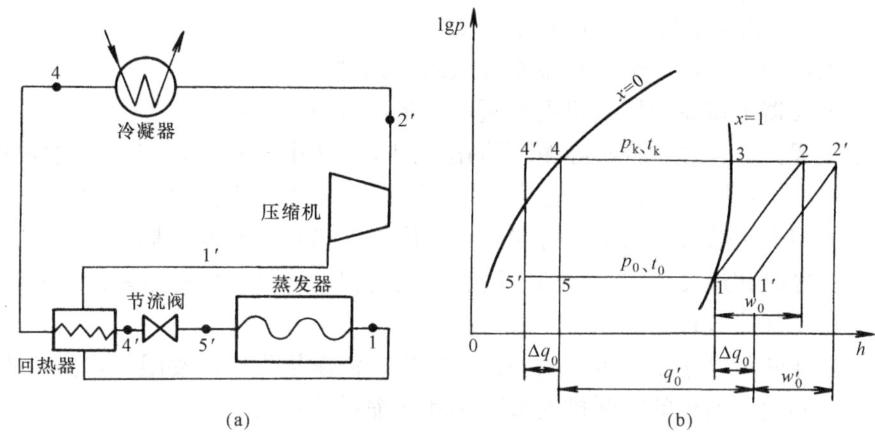

图 10-7　回热循环系统示意图及其压—焓图

(a) 回热循环示意图；(b) 压—焓图

在图 10-7 (b) 上，1′-2′-2-3-4-4′-5′-1-1′为回热循环，1-2-3-4-5-1 为无回热循环。其中 1-1′（过热过程）和 4-4′（过冷过程）都是在定压条件下进行的。在无热损失的情况下，液体制冷的放热量，恰好等于制冷蒸气的吸热量，即

$$h_4 - h_{4'} = h_{1'} - h_1 = \Delta q_0 \tag{10-20}$$

Δq_0 就是回热循环所增加的单位质量制冷量。同时，压缩机的单位理论功也增加了 Δw_0，即

$$\Delta w_0 = w_{0'} - w_0 = (h_{2'} - h_{1'}) - (h_2 - h_1) \tag{10-21}$$

回热器的热负荷 Q_{r0}

$$Q_{r0} = q_{m,R}\Delta q_0 = q_{m,R}(h_4 - h_{4'}) = q_{m,R}(h_{1'} - h_1) \tag{10-22}$$

或

$$Q_{r0} = q_{m,R}c(t_4 - t_{4'}) = q_{m,R}c_p(t_{1'} - t_1) \tag{10-23}$$

式中：c 为液体制冷剂的比热容 [kJ/(kg·℃)]；c_p 为制冷剂蒸气的比热容[kJ/(kg·℃)]。

(1) 由于 $c_p < c$，所以，液体制冷剂不可能利用回热措施过冷到 t_1（即蒸发温度 t_0）。

(2) 在一般的温度范围内，绝大多数制冷剂不能因采用回热循环而提高制冷系数 ε，只有少数几种制冷剂（如 R12、R502）能使 ε 增大，NH_3 反而使 ε 降低，R22 无明显变化。

(3) 制冷剂的绝热指数 k 值（$k_{NH_3}=1.30$、$k_{R22}=1.19$）的大小，对压缩机的排气温度影响很大，也是决定是否采取回热措施的因素之一。例如，在相同的温度条件下，氨压缩机的排气温度较高，应限制吸气温度在 5℃以下，故不宜在氨制冷系统中采用回热循环。

在实际制冷循环中，考虑了一些被理想循环所忽略的因素之后，其构成的压—焓图如图 10-8 所示，图中包括如下过程。

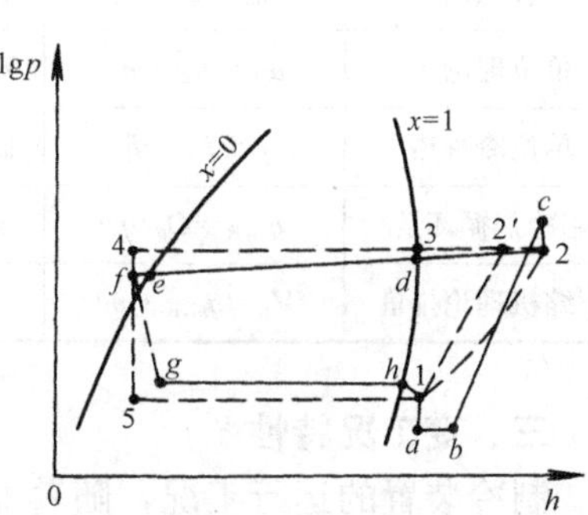

图 10-8　实际制冷循环的压—焓图

1-a：制冷剂蒸气通过吸气阀时的压降过程；

a-b：制冷剂蒸气在压缩前的加热过程；

b-c：压缩机中实际发生的不可逆过程；

c-2：制冷剂蒸气流过排气阀时的压降过程；

2-d：e-f-在排气管冷凝器中伴有压力损失和温差传热的冷却、冷凝和过冷过程；

f-g：在节流机构中实际发生的不可逆过程；

g-h：蒸发器中伴有压力损失和温差传热的气化过程；

h-1：从蒸发器出口流至压缩机吸气阀前的降压放热过程；

为了便于工程计算，通常将实际循环简化为图10-8中1-2-3-4-5的样式，它是由下列过程组成：1-2：压缩过程（先按定熵过程计算，再根据经验予以修正），也可视为多变压缩过程（其多变指数难以确定，可参照各个影响因素而取经验数据）；2-3-4：伴有温差传热的冷却、冷凝和过冷过程；4-5：绝热节流过程；5-1：伴有温差传热的定压气化和吸气管路上的定压加热过程。

实际制冷循环的不可逆损失包括温差传热损失、泄漏损失、流动阻力损失、吸气损失和摩擦损失等，它们使压缩机的实际排气量减小和压缩耗功增大。

【例10-1】 一台单级压缩蒸气制冷机工作在高温，工作热源温度为40℃，低温热源温度为-20℃，制冷量Q_o=50kW，蒸发器内为饱和蒸汽，采用回热循环，压缩机吸气温度为10℃，试计算循环的性能指标。

解　图10-7表示循环系统及其lg$p$-h图，各参数点可查R134a的热力性质表或图，其数据列于表10-1。循环性能指标计算结果列于表10-2。

表10-1　　各状态点参数

状态点	参数	单位	数据	状态点	参数	单位	数据
1	p_1	kPa	132.99	2′	$p_{2'}$	kPa	1016.4
	t_1	℃	-20		$t_{2'}$	℃	77
	h_1	kJ/kg	385.29		$h_{2'}$	kJ/kg	459.682
1′	$p_{1'}$	kPa	132.99	4	t_4	℃	40
	$t_{1'}$	℃	110		h_4	kJ/kg	256.171
	$v_{1'}$	m³/kg	0.16745	4′	$t_{4'}$	℃	22.6
	$h_{1'}$	kJ/kg	410.591		$h_{4'}$	kJ/kg	230.87
				5′	$h_{5'}$	kJ/kg	230.87

表10-2　　循环性能指标计算结果

项　目	计算公式	单位	计算结果	项　目	计算公式	单位	计算结果
单位制冷量	$Q_{o'}=h_1-h_{5'}$	kJ/kg	154.42	冷凝器热负荷	$Q_K=I_{m,R}\cdot q_K$	kW	65.938
单位容积制冷量	$q_V=q_o/v_{1'}$	kJ/m³	922.186	制冷系数	$\varepsilon=q_{o'}/\omega_{o'}$		3.146
单位理论功	$w_{o'}=h_{2'}-h_{1'}$	kJ/kg	49.091	逆卡诺循环制冷系数	$\varepsilon_c=T_o/T_K-T_o$		4.219
单位冷凝热	$q_k=h_{2'}-h_4$	kJ/kg	203.511				
制冷剂循环量	$q_{m,R}=Q_o/q_{o'}$	kg/s	0.324	热力完善度	$\eta=\varepsilon/\varepsilon_c$		0.746
压缩机理论排量	$V_n=q_{m,R}\cdot v_{1'}$	m³/s	0.0542				

三、变工况特性

制冷装置的运行工况，随着制冷剂种类、使用对象、环境条件和制冷负荷的变化而改变，制冷装置性能也将随之发生变化。

(1) 冷凝温度 t_k 的影响。在蒸发温度 t_0 不变的情况下，t_k 变化时，循环参数的变化如图 10-9 所示。图中 1-2-3-4-5-6-1 为蒸发温度和冷凝温度分别为 t_0、t_k 的循环，当冷凝温度由 t_k 提高到 t'_k 时循环变为 1-2′-3′-4′-5′-6′-1。比较这两个循环可以发现，t_k 提高，会导致单位制冷量 q_0 减小，单位耗功 w_0 增大，制冷系数减小，制冷装置的运行经济性降低。而吸气比体积 v_1 不变，又会使总制冷量减少，消耗功率增加。反之，若 t_0 不变，而 t_k 降低，其变化情况正好相反。

(2) 蒸发温度 t_0 的影响。在 t_k 不变的情况下，t_0 变化时，循环参数的变化如图 10-10 所示。图中 1-2-3-4-5-6-1 为蒸发温度和冷凝温度分别为 t_0、t_k 的循环，当蒸发温度由 t_0 降低到 t'_0 时循环变为 1′-2′-3-4-5-6′-1′。比较图 10-10 上的两个循环，可以看出 t_0 降低，会导致 q_0 减少，而 w_0 增加，ε 下降，吸气比体积 v_0 增大，制冷剂流量 $q_{m,R}$ 减少，总制冷量也减小。反之，若 t_k 不变，而 t_0 升高，其变化情况也正好相反。但由于 w_0 与 $q_{m,R}$ 的变化趋势相反，这说明压缩机的功率在 t_0 由 $t_0=t_k$ 逐渐降低时存在一个最大值，且与制冷剂的种类有关，一般情况下压缩机功率的最大值 N_{0max} 大约出现在压缩比 $p_k/p_0\approx3$ 的工况下。

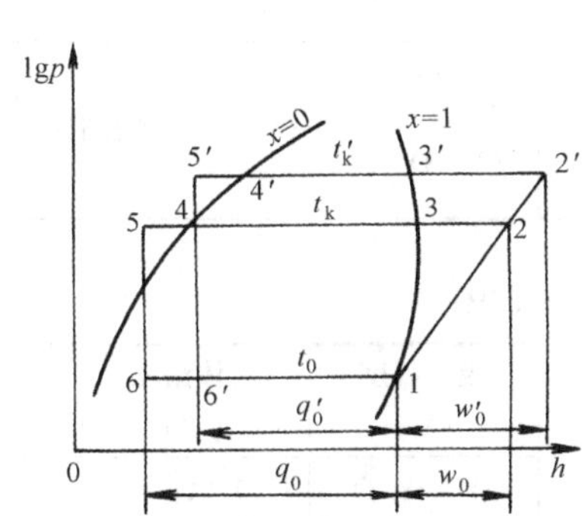

图 10-9 冷凝温度对性能的影响

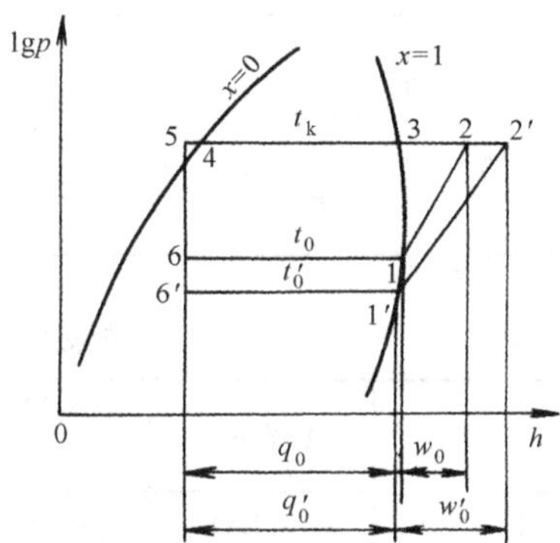

图 10-10 蒸发温度对性能的影响

四、单级压缩制冷机的工况

由于制冷机的制冷量随蒸发温度和冷凝温度而变，故在说明一台制冷机的制冷量时，必须同时说明使用什么制冷剂和在怎样的冷凝温度和蒸发温度下工作。

在实用上，制冷机或制冷压缩机在试制定型之后，要进行性能测试（称为型式试验），以便能标定名义制冷量和功率，因此需要有一个公共约定的工况条件。另一方面，对制冷机的使用者来说，在比较和评价制冷机或制冷压缩机的容量及其他性能指标时，也需要有一个共同的比较条件。因此，对制冷机规定了几种“工况”，以作为比较制冷机性能指标的基础。这些“工况”的具体的温度数值是根据各国的具体情况而定，同时也随制冷剂的种类而定。

所谓工况，是指制冷系统的工作条件，一般包括制冷机的蒸发温度、冷凝温度、过冷温度、吸气过热温度等。不同的工况有不同的作用。最常用的是用来比较制冷机性能优劣的名义工况。我国标准“JB/T 7555—1995 制冷和空调设备名义工况一般规定”规定了容积式制冷压缩机及机组和压缩冷凝机组等的名义工况。为了使用方便，表 10-3～表 10-5 给出了这些工况参数，表中带括号的工况供进出口贸易中检验与验收用，带括号的参数适用于带括号的工况。在这些表中，温度所用的单位均为℃。还有用于规定制冷机的使用条件、设计要求以及选配压缩机电机等工况条件。如最大压差工况就规定了制冷机使用的最大压差条件，并且是压缩机设计时的设计指标要求；最大轴功率工况则为压缩机电机的选择提供了方便，并为压缩机某些零部件设计提出了指标要求。

表 10-3　容积式制冷压缩机及机组的名义工况

<table>
<tr><th>类　别</th><th colspan="2">工况序号</th><th>蒸发温度
(℃)</th><th>冷凝温度
(℃)</th><th colspan="2">吸气温度
(℃)</th><th>液体温度
(℃)</th><th colspan="2">机组形式</th></tr>
<tr><td rowspan="2">高　温</td><td colspan="2">1 (1A)</td><td>7 (7.2)</td><td>55 (55.4)</td><td colspan="2">18 (18.3)</td><td>50 (46.1)</td><td colspan="2" rowspan="2">所有形式</td></tr>
<tr><td colspan="2">2</td><td>7</td><td>43</td><td colspan="2">18</td><td>38</td></tr>
<tr><td rowspan="3">中　温</td><td rowspan="2">3</td><td>(3A)</td><td rowspan="2">−7 (−6.7)</td><td rowspan="2">49 (48.9)</td><td rowspan="2">18</td><td>(4.4)</td><td rowspan="2">44 (48.9)</td><td rowspan="2">所有形式</td><td>全封闭</td></tr>
<tr><td>(3B)</td><td>(18.3)</td><td>半封闭
开启式</td></tr>
<tr><td colspan="2">4</td><td>−7</td><td>43</td><td colspan="2">18</td><td>38</td><td colspan="2">所有形式</td></tr>
<tr><td rowspan="3">低　温
Ⅰ</td><td colspan="2">5 (5A)</td><td rowspan="2">−23(−23.3)</td><td>55 (54.4)</td><td colspan="2">32 (32.2)</td><td>32 (32.2)</td><td colspan="2">全封闭</td></tr>
<tr><td colspan="2">6 (6A)</td><td>49 (48.9)</td><td colspan="2">5 (4.4)</td><td>44 (48.9)</td><td colspan="2" rowspan="2">所有形式</td></tr>
<tr><td colspan="2">7</td><td>−23</td><td>43</td><td colspan="2">5</td><td>38</td></tr>
<tr><td rowspan="2">低　温
Ⅱ</td><td rowspan="2">8</td><td>(8A)</td><td rowspan="2">−40</td><td rowspan="2">35 (40.6)</td><td rowspan="2">−10</td><td>(4.4)</td><td rowspan="2">30 (40.6)</td><td rowspan="2">所有形式</td><td>全封闭</td></tr>
<tr><td>(8B)</td><td>(18.3)</td><td>半封闭
开启式</td></tr>
</table>

表 10-4　热泵型压缩机及机组的名义工况

<table>
<tr><th colspan="2">项　　目</th><th>工况序号</th><th>蒸发温度
(℃)</th><th>冷凝温度
(℃)</th><th>吸气温度
(℃)</th><th>液体温度
(℃)</th><th>环境温度
(℃)</th></tr>
<tr><td rowspan="3">空气
源类</td><td>制　冷</td><td>1 (1A)</td><td>7 (7.2)</td><td>55 (54.4)</td><td>18 (18.3)</td><td>50 (46.1)</td><td rowspan="4">35</td></tr>
<tr><td>高温制热</td><td>2 (2A)</td><td>−1 (−1.1)</td><td>43 (43.3)</td><td>10</td><td>38 (35)</td></tr>
<tr><td>低温制热</td><td>3 (3A)</td><td>−15</td><td>35</td><td>−4 (−3.9)</td><td>30 (26.7)</td></tr>
<tr><td>水源类</td><td>制冷与制热</td><td>4 (4A)</td><td>7 (7.2)</td><td>49 (48.9)</td><td>18 (18.3)</td><td>44 (40.6)</td></tr>
</table>

表 10-5　制冷压缩机冷凝机组的工况

<table>
<tr><th rowspan="3">类别</th><th rowspan="3" colspan="2">工况序号</th><th rowspan="3">蒸发温度
(℃)</th><th rowspan="3" colspan="2">吸气温度
(℃)</th><th colspan="4">冷凝器冷却方式</th><th rowspan="3">环境
温度
(℃)</th><th rowspan="3" colspan="2">压缩机及机组
型　式</th></tr>
<tr><th>风　冷</th><th colspan="2">水　冷</th><th>蒸发冷却</th></tr>
<tr><th>进风干
球温度
(℃)</th><th>进口
温度
(℃)</th><th>出口
温度
(℃)</th><th>进风湿球
温度
(℃)</th></tr>
<tr><td>高温</td><td colspan="2">1 (1A)</td><td>7 (7.2)</td><td>18</td><td>(18.3)</td><td rowspan="7">32
(32.2)</td><td rowspan="7">30
(29.4)</td><td rowspan="7">35</td><td rowspan="7">24
(23.9)</td><td rowspan="7">35</td><td colspan="2">所有形式</td></tr>
<tr><td rowspan="2">中温</td><td rowspan="2">2</td><td>(2A)</td><td>−7</td><td rowspan="2">18</td><td>(4.4)</td><td rowspan="6">所有
形式</td><td>全封闭</td></tr>
<tr><td>(2B)</td><td>(−6.7)</td><td>(18.3)</td><td rowspan="2">半封闭
开启式</td></tr>
<tr><td rowspan="2">低温
Ⅰ</td><td rowspan="2" colspan="2">3
(3A)</td><td rowspan="2">−23
(−23.3)</td><td rowspan="2">5</td><td rowspan="2">(4.4)</td></tr>
<tr><td>全封闭</td></tr>
<tr><td rowspan="2">低温
Ⅱ</td><td rowspan="2">4</td><td>(4A)</td><td rowspan="2">−40</td><td rowspan="2">−10</td><td>(4.4)</td><td rowspan="2">半封闭
开启式</td></tr>
<tr><td>(4B)</td><td>(18.3)</td></tr>
</table>

第四节　制冷剂与载冷剂

一、制冷剂

制冷剂是制冷机中实现制冷循环的工作介质，故又称制冷工质。它在制冷系统中循环流动，利用自身的状态变化来达到制冷的目的。

1. 对制冷剂的要求

①临界温度高，在常温下能液化；②适用的饱和压力，冷凝压力不宜过高，蒸发压力最好不低于大气压力；③汽化潜热大，以减少系统中的制冷剂循环量；④气体比体积要小，以减少压缩机的几何尺寸；⑤导热系数大，以提高换热器的传热系数；⑥绝热指数小，以减少压缩机功耗和降低排气温度；⑦黏度小，以减小流动阻力；⑧液体比热小，以减小节流损失；⑨循环的热力学完善度尽可能大；⑩化学稳定性好，不与金属发生作用，不与润滑油起化学反应，高温下不分解；⑪不燃烧，不爆炸，对人体无害。

以上是对制冷剂的共同要求，不同的使用场合，对制冷剂的侧重点也不同，故视具体情况而定。

2. 制冷剂种类及代号

可作为制冷剂的物质很多，目前在制冷与空调中常用的制冷剂有下列几类。

(1) 无机化合物，如水、氨、二氧化碳等。

无机化合物的编号规定为 R7 ()，括号内为该无机化合物的分子量的整数部分。

例如：

制冷剂	NH_3	H_2O	CO_2
分子量	17.03	18.02	44.01
编　号	R717	R718	R744

(2) 氟利昂。目前主要是甲烷和乙烷的衍生物。

烷类化合物的分子量通式为 C_mH_{2m+2}，当其中氢原子被氟、氯、溴部分或全部取代后，所得衍生物（氟利昂）的通式将变为 $C_mH_nF_xCL_yBr_z$，且 $n+x+y+z=2m+2$。它们的编号方法规定为 R 和跟踪的数字 $(m-1)$、$(n+1)$、(x)、B (z) 组成。如果不含溴原子，即 $z=0$，则 B (z) 可省略。若 $(m-1)=0$ 时，则“0”亦略去。

例如：

制冷剂	分子式	M，n，x，z 值	编号表示
二氟一氯甲烷	CHF_2Cl	$m=1$，$n=1$，$x=2$，$z=0$	R22
三氟一氯乙烷	C_2HF_3Cl	$m=2$，$n=1$，$x=3$，$z=0$	R123
三氟一溴甲烷	CF_3Br	$m=1$，$n=0$，$x=3$，$z=1$	R13B1
甲　烷	CH_4	$m=1$，$n=4$，$x=0$，$z=0$	R50

根据烷烃类化合物的氢原子被氟、氯、溴所取代的情况，若在分子中只有氯、氟、碳原子这类氟利昂称氯氟烃，简称 CFC；若在分子中除氯、氟、碳以外还有氢原子，称氢氯氟烃，简称 HCFC；如果分子中没有氯原子，称氢氟烃，简称 HFC。由于氯原子对大气层的臭氧层有破

坏作用，CFC全世界将于2010年全部被停止使用，HCFC将于2040年被停止使用。

(3) 饱和碳氢化合物。如乙烷、丙烷、异丁烷等，它们的代号表示方法与氟利昂相同，如甲烷为R50，而丁烷除外，规定为R600，异丁烷为R600a。

(4) 混合制冷剂。混合制冷剂分为共沸混合制冷剂和非共沸混合制冷剂两种。

1) 共沸混合制冷剂。共沸混合制冷剂是由两种或两种以上不同制冷剂，按一定比例相互混合而形成的一种溶合物。它和单一的物质一样，在一定的压力下发生相变（蒸发或冷凝）时，能保持恒定的相变（蒸发或冷凝）温度，而且气相和液相始终具有相同的成分。

共沸混合制冷剂的编号为R5开头，其后的两位为该制冷剂获得命名的先后顺序号。目前被正式命名的共沸混合制冷剂有R500、R501、R502、R503、R504、R505、R506、R507等。

共沸混合制冷剂的热力性质与组成它的原制冷剂的热力性质是不相同的。采用共沸混合制冷剂后，热力特性可望获得改善。例如，R502（R115/R22）曾被国内外公认的一种较好的中温制冷剂，可以说，它集中了R12和R22各自的优点，特别适用于－15℃以下的低温制冷系统。遗憾的是，R502中有对大气臭氧层有严重破坏作用的制冷剂R115，已经受到禁用或限用。其替代物之一就是R507，它由HFC类物质R125和R143a混合而成，标准蒸发温度为－47.2℃，但不能与常用的矿物油溶解。

2) 非共沸混合制冷剂。非共沸混合制冷剂是由两种或两种以上不同制冷剂按任意比例混合而成。非共沸混合制冷剂的编号为R4开头，再由后面的两位数组成。如组分相同而配比不同时，则在数字后面加A、B、C等表示。目前，编号的非共沸混合制冷剂已达十余种。

一般情况下，少量的高沸点组分加入到低沸点主要组分中，所形成的混合制冷剂，其性能与主要组分相比，制冷系数提高，能耗下降，但制冷机的制冷量有所下降；相反，将少量的低沸点组分加入到高沸点主要组分中，其结果是制冷系数下降，功耗增加，但由于吸气比体积减小，可使制冷机的制冷量增大，获得较低的蒸发温度。

二、载冷剂

在间接冷却的制冷装置中，被冷却物体或空间中的热量，是通过一种中间介质传给制冷工质。这种中间介质在制冷工程中称之为载冷剂或第二制冷工质。

采用载冷剂的优点是可使制冷系统集中在较小的场所，因而可以减小制冷机系统的体积及制冷工质的充灌量；且因载冷剂的热容量大，被冷却对象的温度易于保持恒定。其缺点是系统比不用载冷剂时复杂，且增大了被冷却物体和制冷工质间的温差，需要较低的蒸发温度。

常用的载冷剂有水、氯化钠、氯化镁、氯化钙水溶液；有机载冷剂有乙二醇、丙二醇、丙三醇水溶液等。载冷剂可以根据用户需要来选择。

第五节 吸收式制冷循环

一、基本原理与制冷工质

（一）吸收式制冷原理

吸收式制冷机与蒸气压缩式制冷机都是利用高压液体制冷剂经节流阀节流降压，在低压低温下液体蒸发来制取冷量，因此吸收式制冷也具有冷凝器、节流阀和蒸发器。与压缩式制冷不同的是，它将低压蒸气变为高压蒸气的方法不同。压缩式制冷机是通过压缩机消耗机械功来实现的，而吸收式制冷机则是通过消耗热能使溶液在吸收器、溶液泵、发生器和溶液节流阀中发生浓度变化来实现的，它的溶液循环就类似于压缩机的功能。如图 10-11 所示。吸收式制冷机是一种以热能为动力的制冷机，低压蒸气、高于 75℃的热水、燃气、废烟气等工业废热、化学反应热、太阳能等都可作为它的热源。吸收式制冷机的制冷量可大可小，小到几十瓦的冰箱，大到上百万瓦的大型制冷装置。吸收式制冷机的工作介质除了制取冷量的制冷剂外，还有用于吸收制冷剂的吸收剂，二者组成工质对。其中低沸点的工质（或称组分）为制冷剂，高沸点的工质为吸收剂，如果还有第三种工质，那是扩散剂。使用双组分工质的制冷机称为吸收式制冷机；使用三组分工质的则称为吸收—扩散式制冷机，一般用作冰箱制冷机。通常，把两种沸点相差很大的工质组成为工质对。

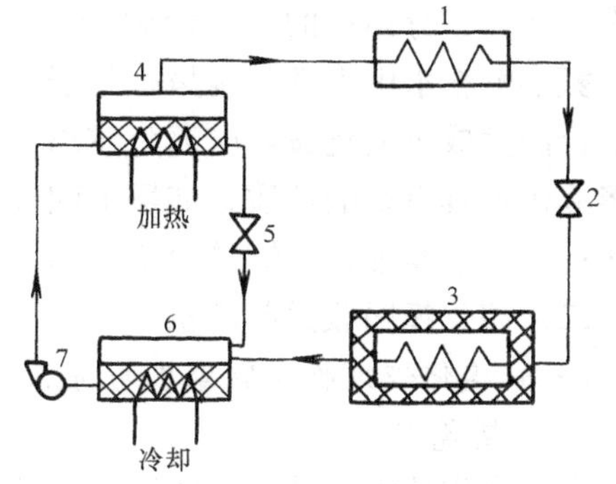

图 10-11　吸收式制冷机的工作原理

1—冷凝器；2—节流阀；3—蒸发器；4—发生器；5—溶液节流阀；6—吸收器；7—溶液泵

目前吸收式制冷机应用的主要工质对有：氨—水（氨为制冷剂，水为吸收剂）、水—溴化锂（水为制冷剂，溴化锂为吸收剂）。前者可制取 0℃以下的冷量，用于低温制冷装置；后者只能制取 0℃以上的冷量，用于空调。对于吸收—扩散式制冷机常用的扩散剂是氢。

吸收式制冷机运行的经济性是采用蒸发器中的制冷量 Q_0 与发生器的耗热量 Q_g 之比来衡量，这一比值称为吸收式制冷机的热力系数，如式（10-1）所示。

（二）吸收式制冷机常用工质

1. 水—溴化锂

在溴化锂吸收式制冷机中，以溴化锂作为吸收剂，水作为制冷剂。

水作制冷剂有许多优点，例如它的气化潜热很大，易得，无毒，无味，不燃烧，不爆炸。缺点是蒸发压力低、水蒸气比体积又很大。此外，水在 0℃就会结冰，用它作制冷剂时所能达到的低温仅限于 0℃以上。

溴化锂与食盐（氯化钠）同属一种盐类，溴和氯、锂和钠系同属一族。其性质很稳定，常温下呈无色粒状晶体存在，在大气中不会变质，不会引起分解或挥发。溴化锂极易溶解于水成为溴化锂溶液。在不同的温度下溴化锂所能溶解于水的量亦不同，因此不同温度有不同的溶解度。在常温下溴化锂溶液的饱和浓度约为 60％。

吸收剂的比热越小越好，这可以减少发生器中加热溶液所需的热量，提高制冷机的热效率，而吸收器内从溶液中所必须带走的热量也小。在制冷机实际使用的浓度范围内溴化锂溶液的比热是相当小的，仅 0.4～0.6kJ/(kg·℃)。它与蒸发潜热较大的水组成工质对可使制冷循环获得较高的热力系数。

2. 氨—水

氨—水是吸收式制冷机最早使用的一种传统工质对，直至今日仍被广泛应用。不论是工业用大型低温吸收式制冷机，还是充有氢气的小型扩散—吸收式冰箱目前都还采用这种工质对。

氨作为一种制冷剂它不仅在蒸气压缩式制冷机中应用，而且在吸收式制冷机中也广为应用。这是因为它具有较好的热力性质，蒸发潜热大、压力适中，导热系数高，而且价廉易得。

在常温下，氨是一种无色而具有强烈刺激性臭味的气体，且极易溶于水组成氨水溶液，在常温下，一分体积的水可溶解 700 倍体积的氨，因而，氨水溶液也是一种很理想的吸收剂。氨溶解在水中大部分是呈氨分子状态存在的，故很容易从水中逸出，只有少数氨分子与水结合而生成氢氧化铵，电离为铵离子和氢氧根离子，因此溶液呈弱碱性。在很多性质上氨水溶液仍然具有氨的性质，如氨水同样是无色，带有特殊刺激性臭味。纯粹的液氨对钢无腐蚀作用，但能腐蚀铜及铜的合金（磷青铜除外）。

二、溴化锂吸收式制冷机

（一）溴化锂吸收式制冷机的特点

1. 主要优点

（1）利用热能为动力，能源利用范围广，不仅可以利用高品位热能，也可利用低品位热能（余热、废热、排热、太阳能等），使溴化锂吸收式制冷机能够大大节约能耗，而且以热能为动力，溴化锂吸收式制冷机与利用电能为动力的压缩式制冷机相比，可以明显节约电耗。

（2）整个机组除功率较小的屏蔽泵外，无其他运动部件，运转安静，噪声值仅 75～80dB。

（3）以溴化锂水溶液为工质，无毒，无臭，有利于满足环保要求。

（4）制冷机内处在真空状态下，无高压爆炸危险，安全可靠。

（5）制冷量调节范围广，在 20%～100%的负荷内可进行冷量的无级调节。

（6）对外界条件变化的适应性强，可在加热蒸气压力为 0.2～0.8MPa（表），冷却水温度为 20～35℃，冷媒水出水温度为 5～15℃的范围内稳定运转。

（7）对安装基础要求低，无需特殊的机座，可安装在室内、室外甚至地下室、屋顶上。

2. 主要缺点

（1）腐蚀性强。溴化锂水溶液对普通碳钢有较强的腐蚀性，不仅影响到机组的性能与正常运行，而且影响到机组的寿命。

（2）气密性要求高。实践证明，即使漏入微量的空气也会影响机器的性能，这就对制造有严格的要求。

近几年各溴化锂制冷机厂家生产并广泛应用了直燃式溴化锂制冷机冷热水机组，这种机组除了具有上述溴化锂吸收式制冷机的特点外，还具有下列特点：

（1）燃烧效率高，对大气环境污染小。燃气与燃油在高压发生器中直接燃烧，燃烧完全，传热损失小，燃烧产物中所含的 HO_x 和 NO_x 低，允许在闹市区对环保有严格要求的场合使用。

（2）一机多用。可供夏季空调、冬季采暖，兼顾提供生活热水之用，使用方便。

（3）体积小，用地省。与蒸气型冷水机组相比，可省去锅炉房，机房体积小，减少了基建费用。

（4）可实现能源消耗的季节平衡。夏天空调用电紧缺而煤气消耗降低，采用燃气型冷热水机组，可减少夏季的电耗，增加煤气耗量，弥补季节性的不平衡。

（二）溴化锂制冷机的工作原理

图 10-12 是一单效溴化锂制冷机的系统流程图，由热源回路、溶液回路、冷却水回路、制冷剂回路和冷媒水回路构成。工作时，发生器、加热蒸气等构成热源回路，向溴化锂制冷机提供热源蒸气；由蒸发器、冷媒水泵等构成冷媒水回路；由吸收器、冷凝器、冷却塔和冷却水泵构成冷却水回路，向环境排放溴化锂制冷机所排放的热量；由发生器、吸收器和溶液

热交换器构成溶液回路；由发生器、冷凝器、蒸发器、吸收器和节流阀构成制冷剂回路。热源回路中的蒸汽锅炉改成热水锅炉，溴化锂制冷机就是热水型溴化锂制冷机组，若热源回路由发生器和燃烧装置组成，则溴化锂制冷机就是一个单效直燃型溴化锂制冷机组。

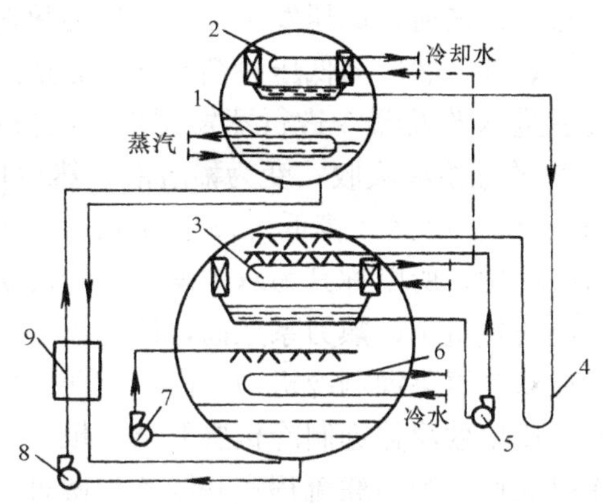

图 10-12　单效溴化锂吸收式制冷机的工作原理
1—发生器；2—冷凝器；3—蒸发器；4—节流阀；5—蒸发器泵；6—吸收器；7—吸收泵；8—发生泵；9—溶液热交换器

机组工作时，热源回路将热量输送到发生器 1 中，在发生器 1 中溴化锂溶液被加热后，水蒸气蒸发流入冷凝器 2，在冷凝器中向冷却水放热，凝结成冷剂水，冷剂水经节流装置 4 节流后流入蒸发器 3，在蒸发器中蒸发制冷，并将冷量传递给冷媒水，在蒸发器 3 中产生的冷剂蒸气进入吸收器 6 被从发生器 1 来的溴化锂浓溶液吸收，同时溴化锂浓溶液变成稀溶液，这样完成了制冷剂回路。从吸收器 6 流出的稀溶液经发生泵 8 升压，流经溶液热交换器 9，同时被从发生器 1 流出来的浓溶液加热，然后进入发生器 1 被加热浓缩成浓溶液，溴化锂浓溶液在压差的作用下经溶液热交换器 9 进入吸收器 6 去吸收冷剂水蒸气，这样就完成了溶液回路。单效溴化锂制冷机的热效率一般在 0.7 左右。

图 10-13 是一个双效溴化锂吸收式制冷机的工作原理图，它需要较高温度的热源来驱动，通常用 0.25～0.8MPa 表压的蒸气或其他 150℃以上的燃气等热源。双效溴化锂制冷机与单效机组相比，多了一个高压发生器、一个高温热源热交换器和一个凝水器。双效溴化锂制冷机组同单效溴化锂制冷机组一样，也是由热源回路、溶液回路、冷剂水回路、冷却水回路和冷媒水回路构成。所不同的是其热源回路由凝水器、高压发生器、低压发生器和热源组成，而溶液回路又多了一个溶液热交换器。

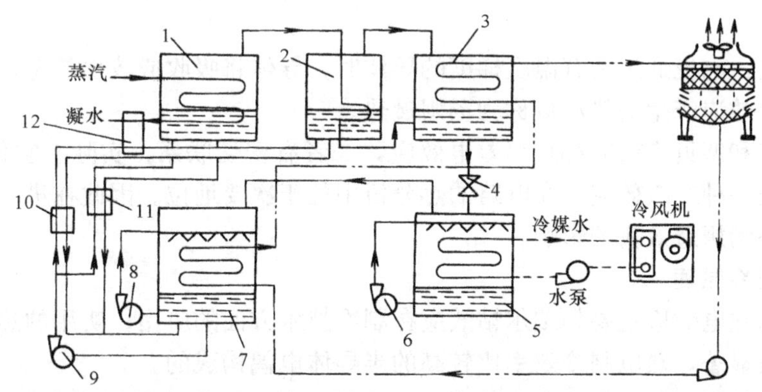

图 10-13　双效溴化锂吸收式制冷机的工作原理
1—高压发生器；2—低压发生器；3—冷凝器；4—节流阀；5—蒸发器；6—蒸发泵；7—吸收器；8—吸收泵；9—发生泵；10—低温溶液热交换器；11—高温溶液热交换器；12—凝水器

双效溴化锂制冷机组工作时，在高压发生器 1 中，稀溶液被热源加热，在较高的压力下产生冷剂蒸气，因为该蒸气具有较高的饱和温度，蒸气冷凝放出的潜热还可以继续使用，所以该蒸气又被通入低压发生器 2 中作为热源来加热低压发生器中的溶液。在较低的压力下产生冷剂蒸气，然后与低压冷剂蒸气一起送入冷凝器 3 中冷凝成冷剂水，冷剂水经节流装置 4 节流后进入蒸发器 5 进行蒸发制冷。蒸发出来的冷剂蒸气在吸收器 7 中被从高低压发生器 1、2 来的浓溶液吸收，变为稀溶液，然后再由发生泵 9 分别通过高、低温溶液热交换器 10、11 和凝水器 12 送入高低压发生器 1、2。由于热源的热量在高压发生器和低压发生器中得到了两次利用，所以称其为双效溴化锂制冷机。与单效溴化锂制冷机相比，双效溴化锂制冷机所需要的热量小，热力系数高，约为 1.1～1.4，冷却水量也大大减少。

在双效溴化锂制冷机中，由于有两个发生器、两个溶液热交换器和一个凝水器，所以它的流程比单效溴化锂制冷机要复杂。根据稀溶液进入高、低温热交换器的方式，双效溴化锂制冷机又可分为串联流程和并联流程两种。采用并联流程的溴化锂制冷机的热力系数较高，国内产品采用并联流程的多一些。而采用串联流程的溴化锂制冷机的体积小、操作方便、调节稳定，为国外大部分产品所采用。

第六节　热　电　制　冷

一、热电效应

在无外磁场存在的情况下，固体的热电效应包括五个方面：导热、焦耳热、塞贝克效应、珀尔帖效应和汤姆逊效应。其中前两个效应我们在物理电学中已经熟知，下面介绍后三个效应的概念。

塞贝克效应：由两种不同导体组成的回路中，如果导体的两个结点存在温度差，则回路中将产生电动势 E，这种现象称为塞贝克效应或温差电效应。这个电动势称为塞贝克电动势或温差电动势。塞贝克效应是热电偶测温的理论基础。

珀尔帖效应：当直流电通过两种不同导体组成的回路时，结点上将产生吸热或放热现象，这就是珀尔帖效应。由珀尔帖效应产生的热流量称为珀尔帖热。珀尔帖效应是热电制冷的理论基础。

汤姆逊效应：电流通过具有温度梯度的导体时，导体将吸收或放出热量，这就是汤姆逊效应。由汤姆逊效应产生的热流量称为汤姆逊热。

珀尔帖效应和塞贝克效应都是温差电效应，二者有密切联系，实际上它们互为反效应。而汤姆逊效应是一种二级效应，在电路的热分析中处于次要地位。因此在进行热电制冷的分析中，通常忽略汤姆逊效应的影响。

二、热电制冷原理

热电制冷的热电效应主要是珀尔帖效应在制冷技术方面的应用。实用的热电制冷装置是由热电效应比较显著，热电制冷效率比较高的半导体电偶构成的。

像金属这样的材料都有自由电子分布着，这些电子由于温度梯度或电场的作用而运动。若对金属棒的一端加热，自由电子的动能将增加，致使纯电子流流向冷端。电荷是与每个电子相联系着，所以由热能引起的电子流动也是电流。在导体或温度场中，载流子的浓度关系实际上是塞贝克效应。

若我们把载流子从一种材料到另一种材料的迁移当作电流来看，则每种材料载流子的势能不同。因此，为满足能量守恒的要求，载流子通过结点时，必然与其周围环境进行能量交换。这就是珀尔帖效应。能级的改变是现象的本质，这使构成制冷系统成为可能。

在半导体材料中，n型材料有多余的电子，有负温差电势；p型材料电子不足，有正温差电势。当电子从p型穿过结点至n型时，其能量必然增加，而且增加的能量相当于结点所消耗的能量，这一点可由温度降低来证明；相反，当电子从n型流至p型材料时，结点的温度就升高。根据实验证明，在温差电路中引入第三种材料（连接片和导线）不会改变电路的特性。这样，半导体元件可以以各种不同的连接方式来满足使用要求。

如图10-14所示，把一只p型半导体元件和一只n型半导体元件联结成热电偶，接上直流电源后，在接头处就会产生温差和热量的转移。在上面的一个接头处，电流方向是n→p，温度下降并且吸热，这就是冷端；而在下面的一个接头处，电流方向是p→n，温度上升并且放热，因此是热端。

按图10-14把若干对半导体热电偶在电路上串联起来，而在传热方面则是并联的，这就构成了一个常见的制冷热电堆。按图示接上直流电源后，这个热电堆的上面是冷堆，下端是热堆，借助热交换器等各种传热手段，使热电堆的热端不断散热并且保持一定的温度，把热电堆的冷端放到工作环境中去吸热降温，这就是热电制冷器的工作原理。

三、热电制冷与机械压缩式制冷比较

热电制冷器是一种不用制冷剂，没有运动件的电器。它的热电堆起着普通制冷压缩机的作用，冷端及其热交换器相当于普通制冷装置的蒸发器，而热端及其热交换器则相当于冷凝器。通电时，自由电子和空穴在外电场的作用下，离开热电堆的冷端向热端运动，相当于制冷剂在制冷压缩机中的压缩过程。在热电堆的冷端，通过热交换器吸热，同时产生电子—空穴对，这相当于制冷剂在蒸发器中的吸热和蒸发；在热电堆的热端，发生电子—空穴对的复合，同时通过热交换器散热，相当于制冷剂在冷凝器的放热和凝结。

机械压缩式制冷与热电制冷系统间存在着类似的地方，各对应部位见图10-15。

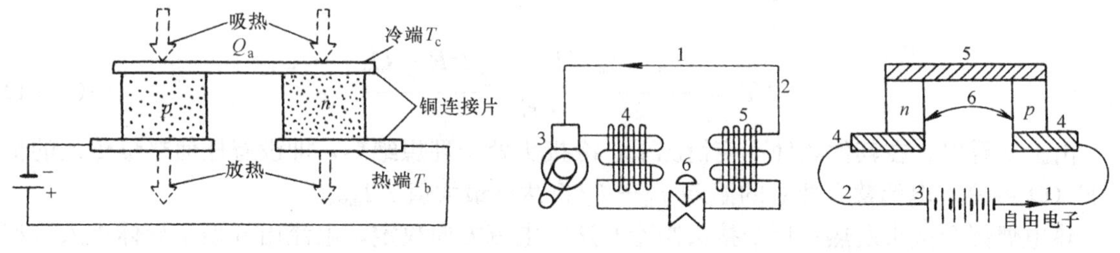

图10-14　热电制冷基本原理　　图10-15　系统间的类似

每个系统中，最重要的是热边和冷边内能改变的方法。对于蒸发压缩循环，节流阀是使能量变化的设备，当制冷剂离开冷凝器时，这是处在高压和中等温度下的饱和液体，当制冷剂通过节流阀时，它绝热等焓膨胀。因此，制冷剂是作为低压、低温的蒸气—液体混合物而离开节流阀，而且处于最低的能级状态。这使制冷剂在蒸发过程中能吸收大量的热。没有节流阀，压力就不变，制冷剂的焓就不变，也就不会出现“抽热”。在热电制冷系统中的类似部分是p型和n型半导体材料中电子能量的差，假若整个系统电子能级相同，也就不会出现“抽热”。

四、热电制冷的基本计算

图10-14画出了n型和p型半导体构成的电偶对。在这电偶中通上电流后，交界面附

近在一秒钟时间内放出或吸收的热量（珀尔帖热 Q_p）与电流强度 I 成正比。

$$Q_p = \pi I \tag{10-24}$$

$$\pi = (a_p - a_n)T \tag{10-25}$$

式中：a_n、a_p 分别为 n 型和 p 型电偶臂的温差电动势；T 为相应接头上的绝对温度；a_p 是正值，a_n 是负值，因此在一个接头上的珀尔帖系数是 a_p 和 a_n 的绝对值相加和温度 T 的乘积。

如果在放热的接头上予以散热，使它保持一定的温度 T_h，那么另一接头就开始冷却，直到从周围介质传入这个接头的热量 Q_0 和沿着电偶臂传入的热量 Q_{hc} 的总和等于所吸收的珀尔帖热量时，即

$$Q_p = Q_0 + Q_{hc} \tag{10-26}$$

此时冷接头的温度达到平衡，设温度为 T_c。

沿着电偶臂流入冷接头的热量为

$$Q_{hc} = \frac{1}{2}Q_1 + Q_k = \frac{1}{2}I^2R + K\Delta T \tag{10-27}$$

式中：R 为电偶臂的总电阻。其值为

$$R = \frac{l_n}{\sigma_n S_n} + \frac{l_p}{\sigma_p S_p} \tag{10-28}$$

K 是电偶臂的总热导。其值为

$$K = \frac{k_n S_n}{l_n} + \frac{k_p S_p}{l_p} \tag{10-29}$$

上面两式中的 l_n、l_p、σ_n、σ_p、S_n、S_p、k_n、k_p 分别为 n 和 p 型半导体的长度、电导率、截面积和热导率。

于是得到热电偶的制冷量为

$$Q_0 = (a_p - a_n)IT_c - \frac{1}{2}I^2R - K\Delta T \tag{10-30}$$

或

$$\Delta T = \frac{(a_p - a_n)IT_c - \frac{1}{2}I^2R - Q_0}{K} \tag{10-31}$$

由上式看出，在其他条件不变情况下，冷接头处于理想绝热，即没有任何热量传入的情况下（$Q_0=0$），电偶臂上建立的温差 $T_h - T_c$ 将达到最大值 ΔT_{max}。

热电偶哪个接头发热？哪个接头制冷？这由电流方向决定，电流由 n 型半导体进入 p 型半导体的接头时制冷，方向相反则发热。

电偶在热端放出的热量为

$$Q_H = Q_0 + N_0 \tag{10-32}$$

一对电偶在热端的放热系数 ε'，定义为单位电功率发散出的热量。

$$\varepsilon' = \frac{Q_H}{N_0} = 1 + \varepsilon \tag{10-33}$$

可以看出，热端释放的热量比消耗电功率大，因此，利用热电原理做加热器（热泵）是很有利的。

热电制冷装置与一般制冷装置的显著区别在于：不使用制冷剂，没有运动部件，容量尺寸宜于小型化，使用直流电工作。

由于不使用制冷剂，消除了制冷剂泄漏可能对人体造成的毒害。在一些场合，例如在密

闭的工作室内，采用热电制冷是十分合宜的。

由于不使用制冷剂，在热电制冷器运行时，无噪声、无振动、无磨损。因此工作可靠，维护方便，使用寿命长。对于潜艇等特殊环境，对噪声和振动有比较高的要求，维护操作亦力求简便，热电制冷装置是比较理想的冷源。

热电制冷器的容积尺寸宜于小型化，这是一般制冷技术所办不到的。小型热电制冷器的制冷量一般在几瓦到几十瓦之间，它的效率与容量大小无关，只取决于热电堆的工作条件。微型热电制冷器的容积和尺寸是相当小的，例如可以达到零下100℃（173K）的四级复叠式半导体制冷器，它的制冷量只有几十毫瓦，外形大小跟一只香烟盒相仿。

热电制冷装置可以通过调节工作电压来改变它的制冷量和制冷温度。作为仪器仪表的小型冷源，易于实现连续、精密的控制。如热电制冷的零点仪可以达到±0.001K的精度。大型的热电空调装置，改变电路的连接方式可以调节制冷量，低负荷时效率随工作电流减小而提高，超负荷时制冷量可成倍增加。热电制冷装置的这种机动性比较适合船舶的使用要求。

热电制冷装置使用直流电工作，对于工作电压的脉动范围有一定的要求。因此，最好采用蓄电池或三相全波整流电源。如果采用单相全波整流方式，必须加上滤波器才能使用。

由于热电制冷的上述特点，在不能使用一般制冷装置的特殊环境以及小容量、小尺寸的制冷条件下，显示出它的优越性，成了现代制冷技术的一个重要组成部分。但是，目前半导体材料的成本比较高，热电制冷的效率比较低，再加上制造工艺比较复杂，必须使用直流电等因素，这些都在一定程度上限制了热电制冷的推广和应用。

第七节　空气品质与空气处理

一、空气品质

生产过程和科学实验所要求控制的空气环境，一般是指在某一特定空间内对其空气温度、湿度、清洁度和空气流动速度进行调节，达到并保持满足人体舒适和工艺过程的要求。在现代技术发展条件下，有时还需要对空气的压力、成分、气味和噪声等进行调节和控制。总之，采用技术手段，创造和保持满足一定要求的空气环境，就是空气调节的任务。

众所周知，一个既定空间内的空气环境，一般要受到两方面的干扰：一是来自空间内部生产过程和人所产生的热、湿和其他有害物的干扰；一是来自空间外部太阳辐射和气候变化所产生的热作用及外气有害物的干扰。用以消除上述干扰的技术手段主要是通过对空间输送并合理分配一定质量（按需要处理）的空气，与内部环境的空气之间进行热质交换，然后排出等量的已经完成调节作用的空气来实现，这实质上主要依靠的是空气置换而不是一种封闭的“再造”过程。

因此，空气调节不仅要研究并解决对空气的各种处理方法（如加热、加湿、干燥、冷却、净化等），而且要研究和解决空间内、外干扰量的计算，空气的输送和分配，为处理空气所需的冷热源以及在干扰变化情况下的运行调节问题。

对于空调室内空气环境的认识，近年来越来越重视对室内空气品质的研究。这主要是近二十年，长期生活和工作在现代空调建筑物内的人们表现出越来越严重的如眼红、流涕、困倦、恶心头晕以及嗓子疼等症状的病态反应。这种由于室内空气品质所导致的病态反应，已经严重地影响了人们的身心健康和工作效率。

对于室内空气品质的定义也从单纯的一系列污染物的指标进行了不断地发展，如在1989年的室内空气品质讨论会上，丹麦哥本哈根大学教授 Fanger 就提出：品质反应了满足人们要求的程度，如果人们对空气满意，就是高品质，反之，就是低品质。最近美国 ASHRAE62—1989R 首次提出了可接受的室内空气品质和感受到的可接受的室内空气品质的概念。可接受的室内空气品质定义为空调空间中绝大多数人没有对室内空气表示不满意，并且空气中没有已知的污染物达到了可能对人体产生严重健康威胁的浓度。感受到的可接受的室内空气品质定义为空调空间中绝大多数人没有因为气味或刺激性而表示不满，它是达到可接受的室内空气品质的必要而非充分条件。因而，仅用感受到的可接受的室内空气品质是不够的，必须同时引入可接受的室内空气品质。

可接受的室内空气品质定义同时涵盖了客观指标和人的主观感受两个方面：客观指标是指室内空间中一氧化碳、可吸入性微粒、氮氧化物、二氧化硫、二氧化碳、甲醛、细菌总数、温度、相对湿度、风速、照明以及噪声等参数；主观评价则是利用人自身的感觉器官进行描述和评判，包括对环境因素的感觉和环境对健康的影响两个方面。

由于空气调节是实现空间内空气温度、湿度、清洁度和空气流动速度等各参数的调节和控制，因此，在工程上将只实现空气温度调节和控制的技术手段称为供暖和降温；将只实现空气的清洁度处理和控制并保持有害物浓度在一定的卫生要求范围内的技术手段称为工业通风。实质上，供暖、降温及工业通风都是对内部空间环境进行调节和控制的技术手段，只是在调节和控制的要求上以及在空气环境参数调节的全面性方面有别而已。此外，空气调节的冷热源是为调节空气的温湿度服务的，可能是人工的，也可能是天然的。

本节仅对空气调节中对温度、湿度和空气流动速度以及清洁度进行处理的有关基本知识进行介绍。

二、空气的处理

（一）空气的热湿处理

所谓湿空气是指含有水蒸气的空气。湿空气的露点温度是指对湿空气进行降温，当降温到有水珠凝结出来时的温度就是该状态下湿空气的露点温度。湿空气的相对湿度是指某一状态下湿空气中水蒸气的分压力与该状态下饱和水蒸气分压力的比值，它反映了该状态下湿空气所含水蒸气的饱和程度。空气状态变化过程可在 $h-d$ 图上表示。

利用 $h-d$ 图不仅能确定空气状态和状态参数，而且还能表示空气状态的变化过程，各种变化过程的方向和特征可用热湿比 ε 表示。图 10-16 绘制了空气状态变化的几种典型过程。现分述如下：

1. 等湿（干式）加热过程

空气调节中常用表面空气加热器（或电加热器）来处理空气。当空气通过加热器时获得了热量，提高了温度，但含湿量并没有变化。因此，空气状态变化是等湿增焓升温过程，过程线为 $A \rightarrow B$。由于 $d_A = d_B$，$h_B > h_A$。故热湿比 $\varepsilon = \Delta h/\Delta d = +\infty$。

2. 等湿（干式）冷却过程

用表面式冷却器处理空气，且表面温度高于空气露点温度，则空气在含湿量不变的情况下冷却，其焓值减少，因此，空气状态为等湿减焓降温过程，如图中 $A \rightarrow C$ 所示。由于 $d_A = d_C$、$h_C < h_A$，故热湿比 $\varepsilon = \Delta h/\Delta d = -\infty$。

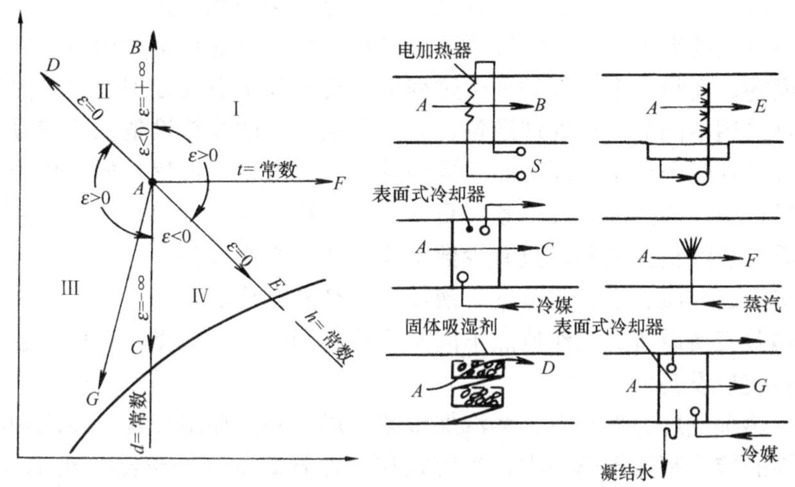

图 10-16　空气状态变化的典型过程

3. 等焓减湿过程

用固体吸湿剂（例如硅胶）处理空气时，水蒸气被吸附，空气的含湿降低，空气失去了潜热，而得到水蒸气凝结时放出的气化热使温度增高，但焓值基本没变，只是略微减少了凝结水带走的液体热，空气近似按等焓减湿过程变化，如图中 $A\rightarrow D$ 所示，其 ε 值为零。

4. 等焓加湿过程

用喷水室喷循环水处理空气时，水吸收空气的热量而蒸发为水蒸气，空气失掉显热量，温度降低，水蒸气到空气中使含湿量增加，潜热量也增加。由于空气失掉显热，得到潜热，因而空气焓值基本不变，所以称此过程为等焓加湿过程，由于此过程与外界没有热量交换，故又称为绝热加湿过程。此时，循环水温将稳定在空气的湿球温度上，如图中 $A\rightarrow E$ 所示。由于状态变化前后空气焓值相等，因而 ε 为零。此过程和湿球温度计表面空气的状态变化过程相似。严格地讲，空气的焓值也是略有增加的，其增加值为蒸发到空气中的水的液体热。但因这部分热量很少，因而近似认为绝热加湿过程是一等焓过程。

5. 等温加湿过程

如图中 $A\rightarrow F$ 过程，这也是一个典型的状态变化过程，是通过向空气喷蒸汽而实现的。空气中增加水蒸气后，其焓和含湿量都将增加，焓的增加值为加入蒸汽后的全热量，即

$$\Delta h = \Delta d \times h_q$$

式中：Δd 为每 1kg 干空气增加的含湿量，kg/kg（DA）；h_q 为水蒸气的焓，其值由 $h_q=500+1.84t_q$ 计算。

此过程的 ε 值为　　$\varepsilon=2500+1.84t_q$

如果喷入蒸汽温度为 100℃左右，则 ε≈2690，该过程线与等温线近似平行，故为等温加湿过程。

6. 减湿冷却过程或冷却干燥过程

如果用表面冷却器处理空气，当冷却器的表面温度低于空气的露点温度时，空气中的水蒸气将凝结为水，从而使空气减湿（或谓干燥），空气的变化过程为减湿冷却过程或冷却干燥过程，此过程线如图中 $A\rightarrow G$，因为空气焓值及含湿量减少，故热湿比 ε>0。

如果用水温低于空气露点温度的水处理空气，也能实现此过程。

对于空气调节系统来说，一个空气调节全过程是由空气处理全过程及送入房间的空气状态变化过程组成的。而每一个空气处理全过程都包含着几个空气处理过程。为了实现这些空气处理过程就要采用不同的空气处理设备，其中包括空气的加热设备、冷却设备、加湿设备及减湿设备。有时在一个设备中同时能完成两种空气热湿处理过程，如加热加湿过程和冷却干燥过程等，尽管空气的热湿处理设备名目繁多，构造上五花八门，然而它们中间大多数是空气与其他介质的热湿交换设备，只有少数不属于热湿交换设备。

作为热湿交换的介质有水、水蒸气、液体吸湿剂和制冷剂。

根据各种热湿交换设备的工作特点不同又可将它们分为两大类：直接接触式热湿交换设备和表面式热湿交换设备。

对空气进行热湿处理的喷水室、蒸汽加湿器、局部补充加湿装置（喷水加湿装置）以及使用液体吸湿剂的装置都属于第一类；光管式和肋片管式空气加热器（热水及蒸汽做热媒）及空气冷却器（冷水或制冷剂做冷媒）属于第二类。有的空气处理设备兼有这两类设备的特点，例如喷水式表面冷却器就是这样一种设备。

第一类热湿交换设备的特点是：与空气进行热湿交换的介质与被处理的空气直接接触，让空气流经热湿交换介质的表面或将热湿交换介质喷淋到空气中间去。

第二类热湿交换设备的特点是：与空气进行热湿交换的介质不与空气直接接触，空气与介质间的热湿交换是通过设备的金属表面来进行的。

空气电加热器及使用固体吸湿剂的设备不属于热湿交换设备，在用它们进行的空气处理过程中没有上面提到的那些参与热湿交换的介质，其作用原理与上面列举的那些热湿交换设备有所不同。

在所有的热湿交换设备中处理空气的喷水室和表面式换热器应用最广。

空气与水直接接触时的热湿交换是直接接触式热湿交换设备的理论基础，然而在用表面冷却器处理空气，而且冷却器表面温度低于被处理空气的露点温度时，在冷却器表面上形成一层冷凝水膜，变成了空气与水膜的直接接触。这时，在表面冷却器上和在喷水室里发生的物理现象极其相似。所以，研究空气与水直接接触时的热湿交换理论也有助于研究表面式热湿交换设备。

（二）空气的净化处理

空气中尘埃不仅对人的健康不利，而且会影响生产工艺过程的正常进行和影响室内壁面、家具和设备的清洁，还会恶化某些空气处理设备的处理效果（如加热器、冷却器的传热效果）。因此，某些空调房间或生产工艺过程，除对空气的温湿度有一定要求外，还对空气的洁净度有要求。空气调节系统中，被处理的空气主要来自新风和回风，而新风中有大气尘埃，回风中因室内人员活动和工艺过程的污染也带有尘埃。因此，空气在送入室内之前，除进行热湿处理外，还应进行净化处理，主要是除去空气中的悬浮尘埃。此外，有时还需对空气进行杀菌、除臭和增添负离子，以进一步改善空气的品质。

随着现代化工业和科学技术的不断发展，为保证产品的高质量、高精度、高纯度和高成品率，需有高洁净度的生产环境。例如，电子、精密仪器等工业对空气环境洁净度的要求，已远远高于人体从卫生角度提出的要求。这种具有高洁净度的房间称为工业洁净室或超净车间。此外，随着近代生物医学科学的发展，一些制药车间、医学科学实验室和医院手术室等要求室内无菌无尘，这些洁净房间称为生物洁净室。要求空调房间内空气达到一定洁净程度的空调工程称为净化空调工程，它是以空气净化处理为主的空调工程。

1. 空气的含尘浓度表示法

空气的含尘浓度是指单位体积空气中所含的灰尘量，有三种表示法：

(1) 质量浓度——单位体积中含有的灰尘质量 (kg/m^3)；

(2) 计数浓度——单位体积空气中含有的灰尘颗粒数 (粒/m^3 或粒/L)；

(3) 粒径颗粒浓度——单位体积空气中所含的某一粒径范围内的灰尘颗粒数 (粒/m^3 或粒/L)。

一般的室内空气允许含尘标准采用质量浓度，而洁净室的洁净标准 (洁净度) 采用计数浓度 (每升空气中大于等于某一粒径的尘粒总数)。

2. 室内空气的净化标准

室内空气的净化标准是以含尘浓度来划分的。一般民用和工业建筑的空调房间的净化标准，大致可分为以下三类。

(1) 一般净化，对室内含尘浓度无具体要求，只要对进气进行一般净化处理，保持空气清洁即可，大多数以温湿度要求为主的民用与工业建筑空调工程均属此类。

(2) 中等净化，对室内空气含尘浓度有一定的要求，通常提出质量浓度指标。

(3) 超净净化，对室内空气含尘浓度提出严格要求，由于尘粒对生产工艺的有害程度与尘粒的大小和数量有关，所以均以粒径颗粒浓度作为浓度指标。空气洁净度等级是以空气含尘浓度的高低来划分的。

我国的空气洁净度标准如表 10-6 所示。

表 10-6 空气洁净度标准

等级	每立方米空气中≥0.5μm 尘粒数	每立方米空气中≥0.5μm 尘粒数
100 级	≤35×100	
1000 级	≤35×1000	≤250
10000 级	≤35×10000	≤2500
100000 级	≤35×100000	≤25000

第八节 空调系统

空气调节系统一般均由被调对象、空气处理设备、空气输送设备和空气分配设备所组成。空调系统的种类很多，在工程上应根据空调对象性质和用途、热湿负荷特点、室内设计参数要求，可能为空调机房及风道提供的建筑面积和空间、初投资和运行费等许多方面的具体情况，经过分析和比较，选择合理的空调系统，下面首先介绍空调系统的分类情况。

一、根据空气处理设备的集中程度分类

1. 集中式空调系统

这种系统的所有空气处理设备 (加热器、冷却器、过滤器、加湿器等) 以及通风机全都集中在空调机房。通常，把这种由空气处理设备及通风机组成的箱体称为空调箱或空调机，把不包括通风机的箱体称为空气处理箱或空气处理室。

2. 半集中式空调系统

这种系统除有集中在空调机房的空气处理设备可以处理一部分空气外，还有分散在被调房间内的空气处理设备，它们可以对室内空气进行就地处理或对来自集中处理设备的空气再进行补充处理。诱导器系统，风机盘管系统等均属此类。

3. 分散式空调系统

分散式空调系统又称局部系统，这是指将空气处理设备全分散在被调房间内的系统。空调房间使用空调机组者属于此类。空调机组把空气处理设备、风机以及冷热源都集中在一个箱体内，形成了一个非常紧凑的空调系统，只要接上电源就能对房间进行空调。因此，这种系统不需要空调机房，一般也没有输送空气的风道。

在工程上，把空调机组安装在空调房间的邻室，使用少量风道与空调房间相连的系统也称为局部空调系统。

二、根据负担室内热湿负荷所用的介质不同分类

1. 全空气系统

这是指空调房间的室内负荷全部由经过处理的空气来负担的空调系统，上面介绍的集中式空调系统属于此类［见图 10 - 17（a)］。“全空气”诱导器系统也属此类。由于空气的比热和密度都小，所以这种系统需要的空气量多，风道断面尺寸大。

2. 全水系统

如果空调房间的热湿负荷全部由冷水或热水来负担则称为全水系统［见图 10 - 17（b)］。风机盘管及辐射板系统属于此类。由于水的比热及密度比空气大，所以在室内负荷相同时，需要的水管断面尺寸比风道小，不过靠水只能消除余热和余湿，达不到通风换气的目的。

3. 空气—水系统

如果空调房间的负荷由空气和水共同负担，则称为空气—水系统［见图 10 - 17（c)］。冷热诱导器系统和风机盘管加新风系统均属此类。局部再加热或再冷却的系统也属此类。它们的优、缺点介于前二者之间。

4. 制冷剂系统

这是指空调房间的负荷由制冷剂直接负担的系统。安装在空调房间或其邻室的空调机组属于这类系统［见图 10 - 17（d)］。空调机组按制冷循环运行可以消除房间余热、余湿；空调机组按热泵循环运行可为房间供暖，因此使用非常灵活、方便。

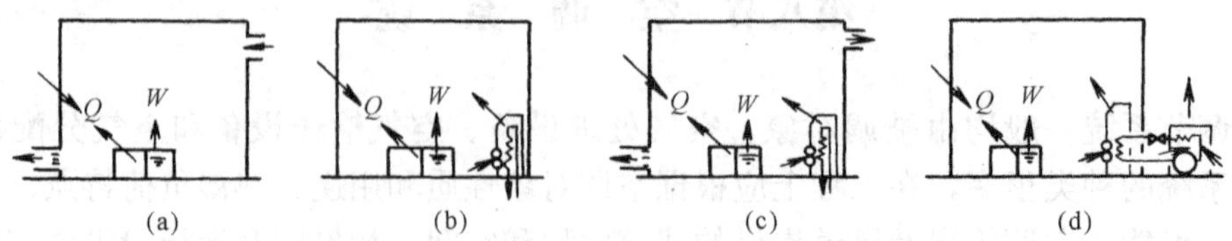

图 10 - 17 按负担室内负荷所用介质的种类对空调系统分类示意图

第九节 空调系统中的热泵技术

所谓热泵就是将热能从低温热源“泵”送至较高温度热源的装置。而根据制冷的定义，制冷机也是将热量从低温热源转移到高温热源的装置。实际上根据新国际制冷辞典的定义，热泵就是以冷凝器放出热量来供热的制冷机，也就是说，从热力学及工作原理上说，热泵就是制冷机。然而，热泵和制冷机还是有所不同，主要有以下两方面。

两者工作目的不同：热泵的目的是要获得高温，也就是着眼于放热至高温部分，即制热，而不在意低温热源；制冷机则相反，它的目的是要获得低温，主要着眼于从低温热源吸热而不在意高温热源。

两者的工作温区不同：制冷机和热泵往往都是将环境作为一个工作热源，只不过制冷机往往将环境作为高温热源，而热泵则往往将环境作为低温热源。

因此制冷机与热泵有许多共性也有各自的特殊性。

一、热泵分类

热泵可按下面一些特征进行分类。

1. 按工作原理分类

（1）蒸气压缩式。这是热泵中最为普遍而广为应用的一种形式。在这类热泵中，热泵工质通常在由压缩机、冷凝器、节流装置及蒸发器等部件组成的系统中进行循环，并通过工质的状态变化及相变来实现将低品位热能“泵”送至高品位的温度区。

（2）气体压缩式。与蒸气压缩式热泵的区别在于这类热泵中工质始终以气态进行循环而不发生相变。

（3）蒸气喷射式。这类热泵以蒸气喷射泵代替机械压缩机，其余的工作原理均与蒸气压缩式相同。作为驱动力的蒸气可来自锅炉，也可利用工艺过程中的水蒸气或其他蒸气。

（4）吸收式。消耗较高品位的热能来实现将低品位的热能向高品位传送的目的。吸收式热泵通常由发生器、冷凝器、吸收器、蒸发器及节流阀等组成。吸收式热泵的工质最常见的有水—溴化锂（工质为水，吸收剂为溴化锂）、氨—水（工质为氨，吸收剂为水）及其他工质对。

吸收式热泵又可按其供热温度的高低分为第一类（增热型）热泵及第二类（升温型）热泵。前者供热的温度低于驱动热源，而后者供热的温度高于驱动热源。前者以增大制热量为主要目的，而后者则以升高温度品位为主要目的。

（5）热电式。利用珀尔帖（Peltier）效应，即当直流电通过由两种不同导体组成的回路时，会在回路的两个连结端产生温差的现象。如将低温端置于环境中则可在另一端获得高温，这就成了热电式热泵。反之将高温端置于环境中则就成了热电式制冷机。这类热泵虽具有无运动件，工作可靠，寿命长，控制调节方便，振动小，噪声低，无环境污染等优点，但因热电堆元件的成本、效率等原因限制了它的发展与应用。

（6）化学热泵。利用化学反应吸收、吸附、浓度等现象或化学反应等原理制成的热泵。目前尚处研究阶段。

2. 按供热温度分类

（1）低温热泵：供热温度＜100℃；

（2）高温热泵：供热温度＞100℃。

此外，还可以按热泵机组的安装形式、热源、用途、功能、驱动方式等进行分类。

二、热泵的基本系统

1. 热泵基本循环

（1）闭式蒸汽压缩循环［见图 10 - 18（a）］。这是用于暖通空调及工业过程中的最普遍型式。使用一种常规的独立制冷循环，该循环可以是单级压缩、双级压缩、多数压缩或复迭式。

（2）带有换热器的机械蒸汽再压缩循环［见图10-18（b）］。工艺蒸汽被压缩至温度与压力达到足以在工艺过程中直接使用。该循环的典型应用如蒸发器（浓缩器）和蒸馏塔。

（3）开式蒸汽再压缩循环［见图10-18（c）］。该循环的典型应用是在工业装置中将一些多余的较低压力的蒸气泵送至所需较高的压力值。

（4）热驱动朗肯循环［见图10-18（d）］。当存在大量废热而能量较昂贵的场合，该循环是有用的。循环的热泵部分是开式或是闭式的，而朗肯循环［图10-18（d）左部］通常是闭式的。

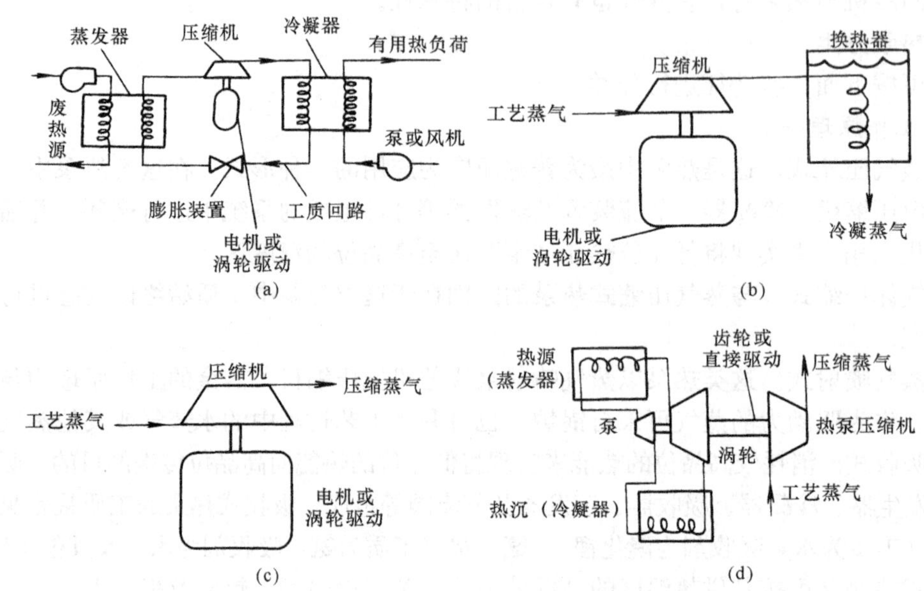

图10-18 热泵基本系统

（a）闭式蒸气压缩循环图；（b）带有换热器的机械蒸气再压缩循环；（c）开式蒸气再压缩循环；（d）热驱动朗肯循环

2. 热泵型式

（1）空气—空气热泵［见图10-19（a）］。这是最普通的热泵形式，特别适用于由工厂制造的单元式热泵，它被极广泛地用于住宅和商业中，在该类热泵中，热源（制冷运行时为冷却介质）和用作供热（冷）的介质均为空气，可通过电机驱动和手动操作的换向阀来进行内部切换，以使被调空间获得热量或冷量。在该系统中，一个换热盘管作为蒸发器而另一个作为冷凝器。在制热循环时，被调的空气流过冷凝器而室外空气流过蒸发器。工质换向后则成了制冷循环，被调空气流过蒸发器而室外空气流过冷凝器。

（2）空气—水热泵［见图10-19（b）］。这是热泵型冷水机组的常见型式。与空气—空气热泵的区别在于室内侧采用热泵工质—水为换热介质。冬季按制热循环运行，供热水作为空调采暖。夏季按制冷循环运行，供冷水作为空调用。制热与制冷循环的切换通过换向阀改变热泵工质的流向来实现。

（3）水—空气热泵［见图10-19（c）］。这类热泵热源为水（制冷运行时为冷源），用作供热（冷）的介质为空气。作为热源的水又可分为以下几种情况。

1）地下水热泵。用地下井水作为热源（或冷源）。在这类系统中既可将热源水直接循环

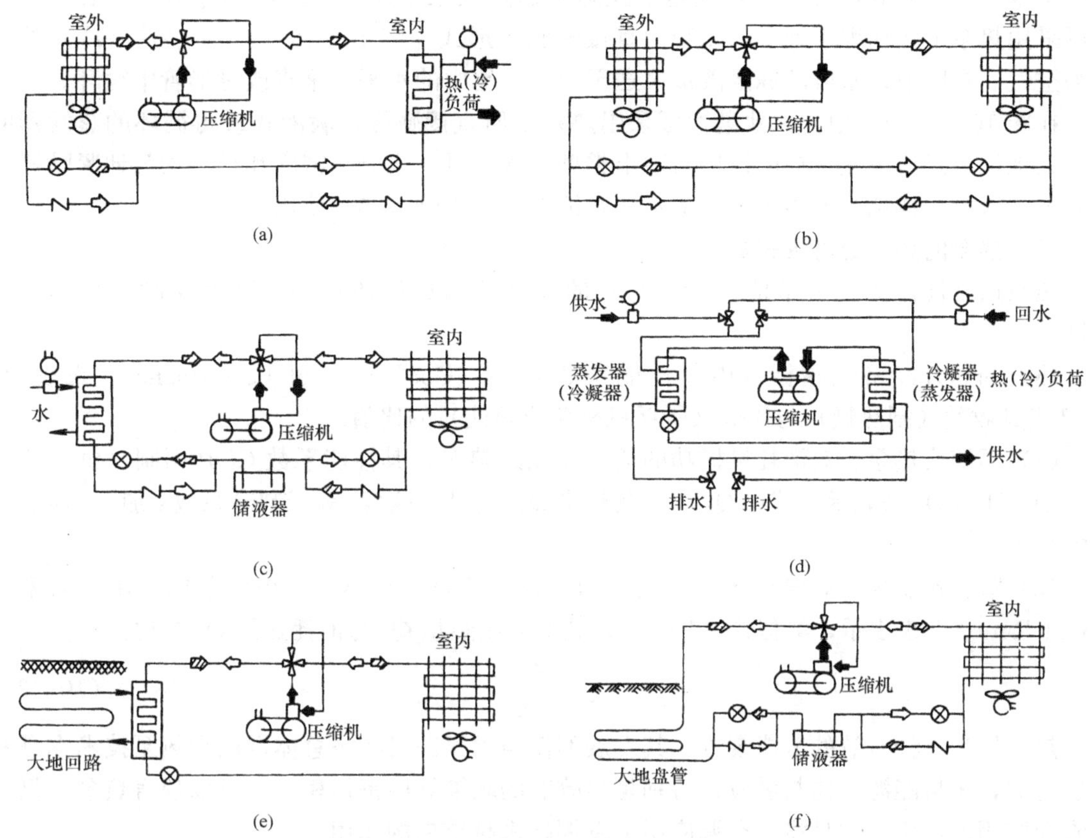

图 10-19　蒸气压缩循环的热泵型式

(a) 空气—空气热泵；(b) 空气—水热泵；(c) 水—空气热泵；(d) 水—水热泵；
(e) 大地耦合式热泵；(f) 大地热源直接膨胀式热泵

至热泵中，也可利用一个封闭回路中的中间流体（类似于大地耦合式热泵）。

2）地表水热泵。利用地表水如湖、池、河作为热（冷）源。与大地耦合式和地下水热泵相类似，这类系统既可将热源水直接循环至热泵中，也可利用一个封闭回路中的中间流体。

3）内部热源热泵。这种热泵既可直接利用现代建筑中产生的内部热，也可利用蓄热。包括水回路热泵。

4）太阳能辅助热泵。依靠低温的太阳能作为热源。太阳能热泵可以类似于水—空气热泵或其他型式热泵，这取决于太阳能集热器的形式和热量与冷量的分配系统。

5）废水源热泵。利用卫生废热或洗衣废热作为热源。废水在过滤后直接引入热泵蒸发器中，或取自储存容器中。在蒸发器和废热源之间也可采用中间回路来传热。

（4）水—水热泵［见图 10-19（d）］。无论是制热或制冷运行时均以水作为热源和冷却介质，供热（冷）的介质亦为水。可用切换工质回路来实现制热或制冷运行。然而更方便的是由水回路中的三通阀来完成［见图 10-19（d）］。虽然图中表示了允许水源直接进入蒸发器（制冷时为冷凝器），在某些场合，为了避免污染封闭的冷水系统（通常是处理过的），需要间接地通过一个换热器来供水，另一种方法是利用封闭回路的冷却器水系统。

（5）大地耦合式（Ground-Coupled）热泵［见图 10-19（e）和图 10-19（f）］。利用大

地的土壤作为热源和冷却物。与大地的换热可通过热泵工质—水换热器［图 10 - 19（e）］，也可采用热泵工质在埋于地下的盘管中直接膨胀的形式［图 10 - 19（f）］。供热（冷）的介质为空气。在图中，水或防冻溶液被泵送至埋入大地中的水平、垂直或盘形管中循环。

在图 10 - 19（f）中，大地盘管可采用热泵工质直接膨胀，满液式或再循环的蒸发器回路。大地耦合式热泵热交换的效果与砂土类型、含湿量、成分、密度和是否均匀地紧贴换热面有关。管子材料和当地砂土及地下水的腐蚀作用会影响传热和使用寿命。

三、热泵的热力经济性指标

热泵通常被作为一种节能装置，对它的经济性指标论述较多，这里仅讨论其热力经济性。

热泵的热力经济性指标可由其性能系数 COP（Coefficient of Performance）来表示。COP 指其收益（制热量）与代价（所耗机械功或热能）的比值。

（1）压缩式热泵。对消耗机械功的蒸气压缩式热泵，其性能系数 COP 用制（供）热系数 ε_h 式（1 - 18）来表示，式中 Q_2 即为制热量 Q_h。制热系数 ε_h 等于制冷系数 ε 加 1，所以 ε_h 值恒大于 1。

（2）吸收式热泵。对消耗热能为代价的吸收式热泵，其热力经济性指标可用热力系数（Heat Ratio）ζ 来表示，类似式（10 - 1），其值为制热量 Q_h 与消耗热能 Q_g 之比。

$$\zeta = \frac{Q_h}{Q_g} \tag{10 - 34}$$

热泵作为一种有效的节能装置，其发展不仅与国家国民经济总体发展和热泵技术本身的发展有关，还与能源结构与供应，特别是与政府的政策导向密切相关，可以预言热泵不仅在工农业应用上，更多的是将在空调应用上发挥越来越重要的作用。

第十节　典型的低温气体液化循环

一、低温工程概述

根据国际约定，120K 以上的温区为制冷，120-0.3K 温区内为低温，0.3K 以下温区为超低温。目前达到的最低温度为 10^{-6}K。

低温技术的应用领域极为广泛。图 10 - 20 以“低温工程树”的树枝、树干表示低温工程的应用领域和研究领域，树根相当于低温工程的基础。

从古至今最广泛的低温应用领域是利用各式各样的气体分离法生产工业气体。随着工业气体消耗量的急剧增加，以液化气体的状态进行储存和运输，已成为发展的必然趋势。与此直接相关的技术都得到了迅速的进步和发展，例如低温液体的输送和储存等。需要量正在急剧增加的液化天然气（LNG）也存在同样的实际问题。

液氢长期以来在低温工程中占有特殊的地位。因液氢有爆炸危险性，随着氦液化器效率的提高，液氢在产生极低温这一基本用途上的重要性将逐渐降低。但是，在其他方面还有氢的特殊的研究课题，例如，在进行原子核和基本粒子实验的泡室和靶中，液氢的大量使用是不可缺少的。用于上述实验及作为火箭燃料的氢，进一步大规模地使用，将带来特种技术的高度发展。液氢在其他工业部门还能作为能量的载体而具有特殊的意义。在这方面，氢发动机燃烧室的进展尤其引人注目。氢作为燃料用，优点在于其燃烧产物不会造成公害。

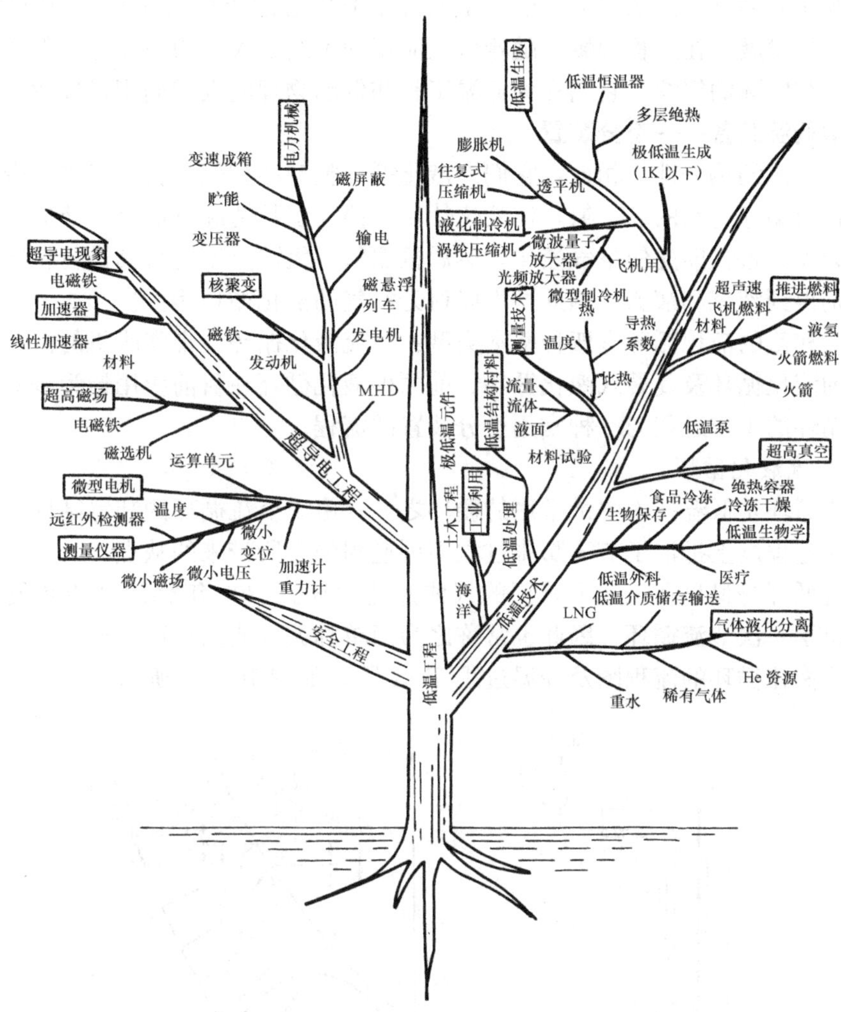

图 10-20　低温工程树

低温工程在真空技术中有着广阔的应用，低温泵因其具有异常高的吸附能力，所以它是极为突出的应用范例。除此而外，低温泵还有一个优点，就是能进一步获得无碳氢化合物(即无油的) 真空。电气工程领域也在期待着通过低温工程来实现重大的技术革命，其中包括超导在各种工程中的应用。利用超导线圈产生强磁场已经达到较高的开发阶段。现在，人们对于使用超导线圈的电力机械及变压器的发展特别感兴趣，正在进行高速磁悬浮列车的开发。再就是向人口密集的大城市输送电力，超导电缆的使用恐怕也是必不可少的。

众所周知，现在通信技术一般是以低温的利用为前提的。无论微波量子放大器还是参量放大器，都必须在低温下工作，其目的就是要尽量减少噪声。另外，低温冷却的红外探测器在许多方面都得到广泛的应用。

比较新的低温应用领域是生物学和医学。在生物学的研究中，为了尽量保持细胞的某种状态不变而利用低温技术。低温外科的方法在许多医学领域取得成功是肯定无疑的。特别在眼科和泌尿科，使用了低温冷刀。可变温度的低温解剖刀，最近的发展特别令人鼓舞。

为了有效地促进低温工程的发展，需要积极开展基础科学工程技术之间的交流，以及各种应用领域和研究领域之间的交流。建立了低温研究中心的机构（大学、研究所等），大大促进低温工程的发展。在工程领域，随着低温应用的不断扩大，为适应这一发展形势，成立了一系列国内和国际的组织，它们在为低温工程和低温物理的发展而积极发挥作用。

二、典型低温装备——空分装置

空气、氧、氮的热力性质相近，它们的液化循环类型亦相似。目前只有在少数特殊的场合才事先制备或储存气态的氧、氮，供液化使用。绝大多数情况下液氧、液氮的来源都是取自空气液化分离设备，即先使空气液化，然后根据氧、氮沸点不同将其进行精馏分离，再从分馏塔中分别得到液氧和液氮。因此这里以讨论空气的液化循环为主。

空气、氧和氮的液化循环有四种基本类型：节流液化循环、带膨胀机的液化循环、利用气体制冷机的液化循环及复叠式液化循环。前两种液化循环在目前应用最为普遍。这里主要介绍这两种循环的工作过程与一种常用空分装置的流程。

1. 一次节流液化循环

节流液化循环是低温技术中最常用的循环之一。由于节流循环的装置结构简单，运转可靠，这就在一定程度上抵消了节流膨胀过程不可逆损失大所带来的缺点。

一次节流循环是最早在工业上采用的气体液化循环。1895 年德国林德和英国汉普逊分别独立地提出了一次节流循环，因此也常称之为简单林德（或汉普逊）循环。

一次节流液化循环的流程图及降温过程 $T-s$ 图，如图 10 - 21 所示。

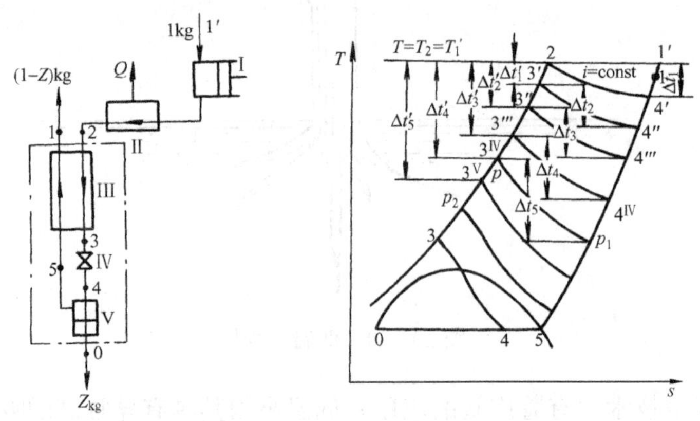

图 10 - 21 一次节流液化循环的流程图及逐渐冷却过程 $T-s$ 图

如图 10 - 21 所示，常温 T、常压 p_1 下的空气（点 1′），经压缩机Ⅰ压缩至高压 p_2，并经中间冷却器Ⅱ等压冷却至常温 T（点 2）。上述过程可近似地认为压缩与冷却两过程同时进行，是一个等温压缩过程，在 $T-s$ 图上简单地用等温线 1′- 2 表示。此后，高压空气在换热器Ⅲ内被节流后的返流空气（点 5）冷却至温度 T_3（点 3），这是一个等压冷却过程，在 $T-s$ 图上用等压线 2 - 3 表示。然后高压空气经节流阀Ⅳ节流膨胀至常压 p_1（点 4），温度降低到 p_1 压力下的饱和温度，同时有部分空气液化。在 $T-s$ 图上节流过程用等焓线 3 - 4 表示。节流后产生的液体空气（点 0）自气液分离器 V 导出作为产品；未液化的空气（点 5）从气液分离器引出，返回流经换热器Ⅲ，以冷却节流前的高压空气，在理想情况下自身被加热到常温 T（点 1′），其复热过程在 $T-s$ 图上用等压线 5 - 1′表示。至此完成了一个空气液化循环。

如前所述，必须将高压空气预冷到一定的低温，节流后才能产生液体。因此，循环开始时需要有一个逐渐冷却的过程，或称起动过程。图 10－21 示出一次节流液化循环逐渐冷却过程的 $T-s$ 图。空气由状态 $1'$，等温压缩到状态 2，$2-4'$为第一次节流膨胀，结果使空气的温度降低 Δt_1，节流后的冷空气返回流入换热器以冷却高压空气，而自身复热到初始状态 $1'$。高压空气被冷却到状态 $3'$（T_3'），其温降为 $\Delta t_1'$。第二次节流膨胀从点 $3'$，沿 $3'-4''$等焓线进行，节流后达到更低的温度 T_4''；此时低压空气的温降为（$\Delta t_1'+\Delta t_2$），当它经过换热器复热到初态 $1'$时，可使新进入的高压空气被冷却到更低的温度了 T''_3（状态 $3''$），其温降为 $\Delta t_2'$。接着是从点 $3''$沿 $3''-4''$进行的节流膨胀等等。这种逐渐冷却过程继续进行，直到高压空气冷却到某一温度（状态 3），使节流后的状态进入湿蒸气区域；若此时两股空气流的换热已达到稳定工况，则起动过程结束，空气液化装置开始进入稳定运转状态。

2. 克劳特液化循环

在节流循环中，采用不做外功的绝热膨胀过程，其设备比较简单，但能量损失大，经济性差。为改善循环的热力性能，可采用作外功的等熵绝热膨胀过程，以获得更大的温降，同时回收膨胀功。1902 年法国的克劳特首先实现了带有活塞式膨胀机的空气液化循环，其流程图及 $T-s$ 图如图 10－22 所示。1kg 温度 T_1、压力 p_1（点 $1'$）的空气，经压缩机 C 等温压缩到 p_2（点 2），并经换热器Ⅰ冷却至 T_3（点 3）后分成两部分：一部分（$1-m$）kg 的空气进入膨胀机 E 膨胀到 p_1（点 4），温度降低并作外功，而膨胀后气体与返流气汇合流入换热器Ⅱ、Ⅰ以预冷高压空气；另一部分 m kg 的空气经换热器Ⅱ、Ⅲ冷至温度 T_5（点 5）后，经节流阀节流到 p_1（点 6），获得 Z_{pr} kg 液体，其余（$m-Z_{pr}$）kg 饱和蒸气返流经各换热器冷却高压空气。

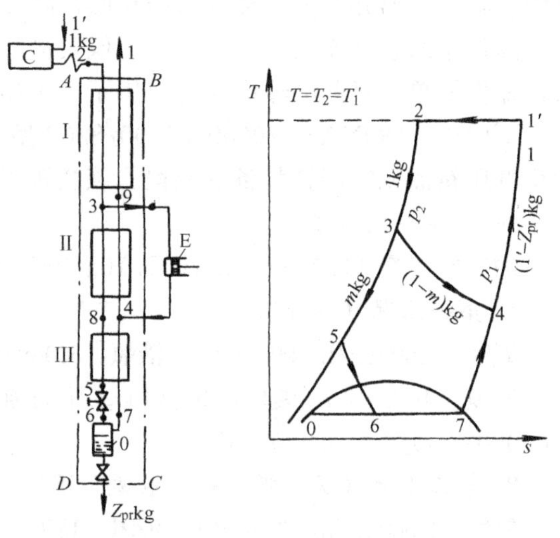

图 10－22　克劳特循环的流程图及 $T-s$ 图

在克劳特液化循环，当 p_2 与 T_3 不变时，增大膨胀量（$1-m$），膨胀机产冷量随之增大，循环制冷量及液化系数相应增加。但（$1-m$）过分增大，去节流阀的气量太少，会导致冷量过剩，使换热器Ⅱ偏离正常工况。

当（$1-m$）与 T_3 一定时，提高高压压力 p_2，等温节流效应和膨胀机的单位制冷量均增大，液化系数增加。但过分提高 p_2，会造成冷量过剩，冷损增大，并因冷量被浪费掉而使能耗增大。

当 p_2 与（$1-m$）一定时，提高膨胀前温度 T_3，膨胀机的焓降即单位制冷量增大，膨胀后气体的温度 T_4 也同时提高，而节流部分的高压空气出换热器Ⅱ的温度 T_8 和 T_4 有关，若 T_3 太高，膨胀机产生的较多冷量不能全部传给高压空气，导致冷损增大，甚至破坏换热器Ⅱ的正常工作。

在上述讨论中，都假定两个参数不变，而分析某一参数对循环性能的影响。但是在实际过程中三个参数之间是相互制约的关系，因此在确定循环参数时几个因素要加以考虑，才能得到最佳值。

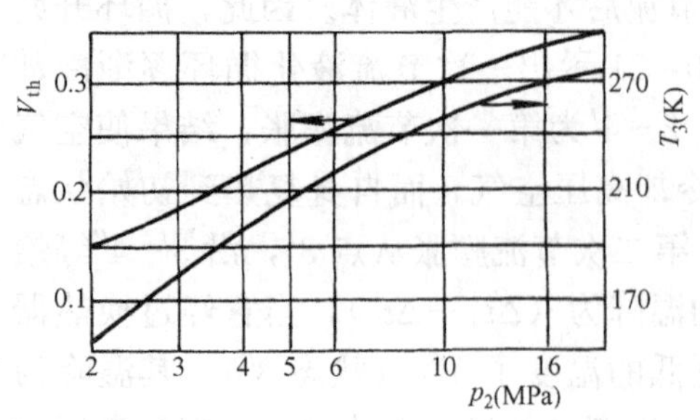

图 10-23 最佳 T_3 及 V_{th} 与 p_2 的关系

图 10-23 示出克劳特空气液化循环中最佳的膨胀前温度 T_3 及节流量 V_{th} 与高压压力 p_2 的关系曲线。

克劳特空气液化循环应用于中、小型空分装置，一般压力范围为（1.5～4.0）×10^3kPa，采用活塞式或透平膨胀机，如国产 KFS-300 型、KFS-860 型、KFZ-1800 型空分装置等。

为降低能耗、提高机组效率，克劳特空气液化循环又进一步发展出海兰德液化循环和卡皮查液化循环。

海兰德液化循环采用高压膨胀机，将未经过预冷处理的空气直接导入膨胀机膨胀。卡皮查液化循环则是充分利用空气预冷，将预冷后的空气分为两部分，一部分经高效率透平膨胀机膨胀降压降温并对另一部分未经膨胀机降压降温进行冷却和液化。由于卡皮查液化循环采用了高效率的透平膨胀机，工作压力低，循环流程简单，单位能耗小，金属消耗量及初投资低，操作简单，目前已经广泛地应用于大中型空分装置。

下面以 KDONAr-20000/50000/8202 型空分装置为例，介绍采用卡皮查空气液化循环的全低压精馏无氢制氩装备及流程。该装置可以同时制取氧气、氮气、液氧、液氮、液氩。

（一）主要技术性能

加工空气量 117000m^3/h（0℃.101.3kPa）。产品产量及纯度有以下几种。

1. 第一工况（标准工况）

氧气：21600m^3/h，99.6%O_2；液氧：500m^3/h，99.6%O_2；氮气：50000m^3/h，≤0.0005%O_2；液氮：100m^3/h，≤0.0003%O_2；压力氮：600m^3/h，≤0.0005%O_2；液氩：820m^3/h，≤0.0002%O_2，≤0.0003%N_2。

2. 第二工况（双膨胀机最大液氧工况）

氧气：16500m^3/h，99.6%O_2；液氧：1850m^3/h，99.6%O_2；氮气：50000m^3/h，≤0.0005%O_2；液氮：100m^3/h，≤0.0003%O_2；压力氮：600m^3/h，≤0.0005%O_2；液氩：665m^3/h，≤0.0002%O_2，≤0.0003%N_2。

3. 第三工况（双膨胀机最大液氮工况）

氧气：17900m^3/h，99.6%O_2；液氧：200m^3/h，99.6%O_2；氮气：40000m^3/h，≤0.0005%O_2；液氮：1950m^3/h，≤0.0003%O_2；压力氮：600m^3/h，≤0.0005%O_2；液氩：625m^3/h，≤0.0002%O_2，≤0.0003%N_2。

4. 第四工况（最大气氧工况）

氧气：22300m^3/h，99.6%O_2；液氧：220m^3/h，99.6%O_2；氮气：50000m^3/h，≤0.0005%O_2；液氮：100m^3/h，≤0.0003%O_2；压力氮：600m^3/h，≤0.0005%O_2；液氩：840m^3/h，≤0.0002%O_2，≤0.0003%N_2。

5. 第五工况（气氩工况）

氧气：21000m^3/h，99.6%O_2；液氧：1000m^3/h，99.6%O_2；氮气：50000m^3/h，≤0.0005%O_2；液氮：100m^3/h，≤0.0003%O_2；压力氮：600m^3/h，≤0.0005%O_2；液氩：815m^3/h，≤0.0002%O_2，≤0.0003%N_2。

6. 第六工况（液氮返塔工况）

氧气：20200m^3/h，99.6%O_2；液氧：2300m^3/h，99.6%O_2；氮气：50000m^3/h，≤0.0005%O_2；压力氮：600m^3/h，≤0.0005%O_2；液氩：820m^3/h，≤0.0002%O_2，≤0.0003%N_2；液氮返塔量为1910m^3/h。

以上参数均为标况下。

加工空气压力：启动时3920～4420kPa；正常时1960～2450kPa；

启动时间：小于46h；连续运行时间：2年。变负荷范围：80%～105%

（二）工艺流程说明

1. 氧气和氮气的生产

空气经净化后，由于分子筛的吸附热，温度升至24℃，然后分两路，一路大部分空气直接进入分馏塔，而另一路往增压膨胀机增压后进入分馏塔。大部分空气在主换热E1中与返流气体（纯氧，纯氮，污氮等）换热达到接近空气液化温度约−173℃进入C1。标准下约17160m^3/h的增压空气在主换热器内被返流冷气体冷却至−108℃（165K）时抽出进入膨胀机ET1（或ET2）膨胀制冷，最后送入上塔或旁通一部分（视装置运行情况而定）。

在下塔中，空气被初步分离成氮和富氧液体空气，顶部气氮在主冷凝器K1中液化，同时主冷的低压侧液氧被气化。部分液氮作为下塔回流液，另一部分液氮从下塔顶部引出，经过过冷器E2被纯气氮和污气氮过冷并节流后送入辅塔顶部作回流液。液空在过冷器E2中过冷后经节流送入上塔中部作为回流液。

纯气氧从上塔底部引出，并在主换热器复出后出冷箱。污氮气从上塔上部引出，并在过冷器及主换热器中复出后出冷箱。部分作为分子筛纯化器的再生气体，其余部分去水冷塔。约标准下50000m^3/h的纯氮气从上塔顶部引出，在过冷器及主换热器中复热后出冷箱。

2. 氩气的生产

从上塔相应部分抽出氩馏分气体约为标况下26460m^3/h，含氩量为7%～11%（体积，含氮量约0.017%（体积）氩馏分直接从粗氩塔Ⅰ的底部导入，粗氩塔Ⅰ上部采用粗氩塔Ⅱ底部排出的粗液氩作为回流液，作为回流液的粗液氩经液氩泵AP501（或AP502）加压到约0.887MPa（G）后直接进入粗氩塔Ⅰ上部。粗氩自粗氩塔Ⅰ顶部排出，经粗氩塔Ⅱ底部导入。粗氩冷凝器K701采用过冷后的液空作为冷源，上升气体在粗氩冷凝器K701中液化，其中一部分作为标况下827m^3/h的粗氩气（其组成为99.6%Ar，≤0.0002%O_2）经V705阀导入K704粗氩液化器进行液化，然后进入纯氩塔C703中，继续精馏；其余作为回流液入粗氩塔Ⅱ。冷凝器K701蒸发后的液空蒸气和少量液空同时返回上塔。

粗液氩从纯氩塔C703中进入，与此同时在纯氩塔蒸发器K703氮侧内利用下塔顶部来的压力氮气作为热源，促使纯氩塔底部的液氩蒸发器成上升蒸汽，而氮气被冷凝成液氮经节流后进入V3阀后，然后返回上塔。来自液氮过冷器并经节流的液氮进入纯液氩冷凝器K702作为冷源，使纯氩塔顶部产生回流液，以保证塔内的精馏，使氩氮分离，从而在纯氩塔底部得到纯液氩。纯液氩可以直接以液态的形式注入用户储槽，也可以在冷箱内经中压液氩泵加压到3.0MPa（G）汽化回收冷量后送入用户管网。

（三）装置特点

（1）采用分子筛纯化器净化空气。

（2）采用增压膨胀机。

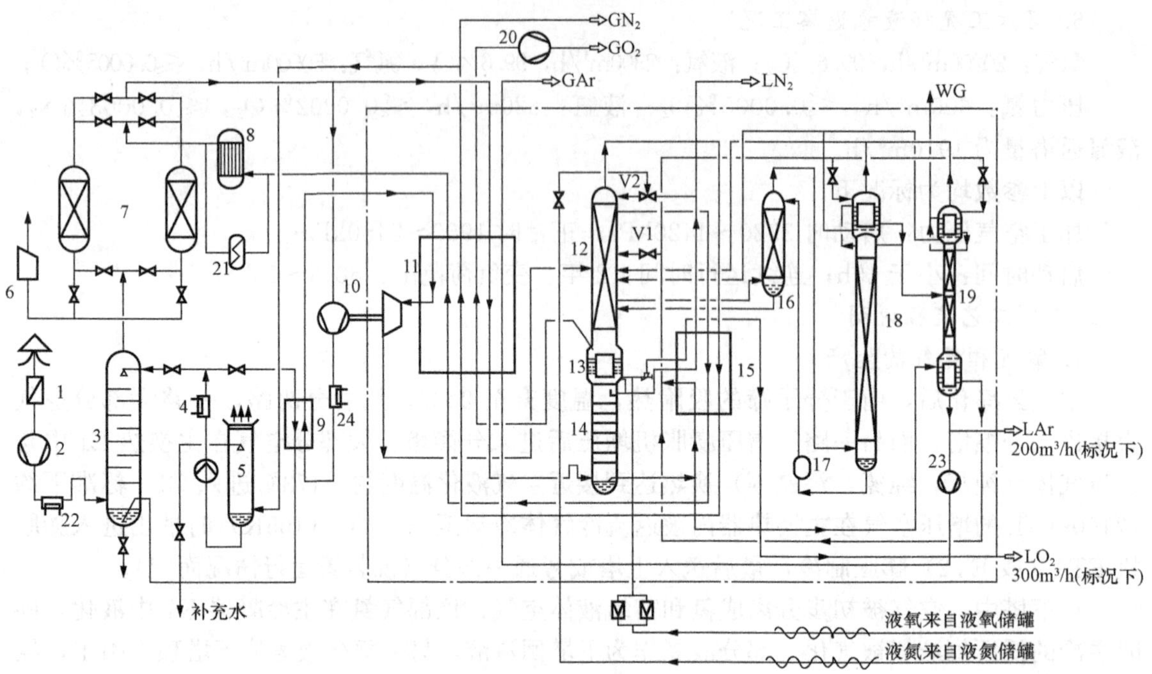

图 10-24 分子筛全精馏无氢制氩流程

1—空气过滤器；2—空气压缩机；3—空冷塔；4—冷水机组；5—冷水塔；6—消声器；
7—分子筛纯化器；8—蒸汽加热器；9—水冷却器；10—增压透平膨胀机；
11—主换热器；12—上塔；13—主冷凝蒸发器；14—下塔；15—过冷器；
16—粗氩塔Ⅰ；17—氩泵；18—粗氩塔Ⅱ；19—精氩塔；20—氧气压缩机；
21—备用加热炉；22，24—水冷却器；23—氩泵

（3）采用全精馏无氢制氩。

（4）属于第六代空分流程。

思 考 题 和 习 题

1. 一个制冷系统必须由哪些基本部件组成？它们在制冷系统中各起什么作用？
2. 什么是单位制冷量？什么是单位容积制冷量？其大小对制冷系统有什么影响？
3. 什么是制冷系数？什么是热力完善度？它们各有何作用？
4. 什么是热力系数？
5. 什么是液体过冷？什么是吸气过热？它们对制冷系统的性能有何影响？
6. 什么是回热循环？它对制冷系统的性能有何影响？
7. 制冷剂在制冷系统中有何作用？
8. 对制冷剂有什么要求？常用制冷剂有哪些类？命名规则如何？
9. 什么是共沸制冷剂？什么是非共沸制冷剂？它们各有何特点？
10. 吸收式制冷机的工作原理是怎样的？其驱动力是什么？有哪一些？
11. 对吸收式制冷机工质对有什么要求？
12. 吸收式制冷机常用的工质对有哪些？各有何特性？谁是制冷剂？谁是吸收剂？

13. 溴化锂吸收式制冷机有何优缺点？其常用驱动热源有哪些？

14. 什么是单效溴化锂吸收式制冷机？什么是双效溴化锂吸收式制冷机？它们各由哪些部件组成？各起什么作用？

15. 什么是空气品质？空气调节的任务是什么？

16. 什么是湿空气的干球温度和湿球温度？什么是湿空气的含湿量和相对湿度？

17. 通常空气的热湿处理有哪些方式？

18. 何谓热泵？按工作原理分有哪几类？

19. 热泵的供热系数与制冷系数有什么关系？

20. 空气的液化循环有哪几种基本类型？克劳特液化循环与节流液化循环各有何特点？

第十一章　发电厂系统及其他动力装置

第一节　火电厂热力系统

在火电厂中，以煤、石油、天然气等矿物燃料作为能源，以水蒸气作为工质完成蒸汽动力循环。为了充分利用矿物燃料在燃烧时放出的热能，就应根据热力学原理，从热功转换的效果上来进行研究，考查其热效率。除此之外，还要从锅炉、汽轮机设计、制造、安装及运行经济性、可靠性各方面进行全面的技术经济对比，才能确定一个比较完善的蒸汽动力装置。

一、蒸汽动力循环

火电厂所用的各种复杂蒸汽动力装置循环都是在朗肯循环的基础上进行改进后得到的。所以，朗肯循环是各种复杂蒸汽动力装置循环的基本循环。

1. 火电厂蒸汽动力装置循环——朗肯循环

根据热力学第二定律，在一定的温度范围内，卡诺循环的热效率是最高的。但是，为了克服卡诺循环中压缩过程的困难，人们将汽轮机排出的乏汽采用凝结的办法将其完全凝结成水。同时，为了提高平均吸热温度，采用了过热蒸汽。通过这样改进的循环，就是实际上所采用的最简单的蒸汽动力装置理想循环——朗肯循环。它是由锅炉、汽轮机、冷凝器和水泵所组成，如图 11-1（a）所示。图中 B 为锅炉，燃料在炉中燃烧，放出热量，水在锅炉中定压吸热，汽化为饱和蒸汽；S 为锅炉过热器，饱和蒸汽在其中吸热成为过热蒸汽；T 为汽轮机，蒸汽通过汽轮机时膨胀，对外做功，并有一定热损失，在汽轮机出口，蒸汽达低压下的湿蒸汽状态（乏汽）；C 为凝汽器，在汽轮机膨胀做功后的乏汽进入凝汽器并凝结成水，并放出潜热；P 为给水泵，将凝结水提高压力并重新泵入锅炉，完成一个循环。这一循环要消耗一定外功。

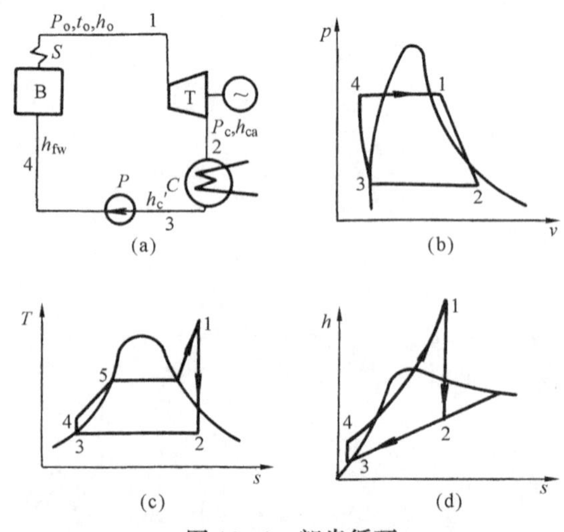

图 11-1　朗肯循环

在图 11-1（b）、（c）、（d）中分别给出了朗肯循环在 $p-v$ 图、$T-s$ 图、$h-s$ 图上的表示。工质循环经过了四个热力过程，4-5-1 为定压吸热过程，是水在锅炉和过热器中的吸热、汽化和过热过程；1-2 是蒸汽在汽轮机中的绝热膨胀做功过程，如果忽略摩擦损失与散热，可将其简化为一个理想可逆绝热膨胀过程，即等熵过程；2-3 为乏汽在凝汽器中的定压凝结放热过程，蒸汽凝结成为饱和水；3-4为凝结水在水泵中的压缩过程，若忽略摩擦损失与散热，则可简化为一个理想可逆等熵压缩过程。

朗肯循环热效率 η_t 表示 1kg 蒸汽在汽轮机中产生的理想功 w_a（比内功）与循环吸热量

q_0 之比，即

$$\eta_t = \frac{w_a}{q_0} = \frac{(h_0 - h_{ca}) - (h_{fw} - h'_c)}{h_0 - h_{fw}} \tag{11-1}$$

朗肯循环热效率 η_t 也可用吸热过程和放热过程的平均温度表示，其表达式为

$$\eta_t = \frac{w_a}{q_0} = 1 - \frac{q_c}{q_0} = 1 - \frac{T_c \Delta s}{\overline{T}_1 \Delta s} = 1 - \frac{T_c}{\overline{T}_1} \tag{11-2}$$

式中：T_c 为放热过程平均温度，K；$\overline{T}_1$ 为吸热过程平均温度，K。

基于上述理想朗肯循环的发电厂称为纯凝汽式发电厂。纯凝汽式发电厂的热经济性是很低的（低于40%），这是因为蒸汽在锅炉中的吸热量（Q_0）只有一小部分转化为汽轮机的做功，而大部分热量（潜热）作为冷源损失在凝汽器中被循环水所带走。

提高蒸汽动力装置循环的热效率，具有很重大的意义。为了提高蒸汽动力装置循环的热效率，应尽量做到：

（1）尽可能的减少锅炉散热、排烟的外部能量损失；

（2）从设计、制造和运行等诸方面着手，提高汽轮机的内效率；

（3）提高蒸汽在锅炉中的平均吸热温度，减少蒸汽与烟气间温差传热造成的损失；

（4）降低汽轮机的排汽压力（温度），减少蒸汽与冷却水之间的温差传热造成的损失。

在以上几个方面，提高蒸汽在锅炉中的平均吸热温度最为重要。提高蒸汽平均吸热温度的具体做法是：提高蒸汽初参数和再热蒸汽参数，采用回热系统等。在此基础上，再配合中间再热循环，采用热电联产、蒸汽—燃气联合循环等措施。

2. 回热循环

在前面所讨论的朗肯循环中，造成其热效率低的主要原因在于工质平均吸热温度不高。为了提高蒸汽平均吸热温度，除了提高蒸汽初参数之外，另一种办法是改善吸热过程。如图11-1（c）所示的 $T-s$ 图，4-5-1为蒸汽的吸热过程，其中4-5为预热阶段，是整个吸热过程中吸热温度最低段。如果把4-5过程的吸热温度提高，则循环的平均吸热温度将有所提高。而改进这一低温吸热段的最好办法是采用给水回热加热。给水回热加热是指在汽轮机某些中间级抽出部分蒸汽，送入回热加热器中加热锅炉给水，与之相应的热力循环叫回热循环。

实际最简单（只有一级高压加热器和一级低压加热器）的蒸汽动力装置回热循环见图11-2。图中，1-A-0-7-8-9-1及1-B-5-6-7-8-9-1均被称为回热循环。由于利用两段回热抽汽分别在高压加热器和低压加热器中加热给水，提高了锅炉的进水温度，减少

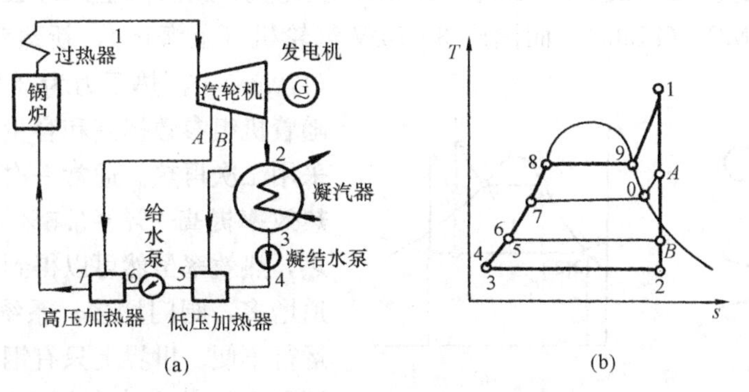

图11-2　实际的蒸汽动力装置回热循环

（a）热力系统图；（b）$T-s$ 图

了蒸汽在低温吸热段的吸热，从而提高了吸热过程的平均温度，即提高了循环热效率。给水循环中的加热器通常是一种表面式热交换器，在汽轮机中有高压加热器和低压加热器两种。位于给水泵前的为低压加热器，位于给水泵后的为高压加热器。

给水回热加热循环的采用，可以明显地提高循环的热效率。同时也增加了设备（加热器)、管道、阀门、水泵等，使系统复杂，增加了投资。有利的一面主要有：

（1）回热抽汽可使汽轮机进汽量增加，而排汽量减少。二者对提高机组效率、改善末级的设计（强度）都是有好处的；

（2）由于热效率的提高，锅炉热负荷减少，可以减少锅炉的受热面，节约部分金属材料；

（3）由于凝汽量的减少，可以减少凝汽器的换热面，节约大量的铜材。

3. 中间再热循环

从前面的分析可知，提高蒸汽的初压，可以提高朗肯循环的热效率。但是，蒸汽初压的提高，将会引起乏汽的湿度增加，对汽轮机的工作产生不利影响。如果同时提高蒸汽的初压和初温，又要受到金属材料的限制。为了解决这一问题，采用了蒸汽中间再过热的办法。就是先让新蒸汽首先进入汽轮机高压部分膨胀做功，到某一中间压力时，全部抽出来，送到锅炉的再热器中再加热，提高温度后（通常是将汽温提高到新汽相同的温度)，再送到汽轮机的中、低压部分继续膨胀做功。中间再热循环如图 11-3 所示。经过再热之后，膨胀末了的乏汽的干度明显增大。这样，就避免了由于提高初压或者同时提高初压、初温而带来的困难。所以，现代大型火电机组都毫无例外地采用中间再热循环，这也是成为提高大机组热效率的必要措施。

再热对循环热效率的影响，可以从图 11-3（b）的 $T-s$ 图作定性分析。图中，1-c-3-4-1 为基本循环，b-a-2-c-b 为再热附加循环。当再热温度与新蒸汽温度相同时，由于终参数一样，只要再热压力选择得不太低，则附加循环的平均吸热温度将高于基本循环的平均吸热温度。这样，总的平均吸热温度就变高了，则循环的热效率将得到提高。可见，如果再热压力选择得较高，则能使循环的热效率得到提高；如果再热压力选择得较低，则能使循环的热效率降低。但是，如果再热压力选择得过高，对干度影响较小，附加循环的吸热量减少，附加循环与基本循环相比所占份额减少，而使整个循环的热效率减弱。因此要综合考虑再热压力对热效率和干度的影响，找出一个最佳的再热压力。根据现有机组设计和运行的经验，取再热压力为新蒸汽压力的 20%～30%之间。如国产 200MW 汽轮机，新蒸汽压力为 12.74MPa（130ata)，再热压力为 2.058MPa（21ata)。而国产 300MW 汽轮机（上海产)，新蒸汽压力为 16.7MPa（170ata)，再热压力为 3.29MPa（33.6ata)。随着机组参数提高和容量增大，有的机组还采用二次再热。通常一次再热可使机组循环热效率提高 2%～3.5%，如果采用二次再热，热效率虽然可以得到一定的提高，但管道增多，阀门增多，系统复杂，投资增加，运行不便。世界上只有钢材产量大、能源资源贫乏的日本才在超大型机组上采用二次再热。

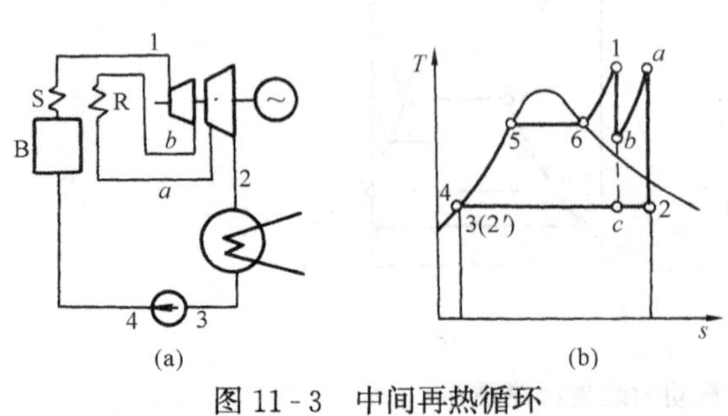

图 11-3 中间再热循环

(a) 热力系统图；(b) $T-s$ 图

4. 热电循环

在前面的讨论中，虽然对基本蒸汽动力循环进行了改造，即加了回热系统和再热系统，但其热效率仍然很低，一般都低于40%。这是因为，在凝汽式汽轮机中做过功的蒸汽，最后以乏汽排入凝汽器，在其中凝结成水，放出汽化潜热，由冷却水带走。而这一热量（低位）占工质在锅炉中总吸热量的60%～65%，完全作为冷源损失被排放。这部分热能虽然数量很大，但是由于它在接近于大气温度 T_0 下排出的，已经不能再进一步将其转化为机械功而利用。然而在一定条件下，这种低位热能是可以得到利用的。热电循环就是利用这一低位热能的一种方式。一方面生产电能，一方面将作过功的部分或者全部蒸汽引出，送给热用户，即可以全部或部分利用这部分低位热能。

在发电厂中利用汽轮机中做过功的蒸汽的热量供给热用户，这种在同一动力设备中同时生产电能和热能的生产过程称为热电联产，相应的循环过程称为热电循环。热电联产要比单一生产电能或单一生产热能合算。如图11-4的 $T-s$ 图中，把凝汽式汽轮机的理想热力循环与背压式汽轮机的循环相比，就可以看到这一点。在凝汽式汽轮机中，与 $1-a-e-2-1$ 所围的面积等效的排汽热量（潜热）全部损失。而提高排汽压力的（背压式）汽轮机，在发电的同时，还给用户供热，排汽热量（$1_1-a_1-e_1-2-1_1$ 的面积）几乎全部得到充分利用。

热电循环有两种形式：一种是采用“背压式汽轮机”，如图11-5所示；另一种是采用“抽汽供热式汽轮机”，如图11-6所示。

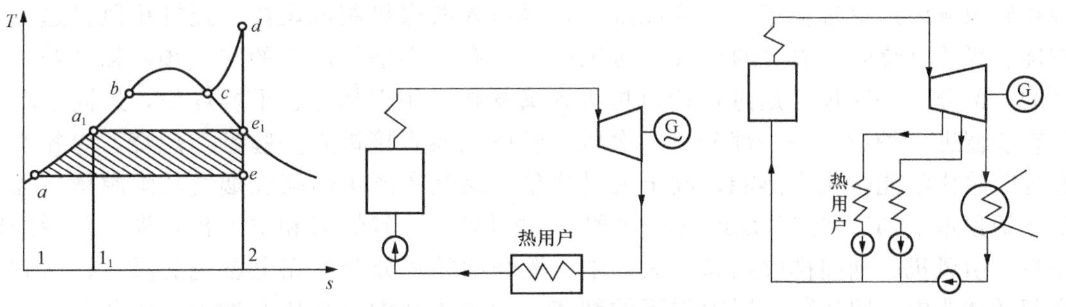

图11-4　凝汽机循环与背压机循环的比较　　图11-5　背压式汽轮机循环　　图11-6　二次调节抽汽式汽轮机

采用背压式汽轮机的循环是最简单的热电循环。背压式汽轮机的排汽，全部送给热用户，无冷源损失。为了满足热用户对供热参数（压力和温度）的要求，背压一般都大于大气压（0.1MPa）。这种循环的缺点在于热、电两种负荷互相制约，不能同时满足热、电两负荷的要求。当供汽量大时，发电量也大；供汽量小时，发电量也小。因此，背压式汽轮机不能同时供应不同参数要求的用户。为了避免这一缺点，热电厂大多采用抽汽供热式汽轮机。有一次调节抽汽供热式汽轮机和二次调节抽汽供热式汽轮机的热电循环。图11-6所示为二次抽汽供热式汽轮机的热电循环。这种热电循环的热负荷和电两负荷有一定的调整范围，即热和电在一定范围内是自由负荷；能同时供应不同参数要求的用户。但这种调节抽汽供热式汽轮机带有凝汽器，进入汽轮机做功的蒸汽，在某一（或者两处）中间级被抽出来送给热用户，最后还有部分蒸汽排入凝汽器内，放出潜热，因此，其热效率要比背压式汽轮机循环低。

在热电循环中，由于背压（温度）提高或者抽汽供热，使得热电循环中汽轮机的内功比原循环低。如图 11-4 所示，热电循环的面积 $d-e_1-a_1-b-c-d$ 要小于朗肯循环的面积 $d-e-a-b-c-d$。但是，乏汽的温度提高之后，就有利用的价值。在理想的情况下，不考虑损失，则燃料的热量全部可用。其中一部分转化为电能，而另一部分则可以用于生活、生产。而原循环的排汽所具有的热量全部作为冷源损失而流失。因此，从能源利用的角度来看，热电循环的燃料能量在数量上的有效利用程度就比凝汽循环高。热电厂的燃料利用系数 η_{tp} 定义为对外供电、热两种产品的数量之和与输入能量之比，即

$$\eta_{tp}=\frac{3600W+Q_h}{B_{tp}Q_{net}} \tag{11-3}$$

式中：W 为发电量，kW·h/h；Q_h 为供热量，kJ/h；B_{tp} 为热电厂的燃料消耗量，kg/h；Q_{net} 为燃料的低位发热量，kJ/kg。

将 η_{tp} 称为燃料利用系数而不称效率，是因为它未考虑电和热两种产品在品位上的差别，只是将其单纯地按数量相加，只是能量利用的数量指标。

对于背压式机组，η_{tp} 一般为 0.8 左右；对于凝汽式机组，由于对外供热量 Q_h 为零，η_{tp} 即为凝汽式电厂的热效率，约 0.4 左右；抽汽供热机组的 η_{tp} 则介于两者之间。

二、火电厂热力系统

（一）火电厂的基本生产流程

第一章图 1-1 所示为凝汽式燃煤电厂基本生产流程示意图。从图可以看到，燃煤由安装在斜煤棚内的皮带输煤机送到原煤斗，再送入磨煤机制成煤粉，经排粉风机送入锅炉燃烧。煤粉燃烧时所需要的空气由送风机送至布置在锅炉尾部的空气预热器加热。热空气的一部分（一次风）通过排粉风机进入磨煤机，用以加热、干燥煤粉，连同煤粉一同经燃烧器进入炉膛；另一部分（二次风）经燃烧器直接进入炉膛参与燃烧。煤粉在炉膛燃烧时将化学能转化为热能，放出大量热量。燃烧所产生的高温烟气从炉膛依次通过布置在炉顶水平烟道和尾部烟道的过热器、（再热器）、省煤器和空气预热器，最后经除尘设备、引风机、烟囱排放到高空大气中。燃烧中的灰分及未完全燃烧的炭粒将落到炉膛底部的渣斗内，同从除尘器中除下的细灰一起落入地沟被高压水冲走，经灰浆泵最后送到灰场。

作为工质的给水由给水泵升压后经汽轮机高压加热器（大机组有 3～4 级）送至锅炉省煤器，给水在省煤器中吸收尾部烟道中烟气的热量后进入汽包，然后从布置在炉墙外的下降管经下连箱进入布置在炉膛四壁的水冷壁，吸收煤粉燃烧时的辐射热。给水流经水冷壁时，有一部分水蒸发成蒸汽，并以汽水混合物的形式流入汽包。汽水混合物在汽包中经分离后，蒸汽（饱和蒸汽）进入过热器进行过热后形成过热蒸汽。过热蒸汽由主蒸汽管送入汽轮机做功，对于中间再热汽轮机来说，过热蒸汽首先进入高压缸做功，然后从高压缸排出的蒸汽又送回锅炉再热器进行再过热，在温度提高到和新蒸汽相同温度后再送汽轮机中、低压缸继续膨胀做功，带动发电机发电。在汽轮机中做过功的乏汽最后排入凝汽器凝结成水，并流入凝汽器底部的热井，经凝结水泵、低压加热器（大机组有 3～4 级）送入除氧器除氧后落入水箱，重新由给水泵升压后送锅炉吸热，以循环使用。

（二）火电厂热力系统

根据发电厂热力循环的特征，将热力部分的主、辅设备及其管道附件按功能有序连成一

个整体的线路图，称为发电厂热力系统图。发电厂热力系统常分为原则性热力系统和全面性热力系统两种。

发电厂原则性热力系统表明能量转换与利用的基本过程，它反映了发电厂动力循环中工质的基本流程、能量转换过程的技术完善程度和热经济性。热力系统的完善程度是用热经济指标反映的，因此可以通过发电厂原则性热力系统计算出发电厂的热经济性指标。有时又将发电厂原则性热力系统称为计算热力系统。

发电厂的全面性热力系统则是在原则性热力系统的基础上充分考虑到发电厂生产所必须的连续性、安全性、可靠性和灵活性后所组成的实际热力系统。

图 11-7 为 N600-16.67/537/537 型机组发电厂原则性热力系统，该机组是哈尔滨汽轮机厂制造的亚临界压力、一次中间再热、单轴、反动式、四缸四排汽机组。该机组设计热耗率为 7829kJ/kWh，接近世界先进水平。其最大计算功率为 654MW，锅炉效率为 92.08%。

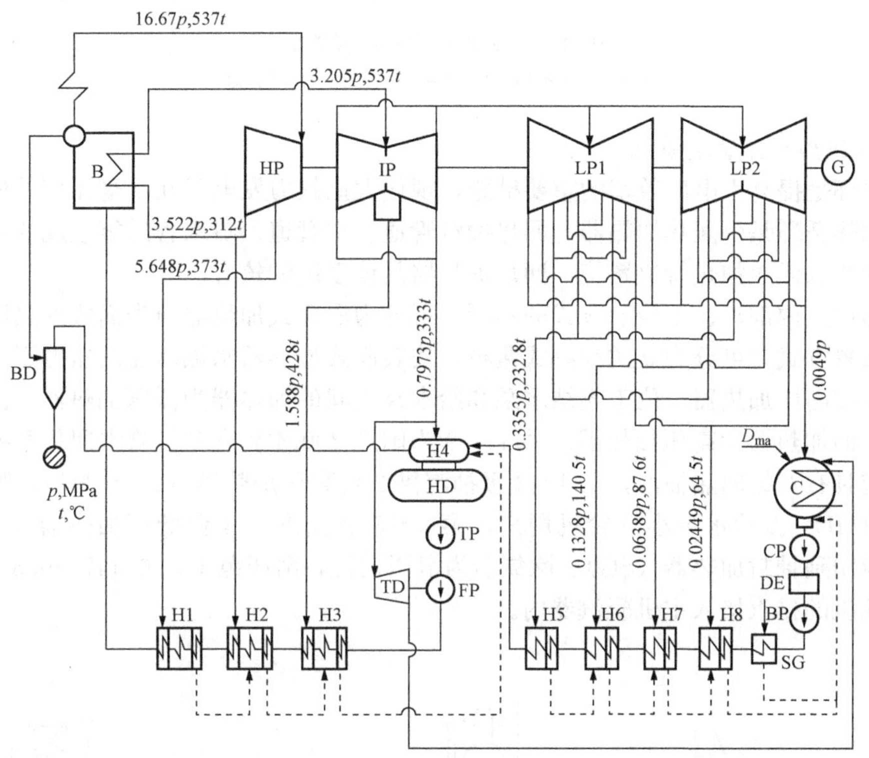

图 11-7　N600-16.67/537/537 型机组发电厂原则性热力系统

发电厂热力系统主要由以下各局部热力系统组成：主蒸汽、再热蒸汽系统、给水回热加热系统、除氧系统、供热系统、旁路系统等。

1. 主蒸汽管道系统

主蒸汽系统包括从锅炉过热器出口联箱至汽轮机进口主汽阀的蒸汽管道、阀门、疏水装置及通往各用汽处的支管所组成的系统。对于中间再热机组，还包括从汽轮机高压缸排汽至锅炉再热器进口联箱的再热冷段管道、阀门及从再热器出口联箱至汽轮机中压缸进口阀门的再热热段管道、阀门。发电厂的主蒸汽管道中蒸汽参数高、流量大，对金属材料要求高，钢材的选用对发电厂运行的安全可靠性和经济性影响很大。

发电厂的主蒸汽管道系统有单母管制、切换母管制和单元制系统（见图 11-8）。现代大型火电机组都是单元制机组。其优点是：系统简单，阀门少，管道短，阻力小，有利于自动化集中控制。

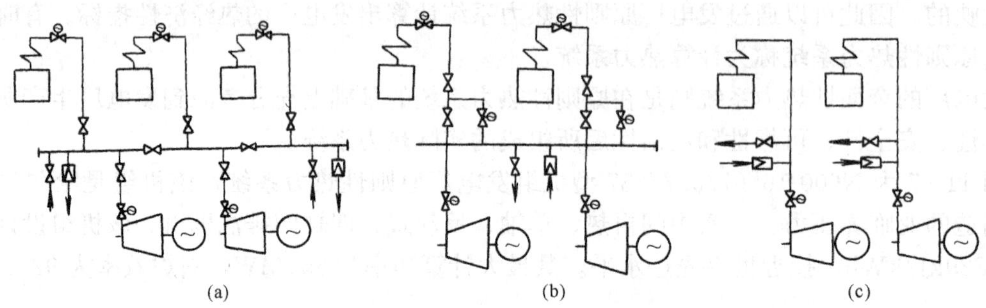

图 11-8 发电厂主蒸汽管道系统

（a）单母管制；（b）切换母管制；（c）单元制

2. 给水回热加热管道系统

回热循环是提高火电厂效率的重要措施，现代大型热力发电厂几乎毫无例外地采用了回热循环。回热循环是由回热加热器、回热抽汽管道、水管道、疏水管道等组成的一个加热系统，称之为给水回热加热管道系统，回热加热器是该系统的核心。

加热器按照内部汽、水接触方式的不同，可分为混合式加热器与表面式加热器两类；按受热面的布置方式，可分为立式和卧式两种。按表面式加热器水侧承受的压力不同，又分为低压加热器和高压加热器。位于凝结水泵和给水泵之间的加热器为低压加热器，位于给水泵和锅炉之间的加热器为高压加热器。图 11-9 为国产 300MW 汽轮机给水回热系统图。该机组回热系统具有八级回热抽汽，第 1～3 级抽汽供 3 台高压加热器（H1～H3），第 4 级抽汽供除氧器（HD）及给水泵小汽轮机用汽，第 5～8 级抽汽供 4 台低压加热器（H4～H7）。轴封漏汽应用到轴封加热器（SG）。除氧器为滑压运行，滑压范围是 0.147～0.883MPa，给水泵小汽轮机的排汽接入主机凝汽器内。

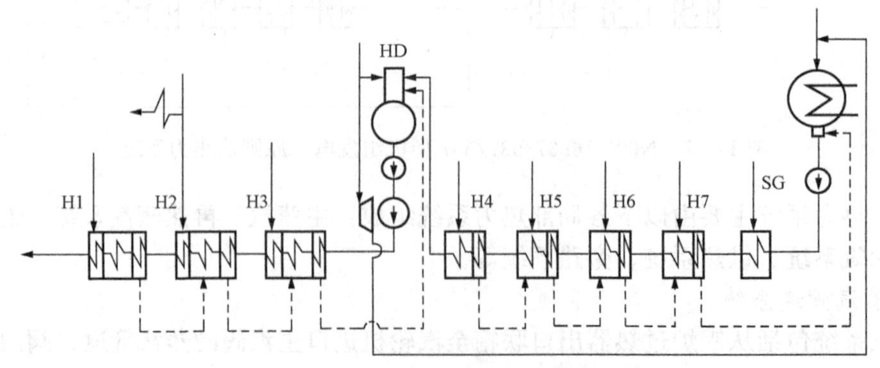

图 11-9 300MW 汽轮机回热加热系统

3. 给水除氧系统

当给水中含有过量空气（氧气）时，对热力设备和管道系统的工作可靠性和寿命是有影响的。这是因为水中的氧会造成金属的腐蚀，还会影响传热效果，降低传热效率。为了保证电厂安全经济运行，必须不断地从锅炉给水中清除掉溶解于水中的气体。其中危害最大的是氧气，所以习惯上称清除溶解于水中气体的过程为给水除氧，相应的设备称除氧器。除氧器的任务是除去锅炉给水中溶解的氧气和其他气体，防止热力设备和管道系统的腐蚀和传热效果变坏，保证热力设备的安全经济运行。

给水除氧的方法有化学除氧和热力除氧，在热力发电厂中，热力除氧法是最主要的除氧方法。热力除氧的原理是建立在亨利定律和道尔顿定律基础上的。

亨利定律指出，在一定温度条件下，当气体在水中的溶解和逸出过程达到动态平衡时，单位体积水中溶解的气体量与水面上该气体的分压力成正比。这样，如果要将某种气体从水中清除掉，则应将该气体在水面上的分压降为零。

道尔顿定律则指出，混合气体的全压力等于各组成气（汽）体分压力之和。因此，对除氧器中的给水进行定压加热时，随着温度的上升，水的蒸发过程不断加深，水面上水蒸气的分压力逐渐增大，其他气体的分压力逐渐减少。当水被加热到除氧器压力下的饱和温度时，水蒸气的分压力接近或等于水面上气体的全压力，则其他气体分压力趋向于零。于是，溶解于水中的气体将在不平衡压差的作用下从水中逸出，并从除氧器排气管中排走。因此，除氧器实际也是除气器，不仅除去了氧气，也除去了其他气体。

除氧器的结构型式有水膜式、淋水盘式和喷雾式几种型式。按外形又分为立式和卧式两种除氧器。根据除氧器压力大小又分为真空式、大气式和高压除氧器。对于中、低参数的机组，一般采用大气式除氧器，其工作压力一般为 0.118MPa。对于高参数的机组，一般采用高压除氧器，其工作压力大于 0.343MPa。除氧器由除氧塔（除氧头）和给水箱组成，给水除氧主要是在除氧塔中进行。

4. 供热系统

安装有供热式汽轮机的电厂通常称为热电厂，热电厂既供电又供热（蒸汽或者热水）。大力发展热化事业可以提高电厂经济性，也可以减少污染、保护环境，改善人们生产、生活条件。

根据载热质的种类和参数的不同，有三种不同的热负荷：工艺热负荷、热水供应负荷和供暖热负荷。工艺热负荷是用生产中的工艺过程，对参数要求较高，一般为 0.8～1.3MPa，有的还达 2.5～3.7MPa。供暖热负荷的参数一般为 0.15～0.25MPa。热电厂供热系统载热质有蒸汽和热水两种，分别称为汽网和水热网。采用水作为载热质的主要优点为：可远距离输送（可达 30km）；可使用压力较低的抽汽，提高电厂经济性；调节方便；金属消耗量、投资和运行费用较低；蓄热能力大。

热电厂向热用户供应蒸汽有直接供汽和间接供汽两种方式。直接供汽方式为热电厂的蒸汽直接供应给热网，图 11-10 所示为直接供汽方式的原则性热力系统图。间接供汽方式是热电厂的蒸汽先送入蒸汽发生器中加热其中的水并将其转化成二次蒸汽，二次蒸汽再供热网。

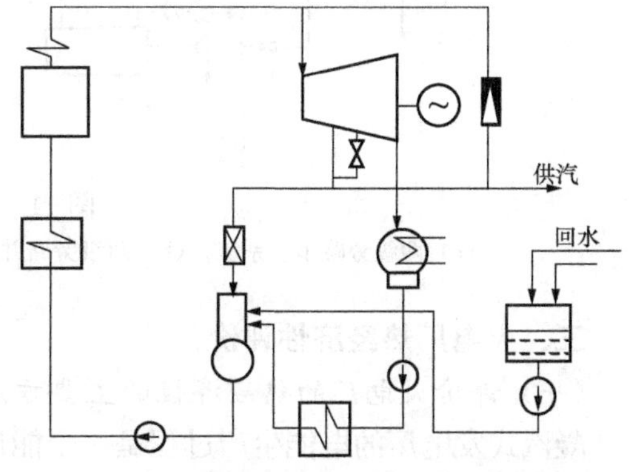

图 11-10　直接供汽方式的原则性热力系统图

5. 机组旁路系统

现代大型火电机组都装有旁路系统。旁路系统是指高参数蒸汽不通过汽轮机的通流部分，而是经过与汽轮机并联的减温减压器，将降压减温后的蒸汽送到低一级的蒸汽管道或是凝汽器去的连接管道系统。

旁路系统的主要作用是：①保护再热器。正常工作时，汽轮机高压缸的排汽通过再热器吸热，使再热器得到冷却。但在锅炉点火，而汽轮机还未冲转前，或甩负荷等情况下，汽轮机高压缸没有排汽进入再热器，这时候，由旁路系统送来经减温减压后的蒸汽通过再热器，起到冷却再热器的作用；②回收工质和热量，降低噪声。单元机组启停和甩负荷时，锅炉蒸发量和汽轮机所需蒸汽量不一致，锅炉最低蒸发量为额定蒸发量的 30%，而大型汽轮机的空载汽耗量为额定值的 7%～10%。因此，多余的蒸汽只好排入大气，不仅损失工质和热量，而且造成热污染和噪声。设置旁路系统则可以达到回收工质和热量、降低噪声保护环境的目的；③加快启动速度，改善启动条件。大型再热火电机组都采用滑参数启动方式，在整个启动过程中，需要不断地调整汽温、汽压和蒸汽量，以满足启动过程中不同阶段（暖管、冲转、暖机、升速、带负荷）的需要。如果只靠调整锅炉燃烧方式或者蒸汽压力，是难以满足要求的。采用旁路系统，就可以满足上述要求，达到加快启动速度，改善启动条件的目的。

旁路系统通常分为三种类型：汽轮机Ⅰ级旁路，也称高压旁路，即新蒸汽绕过汽轮机高压缸，经减温减压后直接进入再热器；汽轮机Ⅱ级旁路，也称低压旁路，即再热器出来的蒸汽绕过汽轮机中压缸，经减温减压后直接进入凝汽器；汽轮机Ⅲ级旁路，也称大旁路，Ⅲ级旁路是将蒸汽绕过整个汽轮机经减温减压后直接进入凝汽器。常见的旁路系统，都是由上述三种旁路系统中的一种或几种组合而成，如图 11 - 11 所示。

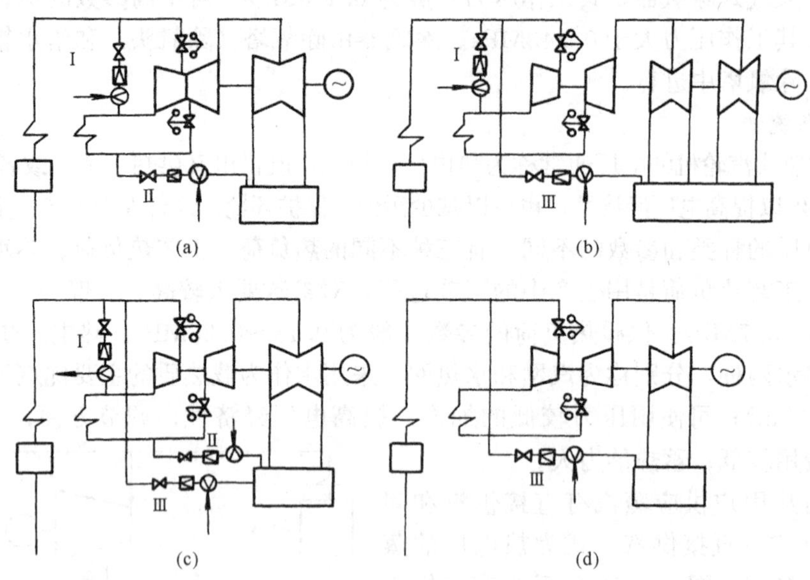

图 11 - 11　旁路系统

(a) 两级旁路串联系统；(b) 两级旁路并联系统；(c) 三级旁路系统；(d) 整机旁路系统

三、火电厂热经济性评价

（一）评价火电厂的热经济性的主要方法

凝汽式发电厂的电能生产过程是一个能量转换的过程，即燃料的化学能通过锅炉转换成蒸汽的热能，蒸汽在汽轮机中膨胀做功，将蒸汽的热能转变成机械能，通过发电机最终将机械能转变成电能。在能量转换过程中的不同阶段存在着数量不等、原因不同的各种损失，使能量不能全部被利用。发电厂的热经济性是通过能量转换过程中能量的利用程度或损失的大小来衡量和评价的。要提高发电厂的热经济性，就要研究发电厂能量转换及利用过程中的各项损失产生的部位、大小、原因及其相互关系，以便找出减少这些热损失的方法和相应措施。

评价发电厂热经济性的方法主要有热量法和熵方法。热量法以热力学第一定律为基础，通过燃料化学能在数量上被利用的程度来评价电厂的热经济性，一般用于电厂热经济性定量分析。熵方法以热力学第二定律为基础，通过燃料化学能的做功能力被利用的程度来评价电厂的热经济性，一般用于电厂热经济性定性分析。以下将对热量法进行介绍。

（二）热量法

热量法以热效率或热损失率的大小来衡量电厂或热力设备的热经济性。

热效率反映了热力设备将输入能量转换成输出有效能量的程度。在发电厂整个能量转换过程的不同阶段，采用各种效率来反映不同阶段能量的有效利用程度，用能量损失率来反映各阶段能量损失的大小。

根据能量平衡关系，各热力设备的输入热量、有效利用热量及损失热量之间存在以下关系

$$输入热量 = 有效利用热量 + 损失热量$$

于是可定义热效率 η 的通用表达式为

$$\eta = \frac{有效利用热量}{输入热量} \times 100\% = \left(1 - \frac{损失热量}{输入热量}\right) \times 100\%$$

下面以图 11 - 12 所示的凝汽式电厂（具有 3 级回热抽汽）为例，对凝汽式发电厂电能生产过程中各热力设备的损失和效率进行分析。

1. 锅炉热损失及锅炉效率

锅炉设备中的热损失主要包括排烟热损失、散热损失、未完全燃烧热损失等。其中，排烟热损失占总损失的 40%～50%。

锅炉效率表示锅炉的热负荷（即锅炉有效利用热量）Q_1 与输入燃料的热量 Q_{cp} 之比，即

$$\eta_b = \frac{Q_1}{Q_{cp}} = 1 - \frac{\Delta Q_b}{Q_{cp}} \tag{11 - 4}$$

式中：ΔQ_b 为锅炉中的热量损失。

锅炉效率反映锅炉设备运行经济性的完善程度。大型锅炉效率一般在 0.90～0.94 范围内。

2. 管道热损失与管道效率

工质流过主蒸汽管道时，由于工质在管道中流动时的压降、管件节流损失和向外散热，会有一部分热损失。管道效率用汽轮机的热耗量 Q_0 与锅炉设备热负荷 Q_1 之比表示，即

$$\eta_p = \frac{Q_0}{Q_1} = 1 - \frac{\Delta Q_p}{Q_1} \tag{11 - 5}$$

式中：ΔQ_p 为管道热损失。

管道效率反映了管道设施保温的完善程度和工质损失热量大小。管道效率一般为0.98～0.99。

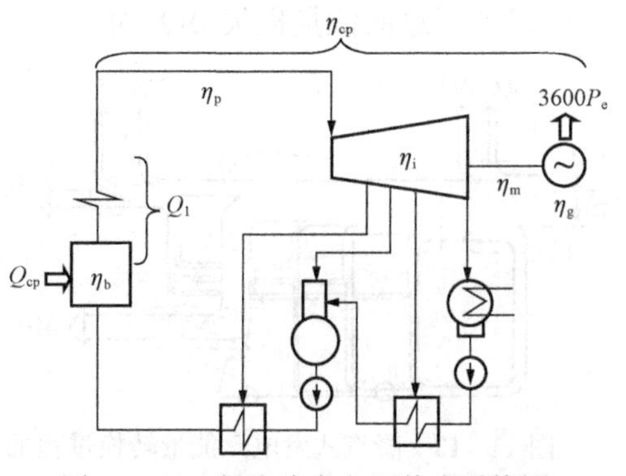

图 11 - 12　凝汽式发电厂热力系统图

3. 汽轮机的冷源损失与汽轮机内效率 η_i

汽轮机的内效率表示汽轮机实际内功率 W_i(kJ/h) 与汽轮机热耗 Q_0 之比，为所做的功与耗用的热量之比，即

$$\eta_i = \frac{W_i}{Q_0} = 1 - \frac{\Delta Q_c}{Q_0} = \frac{W_i}{W_a} \cdot \frac{W_a}{Q_0} = \eta_{ri}\eta_t \tag{11-6}$$

式中：η_{ri}、η_t 分别为汽轮机的相对内效率与理想内效率，参见式（4-41）及式（4-42）；ΔQ_c 为汽轮机的冷源损失。

汽轮机中的冷源损失包括两部分，即理想情况下汽轮机排汽在凝汽器中的放热量，这部分损失是冷源损失的主要来源；蒸汽在汽轮机中的实际膨胀过程存在着进汽节流、排汽及内部损失，使蒸汽做功减少而导致的损失。

现代大型汽轮机的内效率可达到 0.45～0.47。

4. 汽轮机的机械损失及机械效率 η_m

汽轮机输出给发电机轴端的功率 P_{ax}(kW) 与汽轮机的内功率 W_i 之比称为机械效率，即

$$\eta_m = \frac{3600P_{ax}}{W_i} = 1 - \frac{\Delta Q_m}{W_i} \tag{11-7}$$

式中：ΔQ_m 为机械损失，kJ/h。

机械效率反映了汽轮机支持轴承、推力轴承与轴和推力盘之间的机械摩擦耗功，以及拖动主油泵、调速系统耗功量的大小。机械效率一般为 96.5%～99.0%。

5. 发电机的能量损失及发电机效率 η_g

发电机的输出功率 P_e 与轴端输入功率 P_{ax}之比称为发电机效率，即

$$\eta_g = \frac{P_e}{P_{ax}} = 1 - \frac{\Delta Q_g}{3600P_{ax}} \tag{11-8}$$

式中：ΔQ_g 为发电机损失，kJ/h。

发电机效率反映了发电机轴与支持轴承摩擦耗功，以及发电机内冷却介质的摩擦和铜损（线圈发热）、铁损（铁芯涡流发热）造成的功率消耗。目前，发电机效率一般为 0.98～0.99。

6. 全厂能量损失及全厂总效率 η_{cp}

全厂总效率表示发电厂输出的有效能量（电能）与输入总能量（燃料的化学能）之比，也可综合考虑上述各项热损失后得出，即

$$\eta_{cp} = \frac{3600P_e}{Q_{cp}} = \frac{3600P_e}{BQ_d} = \eta_b\eta_p\eta_t\eta_{ri}\eta_m\eta_g \tag{11-9}$$

发电厂总的能量损失 ΔQ_j 为

$$\Delta Q_j = \Delta Q_b + \Delta Q_p + \Delta Q_c + \Delta Q_m + \Delta Q_g \tag{11-10}$$

发电厂的能量平衡为

$$Q_{cp} = 3600P_e + \Delta Q_j = 3600P_e + \Delta Q_b + \Delta Q_p + \Delta Q_c + \Delta Q_m + \Delta Q_g \tag{11-11}$$

根据式（11-11），可绘制相应的热流图，见图 11-13，对应三级回热抽汽。

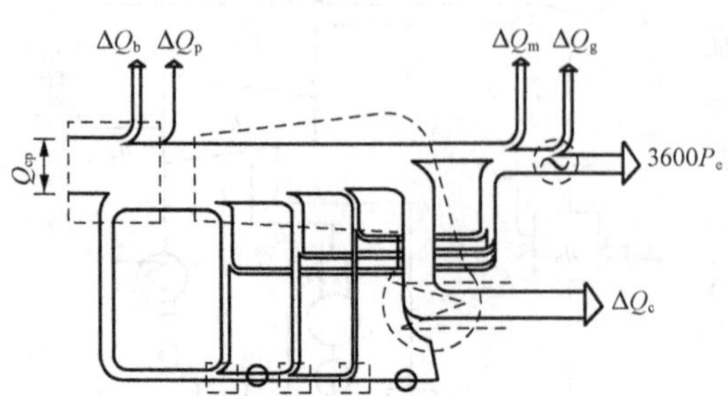

图 11-13 凝汽式发电厂能量转换过程的热量利用和热量损失

发电厂的各项损失与蒸汽参数和机组容量有关，见表 11-1。

表 11-1　**火力发电厂的各项损失**　%

项　目	电厂初参数			
	中参数	高参数	超高参数	超临界参数
锅炉热损失	11	10	9	8
管道热损失	1	1	0.5	0.5
汽轮机排汽热损失	61.5	57.5	52.5	50.5
汽轮机的机械损失	1	0.5	0.5	0.5
发电机损失	1	0.5	0.5	0.5
总热损失	75.5	69.5	63	60
全厂效率	24.5	30.5	37	40

四、凝汽式发电厂的热经济性指标

火电厂的热经济性指标主要有汽耗、热耗、煤耗和全厂效率四类。

（一）汽轮发电机组的热经济指标

1. 汽轮机发电机组的汽耗量 D_0

在汽轮机发电机组中，热能转换为电能的热平衡方程式为

$$D_0 w_i \eta_m \eta_g = 3600 P_e \tag{11-12}$$

式中：w_i 为 1kg 蒸汽在汽轮机中的实际内功，即比内功，其计算参见式（4-47）。

根据式（11-12）可得

$$D_0 = \frac{3600 P_e}{w_i \eta_m \eta_g} \quad \text{kg/h} \tag{11-13}$$

2. 汽轮机发电机组的汽耗率 d

汽轮机发电机组每生产 1kW·h 电能所需要的蒸汽量，称为汽轮机发电机组的汽耗率，表达式为

$$d = \frac{D_0}{P_e} = \frac{3600}{w_i \eta_m \eta_g} \quad \text{kg/(kW·h)} \tag{11-14}$$

3. 汽轮机发电机组的热耗量 Q_0

$$Q_0 = D_0 (h_0 - h_{fw}) + D_{rh} q_{rh} \quad \text{kJ/h} \tag{11-15}$$

式中：D_{rh}为再热蒸汽量；q_{rh}为 1kg 再热蒸汽在再热器中的吸热量，kJ/kg。

4. 汽轮机发电机组的热耗率 q

$$q = \frac{Q_0}{P_e} = \frac{D_0 (h_0 - h_{fw}) + D_{rh} q_{rh}}{P_e} = d[(h_0 - h_{fw}) + \alpha_{rh} q_{rh}] \quad \text{kJ/(kW·h)} \tag{11-16}$$

式中：α_{rh}为再热蒸汽份额，$\alpha_{rh} = \dfrac{D_{rh}}{D_0}$。

（二）发电厂的热经济性指标

1. 全厂热耗量 Q_{cp}

根据能量平衡（式 11-11），全厂热耗量由下式计算

$$Q_{cp} = B Q_{net} = \frac{Q_1}{\eta_b} = \frac{Q_0}{\eta_b \eta_p} = \frac{3600 P_e}{\eta_{cp}} \quad \text{kJ/h} \tag{11-17}$$

2. 全厂热耗率 q_{cp}

$$q_{cp} = \frac{Q_{cp}}{P_e} = \frac{q}{\eta_b \eta_p} = \frac{3600}{\eta_{cp}} \quad \text{kJ/(kW·h)} \tag{11-18}$$

3. 全厂发电效率 η_{cp}

$$\eta_{cp}=\frac{3600P_e}{Q_{cp}} \tag{11-19}$$

4. 全厂供电效率 η_{cp}^n

扣除厂用电功率 P_{ap}后的全厂效率称为全厂供电效率，即

$$\eta_{cp}^n=\frac{3600(P_e-P_{ap})}{Q_{cp}} \tag{11-20}$$

5. 煤耗量及煤耗率

(1) 发电厂的煤耗量

$$B=\frac{Q_{cp}}{Q_{net}}\quad \text{kg/h} \tag{11-21}$$

(2) 发电厂的煤耗率

$$b=\frac{B}{P_e}=\frac{q_{cp}}{Q_{net}}=\frac{3600}{\eta_{cp}Q_{net}}\quad \text{kg/(kW·h)} \tag{11-22}$$

(3) 发电厂标准煤耗率

标准煤的低位发热量 $Q_{net}^s=29270$kJ/kg，于是，发电厂的标准煤耗率 b^s 为

$$b^s=\frac{3600}{\eta_{cp}Q_{net}^s}=\frac{3600}{\eta_{cp}29270}=\frac{0.123}{\eta_{cp}}\quad \text{kg/(kW·h)} \tag{11-23}$$

(4) 发电厂供电标准煤耗率

$$b^n=\frac{3600}{\eta_{cp}^n Q_{net}^s}=\frac{3600}{\eta_{cp}^n 29270}=\frac{0.123}{\eta_{cp}^n}\quad \text{kg/(kW·h)} \tag{11-24}$$

从以上计算可以看到，热耗率及煤耗率与效率之间是一一对应的，这三者是最通用的热经济性指标。汽耗率 d 则不直接与热效率有关，而主要取决于 1kg 新汽在汽轮机里的做功量 w_i，因此不能单独作为热经济性指标。

第二节　联合动力循环

一、燃气—蒸汽联合循环

根据热力学基本定律可知，热力循环的理想热效率只取决于循环的平均吸热温度 $\overline{T}_1$ 和平均放热温度 $\overline{T}_2$。提高平均吸热温度 $\overline{T}_1$ 和降低平均放热温度 $\overline{T}_2$ 都可以提高循环的热效率。理想的热机的循环热效率可表达为

$$\eta_t=1-\frac{\overline{T}_2}{\overline{T}_1} \tag{11-25}$$

在实际中，一种工作介质能达到较高的平均吸热温度 $\overline{T}_1$，但不一定能达到较低的平均放热温度 $\overline{T}_2$，反之亦然。为了提高热机的热效率，可以采用多种工质组成的联合循环装置，从而达到较高的平均吸热温度 $\overline{T}_1$ 和较低的平均放热温度 $\overline{T}_2$。

燃气轮机作为一种动力装置，其平均吸热温度较高（一般为 1100～1200℃），但其排气温度也较高（一般为 500～600℃）。这就有大量的热能随着高温燃气排入大气，即有大量的损失。在蒸汽动力循环中，由于受金属材料机械性能的限制，蒸汽轮机的进汽温度不可能很高（一般为 540～560℃）。而其循环的平均放热温度却很低（一般为 30～38℃）。为了提高

循环热效率，利用简单燃气轮机循环平均吸热温度高和蒸汽动力循环平均放热温度低的特点，各取其长，把这两种循环联合起来组成燃气—蒸汽联合循环，此循环则具有较高的平均吸热温度和较低的平均放热温度，大大地提高了循环热效率。

根据燃气与蒸汽两部分组合方式的不同，燃气—蒸汽联合循环的基本型式有以下四种。

1. 余热锅炉联合循环

余热锅炉联合循环如图 11 - 14 所示。在简单的燃气轮机循环中，由于排气温度高，约有 60%的热量排入大气。为了充分利用燃气轮机排气所具有的热能，在燃气轮机后加装余热锅炉，利用余热产生蒸汽以驱动汽轮机发电，汽轮机排汽再进入凝汽器凝结放热。这样，既增加了总的功率，又利用了燃气轮机和汽轮机各自的优点，使整个循环的热效率得以提高。在这种联合循环方案中，发电功率是以燃气轮机为主，汽轮机为辅。一般来说，燃气轮机发电量占总发电量的 65%～70%，汽轮机发电量占 30%～35%。汽轮机的容量取决于燃气轮机的容量和排气温度，蒸汽参数也受到限制。燃气轮机和汽轮机不能单独运行，汽轮机的运行随燃气轮机参数的变化而变化。余热锅炉结构简单，但由于燃气轮机排气温度一般为 500～600℃，所以余热锅炉的换热面积需很大。

2. 正压锅炉联合循环

这种循环的关键设备是正（增）压锅炉，它同时产生高温高压蒸汽和燃气，分别推动汽轮机和燃气轮机组发电。其系统如图 11 - 15 所示。这种循环的工作过程为：空气在压缩机中被压缩之后送到正压锅炉的燃烧室。在燃烧室中，燃料在定压下燃烧，燃烧室的压力高于大气压力（约 0.55MPa）。正压锅炉产生的蒸汽进入汽轮机做功。燃料燃烧产生的烟气在正压锅炉中加热蒸汽，温度降低。然后将烟气送入燃气轮机推动燃气轮机做功，最后进入热交换器，放出余热，加热蒸汽动力装置中的给水。整个循环由蒸汽、燃气两个循环组成。这种型式的循环热效率较高，正压锅炉燃烧迅猛，使传热系数大为增加，可以大大减少换热面积，缩小锅炉尺寸，减少设备造价和投资。但正压锅炉使用的燃料受到燃气轮机的限制，只能是气体和液体燃料。燃气轮机和汽轮机也不能单独运行。

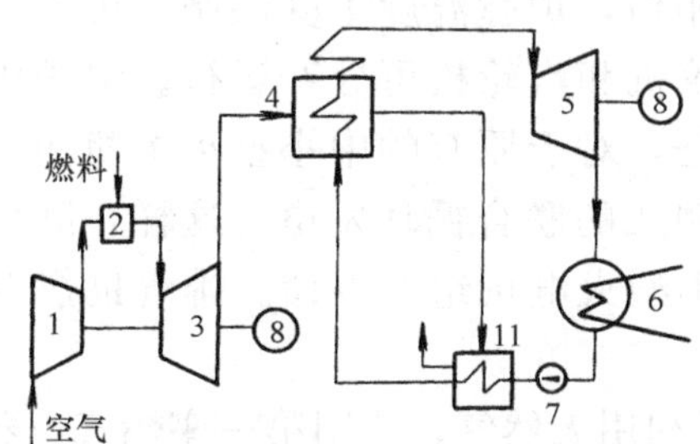

图 11 - 14　燃气—蒸汽联合循环（余热锅炉型）

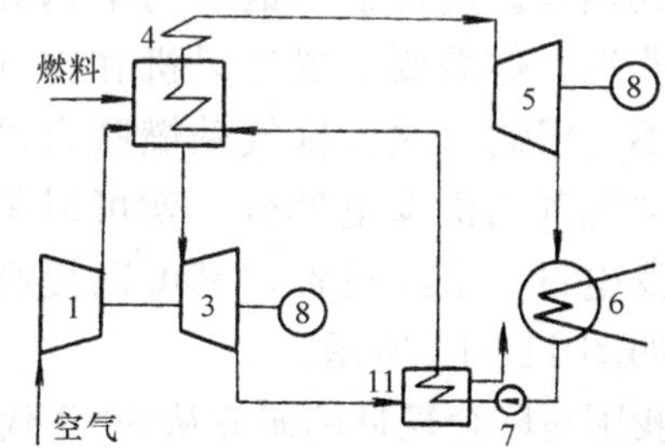

图 11 - 15　燃气—蒸汽联合循环（正压锅炉型）

3. 余热锅炉加补燃联合循环

由于余热锅炉蒸汽参数低，蒸发量少。因此，在燃气轮机和余热锅炉之间的排气通道中增加补燃装置，利用燃气轮机排气中含有 16%～18%的氧气助燃，提高余热锅炉的炉内温度，增加锅炉的输入热量。这样一来，使蒸汽参数可以适当提高，可以提高汽轮机的循环热效率，最后使整个联合循环的效率得到提高。余热锅炉加补燃联合循环如图 11 - 16 所示。补燃量的多少对联合循环的效率是有影响的，通常补燃量占总燃料的 20%～30%。由于增

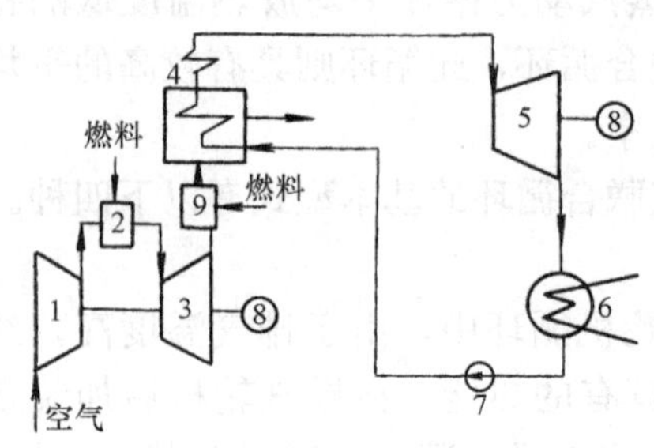

图 11-16 燃气—蒸汽联合循环（余热锅炉加补燃型）

加了补燃，进入汽轮机的蒸汽参数提高，使汽轮机的功率增大，其发电功率约为总功率的 50%。

实际上的余热锅炉联合循环系统如简图 11-17 所示，它由一台或数台燃气轮机、与燃气轮机同数量的余热锅炉和一台汽轮机所组成。燃气轮机的排气由烟道进入余热锅炉，将工质加热成过热蒸汽。被冷却后的烟气由烟囱排放到大气。各锅炉产生的过热蒸汽进入蒸汽母管，然后再进入汽轮机做功。为了提高锅炉所产生蒸汽的参数，在余热锅炉进口处加一部分燃料以补燃，从而达到提高汽轮机的功率的目的。为了运行方便启动，在余热锅炉设置有旁通烟囱。

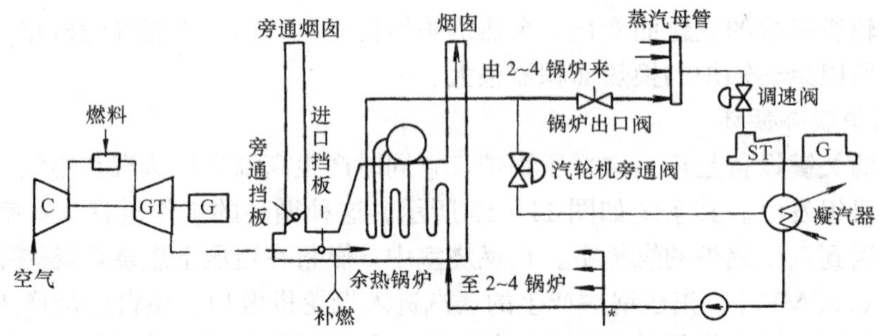

图 11-17 余热锅炉型燃气—蒸汽联系循环

C—压气机；GT—燃气轮机；G—发电机；ST—汽轮机

4. 排气助燃联合循环

以燃气轮机排气作为锅炉的助燃空气，这既可以利用燃气轮机排气中的氧气，也可以回收其热量。这种助燃锅炉的结构和普通电站锅炉相似，炉膛温度不受限制，可产生高参数蒸汽。但需要添置送风机和空气预热器，燃气轮机和汽轮机可分开运行。锅炉中的燃料不受限制。这种排气助燃联合循环的最大优点是，对于原有的中小型火电机组，只需增加燃气轮机发电部分，就可以将其改造成这种型式的联合循环发电。这样，既可以增加发电量，节约投资，又可以提高效率，延长中小型火电机组的寿命。排气助燃联合循环如图 11-18 所示。

我国对联合循环的研究从 60 年代就开始了。为了利用天然气，我国第一座燃气—蒸汽联合循环试验电站在四川省乐山于 1967 年开始筹建，1971 年建成发电。该试验电站采用的是正压锅炉联合循环，容量为 12MW。

我国的南海地区有丰富的海上石油、天然气资源，而这一地区又远离产煤的山西等地区，应该发展以天然气为燃料的燃气—蒸汽联合循环电站。这样，既可以充分利用就近的能源，又可以提高能源的利用率。我国广东省汕头燃气—蒸汽联合循环电厂于 1987 年建成发电。该厂由两台燃气轮机（带各自的余热锅炉）和一台汽轮机，燃气轮机和汽轮机的功率均为 34.5MW。图 11-19 为其全厂热力系统示意图。燃气轮机排烟温度为529～544℃，排烟量为 495.9t/h，简单循环时出力为 34.55MW，热耗率 11780kJ/(kW·h)，联合循环时，出力为 34.10MW，热耗率 8032kJ/(kW·h)，联合循环的总效率达 45.6%。余热锅炉立式、非补燃、双压强制循环锅炉，最大蒸发量为 61t/h，主蒸汽参数为 4.0MPa、500℃。汽轮机主蒸汽参数为 3.6MPa、486℃，主蒸汽流量为 121.9t/h，额定功率为 34.5MW。

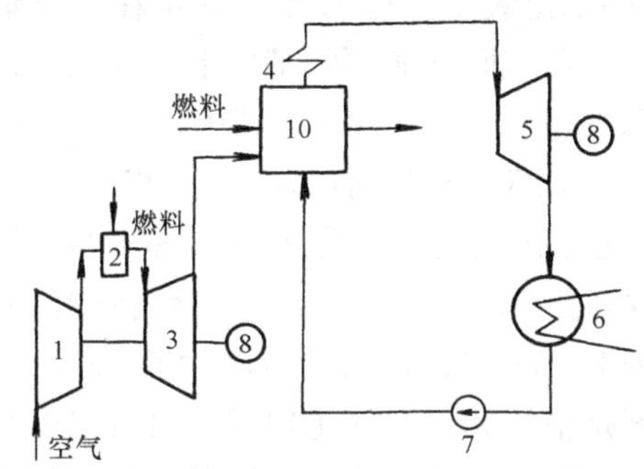

图 11-18　排气助燃型燃气—蒸汽联合循环

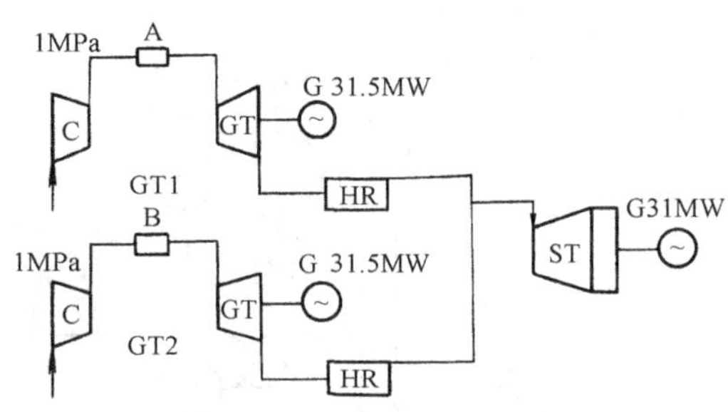

图 11-19　燃气—蒸汽联合循环热力系统示意图

二、IGCC 与 PFBC—CC 的研究与开发

前面所讲的燃气—蒸汽联合循环发电站中，其燃气轮机所用的燃料皆为液体和气体燃料。由于世界石油和天然气的储藏量是很有限的，据有关资料预计，世界石油储量约为2800亿 t，可采储量为 1400 亿 t；天然气储量约为 64500 亿 m^3。按当前消耗速度消耗，世界上的石油和天然气大约 40～50 年就接近枯竭。而世界上的煤储量，预计约为 30 亿万 t，还可以开采 200～300 年。我国的煤炭资源分布广，储量非常丰富，目前探明储量约为 6000 亿 t，预计储量为 1 万亿 t 以上，估计可开采 500 年以上。因此，煤炭仍然是将来火力发电的主要燃料。

对于动力用煤（我国约占社会总用煤量的 40%～50%），使用传统的锅炉燃烧（直接燃烧）方式，虽然采取了一系列的提高效率、降低煤耗等措施，但可用能损失仍占 1/3 以上。而且，大量的矿物燃料的燃烧，对人类生存环境的污染和对生态平衡的破坏是十分严重的。煤炭的直接燃烧对环境造成污染的主要是粉尘、SO_2 及 NO_x 等，它们对人们的健康、动植物的生存都是十分有害的。因此，世界主要工业发达国家都在努力寻求高效而洁净的先进燃烧技术，以取代传统的锅炉燃煤技术，解决燃煤电厂污染物的排放问题和提高电厂效率问题。其中，IGCC（整体煤气化燃气—蒸汽联合循环）和 PFBC-CC（增压流化床燃烧联合循环）是当今人们研究最多、最有发展前途的新型发电方式。

（一）IGCC（整体煤气化燃气—蒸汽联合循环）

整体煤气化燃气—蒸汽联合循环（IGCC）是从 20 世纪 70 年代西方国家石油危机时期开始研究的一种洁净煤燃烧技术。其生产过程为：使煤首先在气化炉中气化为中热值煤气或低热值煤气，然后经过净化处理，把粗煤气中的灰分、含硫化合物等有害物质除掉，供到燃气—蒸汽联合循环中去燃烧，从而达到用煤代替气体或液体燃料的目的。这样，就间接地实现了在供电效率很高的燃气—蒸汽联合循环中燃用固体燃料——煤的愿望。这种联合循环，一般由煤气发生系统及煤气净化系统、燃气轮机、余热锅炉、汽轮机、发电机及有关辅助设备及系统组成（如图 11-20 所示）。在这种技术方案中，燃气轮机、余热锅炉、汽轮机、发电机及有关辅助设备都是常规的成熟技术，所不同的主要是煤的气化和粗煤气的净化等设备及技术。这种整体煤气化燃气—蒸汽联合循环技术，既能提高电厂的发电效率，又能解决燃煤所带来的环境污染和

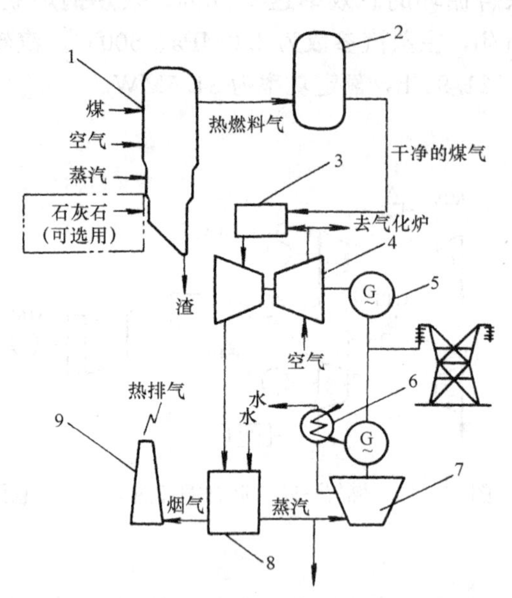

图 11-20 IGCC 热力系统示意图

1—煤气发生器；2—净化器；3—燃烧室；4—燃气机；5—发电机；6—凝结器；7—汽轮机；8—余热锅炉；9—烟囱

生态破坏的问题，因而它很可能成为今后燃煤发电设备的一种发展方向。

1972 年，德国人投建了世界上第一个 IGCC 的示范装置。该循环方案是在正压锅炉燃气—蒸汽联合循环的基础上设计的。该系统总发电量为 170MW，其中，燃气轮机功率为 74MW，汽轮机的功率为 96MW。有 5 台固定床式气化炉（简称为 Lurgi 炉），每台耗煤量为 10～15t/h，其中一台备用。其压力为 2.0595MPa，煤的粒度为 5～30mm，气化剂是空气和水。气化炉煤气出口温度为 550～600℃，经净化处理后的煤气的低位发热量为 6.62 MJ/m^3。燃气轮机前灰尘含量小于 2 mg/m^3，可保证燃气轮机叶片不磨损。其工作过程是：高压煤气首先经煤气膨胀机做功，拖动空气增压器，煤气从膨胀机出来后压力降为 1.0788MPa，随后进入正压锅炉燃烧。锅炉排出的燃气温度为 820℃，进入燃气轮机做功，带动压气机，并输出发电功率。燃气轮机的排烟（温度为 402℃）用来预热给水，最后排放到大气，排放温度为 168℃。正压锅炉产生的蒸汽参数为：12.749MPa、525℃，蒸发量为 340t/h。气化炉所用水蒸气是从汽轮机中抽出的，所用空气由燃气轮机带动的压气机经空气冷却器后，由空气增压器增压到 2.0595MPa 后进入气化炉。这股空气流量大约占压气机输出量的 11.4%，其余空气供正压锅炉与洁净煤气燃烧。这套系统开创了煤在联合循环中应用的先例，但后来因 Lurgi 炉运行不正常，加上粗煤气中煤焦油和酚的含量较多，难以处理，被迫停运。

世界公认的真正试运成功的 IGCC 是美国加州 Daggett 的“冷水”（Cool Water）电站。在 IGCC 中，最关键的技术是如何有效地将煤气化成煤气，并从中除去灰分和 H_2S+COS 等污染物。燃气轮机排气中的 NO_x 含量得到控制。煤中所含有大量矿物性灰分在气化炉中燃烧后，被熔化成为灰渣，在炉底冷却为玻璃状颗粒，可得到综合利用。另外，废水经过除 NH_3 和酸性气体后，也符合环保要求。在这一系统中，无论是燃气轮机的排气，还是过程中产生的废灰、废渣和废水，都能符合环保要求，堪称“世界上最洁净的燃煤电厂”。它的试运成功，被人们誉为：在 2000 年后，除了增殖反应堆之外，最有发电前途的一种发电方式。

（二）PFBC-CC（增压流化床燃烧联合循环）

由于煤在流化床中的燃烧压力不同，流化床分为两种：常压流化床锅炉（AFBC）和增压（正压）流化床锅炉（PFBC，压力为 0.62～2MPa）。根据热工原理、净化因素及结构要求上看，增压流化床是最有利的。这是因为压力燃烧比常压燃烧的烟损失小，床身面积与压力成正比，另外，增压燃烧对脱硫和减少氮氧化物更有利。

常压流化床一般用于燃烧劣质煤（如高硫、高灰分低热值及煤矸石等）的常规蒸汽轮机火电厂的锅炉上。增压流化床主要用在燃煤燃气—蒸汽联合循环发电技术中，是当今洁净煤燃烧发电技术的重要研究、开发课题之一。按照吸收燃烧热量的工质不同可分为空气埋管（热交换管道）冷却系统和水蒸气埋管冷却系统。对于空气埋管冷却系统，大部分功率由燃气轮机产生，热效率高。后者主要是以汽轮机发电为主。冷却是为了保持炉温在850～950℃这一范围内，便于脱硫，使灰渣不会熔化而破坏流化工况。

1. 空气埋管热交换器系统

图11-21为空气埋管热交换器系统示意图。在这一系统中，60%的功率由燃气轮机产生，燃气轮机的排气进入余热锅炉加热蒸汽，40%的功率由汽轮机产生。

还有另一种空气埋管热交换器系统（见图11-22），这一系统的特点是，燃气轮机的排气（含有17%～18%的氧气）进入常压流化床锅炉中，作为沸腾燃烧的空气。因此，燃气轮机和汽轮机的功率相当，或者使汽轮机的功率更大些。这样，蒸汽系统可以向高参数、中间再热发展，以求得更高的综合效益。

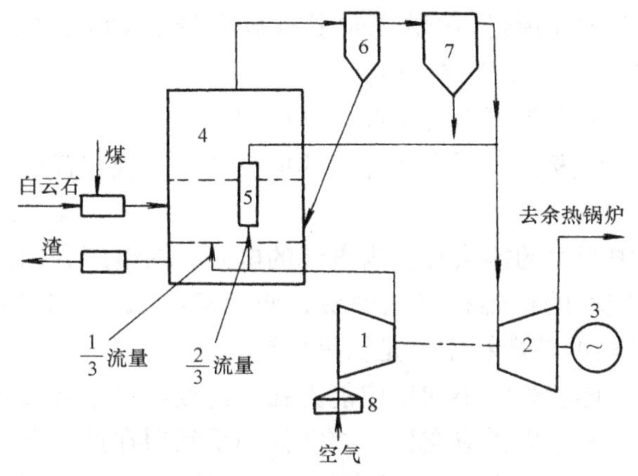

图11-21　空气埋管热交换系统

1—压气机；2—燃气机；3—发电机；4—正压流化床锅炉排入常压沸腾炉系统；5—翅片空气热交换器；6—除尘器；7—精除尘器；8—空气过滤器

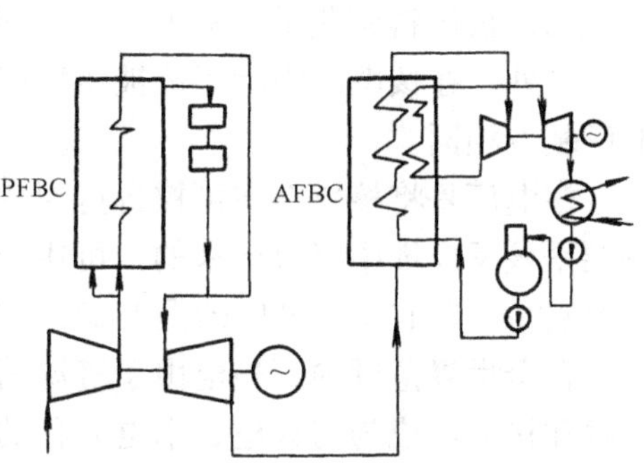

图11-22　空气埋管燃气轮机

2. 水蒸气埋管热交换器系统

图11-23是美国GE公司采用正压流化床锅炉联合循环电站系统的简图。系统中燃料燃烧产生热量约34%产生燃气，60%产生蒸汽，蒸汽参数为23.3MPa、538℃。燃气轮机进口温度为926℃，燃气轮机功率为170MW，汽轮机的功率565MW，流化床锅炉燃烧温度为954℃，热耗率为8891.1kJ/(kW·h)，效率为40.5%。燃气经过两级高效旋风除尘器和精除尘器后进入燃气轮机，燃气轮机的排气经过循环的省煤器和烟气冷却器，最后从烟囱排出。

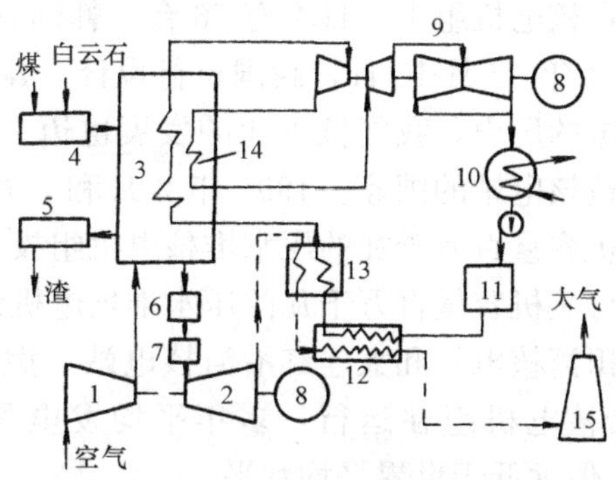

图11-23　水蒸气埋管热交换系统

1—压气机；2—燃气轮机；3—正压沸腾炉；4—固体输煤和白云石设备；5—固态排渣设备；6—二级除尘；7—精除尘；8—发电机；9—汽轮机；10—凝汽器；11—加热器；12—烟气冷却器；13—省煤器；14—水蒸气埋管热交换；15—烟囱

除了IGCC与PFBC-CC之外，还有

其他一些联合循环型式，如湿空气燃气轮机（HAT）循环、注蒸汽燃气轮机循环、整体煤气化燃料电池联合循环（IGFC-CC）和磁流体发电联合循环等。

第三节 核能发电

一、核能发电的发展现状

利用常规能源发电，需要煤、石油、天然气等矿物燃料。但这些天然矿物燃料的储藏量是有限的。在开发利用水力资源发电的同时，利用核能发电将是发展能源的战略重点。和火力发电相比，核电具有以下优点。

（1）燃料能量高度集中。如在目前实际应用中，1kg天然铀可代替20～40t煤，这样则可大量减少燃料及废渣的运输量及有关费用。

（2）对环境污染小。煤、石油、天然气等矿物燃料在燃烧时要排放大量的CO_2、CO、SO_2和NO_x等有害气体，对人类赖以生存的环境造成严重污染。

（3）核燃料储藏量非常丰富，特别是核聚变燃料可以说是取之不尽的。

另外，在核电厂中除锅炉被核反应堆及蒸汽发生器所取代外，其他设备和系统和普通火电厂基本相同。

核电厂是将核燃料在可控自持裂变反应中产生的能量转变为电能的电站。核电厂利用的热能是核反应堆中释放出来的。可用于核反应堆的核燃料有三种易裂变元素：U235、U233和Pu239。当前应用最广的是U235。核电厂用的核燃料主要是二氧化铀。

在全世界范围内，核电由于资源消耗少、环境影响小和供应能力强等优点，日益被公众了解和接受，成为与火电、水电并称的世界三大电力供应支柱。核能的和平利用在世界上已有50多年的历史。截至2006年1月4日，全世界共有31个国家的443台核电机组在运行，装机容量达3.7亿kW。

法国是世界上核发电比例最高的国家，2004年的核发电量占当年总发电量的78%，而美国和俄罗斯也分别达到了20%和16%。

在亚洲，以日本、韩国为代表的东亚国家的核电建设正在蓬勃发展。目前亚洲正在运行的109台核电机组中，日本有56台，韩国有20台。

1991年12月15日，我国自行设计、建造的秦山核电站成功并网发电，结束了我国大陆无核电的历史，我国核工业的发展也迈上了一个新台阶，成为世界上第七个能够自行设计、建造核电站的国家。1994年2月和5月，全部引进法国设备和技术的大亚湾核电站，两台装机容量百万千瓦的压水堆核电机组投入商业运行。2002年5月和2003年1月，岭澳一期两台装机容量百万千瓦的压水堆核电机组投入商业运行。正在建设之中的核电站有岭澳二期、田湾核电站和大连红沿河核电站。截至2006年底，我国大陆有装机容量788万kW的10台核电机组在运行，多年平均发电量达530.82亿kW·h，已占全国总发电量的2.2%，但远低于世界平均水平。

我国正式颁布的2005～2020年核电发展中长期规划提出，到2020年我国要建成核电4000万kW，占届时总装机容量的4%；此外还有1800万kW的在建工程。

二、压水堆核电厂的基本工作原理

核电厂的类型有：压水堆核电厂、沸水堆核电厂、重水堆核电厂、石墨沸水堆核电厂、石墨气冷堆核电厂、高温气冷堆核电厂和快中子增殖堆核电厂。目前技术比较成熟、经济效益较好、安全可靠性较高的是压水堆核电厂。

压水堆核电厂由核岛、常规岛和核电厂配套设施组成。核岛：核电厂内与“核”有密切关系的部分，由核供汽系统及其厂房等组成。核岛部分是核电厂的核心，包括反应堆厂房、核辅助机厂房和建筑物，以及有关的系统和机械设备。常规岛：常规岛包括汽轮发电机厂房及其建筑物和有关的系统、机械设备。核电厂配套设施：核电厂中除核岛、常规岛之外的一切构筑物、系统和设备。核蒸汽供应站：它是压水堆本体、反应堆冷却剂系统以及为支持反应堆冷却剂系统正常运行、保证反应堆安全并直接与反应堆冷却剂系统相连接的主要辅助系统的总称。

压水堆核电厂的简化工作流程原理图如图 11-24 所示，它由两大回路组成。核电厂的一回路是由反应堆、蒸汽发生器、主循环泵、稳压器和诸管道等组成。核燃料在反应堆内发生链式核裂变反应，产生大量的热量传给冷却剂（水），由主循环泵把冷却剂从堆芯送到蒸汽发生器，冷却剂在蒸汽发生器的管束内放出热量后又被主循环泵（主泵）排到反应堆，在反应堆内重新加热后再送到蒸汽发生器中去。这样周而复始地形成闭式循环回路，称为第一回路。一回路冷却剂的热量通过蒸汽发生器传热管传给管外介质（水），使之预热、蒸发而产生蒸汽，品质合格的蒸汽被送到汽轮机做功、发电。蒸汽在汽轮机及有关辅助设备内做功、凝结、加热、除氧后再送到蒸汽发生器，重新被加热、汽化。这样周而复始地形成了第二回路。第一、二回路的介质不断运行，能量转换过程是：核能→热能→机械能→电能。这就是核电厂的一般工作流程原理。

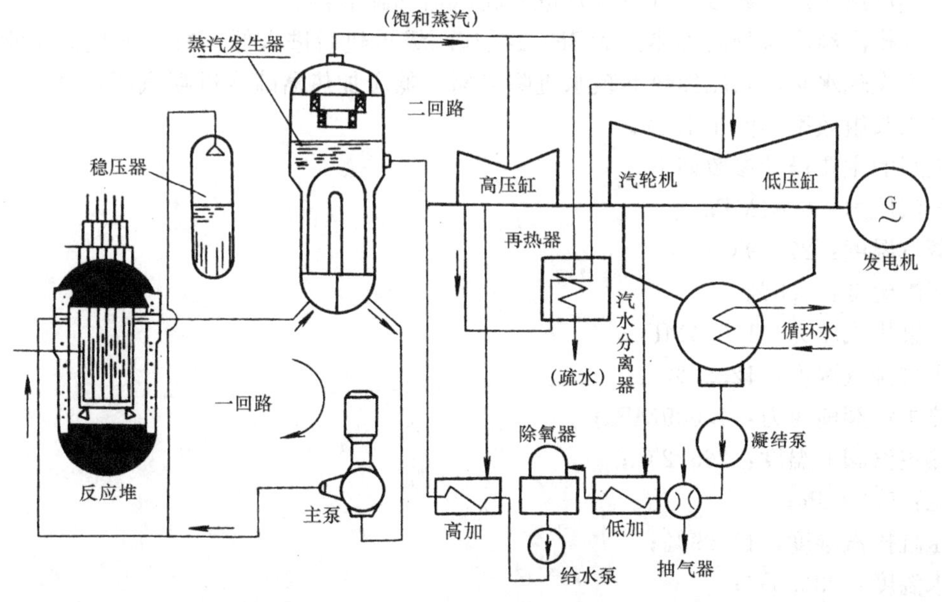

图 11-24　压水堆核电厂流程简图

三、650MW 核电机组介绍

秦山二期 HN642-6.41 型核电汽轮机组是根据哈尔滨汽轮机厂有限责任公司（以下简称哈汽公司）与核电秦山联营公司签订的合同，及中国原子能工业公司以哈汽公司的名义并代表哈汽公司与原美国西屋公司签订的合同，由哈汽公司与美国西屋公司联合设计、制造的核电汽轮机组，哈汽公司为常规岛的技术总负责单位。该机组是一台单轴、四缸六排汽、带中间汽水分离再热器的反动凝汽式汽轮机。机组二回路热力系统见图11-25。

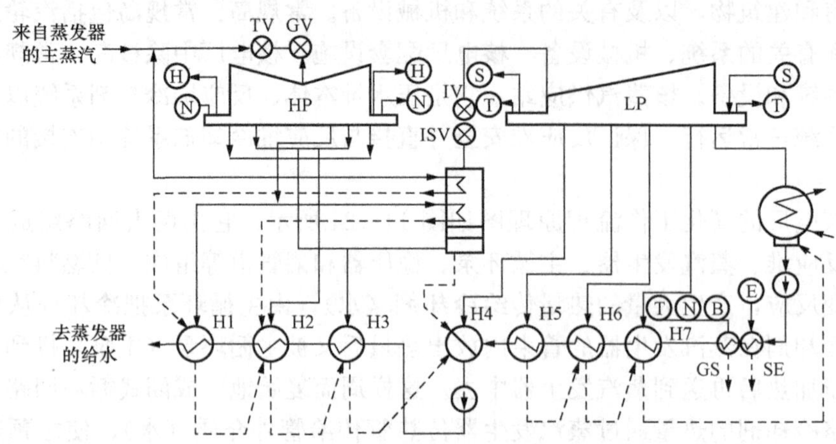

图 11-25 650MW 核电机组二回路热力系统图

E—抽气；H、S—轴封汽；N、T—汽机泄漏；B—阀杆泄漏；SE—抽气加热器；GS—轴封加热器；TV—截止阀；GV—调节阀；ISV—再热截止阀；IV—再热断流阀

回热系统配置为三高四低一除氧。汽轮机旁路容量为85%主蒸汽额定流量，旁路排放阀排出的蒸汽按规定的参数及流量分别进入凝汽器和除氧器。

高压缸排汽经汽水分离再热器MSR去湿和两级再热后进入低压缸，加热器正常疏水逐级回流，不设疏水泵，高压加热器疏水进除氧器，低压加热器疏水进凝汽器，系统补水到凝汽器，给水泵组效率不低于78%。

该机组的主要设计参数如下。

主蒸汽压力：6.41MPa；

主蒸汽温度：279.9℃；

主蒸汽湿度：0.5%；

高压缸排汽压力：1.094MPa；

高压缸排汽湿度：12.87%；

再热主汽阀前压力：1.009MPa；

再热主汽阀前温度：265.2℃；

背压：5.39kPa；

低压缸排汽湿度：11.99%；

给水温度：230.5℃；

最大保证功率：689MW；

最大保证工况热耗：9972kJ/kWh。

四、受控核聚变技术

上面介绍的核电站的核能是通过核裂变原理而获得的。在地球上像U235、U233和Pu239这类的核燃料资源是有限的。核能的另一种更加令人向往的来源就是“受控核聚变技术”。这种核聚变技术可称之为“能源之王”。核聚变的基本原理是把两种较轻的原子核（重氢氘和超重氢氚的原子核）聚集在一起，在超高温或超高压的特定条件下聚合成一种较重的原子核。在这种核聚变中，原子核会失去一部分质量，同时释放出巨大的能量。在反应中失去的质量越大，释放出能量就越大，这就是核聚变反应——热核反应。具有巨大杀伤力的氢弹就是利用核聚变反应原理研制成功的。但这种核聚变反应速度不可以控制。如果热核反应速度能根据人们的意志有控制地释放出来，从而进行发电或转换成其他形式的能量，用于人类的生产、生活，这就是“受控核聚变技术”。在受控核聚变技术中，最主要的技术难题是超高温、高密度、长时间三个必要条件必须同时具备。一旦受控核聚变技术得到彻底解决，人类的能源问题可以说得到根本解决。

第四节　水　电　站

一、水能资源与水力发电

水能资源是人类最早开发的自然能源，我国是世界上最早开发水能资源的国家之一。目前水能利用的形式基本上就是水力发电，直接用水能驱动工作机的情况是非常少的。尽管水能资源的开发已有几千年的历史了，但在现代社会，水能资源的开发仍然具有极其重要的价值，水能资源在整个能源构成中具有不可替代的地位。

1. 水能资源的优点

水能资源与其他的一次能源相比，具有一些独特的优点。

(1) 水能是目前世界上唯一可以大规模开发的清洁可再生能源。目前世界的主要能源仍然是煤、石油等矿物燃料，但长期大规模燃烧矿物燃料造成的环境污染已经成为当今世界经济和社会发展的最大制约因素之一。而且矿物燃料的储量也不能够支撑人类社会的长期发展。而风能、太阳能等清洁的新能源，受目前的技术与经济因素限制，还不能进行大规模的开发。所以水能资源的开发，不仅仅是开发能源满足经济增长需要的措施，同时也是保护环境，实现可持续发展的重要措施。

(2) 水资源的综合利用。水资源具有多方面的使用价值，除了水力发电外，常可同时取得防洪、灌溉、供水、航运、淡水养殖、改善环境和旅游等多方面的效益。在很多时候，发电并不是最主要的效益。河流的水资源还可梯级开发利用，上游的水电站发电后，仍然可为下游各级水电站再用来发电。兴建水力发电工程不仅仅是能源的开发，而且也是水资源的开发。对于我国这样水资源不足的国家，意义更重大。

(3) 水电机组启动快、出力调整快、变工况性能好。该优点使水电成为电力系统中最好的调峰、调频和事故备用电源。在水能资源比较少的国家和地区，常常需要兴建抽水蓄能电站来满足电力系统的调节要求。

(4) 水电生产成本低、效益高。水力发电不消耗燃料，水电机组易于实现自动化，因而运行人员少，所以发电成本低，具有较好的经济效益。水电能源利用率较高，可达 85%以上。

(5) 水能便于储蓄和调节。电能是不能大量储蓄的，电能生产与消费必须同时完成。而水力发电具有可逆性，将位于高处的水引入低处的水轮发电机组，使水能转变为电能；而位于低处的水则可通过电动水泵提送到高处，使电能转变为水能。水电站可以借助于水库抽水蓄能，用储蓄的水能代替储蓄电能，从而达到储蓄和调节电能的目的。具有这种功能的水电站称为抽水蓄能电站。

2. 水能资源开发需克服的困难

由于水能资源的一些特点使得其开发需要克服不少困难。

(1) 水电站电能生产的不均衡性。水电站的发电量受自然条件影响较大，由于河川的经流的多变性和不重复性，使水电站电能生产具有不均衡性。在枯水期或干旱的年份，难以保证电力供应，给电力系统的运行带来一定的困难。兴建抽水蓄能水电站，就是解决这一问题的措施之一。

(2) 水电站的建设受地形地质条件限制、工期较长、投资较大。水电站必须建在河川适当的地点，受地形地质、交通等条件限制较大，并要引起或多或少的淹没损失。所以水电站建筑物往往比较复杂，水利枢纽规模较大，施工较困难，相应的工程量较大，投资大，工期长。但一旦投入运行后可很快收回成本。由于水能资源是清洁可再生的能源，一旦开发，可以永续利用，所以在各种一次能源中，应该优先开发水能资源。从世界范围来看，所有拥有水能资源的发达国家都是首先开发水能的。我国目前发展电力工业的方针“因地制宜，水火并举，优先发展水电，大力发展火电，适当发展核电”，也是符合这个规律的。

据统计，我国的水能资源总量约为 6.8×10^5MW，其中可开发的约为 3.8×10^5MW，占世界总蕴藏量的 10%，居世界第一位。世界上水能资源最富集的三个河段，我国占有两个。一个是雅鲁藏布江大河湾，长 260km，河湾直线距离仅 35km，落差 2350m，水能资源达 46200MW；另一个是金沙江中、下游河段，长 1500km，装机容量达 64000MW。

目前我国水电装机容量约为 7.22×10^4MW，占可开发水能资源的 19%，与世界平均水平相比，还有一定的差距，与发达国家相比，差距更大。

3. 水力发电的基本原理

图 11-26 表示了河段上潜在的水能资源及其利用方式。图 11-26 (a) 中，上、下游断面单位重量水流所具有的能量分别为

$$H_1 = Z_1 + \frac{p_1}{\rho g} + \frac{c_1^2}{2g};H_2 = Z_2 + \frac{p_2}{\rho g} + \frac{c_2^2}{2g}$$

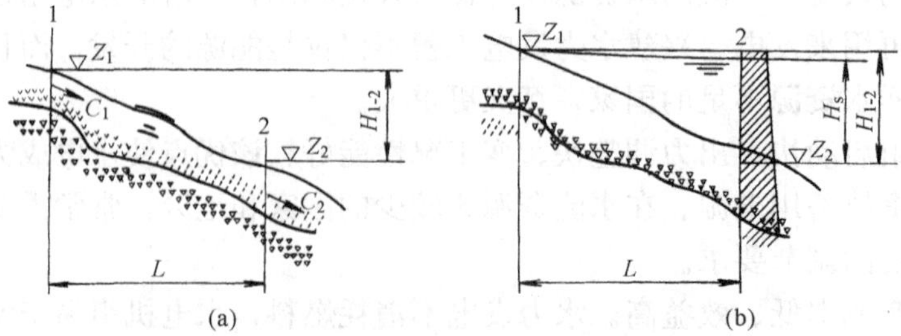

(a) (b)

图 11-26 河段的潜在水能资源及其开发

由于上、下游水面的压力均为大气压力，其差别可以忽略不计，动能差通常也可以忽略不计，所以水流在两个断面的能量的差值，主要表现为高程的差

$$H_{1\text{-}2} = Z_1 - Z_2$$

此差值称为落差或水头。

如果通过该河段的水流的流量为 q_{V1}，则单位时间内，流过此河段的水流的能量减少了 $P_{1\text{-}2}=\rho g q_{V1} H_{1\text{-}2}$。

在没有修建水电站时，这些能量消耗于流动过程中对河床的冲刷、挟带泥沙以及水流的旋涡、冲击等水力损失上，对河流河床及周边自然环境带来巨大危害。为了利用这些潜在的能量资源，可以在河床上修建一水坝，将水位抬高形成一个水库，如图 11 - 26（b）所示。由于水位抬高，流速减慢，所以河段上的水力损失减少。断面 2 的坝前水流能量增加，表现为坝前坝后产生了落差 H_S，此落差即为电站水头。由于水库中仍有水力损失存在，因此 $H_S < H_{1\text{-}2}$。

在水坝后安装水轮机，就可以利用坝前坝后的能量差值驱动水轮机旋转工作，从而带动发电机发电。由于引水管道中的水力损失 ΔH，水轮机的水头为

$$H = H_S - \Delta H$$

由于水库的渗漏和蒸发等因素，水轮机的流量比流入水库的流量少 Δq，为

$$q_V = q_{V1} - \Delta q$$

这样，考虑水轮机和发电机的效率 η_T、η_g 后，可将所得的电功率表示为

$$P = \rho g q_V H \eta_T \eta_g = \rho g (q_{V1} - \Delta q)(H_S - \Delta H) = k q_{V1} H_{1\text{-}2}$$

可见，某一河段上可以利用的水能资源正比于流量和落差。为了利用这些水能资源，首先需要采取一定的措施（例如筑坝）集中河段的落差，形成可资利用的水头。同时，还需要调节流量和将水流引入水轮机。对于很长的河段或者河流坡降比较大的情况，水头会很高。筑坝集中这样高的水头在技术上有相当困难，而且过高的水坝会造成过大的淹没损失。这时可以用几个水坝分别集中整个河段的落差，这就是河流的梯级开发（见图 11 - 27）。

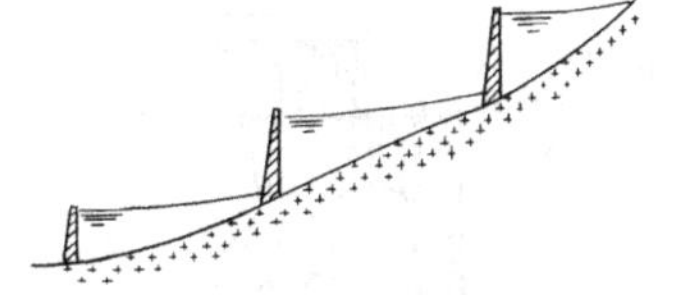

图 11 - 27　梯级开发

二、水电站的基本类型

水利枢纽工程建筑物包括：水工建筑物（大坝、泄洪、输水及排砂、治砂等配套建筑）、水电站建筑物等。水电站建筑物除主厂房外，还有副厂房、进水建筑物、引水建筑物、升压开关站等。水力发电机组就安放在水电站主厂房内，另外还有辅助动力设备、部分电气设备和监控设备置于主厂房内；副厂房主要放置电站控制设备；升压开关站主要安装电力升压设备以及高压开关设备，完成将电站发出的电力与电力系统网络连接或向用户直接送电的任务。

由于各条流域或同一河流不同河段的水文、地质、地形和其他各种条件不同，每一个水电枢纽工程都需要根据当地条件，采用适合方式来集中落差和调节流量，这就形成了水电站的多样性，这也是水电与火电的很大区别之一。水轮发电机组是水电站最主要的动力设备，水电站所有建筑物的设计都是围绕保证水轮发电机组安全运行这个核心进行。

河段水力资源的开发按集中落差的方式不同，可分为堤坝式、引水式和混合式三种开发方式，与之相应建立起来的水电站为堤坝式水电站、引水式水电站和混合式水电站。按照建筑物特征水电站又可分为三种基本布置型式：坝式水电站、河床式水电站及引水式水电站。

(一) 坝式水电站

当水电站厂房紧靠着坝体布置在坝体下游时，称坝后式水电站，如图 11-28 所示。坝式水电站的特点是在河道上拦水筑坝抬高上游水位来集中落差，同时形成水库以调节流量。这种类型的水电枢纽工程大都修建在流量较大、坡降较小的河段上。由于坝高受地形、地质、水库淹没和工程投资等因素的限制，所以坝式水电站的水头不能过高，最高为300m左右。若河谷狭窄而水电站机组较多，水利溢洪建筑物与厂房布置有矛盾，有时把厂房布置于溢洪建筑物之下而构成厂房顶溢流式水电站，如图 11-29 所示。若大坝体足够大，也可将水电站厂房置于坝内而构成坝内式水电站，如图 11-30 所示。也可在岸边建引水隧洞而将水电站厂房布置在下游河岸上，如湖北堵河黄龙滩水电站。

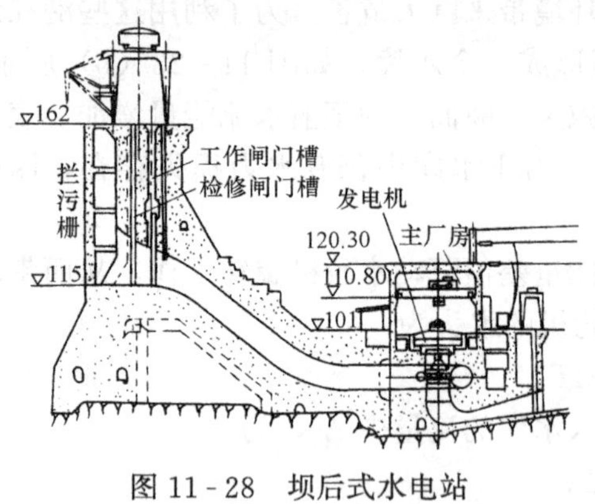

图 11-28 坝后式水电站

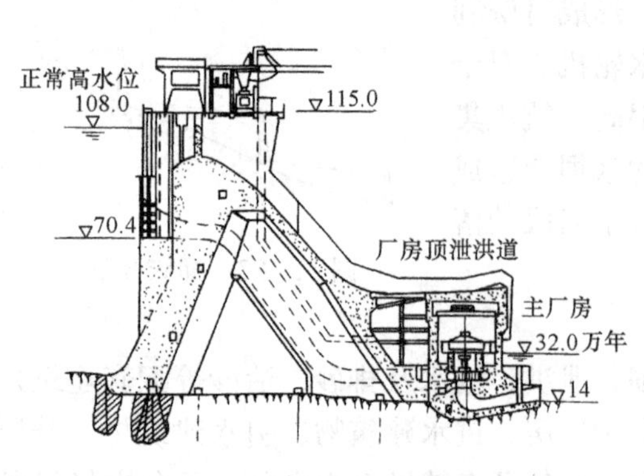

图 11-29 厂房顶溢流式水电站

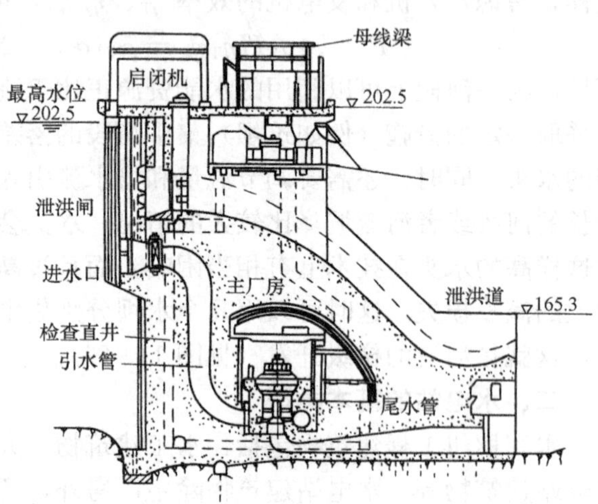

图 11-30 坝内式水电站

目前，世界上超过 5000MW 的大型水电站多是坝式水电站。如我国三峡水电站采用的就是坝后式水电站厂房形式，装机18200MW，单台机组容量 700MW；还有巴西、巴拉圭合建的依泰普水电站装机 12600MW，单台机组容量也是 700MW；俄罗斯的萨扬舒申斯克水电站装机6400MW等。

坝式水电站水头较高，水电站所采用的水轮机多为中高水头、中低比转数的混流式水轮机或斜流式水轮机，如三峡水电站水轮机最大工作水头为 113m，就是采用混流式水轮机。在水轮机上游有比较长的压力引水管道，在确定水轮机工作水头时，应考虑压力引水管道的水力损失所带来的水头损失。

(二) 河床式水电站

河床式水电站的特点是水电站水头较低，一般在 3～40m，厂房本身也起挡水作用，也是挡水建筑物之一，如图 11-31 所示。河床式水电站常位于河流地域开阔的中下游，洪水流量大，电站水电机组台数较多，如葛洲坝水电站就是河床式水电站，装机 21 台。河床式水电站水头较低，挡水建筑物上游蓄水库容较小，上游来多少水就要放多少水到下游，故这种水电站型式也常称为径流式水电站。

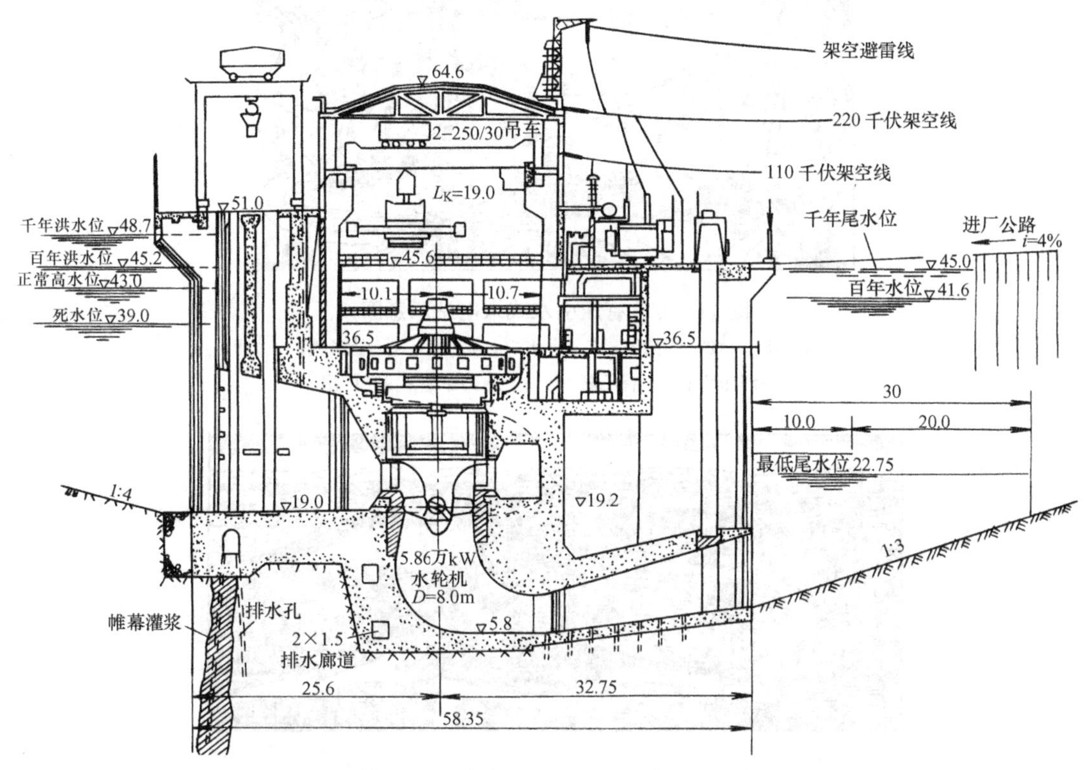

图 11-31　安装轴流式水轮机的河床式水电站

由于河床式水电站水头较低，水电站通常安装低水头、高比转数的水轮发电机组，这种水轮机多为轴流式水轮机（见图 11-31）；当水头为 3～10m 时，水轮机多为贯流式水轮机。海洋潮汐水电站多为河床式水电站，它是利用海洋涨潮和落潮形成的水头来发电。因水头低，也采用低水头、高比转数的贯流可逆式水涡轮机。

河床式水电站的水轮机除水轮机型式与坝后式水电站不同外，主要不同之处是水轮机引水管道短。因此，在水轮机选型设计时，这部分水力损失可忽略不计。

（三）引水式水电站

引水式水电站的特点是引水道较长，水电站的水头全部或相当大的一部分由引水道所集中。按照引水道型式可将引水式水电站分成有压引水式水电站（图 11-32）和无压引水式水电站（见图 11-33）两种。

1. 有压引水式水电站

有压引水式水电站的引水道全部采用有压引水建筑物，如有压隧洞和高压管道等，有压引水道较长时，通常在有压隧洞与高压管道之间设置调压室，以减小水流在引水道内的水锤压力。

有压引水式水电站包括建在山体内的地下式厂房的水电站，如图 11-34 所示。如我

图 11-32 有压引水式水电站示意图

1—水库；2—闸门室；3—进水口；4—坝；5—泄水道；
6—调压室；7—有压隧洞；8—压力水管；9—厂房

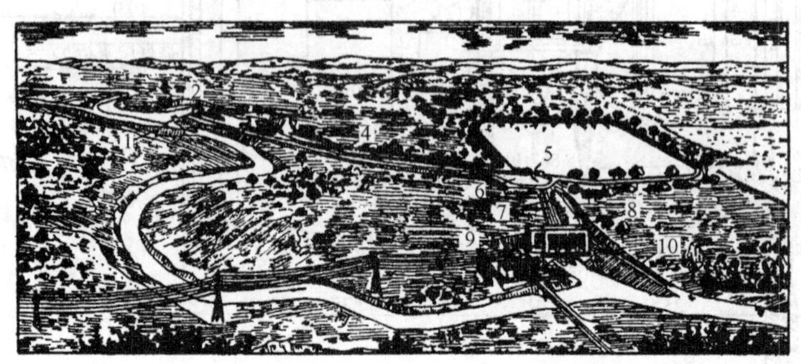

图 11-33 无压引水式水电站示意图

1—坝；2—进水口；3—沉沙池；4—引水渠道；5—日调节池；6—压力池；
7—压力水管；8—厂房；9—开关站；10—泄水道

国云南鲁布格水电站、广州抽水蓄能水电站都是地下式厂房的水电站。地下式厂房的水电站，不仅有较长的引水管道，而且还有较长的排水管道，对水轮机的安全稳定运行都有很大的影响。另外，下游尾水位也较高，这些都是水电站设计时应重点考虑的问题。考虑到地下岩体结构的稳定性及地下施工方便等因素，地下式厂房跨度比一般常规厂房要小。

有压引水式水电站的水头多为中高水头，目前最高水头达 2000 多米。在水头为中水头段时，水电站多采用中、低比转数的混流式水轮机；在水头为高水头段时，水电站多采用低比转数的冲击式水轮机。

2. 无压引水式水电站

无压引水式水电站的引水道则采用渠道或无压隧洞，在无压引水道与压力水管的连接处设压力前池，若地形和投资条件允许时还可设日调节池。这种型式的水电站多为小型水电站。

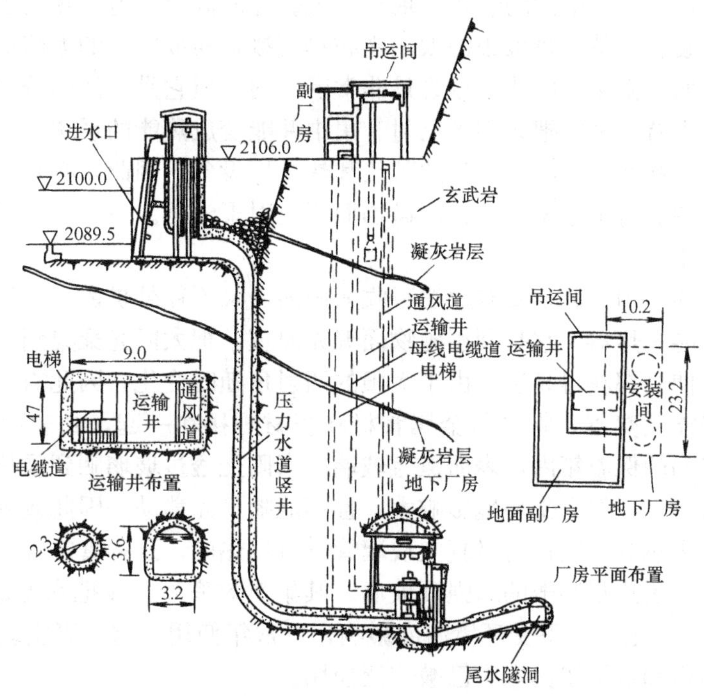

图 11-34　地下厂房式水电站

第五节　太 阳 能 的 利 用

太阳能既是“一次能源”，又是“可再生能源”。实际上太阳能、风能、水能、海洋温差能、潮汐能、波浪能、生物质能，都直接或间接来自太阳。而地球上的矿物燃料，也是远古以来储存下来的太阳能。太阳是一个巨大、久远、无穷无尽的能源，每年约为 173×10^9MW，其中大部分能量还转变为风、雨、霜、雪等气象现象及被空间反射掉，真正落到地面的能量约为 81×10^9MW。地球所接受的太阳能功率，平均为 1353W/m^2（即所谓的“太阳常数”）。也就是说，太阳每秒钟照射到地球上的能量约为 500 万 t 煤当量，一年则是 170 万亿 t 煤当量。这样，就是仅剩的这些能量也比目前全世界人类的能耗量大 3.5 万倍。

太阳能是一种资源丰富、无须运输，又不会污染环境的最佳自然能源。太阳能的利用方式，一般分光热转换和光电转换两大类。前者为太阳能的热利用，如太阳灶、太阳能热水器、太阳能制冷空调和太阳能发电机等；后者是利用“光电效应”原理将太阳能直接转换成电能，如太阳能电池。用太阳能发电，可以说是太阳能利用中最有发展前途的一种技术。

一、太阳能发电

开发利用太阳能大规模发电，这是人们最热切期望的。使太阳能转换为电能已有两种基本途径：一种是把太阳辐射能转换为热能，即“太阳能热发电”，太阳能烟囱发电也属于这一种；另一种是通过光电器件将太阳光直接转换为电能，即“太阳光发电”。

“太阳能热发电”大体上又分为两种类型：一种是太阳热动力发电，就是用反射镜或集热棚等把阳光聚集起来加热水或其他介质，产生蒸汽或热气流以推动涡轮发电机发电；另一种就是利用热电直接转换为电能的装置。现在已经研究的温差发电、热离子发电、热电子发电、磁流体发电等装置，就是将聚集的太阳光和热直接转换成电能的太阳能发电装置。

入射到地球表面的太阳光的能量尽管是非常巨大的，但它是广泛而分散的。要充分收集其热能，就必须首先有一种能把太阳光反射、集中并能变成热能的系统，并有一套能把收集起来的热能加以储存和变成高温水蒸气的蓄热和热交换设备。因此，必须首先要解决聚光器装置。目前，聚光装置有平板型集热器和抛物面型反射聚光器。

1. 太阳能集热器

太阳能集热器的功用，就是要有效地吸收太阳能而又不往外扩散。常见的一种太阳能集热器是聚光式太阳能集热器。它是利用抛物面聚光原理，把太阳光聚集到一点上，以提高太阳辐射能流密度，使局部获得高温。由于太阳的照射角随时变化，因此需经常调节聚焦。另一种是管板式太阳能集热器，它是将金属管材和板材焊接在一起，其表面涂以吸热材料制成。一般放置在特制的保温箱内，表面覆盖玻璃。当阳光透过玻璃晒到吸热层上时，金属管板变热，从而使水加温。但它受环境影响大，且不能随日光移动，因此效率低。第三种是真空玻璃管式太阳能集热器，它是通过真空玻璃管进行聚热的。这种真空管类似热水瓶胆，它采用的是透光率好、耐热耐冲击的高强度玻璃。其集热效率高，能把水温加到100℃，把空气温度升高到200℃以上。它不受环境温度影响，可常年使用。这种真空玻璃管式太阳能集热器在国内广大城市和乡镇居民家中已被广泛使用。

2. 塔式聚光器

有一种叫做“塔式聚光系统”，就是把反射镜集聚的阳光都集中在中心塔顶端的集热器系统上。这种抛物面聚光系统的特点是所获水蒸气温度较高（可达259℃），发电能力较大。这种塔式太阳能发电站的简单原理是：在地面上布置大量的“定日镜”群，在这一群定日镜的适当位置建立一座高塔，高塔顶上放置锅炉。用定日镜把太阳光聚集成光束，射到锅炉上，使锅炉里的传热介质（水等）达到高温，通过管道传到地面上的蒸汽发生器，产生540℃的高温蒸汽，用以驱动汽轮发电机组发电，其热能转换效率可达20%左右。在美国阿尔布开克城附近的沙漠区，已建成一座这类的太阳能发电实验站。其定日镜群把太阳光束聚集到60m高塔上的锅炉，焦平面中心区的最高温度可达1900℃。这座电站定日镜群的功率是5MW，发电容量约为750kW，其热转换效率为80%。

太阳能电站有了聚光系统、储能装置，有了蓄热和换热系统，生产高温蒸汽，经过蒸汽涡轮机，就可以把热能转换成机械能，再驱动发电机，形成了太阳能发电系统。

3. 太阳能发电在蓬勃发展

在20世纪70年代末，日本、美国等国家只兴建了数百kW至数MW容量的实验型太阳能发电机组。到20世纪80年代初，已开始进入10MW级电站的试验。1980年12月，欧洲9国合作在意大利建成了一座发电功率为1000kW的太阳能发电站。这一前后，前苏联克里米亚太阳能电站用反射镜聚焦产生250℃高温、40个大气压的蒸汽来发电。美国在1989年建成总功率近200MW的太阳能发电站。俄罗斯也建造了300MW的太阳能发电站。其后，南加利福尼亚的275MW太阳能发电站也已投产，1990年再建成另一座300MW的太阳能发电站。此后，美国麦迪森公司宣布他们将在莫哈韦沙漠地区建造一座世界上设备最先进的1000MW的太阳能发电站。澳大利亚在建200MW的太阳能烟囱发电站。太阳能大型、集中的利用形式，则是太空发电。在距地面三万多公里高空的同步卫星上，太阳能电池每天

24小时均可发电，而且效率高达地面的10倍。太空电能可以通过对人体无害的微波向地面输送。

二、太阳能电池

应用太阳能光—电转换原理制造的电池，叫“光电池”或“光伏电池”。利用太阳光发电的电池材料，有结晶太阳电池和非晶太阳电池两种。世界上第一台实用型的硅太阳能电池是1954年由美国人发明创造的，随后就被用作人造卫星的电源，为航天事业发展提供了一种重要的能源动力。

太阳能电池是半导体内部光电效应的产物，当太阳光照射到一种叫“P—N结”的硅半导体时，波长极短的光很容易被半导体晶体内部吸收，并去碰撞硅原子中的“价电子”，“价电子”便得到了能量，成为自由电子而逸出，从而产生了电子流动。太阳能电池就是利用在P—N结的结合面上所产生的电场而发生光电效应的，根据这种原理就制成了太阳能电池。

对太阳能电池的大规模研究是从20世纪70年代开始的。小功率、小面积的非晶硅太阳能电池已大批量投入生产，并得到广泛应用，如计算器、手表、电子玩具以及航标、小范围照明等等。近几年来，正集中力量开发大功率大面积非晶硅太阳能电池。当然，只有当太电能电池具有成本低、功率强、面积大、转换效率高等优点时，才可能成为大动力能源。

迄今，许多国家在研究、制造大型化太阳能电池方面取得重要成果。1985年，美国阿尔康公司研制了一座太阳能电池发电站，每年发电达300万kW·h。1990年，美国科平公司和波音航空司研究出一种只有硬币大小的新型太阳能电池，其光电转换率较高、质量小、寿命长，适用于空间太阳能设备。

我国在太阳能电池技术方面，也取得突破性进展，自制太阳能电池在空间飞行试验成功，并在第二颗“风云1号”气象卫星上正常使用。

利用太阳电池聚光发电，是太阳能的一种很好的利用方式。地球存在着广大的沙漠地带，那里没有植物，阳光可被电池板充分吸收，是非常理想的场地。如果在沙漠地区大面积铺设太阳能集光板，就可以大规模利用太阳能。据专家测算，如果能把太阳照射到非洲撒哈拉大沙漠的全部辐射能的1%收集起来，就可以获得比现在全世界能源消耗量还要大得多的能量。利用大面积太阳能电池作为解决世界能源危机的设想将逐渐变为现实。因此，世界各国都在积极开发太阳能电池，逐步扩展应用范围，向大功率应用方向发展。

三、太阳能供暖、空调

在建筑物上装配利用太阳能的集热、蓄热、供热系统，或者配备辅助热源，可以供人们采暖之用。目前，太阳能供暖有主动式和被动式两种，或称“有源式热利用系统”和“无源式热利用系统”两种。用水泵或风机把经太阳能加热过的水或空气送入室内采暖，就叫主动式。最常见的新式住房在楼顶上或阳台上加装的太阳能热水器就是一种；通过窗、墙、房顶部分以辐射、对流、传导三种自然热交换方式供热，就是被动式的。

增设太阳能电池发电设备，并配有蓄电池，就可保证全年用电自给，从而利用太阳能给冬季取暖、夏季空调降温。这种以太阳能为主，多能互补的供暖供电建筑物，可减少80%以上常规能源的消耗。

太阳能制冷的制冷系统部分和采用常规能源驱动的制冷装置并没有原则性的区别，但由于太阳能属于低品位、低密度热源，太阳能制冷系统又有其独特的要求和性能。目前，关于太阳能制冷系统的研究较多，从原理上看主要包括两种：一种是直接以太阳辐射热能为驱动能源，如吸收式、吸附式、喷射式制冷等；另外一种是以太阳能产生的机械能为驱动能源，如太阳能驱动热机，再由太阳能热机驱动压缩机，或先把太阳能转化成电能，然后再利用电能来制冷，如压缩式制冷、光电式制冷和热电制冷等。这里主要介绍几种常用的太阳能制冷系统的基本原理和特点。

（一）太阳能吸收式制冷系统

1. 太阳能水—溴化锂吸收式制冷系统

太阳能水—溴化锂吸收式制冷系统是研究最多的制冷系统，如图 11 - 35 所示。它的基本工作原理，与第十章介绍的吸收式制冷系统工作原理部分基本一样。这就是说，太阳能制冷系统的性能系数，是和太阳能集热器的效率直接相关的。而 COP 则是发生器、吸收器、蒸发器、冷凝器等温度的函数。因此，对一台制冷系统的性能系数和最佳集热温度为实际的吸收式制冷机来说，根据其溶液浓度、溶液循环方式以及其他条件，在某个选定的热源温度下，有一个性能系数 COP 最大的区域。图 11 - 36 表示根据以上论述所求得的制冷系统的性能系数和最佳集热温度之间关系的某种理论上的概念曲线。这就告诉我们，在具体设计一台太阳能制冷系统时，需要作上述太阳能集热器的选择与匹配。

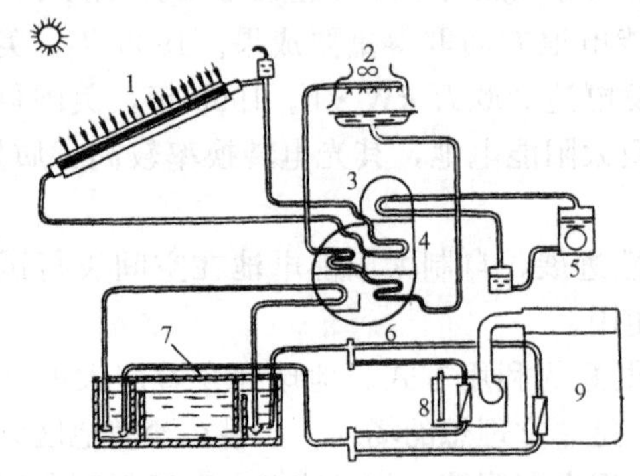

图 11 - 35　太阳能水—溴化锂吸收式制冷系统

1—集热器；2—冷却塔；3—高压发生器；4—低压发生器；5—辅助锅炉；6—吸收式制冷机；7—热槽；8—空调机；9—房间

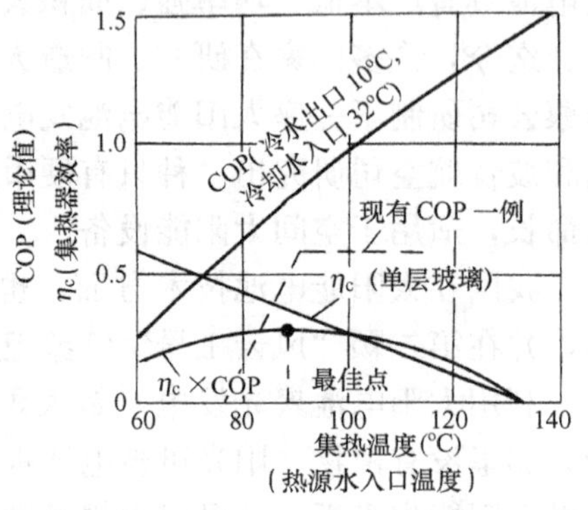

图 11 - 36　系统性能和最佳集热温度之间关系

水—溴化锂吸收式制冷机，可分为小型和大型两种。小型水—溴化锂吸收式制冷机，可以利用气泡溶液的作用，使凝结后的冷工质由冷凝器落入吸收器，然后再将溶液从再生器送入吸收器。这就是说，依靠气泡泵循环吸收溶液，而靠重力循环冷工质。因此，冷工质和溶液的循环不需要使用机械泵，而只需要冷水泵和冷却水泵，特别适合于太阳能利用。

由于集热器温度有一定的限制，需要采取一些措施，以防止制冷系数过于下降，如将吸收器和冷凝器的冷却水并联，以降低冷凝温度；提高冷水温度，以提高蒸发温度；降低发生温度；适当降低额定制冷能力，以相对地增大传热面，减小热交换所需要的温差。

采取以上措施改造后的太阳能吸收式制冷机，即使不特别地改变溶液的浓度，在不过于降低制冷系数的条件下，也能使集热器的温度要求降低到 80℃左右。这一点是十分重要的，因为一般的平板集热器，如热管式，蜂窝结构，表面为选择性吸收面的平板集热器，以及真空管集热器，都能在较高的效率下，达到这样的工作温度。图 11 - 37 所示为专门利用太阳能的制冷循环，图中的虚线表示标准制冷循环。由于热源温度降低，溶液的浓度将作自动的调整降低。

为了适应太阳能集热器的温度要求，充分利用太阳能热水，改善太阳能水—溴化锂吸收式制冷系统的性能，除了根据太阳能集热器所能达到的温度，选择单效或双效制冷系统外，还提出了单效两级以及单效多级等多种能够采用低温热源的水—溴化锂吸收式制冷系统。

目前太阳能溴化锂吸收式制冷机已开始应用在大型空调领域。例如1998年建成的我国首座大型太阳能空调系统，制冷能力可达100kW，冷媒水温度6～9℃，热源水温在60～75℃能很正常地制冷，COP初步预算大于0.4，可以满足面积超过600m^{2}的办公和会议室的空调需求。太阳能溴化锂吸收式制冷机具有广泛的应用前景。

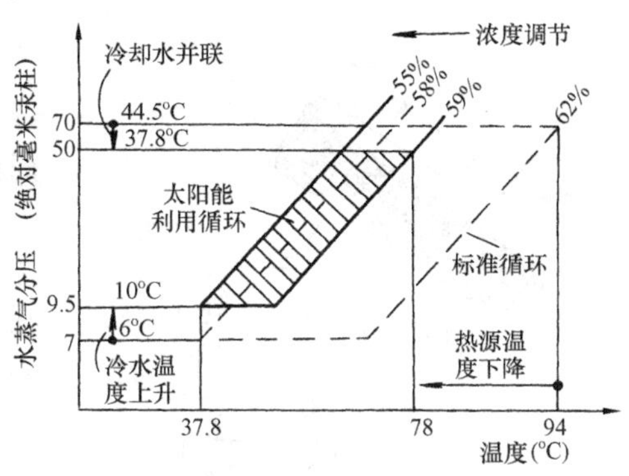

图11-37　太阳能的制冷循环

2. 太阳能氨—水吸收式制冷机

氨—水吸收式制冷机是一种最古老式的制冷机，这种制冷系统，用氨作冷工质，而以水为吸收溶液。与水—溴化锂吸收式制冷机相比，大致具有如下的优点：采用氨作冷工质，溶液没有结晶的危险；系统为正压，设备制造工艺比较简单；容易实现风冷。缺点是：需要分馏，系统复杂；性能系数低；热源温度要求高。

一般不同集热器的较为合理的工作温区，大致可分为：平板集热器80℃左右；真空管集热器80～120℃；聚光集热器120℃以上。太阳能氨—水吸收式制冷机一般要求热源温度高于120℃，需要采用聚光集热器，这将大大增加设备的初投资。

（二）太阳能喷射式制冷系统

太阳能喷射式制冷系统是利用太阳能集热器将工作流体直接或间接加热，变成高温高压蒸汽。蒸汽经过喷射器，由喷嘴加速，变成高速蒸汽射流，造成低压，从而将蒸发器中的冷工质蒸汽吸入，在喷射器的混合管中和工作流体混合。所以，在大多数情况下，工作流体和冷工质选用相同的介质，例如氟里昂R-113或R-11。混合后的工作流体和冷工质，在喷射器尾部的增压器中增压，这种增压，和一般制冷系统中的压缩机增压是完全一样的。增压后的冷工质，进入冷凝器凝结，再经膨胀阀膨胀降压成液体，重新进入蒸发器蒸发、吸热而制冷。从冷凝器流出的工作流体（在选用相同工质的情况下，即为部分冷工质），经循环泵送入太阳能集热器回路中的蓄热式热交换器中加热，如此完成一个制冷循环过程。这种制冷系统的性能系数COP，在不计及泵耗功率时，与吸收式制冷系统的完全相同。一般情况下，工作流体的温度较高，则可得到较大的性能系数。这种喷射式制冷系统，循环泵是唯一的运动部件，具有结构简单，维修费用低等优点，作为太阳能利用将具有一定的发展潜力。缺点是性能系数较低。

（三）太阳能吸附式制冷

太阳能固体吸附式制冷系统以太阳能驱动的吸附床代替了蒸气压缩式制冷系统中的压缩机，系统主要由四大部件：吸附床、冷凝器、蒸发器、节流阀等构成。图11-38为典型的平板式太阳能吸附式制冷机的结构简图。其基本循环过程是利用太阳能或者其他热源，使吸附剂和吸附质形成的混合物（或络合物）在吸附器中发生解吸，放出高温高压的制冷剂气体

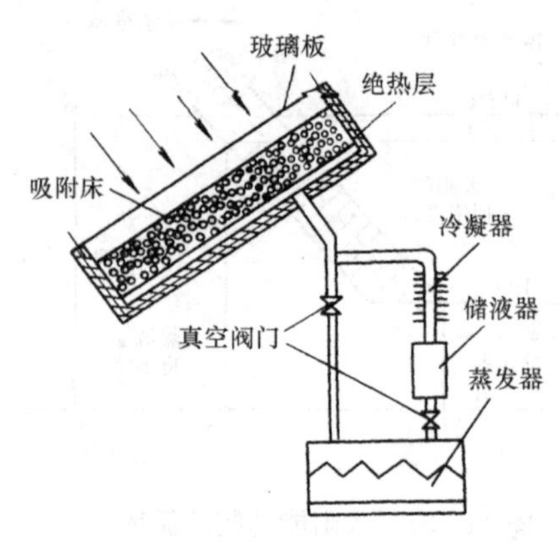

图 11 - 38 平板式太阳能吸附式制冷系统

进入冷凝器，冷凝出来的制冷剂液体由节流阀进入蒸发器。制冷剂蒸发时吸收热量，产生制冷效果，蒸发出来的制冷剂气体进入吸附发生器，被吸附后形成新的混合物（或络合物），从而完成一次吸附制冷循环过程。基本循环是一个间歇式的过程，循环周期长，COP 值低，一般可以用两个吸附床实现交替连续制冷，通过切换两床的工作状态及相应的外部加热冷却状态来实现循环连续工作。常有的吸附对主要有：活性炭—甲醇、沸石—水、硅胶—水、金属氢化物—氢（物理吸附）和氯化钙—氨、氯化锶—氨（化学吸附）等，目前应用较多的是前两者。各工质对的吸附动力学特性是吸附制冷的基础研究内容。

平板式吸附制冷系统的特点是吸附床为平板式吸附集热器结构，吸附器与集热器的功能合二为一。平板式吸附集热器耐压能力较差，通常不适于在较高压力下工作，因此平板式吸附制冷系统多选用真空状态下工作的吸附工质对，如活性炭—甲醇、分子筛—水等。

吸附式制冷具有结构简单、一次投资少、运行费用低、使用寿命长、无噪音、无环境污染、能有效利用低品位热源等一系列优点。吸附式制冷不存在结晶问题和分馏问题，且能用于振动、倾颠或旋转的场所。国内外都在开展对固体吸附式制冷和热泵的研究工作。从吸附工质对的性能、吸附床的传热、传质和系统循环及结构等方面推动了吸附制冷的发展。但与压缩式及吸收式制冷相比，吸附式制冷还很不成熟。主要问题在于：固体吸附剂为多微孔介质，比表面大，导热性能很低，因而吸附/解吸所需时间长，单位质量吸附剂的制冷功率较小，使得吸附制冷机尺寸较大，制冷性能系数（COP）值也不够高。

（四）太阳能驱动压缩式制冷系统

这种太阳能驱动的压缩式制冷，实际上就是利用太阳能热机驱动普通制冷系统的压缩机和膨胀机进行制冷，所以从制冷的角度来说，与普通的制冷系统没有原则的区别。作为太阳能利用来说，可以分为单工质双回路和双工质双回路两种，如图 11 - 39 所示，它们各自有自己的优缺点。单工质双回路循环采用同一个工质，具有冷凝器可以兼用和轴封结构可以简化的优点。缺点是由于采用了单一的工质，使得动力循环和制冷循环两个系统的参数难以完全匹配。当动力循环选用像氟里昂 R-113、R-11 等低压系工质时，高温下工质压力也不太高，所以制冷循环侧的气体容积将显著增大，从而使压缩机、换热器等设备的体积也相应增大。双工质双回路循环的优点，可以根据动力循环和制冷循环各自的需要，选择合适的工质。例如，动力循环可选用上述 R-113、R-11 等低压系工质，而制冷循环则可选用 R-12、R-22 等高压系冷工质。这样，可使整个系统做得更为紧凑。缺点是需要冷、热循环回路分开，各自设有自己的专用冷凝器，使回路变得复杂。

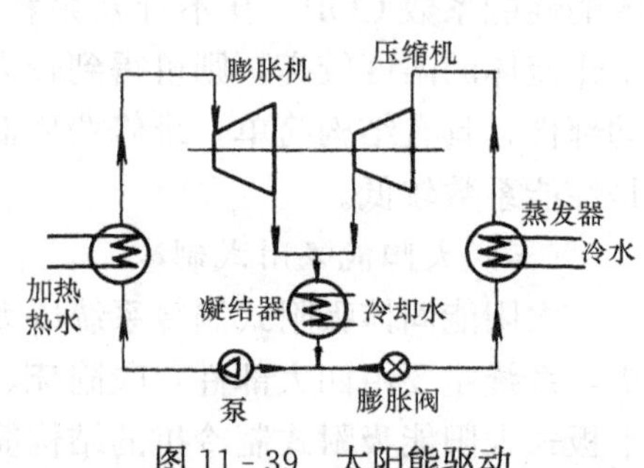

图 11 - 39 太阳能驱动压缩式制冷系统

作为驱动压缩式制冷系统的太阳能热机，可以采用小型蒸汽机或斯特林机。斯特林机要求热源温度比较高，作为太阳能利用，需要采用高温旋转抛物面聚光器，技术上还处于正在开发的阶段。所以，目前作为驱动压缩式制冷系统的太阳能原动机，一般是采用氟里昂作工质的小型蒸汽机，可以包括活塞式、回转式，螺杆式等不同型式。

第六节　地 热 利 用 装 置

所谓“地热”，就是地球内部所蕴藏的热能。人类很早以前开始利用地热，开采温泉用来洗澡、取暖等。如我国著名的骊山温泉“华清池”，在历史上就负有盛名，并留下了一个“此恨绵绵无绝期”的悲壮历史故事。但直到 20 世纪，人们才把地热视为一种储量巨大、有经济竞争力的能源，并且可用于发电。地热的数量是相当大的，据估计，仅储藏在地球表层 10km 之内的地热量就有 10.5×10^{25}J，相当于 9950 万亿 t 标煤当量，可满足人类几十万年能源之用。这些地热随着地球内部的剧烈运动，通过火山爆发、地震和温泉等途径释放出来。据推算，一次大地震所释放出来的能量相当于一座 100 万 kW 发电厂在 25 年发电的总和。

按照地热资源储藏形式，地热可分为：蒸汽型、热水型、地压型、干热岩型、岩浆型和土壤型。目前，地热利用仅限于地热蒸汽、地热水和土壤热三类。

一、地热发电

利用地热发电是地热能的利用方式之一。世界上第一个地热发电站是在 1904 年意大利的拉德雷诺小型地热电站，但功率非常小。目前的地热发电形式有两种，即“蒸汽型地热发电”和“热水型地热发电”。地热发电的原理与普通火电厂发电原理相似，即利用地热能产生蒸汽，推动汽轮发电机组发电。所不同的是：地热发电所需的蒸汽能量直接来源于地热能，省去了锅炉，不用煤、石油、天然气等燃料。所以利用地热发电，具有建造电站投资少、系统简单、运行成本低的优点。

所谓“蒸汽型地热发电”，就是将蒸汽通过地热井直接引入汽轮发电机组发电［见图 11-40 (a)］。在引入汽轮机之前，首先要把蒸汽里的水滴和岩渣分离出去。但这种蒸汽在地下的蕴藏量很小，所以目前这种“蒸汽型地热发电”很少，多数属于“热水型地热发电”。

所谓“热水型地热发电”，就是从蒸汽井里抽出的汽—水混合物中分离出蒸汽，将其引入汽轮发电机组发电［见图 11-40 (b)］，剩下的热水还原于井里，人工向地下热源补充给水，或者把剩下的热水用于工业、生活用热。这种地下热水井的深度一般在 300～1500m，温度可达 150～300℃。

世界上第一座实用型的地热发电是美国的盖瑟斯地热发电，装机容量为 1.1 万 kW。目前，世界上有很多国家都在开发地热资源，用于发电。据国际能源机构统计，截至 1989 年，全球地热发电能力达 513.6 万 kW，到 2000 年，可达 1 亿 kW。

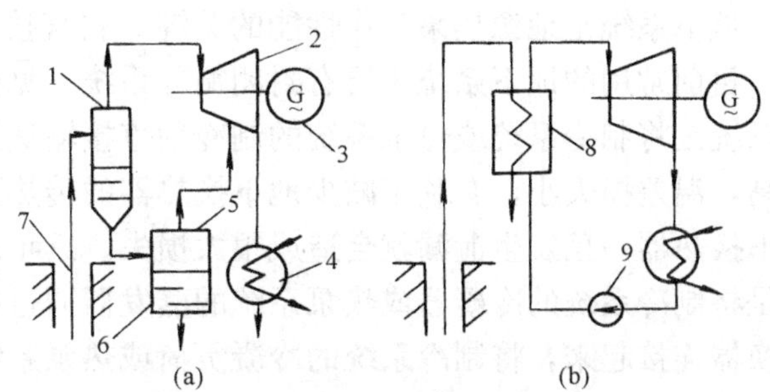

图 11-40　地热发电系统

(a) 蒸汽型地热发电；(b) 热水型地热发电

1—汽水分离器；2—汽轮机；3—发电机；4—凝汽器；5—闪蒸器；6—回灌井；7—生产井；8—换热器；9—泵

我国的地热资源十分丰富，主要分布于东南沿海一带和西藏、云南一带。在地热发电应用方面，从1970年开始，在全国很多地方先后建成了多个小型实验地热电站。全国最大的地热电站是西藏羊八井地热电站。据测试，该电站的地热田最高温度为172℃。

除了地热发电之外，地热能还可以直接用于生产过程用热和生活用热水、采暖、空调等方面。当然，这些方面的利用，要受到热源距离的限制。

二、地热制冷与空调

地热在制冷空调中的利用主要有两种方式，第一是地下热流体，即地热蒸汽和地下热水；第二是土壤。一般地热蒸汽很少，地下热水又可分为两类：地下热水和深井水。地下热水一般在300m以下，温度可达150～300℃，一般地下热水温度在70℃以上时，就可以作为高温热源驱动吸收式制冷机、喷射式制冷机和吸附式制冷机等热能驱动的制冷机，这些制冷机的结构和工作原理在前面的内容里已经做了介绍，这里不再重复。深井水通常在地面以下10m左右，其水温一般比当地年平均水温高1～2℃左右。因此，在夏天，它是制冷机的良好的冷却水，可以极大降低制冷机的冷凝温度，有利于提高制冷机的性能系数，节约能源。在冬天，它是带走热泵蒸发器制冷量的良好的冷剂水，可以大大提高热泵的蒸发温度，有利于热泵的工作稳定，并有利于提高热泵的制热系数。将深井水作为制冷机的冷却水或热泵的冷剂水有两种利用方式，一种为开式系统，即将利用过的深井水直接排放到河流或湖泊中，不再利用，此时地下水的补充则是通过土壤渗透自然补充；另一种为闭式系统，即将利用过的深井水通过离该深井一定距离的另一个深井回灌到地下，使其能够较快地补充地下水的消耗，以便防止地面下沉，又可提供可资利用的深井水水源，大大减少了深井水的消耗量。由于受到不同地区地下水资源的限制以及为了防止地面下沉等原因，深井水在制冷空调中的应用也受到限制。

地球表面的土壤层是一个巨大的蓄热体，具有很大的热惰性（见图11-41），而且随处存在，没有任何地域、气候的限制，对环境也没有任何破坏作用。土壤与环境的热平衡通过三种方式实现：太阳的辐射加热、地表水和空气对流换热、地球内部对地球表层土壤的加热。这样使得土壤的温度在冬天由表面随深度逐渐升高，而在夏天由表面随深度逐渐降低，到一定深度后又逐渐升高。土壤温度年变化幅度随深度不同而不同，越深变化幅度越小，即受当地气温的影响越小。在离地面约10m深处，土壤温度相当于当地年平均气温。在此深度以下，不受环境温度影响。土壤温度年变化相对于当地气温有延迟和衰减。土壤越深，延迟越大，越有利于热泵冬季制热和夏季空调制冷，是一种良好的热源。

地下系统是地源热泵工作性能的关键，它直接制约着地源热泵系统供热/制冷效率的高低。目前常用的地下系统主要有封闭循环系统（见图11-42）和直接膨胀系统。其中直接膨胀系统是将制冷系统或热泵系统的制冷剂直接输送到地下热交换器与土壤进行换热，传热效率高，温差损失小，有利于减少地下换热器的传热面积。但这种系统制冷剂充灌量大，而且地下换热器一旦发生泄漏就会造成很大损失。近年来已经越来越少采用。而封闭式循环系统则是将制冷系统的冷凝器或热泵系统的蒸发器通过中间介质（一般又称为防冻液）与地下热交换器连接起来，将制冷系统的冷凝负荷或热泵系统的制冷量由地下热交换器传给土壤。这种系统虽然增加了中间介质，增大了制冷剂与土壤之间的传热温差，但是制冷系统和热泵系统本身更加紧凑，工作的稳定性和可靠性也大大增加，是目前研究最多、应用最广的地热能制冷空调系统之一。

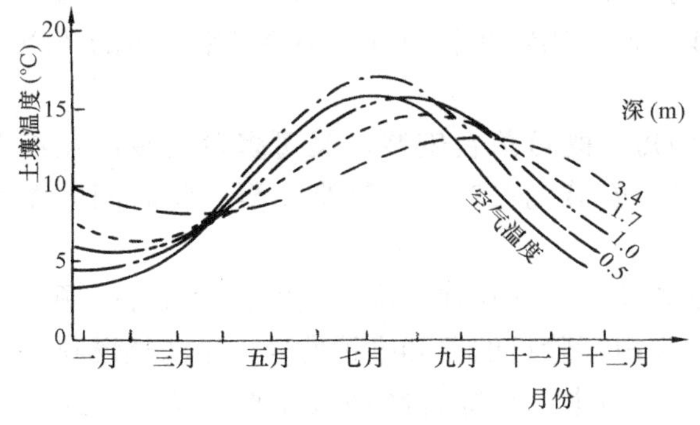

图 11-41　土壤温度与时间和深度的关系

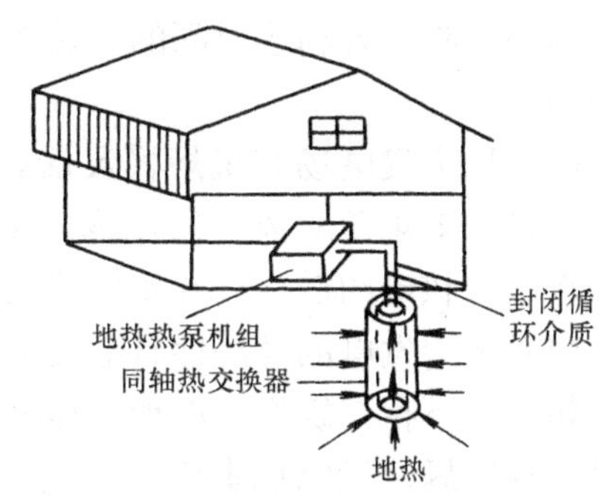

图 11-42　封闭式循环系统示意图

封闭式循环系统的关键在于地热换热器，地热换热器的设计是否合理直接影响到制冷系统或热泵系统的性能和运行的经济性。地源热泵地下环路的设计包括地热换热器设计及环路循环泵的选取。地热换热器的埋管主要有两种形式，即竖直埋管和水平埋管。选择哪种方式主要取决于场地大小、当地岩土类型及挖掘成本。如果场地足够大且无坚硬岩石，则水平式较经济。当场地面积有限时，采用竖直埋管方式。水平埋管的地热换热器的形式有：水平单管、水平双管、水平四管、水平六管以及新开发的水平螺旋状和扁平曲线状。竖直埋管的地热换热器的形式有：单 U 形管、双 U 形管、小直径螺旋盘管、大直径的螺旋盘管、立式柱状、蜘蛛状。在竖直埋管换热器中，目前应用最为广泛的是单 U 形管。

地源制冷空调系统不仅包括传统空调系统所需的地面上管路和设备，还需要埋地盘管、埋设土地以及敷设埋地盘管等，增加了地源热泵系统的设备和工程建设费用，因而初投资较高，而且技术不是十分完善，各地的地质结构相差很大，造成埋地盘管与土壤间的换热系数也相差很大。使得埋地盘管设计困难，若埋地盘管设计过长，将会造成大量初投资浪费；若设计过短，不但满足不了设计工况要求，还可能造成设备损坏，这些都相当程度地给地热制冷空调的应用造成困难。但是地源制冷空调系统在节能与环保、低运行成本等方面具有十分明显的优势，而且随着科技的发展以及对地热利用研究的广泛进行，限制地源热泵普及的因素已经或正在得到改善，地源制冷空调系统作为最有前途的空调系统之一，将随着节能与环保要求的发展而得到广泛的应用。

第七节　风 能 的 利 用

一、发展风力发电的意义

风是地球上的一种自然现象，它是由太阳辐射所引起的。风力作为一种能源，人们很早以前就开始利用了，如风力帆船、风车、灌溉、磨面等，但发展速度很慢，直到近年来才得到长足进展。风力发电是目前利用风能的重要形式，也是目前最有开发利用前景的一种可再生能源。风力发电有其自身独特的优越性，主要体现在以下六个方面：

(1) 风能储量丰富。据世界气象组织估计，整个地球上可以利用的风能为 2×107MW。为地球上可资利用的水能总量的 10 倍。

(2) 风能是一种洁净无污染的可再生自然能源。它不会随着其本身的转化和利用而减少，因此也可以说是一种取之不尽、用之不竭的能源；而煤、石油、天然气等矿物燃料能源，其储量将随着利用时间的增长而日趋减少。矿物燃料在利用过程中会带来严重的环境污染问题。

(3) 风力发电场装机规模灵活，建设周期短。既可单台安装，又可多台安装，互不干扰；建设一般规模的风力发电场，从基础建设、安装到投产，只需半年至一年时间，而火电、水电、核电约需3～10年的建设时间。

(4) 风力发电的经济性日益提高。和火电相比，不存在建厂房、运输、除灰等问题；和水电相比，不存在筑坝、淹地、移民等问题。发电后除折旧费和维护费外，不消耗燃料，无三废处理问题。风电成本接近火电，低于水电、核电，从综合经济效益看，具有较强的竞争力。

(5) 风力发电在新能源发电中技术最为成熟。商品化机组单机容量达2MW，故障率已下降至5%以内，是一种安全、可靠的能源利用形式。预计在21世纪，兆瓦级风力发电机将占主导地位。

(6) 风力发电机分散安装，占地面积少。监控系统与塔架合为一体，加上箱式变压器其建筑面积约为风电场总面积的1%，其余广大土地仍可供农、林、牧使用。

我国幅员辽阔，海岸线长，风力资源丰富，仅次于俄罗斯和美国，居世界第三位，风力发电潜力大。

二、国内外风力发电发展现状

到2006年底，风电发展已涵盖世界各大洲，并呈快速增长态势。风电装机超过100万kW的国家已由2005年的11个增加到13个，其中8个欧洲国家（德国、西班牙、意大利、丹麦、英国、荷兰、葡萄牙、法国）、3个亚洲国家（印度、中国、日本）和2个美洲国家（美国、加拿大）。欧洲继续保持领先地位，亚洲正成为全球风电产业发展的新生力量，预计在不远的将来还有更大的增长。截至2006年底，全球风电的总装机容量已达7422.3万kW，比2005年增加1519.7万kW，增长25.6%。

目前我国并网风电建设规模较大的省份为：新疆、内蒙古、广东、辽宁、浙江、江苏、宁夏、甘肃、福建等。和其他国家相比较，我国的并网型风力发电的发展比较迅速。截止到2006年年底，风力发电装机容量前五位的国家依次为德国（2062.1万kW）、西班牙（1161.5万kW）、美国（1160.3万kW）、印度（627.0万kW）和丹麦（313.6万kW）。2006年，我国的风电装机由2005年的125.7万kW增加到260.4万kW，增长了106.7%；2006年新增装机134.7万kW，世界排名由2005年的第8位上升至第6位。国家计划风电装机为，在2010年达到500万kW、2015年达到1000万kW、2020年达到3000万kW。中国将可再生能源作为国家重点支持发展的领域，出台了一系列支持风电发展的优惠政策，《可再生能源法》已于2005年出台国内风电市场已经进入高速发展阶段，风电发展的市场空间非常巨大。

三、风力发电基础

（一）风力机的形式

风的动能通过风轮机转换成机械能，再带动发电机发电，转换成电能。

风力机的种类和式样虽然很多，但按风轮结构和其在汽流中的位置，大体可分为两大类：水平轴式风力机和垂直轴式风力机。

1. 水平轴式风力发电机

水平轴式风力机的风轮围绕一根水平轴旋转，工作时，风轮的旋转平面与风向垂直。如图 11 - 43 所示，主要由风轮 1、机头 2、尾舵 3 及塔架 4 等部件组成。

风轮上的叶片是径向安装的，垂直于旋转轴，与风轮的旋转平面成一角度。风轮叶片数目的多少视风力机的用途而定，用于风力发电的大型风力机叶片数一般取 1～4 片（大多为 2 片或 3 片），而用于风力提水的小型、微型风力机叶片数一般取 12～24 片。

水平轴式风力机随风轮与塔架相对位置的不同而有逆风向式与顺风向式两种。风轮在塔架的前面迎风旋转，叫做逆风向风力机；风轮安装在塔架的下风位置则称顺风向风力机。逆风向风力机必须有某种调向装置来保持风轮总是迎风向，而顺风向风力机则能自动对准风向，不需要调向装置。顺风向风力机的缺点是部分空气先通过塔架，后吹向叶轮，塔架会干扰流向叶片的空气流，造成塔影效应，使风力机性能降低。

水平轴风力机因具有风能利用效率高和理论研究成熟的优点成为目前商业化风力发电的主要形式。

2. 垂直轴式风力机

垂直轴式风力机的风轮围绕一个垂直轴旋转，如图 11 - 44 所示。其主要优点是可以接受来自任何方向的风，因而当风向改变时，无需对风。由于不需要调向装置，其结构设计得以简化。垂直轴式风力机的另一个突出优点是齿轮箱和发电机可以安装在地面上，运行维修简便。

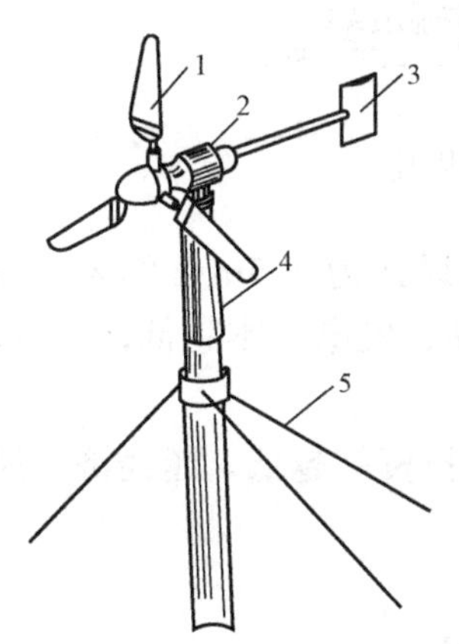

图 11 - 43　水平轴式风力机

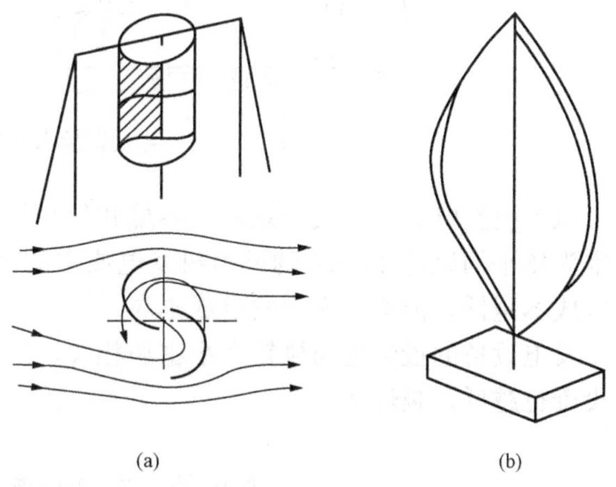

图 11 - 44　垂直轴式风力机
（a）S形风轮；（b）达里厄型风力机

垂直轴风力机有两个主要类别。一类是利用空气动力的阻力做功，典型的结构是 S 形风轮；另一类是利用翼形的升力做功，最典型的是达里厄型风力机。

垂直轴风力机可分为利用空气阻力做功和利用翼型的升力做功两类。垂直轴风力机的应用早于水平轴风力机，中国最早利用风能的形式就是阻力型垂直轴风车。由于其风能利用效率较低和相关理论研究的不足，垂直轴风力机一直无法取代水平轴风力机的主导地位。

随着科技的发展，人们重新开始关注优点和缺点都很突出的垂直轴风力机，特别是小型风力机。近年来，垂直轴风力机的研究取得了极大的进展，很多形象各异的商用小型垂直轴风力机已成功投入市场。

（二）风能发电

风能发电有两种方式。

（1）小型家用分散型风力发电装置。其特点是工作风速适应范围大，从几米/秒到十几米/秒，可工作于各种恶劣的气候环境，能防沙、防水，维修简便，寿命长，技术已成熟。美国 Jacobs 公司生产的 2.5～3.0kW 的家用风力发电机组已在世界各地运行，德国、瑞典、法国也生产这种小型风力发电装置。

（2）并网的大型风力发电装置。功率在 100～1000kW。德国、丹麦、法国的风力机技术优于美国，目前运行的最大风力机是德国 Repower 公司的 5MW 机组。

风力发电装置主要包括风轮机、传动变速装置、发电机，见图 11-45。

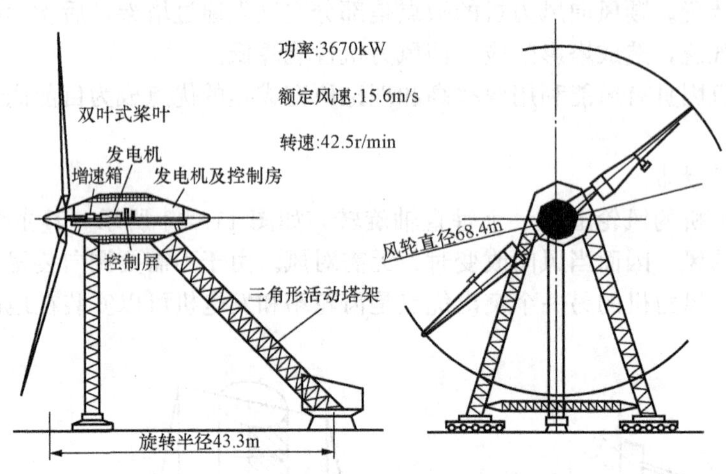

图 11-45　某大容量水平轴式风轮机发电装置

风力机发电成本取决于效率、容量和年平均风速。年平均风速为 4.5m/s 的风力机发电成本为年平均风速 11m/s 的风力机发电成本的 3 倍。风速越高、发电成本越低；容量越大，发电成本越低，但都比火力发电成本高。

发电设备的投资也与风轮大小密切相关，风轮直径越大，投资就越低，越经济；风速越高投资也越低，越经济。

第八节　其他能源利用装置

一、海洋潮汐发电

海洋潮汐能是以位能出现的海洋能之一。潮汐的形成是由太阳和月亮在宇宙中运动对地球海水的引力作用而引起的，它以海水周期性涨落运动形式表现出来，运载着巨大的能量。海水潮汐涨落变化，给人们提供了动力能源开发利用的条件。利用海洋潮汐能发电不受洪水、枯水的影响，对于缺煤少油和水力资源不足的沿海地区就更具有开发意义。

到 20 世纪 50 年代，人们就开始研究利用海洋潮汐能进行发电。1966 年，法国人在朗斯河口建成了世界第一座现代化潮汐电站，共装有 24 台发电机组，装机总容量为 240MW。在 1980 年，我国浙江省温岭县建成的江厦港潮汐电站，装机总容量为 3MW。另外，还有江苏太仓浏河潮汐电站。

海洋潮汐发电原理和普通水力发电原理相似。它采取在靠海的河口或海湾筑一座大坝，形成天然水库。发电机安装在大坝上，利用海水潮汐涨落位差能来推动水轮发电机组发电。

目前，潮汐发电有两种形式：

(1) 单程式潮汐电站。一般在靠海的河口或海湾筑一座大坝而形成水库。涨潮时，将海水引入坝内；待落潮时，让海水通过安装在大坝上的水轮发电机组发电。这种潮汐电站如图11-46 (a) 所示。

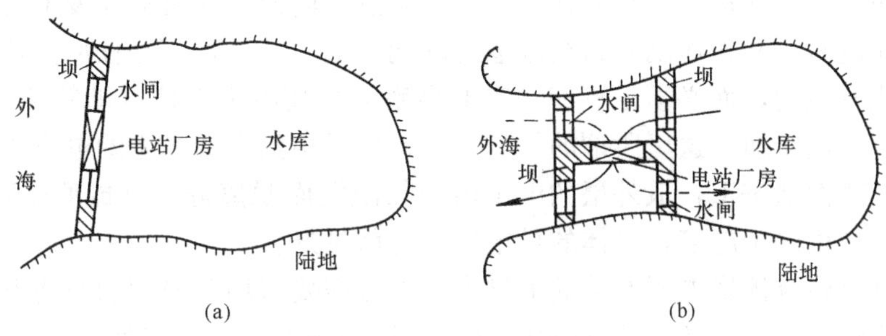

图 11-46　海洋潮汐发电

(a) 单程式潮汐电站；(b) 双程式潮汐电站

(2) 双程式潮汐电站。这种潮汐电站如图 11-46 (b) 所示，其特点是可以利用双向流水发电。即当落潮时水库放水，海水推动水轮发电机组发电；在涨潮时，开闸（沿虚线）进水，海水仍可以推动水轮发电机组发电。这样一来，就提高了潮汐能的利用率。

另外，还有利用海洋波浪能和海水温差能发电等发电形式。

二、燃料电池

燃料电池和普通电池一样，也是通过化学反应将物质的化学能直接转化为电能的一种装置。所不同的是：普通电池内部的化学反应物质是预先充填好，化学反应结束后，就不能再供电了；而燃料电池进行化学反应所需的物质可由外部不断充填的，因此，可以连续地发电。燃料电池由燃料电极（负极）、氧化剂电极（正极）和电解质组成。燃料在燃料电极依靠催化剂进行氧化反应（燃烧），在负电极释放出电子，而在氧化剂电极产生还原反应。还原反应中产生的负离子通过电解质到达燃料电极（负极），使燃料电极的氧化反应得以持续进行。而负极释放出的电子通过外部负载到达正极，电子移动过程就是产生电流过程，就这样，燃料电池使外部负载得到了电能。

燃料电池所用的燃料十分广泛，如天然气、石油、氢、煤气等。氧化剂有空气、氧等。这种电池可根据需要来设计容量，把单片电池串联起来，就能得到所需电压和功率。

由于燃料电池是通过化学反应将物质的化学能直接转化为电能的一种新发电技术，因此具有其优点：①效率高，一般可达 40%～50%，最高可达 60%～70%；②不需要像锅炉、燃烧器等设备，也不需要汽轮机这样的高速旋转设备，因此，没有污染和噪声；③不需要大量的冷却水；④控制方便，对负荷适应性好。当然，燃料电池目前还受到燃料、电极、电解液成本高的限制。

燃料电池所用的燃料氢，是宇宙中含量最丰富的元素之一。氢运输方便，用作燃料不会污染环境，重量又轻，优点很多。各国在积极试验用氢作为汽车的燃料。氢无疑是人类未来要优先利用的能源之一。

三、磁流体发电

目前，火力发电厂的热效率都不是很高，造成火力发电效率低的原因之一就是能量转换过程的环节太多，每一个环节都有损失存在。如果能减少能量转换过程的中间环节，就可以减少损失，则可以使燃料的利用率得到相当的提高。磁流体发电是一种新型的直接发电方式，与传统的火力发电相比，它具有效率高、对环境污染少的优点。

磁流体发电机的基本工作原理是法拉第电磁感应定律。普通发电机发电原理是让线圈绕组在磁场中作切割磁力线运动，从而在绕组中产生感生电流。而磁流体发电机是由导电高温流体（燃气）通过磁场并作切割磁力线高速运动而发电。当然，不是任何高速、高温气流流过发电通道就能发电的，而必须是具有一定电导率的高速电离气体（即等离子体），才能在磁场作用下产生热电转换。这里所谓的等离子体，就是由热电离产生的电离气体。气体的分子（或原子）在高温状态下，最外层的电子由于热激发而脱离分子（或原子），分离为自由电子和正离子。自由电子越多，气体的导电性能也就越好。

要使气体具有磁流体发电所要求的电导率，一方面要采用高温度的燃烧方式，如纯氧燃烧、富氧燃烧或将助燃空气预热至1700K以上；另一方面，在高温燃气中添加一定比例的容易电离的低电离电位物质，如钾盐或铯盐。这些低电离电位物质，常称为“种子”。对开式循环燃烧型磁流体发电机，一般采用钾盐作种子。铯的价格昂贵，只用在闭式循环磁流体发电机中。

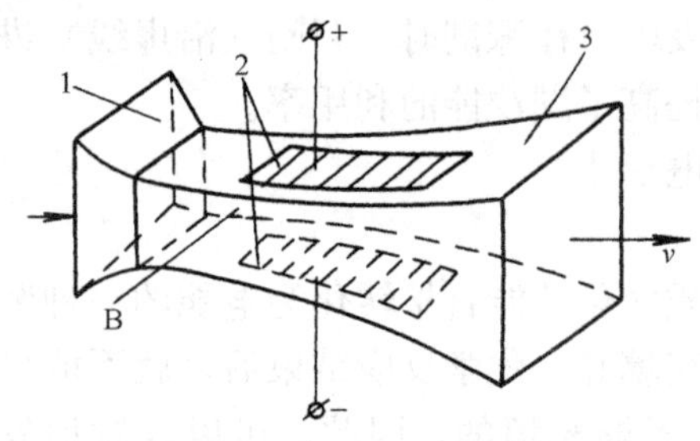

图11-47　磁流体发电机示意图
1—喷管；2—电极；3—发电机通道

图11-47为磁流体发电机的示意图。带有种子的工作气体，在高温下电离成为部分电离气体（等离子体），然后在喷管1中膨胀加速，获得极高的速度（其数量级为1000m/s）后而流入磁流体发电机通道3内。磁流体发电机通道处于外磁场中（利用专门的起磁系统建立的磁场）。为了简化，假定流速的方向与磁场垂直，即磁力线垂直于通道的轴线。当导线横穿磁场切割磁力线时，在导线中将产生感生电动势。由于等离子体是导电的介质，相当于导线，因而它在磁场内运动也会产生电动势和电流。这就与普通发电机中转子绕组导线切割静子磁场磁力线而产生电动势的原理一样。电流由电极2输送到用户。

图11-47所示的发电机称为直线传导式磁流体发电机。还有一些其他形式的磁流体发电机，如交流感应式发电机等。磁流体发电机实际上兼有普通动力装置中汽轮机和发电机二者的功能，而在一个简单的流道内，在等离子体流动的过程中完成了由热能转换为电能的转换过程。由于能量转换过程是在一个静止的流道中完成的，没有像汽轮机和发电机这类高速运动机械，这就是磁流体发电动力装置一个突出的优点。

由于磁流体发电机不存在高速运动部件，其工质温度允许大大提高。使用有机燃料的燃烧产物作工质的磁流体发电机，其进口工质温度可提高到2500～2600℃。这一温度大大高于汽轮机或燃气轮机的最高允许温度。提高工质初温，可提高热动力装置的热效率。

目前，磁流体发电装置已发展到工业规模。当然，在磁流体发电装置的发展中还存在着一些技术问题，例如种子的回收、污染物（氧化硫、氧化氮）的处理以及超导磁体应用上的技术问题等，还需进一步研究解决。

思考题和习题

1. 叙述蒸汽动力循环中采用“回热循环”、“再热循环”、“热电循环”的原理和作用。
2. 提高蒸汽动力循环效率的根本途径是什么？
3. 叙述热力除氧的工作原理。
4. 为什么大型汽轮机组要采用旁路系统？
5. 叙述火电厂电力生产过程。
6. 为什么要采用燃气—蒸汽联合循环？
7. 叙述 IGCC（整体煤气化燃气—蒸汽联合循环）的工作原理。
8. 叙述 PFBC-CC（增压流化床燃烧联合循环）的工作原理。
9. 叙述压水堆核电站的主要组成部分。
10. 叙述压水堆核电站的工作原理。
11. 叙述风能、地热能、潮汐能、磁流体发电的工作原理。

附录 R134a压焓图

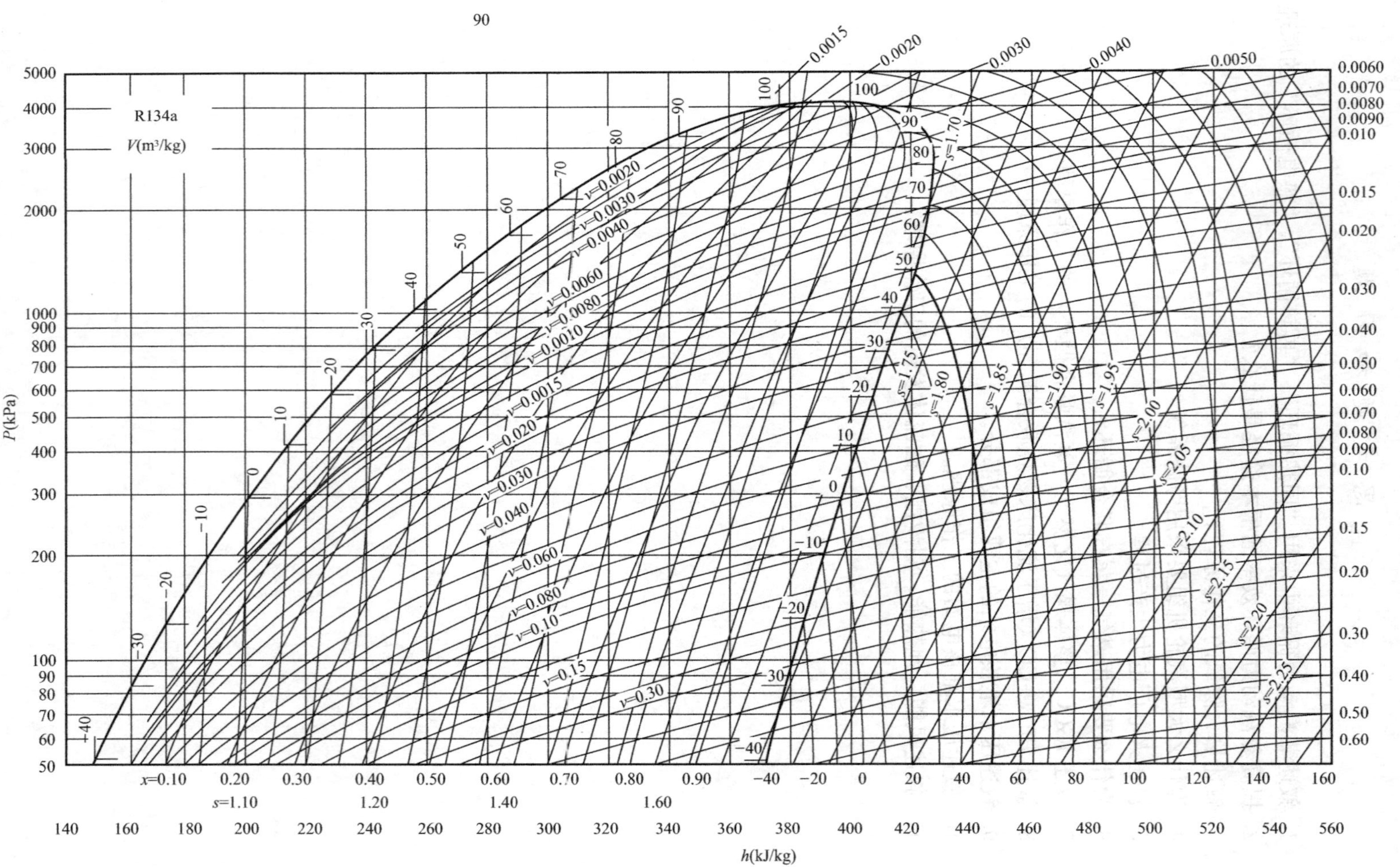

参 考 文 献

1. 张克危. 流体机械原理（上册）. 北京：机械工业出版社，2000.
2. 罗锡乾. 流体力学. 北京：机械工业出版社，1999.
3. 朱明善. 工程热力学. 北京：清华大学出版社，1995.
4. 王中铮. 热能与动力基础. 北京：机械工业出版社，2000.
5. 翦天聪. 汽轮机原理. 北京：水利电力出版社，1992.
6. 刘永长. 内燃机原理. 武汉：华中科技大学出版社，2001.
7. 陈汉平主编. 热力发动机基础. 北京：机械工业出版社，2001.
8. 蒋德明. 内燃机原理. 北京：机械工业出版社，1988.
9. 周龙包. 内燃机学. 北京：机械工业出版社，1999.
10. 王迪生，杨乐之. 活塞压缩机结构. 北京：机械工业出版社，1990.
11. 邓定国，束鹏程. 回转压缩机. 北京：机械工业出版社，1989.
12. 李文林，周瑞秋，赵超人. 回转式制冷压缩机. 北京：机械工业出版社，1992.
13. Fleming，J. S，Tang. Y and Cook G. The twin helical screw Compressor. Proc Instn Mech Engrs Vol 212 Part C. 1998. P355-P380
14. tosic N，Hanjalic K. Development and optimization of Screw machines with a simulation model. ASME Journal of Fluids Engineering. September 1997，Vol. 119. P659-670
15. rederick L，Heidrich H，International Compressor Engineering Conference at Purdue Proceedings. 1996
16. 郁永章. 活塞式压缩机. 北京：机械工业出版社，1982.
17. 林梅，孙嗣莹. 活塞压缩机原理. 北京：机械工业出版社，1988.
18. 张克危. 流体机械原理（下册）. 北京：机械工业出版社，2001.
19. 崔天生. 微小型压缩机的使用维护及故障分析. 西安：西安交通大学出版社，2001.
20. 缪道平，吴业正. 制冷压缩机. 北京：机械工业出版社，2000.
21. 陈长青等. 低温换热器. 北京：机械工业出版社，1993.
22. 毛希澜. 换热器设计. 上海：上海科技出版社，1988.
23. 史美中，王中铮. 热交换器原理与设计. 南京：东南大学出版社，1996.
24. 潘继红，田茂诚. 管壳式换热器的分析与计算. 北京：科学出版社，1996.
25. 容銮恩. 电站锅炉原理. 北京：中国电力出版社，1997.
26. 郑贤德. 制冷原理与装置. 北京：机械工业出版社，2001.
27. 吴业正. 制冷原理及设备. 西安：西安交通大学出版社，1997.
28. 陈国邦，陈光明. 制冷与低温原理. 北京：机械工业出版社，2000.
29. 薛殿华主编. 空气调节. 北京：清华大学出版社，1991.
30. 蒋能照主编. 空调用热泵技术及应用. 北京：机械工业出版社，1997.
31. 郑体宽. 热力发电厂. 北京：水利电力出版社，1995.
32. 焦树建. 整体煤气化燃气——蒸汽联合循环. 北京：中国电力出版社，1996.
33. 朱齐荣. 核电厂机械设备及其设计. 北京：原子能出版社，2000.
34. 世界能源理事会. 新的可再生能源. 北京：海洋出版社，1998.